Veröffentlichungen der
Akademie für
Technikfolgenabschätzung
in Baden-Württemberg

Springer

Berlin
Heidelberg
New York
Barcelona
Budapest
Hong Kong
London
Mailand
Paris
Santa Clara
Singapur
Tokio

H. Lehn   M. Steiner   H. Mohr

Wasser –
die elementare Ressource

Leitlinien einer nachhaltigen Nutzung

mit 84 Abbildungen davon 27 in Farbe

 Springer

Dr. Helmut Lehn
Magdalena Steiner
Prof. Dr. Hans Mohr

Akademie für Technikfolgenabschätzung
in Baden-Württemberg
Industriestraße 5
70565 Stuttgart

ISBN-13: 978-3-642-80161-7   e-ISBN-13: 978-3-642-80160-0
DOI: 10.1007 / 978-3-642-80160-0

Die Deutsche Bibliothek - CIP Einheitsaufnahme
Lehn, Helmut:
Wasser – die elementare Ressource : Leitlinien einer
nachhaltigen Nutzung / H. Lehn ; M. Steiner ; H. Mohr. –
Berlin ; Heidelberg ; New York ; Barcelona ; Budapest ; Hong
Kong ; London ; Mailand ; Paris ; Santa Clara ; Singapur ;
Tokio : Springer, 1996
ISBN-13: 978-3-642-80161-7
NE: Steiner, Magdalena:; Mohr, Hans:

Umschlaggestaltung: Struve & Partner, Heidelberg unter Verwendung einer Abbildung der Bildagentur
Superbild
Datenkonvertierung: BITmap, Mannheim
SPIN: 10507402   31/3137 – 5 4 3 2 1 0 – Gedruckt auf säurefreiem Papier

Vorwort

Unser Buch ist ein Beitrag zum nachhaltigen Wirtschaften. Als „nachhaltig" gilt eine Entwicklung dann, wenn sie mittelfristig/langfristig mit den ökologischen und sozioökonomischen Rahmenbedingungen einer Region verträglich erscheint. Im Falle der nicht-erneuerbaren Ressourcen bedeutet das Gebot der Nachhaltigkeit, die begrenzten Vorräte so lange wie möglich zu strecken. Erneuerbare Ressourcen dürfen unter dem Primat der Nachhaltigkeit nur in dem Maße genutzt werden, wie sie sich regenerieren.

Da eine nachhaltige Wirtschaftsweise eine optimale Nutzung der erneuerbaren Ressourcen erfordert, ist die Kenntnis über deren Potential eine elementare Voraussetzung für ein Umsteuern in Richtung Nachhaltigkeit. Aus diesem Grund befaßt sich die Akademie für Technikfolgenabschätzung in Baden-Württemberg in ihrem Projektverbund „Bedingungen einer nachhaltigen Entwicklung" unter anderem mit dem Potential der erneuerbaren Ressourcen Biomasse, Boden und Wasser.

Wasser ist eine elementare Ressource. Man kann Wasser sparen, aber man kann nicht darauf verzichten. Wasserprobleme sind regionale Probleme. Sie können nur regional gelöst werden.

Baden-Württemberg ist von Natur aus eine wasserreiche Region. Als ein Beispiel für eine bewährte regionale Problemlösung kann die Versorgung des (grund-) wasserarmen mittleren Neckarraums (einschließlich der Stadt Stuttgart) mit Fernwasser aus dem Bodensee und aus der Donauniederung nordöstlich von Ulm gelten. Trotzdem erhebt sich die Frage, ob in unserer Region insgesamt der nachhaltige Umgang mit der Ressource Wasser gewährleistet ist. In der vorliegenden Studie wird der Versuch unternommen, diese Frage umfassend zu beantworten. Dabei stützen wir uns auf gutachterliche Äußerungen von Experten und auf die öffentlich zugängliche Literatur.

Wir haben bei der Ausführung der Studie mannigfache Unterstützung erfahren. Wir danken den Gutachtern, den Teilnehmern des Workshops und vor allem den drei Obergutachtern auch an dieser Stelle für ihr Engagement (siehe Kapitel 1.8 und 1.9). Unser besonderer Dank gilt den Herren Dr.-Ing. Hans Mehlhorn vom Zweckverband Bodenseewasserversorgung und Abteilungsdirektor Klaus Möhle in der Landesanstalt für Umweltschutz für die kritische Durchsicht des Manuskripts. Auch die Herren Dr. Helmut Büringer vom Statistischen Landesamt, Dr. Wilhelm

Schloz vom Geologischen Landesamt und Dr. Klaus Kümmerer vom Universitäts-klinikum Freiburg haben uns tatkräftig und uneigennützig unterstützt. Unserem Mitarbeiter Dipl. Geogr. Thomas Gauger und unserer Mitarbeiterin Dipl. Geogr. Barbara Richter gebührt Dank und Anerkennung für ihr Engagement. Sie waren, wie wir, von dem Sujet der Untersuchung fasziniert.

Stuttgart, im Juli 1996

H. Lehn
M. Steiner
H. Mohr

Inhalt

1. Die Bedeutung des Wassers für eine nachhaltige Welt

Im Grundsatz 3 der Deklaration der „UN-Konferenz für Umwelt und Entwicklung" von Rio im Juni 1992 („Rio-Konferenz") verpflichten sich die unterzeichnenden Staaten zu einem verantwortlichen Handeln, das auch die Interessen kommender Generationen berücksichtigt. Diese Verpflichtung verlangt unter anderem, unseren Nachkommen eine Ressourcenausstattung zu hinterlassen, die es ihnen erlaubt, entsprechend ihren Präferenzen zu leben. Da die Vorräte nicht erneuerbarer Ressourcen bei anhaltendem Verbrauch zwangsläufig abnehmen, kommt der nachhaltigen Bewirtschaftung regenerativer Ressourcen (z.B. dem Wasser) eine große Bedeutung zu.

1.1 Das Prinzip Nachhaltigkeit

Als „nachhaltig" gilt eine Entwicklung dann, wenn sie zumindest mittelfristig (besser langfristig) mit den ökologischen, ökonomischen und sozialen Rahmenbedingungen verträglich ist [RENN 1994, MOHR 1996]. Obwohl Einigkeit darüber zu herrschen scheint, daß die politische Wirksamkeit des Begriffs aus der gleichrangigen Berücksichtigung ökologischer, ökonomischer und sozialer Gesichtspunkte erwächst, wird Nachhaltigkeit dennoch oftmals im Hinblick auf ökologische Prioritäten interpretiert. Diese Gefahr besteht auch bei der vom Sachverständigenrat für Umweltfragen gewählten Formulierung *„dauerhaft umweltgerecht"* [SRU 1994]. Nach unserer Auffassung betont diese Begrifflichkeit die ökonomische und soziale Komponente von „Nachhaltigkeit" zu wenig. „Nachhaltigkeit" ist kein ökozentrischer, sondern ein anthropozentrisch geprägter Begriff.

Die heute aufgrund der „Rio-Konferenz" meist wahrgenommene Definition von Nachhaltigkeit (engl. Sustainability) stammt aus dem Bericht der UN-Kommission für Umwelt und Entwicklung (Brundtlandbericht) [WCED 1987]. In diesem Bericht wird „Sustainability" als eine Entwicklung beschrieben, *„die die Bedürfnisse der gegenwärtigen Generation befriedigt, ohne zu riskieren, daß künftige Generationen ihre Bedürfnisse nicht befriedigen können"* („ *...to ensure that* *development meets the needs of the present generation without compromising the ability of future generations to meet their own needs"*). Eine allgemein akzeptierte Operationalisierung dieser Aussage ist bislang nicht gelungen, und die Bedeutung von „sustainability" blieb unscharf. Pezzey förderte z.B. im Jahr 1989 über 60 Definitionen des Begriffs zutage [PEZZEY 1989 zitiert in VAN DIEREN 1995]. Nicht zu Unrecht stellt sich beispielsweise Schanz daher die Frage, ob „Nachhaltigkeit" im politischen Kontext inzwischen zu einer konsensstiftenden Leerformel verkommen ist [SCHANZ 1995].

Ursprünglich stammt der Begriff „Nachhaltigkeit" aus der forstlichen Betriebswirtschaftslehre und war auf die Ressourcenökonomie beschränkt. Bereits im Badischen Forstgesetz vom 15. November 1833 war die Wiederaufforstung eingeschlagener Flächen (§ 9), sowie das Umwandlungsverbot von Wald- zu Ackerfläche (§§ 89, 90) *„zum Zweck der nachhaltigen Bewirtschaftung im Naturalertrag"* (§ 31) festgeschrieben. Die Entnahme von Holz hatte sich am *„nachhaltigen Ertrag des Waldes"* (§74) zu orientieren [ASAL 1898], ein Prinzip, das das Land Baden-Württemberg in seiner ab 1996 gültigen Novelle des Landeswassergesetzes [LANDTAG 11/ 6166] auf die Ressource Wasser ausweitet (siehe Nachtrag). Wie eine Studie von Schanz zeigt, hat der Begriff „Nachhaltigkeit" in der deutschen Forstwirtschaft seinen konkreten Inhalt und seine motivierende Kraft behalten [SCHANZ 1995].

Vergleichsweise eindeutig wird der Begriff „Nachhaltigkeit" heute nur dann gehandhabt, wenn man sich auf die Betrachtung des Umweltkapitalstocks, also auf die Bewirtschaftung natürlicher Ressourcen beschränkt [BRÖSSE UND LOHMANN 1994]. In einer Ära, in der im Gegensatz zu früheren Epochen das *„noch verbliebene natürliche Kapital der begrenzende Faktor ist"* [DALY 1992], erfordert eine nachhaltige Entwicklung demnach vor allem einen rationalen, verantwortungsvollen Umgang mit den natürlichen Ressourcen. In dieser Studie schränken wir – anknüpfend an die Tradition der forstlichen Betriebswirtschaftslehre – den Begriff Nachhaltigkeit auf den Aspekt der Ressourcenbewirtschaftung ein, allerdings unter gleichrangiger Beachtung ökologischer, ökonomischer und sozialer Kriterien.

Wenn nicht riskiert werden soll, daß künftigen Generationen der natürliche Kapitalstock zusammenbricht, müssen im globalen Rahmen drei Maximen befolgt werden:

- Im Falle von nicht-erneuerbaren Ressourcen (z.B. Kohle, Mineralöl, Erdgas, Sand und Kies) gilt es, die begrenzten Vorräte so lange wie möglich zu strecken.
- Nicht-erneuerbare Ressourcen sind möglichst durch erneuerbare (regenerierbare) Ressourcen zu ersetzen (Sonne, Wind, Wasser, Biomasse). An den regenerierbaren Ressourcen darf dabei kein Raubbau betrieben werden. Das bedeutet, daß sie nur in dem Ausmaß genutzt werden, wie sie sich erneuern. Darüber hinaus muß der Grundbestand im Ökosystem so groß bleiben, daß eine sichere Funktion gewährleistet ist. Deshalb kann beispielsweise nicht alles neu gebildete Grundwasser abgepumpt werden. Andernfalls verbliebe kein Anteil zur Exfiltration*

von Grundwasser in Oberflächengewässer. Dies würde im Extremfall zu deren Versiegen führen.

- Das Ausmaß der den Ressourcen zugeführten bioverfügbaren Schmutz- und Schadstoffe muß sich an der Selbstreinigungskraft der Ressourcen orientieren. Jede darüber hinausgehende Belastung führt zu einer Akkumulation der Stoffe oder ihrer Umsetzungsprodukte (Metabolite), so daß die Ressource früher oder später für den Menschen nicht mehr nutzbar ist. Dies gilt nicht allein für nicht oder nur schwer abbaubare Stoffe (z.B. Schwermetalle in Böden, Pestizide im Grundwasser), sondern es können, wie das Beispiel Stickstoff in Böden und Gewässern zeigt, auch bei leicht umsetzbaren Stoffen die Um- und Abbaukapazitäten der natürlichen Ressourcen überschritten werden.

Wie wir später noch zeigen werden (siehe Kapitel 1.4), ist es nicht sinnvoll, die Ressource Wasser im globalen Maßstab zu behandeln. Wasservorkommen und Wassernutzung sind regionale Größen. Auch findet ein überregionaler Handel mit Wasser derzeit – noch – nicht statt. Bei einem regionalen Focus müssen obige drei Maximen um eine Vierte ergänzt werden.

- Die Inanspruchnahme einer Ressource durch eine bestimmte Region darf die Nachhaltigkeit in anderen Regionen (z.B. Länder von Nachbarn oder Handelspartnern) nicht beeinträchtigen.

In den Kapiteln 2 bis 5 beschreiben wir den Umgang mit der Ressource Wasser (vorrangig in Baden-Württemberg) und bewerten in Kapitel 6 anhand dieser vier Maximen die Bewirtschaftungsweise hinsichtlich ihrer Nachhaltigkeit.

1.2 Wasser – eine essentielle Ressource

Wasser ist aus keinem Lebensbereich wegzudenken. Es ist Rohstoff der Photosynthese, wir nutzen es als Lebens- und Betriebsmittel, zum Kühlen und Reinigen. Wasser ist landschaftsprägendes Element, Verkehrsweg und Erholungsraum, es ist Medium für Transport und Abbau von Abfällen, um nur einige wesentliche Funktionen zu nennen. Die korrekte Beschreibung eines solchermaßen vielgestaltigen Mediums unter ökologischen, ökonomischen und sozialen Aspekten kommt der Quadratur des Kreises nahe. Die nachfolgend aus dem Blickwinkel von Wasserbauingenieuren beschriebenen Ansprüche an ein bestimmtes Oberflächengewässer geben einen Eindruck von der Themenvielfalt, die beim nachhaltigen Umgang mit der Ressource Wasser berücksichtigt werden muß.

Exkurs: Konkurrierende Ansprüche an ein Gewässer – das Beispiel Neckar
von Helmut Kobus und Fritz Bürkle
Auszug aus dem gleichnamigen Gutachten [KOBUS UND BÜRKLE 1995]

„Der Neckar und seine Zuflüsse unterliegen einer Vielzahl unterschiedlicher Nutzungen und Ansprüche. Fließgewässer sind landschaftsprägende Naturelemente und zählen zu den wichtigsten Biotopen sowohl in siedlungsfernen Gebieten als auch in den Ballungsräumen. Die Quellgebiete und Bachläufe im gesamten Neckareinzugsgebiet mit seinen vielfältigen Landschaften von der Schwäbischen Alb bis zum Odenwald bieten nicht nur eine landschaftlich reizvolle Umgebung, sondern stellen auch hochwertige Fischereigewässer dar und werden für vielerlei Freizeitaktivitäten in Anspruch genommen. Die einstige Sand- und Kiesgewinnung aus den quartären Ablagerungen des Neckartals führte zur Anlage vieler Badeseen. Diese werden heute zu einem beträchtlichen Teil für Baden und Wassersport von der Bevölkerung genutzt. Das Grundwasser in den Talauen wird vielerorts für die Trinkwassergewinnung erschlossen. Die Gewässer dienen auch als Transportmittel und Vorfluter für den Auslauf von Kläranlagen, in denen industrielles und häusliches Abwasser gereinigt wird.

Zum Schutz gegen Hochwasserschäden wurden in der Vergangenheit zahlreiche Hochwasserrückhaltebecken sowie Schutzdämme an den Gewässern angelegt.

Der Neckar und seine Zuflüsse werden in vielfältiger Form als Brauchwasserressource, als Wasserstraße und zur Wasserkraftgewinnung genutzt, wobei die damit verbundene Stauregelung des Gewässers erhebliche Eingriffe in die Gewässerökologie mit sich bringt. Schließlich ist die Energiewirtschaft auf Neckarwasser zur Abdeckung des Kühlwasserbedarfs angewiesen. Die damit verbundene Aufwärmung des Flusses und die nicht unerheblichen Verdunstungsverluste führen vor allem in Niedrigwasserzeiten und im Hochsommer zu Engpaßsituationen im Hinblick auf die Gewässerqualität, was entsprechende Einschränkungen der Nutzung notwendig macht."

Daß aus diesen konkurrierenden Ansprüchen (siehe auch Abb. 3-32) entsprechende Zielkonflikte resultieren, liegt auf der Hand. Diese werden in Kapitel 3.2.1 ausführlich analysiert.

Wasser ist eine essentielle, d.h. <u>unverzichtbare</u> Ressource. Man kann Wasser sparen, aber man kann es nicht völlig ersetzen. Etwa 40 % der Weltbevölkerung leidet nach einem Bericht der Weltbank bereits an chronischer Wasserknappheit, wobei sich die weltweite Nachfrage alle 20 Jahre verdoppelt [TAGES-ANZEIGER vom 5.9.1995]. Da erfahrungsgemäß der Pro-Kopf-Gebrauch von Wasser mit zunehmendem Wohlstand in der Vergangenheit anstieg, führt bei unverändertem Verhalten eine Verdoppelung der Weltbevölkerung zu einer Versechsfachung des Wasserbedarfs [FALKENMARK 1995]. Dementsprechend erwartet Golubev, daß bis zum Jahr 2025 in 45 Ländern der Erde insgesamt 1,4 Mia. Menschen pro Jahr weniger als 1.000 m^3 Wasser pro Kopf zur Verfügung haben werden, d.h. die Anzahl der Menschen, die unter knappen und knappsten Wasserverhältnissen leben müssen, wird sich in den nächsten 30 Jahren versechsfachen [GOLUBEV 1993]. Die Dramatik dieser Entwicklung ist bereits heute in einigen Regionen der Welt (z.B. am Aralsee in Kasachstan/Usbekistan oder am Chapala-See in Mexiko) spürbar. Angesichts dieser absehbaren Entwicklung kritisiert Malin Falkenmark das politische Versäumnis, sich diesem *„galoppierenden Problem"* weltweit anzunehmen. Sie attestiert den Führern der Welt unter ausdrücklicher Einbeziehung der Brundtland-Kommission bezüglich der Wasserdramatik Naivität und weitgehende Unkenntnis (*„innocence and near illiteracy"*) [FALKENMARK 1995].

Zur Vorbereitung der „Rio-Konferenz" fand im Hinblick auf die Wasserproblematik im Januar 1992 in Dublin (Irland) die Konferenz „Wasser und Umwelt" auf der Ebene von Regierungssachverständigen statt. Veranstalter waren die mit Wasserfragen befaßten Organisationen der Vereinten Nationen unter Koordination der Weltorganisation für Meteorologie (WMO). Das zum Abschluß der Konferenz angenommene „Dublin-Statement zu Wasser und nachhaltiger Entwicklung" betont die Dringlichkeit, mit der nach Ansicht der Experten die Gefahren für die Ressource Wasser weltweit abgewendet werden müssen: *„Knappheit und Übernutzung von Frischwasser stellen eine ernsthafte und zunehmende Bedrohung für eine nachhaltige Entwicklung sowie den Schutz der Umwelt dar. Menschliche Gesundheit und Wohlfahrt, Ernährungssicherheit, industrielle Entwicklung und alle dem zugrunde liegenden Ökosysteme sind bedroht, wenn nicht Wasser- und Landressourcen im kommenden Jahrzehnt und danach effektiver bewirtschaftet werden, als dies in der Vergangenheit der Fall war ... Die Probleme ... sind weder spekulativer Natur, noch ist es wahrscheinlich, daß sie unseren Planet erst in ferner Zukunft treffen werden. Sie beeinträchtigen die Menschheit hier und jetzt. Das künftige Überleben von Millionen von Menschen verlangt sofortiges und wirkungsvolles Handeln"* (*„Scarcity and misuse of freshwater pose a serious and growing threat to sustainable development and protection of the environment. Human health and welfare, food security, industrial development and the ecosystems on which they depend, are all at risk, unless water and land resources are managed more effectively in the present decade and beyond than they have been in the past ... The problems ... are not speculative in nature; nor are the likely to affect our planet only in the distant future. They are here and they affect humanity now. The future survival of many millions of people demands immediate and effective action."*) [WMO 1992].

Eine besondere Bedeutung hat das Wasser in Nord-Afrika und im Nahen Osten. Zehn Nationen verbrauchen dort bereits heute mehr Wasser, als sich natürlicherweise erneuert. Spitzenreiter ist dabei Libyen, welches fast viermal mehr Wasser nutzt als sich regeneriert. Für den Nahen Osten wird die Nutzungsrate mit >100 % angegeben [GARDNER 1995]. In Israel standen z.B. 1990 pro Kopf 470 m^3, in Jordanien 260 m^3 und für die Palästinenser lediglich 120 m^3 zur Verfügung. In allen drei Regionen liegt die Wassernutzung bei >100 % der erneuerbaren Menge. Dies führt zur Absenkung des Grundwasserspiegels mit der Folge, daß in küstennahen Regionen bereits Salzwasser in die Grundwasservorräte eindringt. Zu den Gründen für die Übernutzung der Wasserressourcen zählen der Anbau wasserintensiver Feldfrüchte (z.B. Zitrusfrüchte in Israel), die Übernahme eines westlichen Lebensstils und die Verwendung nicht angepaßter Techniken (Bewässerung) sowie Leitungsverluste [LIBIZEWSKI 1994].

Wasserknappheit und Übernutzung der Ressourcen ist inzwischen aufgrund der klimatischen Veränderungen auch in (Süd-) Europa eingekehrt. Die seit Jahren rückläufigen Niederschläge haben z.B. in Spanien zu bedrohlichem Wassermangel geführt. Die spanische Regierung will mit einem gewaltigen Investitionsprogramm diese Wasserknappheit überwinden. Im „Plan Hidrológico National" sind bis zum Jahr 2010 Gesamtausgaben in einer Höhe von 80 Mia. DM für insgesamt 1143 Einzelprojekte vorgesehen. Mit dem Bau von Stauseen, Aquädukten und Meerwasserentsalzungsanlagen will man „den historischen Kampf gegen die Verwüstung Spaniens" führen. In Ergänzung hierzu sollen per Schiff große Wassermengen von nordeuropäischen Lieferanten nach Südspanien transportiert werden [FRANKFURTER ALLGEMEINE ZEITUNG vom 21.7.1995].

1.3   Die zeitliche Dimension

Für die Verfügbarkeit der Wasserressourcen ist die zeitliche Dimension von elementarer Bedeutung. Ob Wasser vom Menschen genutzt werden kann oder ob es im Gegenteil Schäden verursacht, hängt entscheidend von der zeitlichen Verteilung des Inputs ab. Die jahreszeitliche Verteilung der Niederschläge ist entscheidend für das Verhältnis zwischen ober- und unterirdischem Abfluß. In den gemäßigten Breiten findet Grundwasserneubildung fast ausschließlich in den Wintermonaten statt, nämlich dann, wenn die Vegetation nur geringen Wasserbedarf hat. Verringerte Winterniederschläge würden deshalb langfristig zu sinkenden Grundwasservorräten führen. Andererseits kann eine Umverteilung der Niederschläge vom Sommer zum Winter die Hochwassergefahr verstärken. Hochwasserfluten tragen kaum zur Grundwasserneubildung bei, genausowenig wie Nieselregen zur Vegetationszeit, der sofort von den Pflanzen wieder an die Atmosphäre zurückgegeben wird.

Aufgrund seiner Speicherwirkung kann der Grundwasserkörper nicht nur jahreszeitliche Schwankungen ausgleichen, sondern auch – bei ausreichender Größe des Speichers – mehrere Trockenjahre überbrücken. Grundwasser bietet deshalb für eine konstante Wasserentnahme, die von kurzfristigen Witterungsschwankungen unabhängig ist, ideale Bedingungen. Voraussetzung für eine nachhaltige Nutzung ist dabei, daß nicht mehr entnommen wird, als sich im mittelfristigen Maßstab erneuert.

Die in Baden-Württemberg genutzten tiefen (alten) Grundwässer sind in der Regel keine abgeschlossenen Systeme. Deshalb bedeutet ihre Entnahme – anders als z.B. in Libyen, Saudi Arabien oder auch in manchen Gebieten der USA – keinen Abbau der Ressource. Tiefes Grundwasser stellt unter den hiesigen Gegebenheiten einen Grenzfall zwischen einer erneuerbaren und nicht-erneuerbaren Ressource dar. Aufgrund der langen Regenerationszeiten von 1.000 bis 10.000 Jahren sind diese Wässer – noch – frei von anthropogenen Schadstoffen. Unter dem Gesichtspunkt der Nachhaltigkeit darf deshalb nur soviel dieses tiefen Grundwassers entnommen werden, daß sich der Zustrom von jüngerem (verschmutztem) Sickerwasser verglichen zum unbeeinflußten Zustand nicht erhöht. Andernfalls würden diese Ressourcen schneller verschmutzen. Aus diesem Grund ist die Entnahme tiefer Grundwässer zur Substitution oberflächennaher, zwischenzeitlich verschmutzter Grundwässer mit den Erfordernissen der Nachhaltigkeit oft nicht zu vereinbaren (siehe Kapitel 3.1.5). In engem Zusammenhang mit der Frage nach dem Zeitraum der Erneuerung der Ressource steht auch die Frage nach der Zeitspanne, innerhalb derer durch die Entnahme von tiefem Grundwasser induzierte qualitative Beeinträchtigungen festgestellt werden können. Hier sollte die Devise gelten, daß wir selbst und nicht erst unsere Nachkommen die Auswirkungen unseres Tuns erkennen müssen, um entsprechende Konsequenzen ziehen zu können.

Der Kreislauf des Süßwassers ist ein für die Biosphäre entscheidend wichtiger Stoffkreislauf, der aber labil und störanfällig ist. Das Verdunstungs-Niederschlags-Gleichgewicht und die Verweildauer des Wassers in Flüssen, Seen und Aquiferen können sich sowohl regional als auch global mit der Zeit erheblich ändern.

Menschliche Mißwirtschaft kann daran maßgeblich beteiligt sein. Auch das prognostizierte global warming dürfte zu einschneidenden Veränderungen im Wasserkreislauf führen, da die Reaktionen der hydrologischen Größen auf Klimaänderungen überwiegend nichtlinear sind. Die Wasserressourcen sind besonders betroffen: So berechneten Nemec und Schaake für ein Einzugsgebiet im Südwesten der USA, daß bei einer 10 %igen Reduzierung der Niederschläge das derzeit genutzte Wasserreservoir um 150 bis 200 % ausgedehnt werden müßte, um den Versorgungsstandard aufrecht zu erhalten [NEMEC und SCHAAKE 1982, zit. in GOLUBEV 1993].

Klimaveränderungen werden auch als Ursache der in jüngster Zeit häufiger auftretenden Hochwasserereignisse diskutiert. Eine regionale Trendanalyse für Südwestdeutschland [RAPP UND SCHÖNWIESE 1995] ergab, daß in den letzten 40 Jahren eine jahreszeitliche Verschiebung des Niederschlags zugunsten des Winterhalbjahres stattgefunden hat. Der Jahresniederschlag hat zwar verbreitet um 5 bis 15 % zugenommen; durch den Anstieg der Lufttemperatur um 1 K (entspricht 1°C) in den letzten 40 Jahren wurde aber auch die Verdunstung entsprechend gesteigert.

Die Nachweise für den erhöhten Winterniederschlag liegen in Baden-Württemberg bisher nur für Monatssummen vor. Diese Zeitspanne ist jedoch nicht geeignet, sie mit Hochwasserabflüssen in einen direkten Zusammenhang zu bringen. Trotzdem legen einige Faktoren einen Zusammenhang zwischen verstärkten Winterniederschlägen und erhöhter Hochwasserwahrscheinlichkeit nahe: Im Winterhalbjahr wird von der Vegetation wenig bis gar kein Wasser direkt an die Atmosphäre zurückgegeben. Ist der Bodenspeicher zudem mit Wasser gefüllt, kommt es bei Niederschlagsereignissen zu einem erhöhten Oberflächenabfluß, der sich noch verstärkt, wenn Regen auf gefrorenem Boden niedergeht.

Unabhängig von der jahreszeitlichen Niederschlagsverteilung kommt der Umstand hinzu, daß im Zuge der Siedlungsentwicklung die natürlichen Überflutungsflächen drastisch zurückgegangen sind. Am mittleren Neckar wurden beispielsweise etwa 80 % der Retentionsflächen* in hochwasserfreie Siedlungsgebiete umgewandelt [Kobus und Bürkle 1995]. Auch die zunehmende Flächenversiegelung führt in Verbindung mit der Ableitung von Niederschlagswasser über Kanalisationssysteme zu einer Beschleunigung des Oberflächenabflusses, was zumindest bei lokal begrenzten Hochwasserereignissen eine Rolle spielt. Schließlich tragen auch Flußbegradigungen zu einer Beschleunigung des Abflusses bei, was vor allem dann extreme Wirkung zeitigt, wenn dadurch zuvor versetzte Hochwasserwellen zeitgleich eintreffen. Dies ist z.B. bei der Mündung des Neckars in den Rhein bei Mannheim der Fall [UM 1988 zit. in Kobus und Bürkle 1995].

Die Meinungen der Fachwelt über den Beitrag der genannten Ursachen zu den jüngsten Hochwasserereignissen gehen indes noch weit auseinander. So kommt eine Analyse der Hochwasserereignisse des Neckars bei Eberbach zu dem Ergebnis, daß große Hochwässer in früheren Jahrhunderten häufiger auftraten, als dies heute der Fall ist [Röckel 1995]. Auch eine Untersuchung mehrerer repräsentativer Fließgewässer in Baden-Württemberg im Hinblick auf das langfristige Hochwasserabflußgeschehen konnte für die größeren Hochwasserereignisse keine signifikante Erhöhung feststellen [Vieser 1996]. Für andere Beobachter hingegen liegt ein Zusammenhang zwischen Eingriffen in die Gewässer (Gewässerausbau) bzw. den Boden (Flächenversiegelung) und den gehäuft auftretenden Hochwasserereignissen allerdings nahe [Kobus und Bürkle 1995]. Eine umfassende Analyse dieses Komplexes bleibt der Akademiestudie zum Thema „Boden als (erneuerbare) Ressource" vorbehalten.

Der enge Zusammenhang zwischen den „Elementen" Wasser und Boden zeigt sich nicht nur beim Phänomen Hochwasser: Als Ausgleichskörper im Wasserkreislauf verzögert der Boden den Oberflächenabfluß und reduziert die Evaporation*. Er speichert das für das Pflanzenwachstum notwendige Wasser. Gleichzeitig trägt aber Wasser – weit mehr als Wind – zur Bodenerosion bei [Wissenschaftlicher Beirat der Bundesregierung 1994]. Neben dem Substanzverlust auf Ackerflächen führt das erodierte Bodenmaterial auch zur Belastung der Gewässer mit Nähr- und Schadstoffen (v. a. Phosphor und Pflanzenbehandlungsmittel). Eine nachhaltige Bewirtschaftung der Gewässer muß deshalb auch die Funktionen des Bodens mitberücksichtigen.

1.4 Die räumliche Dimension

Die erneuerbare Ressource Süßwasser ist, global gesehen, nur sehr begrenzt verfügbar. Nur 2,5 % der weltweiten Wasservorräte liegen als Süßwasser vor. Knapp 70 % davon sind im Eis von Polkappen und Gletschern festgelegt, rund 30 % sind als Grundwasser nicht unmittelbar zugänglich. Flüsse und Seen enthalten weniger als 1 % der globalen Süßwasservorräte.

Weltweit beträgt die jährliche Entnahme ca. 0,1 ‰ der gesamten Süßwasservorräte [L´vovich und White 1990, zit. in Golubev 1993]. Diese globale Gegenüberstellung von Wasservorrat und Wasserverbrauch sagt jedoch wenig über tatsächlich bestehende Engpässe aus. Wasser ist eine regionale Ressource, die, abgesehen von wenigen Flußumleitungsprojekten oder Schiffstransporten (z.B. Balearen), (noch) nicht in großem Maßstab über weite Strecken transportiert wird. *„ Charakteristisch für Wasserprobleme ist, daß sie lokal begrenzt sind. Globale Wasserprobleme sind deshalb in Wirklichkeit eine Ansammlung lokaler Probleme"* [GOLUBEV 1993]. Es bestehen große Unterschiede in der Verfügbarkeit von Wasser. In mindestens 8 Staaten der Welt (überwiegend auf der arabischen Halbinsel) verfügen die Einwohner derzeit über weniger als 500 m³ Wasser pro Einwohner und Jahr [WRI 1995], was Falkenmark am Beispiel Israels als unterste Grenze für einen modernen, industrialisierten Staat in einer semiariden Klimazone angibt [FALKENMARK 1986]. Dabei geht sie von der Annahme aus, daß 80 % dieser Wassermenge für Bewässerungszwecke genutzt werden.

Läßt man die Zuflüsse aus Nachbarstaaten unberücksichtigt, liegt Deutschland mit ca. 1.200 m³ verfügbarem Wasser pro Einwohner und Jahr (m³/E·a) auf einem vergleichsweise niedrigen Niveau, wobei vor allem die neuen Bundesländer mit etwa 1.000 m³/E·a deutlich unter dem Bundesdurchschnitt liegen. Bezieht man die Zuflüsse von den Oberliegern* mit ein, kann statistisch jeder Einwohner Deutschlands im Durchschnitt über ca. 2.400 m³ Wasser pro Jahr verfügen. Baden-Württemberg gehört mit ca. 4.500 m³ pro Einwohner und Jahr zu den besser ausgestatteten Regionen, wobei hier zwei Drittel bis drei Viertel des pro Kopf zur Verfügung stehenden Wassers von außen zufließen. Müßten wir auf diese verzichten, so läge die pro Einwohner zur Verfügung stehende Wassermenge in Baden-Württemberg in derselben Größenordnung wie die intern erneuerbare Menge für Gesamtdeutschland (1.000 m³/E·a). Da der landwirtschaftliche Bewässerungsbedarf in den gemäßigten Klimazonen im weltweiten Vergleich relativ niedrig liegt (für Deutschland wird er auf ca. 20 % der Entnahmemenge der Öffentlichen Wasserversorgung geschätzt, während er weltweit bei 70 % der Gesamtentnahmen liegt [WRI 1995]), kann Baden-Württemberg insgesamt, von regionalen Besonderheiten abgesehen, als ein wasserreiches Land bezeichnet werden (siehe Kapitel 2). Dieser Reichtum hängt allerdings ganz wesentlich vom Umgang unserer Oberlieger* mit dem Wasserschatz ab. Die politische Dimension einer nachhaltigen Wasserbewirtschaftung wird an diesem Beispiel nicht nur im Hinblick auf kommende Generationen, sondern auch innerhalb einer Generation augenfällig.

Über längere Distanzen wird Wasser derzeit kaum gehandelt. Die bereits existierenden Gruppenwasserversorgungen sind eher von regionaler Bedeutung. Fernwasserversorgungen dienen dem überregionalen Ausgleich, um ein beschränktes lokales Angebot mit dem bestehenden Bedarf in Einklang zu bringen. Als Beispiel für den überregionalen Transport von Wasser kann die Versorgung des von Natur aus (grund-)wasserarmen Großraums Stuttgart mit Wasser aus dem Bodensee und aus der Donauniederung nordöstlich von Ulm gelten.

Exkurs: Angeeignete Tragekapazität am Beispiel des Wassers
Bei der Frage nach dem nachhaltigen Umgang mit der Ressource Wasser in Baden-Württemberg spielt die über das Wasser „angeeignete Tragekapazität" eine

wichtige Rolle. <u>Tragekapazität</u> – im ökonomischen Sinn – ist die Eigenschaft eines Wirtschaftsraumes, eine bestimmte Bevölkerungsgröße nachhaltig tragen zu können [MOHR 1996].

Bedingt durch den Handel der Regionen untereinander kommt es zu Import und Export von Tragekapazität. So importiert Baden-Württemberg z.B. Biomasse in Form von Nahrungs- und Futtermittel oder in Form von Holz, Papier und Zellstoff. Durch die Nutzung dieser importierten Produkte beansprucht die Bevölkerung von Baden-Württemberg zur Befriedigung ihrer Bedürfnisse zusätzliche Ressourcen in anderen Teilen der Welt, d.h. sie <u>eignet sich Tragekapazität an</u>. Umgekehrt kommen die Ressourcen Baden-Württembergs im Falle exportierter Produkte den jeweiligen Handelspartnern zugute. Der teilweise hohe Wasserbedarf zur Erzeugung der oben genannten Biomasseprodukte führt zur „Aneignung" erheblicher Wassermengen, die bei den regionalen Wasserbilanzen – wie sie z.B. in Kapitel 3 für Baden-Württemberg aufgestellt wird – keine Berücksichtigung finden. Eine Analyse des Netto-Importes (also nach Verrechnung mit dem Export) von Produkten auf der Basis von Biomasse aus anderen Bundesländern und aus dem Ausland nach Baden-Württemberg ergab für dieses „angeeignete Wasser" einen Betrag in der Größenordnung von 5,8 bis 8,7 Mia. m³/a [MAYR 1995]. Zum Vergleich: Die registrierte Wasserförderung lag in Baden-Württemberg im Jahr 1991 bei knapp 7 Mia. m³ (siehe Kapitel 3). In den Erzeugerländern mußte demnach etwa die gleiche Menge Wasser zur Produktion der von uns genutzten Güter aufgewendet werden, wie wir selbst regional fördern.

1.5 Grenzüberschreitende Probleme der Wassernutzung

Ein von der Weltbevölkerung noch ungelöstes Problem besteht in der Aufteilung der mobilen Ressource Wasser zwischen Ober- und Unterliegern (flußaufwärts bzw. flußabwärts gelegene Anliegerstaaten) von grenzüberschreitenden Flüssen. Die Abhängigkeit vom Wasser der Oberlieger ist z.B. für manche Staaten des Nahen Ostens von elementarer Bedeutung. Einige dieser Länder sind zu mehr als zwei Dritteln von ausländischem Flußwasser abhängig (Irak, Sudan, Syrien, Ägypten). Ägypten, Mauretanien und Tunesien erreichen die oben beschriebene jährliche Mindestmenge von 500 m³ Wasser pro Einwohner nur Dank des Zuflusses aus Nachbarstaaten, hängen also existentiell von Wasserlieferungen aus dem Ausland ab. Falkenmark kennzeichnet diese Abhängigkeit als Gefangenschaft („*prisoners of upstream countries*") [FALKENMARK 1986].

Staatliche Souveränität und Integrität gehören zu den zentralen Axiomen des Völkerrechts. In ökologischen Belangen können sie zueinander in Widerspruch geraten: Mit Hinweis auf die staatliche Integrität beharrt z.B. Ägypten darauf, daß der Sudan als Oberlieger* des Nils nicht zuviel Wasser abzweigt. So drohte im Jahr 1988 der damalige stellvertretende Außenminister Ägyptens und heutige UN

Generalsekretär Boutros Ghali, daß *„der nächste Krieg im Nahen Osten ... nicht um Politik, sondern um Wasser geführt werden"* wird [Zitat bei LIBISZEWSKI 1994]. Dies war in bezug auf die konfliktäre Nutzung des Nils gemeint. Mit dem Hinweis auf die staatliche Souveränität lenkt die Türkei andererseits als Oberliegerland* bis zu zwei Drittel des Euphrat- und Tigriswassers um, so daß sich der Zulauf für Syrien und den Irak entsprechend verringert. Da vom Atatürk-Staudammprojekt in der Osttürkei verheerende Auswirkungen für die Unterlieger* erwartet werden, sind entsprechende politische Schwierigkeiten vorprogrammiert. Auch die Kurdenfrage ist vor dem Hintergrund zu sehen, daß ein autonomer Kurdenstaat die Euphrat- und Tigrisquellen auf seinem Staatsgebiet kontrollieren würde.

In der Palästina-Frage spielen die Rechte an den Wasserläufen seit der Staatsgründung von Israel eine entscheidende Rolle. Im Jahr 1955 sah der US-Vermittlungsplan eine geregelte Aufteilung des Wassers von Jordan und Yarmuk für Israel, Jordanien, Libanon, Syrien und das Westjordanland vor. Im Gegensatz dazu nutzte Israel Anfang der 90er Jahre 600 Mio. m³ Jordanwasser statt der vorgesehenen 375 Mio. m³, während die vier anderen genannten Gebiete bis 1994 praktisch kein Jordanwasser zur Verfügung hatten. Im Falle des Yarmuk bezog Syrien das Doppelte und Israel das Vierfache der ursprünglich vorgesehenen Menge, während sich Jordanien mit etwa einem Drittel der geplanten Menge zufrieden geben mußte. Der 1994 von Israel und Jordanien unterzeichnete Friedensvertrag gibt jetzt Jordanien das Recht auf den größten Teil des Yarmuk-Wassers (bis auf einen Rest von 45 Mio. m³ für Israel) und Israel auf den größten Teil des Jordanwassers (bis auf einen Rest von 40 Mio. m³ für Jordanien). Eine entsprechende Regelung mit Palästinensern, Libanesen und Syrern steht noch aus [SCHIFFLER 1995].

Vergleichbare Konflikte um die Nutzung grenzüberschreitender Wasserläufe sind in den gemäßigten Breiten zur Zeit kaum vorstellbar. Fragen der Gewässerqualität sind aber durchaus Thema grenzüberschreitender Erörterung, wie dies zwischen Frankreich und den Niederlanden im Falle der Chlorid-Einleitungen der Elsässischen Kalibergbaubetriebe in den Rhein der Fall war. Ein weiteres aktuelles Beispiel betrifft die Einleitung verschiedener Schadstoffe (Schwermetalle, organische Halogenverbindungen) durch die deutsche chemische Industrie in den Rhein. In dem zwischen dem Hafen Rotterdam und dem Verband der Chemischen Industrie (VCI) in Frankfurt unterzeichneten Umweltabkommen hat sich die deutsche chemische Industrie freiwillig zur Reduzierung der in den Rhein eingeleiteten Frachten dieser Schadstoffe bis zur Jahrtausendwende bereiterklärt. Im Gegenzug verzichtet der Hafen von Rotterdam auf Schadensersatzforderungen gegenüber 50 deutschen Chemieunternehmen am Rhein und dessen Nebenflüssen [STANDORT CHEMIE NR. 22 vom 17.11.1995].

Aber auch hinsichtlich der grenzüberschreitenden Weitergabe sauberen Flußwassers sind inzwischen vereinzelt Stimmen zu vernehmen, die hierfür Bedingungen nennen. Es handelt sich dabei um Vorbehalte aus der Schweiz gegenüber der baden-württembergischen Trinkwasserversorgung aus dem Bodensee.

Im Falle des Bodensees, der für Baden-Württemberg zu einem immer wichtigeren Trinkwasserlieferanten geworden ist, werden alle den See betreffenden Maßnahmen von der Internationalen Gewässerschutzkommission für den Bodensee

(IGKB) auf Grundlage des Übereinkommens vom 20.12.1961 einstimmig veranlaßt. Hier kann im wesentlichen davon ausgegangen werden, daß Maßnahmen zum Wohl künftiger Generationen die heute lebenden Bodenseeanlieger ausgewogen belasten.

Dennoch wird in der Schweiz auch befürchtet, daß die wirtschaftliche Entwicklung der Eidgenossen durch die Interessen Baden-Württembergs behindert wird. Prof. Vischer von der Eidgenössischen Technischen Hochschule (ETH) in Zürich formuliert die Bedenken: *„Da ist offenbar ein Gebiet* (gemeint ist Baden-Württemberg) *daran, sich bevölkerungsmäßig und wirtschaftlich stark zu entwickeln. Die Konkurrenzsituation mit dem benachbarten Vorarlberg, mit Liechtenstein und mit der Schweiz ist dabei unübersehbar. Aber statt mit gewässerschützerischen Anstrengungen am Neckar und am Main eine Autonomie der Wasserversorgung anzustreben und sich so auf die örtlichen Wasservorkommen zu beschränken, ziehen es die Badener und die Württemberger offenbar vor, ihr Wasser aus dem Bodensee zu beziehen und den Ländern und Staaten in dessen Einzugsgebiet gewässerschützerische und andere Auflagen zu machen. ... Kann man hier aus der Sicht von Vorarlberg, von Liechtenstein und der Schweiz noch von einer nachhaltigen Entwicklung sprechen?“* [VISCHER 1994].

Wir können zwar derzeit davon ausgehen, daß die Schweiz eine genuine Verpflichtung darin sieht, *„die Unterlieger der wasserreichen Schweiz mit genügend Wasser zu versorgen“*. Ebenso wird klargestellt: *„Die Schweiz muß ihren Gewässerschutz derart betreiben, daß die Flüsse, die das Land verlassen, sowie die Grenzseen sauber sind. Die Wasserqualität dieser Gewässer muß dabei nicht einer Trinkwasserqualität entsprechen. Es genügt eine Qualität, die den Unterliegerländern eine Aufbereitung zu Trink- und Brauchwasser mit vernünftigem Aufwand ermöglicht. Bei Zukunftsszenarien darf davon ausgegangen werden, daß die Technik der Trinkwasseraufbereitung Fortschritte macht“* [VISCHER 1994]. Die bislang kostenlose Wasserabgabe wird bei diesen Überlegungen an zwei Vorbedingungen geknüpft. Erstens: Die Schweiz braucht dieses Wasser weder heute noch in Zukunft; und zweitens: Die Bezieherländer sind bezüglich Gewässerschutz sowohl heute wie in Zukunft auf dem gleichen Stand wie die Schweiz [VISCHER 1994].

Nach diesen Aussagen kann vermutet werden, daß im Falle sich ändernder Rahmenbedingungen, z.B. bei Veränderung des jahreszeitlichen Wasserabflusses des Alpenrheins infolge des Abschmelzens der Alpengletscher, eine Änderung der Überlassungspraxis grenzüberschreitender Wasserressourcen durchaus eintreten kann. Die Trinkwasserversorgung aus dem Bodensee ist für Baden-Württemberg eine äußerst günstige Lösung. Aber es muß auch Klarheit darüber bestehen, daß Baden-Württemberg sich damit in eine politische Abhängigkeit begeben hat.

Baden-Württemberg ist an der Donau Oberlieger*, den Rhein nimmt es in der Mitte seines Verlaufs in Anspruch und – von einer geringen Mitnutzung durch das Land Hessen abgesehen – ist es alleiniger Anlieger des Neckars, so daß dieser Fluß als baden-württembergisches Binnengewässer bezeichnet werden kann. Verglichen mit den Niederlanden, Belgien oder auch Nordrhein-Westfalen ist Baden-Württemberg hinsichtlich seiner drei großen Fließgewässer privilegiert, da es entweder selbst Oberlieger* ist oder ausländische Oberlieger* den wesentlichen Zufluß (den Alpen-

rhein) so sauber halten, daß das in das Land einströmende Wasser (z.B. im Bodensee) ohne große Probleme zur Trinkwasserversorgung genutzt werden kann. Vom
Wasser, welches Baden-Württemberg verläßt, kann dies in der Regel nicht behauptet
werden. Dem Land erwächst aus seiner Lage eine doppelte Verantwortung: Es ist
unter Aspekten einer nachhaltigen Wirtschaftsweise einerseits verpflichtet, die das
Land verlassenden Gewässer so sauber zu halten, daß sie auch von den Unterliegern
mit geringem Aufbereitungsaufwand noch genutzt werden können. Zum anderen
muß das Land darauf achten, durch seine Wassernutzung die Entwicklungsmöglichkeiten seiner Oberlieger* nicht über Gebühr zu beschränken.

1.6   Zielsetzung der Studie

Vor dem Hintergrund der elementaren Bedeutung, die dem Wasser für alle Lebens-
bereiche zukommt, will unsere Studie anhand der oben entwickelten Kriterien die
Frage beantworten, ob die Bewirtschaftung der Ressource Wasser in Baden-Württemberg derzeit unter ökologischen, ökonomischen und sozialen Gesichtspunkten
als nachhaltig bezeichnet werden kann und wo diesbezüglich Handlungsbedarf
gesehen wird. Hierbei sind – wie in Kapitel 1.5 dargestellt – nicht allein Gerechtig-
keitsaspekte zwischen den verschiedenen Generationen, sondern auch innerhalb
einer Generation zu beachten.

Zur Beantwortung dieser Fragestellung wurde einerseits die uns zugängliche
Literatur ausgewertet, zum anderen wurden spezielle Themen durch gutachterliche
Äußerungen vertieft behandelt. Eine Aufstellung über die eingeholten Gutachten
gibt Kapitel 1.7. Die gesamte Studie wurde abschließend mit drei Obergutachtern
ausführlich erörtert und in einigen Punkten nochmals modifiziert. Diese drei Obergutachter werden in Kapitel 1.8 vorgestellt.

1.7   Eingeholte Gutachten

1. Arbeitsgemeinschaft Technologietransfer, Umweltschutz, Raumplanung und
   Stadtökologie: „Alternative Lösungsansätze für eine nachhaltige Abwasserentsorgung" (Federführung: J. Lange)
2. *Arbeitskreis Wasser im Bundesverband Bürgerinitiativen Umweltschutz (BBU):
   „Notwendigkeit von Wassersparmaßnahmen in Baden-Württemberg – ökologische und ökonomische Aspekte" (Federführung: N. Geiler)
3. Geologisches Landesamt Baden-Württemberg: „Darstellung des nutzbaren/er-
   schließbaren Grundwasserdargebots in Baden-Württemberg" (Federführung: Dr.
   G. Wirsing)

4. *Prof. Dr. H. Kobus und F. Bürkle: „Konkurrierende Ansprüche an ein Gewässer – das Beispiel Neckar"
5. Prof. Dr. H. Puchelt: „Einfluß schwermetallhaltiger Bergbaualtlasten bzw. metallischer Installationen in Bauwerken auf die Qualität von Grund-, Oberflächen- und Leitungswasser in Baden-Württemberg"
6. Prof. Dr. U. Rott und B. Schlichtig: „Auswirkung von Regen- und Grauwassernutzung im Haushalt und der Versickerung von Niederschlagswasser von Versiegelungsflächen auf die Reinigungsleistung von Kläranlagen sowie die Wasserqualität der Vorfluter in Baden-Württemberg"
7. *J. Rapp und Prof. Dr. C.-D. Schönwiese: „Niederschlags- und Temperaturtrends in Baden-Württemberg"
8. Statistisches Landesamt Baden-Württemberg: „Darstellung wasserwirtschaftlicher Daten nach hydrogeologischen Verhältnissen" (Federführung: Dr. R. Stadler)
9. *Statistisches Landesamt Baden-Württemberg: „Prognose des Wasserbedarfs der baden-württembergischen Industrie bis zum Jahr 2005" (Federführung: Dr. R. Stadler)
10.Prof. Dr. R. Wahl und Prof. Dr. E. Rehbinder: „Einfluß des EU-Rechts auf die Wasserversorgung in Baden-Württemberg"

Die mit einem Stern (*) versehenen Gutachten sind im Materialienband in vollem Wortlaut nachzulesen. Dieser ist bei der Akademie für Technikfolgenabschätzung, Stuttgart zu beziehen [LEHN ET AL. 1996].

1.8   Beteiligte Obergutachter

Die sachverständigen Obergutachter wurden von uns gebeten, den Entwurf der Studie kritisch durchzusehen. Die vorgebrachten Kritikpunkte bildeten die Grundlage für ein gemeinsames Expertengespräch. Die Ergebnisse der Diskussion wurden in die Studie integriert. Wir sind den drei Obergutachtern zu großem Dank verbunden. Sie haben über ihren Sachverstand die Studie wesentlich beeinflußt. Die Verantwortung für den Text verbleibt natürlich bei den Autoren.
Bei den Obergutachtern handelt es sich um

Herrn Prof. Dr. Fritz H. Frimmel
Universität Karlsruhe
Mitglied der kollegialen Leitung des Engler-Bunte-Instituts
Leiter des Bereichs IV: Wasserchemie
Richard-Willstätter-Allee 5
76128 Karlsruhe

Herrn Prof. Dr. Helmut Kobus
Universität Stuttgart
Direktor des Instituts für Wasserbau
Lehrstuhl für Hydraulik und Grundwasser
Pfaffenwaldring 61
70569 Stuttgart

Herrn Dr. Helmut Müller
Leiter des Instituts für Seenforschung der
Landesanstalt für Umweltschutz Baden-Württemberg
Untere Seestraße 81
88085 Langenargen

1.9 Literatur

ASAL 1898
Asal K.: Das badische Forstrecht. Karlsruhe und Tauberbischofsheim. 1898.
BRÖSSE UND LOHMANN 1994
Brösse U., Lohmann D.: Nachhaltige Entwicklung und Umweltökonomie. ZAU – Zeitschrift für Angewandte Umweltforschung. Jg. 7. H. 4. S. 456–465. 1994.
DALY 1992
Daly H. E.: Vom Wirtschaften in einer leeren Welt zum Wirtschaften in einer vollen Welt. In: Godland R., Daly H., El Serafy S., v. Droste B, (Hrsg.): Nach dem Brundtland-Bericht: Umweltverträgliche wirtschaftliche Entwicklung. S. 29–39. Bonn. 1992.
FALKENMARK 1995
Falkenmark M.: Further Momentum to Water Issues: Comprehensive Water Problem Assessment in the Being. Ambio Vol. 24 No. 6. S. 380–382.1995.
FALKENMARK 1986
Falkenmark M.: Fresh Water – Time For A Modified Approach. Ambio Vol. 15 No. 4. S. 192–200. 1986.
GARDNER 1995
Gardner G.: Die Grundwasserpegel fallen. World Watch 4. Jg. Heft 4. S. 43–45. 1995.
GOLUBEV 1993
Golubev G. N.: Sustainable Water Development: Implikations for the Future. In: Water Resources Development. Vol 9. No. 2. S. 127–154. 1993.
KOBUS UND BÜRKLE 1995
Kobus H., Bürkle F.: Konkurrierende Ansprüche an ein Gewässer – Das Beispiel Neckar. In: Lehn H., Steiner M., Mohr H. (Hrsg.): Wasser – die elementare Ressource (Materialienband). Arbeitsbericht Nr. 52 der Akademie für Technikfolgenabschätzung in Baden-Württemberg. Stuttgart. 1996.
LANDTAG 11/6166
Landtag von Baden-Württemberg: Drucksache 11/6166 Gesetzentwurf der Landesregierung Gesetz zur Änderung des Wassergesetzes für Baden-Württemberg. 27 S. Stuttgart. 5.7.1995.

LEHN ET AL. 1996
˘ Lehn H., Steiner M., Mohr H. (Hrsg.): Wasser – die elementare Ressource (Materialienband). Arbeitsbericht Nr. 52 der Akademie für Technikfolgenabschätzung in Baden-Württemberg. Stuttgart. 1996.

LIBIZEWSKI 1994
Libizewski S.: Der Kampf ums Wasser im Nahen Osten. In: Landeszentrale für Politische Bildung Baden-Württemberg (Hrsg.): Die Welt zwischen Öko-Konflikten und ökologischer Sicherheit. Dokumentation des Forums vom 9.–11. September 1993 in Bad Urach. Stuttgart. 1994.

MAYR 1995
Mayr U.: Wasser-, Flächen- und Energieverbrauch von agrarischen Importen und Exporten von und nach Baden-Württemberg. Studie im Auftrag der Akademie für Technikfolgenabschätzung in Baden-Württemberg. Stuttgart. 1995. (Unveröffentlicht).

MOHR 1996
Mohr H.: Wieviel Erde braucht der Mensch? – Untersuchungen zur globalen und regionalen Tragekapazität. In: Kastenholz H. G., Erdmann K.-H., Wolff M. (Hrsg.): Nachhaltige Entwicklung: Zukunftschancen für Mensch und Umwelt. Heidelberg. 1996.

RAPP UND SCHÖNWIESE 1995
Rapp J., Schönwiese C.-D.: Niederschlags- und Temperaturtrends in Baden-Württemberg 1955–1994 und 1895–1994. In: Lehn H., Steiner M., Mohr H. (Hrsg.): Wasser – die elementare Ressource (Materialienband). Arbeitsbericht Nr. 52 der Akademie für Technikfolgenabschätzung in Baden-Württemberg. Stuttgart. 1996.

RENN 1994
Renn O.: Ein regionales Konzept qualitativen Wachstums – Pilotstudie für das Land Baden-Württemberg. Arbeitsbericht Nr. 3 der Akademie für Technikfolgenabschätzung in Baden-Württemberg. Stuttgart. 1994.

RÖCKEL 1995
Röckel D.: Der Neckar und seine Hochwasser am Beispiel von Eberbach. Eberbach. 1995.

SCHANZ 1995
Schanz H.: Forstliche Nachhaltigkeit. Allgemeine Forstzeitung Nr. 4. S. 188–192. 1995.

SCHIFFLER 1995
Schiffler M.: Konflikte um Wasser – Ein Fallstrick für den Friedensprozeß im Nahen Osten? Politik und Zeitgeschichte. B 11/95. Das Parlament. Beilage vom 10.3.1995.

SRU 1994
Der Sachverständigenrat für Umweltfragen: Umweltgutachten 1994 – für eine dauerhaft-umweltgerechte Entwicklung. Deutscher Bundestag (Hrsg.): Drucksache 12/6995 vom 8.3.1994.

VAN DIEREN 1995
van Dieren W.: Mit der Natur rechnen. Basel. 1995.

VIESER 1996
Vieser H.: Stationarität historischer Reihen extremer Hochwasser in Baden-Würrtemberg. Wasser und Boden 2/1996.

VISCHER 1994
Vischer D.: Nachhaltige Gewässernutzung am Beispiel der überregionalen Wasserversorgung – Überlebensfrage oder Sehnsucht nach dem Paradies. In: Bätzing W.; Wanner H. (Hrsg.): Nachhaltige Naturnutzung im Spannungsfeld zwischen komplexer Naturdynamik und gesellschaftlicher Komplexität. Geographica Bernensia. P30. Geographisches Institut der Universität Bern. 1994.

WCED 1987
WCED: Our Common Future (Der Brundtland-Bericht). Oxford, World Commission on Environment and Development / Oxford University Press. 1987. (deutsch: Unsere gemeinsame Zukunft, Eggenkamp-Verlag, Greven. 1987).

WISSENSCHAFTLICHER BEIRAT DER BUNDESREGIERUNG 1994
Wissenschaftlicher Berat der Bundesregierung Globale Umweltveränderungen: Welt im Wandel: Die Gefährdung der Böden. Jahresgutachten 1994. Bonn. 1994.

WMO 1992
:   World-Metereological-Organisation: The Dublin Statement and Report of the Conference. Genf. 1992.

WRI 1995
:   World Resources Institute und International Institute for Environment and Development (Hrsg.): Weltressourcen – Fakten – Daten – Trends. 4. Ergänzungslieferung 4/95. V-4.8 Wasser. S. 488–489. Landsberg a.L. 1995.

2 Wasserdargebot

2.1 Weltweit

Der gesamte Wasservorrat der Erde wird auf etwa 1,4 Mia. km^3 geschätzt. Davon sind nur rund 2,5 %, d.h. 35 Mio. km^3 Süßwasser. Ca. 69 % des Süßwassers sind im Eis von Gletschern und Polkappen festgelegt, rund 30 % liegen als Grundwasser vor. Weniger als 1 % des Süßwassers (ca. 0,1 Mio. km^3) ist in Flüssen und Seen enthalten [DYCK UND PESCHKE 1983] (Abb. 2-1).

Der globale Niederschlag beträgt ca. 500.000 km^3/a. Davon gehen 80 % über den Ozeanen nieder. Zwei Drittel des kontinentalen Niederschlags gelangen über die Verdunstung (Evapotranspiration*) direkt in die Atmosphäre zurück, wobei der indirekt über die Pflanzen verdunstete Anteil (Transpiration*) in der Regel größer ist als die Verdunstung von der Bodenoberfläche oder von Wasserflächen (Evaporation*). Der Rest (ca. 41.000 km^3/a) fließt den Ozeanen zu, wobei 28.000 km^3/a direkt oberflächlich abfließen und 13.000 km^3/a unterirdisch den Flüssen zuströmen [WORLD RESOURCES INSTITUTE 1993].

Die den Meeren zufließenden 41.000 km^3/a Wasser stellen die jährlich erneuerbaren Wasserressourcen* der Erde dar. Ihnen stand im Jahr 1987 eine weltweite Entnahme von 3.240 km^3 (8 %) gegenüber. Über zwei Drittel davon nutzt die Landwirtschaft, 23 % die Industrie und 8 % die Haushalte (Tab. 2-1 und 2-2). Nordamerika und Europa fördern zusammen 96 % des weltweit von der Industrie genutzten Wassers [WORLD RESOURCES INSTITUTE 1993]·

Umgerechnet auf die Weltbevölkerung steht der erneuerbaren Ressource von 7.420 m^3/E·a (Bezugsjahr 1992) eine Entnahme von 644 m^3/E·a gegenüber (Bezugsjahr 1987) [WORLD RESOURCES INSTITUTE 1995].

2.2 Europa und Deutschland

Die Gesamtmenge der erneuerbaren Wasserressourcen setzt sich aus den intern erneuerbaren Wasserressourcen*, die sich aus Niederschlag abzüglich Verdunstung berechnen, und dem Zufluß von den Nachbarstaaten zusammen. Für ganz Europa

Abb. 2-1: Globale Wasservorräte
Datenquelle: [DYCK UND PESCHKE 1983]

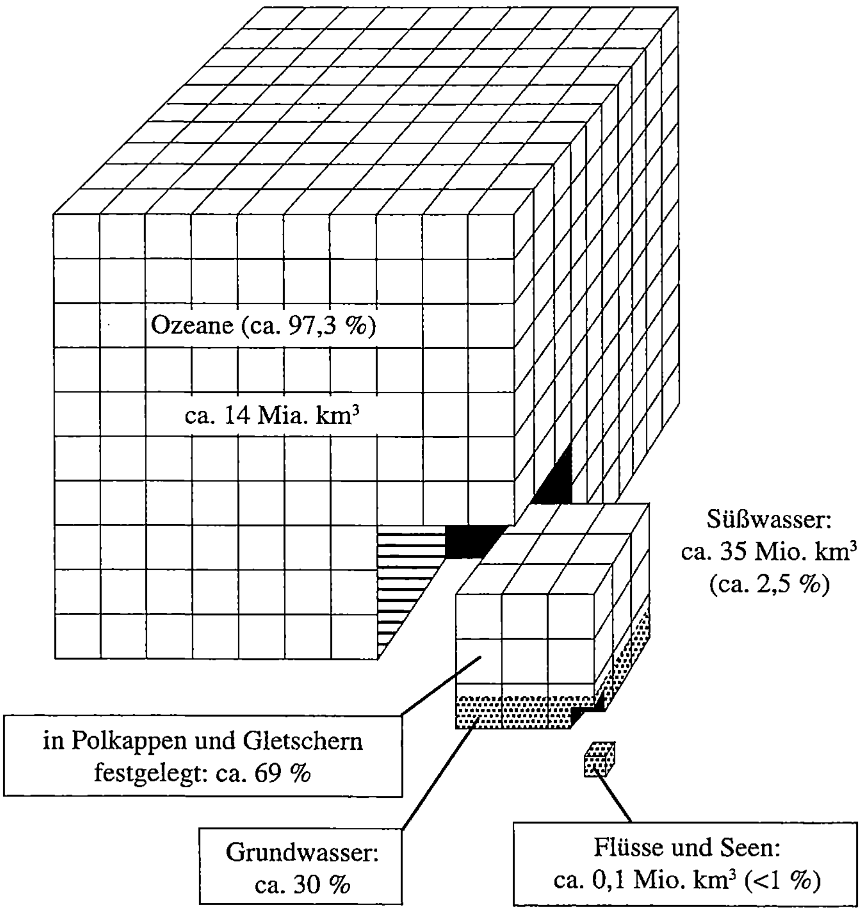

als Bilanzrahmen spielt dieser zusätzliche Input keine Rolle, da aus Asien keine nennenswerten Zuflüsse zu berücksichtigen sind. Hier ist die interne gleichbedeutend mit der gesamten Erneuerungsrate*. Sie beträgt 2.300 km³/a. Bei ca. 500 Mio. Einwohnern sind dies 4.530 m³/E·a.

Zwischen den einzelnen Ländern bestehen erhebliche Unterschiede. In Ungarn beispielsweise beträgt die interne Erneuerungsrate 570 m³, in Island 654.000 m³ pro

Tab. 2-1: Wasserentnahmen weltweit, in Europa, Deutschland und Baden-Württemberg
Datenquellen: Welt und Europa: [WORLD RESOURCES INSTITUTE 1995] (Bezugsjahr 1987)
Deutschland: [BMU 1994] (Bezugsjahr 1991)
Baden-Württemberg: [STATISTISCHES LANDESAMT 1994b] (Bezugsjahr 1991)

	gesamt	pro Kopf		nach Sektor		
	[km³/a]	[m³/E·a]	[m³/E·d]	Haushalte	Industrie	Landwirtschaft
Welt	3.240	644	1,8	8 %	23 %	69 %
Europa	359	713	2,0	13 %	54 %	33 %
Deutschland	47	595	1,6	14 %	83 %	3 %
Baden-Württemberg	6,9	690	1,9	(11 %)	(89 %)	nicht bekannt

Kopf und Jahr. Deutschland liegt mit einer internen Erneuerungsrate* von 1.200 m³ pro Kopf und Jahr bei lediglich 25 % des europäischen Durchschnitts [WORLD RESOURCES INSTITUTE 1995] (Tab. 2-1 und 2-2).

Für einige Staaten sind die Zuflüsse von Oberliegern eine wichtige Größe in ihrer Wasserbilanz. So liegt der Zufluß von den Oberliegern nach Deutschland mit 94 km³/a in der gleichen Größenordnung wie die intern erneuerbare Wasserressource* [BMU 1994]. In einigen Staaten Europas übertreffen die Zuflüsse von außen die internen Ressourcen um ein Vielfaches, so z.B. in den Niederlanden und in den Donauanrainerländern Ungarn, (ehem.) Jugoslawien, Rumänien und Bulgarien [WORLD RESOURCES INSTITUTE 1995].

In Europa standen der o.g. Erneuerungsrate von 2.300 km³/a Entnahmen von 359 km³/a im Jahr 1987 gegenüber, das sind 15 % der gesamten erneuerbaren Wasserressourcen* [WORLD RESOURCES INSTITUTE 1995]. In Deutschland lag dieser Anteil 1991 mit 47,4 km³ bei 25 % [BMU 1994]. Im Jahr 1987 betrug die Pro-Kopf-Entnahme (einschließlich Kühlwasser) in Europa durchschnittlich 2 m³/d, in der damaligen BRD ca. 1,9 m³/d [WORLD RESOURCES INSTITUTE 1995] (Tab. 2-1 und 2-2).

Tab. 2-2: Erneuerbare Wasserressourcen
Datenquellen: [WORLD RESOURCES INSTITUTE 1995] und [BMU 1994] (Bezugsjahr für Bevölkerung: 1992)

	interne Ressourcen		Zuflüsse von Oberliegern
	gesamt	pro Kopf	gesamt
	[km³/a]	[m³/E·a]	[km³]
Welt	41.000	7.420	—
Europa	2.300	4.530	—
Deutschland	96	1.200	94
Baden-Württemberg	11-14	1.100-1.400	33

2.3 Baden-Württemberg

2.3.1 Landesweite Betrachtung

Das in Baden-Württemberg zur Verfügung stehende Wasserdargebot setzt sich aus der intern erneuerbaren Ressource* und den Zuflüssen von Oberliegern (Schweiz, Österreich, Liechtenstein, Frankreich und Bayern) zusammen.

Zur Berechnung der internen Erneuerungsrate* ist die klimatische Wasserbilanz als Differenz zwischen Niederschlag und Verdunstung von entscheidender Bedeutung. Beide Größen zeigen bedeutende regionale Unterschiede. Die klimatische Wasserbilanz* variiert in Baden-Württemberg entsprechend zwischen 0 und 700 mm, wobei der größte Flächenanteil Werte von 100–400 mm aufweist [DEUTSCHER WETTERDIENST 1993] (Abb. 2-2). Die jährlichen Niederschlagssummen schwanken zwischen 600 mm (Oberrheinebene) und über 1800 mm im Hochschwarzwald. Die Verdunstungshöhen liegen zwischen 350 mm im Hochschwarzwald und 600 mm in der Oberrheinebene [WENDLAND ET AL. 1993]. Ein flächengewichteter Mittelwert liegt uns weder für den Niederschlag noch für die Verdunstung vor. Für die Wasserbilanz ist auch die jahreszeitliche Verteilung der Niederschläge von Bedeutung.

Eine Untersuchung der Universität Frankfurt [RAPP UND SCHÖNWIESE 1995] über die Entwicklung der Sommer- und Winterniederschläge in Baden-Württemberg in den letzten 40 bzw. 100 Jahren zeigt für beide Zeiträume einen eindeutigen Trend zu mehr Winterniederschlägen, für den Zeitraum der letzten 40 Jahre auch einen Trend zu weniger Sommerniederschlägen. Der Jahresniederschlag nahm in den letzten 100 Jahren um ca. 5 bis 15 % des Mittelwertes zu. Parallel erhöhte sich im Zeitraum von 1955 bis 1994 die Temperatur um 1 K*. Diese Trends fügen sich gut in die großräumigen Entwicklungen in Europa ein [RAPP UND SCHÖNWIESE 1995]. Die jahreszeitliche Umverteilung vom Sommer zum Winter zeigt die Abb. 2-3. Diese veränderte jahreszeitliche Verteilung der Niederschläge hat auch Auswirkungen auf die Wasserhaushaltsglieder Abfluß*, Grundwasserneubildung* und Verdunstung. Vor allem der durch die erhöhten Winterniederschläge verursachte verstärkte Oberflächenabfluß auf gefrorenem oder wassergesättigtem Boden wird – neben wasserbaulichen Gründen (fehlende Zwischenspeicher, Flächenversiegelung, Kanalisation oder Flußbegradigungen) – als wesentliche Ursache für die jüngsten extremen Winterhochwässer angesehen [RAPP UND SCHÖNWIESE 1995].

Zu der Frage nach den anthropogenen Ursachen der jüngsten Extremhochwasserereignisse herrscht in Fachkreisen bisher kein Konsens. Das komplexe Thema <u>Hochwasser</u> wird in dieser Studie nicht behandelt, soll aber im Rahmen der sich an diese Studie anschließenden Untersuchung der Ressource Boden analysiert werden.

Bei einem angenommenen Durchschnittswert von 837 mm (für die alte BRD [KELLER 1979a]) ergibt sich für Baden-Württemberg eine Niederschlagsmenge von

Abb. 2-2: Mittlere Jahressumme der klimatischen Wasserbilanz (KWBa), Zeitraum 1951-1980
Quelle: [DEUTSCHER WETTERDIENST 1993]

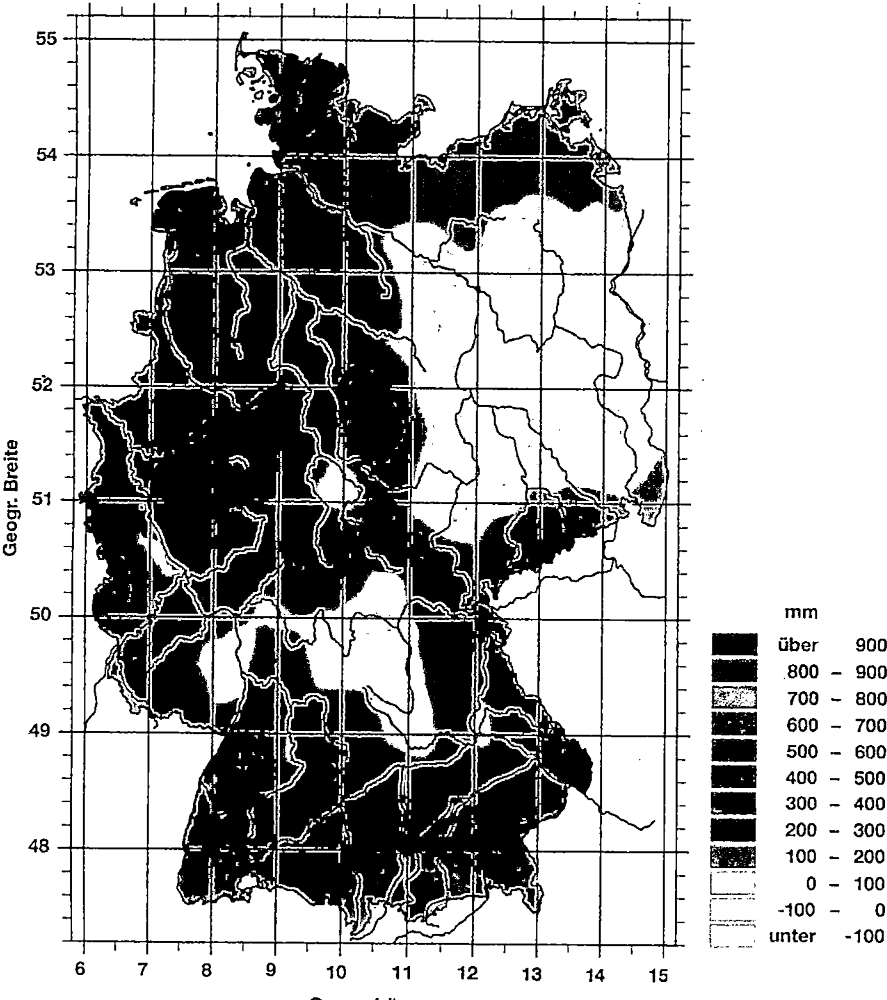

ca. 30 km³/a oder 30 Mia. m³/a. Dem steht bei einer angenommenen mittleren Verdunstungshöhe zwischen 450 und 524 mm/a [KELLER 1979a] eine Verdunstungsmenge von 16–19 Mia. m³/a gegenüber. Die künstliche Verdunstung über Kühltürme von rund 37 Mio. m³/a [STATISTISCHES LANDESAMT 1992] ist zwar regional von Bedeutung (siehe Kapitel 3.2.1 – Beispiel Neckar), spielt in der Gesamtbilanz für Baden-Württemberg jedoch keine Rolle. Daraus folgt:

Die Gesamtsumme der **intern erneuerbaren Wasserressourcen*** beträgt in Baden-Württemberg **11-14 Mia. m³/a.**

Abb. 2-3: Anteil des Winterniederschlags am Gesamtniederschlag 1955 und 1994
Quelle: [RAPP UND SCHÖNWIESE 1995]

Anteil des Niederschlages im Winterhalbjahr (Oktober - März) am Gesamtjahresniederschlag [%]
(aus lin. Regression 1955 - 1994)

1955

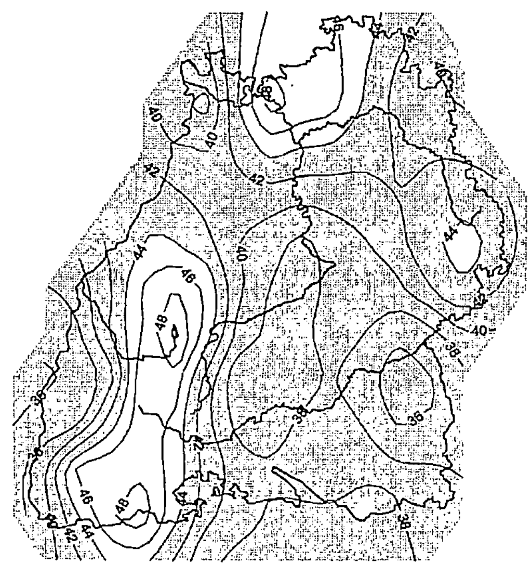

Anteil des Niederschlages im Winterhalbjahr (Oktober - März) am Gesamtjahresniederschlag [%]
(aus lin. Regression 1955 - 1994)

1994

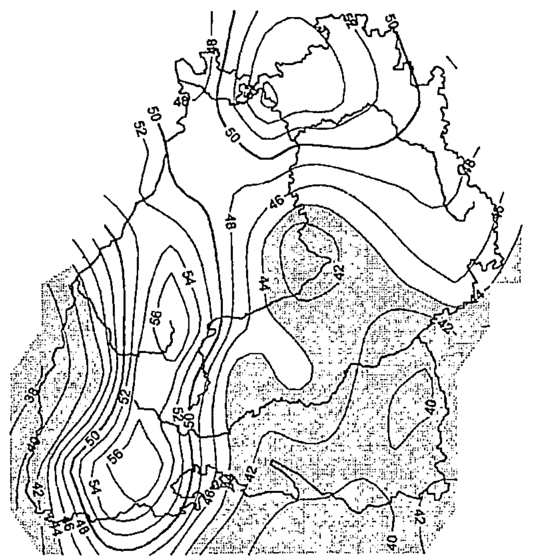

Die **Zuflüsse** von Oberliegern betragen insgesamt ca. **33 Mia. m³/a.**

Davon erreichen uns ca. 95 % aus der Schweiz, Östereich, Liechtenstein und Frankreich über Bodensee und Rhein [KELLER 1979b] und 5 % aus Österreich und Bayern über die Iller in die Donau [BLW 1992a]. Diese Zuflüsse erreichen jedoch nur die „Grenzgewässer" Rhein, Bodensee und Iller, die das Land gemeinsam mit den betreffenden Anrainerstaaten nutzt. Künstliche „Zuflüsse" über Trinkwasser- (0,8 Mio. m³/a im Jahr 1991 [STATISTISCHES LANDESAMT 1994b]) oder Getränke- import sind gegenüber den natürlichen Zuflüssen unbedeutend.

Die **Gesamtsumme der jährlich erneuerbaren Wasserressourcen** in Baden- Württemberg beträgt damit **44-47 Mia. m³/a.**

Daß die Annahmen für die o.g. Wasserbilanzglieder größenordnungsmäßig rich- tig sind, bestätigt sich durch den Vergleich mit der (gemessenen) Wassermenge von 48,7 Mia. m³/a, die durchschnittlich das Land über den Rhein (91,3 %), die Donau (8,1 %) sowie die Main-Zuflüsse Tauber und Erfa (0,6 %) verläßt [LfU 1994, BLW 1992a, BLW 1992b]. Im Vergleich zu den oberflächlich abfließenden Wassermengen spielt der Grundwasserabstrom* quantitativ keine Rolle, dasselbe gilt für den Trinkwasser- (3,4 Mio. m³/a [STATISTISCHES LANDESAMT 1994b]) und Getränkeexport. Grundwasserabstrom* findet nach Osten im Donauried und nach Norden in der Oberrheinebene statt. Die für das Donauried erstellten Bilanzen ge- hen von ca. 25 Mio. m³/a Grundwasser aus, die in den Kiesen des Donaurieds und dem darunterliegenden Karstgrundwasserleiter nach Osten abfließen [MEHLHORN 1992]. Für den Oberrhein werden 9 Mio. m³/a Grundwasserabstrom aus dem Rhein- Neckar-Gebiet nach Norden angenommen [HGK RHEIN-NECKAR 1987].

Mit Ausnahme dieser vergleichsweise geringen unterirdisch abfließenden Was- sermengen ist im langjährigen Mittel der Anteil der Grundwasserneubildung* in der Gesamtmenge des in Oberflächengewässern abfließenden Wassers enthalten. Da neugebildetes Grundwasser über kurz oder lang in Quellen zutage tritt oder direkt in die Vorfluter* exfiltriert, spielt die Speicherwirkung des Grundwasser- körpers in der langfristigen Bilanzierung keine Rolle. Trotzdem stellt die Grund- wasserneubildung* eine wichtige Größe in der Wasserbilanz dar, da Grundwasser im natürlichen Wasserkreislauf die einzige Speichermöglichkeit bietet, um bei- spielsweise Trockenzeiten auszugleichen. Die Grundwasserneubildung* ist des- halb für wasserwirtschaftliche Fragestellungen und insbesondere für die öffentli- che Wasserversorgung, die in Baden-Württtemberg zu 75 % aus Grundwasser be- stritten wird, von besonderem Interesse.

Detaillierte flächendeckende Kenntnisse über die Grundwasserneubildung* lie- gen für Baden-Württemberg nicht vor. Eine experimentelle Bestimmung kann punk- tuell an den 65 in Baden-Württemberg installierten Lysimeteranlagen* erfolgen [TRAUB 1994]. Deren Meßnetzdichte dürfte allerdings nicht ausreichen, um flä- chendeckende Aussagen zu machen. Mit verschiedenen Berechnungsmethoden kann aus bekannten Größen (Niederschlag, Temperatur, potentielle Evaporation*, Boden- art*, Bodennutzung, Flurabstand* des Grundwassers, Ertragsklassen* der Ein- zugsgebietsflächen, Trockenwetterabfluß* der Vorfluter*, Reliefenergie*) die Grundwasserneubildungsrate berechnet und evtl. anhand von Lysimeterdaten über- prüft werden [TRAUB 1994].

Einen groben Überblick über die Grundwasserneubildung in den <u>Festgesteins-bereichen</u> Baden-Württembergs (ohne Schwäbische Alb) gibt eine Karte, bei der die Berechnungsmethode nach WUNDT angewandt wurde [LFU 1990]. Für große Teile der restlichen Flächen (Lockergesteine der Oberrheinebene, Heilbronner Mulde, Singener Kiesfeld, Klettgaurinne, Erolzheimer Feld, Leutkircher Heide sowie die Ostalb) existieren Hydrogeologische Karten oder sind in Vorbereitung (Abb. 2-4).

Da offizielle Zahlen über die gesamte Menge des in Baden-Württemberg jährlich neugebildeten Grundwassers nicht vorliegen, läßt sie sich nur größenordnungsmäßig abschätzen. Geht man von durchschnittlich 7 l/s·km² Grundwasserneubildung* in den Festgesteinsbereichen (ohne Karst der Schwäbischen Alb) aus, die ca. zwei Drittel der Landesfläche ausmachen, so ergeben sich als Mindestmenge für Baden-Württemberg ca. 5 Mia. m³/a, zu der noch die Grundwasserneubildung aus dem Karst der Schwäbischen Alb und den Lockergesteinsgebieten hinzukommt. Da die Grundwasserneubildung aus Niederschlag nicht größer als die Differenz zwischen Niederschlag und Verdunstung sein kann, ergeben sich als maximale Obergrenze 14 Mia. m³/a. Der Anteil an Grundwasser, der sich darüberhinaus durch Versickerung der von außerhalb zugeflossenen Oberflächengewässer (Rhein und Iller) bildet, wird als vernachlässigbar eingeschätzt.

Die jährliche **Grundwasserneubildung** in Baden-Württemberg liegt demzufolge **zwischen 5 und 14 Mia. m³**.

Trendaussagen zur Entwicklung der Grundwasserneubildung sind schwierig, da neben klimatischen auch andere Faktoren wie z.B. Flächenversiegelungen, Flußbegradigungen, Wasserentnahmen, Drainagen, etc. die Grundwasserstände beeinflussen. Eine Untersuchung der Landesanstalt für Umweltschutz stellte bis 1992 in den vier wichtigsten Grundwasserlandschaften* (eiszeitliche Kiese und Sande des Oberrheingrabens, Malm* der Schwäbischen Alb, Talfüllungen des mittleren Neckarraums, eiszeitliche Kiese und Sande des Alpenvorlands) fallende Trends der Grundwasserstände fest, wobei die Untersuchungszeiträume teilweise bis 1950 zurückreichen. Hingegen wurden bei den Quellschüttungen (im Festgestein) schwach steigende Trends registriert. Die Quellen reagieren offensichtlich auf den steigenden Niederschlag, während in den Lockergesteinsaquiferen* vermutlich die oben genannten Faktoren, das heißt menschliche Eingriffe, für das Fallen der Grundwasserstände verantwortlich sind. Welchen Anteil direkte menschliche Eingriffe an dieser Entwicklung haben oder ob sich hier bereits eine eventuelle Klimaveränderung auf die Grundwasserneubildung auswirkt, kann nur durch weitergehende Untersuchungen geklärt werden [LFU 1992]. Die Auswertung von Lysimeterdaten kann durch die Ermittlung der Sickerwassermengen* wertvolle Hinweise auf langfristige Veränderungen der Grundwasserneubildung geben [TRAUB 1994].

Abb. 2-4: Grundwasserneubildung in Baden-Württemberg (nach Wundt) - Übersicht über vorliegende und in Bearbeitung befindliche Hydrogeologische Karten
Quelle: [LfU 1990] und [HGK BADEN-WÜRTTEMBERG 1985]

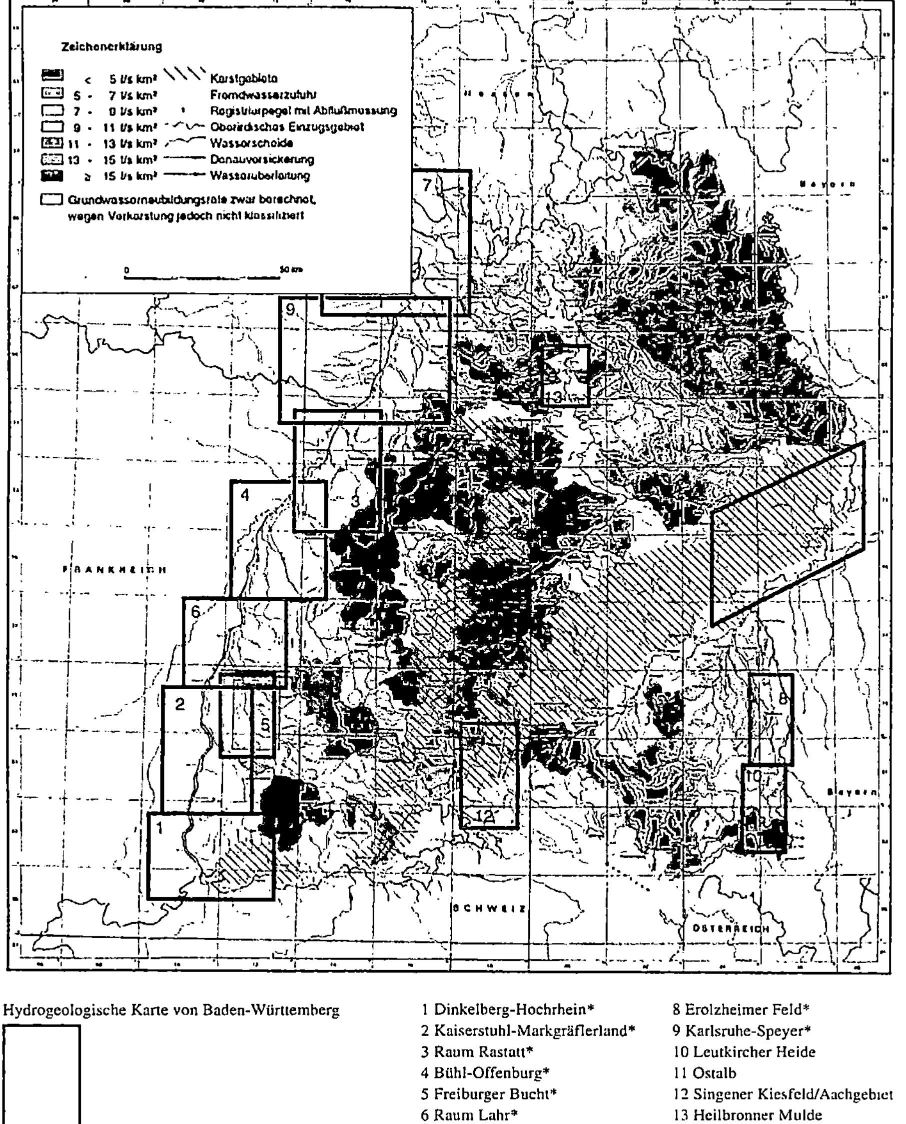

Hydrogeologische Karte von Baden-Württemberg

1 Dinkelberg-Hochrhein*
2 Kaiserstuhl-Markgräflerland*
3 Raum Rastatt*
4 Bühl-Offenburg*
5 Freiburger Bucht*
6 Raum Lahr*
7 Rhein-Neckar-Raum*

8 Erolzheimer Feld*
9 Karlsruhe-Speyer*
10 Leutkircher Heide
11 Ostalb
12 Singener Kiesfeld/Aachgebiet
13 Heilbronner Mulde
*: bisher erschienen

2.3.2 Regionale Unterschiede

Die vorangegangenen Betrachtungen bezogen sich auf den Bilanzrahmen von ganz Baden-Württemberg. Sie geben zwar einen Überblick über Größenordnungen, sind jedoch für die Frage nach den zur Verfügung stehenden Ressourcen in bestimmten Teilräumen wenig aussagekräftig. Tatsächlich bestehen in Baden-Württemberg hinsichtlich des zur Verfügung stehenden Wasserdargebots, vor allem des Grundwasserdargebots*, große regionale Unterschiede, die in den verschiedenen klimatischen und hydrogeologischen Gegebenheiten begründet liegen. Während die Randgebiete im Süden (Bodensee), Westen (Oberrheinebene) und Osten (Donauried und Karstquellen* der Schwäbischen Alb) über einen großen Wasserreichtum verfügen, sind die zentralen und nördlichen Gebiete weniger gut ausgestattet. So werden der mittlere Neckarraum und Nordost-Württemberg oft als Wassermangelgebiete bezeichnet. Einerseits sind hier die Niederschläge mit 650 bis 750 mm relativ niedrig (Abb. 2-5) [KUBALLA 1991], andererseits sind die hydrogeologischen Voraussetzungen bezüglich Menge bzw. Qualität des Grundwassers ungünstig:

Obwohl die Niederschläge auf der Schwäbischen Alb relativ hoch sind (900 bis 1400 mm) und im Untergrund große Karstwasservorkommen liegen, ist auch die Hochfläche der Schwäbischen Alb als Wassermangelgebiet zu bezeichnen. Das Niederschlagswasser versickert hier vollständig im Untergrund und speist die großen Karstwasservorkommen der Alb, ist damit für die Bewohner der Albhochfläche aber nicht mehr direkt nutzbar (siehe Kapitel 3.1.1).

Die Grundwasserlandschaft* des Lias* und Dogger*, die sich am Nordrand der Schwäbischen Alb entlangzieht, wird wegen der hier vorliegenden wenigen und nur geringmächtigen wasserführenden Schichten als Grundwassermangelgebiet* bezeichnet [HGK BADEN-WÜRTTEMBERG 1985]. Im höheren Keuper* der nördlich angrenzenden Gebiete (Schönbuch, Stuttgarter Bucht, Schwäbischer Wald) sowie der Löwensteiner Berge sind die Quellschüttungen mit 1–2 l/s relativ gering, was unter wirtschaftlichen Gesichtspunkten eine Einschränkung der Nutzbarkeit bedeuten kann. In Nordwürttemberg ist die ansonsten große Ergiebigkeit des Oberen Muschelkalks* eingeschränkt, da die Einzugsgebiete durch intensive Zertalung relativ klein sind; in Ostwürttemberg ist die Ergiebigkeit wegen geringer oder fehlender Verkarstung meistens niedrig. Zusätzlich zu diesen mengenmäßigen Beschränkungen treten oft qualitative Probleme wegen zu hoher Härte auf, vor allem im Gipskeuper* und im mittleren Muschelkalk* [HGK BADEN-WÜRTTEMBERG 1985].

Über diese bisher genannten aussschließlich geogenen Beschränkungen hinaus sind einerseits verschiedene Empfindlichkeiten der Grundwasserlandschaften gegenüber anthropogenen Beeinträchtigungen zu nennen, andererseits auch die regional sehr unterschiedliche Bevölkerungsdichte, die sich dank Fernwasserversorgungen weitgehend unabhängig von den vor Ort zur Verfügung stehenden Wasserressourcen entwickelt hat. Zur Qualität des Grundwassers siehe Kapitel 5.

Eine besonders hohe Empfindlichkeit gegenüber anthropogenen Beeinträchtigungen zeigt beispielsweise der verkarstete Obere Muschelkalk* Nordwürttembergs in den Einzugsgebieten von Tauber, Kocher und Jagst. Auf den relativ undurchlässigen Schichten des Keupers*, die auf den Muschelkalkschichten aufliegen, aber nicht flächendeckend ausgebildet sind, kann sich Oberflächenwasser sammeln, das in die nicht von Keuper überdeckten Bereiche des Karstgrundwasserleiters einsickert und die enthaltenen Verunreinigungen mittransportiert. Die Gefährdung des Karstgrundwassers durch anthropogene Verunreinigungen ist hier noch größer als im Karst der Schwäbischen Alb, wo keine Oberflächengewässer auftreten, weil der Niederschlag sofort versickert [HGK BADEN-WÜRTTEMBERG 1985].

Einerseits steht dem regional sehr unterschiedlichen Grundwasserdargebot* ein ebenfalls regional unterschiedlicher Bedarf gegenüber (z.B. in Ballungsräumen), andererseits treffen je nach Grundwasserlandschaft verschiedene Empfindlichkei-

Abb. 2-5: Mittlere jährliche Niederschlagssummen in Baden-Württemberg
Quelle: [KUBALLA 1991]

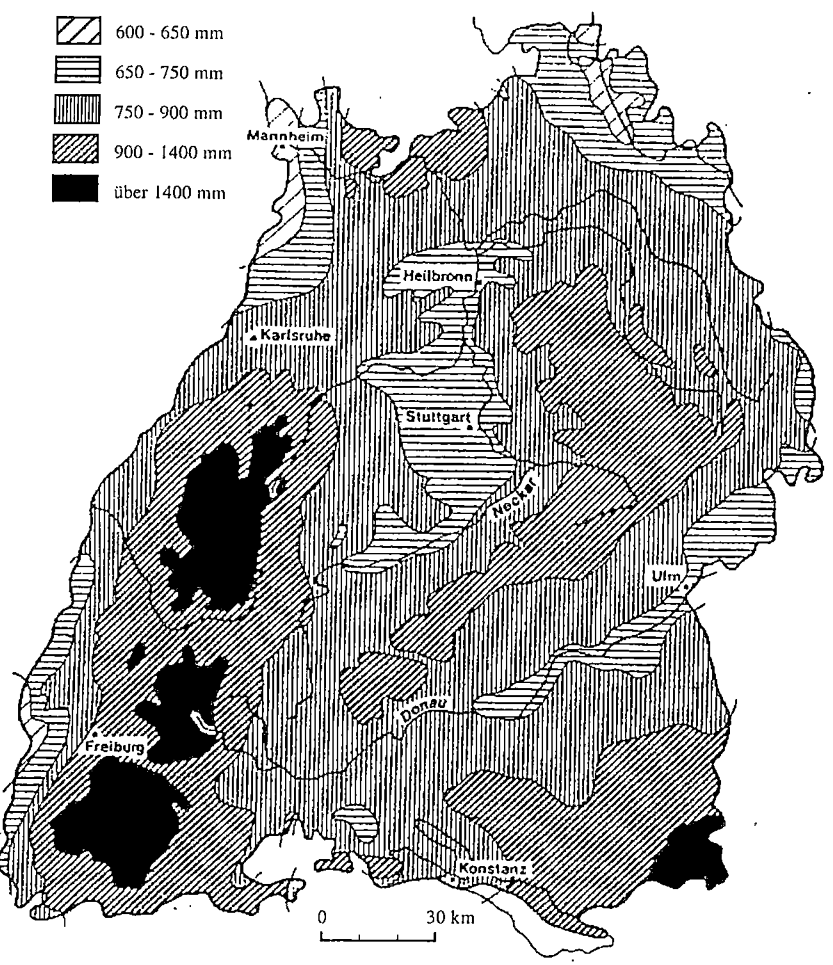

ten auf unterschiedliche Gefährdungspotentiale (z.B. Industriegebiete). Im Falle des mittleren Neckarraums und damit auch des Großraums Stuttgarts fällt hier geogener Grundwassermangel (geringe Ergiebigkeiten im Keuper*, Lias* und Dogger*, stark mineralisiertes* Wasser im Muschelkalk*) mit einem hohen Bedarf zusammen. Für die Trinkwasserförderung geeignet wäre nur das Talgrundwasser des Neckarkieses. Dieses ist aber aufgrund der dichten Besiedlung und damit verbundenen Belastung meist anthropogen verunreinigt [LfU 1984a, KOBUS UND BÜRKLE 1995]. Der Bedarf der Großstadt Stuttgart wird deshalb derzeit fast ausschließlich (zu 97 %) durch Fernwasserbezug gedeckt. Eine Alternative zur Fernwasserversorgung wäre die Nutzung des Neckars zur Trinkwasserversorgung, was allerdings mit entsprechenden Anforderungen an seine Gewässergüte verbunden wäre (siehe Kapitel 3.2.1). Derzeit wird Neckarwasser nur durch die Filderwasserversorgung indirekt über künstliche Grundwasseranreicherung* genutzt. Als Notversorgung kann jedoch auch heute schon Neckarwasser im Stuttgarter Wasserwerk Berg, das normalerweise nur Brauchwasser zur Verfügung stellt, zu Trinkwasser aufbereitet werden [LASKE 1992].

Die Mangelsituation in Nordwürttemberg ist weniger durch einen großen Bedarf bzw. starken Bevölkerungsdruck als vielmehr durch geogene Ursachen, verknüpft mit anthropogenen Beeinträchtigungen, bedingt. Oft ist das Grundwasser wegen zu hoher Mineralisation* nicht für Trinkwasserzwecke nutzbar oder es treten Probleme durch anthropogene Verunreinigungen auf [LfU 1984a]. Letzteres hängt auch mit der großen Empfindlichkeit der Karstwasservorkommen im oberen Muschelkalk gegenüber Verunreinigungen aus Landwirtschaft und häuslichen Abwässern zusammen.

Während die Wasserknappheit auf der Hochfläche der Schwäbischen Alb im Grunde auf geologische Ursachen zurückzuführen ist, werden sowohl im mittleren Neckarraum als auch in Nordwürttemberg die „natürlichen" Einschränkungen des Grundwasserdargebots durch anthropogene zusätzlich verstärkt.

Der Ausgleich zwischen Wassermangel- und Wasserüberschußgebieten begann schon 1870 mit dem Bau der ersten Gruppenwasserversorgung auf der Schwäbischen Alb [GEILER 1994]. Der Transport von Wasser über weitere Strecken zum „überregionalen Ausgleich" [LANDTAG 11/2119] erfolgte erstmals im Jahr 1917 durch die Inbetriebnahme der Landeswasserversorgung. Die wichtigsten Fernwasserversorgungsunternehmen in Baden-Württemberg sind heute die Zweckverbände Landeswasserversorgung (LW) und Bodenseewasserversorgung (BWV). In Kapitel 3.1.1.1 wird näher auf das Thema Fernwasserversorgung eingegangen.

2.3.3 Ausgewählte Regionen

Um der Frage nachzugehen, wie sich in den verschiedenen Regionen Baden-Württembergs das Verhältnis von Grundwasserdargebot* zum tatsächlichen Bedarf bzw. zur Entnahme darstellt, müßte flächendeckend das Grundwasserdargebot

Tab. 2-3: Entwicklungsmöglichkeiten der Grundwasserförderung in den Stadt- und Landkreisen Baden-Württembergs (Stand 1984)
Quelle: [LfU 1984a und 1984b]

Kreis	keine weitere Steigerung möglich	geringe und vereinzelte Steigerung möglich	Steigerung möglich	erhebliche Vorräte
Stuttgart	X			
Böblingen	X			
Esslingen	X			
Göppingen		X		
Ludwigsburg		X		
Rems-Murr-Kreis		X		
Heilbronn, Stadtkreis		X		
Heilbronn, Landkreis		X		
Hohenlohekreis		X		
Schwäbisch Hall	X			
Main-Tauber-Kreis		X		
Heidenheim				X
Ostalbkreis		X		
Baden-Baden, Stadtkreis			X	
Karlsruhe, Stadtkreis			X	
Karlsruhe, Landkreis			X	
Rastatt			X	
Heidelberg, Stadtkreis			X	
Mannheim, Stadtkreis			X	
Neckar-Odenwald-Kreis	X			
Rhein-Neckar-Kreis			X	
Pforzheim, Stadtkreis		X		
Calw	X			
Enzkreis		X		
Freudenstadt		X		
Freiburg, Stadtkreis			X	
Breisgau-Hochschwarzwald			X	
Emmendingen				X
Ortenaukreis				X
Rottweil		X		
Schwarzwald-Baar-Kreis		X		
Tuttlingen			X	
Konstanz			X	
Lörrach		X		
Waldshut			X	
Reutlingen			X	
Tübingen		X		
Zollernalbkreis		X		
Ulm				X
Alb-Donau-Kreis				X
Biberach				X
Bodenseekreis	X			
Ravensburg				X
Sigmaringen				X

erfaßt und den realen Entnahmen gegenübergestellt werden. Dies wurde 1984 in den Materialienbänden Grundwasserdargebot zum Wasserversorgungsbericht des Landes auf der Bilanzebene der Stadt- und Landkreise versucht, wobei die Angaben oft nur qualitativ sind und sich auf die Frage beschränken, ob noch weitere Steigerungen der Fördermengen möglich sind [LFU 1984a, LFU 1984b]. In Tab. 2-3 sind die Ergebnisse der Erhebung von 1984 zusammengefaßt. Die Aussagen bezüglich weiterer Steigerungsmöglichkeiten stellen die Situation und den Wissensstand von 1984 dar und sind nur begrenzt auf die aktuellen Verhältnisse übertragbar. Auch die Eingrenzung auf administrative anstatt naturräumlicher Einheiten wird der o.g. Fragestellung nicht gerecht. Es ist deshalb nach unserer Ansicht eine nach hydrogeologischen Teilräumen gegliederte Untersuchung erforderlich, die flächendeckend für ganz Baden-Württemberg bisher nicht vorliegt.

Da eine solche landesweite Untersuchung in dem uns zur Verfügung stehenden Zeitrahmen nicht zu leisten war, wurde die o.g. Fragestellung vom Geologischen Landesamt Baden-Württemberg (GLA) im Auftrag der Akademie für Technik-

Abb. 2-6: Übersicht über die geographische Lage der Fallbeispiele
Quelle: [STATISTISCHES LANDESAMT 1995c]

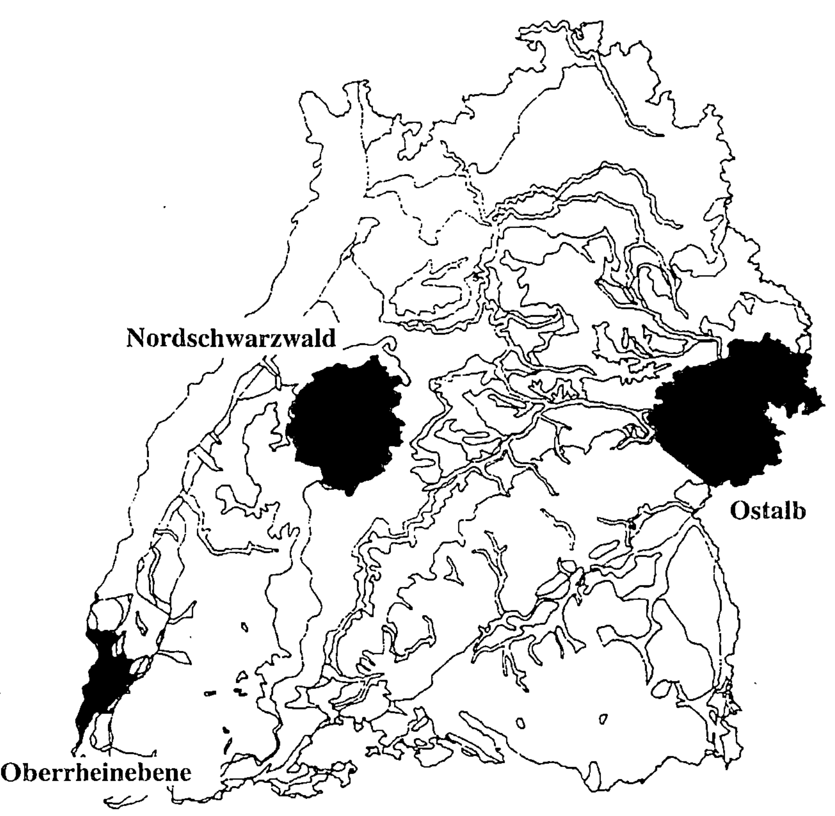

folgenabschätzung anhand dreier ausgewählter Untersuchungsgebiete mit unterschiedlichen Voraussetzungen (ein Wassermangel-, ein Wasserüberschuß- und ein ausgeglichenes Gebiet) exemplarisch bearbeitet [GEOLOGISCHES LANDESAMT 1995]. Es wurden für nach hydrogeologischen Kriterien abgegrenzte Untersuchungsgebiete in den Regionen südliche Oberrheinebene, Nordschwarzwald und Ostalb entsprechende Bilanzen erstellt (Abb. 2-6). Für jedes Teilgebiet wurde das „natürliche Grundwasserdargebot"* ermittelt, die Einschränkungen seiner Gewinnbarkeit bzw. Nutzbarkeit (z.B. durch geogene oder anthropogene qualitative Beeinträchtigungen) dargestellt und der tatsächlichen Nutzung gegenübergestellt. Grundlage der Betrachtungen waren folgende vom Geologischen Landesamt definierten Begriffe [GEOLOGISCHES LANDESAMT 1995]:

– *Grundwasserdargebot: „diejenige Grundwasserrate, die im langjährigen Mittel aus Niederschlag sowie Uferfiltrat*... neu gebildet wird (natürliches Grundwasserdargebot). Es kann künstlich (durch Wiesenwässerung, Staustufen, entnahmebedingte Steigerung des Uferfiltratanteils*) erhöht werden. Bei Entnahmeraten, die größer als das Grundwasserdargebot sind, wird der Grundwasservorrat abgebaut. Das natürliche und evtl. künstlich angereicherte Grundwasserdargebot stellt somit die größtmögliche, aus dem Grundwassersystem langfristig entnehmbare Grundwasserrate dar."*

– *Gewinnbares Grundwasserdargebot: „derjenige Teil des Grundwasserdargebots, der mit wirtschaftlichen Mitteln gewonnen werden kann bzw. der technisch erschließbar ist. Er ist u.a. abhängig von der Größe des Einzugsgebietes, den hydraulischen Parametern der Grundwasserleiter, deren vertikaler und horizontaler Verbreitung im Einzugsgebiet sowie von den Speichereigenschaften."*

– *Nutzbares Grundwasserdargebot: „der Teil des gewinnbaren Grundwasserdargebots, der für die Wasserversorgung unter Einhaltung bestimmter Randbedingungen genutzt werden kann (DIN 4049). Er kann dem Grundwassersystem ohne bzw. mit in vertretbarem Maß nachteilige Folgen (z.B. Reduzierung des Abflusses im Vorfluter*, ökologische Folgen für Feuchtgebiete, entnahmebedingte Setzungen, Ertragsminderungen in der Land- und Forstwirtschaft, etc.) entnommen werden."*

Die Daten zur Grundwasserentnahme in den drei Untersuchungsgebieten wurden vom Statistischen Landesamt im Auftrag der Akademie für Technikfolgenabschätzung aufbereitet [STATISTISCHES LANDESAMT 1995c].

2.3.3.1 Fallbeispiel Oberrheinebene

Das ausgewählte Gebiet repräsentiert einen Lockergesteinsbereich, der durch große Grundwasservorräte charakterisiert ist [GEOLOGISCHES LANDESAMT 1995] und in dem aufgrund des „nutzbaren Grundwasserdargebots"* noch Entnahmesteigerungen möglich wären [LFU 1984a]. Das Gebiet bezieht kein Fernwasser und beliefert auch keine anderen Regionen mit Wasser. Unter den drei Untersuchungsgebieten handelt es sich hier um das ausgeglichene Gebiet. Die landwirtschaftliche Nutzung erfolgt zu 50-60 % durch Maisanbau und zu 30–40 % durch Sonderkulturen (Gemüse, Spargel, Wein). Der Rest wird als Grünland genutzt.

In diesem 237 km² umfassenden Untersuchungsgebiet (Abb. 2-7) beträgt das „natürliche Grundwasserdargebot"* ca. 95 Mio. m³/a. Davon entfallen 43 Mio. m³/a auf Uferfiltrat* aus den Schwarzwaldzuflüssen, 2 Mio. m³/a auf unterirdischen Randzustrom*, wobei beide Größen mit großen Unsicherheiten behaftet sind. Die Grundwasserneubildung* aus Niederschlag macht ca. 50 Mio. m³/a aus, was einer mittlerer Grundwasserneubildungsrate* von rund 7 l/s·km² entspricht.

Aufgrund der Größe und der guten Speichereigenschaften sowie der hohen Durchlässigkeiten des quartären Kiesaquifers* wird davon ausgegangen, daß das gesamte natürliche Grundwasserdargebot* mit technischen Mitteln und wirtschaftlich vertretbarem Aufwand gewonnen werden kann, das „gewinnbare Dargebot"* also in derselben Höhe wie das „natürliche Dargebot"* liegt.

Auf 60 % der Fläche ist das Grundwasser mit Nitrat über 50 mg/l belastet, auf 10 % zusätzlich auch mit Chlorid über 250 mg/l (jeweils Grenzwert der Trinkwasserverordnung; Abb. 2-8). Die hier neugebildete Grundwassermenge von ca. 35 Mio. m³/a (70 % der Grundwasserneubildung aus Niederschlag im gesamten Gebiet) kann deshalb nicht ohne Aufbereitung als Trinkwasser verwendet werden.

In sämtlichen Gebieten, in denen eine bedeutende Uferfiltratkomponente an der Zusammensetzung des Grundwassers beteiligt ist, liegen die Nitratkonzentrationen unter den o.g. Grenzwerten. Davon profitiert beispielsweise das Wasserwerk Hausen der Freiburger Energie- und Wasserversorgung, in dessen Einzugsgebiet der Uferfiltratanteil* sogar 60 % beträgt. Ein weiterer günstiger Effekt der Uferfiltration* ist ihr Beitrag zu einem über das Jahr ausgeglichenen Grundwasserdargebot, da die Versickerung hauptsächlich in den Sommermonaten und im Herbst stattfindet, wenn aus lokalem Niederschlag nur geringe Mengen an Grundwasser neu gebildet werden.

Insgesamt wurden 1991 im gesamten Untersuchungsgebiet 20,5 Mio. m³ Grundwasser entnommen, das entspricht rund 22 % des „natürlichen"* bzw. „gewinnbaren Dargebots"*. Davon wurden 12,7 Mio. m³ ausschließlich zu Trinkwasserzwecken, 4,3 Mio. m³ ausschließlich für landwirtschaftliche Beregnung, 3,1 Mio. m³ als Brauch-, Kühl- und Beregnungswasser und die restlichen 0,3 Mio. m³ für nicht genauer definierte Zwecke genutzt.

Obwohl dieses Untersuchungsgebiet natürlicherweise über große Grundwasservorräte verfügt, ist ihre Nutzbarkeit durch anthropogene Beeinträchtigungen, in diesem Fall hauptsächlich durch die Landwirtschaft, aber auch den Kalibergbau verursacht, stark eingeschränkt. Für die öffentliche Wasserversorgung, die an die Grenzwerte der Trinkwasserverordnung gebunden ist, bleiben von den 95 Mio. m³/a des „natürlichen"* bzw. „gewinnbaren Grundwasserdargebots"* theoretisch noch 60 Mio. m³/a ohne Aufbereitung nutzbar. Dabei tritt sie auch in Konkurrenz zu anderen Nutzern, die z.B. für Beregnungszwecke zwar auch nitratreicheres Grundwasser nützen könnten, aber je nach Lage der bewässerten Flächen auch aus den weniger belasteten Grundwasservorkommen fördern. Mögliche neue Brunnenstandorte für die öffentliche Wasserversorgung reduzieren sich auf die 40 % der Fläche, wo niedrigere Nitratgehalte im Grundwasser zu verzeichnen sind, d. h.

Abb. 2-7: Grundwasserlandschaften und öffentliche Wasserentnahmen in der Oberrheinebene südlich des Kaiserstuhls 1991
Quelle: [GEOLOGISCHES LANDESAMT 1995]

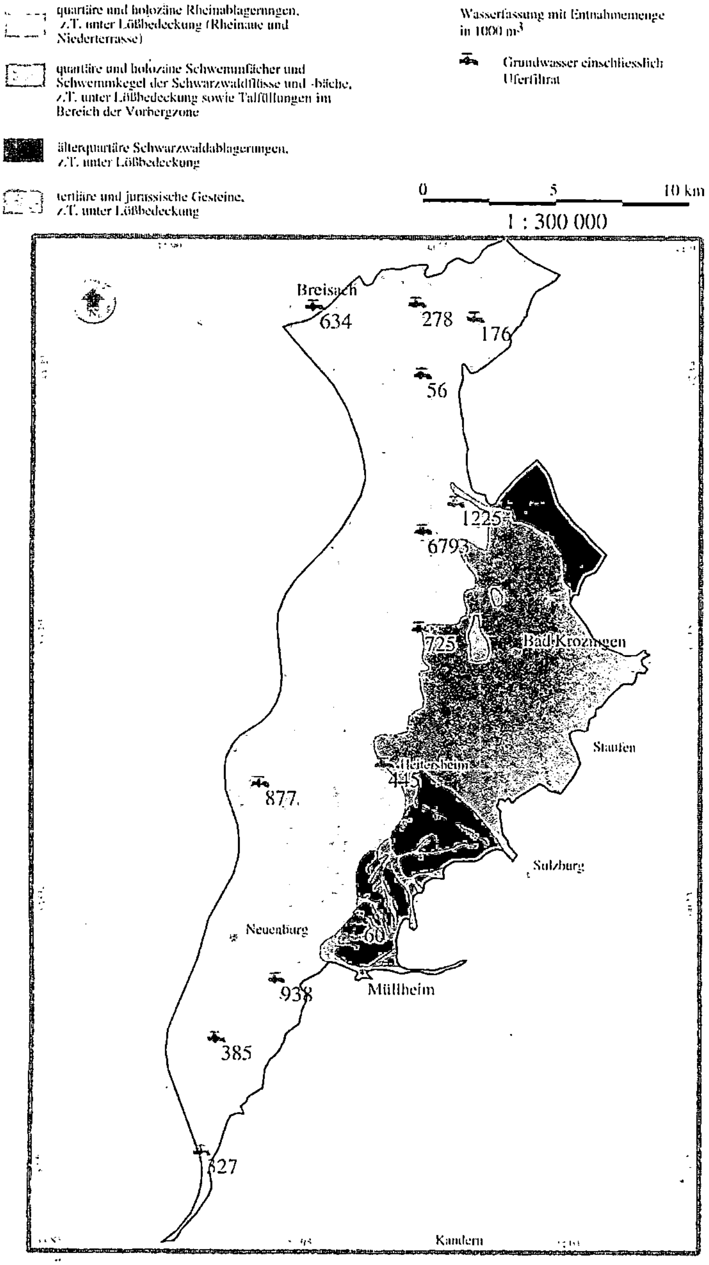

Kartengrundlage:
Geologisch - Hydrologische Karte der Hydrogeologischen Karte von Baden-Württemberg.
Oberrheingebiet, Kaiserstuhl, Markgraflerland, 1 : 50 000

GLA

Abb. 2-8: Überhöhte Clorid- und Nitratgehalte im Grundwasser in der Oberrheinebene südlich des Kaiserstuhls
Quelle: [GEOLOGISCHES LANDESAMT 1995]

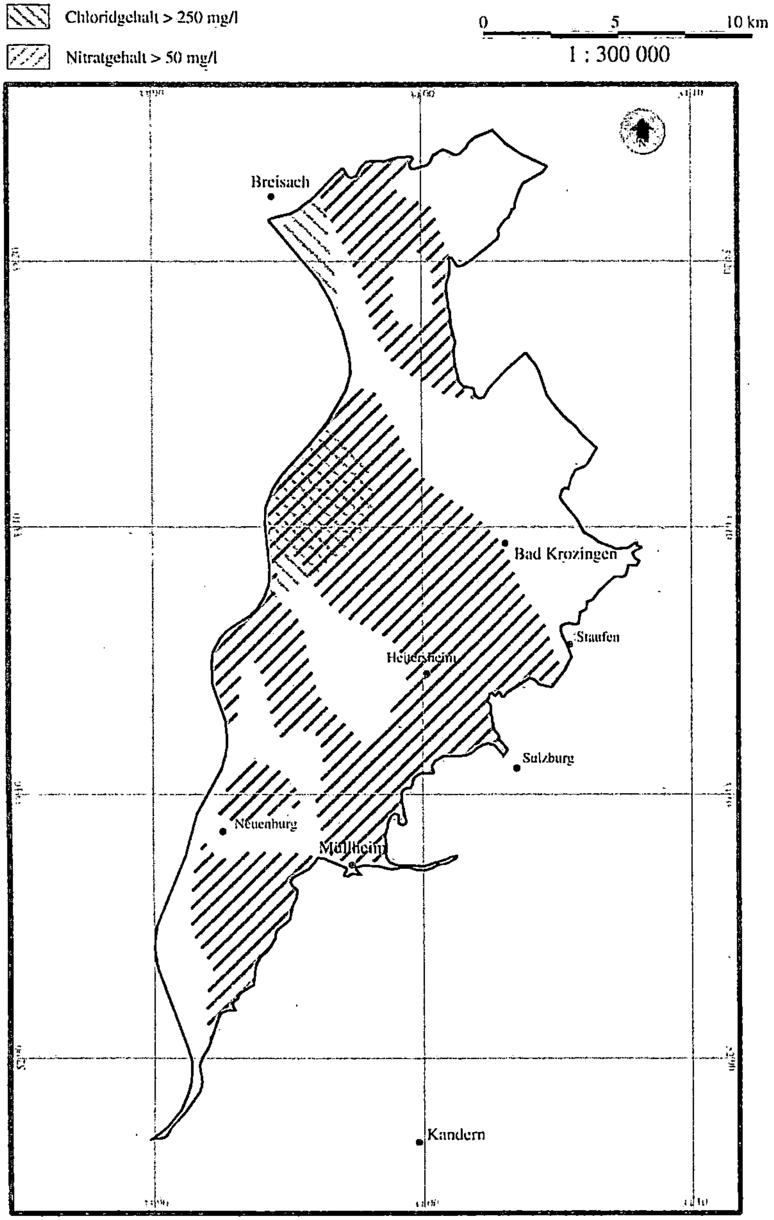

Datengrundlage:
-Grundwasserbeschaffenheitsprogramm der LfU für 1991
-Nitratprogramm Markgräflerland für 1991
-Nitratuntersuchungen südlich des Kaiserstuhls für 1991/92

den Gebieten mit hohem Uferfiltratanteil der Schwarzwaldbäche. Inwieweit diese Menge durch die Einhaltung weiterer Randbedingungen (Mindestabfluß* im Vorfluter*, Schutz von Feuchtbiotopen, Vermeidung von Setzungsschäden, Vermeidung von Beeinträchtigungen land- und forstwirtschaftlicher Erträge, etc.) noch weiter eingeschränkt wird, konnte nicht quantifiziert werden, sondern müßte im Einzelfall untersucht werden.

Da fast die Hälfte des gesamten Grundwasserdargebots im Untersuchungsgebiet über den Randzustrom von Grundwasser, vor allem aber über die Versickerung von Schwarzwaldbächen gebildet wird, ist die Region in starkem Maß darauf angewiesen, daß in den Ursprungsgebieten dieser Zuflüsse keine nennenswerten Verunreinigungen des Wassers erfolgen.

2.3.3.2 Fallbeispiel Nordschwarzwald

Ganz anders sind die Verhältnisse im Untersuchungsgebiet Nordschwarzwald, wo es sich um eine überwiegend aus Buntsandstein, daneben auch aus Muschelkalk bestehende, örtlich stark zertalte Mittelgebirgslandschaft handelt (Abb. 2-9). Hier wird überwiegend (zu 75 %) Quellwasser genutzt [STATISTISCHES LANDESAMT 1995c]. Unter den drei Fallbeispielen repräsentiert diese Region das Mangelgebiet. Im Wasserversorgungsbericht des Landes wird z.B. davon ausgegangen daß im Kreis Calw, der das Untersuchungsgebiet überwiegend abdeckt, *„die Grundwasservorkommen weitgehend genutzt (sind) und die noch an einzelnen Stellen vorhandenen Reserven nur für den örtlichen Bedarf herangezogen werden können"* [LfU 1984a].

Das Untersuchungsgebiet umfaßt eine Fläche von 978 km². Dem „natürlichen Grundwasserdargebot"* von ca. 224 Mio. m³/a steht ein „gewinnbares Dargebot"* von lediglich 23 Mio. m³/a gegenüber. Das heißt, nur 10 % des „natürlichen Grundwasserdargebots"* sind wirtschaftlich gewinnbar bzw. technisch erschließbar. Die Reduktion ergibt sich dadurch, daß nur 20 % des neugebildeten Grundwassers über größere Quellen abfließen, die restlichen 80 % aber diffus dem jeweiligen Vorfluter* zuströmen. Außerdem kann nur der Mindestabfluß, der auch in Trockenzeiten zu erwarten ist, regelmäßig genutzt werden. Darüberhinaus sind die Quellschüttungen in vielen kleinen Einzugsgebieten zu gering, um wirtschaftlich gefaßt werden zu können.

Die über die o.g. quantitativen Einschränkungen hinausgehenden qualitativen Einschränkungen des „gewinnbaren Grundwasserdargebots"* sind nicht genau quantifizierbar, aber – im Gegensatz zum Fallbeispiel Oberrheinebene – von untergeordneter Bedeutung. Sie sind hauptsächlich geogenen Ursprungs, da das Wasser aus dem mittleren Muschelkalk stark mineralisiert* ist und hohe Sulfatgehalte aufweist. Anthropogene Verunreinigungen sind demgegenüber unbedeutend. In lediglich einer von 38 Meßstellen des Grundwasserbeschaffenheitsmeßnetzes der LfU war im Jahr 1991 in diesem Gebiet eine Grenzwertüberschreitung für Ammonium, in keiner einzigen für Nitrat feststellbar [GEOLOGISCHES LANDESAMT 1995]. Über 90 % der abgegebenen Wassermenge der öffentlichen Wasserversorgung wiesen Nitratgehalte unter 25 mg/l auf. In drei von 53 Gewinnungsanlagen waren Pflanzen-

Abb. 2-9: Grundwasserlandschaften und öffentliche Wasserentnahmen im Nordschwarzwald 1991
Quelle: [GEOLOGISCHES LANDESAMT 1995]

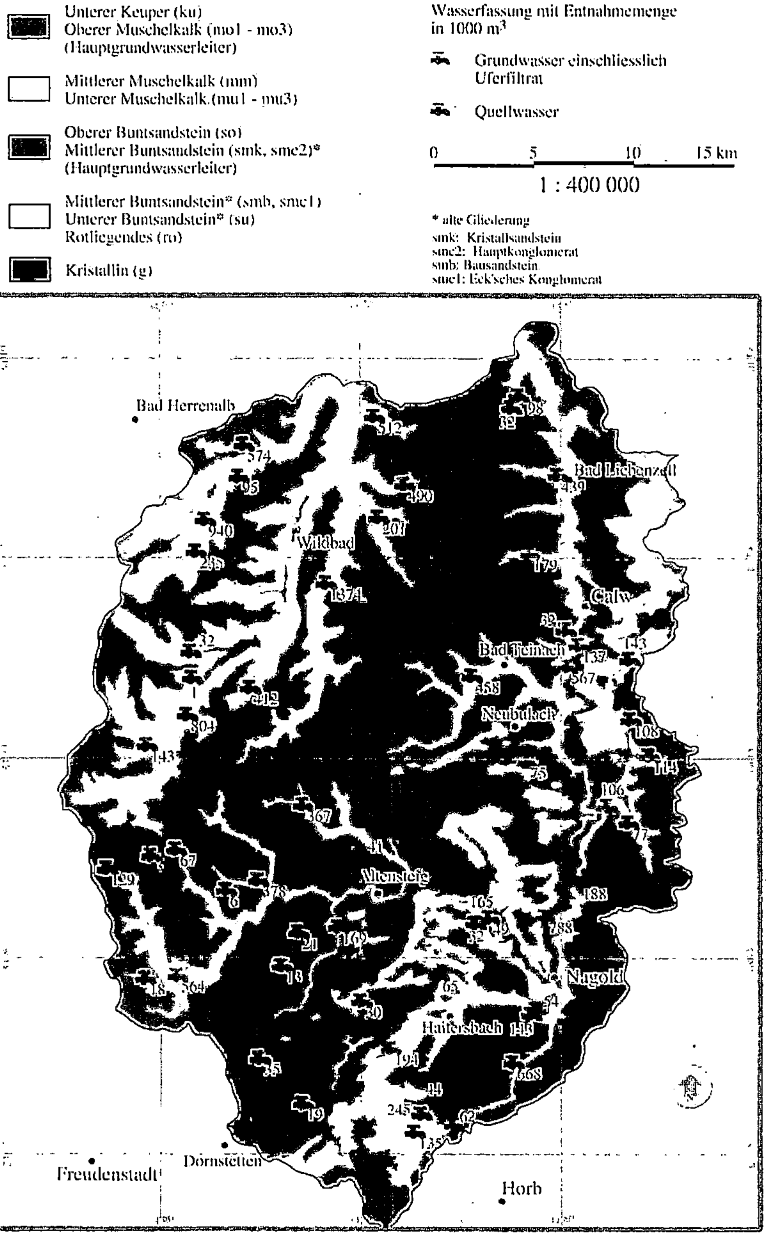

Unterer Keuper (ku)
Oberer Muschelkalk (mo1 - mo3)
(Hauptgrundwasserleiter)

Mittlerer Muschelkalk (mm)
Unterer Muschelkalk.(mu1 - mu3)

Oberer Buntsandstein (so)
Mittlerer Buntsandstein (smk, sme2)*
(Hauptgrundwasserleiter)

Mittlerer Buntsandstein* (smb, sme1)
Unterer Buntsandstein* (su)
Rotliegendes (ro)

Kristallin (g)

Wasserfassung mit Entnahmemenge
in 1000 m³

Grundwasser einschliesslich
Uferfiltrat

Quellwasser

0   5   10   15 km

1 : 400 000

* alte Gliederung
smk: Kristallsandstein
sme2: Hauptkonglomerat
smb: Bausandstein
sme1: Eck'sches Konglomerat

Kartengrundlage: Geologische Karte von Baden-Württemberg. 1 : 25 000
Entnahmedaten: Statistisches Landesamt Baden-Württemberg

schutzmittel nachweisbar, in einer davon lag die Summe der Einzelgehalte an Pflanzenschutzmitteln über 0,1 µg/l [STATISTISCHES LANDESAMT 1995c].

Auffallend ist, daß in 31 von 59 Gewinnungsanlagen Polyzyklische Aromatische Kohlenwasserstoffe (PAK) unterhalb des Grenzwerts der Trinkwasserverordnung nachgewiesen wurden. PAK stammen aus Verbrennungsprozessen und sind ubiquitär vorhanden. Sie werden besonders in Waldgebieten aus der Atmosphäre „ausgekämmt" und lagern sich bevorzugt an gelösten oder suspendierten Huminstoffen an [DVWK 1993]. Beides könnte die (im Vergleich zu den anderen zwei Untersuchungsgebieten) im Quellwasser des Nordschwarzwald besonders häufig auftretenden PAK-Funde erklären.

Die Wasserentnahme betrug im Jahr 1991 12,6 Mio. m³. Damit wird über die Hälfte des „gewinnbaren Grundwasserdargebots"* bereits gefördert. Es bleiben nach den Berechnungen des Geologischen Landesamts [GEOLOGISCHES LANDESAMT 1995] noch ca. 10 Mio. m³/a zusätzlich „gewinnbaren Grundwassers". Der Anteil des unter Einhaltung bestimmter Randbedingungen (z.B. Erhalt eines Mindestabflusses in den Fließgewässern) „nutzbaren Grundwasserdargebots"* am „gewinnbaren Dargebot"* wurde nicht quantifiziert.

2.3.3.3 Fallbeispiel Ostalb

Der Untergrund dieses 1457 km² großen Gebietes, das den Landkreis Heidenheim und Teile der Kreise Ostalb, Göppingen und Alb-Donau umfaßt, besteht überwiegend aus Karbonatgesteinen des Weißjura*, die einen Kluft-* und Karstaquifer* mit stellenweise hoher bis sehr hoher Grundwasserspende bilden (Abb. 2-10). Es beinhaltet auch die Entnahmegebiete des Zweckverbands Landeswasserversorgung, der im Jahr 1991 rund 60 Mio. m³ der in diesem Gebiet insgesamt entnommenen 83 Mio. m³ Grundwasser förderte und in seine überwiegend außerhalb des Untersuchungsgebietes liegenden Versorgungsgebiete (Großraum Stuttgart, Nordwürttemberg) lieferte. Die Landeswasserversorgung nutzt bisher – von einigen durch den Zweckverband Wasserversorgung Nordostwürttemberg (NOW) betriebenen Brunnenanlagen abgesehen – als einziges Fernwasserversorgungsunternehmen in Baden-Württemberg in großem Maßstab Grundwasser (siehe Kapitel 3.1.1.1). Da der überwiegende Anteil des hier geförderten Grundwassers als Fernwasser dient, kann man es als Überschußgebiet bezeichnen.

Das „natürliche Grundwasserdargebot"* beträgt ca. 460–550 Mio. m³/a. Der für die Bestimmung des „gewinnbaren Grundwasserdargebots"* notwendige Niedrigwasserabfluß* ist für den tiefen Karst nicht bekannt. Deshalb fehlen Zahlen sowohl für das „gewinnbare"* als auch für das „nutzbare Grundwasserdargebot"*.

Im Jahr 1991 wurden 77 Mio. m³ Trinkwasser und 6 Mio. m³ Brauchwasser entnommen, das sind 15–18 % des „natürlichen Grundwasserdargebots"*. In einigen Teilbereichen könnte die Entnahmemenge ohne Schäden erhöht werden, wodurch die derzeitige Gesamtförderung im Untersuchungsgebiet allerdings um weniger als 10 % gesteigert werden könnte [GEOLOGISCHES LANDESAMT 1995].

Abb. 2-10: Grundwasserlandschaften und öffentliche Wasserentnahmen auf der Ostalb 1991
Quelle: [GEOLOGISCHES LANDESAMT 1995]

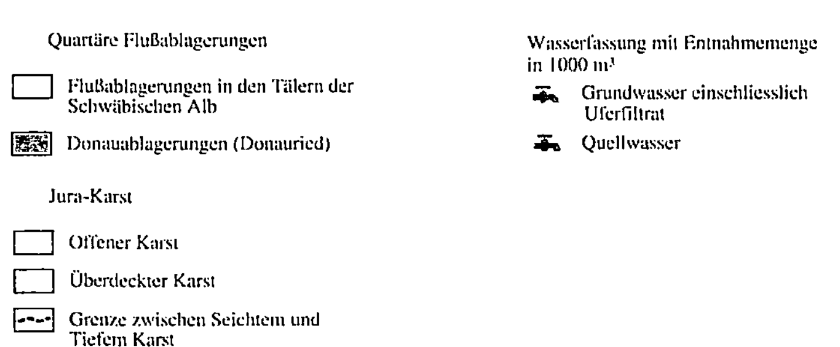

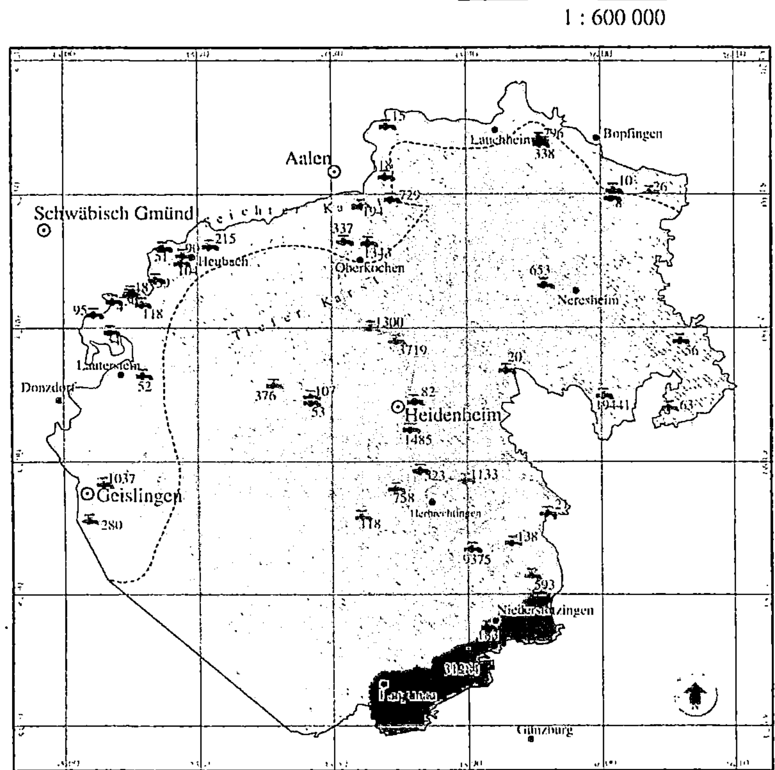

Kartengrundlage: Geologische Karte von Baden-Württemberg 1 : 500 000
Entnahmedaten: Statistisches Landesamt Baden-Württemberg

Der wichtigste Grundwasserspeicher bzw. -leiter ist der Karst* der Schwäbischen Alb. Das Karstgrundwasser wird entweder direkt an Karstquellen gefaßt, wie z.B. der von der Landeswasserversorgung im Egauwasserwerk genutzten Buchbrunnenquelle, oder indirekt über im Kiesaquifer* des Donaurieds verfilterte* Brunnen gefördert. Das Karstgrundwasser steigt hier in den darüberliegenden quartären Kiesaquifer* auf und vermischt sich mit dem lokal neugebildeten, sehr stark mit Nitrat belasteten Grundwasser [HAAKH 1994]. In jüngster Zeit wird es in einigen Fassungen auch direkt über Tiefbrunnen aus dem Karstgrundwasserleiter gefördert (siehe Kapitel 3.1.5).

Das Karstgrundwasser ist wegen seiner durch die hohen Fließgeschwindigkeiten bedingten kurzen Verweildauer und damit geringen Selbstreinigungskraft gegenüber Verunreinigungen sehr anfällig. Dementsprechend wurden in 78 % des für die Trinkwassergewinnung geförderten Grundwassers Pflanzenbehandlungsmittel festgestellt. In mehr als einem Viertel (26 %) wurde der Summengrenzwert der Trinkwasserverordnung für Pflanzenbehandlungsmittel von 0,5 µg/l überschritten [STATISTISCHES LANDESAMT 1995c]. Aussagen zu Überschreitungen des Einzelstoffgrenzwerts von 0,1 µg/l für Pestizide wurden nicht getroffen. Die Nitratkonzentrationen des dem Donauried von Norden zuströmenden Karstgrundwassers liegen derzeit bei 33 mg/l [HAAKH 1994]. Genau 60 % der Jahresförderung der öffentlichen Wasserversorgung im Untersuchungsgebiet wiesen im Jahr 1991 Nitratkonzentrationen zwischen 25 und 50 mg/l auf, während in 8,2 % der Wassermenge Chlorierte Kohlenwasserstoffe (CKW) nachweisbar waren [STATISTISCHES LANDESAMT 1995c].

Trübungen und mikrobielle Verunreinigungen zeigen eine generelle Abnahme in folgender Reihenfolge: Quellen des Seichten Karsts*, Quellen des Tiefen Karsts*, einzelne Tiefbrunnen des nördlichen Tiefen Karsts, Tiefbrunnen des südlichen Tiefen Karsts. Im Tiefen Karst ist die Abnahme der Verunreinigungen durch die zunehmende Überdeckung des Grundwasserleiters bedingt. Das indirekte Karstgrundwasser aus gut filtrierenden quartären Kiesen ist am besten geschützt. Hieraus versorgt sich beispielsweise zu großen Teilen die Landeswasserversorgung mit ihren Brunnen im Donauried.

Nutzungseinschränkungen ergeben sich dadurch, daß aus ökologischen Gründen ein bestimmter Mindestabfluß im Vorfluter* notwendig ist und deshalb jederzeit eine für die Gewässerorganismen ausreichende Wassermenge im Gewässerbett gewährleistet sein muß. So ist beispielsweise die Nutzung des Karstgrundwassers im Egautal wasserrechtlich an die Einhaltung eines maßgeblichen Abflusses der Egau gekoppelt.

Qualitative Probleme mit Nitrat stehen im von der Landeswasserversorgung genutzten Grundwasser des Donaurieds im Vordergrund. Während der Jahresmittelwert für Nitrat im Jahr 1930 noch bei ca. 10 mg/l lag, wurden im Jahr 1994 Jahresmittelwerte von über 40 mg/l erreicht, wobei eine Trendwende noch nicht erreicht ist [HAAKH 1994]. Auf die spezielle Nährstoffproblematik im Donauried wird in Kapitel 5.2.1.1 näher eingegangen.

Das Donauried umfaßt insgesamt ca. 150 km², der nördliche, zu Baden-Württemberg gehörende Anteil daran beträgt 54 km². Sein Grundwasserhaushalt wurde im Jahr 1987 bilanziert (Abb. 3-31). Der 5–8 m mächtige, weitgehend zusammenhängende Kiesaquifer* wird hauptsächlich aus Karstgrundwasser und untergeordnet aus lokaler Grundwasserneubildung gespeist. Das Haupteinzugsgebiet für das im Donauried aufsteigende Karstgrundwasser umfaßt 350–400 km² auf der Schwäbischen Alb. Bei einer mittleren Grundwasserneubildung von ca. 10 l/s·km² ergeben sich 110 Mio. m³/a an relativ jungem Karstgrundwasser, die dem Donauried von Norden zuströmen. Zusätzlich steigen aus dem südlichen, überdeckten Karst* ca. 10 Mio. m³/a alten Karstgrundwassers auf [MEHLHORN 1992]. Die Neubildung im Donauried selbst macht weitere 10 Mio. m³/a aus.

Das im Donauried geförderte Grundwasser hat eine weite Streubreite der geogenen Beschaffenheit und anthropogenen Beeinflussung. Die Wasserkomponenten weisen Aufenthaltszeiten von wenigen bis über 1000 Jahre auf. Die höchsten Verweilzeiten hat das von Süden her strömende alte Karstgrundwasser, das seit kurzem über Tiefbrunnen direkt gefördert wird. Zur Förderung alter bzw. tiefer Grundwässer finden sich in Kapitel 3.1.5 weitere Ausführungen.

2.4 Literatur

BLW 1992a
> Bayerisches Landesamt für Wasserwirtschaft (Hrsg.): Deutsches Gewässerkundliches Jahrbuch, Donaugebiet, Abflußjahr 1989. München.1992.

BLW 1992b
> Bayerisches Landesamt für Wasserwirtschaft (Hrsg.): Deutsches Gewässerkundliches Jahrbuch, Rheingebiet, Teil II: Main; Abflußjahr 1989. München.1992.

BMUNR 1994
> Bundesministerium für Umwelt, Naturschutz und Reaktorsicherheit (Hrsg.): Umweltpolitik – Wasserwirtschaft in Deutschland. Bonn. 1994.

DEUTSCHER WETTERDIENST 1993
> Deutscher Wetterdienst: Mittlere Jahressumme der klimatischen Wasserbilanz (kWBa), Zeitraum 1951–1980. In: DVGW (Deutscher Verein des Gas- und Wasserfachs): Einfluß von Bodennutzung und Düngung in Wasserschutzgebieten auf den Nitrateintrag in das Grundwasser. Wasser-Information 35. 3/93. Bonn. S. 11.

DVWK 1993
> Deutscher Verband für Wasserwirtschaft und Kulturbau (Hrsg.): Stoffeintrag und Grundwasserbewirtschaftung. DVWK Schriften. Bd. 104. Hamburg, Berlin. 1993.

DYCK UND PESCHKE 1983
> Dyck S., Peschke G.: Grundlagen der Hydrologie. Berlin. 1983.

GEOLOGISCHES LANDESAMT 1995
> Geologisches Landesamt Baden-Württemberg: Darstellung des nutzbaren Grundwasserdargebotes in verschiedenen Grundwasserlandschaften Baden-Württembergs am Beispiel von drei vertiefenden Fallstudien. Gutachten im Auftrag der Akademie für Technikfolgenabschätzung in Baden-Württemberg. Stuttgart. 1995. (Unveröffentlicht.)

HAAKH 1994
Haakh F.: Überlegungen zur Entwicklung der Nitratkonzentration im Grundwasser des Donaurieds. In: Zweckverband Landeswasserversorgung (Hrsg.): LW-Schriftenreihe Heft 14. S.5–11. Dezember 1994.

HGK BADEN-WÜRTTEMBERG 1985
Ministerium für Ernährung, Landwirtschaft und Forsten und Ministerium für Wirtschaft, Mittelstand und Technologie Baden-Württemberg (Hrsg.): Hydrogeologische Karte von Baden-Württemberg – Grundwasserlandschaften. Freiburg und Karlsruhe. 1985.

HGK RHEIN-NECKAR 1987
Ministerium für Umwelt Baden-Württemberg, Hessischer Minister für Umwelt und Reaktorsicherheit, Ministerium für Umwelt und Gesundheit Rheinland-Pfalz (Hrsg.): Hydrogeologische Kartierung und Grundwasserbewirtschaftung im Rhein-Neckar-Raum. Stuttgart, Wiesbaden, Mainz. 1987.

KELLER 1979a
Keller R.: Wasserbilanz der Bundesrepublik Deutschland. In: Keller R. (Gesamtleitung): Hydrologischer Atlas der Bundesrepublik, DFG (Deutsche Forschungsgemeinschaft) (Hrsg.). S. 285–289. Boppard. 1979.

KELLER 1979b
Keller R. (Gesamtleitung): Hydrologischer Atlas der Bundesrepublik, DFG (Deutsche Forschungsgemeinschaft) (Hrsg.). Boppard. 1979.

KOBUS UND BÜRKLE 1995
Kobus H., Bürkle F.: Konkurrierende Ansprüche an ein Fließgewässer – das Beispiel Neckar. In: Lehn H., Steiner M., Mohr H. (Hrsg.): Wasser – die elementare Ressource (Materialienband). Arbeitsbericht Nr. 52 der Akademie für Technikfolgenabschätzung in Baden-Württemberg. Stuttgart. 1996.

KUBALLA 1991
Kuballa S.: Wesenszüge der räumlichen Unterschiede des Klimas. In: Borcherdt C. et al.: Baden-Württemberg – eine geographische Landeskunde. Wissenschaftliche Länderkunden. Bd. 8 Bundesrepublik Deutschland. V. Baden-Würtemberg. S. 90–110. Wissenschaftl. Buchgesellschaft. Darmstadt. 1991.

LANDTAG 11/2119
Landtag von Baden-Württemberg: Antrag der Fraktion der FDP/DVP und Stellungnahme des Umweltministeriums – Langfristige Sicherung der Wasserversorgung in Baden-Württemberg; Schutz und Nutzung des Trinkwasserspeichers Bodensee. Landtags-Drucksache 11/2119 vom 22.6.93.

LASKE 1992
Laske C.: Verteilung von Fernwasser und Nutzung von Wasser aus örtlichen Vorkommen in einem Stadtgebiet. Fernwasserversorgung- Nahwasserversorgung, Gegensatz oder Symbiose ? In: Stuttgarter Berichte zur Siedlungswasserwirtschaft Bd. 120. S. 153–163. 1992.

LFU 1994
Landesanstalt für Umweltschutz Baden-Württemberg (Hrsg.): Deutsches Gewässerkundliches Jahrbuch – Rheingebiet, Teil I, Hoch- und Oberrhein 1991 (1.11.1990–31.12.1991). Karlsruhe. 1994.

LFU 1992
Landesanstalt für Umweltschutz Baden-Württemberg (Hrsg.): Grundwasserüberwachungsprogramm – Grundwasserstände der Trockenperiode 1989–1992. Karlsruhe. 1992.

LFU 1990
Landesanstalt für Umweltschutz Baden-Württemberg (Hrsg.): Grundwasserneubildung Baden-Württemberg (berechnet nach Wundt). Karte im Maßstab 1: 600.000. Karlsruhe. 1990.

LFU 1984a
Landesanstalt für Umweltschutz Baden-Württemberg (Hrsg.): Wasserversorgungsbericht des Landes – Materialienband Grundwasserdargebot, Regierungsbezirke Karlsruhe und Freiburg. Karlsruhe. 1984.

LFU 1984b

Landesanstalt für Umweltschutz Baden-Württemberg (Hrsg.): Wasserversorgungsbericht des Landes – Materialienband Grundwasserdargebot, Regierungsbezirke Stuttgart und Tübingen. Karlsruhe. 1984.

MEHLHORN 1992

Mehlhorn H.: Neuere Erkenntnisse über das Grundwasservorkommen im Donauried. In: Zweckverband Landeswasserversorgung (Hrsg.): LW-Schriftenreihe Heft 12. S. 12–18. Dezember 1992.

NABER 1992

Naber G.: Gesundes Wasser zum Leben und Trinken. gwa 72/4. S.226–231. 1992.

RAPP UND SCHÖNWIESE 1995

Rapp J., Schönwiese C.: Niederschlags- und Temperaturtrends in Baden-Württemberg 1955–1994 und 1895–1994. In: Lehn H., Steiner M., Mohr H. (Hrsg.): Wasser – die elementare Ressource (Materialienband). Arbeitsbericht Nr. 52 der Akademie für Technikfolgenabschätzung in Baden-Württemberg. Stuttgart. 1996.

ROMMEL 1994

Rommel K.: Die wasserwirtschaftliche Bilanz für Baden-Württemberg 1991. Baden-Württemberg in Wort und Zahl 10/94. S. 509–514.

STATISTISCHES LANDESAMT 1995c

Statistisches Landesamt Baden-Württemberg (Hrsg.): Darstellung wasserwirtschaftlicher Daten nach hydrogeologischen Verhältnissen. Gutachten im Auftrag der Akademie für Technikfolgenabschätzung in Baden-Württemberg. Stuttgart. 1995. (Unveröffentlicht.)

STATISTISCHES LANDESAMT 1994b

Statistisches Landesamt Baden-Württemberg (Hrsg.): Wasserbilanz für Baden-Württemberg 1991 – Wasseraufkommen und Wasserverwendung in den Stadt- und Landkreisen. Statistische Berichte Baden-Württemberg – Umwelt – vom 25.7.1994. Art.-Nr. 3613 91010. Stuttgart.

STATISTISCHES LANDESAMT 1992

Statistisches Landesamt Baden-Württemberg (Hrsg.): Wasserversorgung und Abwasserbeseitigung bei Wärmekraftwerken für die öffentliche Versorgung in Baden-Württemberg 1991. Statistische Berichte Baden-Württemberg – Umwelt – vom 15.10.1992. Art.-Nr. 3614 91001. Stuttgart.

TRAUB 1994

Traub R.: Wird Wasser knapp? Lysimeter geben Antwort. In: Landesanstalt für Umweltschutz Baden-Württemberg (Hrsg.). Jahresbericht 1993. Karlsruhe. 1994.

WENDLAND ET AL. 1993

Wendland F., Albert H., Bach M., Schmidt R. (Hrsg.): Atlas zum Nitratstrom in der Bundesrepublik Deutschland. Berlin, Heidelberg, New York. 1993.

WORLD RESOURCES INSTITUTE 1995

World Resources Institute und International Institute for Environment and Development (Hrsg.): Weltressourcen – Fakten – Daten –Trends. 4. Ergänzungslieferung 4/95, V-4.8 Wasser. S. 488–489. Landsberg a.L. 1995.

WORLD RESOURCES INSTITUTE 1993

World Resources Institute und International Institute for Environment and Development (Hrsg.): Weltressourcen 1992–93. Analysen – Daten – Berichte. 3. Ergänzungslieferung 11/93, V-3.6 Trinkwasser. S. 235–257. Landsberg a.L. 1995.

3 Wassernutzung in Baden-Württemberg

Wasser wird zu sehr verschiedenen Zwecken und auf unterschiedlichste Weise „genutzt". Es kann dem Grund- oder Oberflächengewässer entnommmen und als Trink-, Brauch-, Kühl- oder Bewässerungswasser eingesetzt werden, die Oberflächengewässer dienen dem Baden, der Erholung, dem Wassersport oder der Fischerei, sie können aber auch zur Energieerzeugung und als Verkehrsweg genutzt werden. Letztendlich dienen die Fließgewässer auch als Vorfluter* für unser nur teilweise geklärtes Abwasser. Viele dieser konkurrierenden Nutzungen lassen sich nur schwer miteinander vereinbaren. In Kapitel 3.2 werden diese Konflikte am Beispiel des Neckars und des Bodensees näher beschrieben.

Auch das Wasser, das die Nutzpflanzen transpirieren, wird indirekt von uns genutzt, obwohl es über keinen Wasserzähler registriert wird. Wir gehen davon aus, daß von den 16–19 Mia. m³/a, die in Baden-Württemberg insgesamt verdunsten, ca. 10 Mia. m³/a der Transpiration durch Nutzpflanzen zuzuschreiben sind.

Als Wassernutzung im engeren Sinne wollen wir hier die Förderung von Grund- und Oberflächenwasser zu verschiedenen Zwecken wie Reinigung, Kühlung, Produktion und Bewässerung verstehen. Dabei wird das Wasser in der Regel qualitativ verändert (verschmutzt und/oder erwärmt). Die Rückgabe in den Wasserkreislauf kann direkt über Abwasser- (bzw. Kühlwasser-) einleitungen in Oberflächengewässer, indirekt (z.B. über Versickerung des Bewässerungswassers) in das Grundwasser oder über die Abgabe an die Atmosphäre (Verdunstung über Kühltürme) erfolgen.

Ein **Ver**brauch des Wassers erfolgt dabei nicht, wenn man von dem vergleichsweise geringen Anteil der bei chemischen und biochemischen Synthesen, vor allem bei der Photosynthese, verbrauchten Wassermenge absieht. Trotzdem wird in den folgenden Abschnitten der in der Alltagssprache und auch in statistischen Aussagen benutzte Begriff des "Wasserverbrauchs" verwendet. Gemeint ist damit aber die Nutzung des Wassers, sein **Ge**brauch.

Statistisches Material liegt flächendeckend für die Wasserentnahmen durch die Öffentliche Wasserversorgung, Bergbau und Verarbeitendes Gewerbe, hier als „Industrie" bezeichnet, sowie die Energiewirtschaft vor. Aufgrund der Änderung des Bundesstatistikgesetzes sollen ab 1998 auch die von landwirtschaftlichen Betrieben zu Bewässerungszwecken entnommenen Wassermengen statistisch erfaßt werden [STATISTISCHES LANDESAMT 1994b]. Bisher liegen uns Zahlen hierzu nur für die Gebiete Rhein-Neckar-Raum und südliche Oberrheinebene vor. Im Rhein-Neckar-

Abb. 3-1: Wassergewinnung in Baden-Württemberg 1991 (in Mio. m³)
Datenquelle: [STATISTISCHES LANDESAMT 1994b]

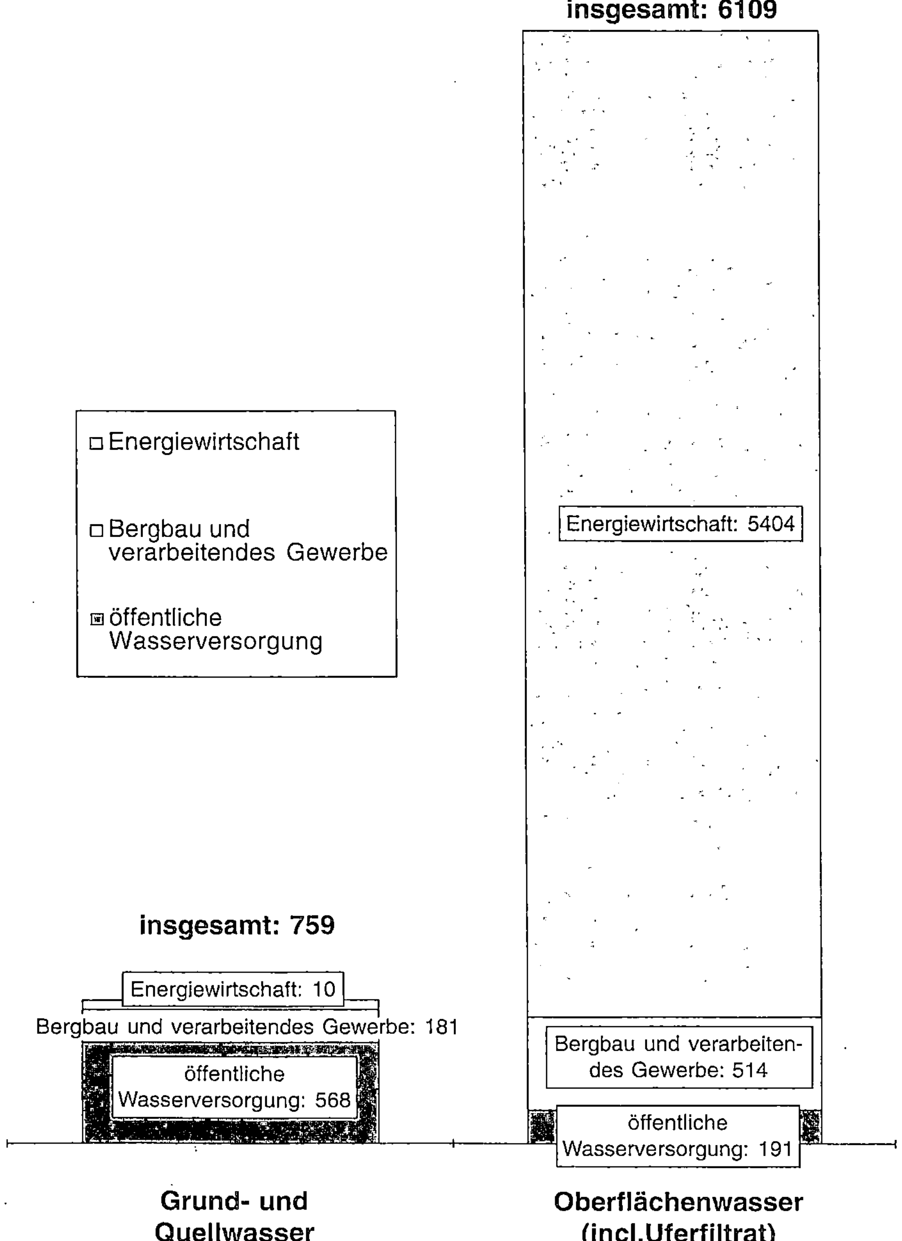

Raum schwankte im Zeitraum 1969 bis 1983 die landwirtschaftliche Entnahmemenge zwischen 1 und 2 Mio. m³/a [HGK Rhein-Neckar 1987]. In der Oberrheinebene südlich des Kaiserstuhls betrug die Menge des Beregnungswassers im Jahr 1991 zwischen 5 und 7 Mio. m³ [Geologisches Landesamt 1995]. Die folgenden Angaben beziehen die Entnahmen durch die Landwirtschaft nicht mit ein.

Insgesamt wurden im Jahr 1991 in Baden-Württemberg ca. 6.868 Mio. m³ Wasser gefördert, davon 6.109 Mio. m³ Oberflächenwasser und 759 Mio. m³ Grundwasser (Abb. 3-1). Mit 5.404 Mio. m³ wurde der überwiegende Teil des Oberflächenwassers (88 %) für Kühlzwecke der Energiewirtschaft eingesetzt. Die Öffentliche Wasserversorgung entnahm 191 Mio. m³ Oberflächenwasser (3 %), wobei dieses überwiegend von den Fernwasserversorgungsunternehmen gefördert wird. Die Industrie* entnahm 514 Mio. m³ (8 %) als Eigengewinnung*. Grundwasser hingegen wird zum überwiegenden Teil durch die Öffentliche Wasserversorgung gefördert. Von den im Jahr 1991 entnommenen 759 Mio. m³ wurden 568 Mio. m³ für die Öffentliche Wasserversorgung (75 %), 181 Mio. m³ für die Industrie* (24 %) und 10 Mio. m³ für die Energiewirtschaft als Kühlwasser (1 %) verwendet [Rommel 1994].

Öffentliche Wasserversorgung und Industrie* nutzen in etwa die gleiche Gesamtmenge an Wasser, wobei der Schwerpunkt der Öffentlichen Wasserversorgung auf der Gewinnung von Grundwasser (75 %), bei der Industrie* auf Oberflächenwasser (incl. Uferfiltrat 74 %) liegt.

Die insgesamt in Baden-Württemberg im Jahr 1991 geförderte Wassermenge von 6,9 Mia. m³ entspricht ca. 15 % der gesamten jährlich erneuerbaren Ressourcen* in Baden-Württemberg (siehe Kapitel 2.3.1). Mehrfachnutzungen (z.B. wird Trinkwasser aus dem Bodensee zu Abwasser im Neckar und damit zu Kühlwasser für Kraftwerke am Neckar) sind dabei nicht berücksichtigt, da die gesamte geförderte Wassermenge aus der Summe aller Einzelentnahmen berechnet wird.

Die o.g. Bilanz ist für Baden-Württemberg allerdings nur deshalb so günstig, weil dem Land 33 Mia. m³/a aus dem Ausland in einer guten Qualität zufließen. Bezogen auf die sich jährlich intern erneuerbaren Wasserressourcen* nutzen wir pro Jahr immerhin 50–60 %. Dies bedeutet, daß Baden-Württemberg auf den Zufluß von Wasser mit einer ausreichenden Qualität angewiesen ist.

Die Grundwasserentnahmen betragen maximal 15 % der durchschnittlichen Grundwasserneubildung, sodaß landesweit die Grundwasservorräte nicht übernutzt werden.

In der Bilanz für ganz Baden-Württemberg kann man deshalb nicht von einer Übernutzung der Wasserressourcen reden. Die große Abhängigkeit von den Zuflüssen von außerhalb ist allerdings offensichtlich. Außerdem sagt die Gesamtbilanz über punktuelle Übernutzungen oder Engpässe wenig aus. Auf regionale und sektorale Unterschiede in der Wassernutzung und sich daraus ergebende Probleme wird in den folgenden Kapiteln deshalb näher eingegangen.

Einen Überblick über die Wasser- (und Abwasser-) bilanz in Baden-Württemberg gibt Abb. 3-2.

Abb. 3-2: Wasser- und Abwasserbilanz für Baden-Württemberg 1991 (Mengenangaben in Mio. m³)
Quelle: verändert nach [STATISTISCHES LANDESAMT 1994b]

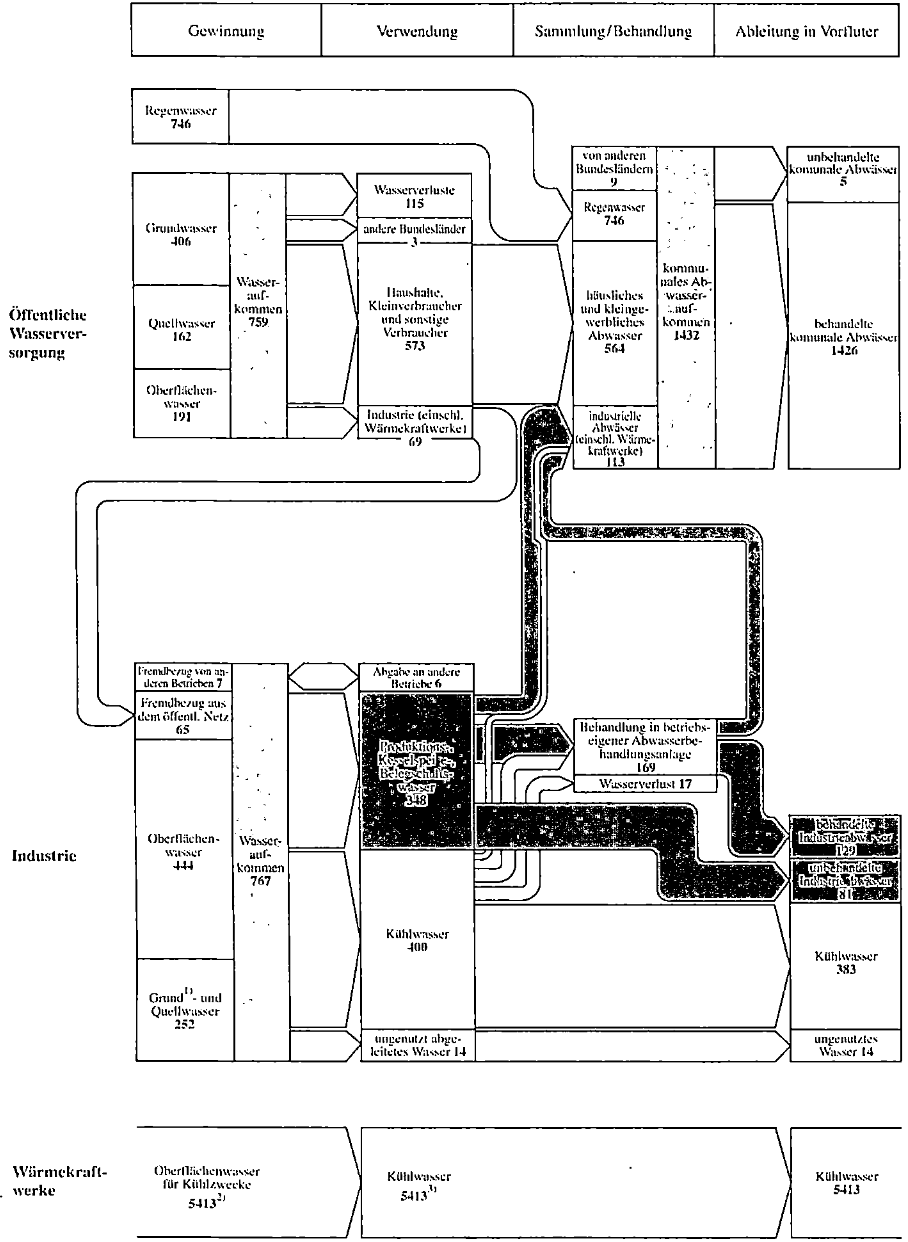

1) Einschließlich Uferfiltrat. - 2) Einschließlich Grundwasser und Uferfiltrat. - 3) Einschließlich sonstiger Nutzung.

3.1 Wasserförderung und Wassernutzung nach Sektoren

3.1.1 Die Öffentliche Wasserversorgung

Historische Entwicklung der Wasserversorgung

Als die Menschen ihr Wasser aus Einzelbrunnen holten, sprach man noch nicht von Wasserversorgung. Die zunehmende Verdichtung der Besiedlung führte zur Bildung von „Brunnengemeinschaften" bzw. „Wassergenossenschaften", die die Brunnen bzw. daraus weiterentwickelte Wassergewinnungsanlagen gemeinsam nutzten [SCHMID 1992]. Die weitere Entwicklung führte dann über Gemeindewasserversorgungen zur Bildung von Gruppenwasserversorgungen, so z.B. der Albwasserversorgung, die 1870 als erste Gruppenwasserversorgung Europas die Dörfer auf der Schwäbischen Alb mit Wasser aus den in den Tälern gelegenen Karstquellen versorgte [GEILER 1994].

Wenn die vor Ort verfügbaren Mengen nicht mehr ausreichten, mußte Wasser von „fremder" Gemarkung zur Bedarfsdeckung, sogenanntes „Fremdwasser", herangezogen werden. Da die Beileitung von Fremdwasser gemeinsam mit anderen in einer Gruppe technisch besser und wirtschaftlich günstiger zu bewältigen war, wurden zunächst Gemeindeverbände gegründet, die später in Wasserversorgungs-Zweckverbände umgewandelt wurden, deren heutige gesetzliche Grundlage das Gesetz für kommunale Zusammenarbeit ist. Da nun auch die fremde Gemarkung zum Verbandsgebiet gehörte, wurde aus dem Begriff „Fremdwasser" der heute benutzte Begriff „Fernwasser" [SCHMID 1992]. Heute wird unter dem Begriff „Fernwasser" nur das von den vier großen Fernwasserversorgungsunternehmen (siehe Kapitel 3.1.1.1) bereitgestellte Wasser verstanden. Alle anderen überörtlichen Wasserversorgungsverbände werden als Gruppenwasserversorgungen bezeichnet.

Der Schritt zur Beileitung von Fernwasser* wurde nicht von allen Wasserversorgungsunternehmen unternommen. Vor allem in den Regionen mit hohem Grundwasserdargebot versorgen sich die Gemeinden zu 100 % aus ihren eigenen Vorkommen (siehe auch Kapitel 3.1.1.2). Mehr als die Hälfte aller Gemeinden Baden-Württembergs (576 von 1.111) versorgt sich aber ganz oder teilweise mit Wasser, das von außerhalb des Kreises beigeleitet wird [STATISTISCHES LANDESAMT 1994a].

Ein extremes Beispiel für die Entwicklung der Wasserversorgung von der Eigenversorgung hin zur fast vollständigen Versorgung mit Fernwasser* stellt die Stadt Stuttgart dar. Bis in die Mitte des letzten Jahrhunderts versorgte sich hier die Bevölkerung mit Trinkwasser aus den lokalen (spärlich fließenden) Quellen, teilweise auch über Schachtbrunnen aus dem oberflächennahen Grundwasser. Als

Brauchwasser wurde Bachwasser genutzt. Mitte bis Ende des vorigen Jahrhunderts wurden größere Wassergewinnungsanlagen für die Brauchwassergewinnung gebaut. Sie entnahmen Wasser aus dem Neckar bzw. den Parkseen im Südwesten Stuttgarts. Da die Aufbereitungstechnik noch nicht so weit fortgeschritten war, daß dieses Wasser als Trinkwasser dienen konnte, wurde auch weiterhin Quellwasser für die Trinkwasserversorgung verwendet. Es existierten deshalb bis etwa 1920 zwei getrennte Wasserleitungsnetze, eines für das Quellwasser, das andere für das Brauchwasser. Das Brauchwassernetz wird heute noch genutzt, um die Großabnehmer Kraftwerk, städtische Großwäscherei und Deutsche Bahn AG zu beliefern.

Weiter steigender Wasserbedarf und Mangel an gutem Trinkwasser ließen um 1900 Pläne entstehen, Stuttgart aus weiter entfernten Regionen mit Wasser zu beliefern (siehe Kapitel 3.1.1.1). Im Jahr 1917 wurde die Landeswasserversorgung in Betrieb genommen. Zur gleichen Zeit wurden die bisherigen Brauchwasserwerke mit verbesserten Aufbereitungsanlagen ausgestattet, so daß sie auch Trinkwasser liefern konnten. Eines davon, das Wasserwerk Berg, wurde nach Inbetriebnahme der Landeswasserversorgung nur noch zur Deckung von Verbrauchsspitzen und als Notversorgung bei Betriebsstörungen beibehalten. Das andere belieferte den Süden und Westen der Stadt mit aufbereitetem Wasser aus den Parkseen.

Mit diesen beiden Anlagen sowie der Landeswasserversorgung konnte bis zum Ende des zweiten Weltkriegs der Wasserbedarf Stuttgarts gedeckt werden. Es gab aber fortwährend Planungen, Wasser aus weiterer Entfernung herzuleiten, z.B. aus dem Schwarzwald. Im Jahr 1954 wurde dann der Zweckverband Bodenseewasserversorgung gegründet, wozu die Stadt Stuttgart, wie zuvor auch bei der Gründung der Landeswasserversorgung, den entscheidenden Anstoß gab [LASKE 1992].

Heute stützen sich die Technischen Werke Stuttgart zu 90 % auf die Fernwasserversorgungen, wobei die Landeswasserversorgung ca. 40 % und die Bodenseewasserversorgung ca. 50 % des gesamten Wasserbedarfs liefert. Die Eigenwasserlieferung setzt sich aus 4 Mio. m³ Brauchwasser aus dem Neckar (Wasserwerk Berg) und 1 Mio. m³ Trinkwasser aus den Parkseen (Wasserwerk Gallenklinge) zusammen [LASKE 1992]. In Bezug auf die an die Endverbraucher abgegebene Trinkwassermenge ist die Stadt Stuttgart sogar zu 97 % auf den Fernwasserimport angewiesen (siehe Kapitel 3.1.1.2).

Eine Besonderheit der Stadt Stuttgart stellt die Förderung von Brauchwasser durch ein öffentliches Wasserversorgungsunternehmen und seine Verteilung über ein altes Brauchwassernetz dar [STATISTISCHES LANDESAMT 1993]. Die vom Wasserwerk Berg abgegebenen 4 Mio. m³ Brauchwasser fließen deshalb nicht in die Bilanz der Öffentlichen Wasserversorgung mit ein, die normalerweise nur Wasser mit Trinkwasserqualität abgibt. Da das von der Öffentlichen Wasserversorgung bereitgestellte Wasser in erster Linie der Versorgung der Haushalte mit Trinkwasser dient, weist auch das an die Wirtschaft zu Brauchwasserzwecken abgegebene Wasser Trinkwasserqalität auf. Im folgenden ist deshalb mit dem Begriff „Trinkwasser" das gesamte von der Öffentlichen Wasserversorgung abgegebene Wasser gemeint.

Heutige Situation der Öffentlichen Wasserversorgung
in Baden-Württemberg und ihre Entwicklung in den letzten Jahrzehnten

Der häusliche Wasserverbrauch pro Kopf, auch als spezifischer Wasserbedarf* bezeichnet, stieg in der Vergangenheit stark an. So lag er beispielweise in Stuttgart im Jahr 1880 bei 27 l/d, stieg dann über 88 l/d im Jahr 1900 [KOBUS UND BÜRKLE 1995] auf 153 l/d im Jahr 1991 an (Tab. 3-4).

Die Entwicklung des spezifischen Wasserbedarfs* in Baden-Württemberg ist in Abb. 3-3 dargestellt. Er stieg von 115 l/d in den 60er Jahren auf 156 l/d im Jahr 1975 und stagnierte dann in den 80er Jahren bei rund 140 l/d. Im Jahr 1993 ist ein Rückgang auf 131 l/d zu verzeichnen. Im Bundesdurchschnitt liegen die entsprechenden Werte bei 139 l/d für das Jahr 1991 und 136 l/d für das Jahr 1993 [BUNDESMINISTERIEN 1995].

Die durch die Öffentliche Wasserversorgung in Baden-Württemberg geförderte Wassermenge stieg entsprechend von 448 Mio. m³ im Jahr 1957 auf über 700 Mio. m³ in den 70er Jahren an. Auch hier trat Anfang der 80er Jahre eine Stagnation ein bzw. ist trotz Bevölkerungszuwachs seit 1991 ein leichter Rückgang zu verzeichnen (Abb. 3-4). Während im Jahr 1991 noch 759 Mio. m³ Wasser gefördert wurden, waren es im Jahr 1993 nur noch 723 Mio. m³, davon 542 Mio. m³ Grund- und Quellwasser und 181 Mio. m³ Oberflächenwasser [STATISTISCHES LANDESAMT 1995a].

Da rund 70 % der von den Fernwasserversorgungsverbänden entnommenen Wassermenge Oberflächenwasser aus Bodensee, Donau und kleiner Kinzig ist [ROMMEL 1991], stieg zusammen mit dem stetig ansteigenden Anteil der Fernwasserversorgung auch der Anteil des Oberflächenwassers an der gesamten Trinkwassermenge bis auf 25 % an (Abb. 3-5). Drei Viertel des Trinkwassers sind damit Grund- und Quellwasser. Angereichertes Grundwasser spielt mit rund 3,4 Mio. m³ (das

Abb. 3-3: Öffentliche Wasserversorgung in Baden-Württemberg: Entwicklung des spezifischen Wasserbedarfs 1963-1993 (Wasserabgabe an Haushalte, Kleingewerbe und Dienstleistungsunternehmen in Litern pro Einwohner und Tag)
Datenquelle: [STATISTISCHES LANDESAMT 1995a]

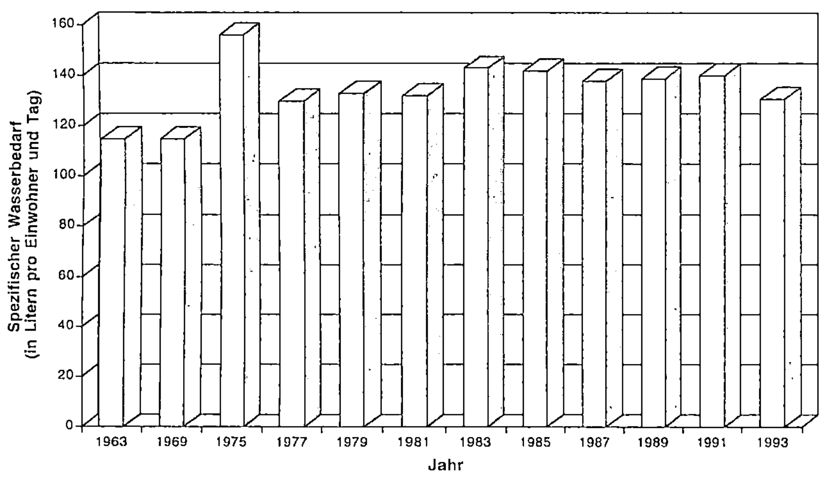

Abb. 3-4: Öffentliche Wasserversorgung in Baden-Württemberg 1957 - 1993: Wasserabgabe an Letztverbraucher (in Mio. m³)
Datenquelle: [STATISTISCHES LANDESAMT 1995a]

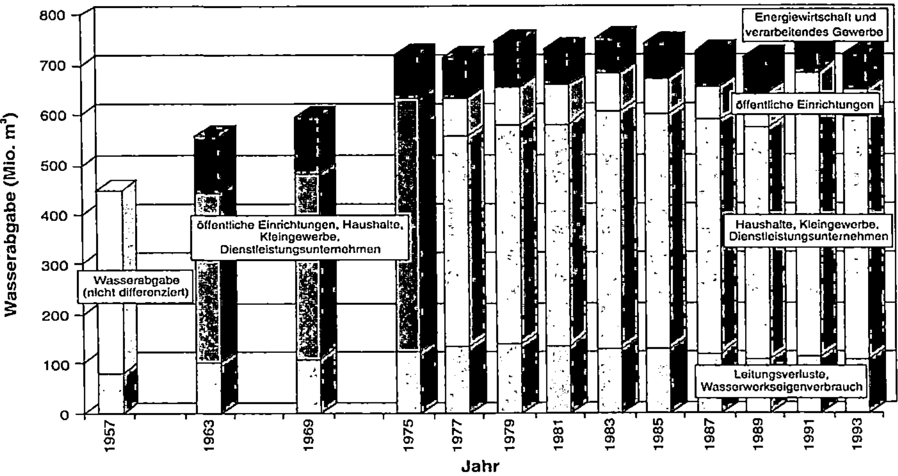

sind < 0,5 % der gesamten Förderung) nur lokal eine Rolle [ROMMEL 1994], so beispielsweise bei der Filderwasserversorgung [MIKUS 1994].

Die Zusammensetzung der Pro-Kopf-Wasserabgabe der Öffentlichen Wasserversorgung für die Jahre 1987, 1991 und 1993 ist in Tab. 3-1 dargestellt.

Abb. 3-5: Öffentliche Wasserversorgung in Baden-Württemberg 1957 - 1993: Gewinnung von Oberflächen-, Grund- und Quellwasser (in Litern pro Einwohner und Tag)
Datenquelle: [STATISTISCHES LANDESAMT 1995a]

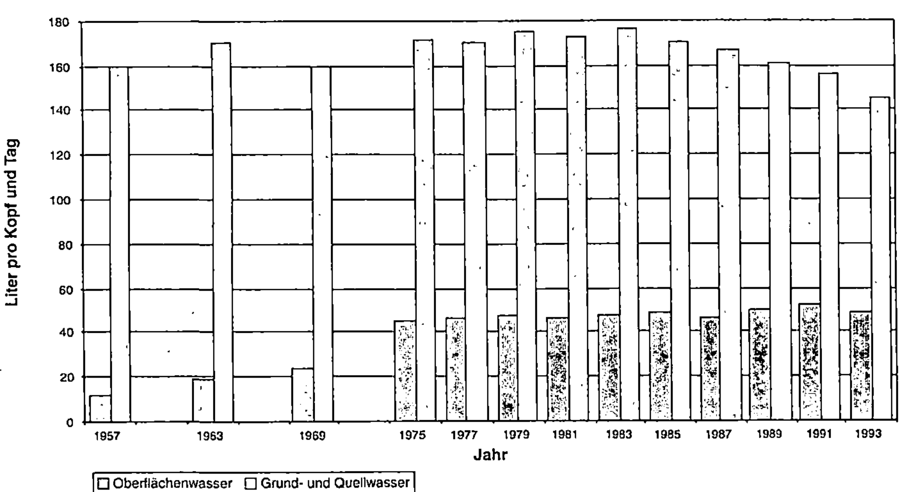

Tab. 3-1: Pro-Kopf-Abgabe der öffentlichen Wasserversorgung nach Sektoren 1987-1993
Datenquelle: verändert nach [STATISTISCHES LANDESAMT 1995a]

Sektor	1987	1991	1993
	l/EW·d	l/EW·d	l/EW·d
Haushalte und Kleingewerbe			
incl. Dienstleistungsunternehmen	138	140	131
öffentliche Einrichtungen	20	18	16
Abgabe an die Wirtschaft			
(Energiewirtschaft und Industrie*)	21	19	18
Leitungsverluste und Wasserwerks-			
eigenverbrauch als statistische Differenz	35	31	29
Summe*	215	210	195

* Abweichungen ergeben sich durch *Rundungsdifferenzen.*

Auffallend ist der hohe Anteil von Leitungsverlusten und Wasserwerkseigenverbrauch in der Größenordnung von 30 Liter pro Kopf und Tag, der sowohl die Abgabe an die Wirtschaft als auch an öffentliche Einrichtungen übertrifft. Da dieser Wert aus der Differenz zwischen Wasserförderung und Wasserabgabe berechnet wird, ergeben sich Ungenauigkeiten z.B. durch nicht erfaßte Wassermengen oder Zählerungenauigkeiten, die als „unechte Verluste" bezeichnet werden. Der Wasserwerkseigenverbrauch lag 1991 bei 1,5 % der gesamten öffentlichen Wasserabgabe und damit bei ca. 10 % des Gesamtbetrags der Verluste [ROMMEL 1993a]. Er spielt somit größenordnungsmäßig gegenüber den Leitungsverlusten nur eine untergeordnete Rolle. Allgemein wird davon ausgegangen, daß die errechnete Differenz sich jeweils zur Hälfte aus „unechten Verlusten" und „echten Verlusten" (tatsächlich aus schadhaften Leitungen versickertes Wasser) zusammensetzt [ROTT 1994, pers. Mitt.]. Im Jahr 1993 blieben somit insgesamt noch ca. 52 Mio. m³ oder 13 l/E·d an Wasserverlusten übrig, das sind ca. 7 % der gesamten durch die Öffentliche Wasserversorgung geförderten Wassermenge. Damit liegen die Leitungsverluste in derselben Größenordnung wie die Abgabe an öffentliche Einrichtungen (16 l/E·d) oder an die Wirtschaft* (18 l/E·d). Dies ist ein Aspekt, der bei der Diskussion um Einsparpotentiale nicht vernachlässigt werden sollte (siehe auch Kapitel 3.4.2).

Kontinuierlich abgenommen hat sowohl die absolute an die Wirtschaft abgegebene Wassermenge als auch ihr prozentualer Anteil an der Gesamtförderung der Öffentlichen Wasserversorgung. Bedingt durch rationellere Wassernutzung in der Industrie* reduzierte sich ihr aus der Öffentlichen Wasserversorgung bezogener Anteil von über 100 Mio. m³ in den 60er Jahren (ca. 20 %) auf 67 Mio. m³ im Jahre 1993 (9,2 %) (Abb. 3-4). Die Wasserverwendung der Industrie* wird in Kapitel 3.1.2 näher analysiert.

Gründe für den ansteigenden Wasserverbrauch der Haushalte bis in die 80er Jahre lagen in dem stetig wachsenden Lebensstandard mit entsprechenden wasserintensiven Lebensgewohnheiten. Die Stagnation, vor allem aber der Rückgang des spezifischen Wasserbedarfs*, dürfte auf eine Bewußtseinsänderung der Verbraucher, unterstützt durch stark gestiegene Wasser- und Abwasserpreise (siehe Kapitel 3.3), zurückzuführen sein. Dabei sind Einsparungen nicht nur auf Änderungen des Verbraucherverhaltens, sondern auch auf den Einsatz effizienterer Geräte und wassersparender Armaturen zurückzuführen (siehe Kapitel 3.4). Inwieweit die Regenwassernutzung (besser: Dachablaufwassernutzung) eine Rolle spielt, läßt sich schwer abschätzen, da diese nicht statistisch erfaßt wird (siehe Kapitel 3.5).

Seit 1980 mußten in Baden-Württemberg 550 Brunnen oder mehr als 20 % aller verfügbaren Trinkwasserfassungen vom Versorgungsnetz genommen werden. Von 1987 bis 1993 waren es rund 200 Anlagen mit einer Fördermenge von insgesamt 13,4 Mio. m³ [STATISTISCHES LANDESAMT 1995e], das sind ca. 2,5 % des gesamten 1993 in Baden-Württemberg durch die Öffentliche Wasserversorgung geförderten Grund- und Quellwassers. Diese Stillegungen erfolgten überwiegend aufgrund qualitativer Mängel und seltener wegen nachlassender Ergiebigkeit des Wasservorkommens. Die Anzahl der stillgelegten Anlagen sowie die Gründe dafür sind in Tab. 3-2 nach Regionen getrennt aufgeführt. Während im Nordschwarzwald überwiegend der zu niedrige pH-Wert des Quellwassers sowie geringe Schüttungen Anlaß zur Aufgabe der Anlagen war, waren in Nordwürttemberg (Franken) und im mittleren Neckarraum (Stuttgart) hauptsächlich die Belastung des Grundwassers mit Nitrat sowie wirtschaftliche Gründe ausschlaggebend. In der Region Stuttgart wurden zusätzliche Belastungen mit anderen anthropogenen Stoffen wie Pflanzenbehandlungsmitteln, CKW* und sonstigen Substanzen als maßgebliche Gründe angegeben. Insgesamt erfolgten 20 % aller Stillegungen infolge erhöhter Nitratgehalte [BÜRINGER UND JÄGER 1995] (siehe auch Kapitel 5.2.1.1). Die Ursachen der Brunnenschließungen sind also überwiegend anthropogener Natur.

Tab. 3-2: Stillegungen von Gewinnungsanlagen zur öffentlichen Wasserversorgung in den Regionen Baden-Württembergs 1980 bis 1992
Quelle: [BÜRINGER UND JÄGER 1995]

Region / Land	Still-legungen insgesamt	Davon wegen				
		Nitratgehalt	Härte/ Über-säuerung	Gehalt an CKW, PBSM u. sonstigen Stoffen	Verunreini-gung durch Mikro-organismen	technische. bauliche. wirtschaftl. Gründe	sonstige Gründe
Stuttgart	93	28	—	14	14	21	6
Franken	81	33	7	5	3	18	10
Ostwürttemberg	17	4	2	2	1	2	2
Mittlerer Oberrhein	24	5	5	3	—	7	3
Unterer Neckar	26	7	3	4	3	5	3
Nordschwarzwald	44	4	22	4	—	11	2
Südlicher Oberrhein	62	8	9	3	9	13	10
Schwarzwald-Baar-Heuberg	33	2	7	5	6	6	4
Hochrhein-Bodensee	73	10	11	9	11	11	10
Neckar-Alb	15	—	—	5	1	4	3
Donau-Iller	29	2	2	5	3	11	4
Bodensee-Oberschwaben	53	7	8	9	16	6	6
Baden-Württemberg	550	110	76	68	67	115	63

Abb. 3-6: Öffentliche Wasserversorgung in Baden-Württemberg 1957 - 1993: Aufteilung nach Versorgungsarten
Datenquelle: [BÜRINGER UND JÄGER 1995] und [WIRSING 1995]

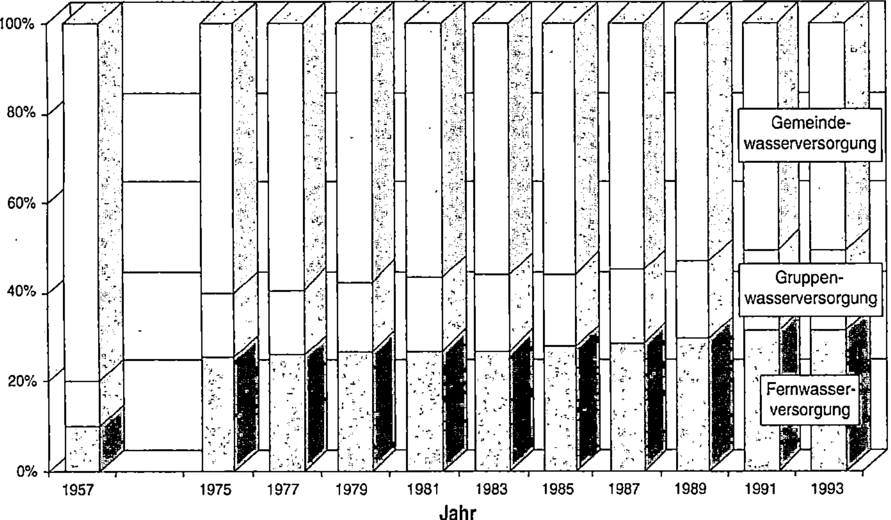

Die durch die Aufgabe gemeindeeigener Brunnen fehlende Wassermenge wird
in der Regel durch den Bezug aus Gruppen- oder Fernwasserversorgungen ersetzt.
Der Anteil des Wasseraufkommens* der Öffentlichen Wasserversorgung, der von
Gruppen-* und Fernwasserversorgungen* bereitgestellt wird, stieg kontinuierlich
an und lag 1993 bei 31 % für die Fernwasser- und 18 % für die Gruppenwasserversorgung (Abb. 3-6). Während im Jahr 1957 der Anteil der Gemeindewasserversorgungen noch bei 80 % lag, wurde 1991 nur noch rund die Hälfte des Trinkwassers aus lokalen Vorkommen entnommen. Um der Tendenz der Aufgabe örtli-
cher Wasserversorgungen entgegenzuwirken, ist in der Wassergesetznovelle des
Landes Baden-Württemberg der Vorrang der örtlichen Wasserversorgung vor der
Fernwasserversorgung gesetzlich festgeschrieben (§ 43, Abs. 1) [LANDTAG 11/6166]
– siehe Nachtrag am Ende des Buches.

3.1.1.1 Fernwasserversorgung

In Baden-Württemberg existieren neben 170 Gruppenwasserversorgungsverbän-
den* vier große Fernwasserversorgungsverbände* [ROMMEL 1991], wovon als die
beiden wichtigsten der Zweckverband Bodenseewasserversorgung (BWV) und der
Zweckverband Landeswasserversorgung (LW) zu nennen sind. Darüberhinaus
werden die Wasserversorgung Nord-Ost-Württemberg (NOW) und die Wasserversorgung Kleine Kinzig als Fernwasserversorgungen eingestuft. Diese vier Verbände lieferten im Jahr 1993 insgesamt 226,7 Mio. m³ oder ca. 620.000 m³/d an ihre

Mitglieder [BÜRINGER UND JÄGER 1995]. Drei Viertel aller Gemeinden in Baden-Württemberg sind inzwischen Mitglieder dieser Verbände. Die Versorgungsgebiete dieser Fernwasserversorgungsgebiete sind in Abb. 3-7 dargestellt.

Die Landeswasserversorgung

Die Landeswasserversorgung ist die älteste Fernwasserversorgung in Baden-Württemberg (Abb. 3-8). Um die in Kapitel 2.3.2 beschriebenen regionalen Unterschiede des Grundwasserdargebots auszugleichen, wurde am 8.7. 1912 im damaligen Königreich Württemberg per Gesetz die Gründung der ersten Fernwasserversorgung beschlossen. Außer Stuttgart hatten noch weitere 9 Städte, 41 Gemeinden und 5 Wasserversorgungsgrupppen Abnahmeverträge abgeschlossen, wobei die Stadt Stuttgart sich zu einer jährlichen Abnahme von 8 Mio. m³ verpflichtet hatte [LEXUTH-

Abb. 3-7: Fernwasserversorgung im Baden-Württemberg
Quelle: [SCHAAL UND BÜRKLE 1993]

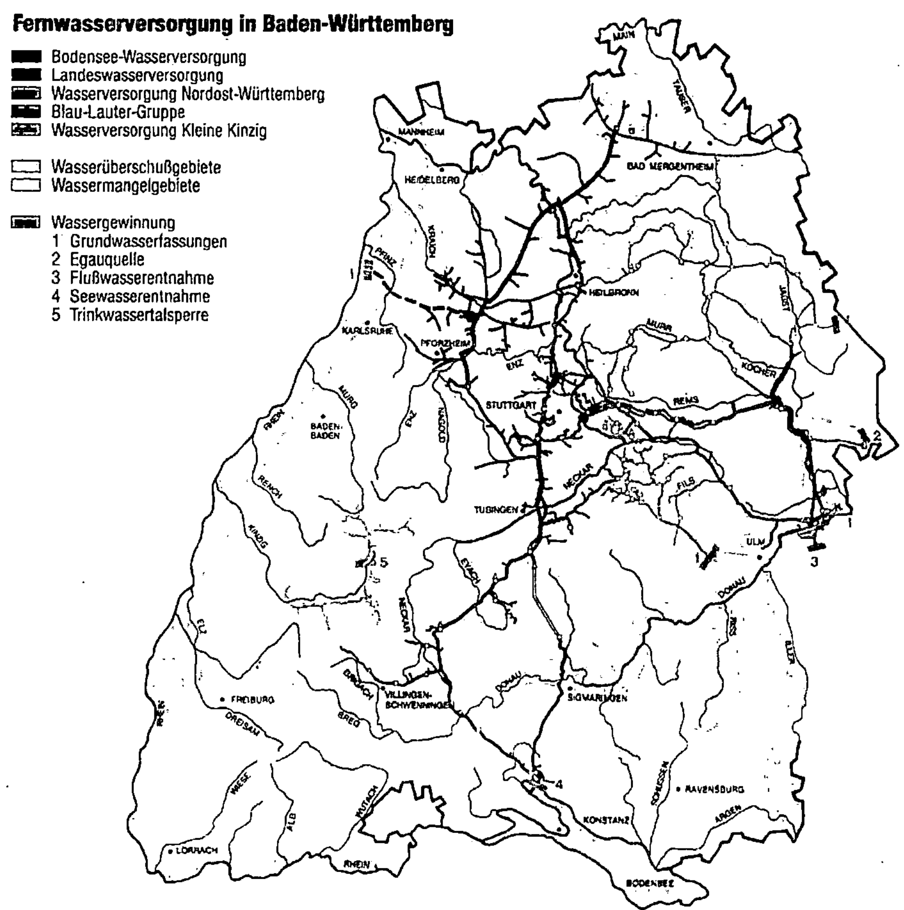

Abb. 3-8: Landeswasserversorgung, Übersichtsplan 1917
Quelle: [SCHAAL UND BÜRKLE 1993]

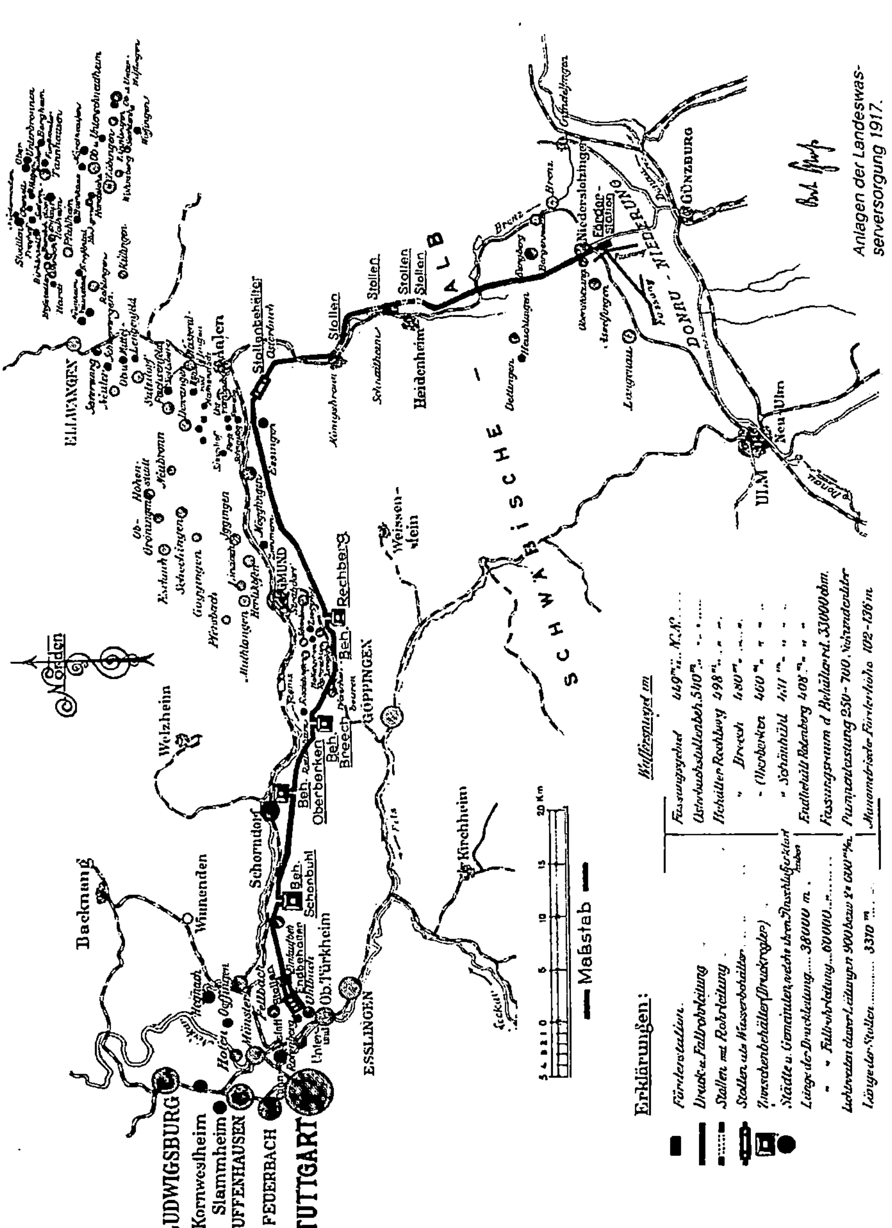

Abb. 3-9: Entnahmerechte der Landeswasserversorgung 1992 und abgegebene Mengen 1988 - 1993 (in Mio. m³)
Datenquelle: [LW 1992] und [LW 1994]

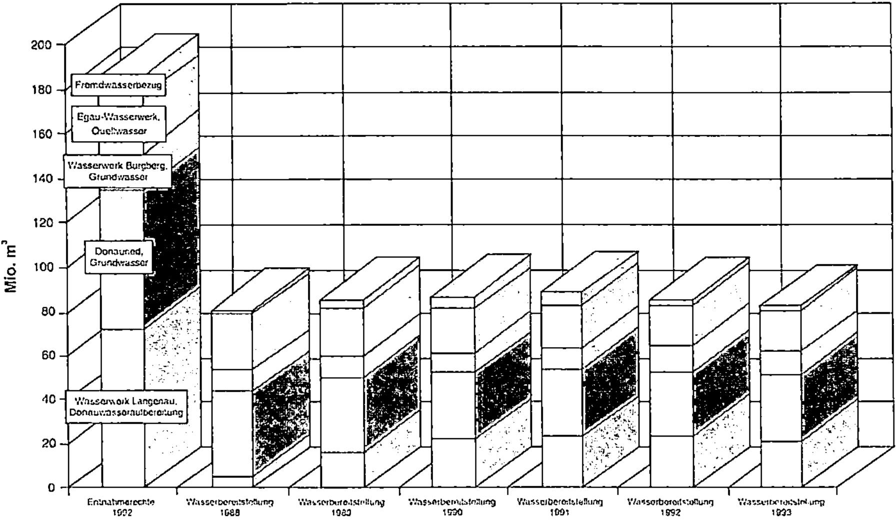

THOMÄ 1992]. Gewinnungsgebiet war das 80 km südöstlich gelegene Donauried, aus dem bis heute Grundwasser gefördert wird.

Der heutige „Zweckverband Landeswasserversorgung" versorgt ca. 2,5 Mio. Einwohner in 220 Städten und Gemeinden im mittleren Neckarraum, auf der Schwäbischen Alb und in Nordostwürttemberg. Zusätzlich zu den bereits bestehenden Tiefbrunnen im Donauried wurde 1957 im Egauwasserwerk die Buchbrunnenquelle, ein Karst-Quelltopf* im Tiefen Karst*, gefaßt [MAROTZ 1993]. Sie ist die ergiebigste für die Trinkwasserversorgung gefaßte und genutzte Quelle Deutschlands [GEOLOGISCHES LANDESAMT 1995]. Die Entnahmerechte sind über einen Staatsvertrag mit Bayern geregelt und an die Wasserführung der Egau gekoppelt (Tab. 3-3). Im Jahr 1966 wurde das Wasserwerk Burgberg mit seinen mittlerweile drei Tiefbrunnen gebaut, die Wasser aus dem tiefen Karst* fördern. Weiterer Bedarfsanstieg führte dann seit 1973 zur Gewinnung von Donauwasser direkt aus der fließenden Welle bei Leipheim. Obwohl nach wie vor die überwiegende Menge aus Grund- und Quellwasser gefördert wird, ist in Zeiten mit geringer Quellschüttung die Förderung aus der Donau von entscheidender Bedeutung und macht dann bis zu 44 % der Gesamtwassergewinnung der Landeswasserversorgung aus [MAROTZ 1993]. Im Jahr 1993 wurden 26 % der insgesamt von der Landeswasserversorgung abgegebenen Wassermenge aus der Donau entnommen. Eine Gegenüberstellung von Entnahmerechten und tatsächlichen Entnahmen aus den Gewinnungsanlagen der Landeswasserversorgung enthält Abb. 3-9.

Schon in den 70er Jahren wurden im Donauried erste Pumpversuche begonnen, um die Möglichkeit zu erkunden, das unterhalb des Kiesaquifers liegende, z.T. der

Tab. 3-3: Entnahmerechte der Landeswasserversorgung 1992 und abgegebene Mengen 1988 bis 1993 (in Mio. m³)
Datenquelle: [LW 1992] und [LW 1994]

Gewinnungsanlagen	Entnahme-rechte 1992 Mio. m³	Wasserbereitstellung					
		1988 Mio. m³	1989 Mio. m³	1990 Mio. m³	1991 Mio. m³	1992 Mio. m³	1993 Mio. m³
Donauried, Grundwasser	63,1	38,3	34,3	29,9	31,3	28,9	30,1
Egau-Wasserwerk, Quellwasser	25,2	25,5	21,5	19,6	19,4	18,5	18,8
Wasserwerk Burgberg, Grundwasser	15,8	9,6	9,5	9,5	9,4	12,2	10,4
Wasserwerk Langenau, Donauwasseraufbereitung	72,5	5,5	16,6	22,1	23,2	23,6	21,3
Wasserbezug, Fremdwasser	9,5	1,5	3,7	5,8	5,3	2,8	2,0
insgesamt:	186,1	80,4	85,6	86,9	88,6	86,0	82,6

sehr alte Karstgrundwasser über Tiefbrunnen zu fördern. Ursprüngliche Motivation war es, die negativen Qualitätsveränderungen (Zunahme an Härte, Eisen- und Mangangehalt), die das Karstgrundwasser bei seinem Aufstieg durch die Molasse* erfährt, zu umgehen. Inzwischen dürfte auch die zunehmende Nitratproblematik eine Rolle spielen, da durch die direkte Erschließung des Karstwassers eine Vermischung des aufsteigenden, wegen seines Alters nitratarmen bis nitratfreien Karstgrundwassers mit dem oberflächennahen, im Donauried lokal neugebildeten und stark nitrathaltigen Grundwasser im darüberliegenden Kiesaquifer vermieden wird (siehe auch Kapitel 2.3.3.3). Welche Konsequenzen mit der Entnahme dieses teilweise sehr alten Karstgrundwassers verbunden sein können, wird in Kapitel 3.1.5 („Tiefe Grundwässer") diskutiert. In den bisherigen Brunnen wurde Grundwasser aus dem Kiesaquifer des Donaurieds gefördert, das eine Mischung aus einerseits natürlich aufsteigendem Karstgrundwasser und andererseits im Donauried aus Niederschlag neu bildetem Grundwasser darstellt [MEHLHORN 1992]. Auf die Nitratproblematik im Donauried wird auch in Kapitel 5.2.1.1 eingegangen.

Planungen der Landeswasserversorgung, im Erolzheimer Feld im Illertal ein neues Wassergewinnungsgebiet zu erschließen, führten zu heftigem lokalem Widerstand. Einerseits wurden ökologische Schäden durch die zu erwartende Absenkung des Grundwasserspiegels befürchtet, andererseits sah man die eigenen mit der Nutzung der betreffenden Wasservorräte verbundenen Entwicklungsmöglichkeiten beschränkt [LANDTAG 9/1242].

Der Grund für die Überlegungen der Landeswasserversorgung war der Engpaß, der sich regelmäßig im Sommer durch die im Staatsvertrag mit Bayern festgelegte Beschränkung der Donauwasserentnahme zu Niedrigwasserzeiten ergab. Im August 1992 wurde dieser Vertrag geändert. Seither kann die Landeswasserversorgung jederzeit ohne Einschränkungen 2300 l/s aus der Donau entnehmen. Im Gegenzug dazu garantiert Baden-Württemberg eine Mindestwasserführung der Iller [GEILER 1994]. Seither werden die Erschließungspläne für das Erolzheimer Feld nicht mehr weiterverfolgt.

Eine Erweiterung des Verbandsgebietes der Landeswasserversorgung ergab sich 1993 durch die Fusion mit der Blau-Lauter-Gruppe (der bis dahin fünften Fernwasserversorgung), die vor allem die Landkreise Esslingen, Göppingen und Reutlingen mit Wasser aus den Karstquellen bei Blaubeuren versorgt hatte (Abb. 3-7). Diese werden von der Landeswasserversorgung nun nicht mehr in dem bisherigen Umfang weiter genutzt, das neue Versorgungsgebiet wird teilweise auch aus dem Wasserwerk Langenau mit aufbereitetem Donauwasser versorgt [LW 1994].

Die Bodenseewasserversorgung

Im Jahr 1954 gründeten 13 Mitglieder, darunter die Stadt Stuttgart, den Zweckverband Bodenseewasserversorgung. In den darauffolgenden Jahren wurde das Versorgungsnetz der Bodenseewasserversorgung, u.a. auch durch die Fusion mit der Fernwasserversorgung Rheintal im Jahre 1981, auf ein 1.557 km langes Leitungsnetz ausgeweitet, das bis in den äußersten Norden des Landes reicht [BWV 1994] (Abb. 3-8). Die längste Transportstrecke bis in den Neckar-Odenwald-Kreis beträgt 250 km. Die Bodenseewasserversorgung ist damit die Fernwasserversorgung mit dem größten Verteilungsnetz der BRD [GEILER 1994]. Sie versorgt heute ca. 3,5 Mio. Einwohner Baden-Württembergs in 140 Mitgliedsgemeinden und 33 Zweckverbänden. Größter Einzelabnehmer ist nach wie vor die Stadt Stuttgart mit einem Bezugsrecht von 1950 l/s bzw. 61,5 Mio. m³/a. Das Entnahmerecht aus dem Bodensee beträgt 670.000 m³/d, das sind 245 Mio. m³/a. Die tatsächliche Abgabe an die Verbraucher betrug im Jahr 1993 ca. die Hälfte, nämlich 132,1 Mio. m³ [BWV 1994].

Um nicht ausschließlich vom Bodenseewasser abzuhängen, plante die Bodenseewasserversorgung eine zweite Wassergewinnungsanlage in Rheinnähe. *„Das Wasser wird ausschließlich aus dem Überlinger See bei Sipplingen aus 60 m Tiefe, 10 m über Grund, entnommen. Zur Erhöhung der Versorgungssicherheit und um Lieferengpässe zu vermeiden, ist im Rheintal bei Linkenheim-Hochstetten (westlich von Bruchsal) eine zweite Wassergewinnung geplant“* [BWV 1994]. Diese zusätzliche Gewinnungsanlage war vor allem für die Versorgungsbereiche des Zweckverbandes Nordostwürttemberg und der früheren Fernwasserversorgung Rheintal in Nordbaden vorgesehen [LANDTAG 11/2119].

Für diese Planungen wogen die Sicherheitsaspekte schwerer als die Mengenprobleme. Dies wurde in der 40. Verbandsversammlung der Bodenseewasserversorgung diskutiert: *„Wie an einer Nabelschnur hängt der Versorgungsraum der Bodenseewasserversorgung an den zwei Leitungen vom Bodensee.“* [DAMM 1987, zit. in GEILER 1994]. Zukünftig sollten deshalb im neuen Entnahmegebiet bei Bruchsal in den Hauptverbrauchsmonaten bis zu 1.200 l/s rheinnahes Grundwasser zur Sicherstellung von Bedarfsspitzen entnommen werden. In den verbleibenden Monaten sollte eine Grundlast von 200 bis 300 l/s gefördert werden. Insgesamt war eine Jahresentnahme von ca. 8 bis 10 Mio. m³ geplant [LANDTAG 10/5153, zit. in GEILER 1994].

Nach Aussagen des Umweltministeriums war für diese neue Entnahme aber nur dann eine wasserrechtliche Erlaubnis zu erwarten, wenn der jeweilige Wasserverteiler den Nachweis erbringt, daß alle in Betracht kommenden Einsparmöglichkeiten genutzt werden. *„ (Es) wird vor Erteilung der wasserrechtlichen Gestattung darzulegen sein, ob bzw. inwieweit eine derartige Wasserentnahme nicht durch Einsparprogramme überflüssig, reduziert oder zumindest in der Zeit nach hinten verschoben werden kann. Dabei liegt auf der Hand, daß auch der jeweilige Wasserverteiler – wie etwa auf dieses Beispiel bezogen die Stadtwerke Pforzheim – darlegungspflichtig sein wird"* [WIRSING 1995] (siehe auch Kapitel 3.4). Dieser Grundsatz hat inzwischen auch Eingang in die Novelle des baden-württembergischen Wassergesetzes gefunden (§ 43), ohne dabei in bestehende Entnahmerechte einzugreifen (siehe Nachtrag am Ende des Buches).

Die Stadt Pforzheim hat inzwischen große Anstrengungen unternommen, ihre Eigenvorkommen zu sichern und einen sparsamen Wasserverbrauch zu fördern, beispielsweise durch die Kooperation mit dem Projekt „Least Cost Planning" des Umweltministeriums [ROOS ET AL. 1995]. Das Projekt der Grundwasserentnahme am Rhein wird derzeit nicht weiter verfolgt: *„Aufgrund der Entwicklung der Wasserabgabe der Bodensee-Wasserversorgung an ihre Verbandsmitglieder (sinkende Gesamtwasserabgabe, aber steigende Wasserabgabe im Gebiet der ehemaligen Fernwasserversorgung Rheintal) hat die Verbandsversammlung des Zweckverbandes Bodenseewasserversorgung im November 1995 beschlossen, zur Stabilisierung des Wassertransports in den nordbadischen und nordwürttembergischen Raum eine zusätzliche Leitung zu bauen und die Grundwassererschließung im Rheintal zeitlich nach hinten zu verlagern"* [MEHLHORN 1996]. Dies ist auch deshalb möglich, weil die Entnahmerechte aus dem Bodensee noch lange nicht ausgeschöpft sind.

**Für und Wider von Fernwasserversorgungen
und Standpunkt der Landesregierung**

Der Anteil des Fernwasserbezugs am gesamten öffentlichen Wasseraufkommen nimmt kontinuierlich zu und lag 1993 bei 31 %. (siehe Kapitel 3.1.1 und Kapitel 3.1.1.2). Das Für und Wider von Fernwasserversorgungen ist immer wieder Gegenstand öffentlicher Diskussionen, insbesondere darüber, ob die Fernwasserversorgungen die Nutzung und damit auch den Schutz lokaler Grundwasservorkommen „untergraben". Einige Gemeinden wie z.B. Wertheim im Main-Tauber-Kreis entschieden sich aus solchen Erwägungen gegen den Anschluß an eine Fernwasserversorgung [GEILER 1994].

Als Grund für den Bezug von Fernwasser wird neben rein mengenmäßigen Problemen vor allem auch der Aspekt der Versorgungssicherheit („zwei Standbeine") angeführt. Qualitativen Problemen mit den lokalen Vorkommen wird entweder durch die vollständige Substitution mit Fernwasser oder aber durch Zumischung begegnet. Dies geschieht sowohl im Fall von Grenzwertüberschreitungen der Trinkwasserverordnung als auch bei harten Wässern, wo der Härtegrad durch Zumischung von weichem Bodenseewasser gesenkt werden kann [NABER 1992]. Zudem eröffne der kurzfristige Ersatz von belastetem Wasser aus lokalen Vorkommen durch Fern-

wasser die Möglichkeit, notwendig gewordene Aufbereitungsanlagen sorgfältig
zu planen und zu finanzieren [SCHMID 1992].

Die Wasserversorgungskonzeption des Landes stützt sich auf die drei Versor-
gungsebenen Gemeindewasserversorgungen, (1.111), Gruppenwasserversorgung-
en (170) und Fernwasserversorgungen (4) und sieht durch diesen Verbund eine
hohe Versorgungssicherheit gewährleistet [SCHNEPF 1992]. Das Umweltministerium
sieht die Funktion der beiden „Standbeine" Fernwasser und örtliche Wasserversorgung folgendermaßen [SCHNEPF 1992]:

– *„Bei der Deckung des Trinkwasserbedarfs muß vorrangig auf ortsnahe Wasservorkommen zurückgegriffen werden."* (Dieser Grundsatz wurde mittlerweile in
   § 43 des Gesetzentwurfs zur Änderung des Wassergesetzes übernommen).
– *„Der ergänzende überörtliche oder überregionale Verbund dient neben der Ent-
   schärfung von Qualitätsproblemen auch der Erhöhung der Versorgungssicherheit
   – in Zeiten der Wasserklemme und bei auch in Zukunft nie auszuschließenden
   Schadensfällen."*

Dieses Konzept setzt voraus, daß Fernwasser nur <u>zusätzlich</u> zu den eigenen Wasservorkommen eingesetzt wird und diese auf jeden Fall weiterhin genutzt und geschützt werden. Die Praxis ist jedoch in vielen Fällen anders, und die Befürchtung,
daß der relativ einfache und problemlose Bezug von Fernwasser dazu verleitet, die
eigenen Vorkommen aufzugeben, scheint begründet. Seit 1980 wurden 550
Trinkwasserfassungen vom Netz genommen, davon 20 % wegen erhöhter Nitratgehalte [BÜRINGER UND JÄGER 1995] (siehe Kapitel 3.1.1).

Einer der Gründe für die Tendenz, mehr als nötig auf Fernwasser umzusteigen,
ist die Tarifgestaltung der Fernwasserversorgungsunternehmen. Durch die Aufteilung des Wasserpreises in Festkostenumlage (die nach der Bedarfsquote, also der
<u>bestellten</u> Menge berechnet wird) und Betriebskostenumlage (die nach der
Verbrauchsquote, also der <u>abgenommenen</u> Menge berechnet wird), sinkt der Preis
pro Kubikmeter Wasser mit zunehmender Bezugsmenge. Die aus dem Bezugsrecht ermittelte Festkostenumlage muß unabhängig von der tatsächlich bezogenen
Wassermenge bezahlt werden. Hinzu kommt die Betriebskostenumlage je Kubikmeter tatsächlich bezogenen Wassers. Um sicherzustellen, daß sich angemeldete
Bezugsrechte und tatsächlicher Wasserbedarf in einem sinnvollen Gleichgewicht
befinden, wird bei einem zu niedrig angemeldeten Bezugsrecht ein Überschreitungs-
zuschlag verlangt (Ersatz für die Zinsen der fehlenden Kapitaleinlage), während
bei einem zu hohen Bezugsrecht eine Betriebskostenumlage aus der Mindestab-
nahmeverpflichtung erhoben wird [REUSCH 1996, pers. Mitt.].

Anhand der Tarife der Bodensee-Wasserversorgung von 1994 errechnen wir
bei einer nur 20 %igen Auslastung der Bezugsrechte einen Kubikmeterpreis von
1,50 DM, bei 50 %iger Auslastung von 0,82 DM und bei 80 %iger Auslastung von
0,65 DM.

Das Verlangen der Verbandsmitglieder nach einer gerechteren Lastenverteilung
in Verbindung mit der Kritik, wonach das bestehende Umlagesystem keinen An-
reiz zum Wassersparen biete, führte zu einer Satzungsänderung, in der die Umkeh-

rung der bisherigen Fest- und Betriebskostenanteile festgelegt wurde [BWV 1995a]. Entsprechend beträgt ab dem Wirtschaftsjahr 1995 die Umlage der beweglichen Kosten 53 %, die der Festkosten 47 % des Kubikmeterpreises, wobei anzumerken ist, daß die tatsächliche Kostenstruktur der Fernwasserversorgungsunternehmen einen weit höheren Fixkostenanteil (ca. 80 %) enthält. Durch die oben genannte Umkehrung des bisherigen Umlageschlüssels ändert sich an der grundsätzlichen Problematik der Tarifgestaltung, wonach Wassersparen sich kaum lohnt, recht wenig. Nach der neuen Regelung kostet der Kubikmeter bei 20 %iger Auslastung der Bezugsrechte nun 1,42 DM, bei 50 %iger Auslastung 0,82 DM und bei 80 %iger 0,67 DM.

Für den Fall, daß eine Gemeinde auf den Anschluß an eine Fernwasserversorgung als Ergänzung zu den eigenen Vorkommen angewiesen ist, kann es unter den gegebenen Bedingungen wirtschaftlicher sein, die gesamte Versorgung auf Fernwasser umzustellen, insbesondere wenn eine kostenintensive Sanierung der eigenen Wasserversorgungsanlagen notwendig wäre. Das Prinzip des Vorrangs der örtlichen Versorgung ist in diesem Fall nur sehr schwer aufrecht zu erhalten.

Die langen Transportwege der Fernwasserversorgung bringen eine Reihe von Nachteilen mit sich. Zum einen haben sie hohe Energiekosten für die Beförderung zur Folge (z.B. 16,4 Pf Stromkosten pro m^3 abgegebenen Wassers bei der Bodensee-Wasserversorgung [BWV 1994], 7,5 Pf bei der Landeswasserversorgung [LW 1994]), zum anderen entstehen Probleme mit Verkeimungen, die durch lange Aufenthaltszeiten in den Leitungsrohren und die damit verbundene Erwärmung begünstigt werden. Die Gesamtverweildauer des Wassers auf der Strecke vom Bodensee bis zur 270 km entfernten Übergabestelle Bad Mergentheim beträgt ca. eine Woche, wobei die Hälfte auf Fließzeiten im Rohrsystem, die andere auf Behälterverweilzeiten fällt. Durch geringe Auslastung kann sich diese Verweilzeit auch verdoppeln (im Jahr 1989 betrug sie zeitweilig 350 Stunden) [WEISS 1992].

Problemen mit Verkeimung wird in der Regel mit einer Transportchlorung begegnet. Wird dazu Chlorgas verwendet, besteht die Gefahr der Entstehung von Trihalogenmethanen. Beim Einsatz von Chlordioxid kann toxisches Chlorit gebildet werden, wenn das Wasser nachfolgend mit Wasser vermischt wird, das seinerseits bereits mit Ozon desinfiziert wurde. Bei der Desinfektion des Bodenseewassers kommt weiterhin Chlorgas zum Einsatz, da im aufbereiteten Bodenseewasser mit einer nahezu vollständigen Umsetzung von Chlordioxid zu Chlorit zu rechnen wäre [WEISS 1992]. Zu den durch die Desinfektion von Trinkwasser verursachten Schadstoffbelastungen siehe auch Kapitel 5.2.3.3.

Der Aussage, daß Fernwasserversorgungen als Ergänzung zu den örtlichen Wasservorkommen gedacht sind, steht die Tatsache entgegen, daß eine Fernleitung aus hydraulischen und hygienischen Gründen nicht zur bloßen Spitzendeckung geeignet ist. *„Es ist deshalb unumgänglich, eine gewisse, vor allem hygienisch bedingte Grundlast ständig abzunehmen"* [NABER 1992].

Außerdem ist kein Wasserversorgungsunternehmen in der Lage, beliebige Schwankungen der Wasserabgabe zu verkraften, weshalb bei den Fernwasserversorgungsunternehmen der Wasserbezug durch ein Verbandsmitglied nach oben und unten limitiert wird.

Regionaler Widerstand in den Förderregionen

Planungen zur Erschließung neuer Grundwasserentnahmegebiete durch Fernwasserversorgungsunternehmen stoßen – wie aus anderen Bundesländern bekannt (Vogelsberg für Frankfurt, Lüneburger Heide für Hamburg, Loisachtal für München) – auch in Baden-Württemberg auf regionalen Widerstand. Neben den beiden bereits erwähnten Beispielen Grundwasserentnahmen der Landeswasserversorgung im Erolzheimer Feld (deren Planung inzwischen eingestellt ist) und Grundwasserentnahme der Bodenseewasserversorgung bei Bruchsal (die derzeit nicht weiter verfolgt wird) stellt die beabsichtigte Gründung eines „Zweckverbands Fernwasserversorgung Oberschwaben" ein weiteres Beispiel für den Konflikt zwischen der Fernwasserversorgung und regionalen Interessen dar. In der Leutkircher Haid, die nach dem Rheintal und dem Illertal als drittgrößtes Grundwasserreservoir Baden-Württembergs gilt, sollte Grundwasser für ein Versorgungsgebiet von ca. 100.000 Einwohner, darunter die Städte Ravensburg, Weingarten, Tettnang und Meckenbeuren erschlossen werden. Diese Planung rief heftigen regionalen Widerstand, insbesondere von der Landwirtschaft hervor [GEILER 1994].

Der Widerstand wird hier – wie auch oft in anderen Fällen – nur zum Teil mit den ökologischen Schäden begründet, die durch die Grundwasserentnahmen verursacht werden könnten. Oft sehen sich die Bewohner der Peripherie als Wasserlieferanten für den immensen Bedarf der Städte oder Ballungszentren mißbraucht, verbunden mit Nachteilen für ihre eigenen Entwicklungsmöglichkeiten. *„Zumindest von Seiten der lokalen oder regionalen Mandatsträger fürchtete man eine Einschränkung von Gewerbe und Industrie, eine Einschränkung der Gemeindeentwicklung sowie höhere Ausgaben für die Abwassersanierung und den Gewässerschutz. Von Seiten der Landwirtschaft wurden restriktive Auflagen beim Einsatz von Dünge- und Pflanzenschutzmitteln befürchtet. Die von Ökologen und Naturschutzgruppen vertretenen Befürchtungen um den Wasser- und Naturhaushalt waren für die Regional- und Lokalpolitiker bestenfalls schmückendes Beiwerk bei der Durchsetzung von Regionalinteressen"* [GEILER 1994].

Der Antrag einiger Abgeordneter, den Regionalverband Donau-Iller in seinen Bestrebungen zu unterstützen, das Illertal-Grundwasser langfristig für eigene Belange zu sichern, wurde von der Landesregierung unter Hinweis auf die im Landesentwicklungsplan verankerte Leitlinie zur Fernwasserversorgung abgelehnt. Danach sind *„geeignete Wasservorkommen für den übergebietlichen Ausgleich zwischen Gebieten mit Wassermangel und Wasserreichtum soweit erforderlich in Anspruch zu nehmen."* [LANDTAG 9/1242].

Die Formulierung „soweit erforderlich" läßt dabei noch sehr viel Interpretationsspielraum offen. Hier kann die Frage gestellt werden, durch welche anderen Maßnahmen (z. B. rationellere Wassernutzung, Reduzierung der Leitungsverluste) in den Mangelgebieten der Bedarf gedeckt bzw. reduziert werden kann (s.o. das Beispiel Pforzheim).

Oberlieger – Unterlieger

Während bei geplanten Grundwasserentnahmen die Einzugsgebiete in der Regel überschaubar sind, ist dies beim *„wichtigsten Trinkwasserspeicher in Europa"*

[NABER 1990], dem Bodensee, nicht der Fall. Sein knapp 11.500 km² großes Einzugsgebiet liegt zu 48 % in der Schweiz, zu 22 % in Österreich, zu 23 % in Baden-Württemberg und zu 5 % in Bayern. Liechtenstein und Italien belegen zusammen knapp 2 % des Einzugsgebiets. Schon in Baden-Württemberg werden von einigen Bewohnern des Bodenseeraums Einschränkungen nur unwillig in Kauf genommen, um die Wasserversorgung des Ballungsraums Stuttgart zu sichern; eine Verpflichtung anderer Staaten zu entsprechenden Maßnahmen ist hingegen noch schwieriger einzufordern (siehe Kapitel 3.2.2). Auch wenn Österreich und die Schweiz selbst Trinkwasser aus dem Bodensee entnehmen, so ist ihr Anteil an der gesamten Entnahme doch verhältnismäßig gering. Als größtes Wasserversorgungsunternehmen nach der Bodenseewasserversorgung (mit ca. 130 Mio. m³/a Entnahme) fördert die Stadt St. Gallen 10 Mio. m³/a Trinkwasser aus dem Bodensee [NABER 1990]). In der Internationalen Gewässerschutzkommission für den Bodensee sind zwar alle Anrainerstaaten vertreten und betreiben eine gemeinsame Gewässerschutzpolitik für den Bodensee, trotzdem sind die Oberliegerstaaten des Bodensees im Vergleich zu Baden-Württemberg weit weniger auf ihn angewiesen. Die Abhängigkeit vom „Guten Willen" der Nachbarn macht das auf den Bodensee als wesentliche Stütze aufgebaute Fernwasserversorgungssystem in Baden-Württemberg verwundbar. Einsprüche gegen geplante Projekte am Schweizer Alpenrhein erfolgten zwar auf der Grundlage des Übereinkommens über den Schutz des Bodensees gegen Verunreinigung vom 20.12.1961 und wurden von allen Beteiligten, auch den Schweizer Fachdienststellen, mitgetragen, doch führen sie in bestimmten Schweizer Kreisen auch zu Irritationen [VISCHER 1994] (siehe auch Kapitel 1 und Kapitel 3.2.2).

3.1.1.2 Wasserförderung und Wasserverbrauch in den Kreisen

Um einen Überblick über die in Kapitel 2.3.2 angesprochenen regionalen Unterschiede hinsichtlich des Wasserdargebots einerseits und des Wasserverbrauchs andererseits zu bekommen, wurde aus pragmatischen Gründen eine Aufstellung auf Kreisebene gewählt.

Der Wasserverbrauch pro Kopf ist für die einzelnen Landkreise in Tab. 3-4 angegeben und in Abb. 3-10 graphisch dargestellt. Dabei wurde die insgesamt von der Öffentlichen Wasserversorgung abgegebene Wassermenge getrennt nach den Bereichen Haushalte, öffentliche Einrichtungen, Wirtschaft (Bergbau, Verarbeitendes Gewerbe und Energiewirtschaft) und Wasserverluste (Leitungsverluste und Wasserwerkseigenverbrauch) auf die Einwohnerzahl umgerechnet.

Der pro Kopf an Haushalte und Kleingewerbe abgegebene Anteil wird auch als häuslicher oder spezifischer Wasserbedarf* bezeichnet. Er lag in den 80er Jahren in Baden-Württemberg durchschnittlich bei 140 l/d und ging im Jahr 1993 auf 131 l/d zurück (siehe Kapitel 3.1.1). Im Jahr 1991 betrug er im Bundesdurchschnitt 143 l/d [BMU 1994]. In den Stadt- und Landkreisen Baden-Württembergs schwankt er zwischen 183 l/d in Baden-Baden und 114 l/d im Landkreis Rottweil.

Tab. 3-4: Öffentliche Wasserversorgung in Baden-Württemberg 1991: Abgabe an Letztverbraucher pro Kopf der Bevölkerung
Datenquelle: [STATISTISCHES LANDESAMT 1994b]

Kreis	Abgabe an Haushalte, Kleingewerbe und Dienstleistungs-unternehmen	Abgabe an öffentliche Einrichtungen	Abgabe an Energiewirtschaft und Verarbeitendes Gewerbe	Wasserverluste (Leitungsverluste, Wasserwerks-eigenverbrauch)	Wasserabgabe insgesamt
	Liter pro Kopf und Tag				
Emmendingen	122	10	5	26	163
Tübingen	118	31	9	21	179
Rems-Murr-Kreis	127	12	15	25	179
Neckar-Odenwald-Kreis	128	15	10	31	184
Enzkreis	129	12	14	28	184
Ortenaukreis	136	11	11	28	186
Tuttlingen	117	14	10	46	187
Karlsruhe, Landkreis	142	10	16	20	188
Hohenlohekreis	127	21	19	26	192
Rottweil	114	10	19	49	193
Ludwigsburg	139	16	16	25	196
Heilbronn, Landkreis	138	13	16	29	196
Rastatt	133	14	22	29	197
Esslingen	130	14	18	35	197
Rhein-Neckar-Kreis	144	11	17	27	198
Calw	122	30	7	40	199
Reutlingen	128	30	20	23	201
Ostalbkreis	126	20	17	38	201
Breisgau-Hochschwarzwald	150	19	7	30	206
Schwarzwald-Baar-Kreis	135	13	16	42	207
Alb-Donau-Kreis	132	15	11	49	207
Göppingen	135	11	26	37	208
Main-Tauber-Kreis	132	33	13	32	210
Sigmaringen	128	27	11	45	211
Böblingen	136	16	32	27	211
Heilbronn, Stadtkreis	153	9	34	16	211
Lörrach	144	15	18	35	212
Konstanz	142	23	12	35	213
Heidenheim	138	8	18	49	213
Freudenstadt	141	20	10	42	213
Schwäbisch Hall	123	31	27	35	216
Pforzheim, Stadtkreis	157	8	27	26	217
Ravensburg	134	24	26	39	222
Zollernalbkreis	127	17	33	46	223
Mannheim, Stadtkreis	153	32	27	11	224
Waldshut	149	20	13	42	225
Karlsruhe, Stadtkreis	176	18	18	13	226
Stuttgart	153	14	42	22	232
Biberach	140	22	18	52	232
Freiburg, Stadtkreis	145	43	17	36	241
Bodenseekreis	153	11	11	73	248
Heidelberg, Stadtkreis	163	57	17	15	252
Ulm	159	22	31	48	259
Baden-Baden, Stadtkreis	183	34	6	43	266
Baden-Württemberg	139	18	19	31	207

Abb. 3-10: Öffentliche Wasserversorgung in Baden-Württemberg: Wasserabgabe an Letztverbraucher in den Stadt- und Landkreisen 1991 (in Litern Pro Einwohner und Tag)
Datenquelle: [STATISTISCHES LANDESAMT 1994b]

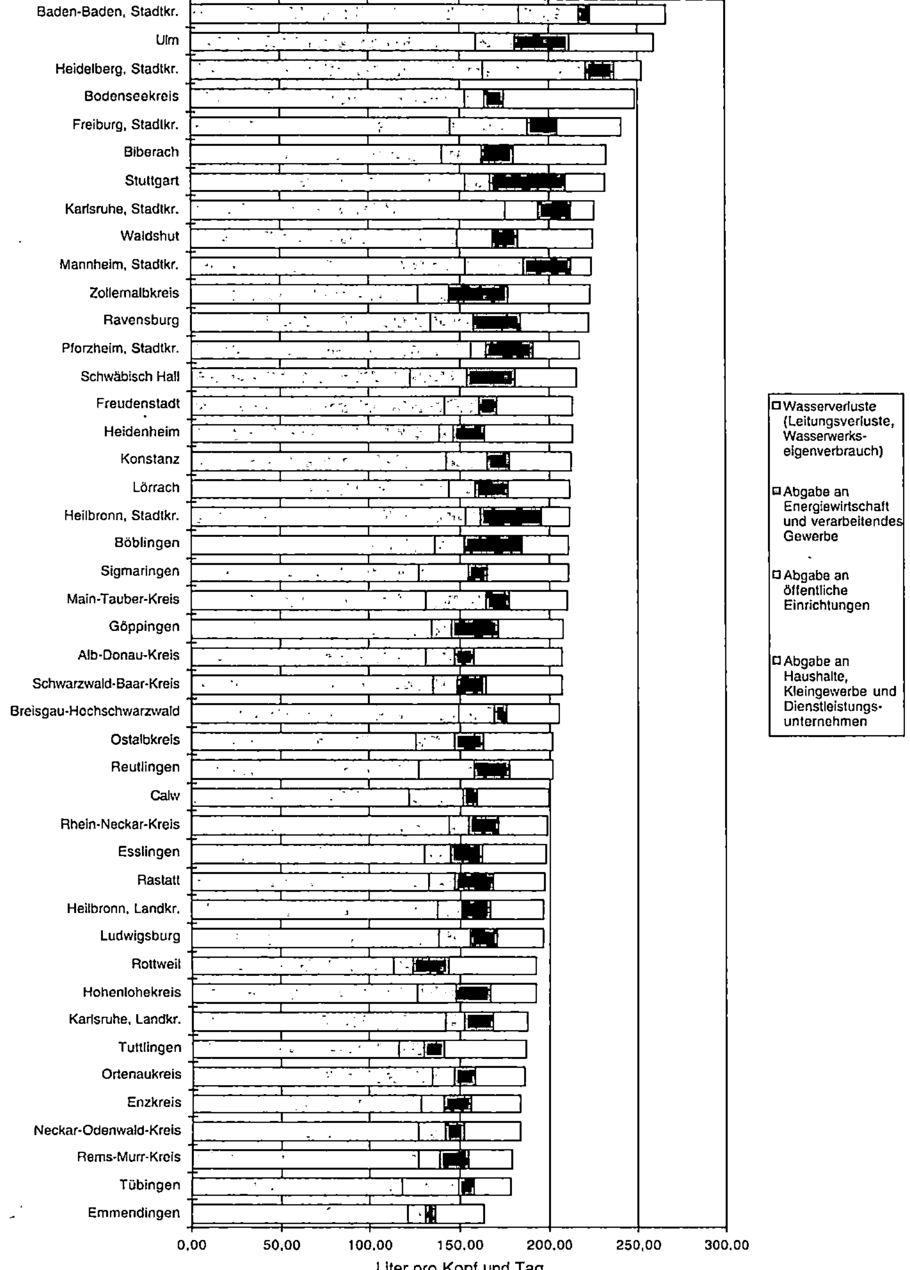

Die Pro-Kopf-Abgabe an öffentliche Einrichtungen reicht von 8 l/d im Landkreis Heidenheim bis 57 l/d im Stadtkreis Heidelberg bei einem Durchschnittswert von 18 l/d. Der Anteil, den die Industrie und Energiewirtschaft pro Einwohner von der Öffentlichen Wasserversorgung bezieht, liegt zwischen 5 l/d im Landkreis Emmendingen und 42 l/d im Stadtkreis Stuttgart. Der Durchschnittwert für Baden-Württemberg liegt bei 19 l/d.

Auch der Wasserverlust pro Kopf zeigt deutliche Unterschiede. Der geringste Wert ist mit 11 l/d im Stadtkreis Mannheim zu verzeichnen, der höchste im Bodenseekreis mit 73 l/d. Dieser hohe Wert kommt allerdings dadurch zustande, daß die statistische Differenz zwischen Wassergewinnung und Wasserabgabe im gesamten Versorgungsgebiet der Bodenseewasserversorgung auf den Bodenseekreis bezogen wird. Im Landesdurchschnitt liegt der Wasserverlust bei 31 l/d, das sind mehr als 20 % des derzeitigen häuslichen Wasserbedarfs (siehe Kapitel 3.1.1).

Die pro Kopf von der Öffentlichen Wasserversorgung insgesamt abgegebene Wassermenge liegt in Baden-Baden mit 266 l/d an der Spitze, im Landkreis Emmendingen mit 163 l/d am niedrigsten. In Baden-Baden schlägt der hohe Wasserverbrauch der Haushalte und öffentlichen Einrichtungen in Verbindung mit überdurchschnittlichen Leitungsverlusten zu Buche, in Emmendingen hingegen liegen alle vier Bereiche unter dem Durchschnitt.

Während sich die Unterschiede zwischen den Kreisen bezüglich des spezifischen Wasserverbrauchs in Grenzen halten, sind sie im Hinblick auf die innerhalb des Kreises geförderte Wassermenge bzw. die Importe und Exporte sehr groß (Tab. 3-5).

Insgesamt geben 39 der 44 Stadt- und Landkreise Wasser an benachbarte Kreise ab. Im Jahr 1991 exportierten drei Kreise mehr als 80 % des in ihrem Kreisgebiet geförderten Trinkwassers: der Bodenseekreis mit 139 Mio. m^3 (90 %), der Alb-Donau-Kreis mit 48 Mio. m^3 und der Kreis Heidenheim mit 40 Mio. m^3 (jeweils 82 %). Verantwortlich für diese Exporte, die mit zusammen rund 227 Mio. m^3 fast ein Drittel der gesamten Trinkwassermenge in Baden-Württemberg ausmachen, sind die großen Fernwasserversorgungsunternehmen Bodenseewasserversorgung und Landeswasserversorgung (siehe Kapitel 3.1.1.1)

Alle Kreise importieren Wasser – allerdings in sehr unterschiedlichem Ausmaß: 31 Kreise bezogen 1991 ihr importiertes Wasser ganz oder teilweise über Fernwasserversorgungen*, die restlichen aus Gruppenwasserversorgungen*. Betrachtet man die gesamten Importe (incl. Beileitung aus Nachbarkreisen) für das Jahr 1991, so mußten 19 Kreise mehr als ein Drittel des aus dem öffentlichen Netz abgegebenen Wassers importieren. Von diesen mußten 12 Kreise mehr als die Hälfte einführen, 6 Kreise (Stuttgart, Böblingen, Esslingen, Ludwigsburg, Pforzheim, Rems-Murr-Kreis) können nur noch maximal ein Drittel des Eigenbedarfs aus den eigenen Vorräten decken (Tab. 3-5).

Betrachtet man die im Jahr 1991 von den vier Fernwasserversorgungsunternehmen* (siehe Kapitel 3.1.1) bezogenen Mengen, so importierten 15 Kreise mehr als ein Drittel ihres (öffentlichen) Bedarfs in Form von Fernwasser*, 7 davon mehr als die Hälfte und 3 Kreise mehr als zwei Drittel. Spitzenreiter ist die Stadt Stuttgart mit 97 % Fernwasserimport (siehe Kapitel 3.1.1).

Tab. 3-5: Wasseraufkommen, Wassergewinnung, Wasserimport und Wasserexport in Baden-Württemberg 1991. Datenquelle: [STATISTISCHES LANDESAMT 1994b]

Stadt- und Landkreise	Einwohner	Wasseraufkommen	Wassergewinnung				Bezug aus anderen Kreisen				Abgabe an andere Kreise	
			insgesamt	davon:			(Import)				(Export)	
		Öffentliche Wasserversorgung		Öffentliche Wasserversorgung	Verarbeitendes Gewerbe	Energiewirtschaft	Import der Öffentlichen Wasserversorung insgesamt	Anteil des Wasserimports am öffentlichen Wasseraufkommen	Fernwasserimport	Anteil des Fernwasserimports am öffentlichen Wasseraufkommen	Export der Öffentlichen Wasserversorgung	Anteil des Exports an der öffentlichen Wassergewinnung
		in 1.000 m³	in 1 000 m³	in 1.000 m³	in 1.000 m³	in 1.000 m³	in 1.000 m³	in %	in 1.000 m³	in %	in 1.000 m³	in %
Stuttgart	591 946	50.027	128.030	1.564	2.949	123.517	48.463	97	48.463	97		0
Böblingen	341 731	26.358	6.189	4.849	1.340	0	21.509	82	17.446	66	25	1
Esslingen	486.150	35.125	83.971	7.777	5.410	70.784	27.348	78	26 956	77	96	1
Göppingen	247.741	20.681	15.602	9.876	5.726	0	10.805	52	10.694	52	1.871	19
Ludwigsburg	472.972	33.774	135.078	7.744	4.699	122 635	26.030	77	26.030	77	51	1
Rems-Murr-Kreis	387.872	25 660	10.243	8.030	2.213	0	17.630	69	16.743	65	279	3
Heilbronn, Stadtkreis	117.427	9.315	305.613	3.790	30.869	270.954	5.525	59	5.274	57	257	7
Heilbronn, Landkreis	279.912	20.624	693.812	10.423	9.828	673.561	10.201	49	9.262	45	574	6
Hohenlohekreis	95 126	6.929	9 156	3.578	5.578	0	3.351	48	3.216	46	249	7
Schwäbisch Hall	167.742	13.181	5.846	5.324	522	0	7.857	60	5.281	40		0
Main-Tauber-Kreis	129.934	10.837	10.210	9.686	524	0	1 151	11	878	8	871	9
Heidenheim	132.824	50.748	62 290	49.552	12.738	0	1.196	2	644	1	40.423	82
Ostalbkreis	299.780	24.024	21.369	12.351	9.018	0	11.673	49	9.767	41	2.007	16
Baden-Baden, Stadtkreis	52.524	6.624	7.777	6.543	1.234	0	81	1	0	0	1.516	23
Karlsruhe, Stadtkreis	278.579	24.612	557.205	10.731	97.297	449.177	13.881	56	0	0	1.671	16
Karlsruhe, Landkreis	389.053	28.182	2 530.901	21.703	19.930	2 489.268	6.479	23	1.350	5	1.494	7
Rastatt	207.035	29.446	86.061	27.626	58.435	0	1 820	6	0	0	14.538	53
Heidelberg, Stadtkreis	139.392	13.390	10.825	10.341	484	0	3 049	23	0	0	556	5
Mannheim, Stadtkreis	314 685	28.833	1 079.911	25.044	65.588	989.279	3.789	13	0	0	3.118	12
Neckar-Odenwald-Kreis	140 517	10.118	210.992	6.314	314	204.364	3.804	38	3.742	37	694	11
Rhein-Neckar-Kreis	495.949	42.872	52.627	39.465	13.162	0	3.407	8	1.253	3	6 990	18
Pforzheim, Stadtkreis	115.547	9 155	25.699	2.372	4.160	19.167	6.783	74	4.546	50		0
Calw	152.287	14.159	13.831	12.986	845	0	1 173	8	857	6	3.083	24
Enzkreis	179.619	15.570	17.723	9.185	8.538	0	6.385	41	4 636	30	3 505	38
Freudenstadt	112.083	12.555	15.975	12.005	3.970	0	550	4	188	1	3 829	32
Freiburg, Stadtkreis	193.775	17.645	27.590	11.854	15.736	0	5.791	33	0	0	600	5
Breisgau-Hochschwarzwald	221.264	23.041	33 812	22.251	11.561	0	790	3	0	0	6 432	29
Emmendingen	141.041	8.554	11.084	8.518	2 566	0	36	0	36	0	170	2
Ortenaukreis	377 966	25.600	84.882	23.800	61.082	0	1.800	7	1.796	7		0
Rottweil	135.375	11 542	10.911	8.662	2 249	0	2.880	25	2.632	23	2.025	23
Schwarzwald-Baar-Kreis	206.176	15 558	17.567	10.186	7 381	0	5.372	35	4.689	30		0
Tuttlingen	123.196	9.672	7.326	6.554	772	0	3 118	32	1.976	20	1.261	19
Konstanz	250.991	19.546	25.586	18.873	6.713	0	673	3	556	3	60	0
Lörrach	204.598	15.819	135.366	15.456	119.910	0	363	2	0	0	9	0
Waldshut	158.533	13.005	51.626	12.724	38.902	0	281	2	0	0	13	0
Reutlingen	263.657	20.246	19.330	12.498	6.832	0	7.748	38	7.546	37	885	7
Tübingen	198.498	16.045	11.611	8.962	2.649	0	7.083	44	6.025	38	3.089	34
Zollernalbkreis	185.487	15.649	10 711	9.060	1.651	0	6.589	42	3.348	21	548	6
Ulm	112.173	11.306	12.159	9.977	1.432	750	1 329	12	682	6	693	7
Alb-Donau-Kreis	172.160	61.386	77.919	59.255	18 664	0	2.131	3	195	0	48.396	82
Biberach	165.920	15.690	17.297	15.418	1.879	0	272	2	0	0	1.621	11
Bodenseekreis	187.140	156.169	157.098	154.932	2.166	0	1.237	1	0	0	139.223	90
Ravensburg	252 561	21.359	40.089	19.556	20.533	0	1.803	8	0	0	865	4
Sigmaringen	122.902	11.677	18.876	11.421	7.455	0	256	2	0	0	2.212	19
Baden-Württemberg	10 001 840	758.816	6 867 775	758.816	695.503	5 413.456			226.707	30		

Abb. 3-11: Fernwasserimport pro Kopf der Bevölkerung in den Stadt- und Landkreisen Baden-Württembergs 1991 (in Litern pro Einwohner und Tag). Kreise ohne Fernwasserimport sind nicht dargestellt
Datenquelle: [STATISTISCHES LANDESAMT 1994d]

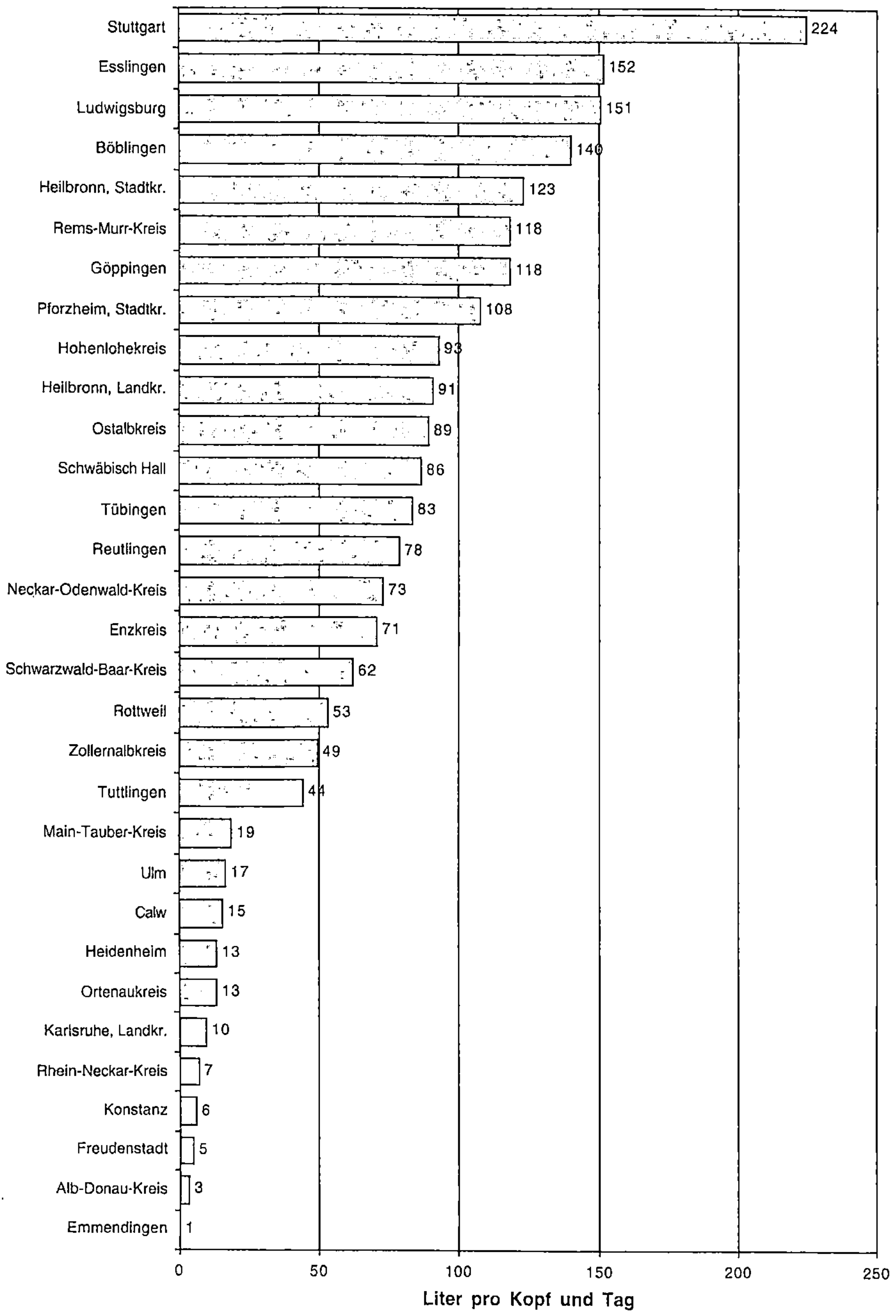

Abb. 3-12: Hoher pro-Kopf-Import an Fernwasser - Übersicht nach Stadt- und Landkreisen
Datenquelle: [STATISTISCHES LANDESAMT 1994d]

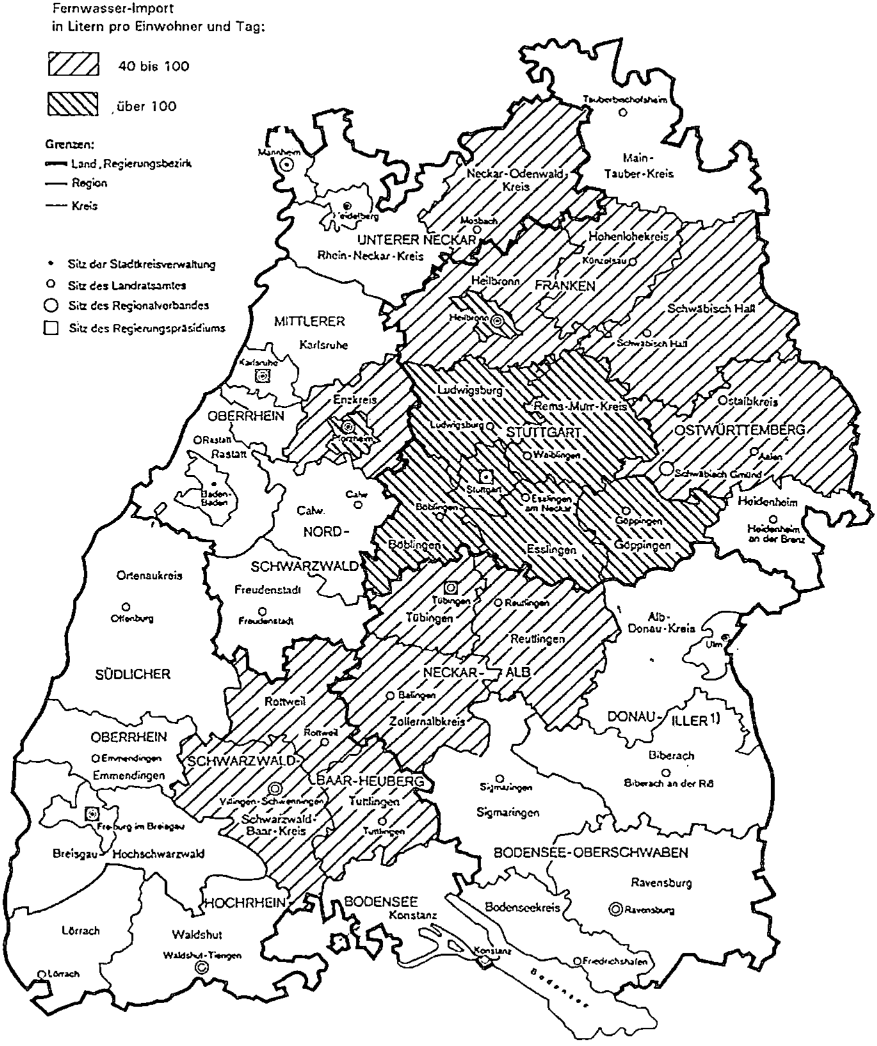

Die 20 Kreise mit hohem Fernwasserimport* pro Kopf (> 40 l/d) befinden sich in der Region „Mittlerer Neckar" (Stuttgart, Ludwigsburg, Böblingen, Esslingen, Göppingen, Rems-Murr-Kreis), im Neckar-Odenwald-Kreis, im nordöstlichen Württemberg (Stadt- und Landkreis Heilbronn, Hohenlohe, Schwäbisch Hall, Ost-

Abb. 3-13: Anteile von Fernwasser, Gruppenwasser und Eigenwasser an der Wasserabgabe der öffentlichen Wasserversorgung in den Stadt- und Landkreisen Baden-Württembergs (in Litern pro Einwohner und Tag)
Datenquelle: [Statistisches Landesamt 1994d]

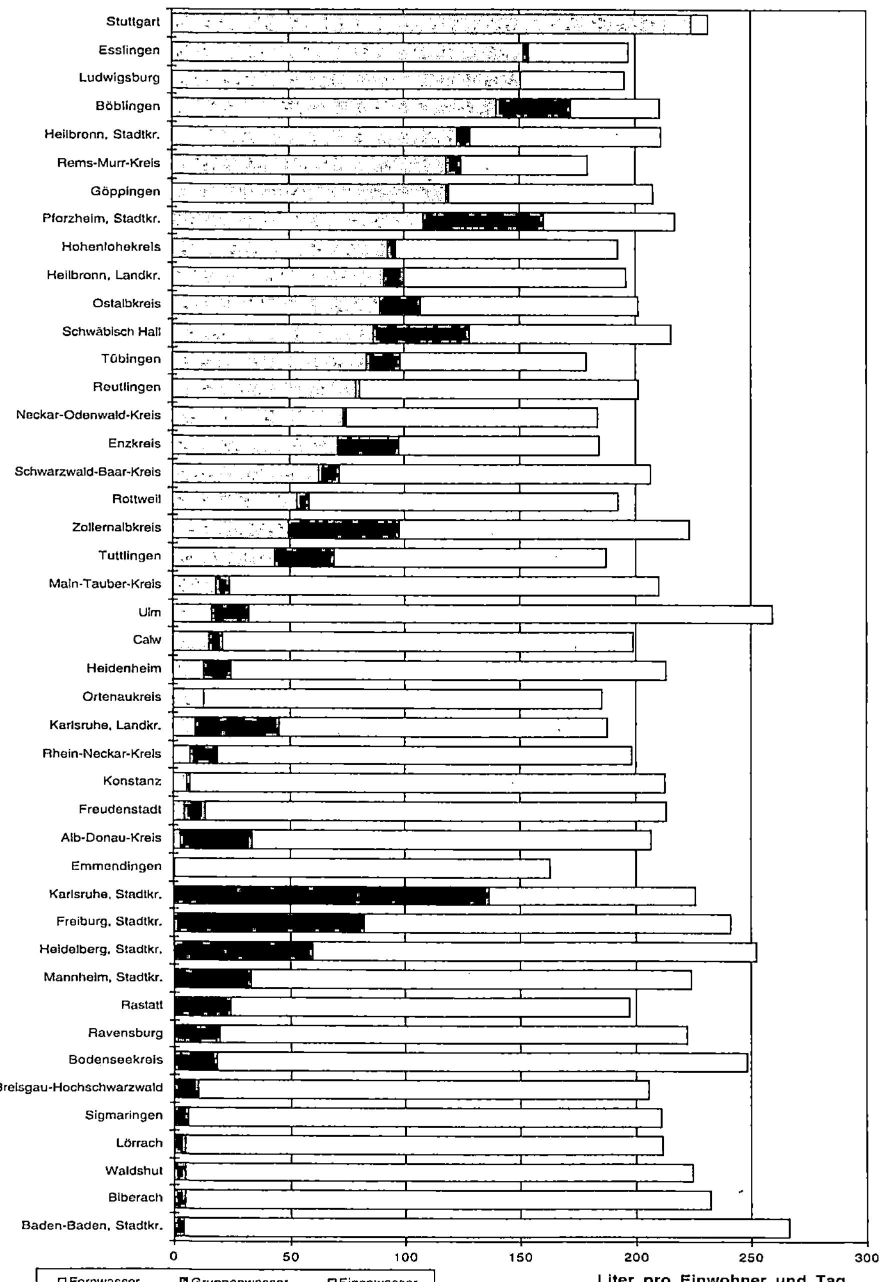

alb), in der Region Neckar-Alb (Tübingen, Reutlingen, Zollernalbkreis), der Region Schwarzwald-Baar-Heuberg (Rottweil, Schwarzwald-Baar-Kreis, Tuttlingen) sowie am Rand des Nordschwarzwalds (Enzkreis, Pforzheim) (Abb. 3-11 und 3-12). Diese Regionen stimmen weitgehend mit den klassischen „Wassermangelgebieten" des Lias*, Dogger* und höheren Keupers* sowie des intensiv zertalten Muschelkalks* in Nordwürttemberg mit seinen kleinen Einzugsgebieten überein [HGK BADEN-WÜRTTEMBERG 1985] (siehe auch Kapitel 2.3.2). Der zusätzliche Faktor Bevölkerungsdichte macht sich in der Region „Mittlerer Neckar" sowie in den Stadtkreisen Heilbronn und Pforzheim durch besonders hohe Fernwasserimportraten (> 100 l/E·d) bemerkbar (Abb. 3-12). Die Aufteilung der Pro-Kopf-Wasserabgabe der Öffentlichen Wasserversorgung aus Fern-, Gruppen- und Eigenwasser ist in Abb. 3-13 für alle Kreise Baden-Württembergs dargestellt.

3.1.2   Wasserversorgung von Industrie und Gewerbe

Die in diesem Kapitel beschriebene Bedarfsituation bezieht sich auf den Bergbau* und das Verarbeitende Gewerbe*, wozu außer den Industriebetrieben auch das produzierende Handwerk* zählt. Daten der amtlichen Statistik wurden vom Statistischen Landesamt unter der gestellten Fragestellung ausgewertet und in einem Gutachten für die Akademie für Technikfolgenabschätzung dargestellt [STATISTISCHES LANDESAMT 1995b]. Die Ausführungen in diesem Kapitel basieren auf diesem Gutachten. Bei den hier getroffenen Aussagen ist zu beachten, daß in der Regel von der amtlichen Statistik nur Betriebe mit 20 und mehr Beschäftigten erfaßt werden.

Im Jahr 1991 betrug das Wasseraufkommen* von Bergbau und verarbeitendem Gewerbe (ohne Energiewirtschaft) 767 Mio. m³. Damit nehmen Öffentliche Wasserversorgung bzw. Industrie und Gewerbe die Ressource in gleichem Ausmaß in Anspruch. Der größte Teil (> 90%) des industriell-gewerblichen Aufkommens stammte aus der betrieblichen Eigenversorgung, 8,5% (ca. 65 Mio. m³) aus der Öffentlichen Wasserversorgung und 0,9% (6,8 Mio. m³) wurden von anderen Betrieben bezogen. Die industrielle Eigengewinnung beruhte zu 64% (444 Mio. m³) auf Oberflächenwasser, zu 24% (167 Mio. m³) auf Grundwasser, zu 10% (71 Mio. m³) auf Uferfiltrat* und zu 2% (14 Mio. m³) auf Quellwasser.

Das Wasseraufkommen* von Bergbau und Verarbeitendem Gewerbe* betrug im Jahr 1971 noch fast 1 Mia. m³. Bis zum Jahr 1983 ging es um 23% zurück. Seither ist das Wasseraufkommen* nahezu konstant. Allerdings stieg im beschriebenen Zeitraum bis 1991 die Nettoproduktion an (Abb. 3-14). Das spezifische Wasseraufkommen* nahm also weiterhin ab. Diese Reduzierung wurde durch rationellere Wasserverwendung, vor allem durch Kreislaufführung und andere Spareffekte (z.B. Umstellung von Wasser- auf Luftkühlung) möglich. Die Entwicklung des Wasserbedarfs verlief bei den einzelnen Branchen uneinheitlich – siehe unten.

Abb. 3-14: Wasseraufkommen, Nettoproduktion und Energieverbrauch im Bergbau und Verarbeitenden Gewerbe in Baden-Württemberg 1969 - 1991
Datenquelle: [STATISTISCHES LANDESAMT 1995b]

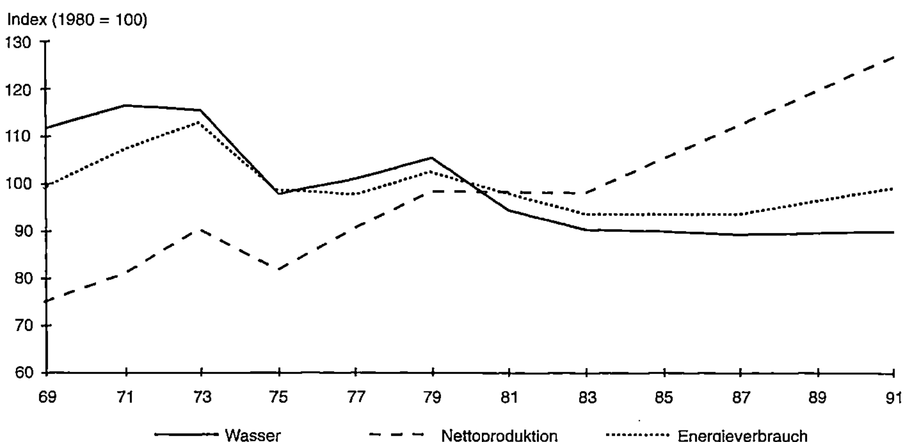

3.1.2.1 Regionale Unterschiede der industriell-gewerblichen Wasserwirtschaft

Zwischen den einzelnen Stadt- und Landkreisen bestehen sehr starke Unterschiede im industriell-gewerblichen Wasseraufkommen (Abb. 3-15). Betrachtet man die absolut entnommene Wassermenge, ragt eine Reihe von Stadt- und Landkreisen entlang des Rheins besonders heraus. Die Betriebe in diesen Kreisen nutzen meist in hohem Ausmaß Oberflächenwasser (Tab. 3-6). Wasser ist trotz aller technischen Einsparmöglichkeiten immer noch ein wichtiger Standortfaktor.

Im Durchschnitt ging das industriell-gewerbliche Wasseraufkommen in den 44 Stadt- und Landkreisen Baden-Württembergs von 1979 bis 1991 um 15 % zurück. Die Entwicklung verlief in den einzelnen Kreisen sehr unterschiedlich: Rückgänge waren in 32 Stadt- und Landkreisen zu verzeichnen, im Landkreis Rastatt blieb das industriell-gewerbliche Wasseraufkommen konstant, in 11 Kreisen kam es zu Steigerungen (Tab. 3-7). Die Rückgänge betrugen zwischen 7 % (Stadtkreis Mannheim) und 74 % (Landkreis Emmendingen), die Zuwächse zwischen 0,4 % (Landkreis Rottweil) und 152 % im Enzkreis. Die Veränderungen in den einzelnen Kreisen sind oftmals das Resultat von Veränderungen von nur einer oder wenigen Branchen. So haben z.B. die Betriebe der „Papierindustrie"* in den Stadtkreisen von Karlsruhe und Mannheim sowie im Landkreis Rastatt und im Alb-Donau-Kreis einen sehr deutlichen Einfluß, die Steine- und Erdenindustrie im Ortenau- und Schwarzwald-Baar-Kreis, das Ernährungsgewerbe im Enzkreis, die Chemische Industrie sowohl im Stadtkreis Freiburg als auch im Ortenaukreis sowie die Kunststoffverarbeitende Industrie im Alb-Donau-Kreis (Tab. 3-8).

Trotz dieser regionalen Unterschiede prognostiziert das Statistische Landesamt künftig für keinen der 44 Stadt- und Landkreise Baden-Württembergs ein steigen-

Abb. 3-15: Zusammensetzung des Wasseraufkommens im Bergbau und Verarbeitenden Gewerbe in den Stadt- und Landkreisen Baden-Württembergs 1991
Quelle: [STATISTISCHES LANDESAMT 1995b]

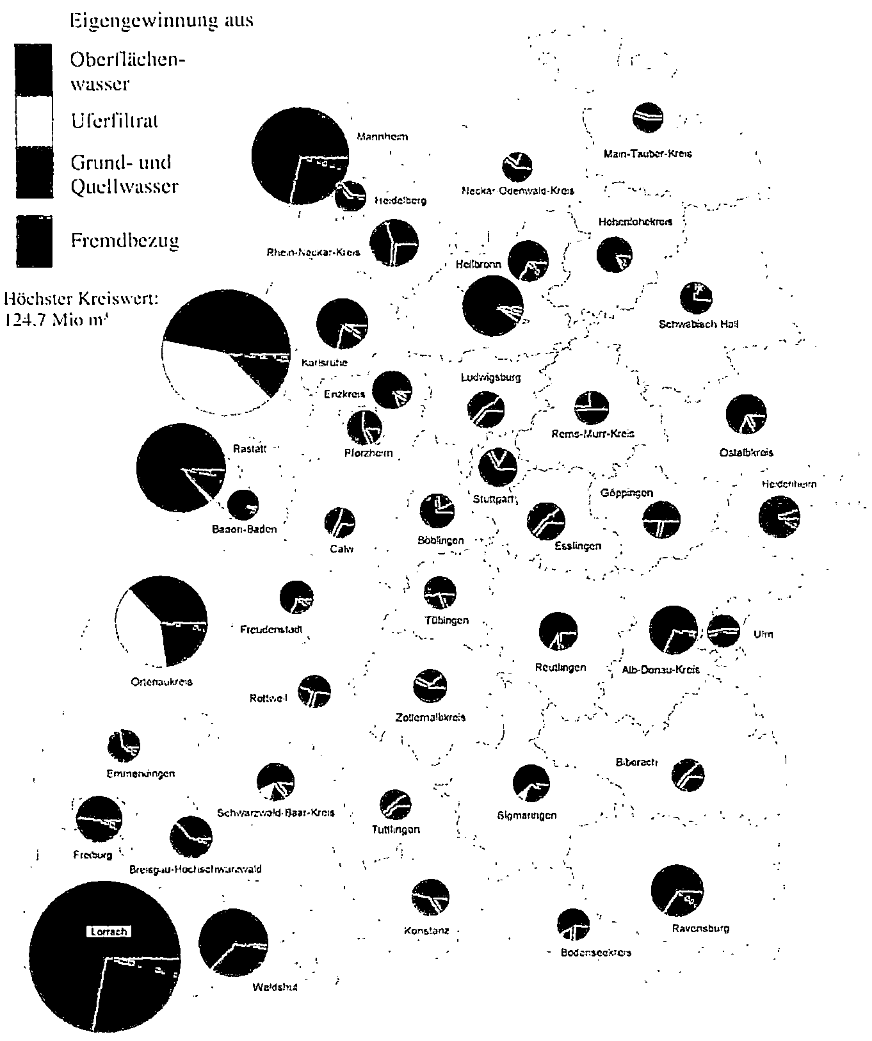

Grundkarte: RegioGraph/MACON GmbH

des Wasseraufkommen durch Bergbau und Verarbeitendes Gewerbe bis zum Jahr 2005. Das Amt erwartet in allen Kreisen einen Rückgang von im Mittel 10 %, wobei die höchste Einsparung im Stadtkreis Heilbronn mit über 30 % erwartet wird.

Tab. 3-6: Stadt- und Landkreise mit überdurchschnittlicher gewerblicher Entnahme von Oberflächen-
und Grundwasser bzw. mit auffällig hohem Fremdbezug aus dem öffentlichen Netz (in Mio.m³)
Quelle: [STATISTISCHES LANDESAMT 1995b]

	Oberflächen- wasser und Uferfiltrat	Grund- und Quellwasser	Fremdbezug aus dem öffentlichen Netz
Durchschnitt der Stadt-und **Landkreise in** **Baden-Württemberg**	**12**	**4**	**1,5**
LK Lörrach	90	30	
SK Karlsruhe	86	11	
LK Rastatt	53		
SK Mannheim	49	17	3,0
LK Ortenaukreis	47	13	
LK Waldshut	26	13	
SK Freiburg		8	
LK Breisgau-Hochschwarzwald		7	
SK Heilbronn	29		
LK Heidenheim		12	
LK Ravensburg	15		
LK Alb-Donau-Kreis	13		
SK Stuttgart			6,0
LK Böblingen			4,0
LK Esslingen			3,2
LK Ludwigsburg			2,8
LK Rhein-Neckar-Kreis			3,0
SK = Stadtkreis LK = Landkreis			

3.1.2.2 Struktur der industriellen* Wasserwirtschaft 1991

Die Bedeutung des Produktionsfaktors Wasser ist in den einzelnen Branchen aus-
serordentlich unterschiedlich. Im Grundstoff-* und Produktionsgütergewerbe*
konzentrieren sich fast 80 % des industriellen Wasseraufkommens, während der
Anteil dieser Wirtschaftsbereiche am jährlichen Umsatz des Verarbeitenden Gewerbes* 16 % und ihr Anteil an der Beschäftigtenzahl lediglich 11 % beträgt. Dagegen benötigt das in Baden-Württemberg wirtschaftlich besonders bedeutsame
Investitionsgüter Produzierende Gewerbe* nur 8 % des jährlichen gewerblichen
Wasseraufkommens, macht damit aber 62 % am Gesamtumsatz und 66 % der Beschäftigtenzahl aus. In den beiden verbleibenden Wirtschaftshauptgruppen*, dem

Tab. 3-7: Wasseraufkommen im Bergbau und Verarbeitenden Gewerbe in den Stadt- und Landkreisen Baden-Württembergs 1979 bis 1991
Quelle: verändert nach [STATISTISCHES LANDESAMT 1995b]

Kreis Land	Wasseraufkommen[1]				
	1979	1983	1987	1991	Veränderung 1979 bis 1991
	1.000 m³				%
Stadtkreis					
Stuttgart, Landeshauptstadt	14.488	12.109	10.976	9.093	-38 %
Landkreise					
Böblingen	4.838	4.886	5.198	5.337	+10 %
Esslingen	15.198	11.609	10.409	8.557	-44 %
Göppingen	11.197	10.155	9.771	7.957	-29 %
Ludwigsburg	14.290	12.344	15.257	7.503	-47 %
Rems-Murr-Kreis	6.021	5.222	5.007	4.398	-27 %
Stadtkreis					
Heilbronn	38.088	32.178	34.991	32.254	-15 %
Landkreise					
Heilbronn	14.205	12.542	11.386	11.385	-20 %
Hohenlohekreis	7.898	6.866	5.587	6.242	-21 %
Schwäbisch Hall	2.062	1.895	1.890	2.340	+13 %
Main-Tauber-Kreis	1.637	1.118	1.154	1.159	-29 %
Heidenheim	18.129	14.440	15.931	13.900	-23 %
Ostalbkreis	17.474	14.679	11.589	10.850	-38 %
Stadtkreise					
Baden-Baden	1.046	920	1.054	1.352	+29 %
Karlsruhe	93.525	85.605	94.015	98.958	+ 6 %
Landkreise					
Karlsruhe	30.500	30.128	24.888	22.126	-27 %
Rastatt	60.108	48.342	42.149	60.079	0 %
Stadtkreise					
Heidelberg	1.559	1.664	1.168	1.342	-14 %
Mannheim	74.212	63.838	58.060	68.782	- 7 %
Landkreise					
Neckar-Odenwald-Kreis	1.522	1.225	1.243	828	-46 %
Rhein-Neckar-Kreis	25.743	20.066	20.847	17.824	-31 %
Stadtkreis					
Pforzheim	6.656	6.395	5.680	5.088	-24 %
Landkreise					
Calw	1.992	1.086	1.074	1.246	-37 %
Enzkreis	3.755	4.414	3.280	9.474	+152 %
Freudenstadt	5.161	5.744	5.040	4.380	-15 %
Stadtkreis					
Freiburg im Breisgau	16.193	16.119	19.718	16.907	+ 4 %
Landkreise					
Breisgau-Hochschwarzwald	14.947	12.561	9.815	12.125	-19 %
Emmendingen	10.937	3.078	3.175	2.845	-74 %
Ortenaukreis	47.808	52.489	58.071	62.827	+31 %
Rottweil	3.197	3.179	2.721	3.211	0 %
Schwarzwald-Baar-Kreis	4.899	6.383	8.729	8.617	+76 %
Tuttlingen	1.975	1.835	1.501	1.239	-37 %
Konstanz	8.976	7.485	7.117	7.878	-12 %
Lörrach	139.921	119.132	125.190	124.729	-11 %
Waldshut	67.148	50.367	51.107	39.708	-41 %
Reutlingen	11.591	9.758	10.015	8.880	-23 %
Tübingen	5.608	5.733	4.021	3.297	-41 %
Zollernalbkreis	4.818	4.857	4.652	3.897	-19 %
Stadtkreis					
Ulm	5.314	3.025	2.595	2.694	-49 %
Landkreise					
Alb-Donau-Kreis	14.724	14.931	16.202	19.327	+31 %
Biberach	5.414	4.286	3.217	2.955	-94 %
Bodenseekreis	5.928	3.755	3.254	2.920	-51 %
Ravensburg	51.881	34.680	26.478	22.922	-56 %
Sigmaringen	7.567	6.656	6.956	7.959	+ 5 %
Baden-Württemberg	900.142	769.783	762.177	767.391	-15 %

[1] Überhöht um den Fremdbezug von anderen Betrieben.

Tab. 3-8: Veränderung des industriell-gewerblichen Wasseraufkommens in ausgewählten Stadt- und Landkreisen Baden-Württembergs - absolute Angaben in Mio. m³
Quelle: [STATISTISCHES LANDESAMT 1995b]

Stadt-/Landkreis	Aufkommen			davon verursacht durch Branche	1979	1991	Veränderung
	1979	1991	Veränderung				
LK Böblingen	4,8	5,3	+ 10 %	Herstellung von Büro-maschinen, Datenver-arbeitungsgeräten und -einrichtungen	1,1	1,9	+ 73 %
				Straßenfahrzeugbau	1,6	1,8	+ 13 %
SK Karlsruhe	93,5	99,0	+ 6 %	Papierindustrie	44,3	54,6	+ 23 %
LK Rastatt	60,1	60,1	± 0 %	Papierindustrie	40,3	45,2	+ 12 %
SK Mannheim	74,2	68,8	- 7 %	Papierindustrie	43,1	50,5	+ 17 %
				Chem. Industrie	12,5	10,1	- 19 %
LK Enzkreis	3,8	9,5	+ 150 %	Ernährungsgewerbe	1,1	13,2	+ 12 %
SK Freiburg	16,2	16,9	+ 4 %	Chem. Industrie	11,8	13,2	+ 12 %
LK Ortenaukreis	47,8	62,8	+ 35 %	Chem. Industrie	4,1	19,4	+ 373 %
				Steine/Erden	7,4	12,8	+ 73 %
LK Schwarzwald-Baar-Kreis	4,9	8,6	+ 76 %	Steine/Erden	0,3	4,4	+ 1.370 %
LK Alb-Donau-Kreis	14,7	19,3	+ 31 %	Papierindustrie	8,0	10,4	+ 30 %
				Herst. v. Kunst-stoffwaren	0,5	2,2	+ 340 %
LK Emmendingen	10,9	2,9	- 73 %	Textilgewerbe	5,7	0,6	- 89 %
				Ernährungsgewerbe	1,4	0,4	- 69 %
LK Biberach	5,4	3,0	- 44 %	Steine/Erden	1,3	0,6	- 57 %
				Ernährungsgewerbe	1,6	0,5	- 69 %
LK Bodenseekreis	5,9	2,9	- 51 %	Maschinenbau	4,0	1,6	- 59 %
				Steine/Erden	0,9	0,4	- 59 %
LK Ravensburg	51,8	22,9	- 56 %	Papierindustrie	45,2	14,4	- 68 %
				Ernährungsgewerbe	1,2	1,8	+ 43 %
LK = Landkreis SK = Stadtkreis							

Verbrauchsgüter Produzierenden Gewerbe* sowie dem Nahrungs- und Genußmittel-gewerbe* differieren die Anteilsunterschiede zwischen ökonomischen Größen und wasserwirtschaftlichen Daten nicht so stark, weil im Verbrauchsgüter Produzie-renden Gewerbe* insbesondere das Textilgewerbe und Teile des Nahrungs- und Genußmittelgewerbes* einen relativ hohen Wasserbedarf haben [STATISTISCHES LANDESAMT 1995b].

Auf der Ebene der Branchen (Tab. 3-9) dominieren eindeutig die Betriebe der Papierindustrie*, womit wir die Holzschliff-, Zellstoff-, Papier- und Pappeerzeugung

Tab. 3-9: Wasseraufkommen im Bergbau und Verarbeitenden Gewerbe in Baden-Württemberg von 1979 bis 1991 nach der Größe des Wasseraufkommens in den Wirtschaftsgruppen 1991
Quelle: verändert nach [STATISTISCHES LANDESAMT 1995b]

SYUM-Nr.	Wirtschaftsgruppe	Wasseraufkommen[1]				
		1979	1983	1987	1991	Veränderungen 1979-1991
		1.000 m³				%
55	Holzschliff-, Zellstoff-, Papier- und Pappeerzeugung	269.761	225.407	208.136	225.972	-16 %
40	Chemische Industrie	228.018	198.485	223.027	216.021	- 5 %
2.516	Gewinnung von Sand und Kies	55.155	56.465	40.457	50.777	- 8 %
68	Ernährungsgewerbe	45.683	41.632	40.339	45.878	0 %
22	Mineralölverarbeitung	45.030	40.313	43.099	38.785	-14 %
63	Textilgewerbe	58.748	43.638	37.621	35.245	-40 %
25/2.516	Gewinnung und Verarbeitung von Steinen und Erden	18.585	16.772	21.744	20.637	+11 %
32	Maschinenbau	28.062	21.031	21.294	20.003	-29 %
27	Eisenschaffende Industrie	17.648	15.075	18.837	18.714	+ 6 %
33	Straßenfahrzeugbau usw.	26.341	20.622	18.599	15.306	-42 %
36	Elektrotechnik	16.693	13.741	13.898	12.289	-26 %
28	NE-Metallerzeugung NE-Metallhalbzeugwerke	19.941	17.399	15.742	9.485	-52 %
58	Herstellung von Kunststoffwaren	7.906	6.830	8.178	9.336	+18 %
59	Gummiverarbeitung	10.551	6.822	8.403	7.640	-28 %
38	Herstellung von Eisen-, Blech- und Metallwaren	9.215	7.620	7.197	6.787	-26 %
30	Ziehereien, Kaltwalzwerke, Stahlverformung usw.	7.996	7.241	6.462	6.267	-22 %
21	Bergbau	3.833	5.127	5.345	4.424	+15 %
29	Gießerei	4.223	3.590	3.726	3.533	-16 %
52	Herst. und Verarbeitung von Glas	3.125	2.812	2.833	3.245	+ 4 %
54	Holzverarbeitung	2.579	2.521	2.201	2.189	-15 %
50	Herstellung von Büromaschinen, Datenverarbeitungsgeräten und -einrichtungen	1.369	1.691	2.050	2.163	+58 %
53	Holzbearbeitung	3.596	2.608	1.706	2.109	-41 %
61	Ledererzeugung	2.771	2.096	1.812	2.045	-26 %
37	Feinmechanik, Optik, Herstellung von Uhren	3.364	2.632	2.476	2.018	-40 %
57	Druckerei	2.832	2.091	1.967	1.998	-29 %
56	Papier- und Pappeverarbeitung	2.876	1.806	1.779	1.817	-37 %
39	Herstellung von Musikinstrumenten, Spielwaren usw.	1.251	1.246	918	788	-37 %
34/35	Schiff-, Luft- und Raumfahrzeugbau	621	667	670	625	+ 1 %
64	Bekleidungsgewerbe	1.130	787	695	507	-55 %
31	Stahl- und Leichtmetallbau, Schienenfahrzeugbau	346	317	403	418	+21 %
51	Feinkeramik	449	274	206	183	-59 %
69	Tabakverarbeitung	233	233	186	102	-56 %
62	Lederverarbeitung	209	189	174	84	-60 %
21 - 69	Insgesamt	900.142	769.783	762.177	767.391	-15 %

[1] Überhöht um den Fremdbezug von anderen Betrieben.

zusammenfassen, sowie der Chemischen Industrie. Beide Branchen benötigen zusammen über 57 % des industriell-gewerblichen Wasserbedarfs mit Entnahmen von jeweils über 200 Mio. m³ pro Jahr. Mit großem Abstand folgen 9 Branchen, die ein jährliches Wasseraufkommen zwischen 10 und 50 Mio. m³ haben. In dieser

Gruppe hat die Gewinnung von Sand und Kies den höchsten Bedarf, gefolgt vom Ernährungsgewerbe. Den Block der 15 Branchen mit einem jährlichen Wasserbedarf von 1 bis 10 Mio. m^3 führen NE-Metallerzeugung*/NE-Metallhalbzeugwerke*, gefolgt von der Herstellung von Kunststoffwaren an. Ein Wasseraufkommen von 0,1 bis 1 Mio. m^3 haben in Baden-Württemberg 6 Branchen, angeführt von Spielwaren- und Musikinstrumentenherstellung. Weniger als 0,1 Mio. m^3 verbraucht in Baden-Württemberg nur eine Branche, die Lederverarbeitung.

Bei diesen Betrachtungen ist die stark ausgeprägte Konzentration des Wasseraufkommens innerhalb der Branchen von hoher Bedeutung: In fast allen Branchen haben 90 % der Betriebe ein Wasseraufkommen, das kleiner oder nur geringfügig höher ist als der Branchendurchschnitt. Bei 21 von 33 untersuchten Branchen (64 %) vereinen die 5 Betriebe mit dem höchsten Wasseraufkommen in der Branche mehr als die Hälfte des gesamten Wasseraufkommens der Branche auf sich (Tab. 3-10). Die jeweils 5 größten Wasserverbraucher benötigen in der „Papierindustrie"* 69,7 %, in der Chemischen Industrie 61,4 %, im Maschinenbau 57,6 % und im Fahrzeugbau 51,5 % des Gesamtverbrauchs der jeweiligen Branche [STATISTISCHES LANDESAMT 1995b].

Rund ein Viertel des industriell-gewerblichen Wasseraufkommens wird aus Grund- und Quellwasser gedeckt. Allein die Chemische Industrie nutzt mit 54 Mio. m^3 über ein Drittel des von Industrie und Gewerbe geförderten Grundwassers. Mit jeweils 15 Mio. m^3 folgen die Branchen der Steine und Erden, die „Papierindustrie"* und das Textil- und das Ernährungsgewerbe. Ein weiterer bedeutender Grund- und Quellwassernutzer ist der Maschinenbau mit ca. 12 Mio. m^3. Eine Reihe von Branchen aus allen Wirtschaftshauptgruppen* haben 1991 zwischen 3 und 7 Mio. m^3 an Grundwasser gewonnen, darunter der Fahrzeugbau, die Elektrotechnik und die Mineralöl- bzw. Glasverarbeitung.

Mit ca. 14 Mio. m^3 ist das Ernährungsgewerbe der wichtigste gewerbliche Abnehmer von Trinkwasser aus dem öffentlichen Netz. Sein Bedarf entspricht ca. 30 % der Abgabe Öffentlicher Wasserversorger an gewerbliche Kunden. Mit einem Wasseraufkommen* zwischen 6 und 8 Mio. m^3 sind Fahrzeug-und Maschinenbau und die Elektrotechnik weitere wichtige Trinkwasserabnehmer [STATISTISCHES LANDESAMT 1995b].

3.1.2.3 Wasserverwendung in den Branchen

Etwa 15 % des eingesetzten Wassers wurden 1991 zur Kreislauf- oder Mehrfachnutzung verwendet. In Kreislaufanlagen wurden 54 Mio. m^3 als Zusatzwasser zugegeben, z.B. um Verluste auszugleichen. Die Nutzung des im Kreislauf geführten Wassers betrug 1991 2,6 Mia. m^3, 31 % mehr als 1979. Aus dem Verhältnis von genutztem Kreislaufwasser und erforderlicher Menge an Zusatzwasser ergibt sich rechnerisch im Landesdurchschnitt ein Nutzungsfaktor des im Kreislauf eingesetzten Wassers von 48.

Im gleichen Jahr wurden 147 Mio. m^3 Wasser mehrfach für verschiedene Zwecke nacheinander genutzt (Mehrfachnutzung). Dies entspricht gegenüber der Mehr-

Tab. 3-10: Konzentration des Wasseraufkommens im Bergbau und Verarbeitenden Gewerbe in Baden-Württemberg 1991 nach der Größe des Wasseraufkommens in den Wirtschaftsgruppen 1991
Quelle: verändert nach [STATISTISCHES LANDESAMT 1995b]

SYUM-Nr.	Wirtschaftsgruppe	Wasseraufkommen				Wasseraufkommen der 5 größten Betriebe	
		Betriebe	insgesamt	je Betrieb	Wasseraufk. von 90 % d. Betriebe ist kleiner als:	zusammen	Anteil am Wasseraufkommen insgesamt
		Anzahl	1.000 m³	1.000 m³	1.000 m¹	1.000 m³	%
55	Holzschliff-, Zellstoff-, Papier- und Pappeerzeugung	36	225.972	6.277	18.383	157.526	69,7
40	Chemische Industrie	286	216.021	755	524	132.705	61,4
2.516	Gewinnung von Sand und Kies	102	50.777	498	1.433	14.047	27,7
68	Ernährungsgewerbe	667	45.878	69	133	15.542	33,9
22	Mineralölverarbeitung	7	38.785	5.541	.	38.784	100,0
63	Textilgewerbe	517	35.245	68	126	14.180	40,2
25/2.516	Gewinnung und Verarbeitung von Steinen und Erden	464	20.637	44	62	8.420	40,8
32	Maschinenbau	1.663	20.003	12	7	11.518	57,6
27	Eisenschaffende Industrie	4	18.714	4.678	.	18.714	100,0
33	Straßenfahrzeugbau usw.	544	15.306	28	21	7.885	51,5
36	Elektrotechnik	995	12.289	12	15	3.482	28,3
28	NE-Metallerzeugung NE-Metallhalbzeugwerke	27	9.485	351	910	8.923	94,1
58	Herstellung von Kunststoffwaren	530	9.336	18	29	3.731	40,0
59	Gummiverarbeitung	48	7.640	159	280	7.344	94,8
38	Herstellung von Eisen-, Blech- und Metallwaren	513	6.787	13	13	3.692	54,4
30	Ziehereien, Kaltwalzwerke, Stahlverformung usw.	522	6.267	12	12	2.864	45,7
21	Bergbau	12	4.424	369	503	4.278	96,7
29	Gießerei	106	3.533	33	29	2.733	77,4
52	Herst. und Verarbeitung von Glas	74	3.245	44	29	2.943	90,7
54	Holzverarbeitung	464	2.189	5	4	1.378	63,0
50	Herstellung von Büromaschinen, Datenverarbeitungsgeräten und -einrichtungen	60	2.163	36	28	2.011	93,0
53	Holzbearbeitung	477	2.109	4	1	1.695	80,4
61	Ledererzeugung	19	2.045	108	395	1.680	82,2
37	Feinmechanik, Optik, Uhrenherstellung	387	2.018	5	7	935	46,3
57	Druckerei	453	1.998	4	6	880	44,0
56	Papier- und Pappeverarbeitung	189	1.817	10	14	1.091	60,0
39	Herstell. v. Musikinstr, Spielw. usw.	225	788	4	7	320	40,6
34/35	Schiff-, Luft- und Raumfahrzeugbau	19	625	33	271	608	97,3
64	Bekleidungsgewerbe	308	507	2	2	197	38,9
31	Stahl-, Leichtmet.-, Schinenfahrzeugbau	235	418	2	3	181	43,3
51	Feinkeramik	16	183	11	49	158	86,3
69	Tabakverarbeitung	9	102	11	53	101	99,0
62	Lederverarbeitung	69	84	1	1	58	69,0
21 - 69	Insgesamt	10.049	767.391	76	25	26.510	26,9

fachnutzung im Jahr 1979 einer Steigerung um 4 %. Zur Mehrfachnutzung von 147 Mio. m³ mußten 66 Mio. m³ eingesetzt werden, womit jeder Kubikmeter Wasser im Durchschnitt 2,3 mal genutzt wurde.

Die überwiegende Menge von 628 Mio. m³ (ca. 85 %) wurde einfach genutzt und danach wieder abgeleitet. Der Einsatz von einfach genutztem Wasser ging im baden-württembergischen Verarbeitenden Gewerbe von 1979 - 1991 um 125 Mio. m³ (17 %) zurück.

Vom einfach genutzten Wasser wurden 1991 nahezu zwei Drittel (400 Mio. m³) zur Kühlung verwendet. Hiervon entfielen ca. 268 Mio. m³ auf die Kühlung von Produktionsanlagen und 132 Mio. m³ auf die Kühlung von betrieblichen Kraftwerken. Für die Produktion (einschließlich der Speisung von Dampfkesseln) wurden 32 % (203 Mio. m³) des einfach genutzten Wassers benötigt, 4 % (26 Mio. m³) waren für die Versorgung der Belegschaft erforderlich [STATISTISCHES LANDESAMT 1995b].

Im Jahr 1991 erfolgte die Einfachnutzung des Wassers in Baden-Württemberg vor allem in folgenden Branchen: Chemische Industrie (193 Mio. m³; Rückgang seit 1979: -8 %), „Papierindustrie"* (170 Mio. m³; seit 1979: -8 %), Gewinnung von Sand und Kies (48 Mio. m³ ; seit 1979: -12 %), Ernährungsgewerbe mit (41 Mio. m³; seit 1979 +2 %), Mineralölverarbeitung (34 Mio. m³; seit 1979 -9 %) sowie Textilgewerbe (33 Mio. m³; seit 1979 -40 %). Die augenfälligste Entwicklung der Einfachnutzung fand bei der Eisenschaffenden Industrie statt. Sie konnte ihren Bedarf an einfach genutztem Kühl- und Produktionswasser um 100 % senken. Nur wegen ihres erheblich gestiegenen Einsatzes von Belegschaftswasser (fast verzehnfacht) tritt sie als Verwender einfach genutzten Wassers überhaupt noch in Erscheinung. Während der starke Rückgang einfach genutzten Wassers im Textilgewerbe stark konjunkturell beeinflußt ist, ist bei der Eisenschaffenden Industrie der Ausbau der Kreislaufführung des Wassers als der entscheidende Faktor anzusehen.

3.1.2.4 Entwicklung des industriell-gewerblichen Wasserbedarfs bis 1991

Im Zeitraum von 1979–1991 erfolgte ein Rückgang des industriell gewerblichen Wasserverbrauchs um ca. 15 %. Es fällt dabei auf, daß die Rückgänge vor allem bis 1983 erfolgten, und danach der Verbrauch weitgehend stagnierte. Dies hängt auch damit zusammen, daß in vielen Branchen ab 1983 ein deutlicher Zuwachs des Nettoproduktionsindexes* festzustellen ist. Die geringfügige Steigerung des Wasserverbrauchs im Jahr 1991 ist möglicherweise auf die außergewöhnliche Produktionssteigerung in diesem Jahr (Auswirkungen der deutschen Einheit?) zurückzuführen. Genauere Aussagen können erst nach statistischer Auswertung späterer Jahre getroffen werden.

Die Verbrauchsentwicklung gestaltete sich in den einzelnen Branchen sehr unterschiedlich: Von 33 untersuchten Branchen war bei 24 Branchen ein Rückgang des Wasserverbrauchs zwischen 5 % und 60 % festzustellen. In 9 Branchen stieg der Wasserbedarf zwischen 0,4 % und 58 % an.

Starke prozentuale Verbrauchsreduzierungen sind insbesondere bei den Branchen mit geringem Wasserbedarf (Feinkeramik, Tabak- und Lederverarbeitung) sowie dem Bekleidungsgewerbe festzustellen. Hier kommen möglicherweise konjunkturelle Einflüsse zum Tragen. Unter den Branchen mit hohem Wasserbedarf ist bei der NE-Metallerzeugung* (-52 %), beim Straßenfahrzeugbau (-42 %) und beim Textilgewerbe (-40 %) auch in der zweiten Hälfte der 80er Jahre ein sehr deutlicher Rückgang des Wasserbedarfs zu konstatieren.

Umgekehrt fand bei der Herstellung von Kunststoffwaren (+18 %), bei der Gewinnung und Verarbeitung von Steinen und Erden (+11 %) und bei der Eisenschaffenden Industrie (+6 %) im Zeitraum von 1979 bis 1991 eine beträchtliche Zunahme des Wasserverbrauchs statt. Betrachtet man lediglich das Zeitintervall von 1987 bis 1991, sind bei der Papierindustrie* (+8 %), bei der Gewinnung von Sand und Kies (+26 %) und im Ernährungsgewerbe (+14 %) deutliche Anstiege des Wasserverbrauchs erfolgt (Tab. 3-9). Es ist deshalb erforderlich, einzelne Branchen gesondert zu betrachten.

3.1.2.5 Wasserbedarf in der Holzschliff-, Zellstoff-, Papier- und Pappeerzeugung

Diese Branche – hier kurz Papierindustrie* genannt – ist mit 226 Mio. m³ (1991) die Branche mit dem höchsten Wasserbedarf in Baden-Württemberg. Ihr Anteil am industriell-gewerblichen Wasseraufkommen beträgt 30 %. Die Standorte der Produktion liegen deshalb in Kreisen mit reichem Wasserdargebot. Hervorzuheben sind die Stadtkreise Mannheim und Karlsruhe sowie die Landkreise Rastatt, Waldshut, Ravensburg und der Alb-Donaukreis.

Die Papierindustrie setzt überwiegend (88 %) Oberflächenwasser ein. Grundwasser und Uferfiltrat* haben eine erheblich geringere Bedeutung. Weniger als 0,5 % des Bedarfs wird aus dem öffentlichen Netz bezogen – absolute Angaben siehe Tab. 3-11.

Drei Viertel des Wasseraufkommens werden einfach genutzt, davon knapp die Hälfte zur Kühlung von Stromerzeugungsanlagen, ca. ein Viertel zur Kühlung von Produktionsanlagen. Der verbleibende Rest wird als Produktionswasser, insbesondere als Lösungs- und Transportmittel eingesetzt [STATISTISCHES LANDESAMT 1995b].

Etwa 43 Mio. m³ wurden 1991 zur Mehrfachnutzung eingesetzt, d.h. fanden nacheinander für verschiedene Zwecke bei Kühlung und Produktion Verwendung. Das so genutzte Wasservolumen betrug 96 Mio. m³, d.h. jeder Kubikmeter Wasser wurde statistisch 2,2 mal genutzt. Eine größere Bedeutung hat die Kreislaufführung, wo der Schwerpunkt im Produktionsbereich liegt. Im Jahr 1991 wurden 13,5 Mio. m³ in Kreislaufsysteme eingespeist, die dort eine Nutzung von 463 Mio. m³ ergaben. So kannte jeder im Kreislauf geführte Kubikmeter statistisch 34 mal genutzt werden. Aus produktionstechnischen Gründen mußten allerdings zum Teil bereits geschlossene Kreisläufe wieder geöffnet werden.

Landesweit war im Zeitraum von 1979 bis 1987 ein Rückgang des Wasseraufkommens in der Papierindustrie* um 23 % (60 Mio. m³) festzustellen. Im Vergleich zu 1987 wurde im Jahr 1991 wieder eine Steigerung des Wasserverbrauchs um 9 % registriert. Da die Netto-Produktion im Vergleich dazu stärker angestiegen

Tab. 3-11: Wasserwirtschaftliche Daten ausgewählter Branchen in Baden-Württemberg -Angaben in Mio. m³ (Bilanzfehler beruhen auf Rundungsverlusten)
Datenquelle: [STATISTISCHES LANDESAMT 1995b]

Wasseraufkommen und Nutzung in den einzelnen	gesamt	davon	Ober-flächen-wasser	Ufer-filtrat	Grund-wasser	Quell-wasser	aus dem öffentlichen Netz	von anderen Betrieben
„Papierindustrie"	**226**		199	11	15	<1	1	0
davon								
Einfachnutzung	170							
Kühl. Energieerz.		*81*						
Kühl. Produktion		*46*						
Produktionswasser		*42*						
Belegschaftswasser		*1*						
Mehrfachnutzung	43							
Zusatz im Keislauf	13							
Chemische Industrie	**216**		145	5	53	1	7	5
davon								
Einfachnutzung	193							
Kühl. Energieerz.		*20*						
Kühl. Produktion		*138*						
Produktionswasser		*32*						
Belegschaftswasser		*2*						
Mehrfachnutzung	11							
Zusatz im Keislauf	5							
Abgabe an Dritte	4							
ungenutzte Ableitung	3							
Ernährungsgewerbe	**46**		12	1	15	4	14	<<
davon								
Einfachnutzung	41							
Kühl. Energieerz.		*<1*						
Kühl. Produktion		*18*						
Produktionswasser		*21*						
Belegschaftswasser		*1*						
Mehrfachnutzung	3							
Zusatz im Keislauf	2							
Gewinnung von Sand und Kies	**51**		34	2	15	0	<<	<<
davon								
Einfachnutzung	49							
Kühl. Energieerz.		*0*						
Kühl. Produktion		*0*						
Produktionswasser		*48*						
Belegschaftswasser		*<<*						
Mehrfachnutzung	2							
Zusatz im Keislauf	<<							
Abgabe an Dritte	<							
ungenutzte Ableitung	0							
Kunststoffverarbeitung	**9,3**		0,9	0,5	6	0,1	2,1	0,1
davon								
Einfachnutzung	7,6							
Kühl. Energieerz.		*<<*						
Kühl. Produktion		*5,8*						
Produktionswasser	0,8							
Belegschaftswasser		*0,9*						
Mehrfachnutzung	0,2							
Zusatz im Keislauf	1,5							
Textilgewerbe	**35**		16	<<	14	<	3	<
davon								
Einfachnutzung	33							
Kühl. Energieerz.		*4*						
Kühl. Produktion		*7*						
Produktionswasser		*21*						
Belegschaftswasser		*<*						
Mehrfachnutzung	2							
Zusatz im Keislauf	<<							
< = weniger als 1 Mio. << = weniger als 0,5 Mio.								

ist, ist der spezifische Wasserbedarf* weiter, wenn auch verlangsamt, zurückgegangen. Die Entwicklung des Wasserverbrauchs verlief innerhalb der Branche nicht einheitlich. Hierbei ist die starke Konzentration des Wasserbedarfs auf einige Großverbraucher zu beachten. Unter den fünf größten Betrieben der Branche, die fast 70 % des Wasseraufkommens ausmachen, befinden sich insbesondere die Zellstoffhersteller. Spezifische Änderungen in der Produktion, Umstellung der Produktpalette, Umstellung auf chlorfreie Bleichverfahren oder die Installation neuer Papiermaschinen, haben bei drei Großbetrieben seit 1987 eine erhebliche Steigerung des Wasserbedarfs verursacht, nachdem zuvor deutliche Einsparungen erzielt wurden. Bis 1994 erwartet das Statistische Landesamt aufgrund von Optimierungsmaßnahmen zumindest einen teilweisen Ausgleich dieser jüngsten Verbrauchssteigerungen.

Der Wasserbedarf der „Papierindustrie"* hängt wesentlich vom Umfang des Altpapiereinsatzes in der Produktion ab. Altpapier erfordert einen geringeren Wassereinsatz als herkömmliche Ausgangsstoffe. Somit ist bei weiterem Anstieg des Altpapiereinsatzes mit einer Verringerung des Wasseraufkommens zu rechnen. Um die Qualitätsansprüche der aus Altpapier gefertigten Produkte zu erfüllen, ist ein erhöhter technischer Aufwand in den Aufbereitungstechniken erforderlich, der einen erhöhten Energieaufwand, insbesonders von elektrischer Energie, hervorruft.

Wird Altpapier als Substitut von Holzstoff und nicht von Zellstoff eingesetzt, führt dies jedoch auch zu Energieeinsparungen.

Nach den Ermittlungen des Statistischen Landesamtes erscheint es als sicher, daß der Rückgang des Wasseraufkommens Anfang der 80er Jahre im Zusammenang mit der Einsparung von Energie erfolgte. Nach 1983 erfolgte eine Stagnation, ab 1987 stieg der Energieverbrauch absolut wieder an (Abb. 3-16). Bis 1993 sank der

Abb. 3-16: Wasseraufkommen, Nettoproduktion und Energieverbrauch in der Papierindustrie* in Baden-Württemberg 1969 - 1991
Quelle: [STATISTISCHES LANDESAMT 1995b]

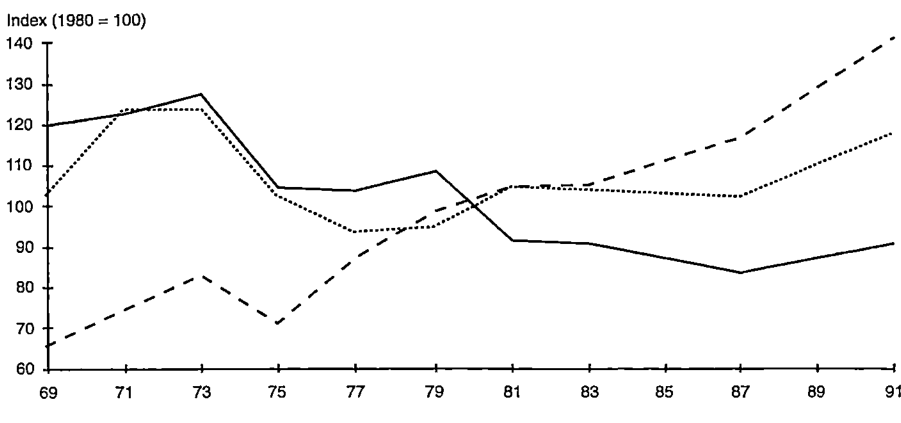

produktionsbezogene Wassereinsatz deutlicher als der Energieeinsatz ab. Deshalb prognostizieren Branchenkenner eine Stagnation bzw. Zunahme des Energiebedarfs, während beim Wasser eine – wenn auch verlangsamte – Verbrauchsmengenreduzierung erwartet wird. Es hat demnach den Anschein, daß Wasser auf Kosten von Energie gespart wird.

In den Jahren 1992 und 1993 stagnierte die Produktion in der Papierindustrie. Seit 1994 ist ein sehr deutlicher Produktionsanstieg festzustellen. Ausgehend vom Basisjahr 1991 prognostiziert das Statistische Landesamt bis zum Jahr 2000 eine jährliche Steigerung der Produktion in der Papierindustrie von jährlich 2 %, für den Zeitraum von 2000 bis 2005 wird eine jährliche Steigerungsrate von 3 % angenommen.

Auf Landesebene dürften die erwarteten Produktionssteigerungen die Wassersparerfolge zu einem großen Teil kompensieren. Insgesamt wird bis zum Jahr 2005 ein Rückgang des Wasserbedarfs in der Papierindustrie um knapp 7 % auf 208,5 Mio. m^3 erwartet. Der umweltpolitisch gewollte Ausbau der Eigenenergieerzeugung (mit Kraft-Wärmekopplung) würde zu einem höheren Kühlwasserbedarf führen, der sich auf Seiten der Energiewirtschaft allerdings entsprechend vermindern müßte.

3.1.2.6 Wasserbedarf in der Chemischen Industrie

Die Chemische Industrie hat mit 216 Mio. m^3 den zweitgrößten Wasserbedarf der Branchen des Verarbeitenden Gewerbes* in Baden-Württemberg. Hiervon werden ca. 95 % in betriebseigenen Anlagen gewonnen, ca. 3 % aus dem öffentlichen Netz und ca. 2 % von anderen Betrieben bezogen. Nahezu drei Viertel der Eigenförderung stammen aus Oberflächenwasser (incl. Uferfiltrat*), ein Viertel aus Grundwasser (incl. Quellwasser) – absolute Angaben siehe Tab. 3-11.

Das Wasser wird zu über 90 % zur Einfachnutzung eingesetzt, wobei knapp drei Viertel hiervon zur Kühlung von Produktionsanlagen Verwendung finden. Zur Kühlung betriebseigener Energieerzeugungsanlagen dienen 10 %, als Produktionswasser 17 % und als Belegschaftswasser 1 % des einfach genutzten Wassers. Die Mehrfachnutzung ist in dieser Branche wenig bedeutsam, während das im Kreislauf geführte Wasser eine Gesamtnutzung von 245 Mio. m^3 erbrachte. Hierzu mußten 5 Mio. m^3 den Kreisläufen zugeführt werden, d.h. die Effizienz der Wassernutzung steigt durch die Kreislaufführung ca. um den Faktor von 50. Gegenüber 1979 wurde im Jahr 1991 die Kreislaufnutzung zu Kühlzwecken um 36 %, in der Produktion um 50 % gesteigert.

Das absolute Verbrauchsniveau ging in der Chemischen Industrie von 1979 bis 1983 deutlich zurück und stieg bis 1987 wieder an. Dies wurde von der ab 1983 sehr ausgedehnten Produktionssteigerung verursacht, die in der Phase bis 1987 auch einen höheren Wasserbedarf mit sich brachte. Nicht zuletzt aufgrund der Abwasserabgabe bzw. des Wasserpfennigs griffen nach 1987 wieder Maßnahmen zur Wassereinsparung, die trotz der von 1987 bis 1991 um 20 % gestiegenen Produktion einen geringen Rückgang des Wasserverbrauchs um 7 Mio. m^3 ermöglich-

Abb. 3-17: Wasseraufkommen, Nettoproduktion und Energieverbrauch in der Chemischen Industrie in Baden-Württemberg 1969 - 1991
Quelle: [STATISTISCHES LANDESAMT 1995b]

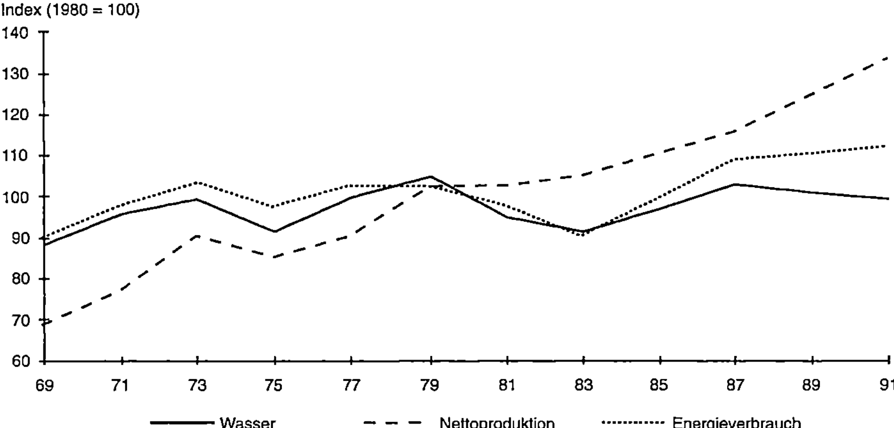

ten. Im betrachteten Zeitraum von 1979 bis 1991 ging der Wasserbedarf um ca. 5 % bei einer Produktionssteigerung um 30 % zurück (Abb. 3-17).

Die Entwicklung verlief dabei in den einzelnen Wirtschaftszweigen* der Branche weitgehend analog. Innerhalb der Chemischen Industrie besteht bei den Betrieben zur Erzeugung chemischer Grundstoffe der höchste Wasserbedarf (63 % der Gesamtbranche). Die Pharmazeutische Industrie benötigt einen Anteil von 17 %. Die Betriebe zur Herstellung chemischer Erzeugnisse für den privaten Verbrauch folgen mit 9 %, die Betriebe zur Herstellung von Chemiefasern mit 6,5 % des Wasserbedarfs.

Bei diesen Betrachtungen muß beachtet werden, daß im Jahr 1991 lediglich 7 Betriebe mit einem Wasseraufkommen von jeweils > 10 Mio. m³ zusammen fast drei Viertel (74%) des gesamten Wasseraufkommens der Branche ausmachten. Deshalb haben Veränderungen bei einzelnen Großbetrieben, z.B. Produktionsumstellungen, die dazu führen, daß der Betrieb einer anderen Branche zugeordnet wird, erheblichen Einfluß auf die statistische Aussage. Vier der erwähnten sieben Großverbraucher der Chemischen Industrie gehören dem Wirtschaftszweig „Erzeugung chemischer Grundstoffe" an. Der in diesem Zweig zu beobachtende Rückgang des Wasserbedarfs bei gleichzeitig erheblichen Produktionssteigerungen wird vom Statistischen Landesamt u.a. mit der Einstellung der PVC-Produktion in Zusammenhang gebracht [STATISTISCHES LANDESAMT 1995b].

Auch in den anderen o.g. Zweigen werden die Einsparungen an Wasser in erster Linie auf Produktionsumstellungen zurückgeführt und nicht auf den Einsatz integrierter Wasserspartechnologien, da diese nach Aussage des Statistischen Landesamtes mit hohen Investitionen verbunden sind, die zum damaligen Zeitpunkt in der Chemischen Industrie kaum als wirtschaftlich angesehen wurden.

Zur Prognose des künftigen Wasserbedarfs schreibt das Statistische Landesamt die zuletzt erfolgte Reduzierung des spezifischen Wasserbedarfs fort. Für die Produktion der Chemischen Industrie wird bis zum Jahr 2000 eine jährliche Steigerung von 2 %, danach von jährlich 2,5 % angesetzt. Aus diesen Annahmen errechnet sich auf der Basis von 1991 ein Rückgang des Wasserbedarfs der Chemischen Industrie in Baden-Württemberg bis zum Jahr 2005 um 9 % auf 190 Mio. m³. Die Einsparungen werden fast ausschließlich im Kühlwasserbereich erwartet. Die Entwicklung wird ganz wesentlich von Maßnahmen im Landkreis Lörrach bestimmt werden, auf den sich die Hälfte des Wasserbedarfs der Chemischen Industrie in Baden-Württemberg konzentriert.

3.1.2.7 Wasserbedarf im Ernährungsgewerbe

Im Gegensatz zu den oben beschriebenen Branchen sind die Ansprüche an die Wasserqualität im Ernährungsgewerbe besonders hoch. Hieraus leitet sich der hohe Einsatz von Wasser aus dem öffentlichen Trinkwassernetz ab (ca. 30 %). Beim Wasser aus eigenen Gewinnungsanlagen machen Grund- und Quellwasser zusammen 60 % aus (Tab. 3-11).

Von 1979 bis 1983 ging der Wasserbedarf im Ernährungsgewerbe bei steigender Produktion deutlich zurück, was nach Aussagen des Statistisches Landesamtes mit Energieeinsparmaßnahmen zu erklären ist. Im Zeitraum von 1983 bis 1987 blieb der Energiebedarf konstant, während bei stärker steigender Produktion der Wasserbedarf weiter sank. Seit 1987 nehmen Energie- und Wasserverbrauch parallel wieder zu (Abb. 3-18).

Abb. 3-18: Wasseraufkommen, Nettoproduktion und Energieverbrauch im Ernährungsgewerbe in Baden-Württemberg 1969 - 1991
Quelle: [STATISTISCHES LANDESAMT 1995b]

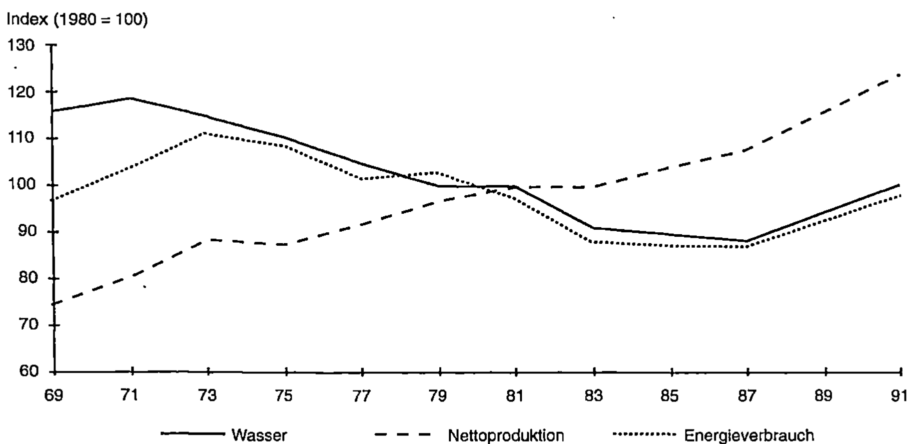

Seit 1991 sank der Wasserverbrauch in den meisten Produktionsbereichen (Wirtschaftszweigen) des Ernährungsgewerbes – vor allem bei den Brauereien – durch weitere Kreislaufschließung. Bei den Brauereien, die 1991 25 % des Wasseraufkommens im Ernährungsgewerbe ausmachten, scheinen nach Aussagen des Statistischen Landesamtes noch Einsparpotentiale gegeben, während sie bei den anderen Wirtschaftszweigen der Branche bereits weitgehend ausgeschöpft sind.

Insgesamt wird erwartet, daß im Ernährungsgewerbe die Reduzierung des spezifischen Wasserverbrauchs durch die erwartete Produktionssteigerung ausgeglichen werden wird, wobei sich die Anteile zwischen den einzelnen Wirtschaftszweigen geringfügig verschieben dürften [STATISTISCHES LANDESAMT 1995b].

3.1.2.8 Wasserbedarf in der Steine- und Erdenindustrie

Der Wasserbedarf der Industrie Steine und Erden betrug 1991 71 Mio m³. Etwa 97 % des Bedarfs förderte die Branche selbst, die verbleibenden 3 % wurden aus dem öffentlichen Netz bzw. von anderen Betrieben bezogen. Über 70 % des Wasserverbrauchs der Branche erfordert die Gewinnung von Sand und Kies. Das Wasser wird dort fast ausschließlich zum Waschen der gewonnenen Sande und Kiese verwendet und danach in das angrenzende Oberflächenwasser bzw. das anstehende Grundwasser zurückgeleitet (Tab. 3-11).

Bei der Gewinnung und Verarbeitung von Natursteinen wurden 1991 insgesamt 3 Mio. m³ Wasser gewonnen, die zu zwei Dritteln für Produktionszwecke genutzt wurden. Der Rest wurde ungenutzt abgeleitet. Unter den verbleibenden Wirtschaftszweigen der Branche sind die Zementhersteller zu nennen, deren Wasserbedarf seit 1979 bis 1991 kontinuierlich von über 7 auf 6 Mio. m³ zurückging. Das Wasser

Abb. 3-19: Wasseraufkommen, Nettoproduktion und Energieverbrauch in der Industrie Steine und Erden in Baden-Württemberg 1969 - 1991
Quelle: [STATISTISCHES LANDESAMT 1995b]

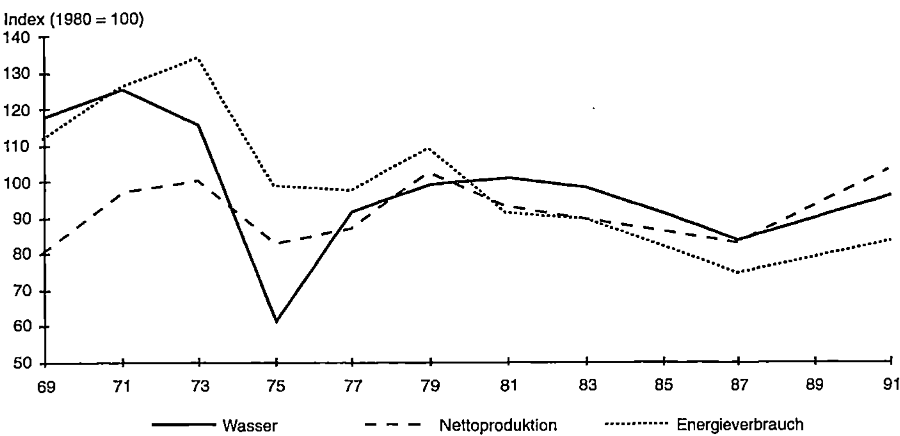

wird vor allem zu Kühlzwecken eingesetzt. Der rückläufige Trend wird sich nach Angaben des Statistisches Landesamtes fortsetzen.

Bei der Sand- und Kiesgewinnung war im Zeitraum von 1983 bis 1987 ein erheblicher Rückgang mit nachfolgendem Wiederanstieg festzustellen, der den Verlauf des Wasserbedarfs der gesamten Branche beeinflußte (Abb. 3-19). Diese Entwicklung war nach Aussage des Statistischen Landesamtes durch breite Verbrauchsrückgänge verursacht.

Aufgrund der starken Abhängigkeit des statistischen Ergebnisses von den Betriebsgewohnheiten einzelner Gewinnungsstätten (Inbetriebnahme/Stillegung) ist die Prognose des künftigen Bedarfs mit großen Unsicherheiten behaftet – so gehen mehrere Betreiber großer Gewinnungsanlagen von Betriebsstillegungen bis zum Jahr 2005 aus.

Das Statistische Landesamt erwartet eine Fortsetzung des seit 1979 bestehenden Gesamttrends und prognostiziert für das Jahr 2005 einen Wasserbedarf der Gesamtbranche in Baden-Württemberg von 63 Mio. m³. Bezieht man diese Angabe auf das Wasseraufkommen* der Branche abzüglich des ungenutzt abgeleiteten Wassers im Jahr 1991 (71 - 5 = 66. Mio m³), entspricht das prognostizierte Wasseraufkommen einem Rückgang um knapp 5 %.

3.1.2.9 Wasserbedarf in der Kunststoffverarbeitung

In der Kunststoffverarbeitung („Herstellung von Kunststoffwaren") betrug der Wasserbedarf 1991 ca. 9,3 Mio. m³. Über drei Viertel des Bedarfs wurden in eigenen Anlagen gewonnen, der Rest wurde aus dem öffentlichen Netz und von anderen Betrieben bezogen, wobei andere Betriebe nur mit 1 % zur Bedarfsdeckung beitrugen. Nahezu vier Fünftel der Eigengewinnung bestanden aus Grundwasser - absolute Angaben siehe Tab. 3-11.

Über 80 % des verwendeten Wassers wurden einfach genutzt – überwiegend zur Kühlung von Produktionsanlagen. Die Nutzung in Kreisläufen war 1991 gegenüber 1979 in etwa verdoppelt worden. Mit 1,5 Mio. m³ in Kreisläufe eingespeisten Wassers wurde ein Nutzen von ca. 89 Mio. m³ erzielt, was einem Nutzungsfaktor von 60 entspricht.

Während von 1979 bis 1981 der Wasserbedarf in der Kunststoffverarbeitung zurückgegangen ist, erfolgt seither ein kontinuierlicher Anstieg. Beide Effekte können mit der Entwicklung der Produktion erklärt werden: Ende der 70er Jahre stagnierte die Produktion, seit 1981 ist ein deutlich ausgeprägter Nettoproduktionsanstieg festzustellen. Von 1983 bis 1991 fand eine Steigerung um 60 % statt. Während im gleichen Zeitraum der Energiebedarf um 70 % und der Stromverbrauch sogar um 81 % anstieg, nahm der Wasserverbrauch „nur" um 36 % zu (Abb. 3-20). Der spezifische Wasserbedarf hat sich somit – vor allem durch die Kreislaufführung – verringert.

Zur Prognose des Wasserverbrauchs im Jahr 2005 geht das Statistisches Landesamt von der gleichen wirtschaftlichen Entwicklung wie bei der Chemischen Industrie aus (s.o.). Die Abnahme des spezifischen Wasserbedarfs für Kühl- bzw.

Abb. 3-20: Wasseraufkommen, Nettoproduktion und Energieverbrauch in der Kunststoffherstellung in Baden-Württemberg 1979 - 1991
Quelle: [STATISTISCHES LANDESAMT 1995b]

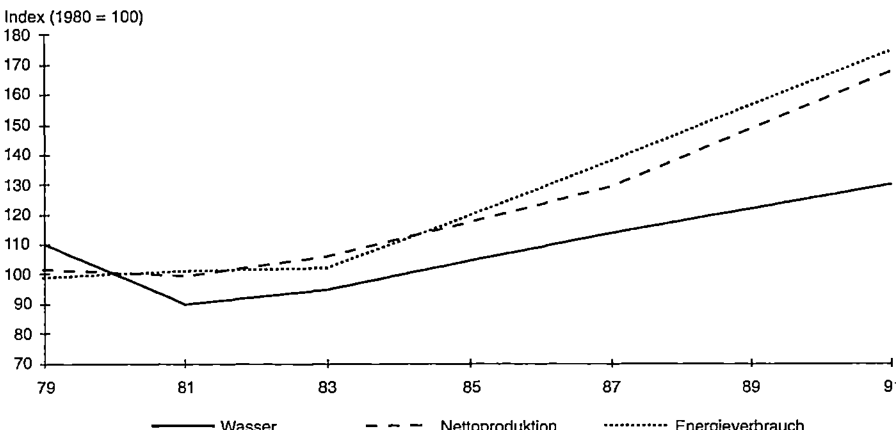

Wasseraufkommen: Index 100 = 7,2 Mill. m³

Produktionszwecke wird mit 3,0 % bzw. 2,3 % pro Jahr angesetzt. Unter diesen Annahmen wird vom Statistischen Landesamt für das Jahr 2005 ein Wasserbedarf der Kunststoffverarbeitenden Industrie von 8,3 Mio. m³ erwartet. Dies bedeutet im Vergleich zum Jahr 1991 einen Rückgang um 10 %, der im wesentlichen durch Einsparungen beim Kühlwasser erreicht werden soll. Diese Prognose setzt eine Trendumkehr voraus, die sich in der Entwicklung von 1981 bis 1991 nicht abzeichnet (Abb. 3-20).

3.1.2.10 Wasserbedarf im Textilgewerbe

Mit einem Wasseraufkommen von rund 35 Mio. m³ im Jahr 1991 zählt die Textilindustrie zu den wasserintensiven Branchen Baden-Württembergs. Sie belegt in der Reihenfolge des Wasserverbrauchs Platz 6. Knapp die Hälfte ihres Wassers stammt aus Oberflächengewässern, 40 % aus Grundwasser und 10 % aus dem öffentlichen Netz. Uferfiltrat*, Quellwasser und der Bezug von anderen Industriebetrieben sind zu vernachlässigen – absolute Daten siehe Tab. 3-11.

Über 90 % des verwendeten Wassers werden einfach genutzt, davon ca. zwei Drittel für Produktionszwecke, ein Drittel für die Kühlung von Produktions- und Stromerzeugungsanlagen. Zur Mehrfachnutzung werden 2,4 Mio. m³ verwandt. Bei einem Nutzungsfaktor von 2,9 resultiert hieraus eine mehrfach genutzte Wassermenge von 7 Mio. m³. Die zur Mehrfachnutzung eingesetzte Wassermenge hat sich im Zeitraum von 1979 bis 1991 nicht verändert, der Nutzungsfaktor ist jedoch um knapp 50 % gestiegen.

Die zur Kreislaufführung im Jahr 1991 ergänzte Wassermenge betrug mit 188.000 m³ weniger als ein Zehntel des hierzu im Jahr 1979 verwendeten Volumens. Allerdings konnte im selben Zeitraum der Nutzungsfaktor von knapp 3 auf über 15 gesteigert werden.

Der Schwerpunkt des Wasserbedarfs liegt bei den Betrieben mit Textilveredlung. Die Entwicklung in der Branche ist seit 1979 von Rückgängen geprägt. Hauptursache ist die zurückgehende Produktion. Energie- und Wassersparmaßnahmen zeigten ebenfalls Auswirkungen, die im genannten Zeitraum besonders beim Wasser zu deutlichen Einsparungen führten (Abb. 3-21).

Das Statistische Landesamt geht davon aus, daß die erwähnten Rückgänge sich auch in Zukunft, wenn auch verlangsamt, fortsetzen werden und erwartet durch die sich überlagernden Effekte einen deutlichen Rückgang des Wasseraufkommens in der Branche bis zum Jahr 2005 auf dann 21,7 Mio. m³. Dies sind 38 % weniger als im Jahr 1991.

Wir haben zu Anfang dieses Berichts darauf hingewiesen (siehe Kapitel 1), daß bei der Beurteilung der Nachhaltigkeit einer Wirtschaftsweise der Verbrauch nicht erneuerbarer Ressourcen ein besonders wichtiger Indikator ist. In den 70er Jahren konnte eine Steigerung der industriellen Produktion bei absoluter Einsparung von Energie- und Wasser realisiert werden. Die jüngste Entwicklung verläuft nach der Beobachtung des Statistischen Landesamtes so nicht mehr. *„Offenbar sind insbesondere im Bereich der Nutzung von Wasser für Produktionszwecke Ende der 80er und Anfang der 90er Jahre auch Einsparungsmaßnahmen wirksam geworden, die nicht zugleich den Energieverbrauch verminderten, sondern teilweise sogar einen höheren Energiebedarf verursachten. Die Umkehrung der Abhängigkeit zwischen Wasser- und Energiebedarf dürfte zumindest in Teilbereichen auch in Zukunft zu beobachten sein."* [STATISTISCHES LANDESAMT 1995b, S.13]. Diese Tendenz muß im Hinblick auf eine nachhaltige Entwicklung bedenklich stimmen.

Abb. 3-21: Wasseraufkommen, Nettoproduktion und Energieverbrauch im Textilgewerbe in Baden-Württemberg 1969 - 1991
Quelle: [STATISTISCHES LANDESAMT 1995b]

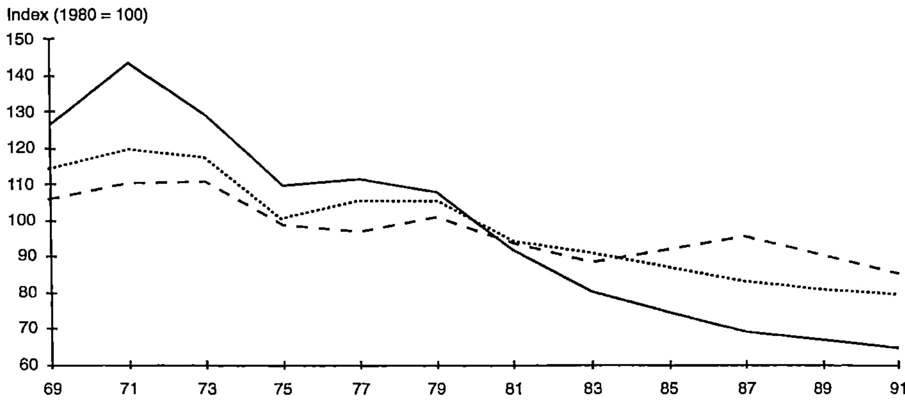

3.1.3   Wasserbedarf der Energiewirtschaft

Die Energiewirtschaft in Baden-Württemberg fördert für ihre Kühlzwecke fast ausschließlich (mehr als 99 %) Oberflächenwasser. Im Jahre 1991 lag ihr gesamtes Wasseraufkommen* bei 5,4 Mia. m³. Im Unterschied zur „Industrie"*, die 1991 ca. 9 % ihres Bedarfs aus der Öffentlichen Wasserversorgung bezog, waren dies bei der Energiewirtschaft weniger als 1 ‰.

Der Kühlwasserbedarf hat sich im Zeitraum von 1975 bis 1987 mehr als verdoppelt: Von 2,6 Mia. m³ steigerte er sich auf 6,2 Mia. m³ (Abb. 3-22). Dieser Anstieg verlief parallel zur steigenden Stromerzeugung (von rund 26 Mia. kWh im Jahre 1975 auf rund 53 Mia. kWh im Jahr 1987 [WM 1991]). In diesem Zeitraum gingen am Neckar der Block I des Kernkraftwerks Neckarwestheim (1976) sowie jeweils ein neuer Block der Heizkraftwerke Heilbronn und Altbach (beide 1985) mit zusammen 1.920 MW elektrischer Nettoleistung in Betrieb. Am Rhein waren dies die beiden Blöcke des KKW Philippsburg (1979 und 1984), zwei Blöcke des Großkraftwerks Mannheim (1976 und 1983) und ein Block des Rheinhafendampfwerks mit zusammen 3.340 MW Leistung [KALTSCHMITT UND VOSS 1991]. Von 1987 bis 1991 ging der Kühlwasserbedarf trotz leicht ansteigender Stromproduktion um 13 % auf 5,4 Mia. m³ zurück, was eventuell mit der zeitweiligen Betriebsstillegung des ohne Kühltürme ausgestatteten Kernkraftwerks Obrigheim 1990/91 erklärt werden könnte.

Die bedeutenden Wasserentnahmen der Energiewirtschaft beschränken sich auf wenige Kreise an Neckar und Rhein. Am Oberrhein sind dies Stadt- und Landkreis Karlsruhe sowie der Stadtkreis Mannheim mit zusammen ca. 3,9 Mia. m³ (63 %),

Abb. 3-22: Entwicklung des Wasserbedarfs der Wärmekraftwerke in Baden-Württemberg 1975 - 1991
Datenquelle: [STATISTISCHES LANDESAMT 1992] und [STATISTISCHES LANDESAMT 1994b]

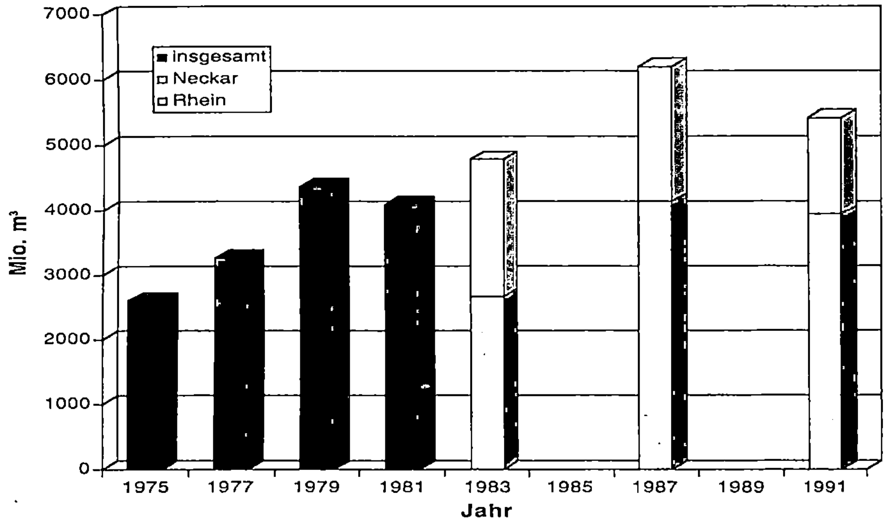

Abb. 3-23: Wasserentnahme der Energiewirtschaft in den Stadt- und Landkreisen Baden-Württembergs 1991 (in 1000 m³)
Datenquelle: [STATISTISCHES LANDESAMT 1994b]

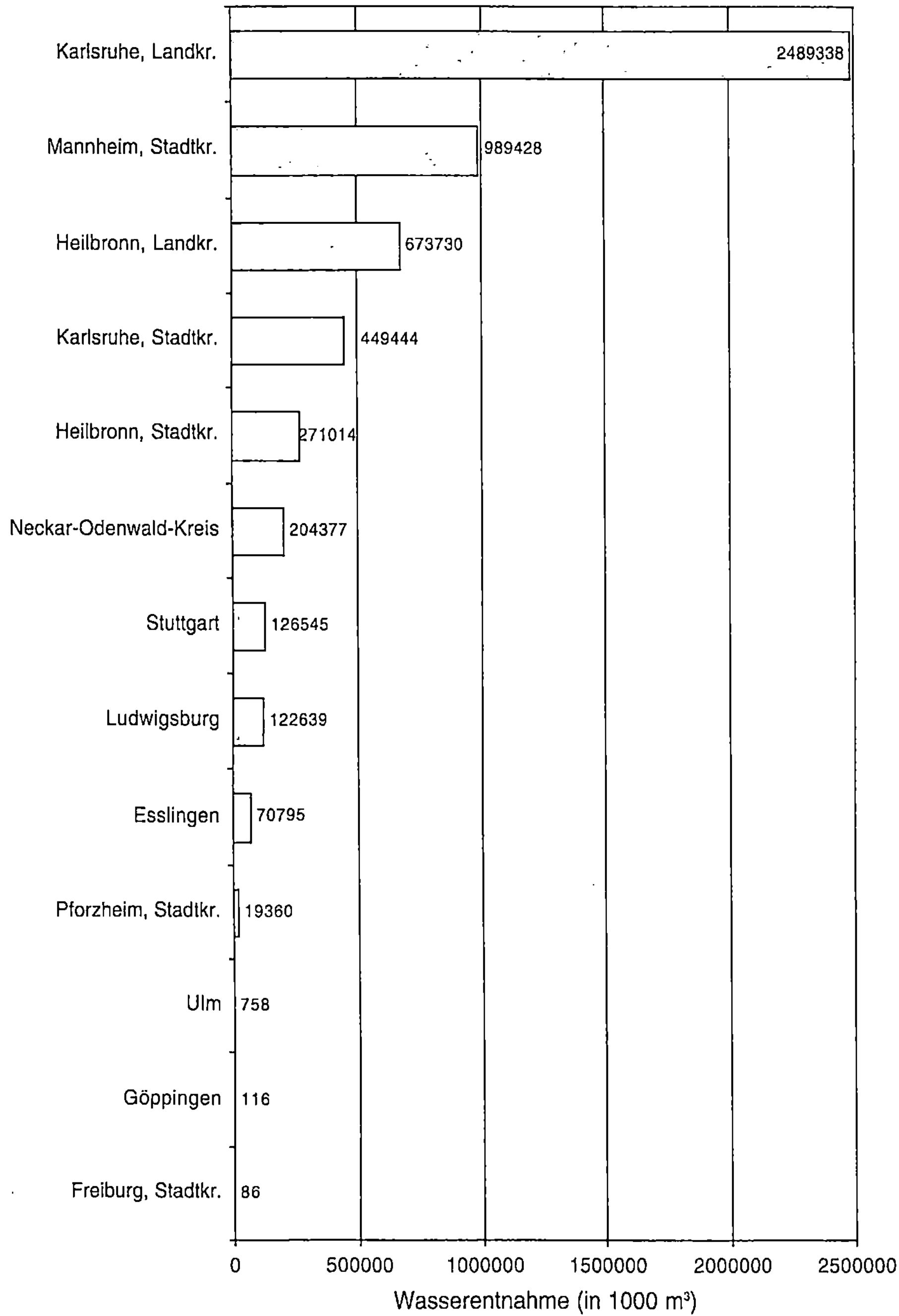

am Neckar Stadt-und Landkreis Heilbronn, Neckar-Odenwald-Kreis sowie die Kreise Stuttgart, Ludwigsburg und Esslingen mit zusammen ca. 1,5 Mia. m³ (27 %) (Abb. 3-23). Das Verhältnis von mittlerem Abfluß* zur Kühlwasserentnahme ist beim Rhein sehr viel günstiger als beim Neckar. Durchschnittlich werden dem Rhein auf deutscher Seite ca. 10 % seines mittleren Abflusses* entnommen (124 m³/s Entnahme; 1250 m³/s mittlerer Abfluß am Pegel Maxau), beim Neckar ist es mehr als ein Drittel (ca. 48 m³/s Entnahme; 134 m³ mittlerer Abfluß am Pegel Rockenau [LfU 1994]).

Die gegenüber dem Rhein höhere thermische Belastung des Neckars durch Einleitung erwärmten Kühlwassers resultiert aus der verhältnismäßig größeren Kraftwerksleistung am Neckar. Hier sind auf einer Strecke von 200 km 8 Wärmekraftwerke mit 5.200 Megawatt (MW) elektrischer Gesamtleistung in Betrieb, davon 3.400 MW mit Kühlturmbetrieb. Am Oberrhein zwischen Basel und Mannheim liegen 6 Wärmekraftwerke mit insgesamt 8.100 MW, davon 3.050 MW mit Kühlturmbetrieb. Davon liegen drei Kraftwerke mit insgesamt 5.000 MW elektrischer Gesamtleistung auf deutschem Gebiet, davon wiederum 2.150 MW mit Kühlturmbetrieb [UM UND LfU 1995]. Die Abflußmenge der beiden Flüsse steht ungefähr im Verhältnis 1:10, die installierte Kraftwerksleistung ohne Kühlturmbetrieb dagegen nur im Verhältnis von ca. 1:4.

Durch Einleitung erwärmten Kühlwassers entstehen am Neckar vor allem zu Niedrigwasserzeiten kritische Situationen. Auf die damit verbundene Temperaturpoblematik wird ausführlich in Kapitel 3.2.1 („Konkurrierende Nutzungen eines Fließgewässers am Beispiel Neckar") eingegangen.

3.1.4 Wasserförderung in den Grundwasserlandschaften

Das Grundwasserdargebot* in Baden-Württemberg ist sehr ungleichmäßig verteilt. Während beispielsweise die Oberrheinebene als Überschußgebiet anzusehen ist, sind im mittleren Neckarraum und in Nordostwürttemberg die Ergiebigkeiten der Grundwasservorräte relativ gering. Hinzu kommen noch qualitative Einschränkungen geogener oder anthropogener Art, auf die in Kapitel 2.3.2 bereits näher eingegangen wurde.

Um die wasserwirtschaftliche Situation Baden-Württembergs regional differenziert beschreiben und beurteilen zu können, ist nur eine Darstellung nach Grundwasserlandschaften* sinnvoll, da die normalerweise übliche Aggregation von Daten auf der Verwaltungsebene (Gemeinden, Kreise, Regionen, Regierungsbezirke) naturräumliche bzw. hydrogeologische Gegebenheiten außer Betracht läßt.

Vom Statistischen Landesamt wurden deshalb im Auftrag der Akademie für Technikfolgenabschätzung in Baden-Württemberg Daten über die Grundwassergewinnung auf der Grundlage von 13 Grundwasserlandschaften* (Abb. 3-24) neu aggregiert und ausgewertet. Unter dem Begriff Grundwassergewinnung wird im folgenden, soweit nicht anders angegeben, die Gewinnung von Grund- und Quellwasser verstanden.

Abb. 3-24: Hydrogeologische Karte von Baden-Württemberg - Grundwasserlandschaften
Quelle: [STATISTISCHES LANDESAMT 1995c]

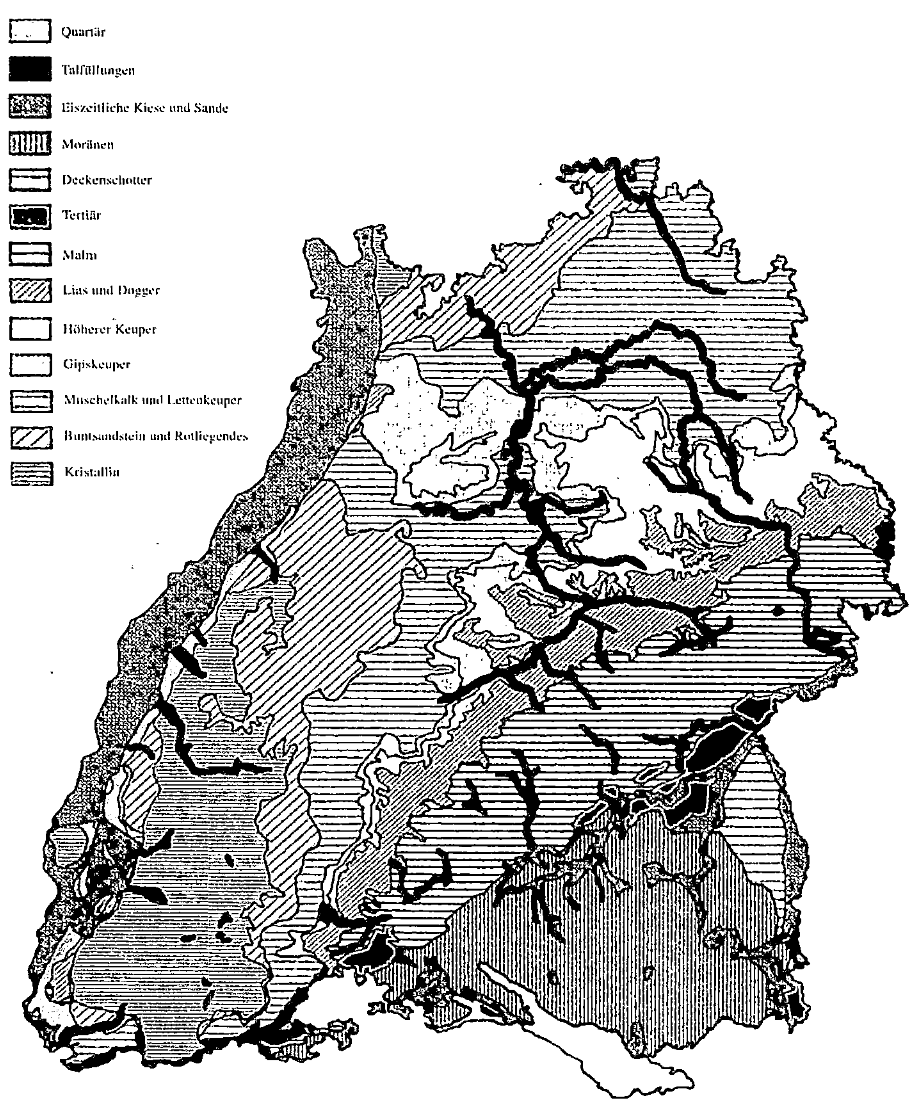

Getrennt nach Öffentlicher Wasserversorgung und Wirtschaft* wurden die absoluten Entnahmemengen für jede Grundwasserlandschaft ermittelt. Um die Nutzungsintensität besser vergleichen zu können, wurde die spezifische Wasserentnahme*, d.h. die Gewinnungsmenge pro Flächeneinheit, berechnet.

Diese Angaben betreffen allerdings nur die Wassergewinnung und treffen keine Aussagen über Wasserbedarf, Wasserverwendung, Import oder Export. Für diese wasserwirtschaftlichen Daten liegt bisher noch keine Auswertung nach Grundwasserlandschaften vor. Deshalb wurde in Kapitel 3.1.1.2 ersatzweise eine Darstellung auf Kreisebene gewählt, um die regionalen Unterschiede bei der Wassergewinnung bzw. dem Wasserbedarf sowie die Lieferströme zwischen den Überschuß- und Mangelgebieten darzustellen.

Die Betrachtung der Wassergewinnung aus den Grundwasserlandschaften* beschränkt sich aus mehreren Gründen auf das Grundwasser*:

– die hydrogeologischen Eigenschaften der Grundwasserlandschaften* stehen vermutlich mit der Grundwassergewinnung in direkterem Zusammenhang als mit der Oberflächenwassergewinnung;

– die Öffentliche Wasserversorgung in Baden-Württemberg stützt sich zu drei Viertel auf Grundwasser (568 Mio. m³ im Jahr 1991); Oberflächenwasser wird überwiegend von den Fernwasserversorgungen gefördert;

– die Entnahme von Oberflächenwasser (und angereichertem Grundwasser*) zu Zwecken der Trinkwasserversorgung ist unter Mengengesichtspunkten weit weniger natürlichen Restriktionen unterworfen als die Entnahme von Grundwasser;

Tab. 3-12: Wassergewinnung durch die öffentliche Wasserversorgung und die Wirtschaft* in den Grundwasserlandschaften Baden-Württembergs 1991
Quelle: [STATISTISCHES LANDESAMT 1995c]

Grundwasserlandschaft Grundwasserlandschaft	Fläche [1]		gewonnene Wassermenge [2]				Spezifische Wassergewinnung insgesamt
			insgesamt		öffentlich	durch die Wirtschaft*	
	ha	%	1.000 m³	%	1.000 m³		m³/ha
Insgesamt	3 574.139	100,0	831.790	100,0	565.359	266.431	233.
davon							
Quartär / mächtiger Löß	42.140	1,2	3.227	0,4	2.947	280	77
Talfüllungen	162.783	4,6	77.911	9,4	32.611	45.300	479
eiszeitliche Kiese und Sande	368.167	10,3	364.691	43,8	220.327	144.364	991
Moränen	380.680	10,7	43.073	5,2	34.255	8.818	113
Deckenschotter über Oberer Süßwassermolasse	50.214	1,4	2.158	0,3	1.870	288	43
Tertiär	60.785	1,7	7.247	0,9	5.256	1.991	119
Malm	434.468	12,2	91.724	11,0	83.011	8.713	211
Lias und Dogger	252.931	7,1	18.049	2,2	10.961	7.088	71
Höherer Keuper	258.432	7,2	24.455	2,9	20.292	4.163	95
Gipskeuper	192.908	5,4	19.363	2,3	14.791	4.572	100
Muschelkalk und Lettenkeuper	648.028	18,1	90.999	10,9	62.929	28.070	140
Buntsandstein und Rotliegendes	364.667	10,2	47.282	5,7	41.708	5.574	130
Kristallin	357.935	10,0	41.608	5,0	34.401	7.207	116

[1] Gemeinden, die mehrere Grundwasserlandschaften überdecken, wurden entsprechend den Anteilen an der Gemeindefläche den Grundwasserlandschaften zugeordnet.

[2] Grundwasser einschließlich Uferfiltrat sowie Quellwasser.

– die lokalen Wasserversorgungen fördern fast ausschließlich Grundwasser;
– obwohl die Grundwasserentnahmen der Wirtschaft* (gemeint ist Bergbau, Verarbeitendes Gewerbe und Energiewirtschaft) nur rund die Hälfte (266 Mio. m^3 im Jahr 1991) der öffentlichen Grundwasserentnahmen betragen, besteht lokal die Möglichkeit einer Konkurrenzsituation zwischen Entnahmen der öffentlichen Wasserversorgung und der Wirtschaft*. Bei der Oberflächenwasserentnahme ist dies derzeit kaum denkbar, da nur aus der Talsperre Kleine Kinzig und dem Bodensee Oberflächenwasser für die Trinkwasserversorgung entnommen wird.

Schwerpunkte der Grundwassergewinnung insgesamt sind die eiszeitlichen Kiese und Sande, die den Oberrheingraben und Teile Oberschwabens (z.B. Illertal, Leutkircher Heide) bedecken. Aus dieser Grundwasserlandschaft* stammen über 40 % des in Baden-Württemberg geförderten Grund- und Quellwassers (Tab. 3-12). In größerem Abstand (jeweils gut 10 % der Gesamtmenge) folgen die überwiegend von der Öffentlichen Wasserversorgung genutzten Gundwasserland-schaften Malm* sowie Muschelkalk* und Lettenkeuper*. Die Talfüllungen sind vor allem

Tab. 3-13: Die öffentliche Wassergewinnung in den Grundwasserlandschaften Baden-Württembergs 1991
Quelle: [STATISTISCHES LANDESAMT 1995c]

Grundwasserlandschaft	Fläche[1]		Gewinnungs-anlagen[2]		gewonnene Wassermenge		Spezifische Wasser-gewinnung
	ha	%	Anzahl	%	1.000 m^3	%	m^3/ha
Insgesamt	3 574.139	100,0	2.572	100,0	565.359	100,0	158
davon							
Quartär / mächtiger Löß	42.140	1,2	28	1,1	2.947	0,5	70
Talfüllungen	162.783	4,6	167	6,5	32.611	5,8	200
eiszeitliche Kiese und Sande	368.167	10,3	260	10,1	220.327	39,0	598
Moränen	380.680	10,7	285	11,1	34.255	6,1	90
Deckenschotter über Obere Süßwassermolasse	50.214	1,4	20	0,8	1.870	0,3	37
Tertiär	60.785	1,7	32	1,2	5.256	0,9	86
Malm	434.468	12,2	185	7,2	83.011	14,7	191
Lias und Dogger	252.931	7,1	124	4,8	10.961	1,9	43
Höherer Keuper	258.432	7,2	260	10,1	20.292	3,6	79
Gipskeuper	192.908	5,4	117	4,6	14.791	2,6	77
Muschelkalk und Lettenkeuper	648.028	18,1	464	18,0	62.929	11,1	97
Buntsandstein und Rotliegendes	364.667	10,2	281	10,9	41.708	7,4	114
Kristallin	357.935	10,0	349	13,6	34.401	6,1	96

[1] Gemeinden, die mehrere Grundwasserlandschaften überdecken, wurden entsprechend den Anteilen an der Gemeindefläche den Grundwasserlandschaften zugeordnet.
[2] Grundwasser einschließlich Uferfiltrat sowie Quellwasser.

Tab. 3-14: Die industrielle Wassergewinnung in den Grundwasserlandschaften Baden-Württembergs 1991
Quelle: [STATISTISCHES LANDESAMT 1995c]

Grundwasserlandschaft	Fläche[1]		Betriebe		gewonnene Wassermenge[2]		Spezifische Wassergewinnung
	ha	%	Anzahl	%	1.000 m³	%	m³/ha
Insgesamt	3 574.139	100,0	1 101	100,0	266.431	100,0	75
davon							
Quartär / mächtiger Löß	42.140	1,2	16	1,5	280	0,1	7
Talfüllungen	162.783	4,6	97	8.8	45.300	17,0	278
eiszeitliche Kiese							
und Sande	368.167	10,3	312	28,3	144.364	54,2	392
Moränen	380.680	10,7	58	5,3	8.818	3,3	23
Deckenschotter über							
Oberer Süßwassermolasse	50.214	1,4	8	0.7	288	0,1	6
Tertiär	60.785	1,7	15	1,4	1.991	0,7	33
Malm	434.468	12,2	66	6,0	8.713	3,3	20
Lias und Dogger	252.931	7,1	101	9,2	7.088	2,7	28
Höherer Keuper	258.432	7,2	79	7,2	4.163	1,6	16
Gipskeuper	192.908	5,4	69	6,3	4.572	1,7	24
Muschelkalk und							
Lettenkeuper	648.028	18,1	153	13,9	28.070	10,5	43
Buntsandstein und							
Rotliegendes	364.667	10,2	56	5,1	5.574	2,1	15
Kristallin	357.935	10,0	71	6,4	7.207	2,7	20

[1] Gemeinden, die mehrere Grundwasserlandschaften überdecken, wurden entsprechend den Anteilen an der Gemeindefläche den Grundwasserlandschaften zugeordnet.
[2] Grundwasser einschließlich Uferfiltrat sowie Quellwasser.

für die industrielle Wassernutzung von Bedeutung (Tab. 3-14). Eine Übersicht über die geographische Lage der Grundwasserlandschaften und die Entnahmemengen gibt Abb. 3-25.

Auch in bezug auf die spezifische Wassergewinnung* stehen die eiszeitlichen Kiese und Sande mit 991 m³/ha·a an der Spitze, gefolgt von den Talfüllungen (479 m³/ha·a), die zwar keine großen Flächen einnehmen, lokal aber stark genutzt werden (Tab. 3-12 und Abb. 3-26).

Vergleich Öffentliche Wasserversorgung – Wirtschaft
Betrachtet man die spezifische Wassergewinnung getrennt nach „Wirtschaft" und Öffentlicher Wasserversorgung, so zeigt sich, daß in den Talfüllungen die Förderung durch die Wirtschaft (278 m³/ha·a) die der Öffentlichen Wasserversorgung (200 m³/ha·a) überwiegt (Abb. 3-27, Abb. 3-28, Tab. 3-15). Ein Grund dafür dürfte in der bevorzugten Ansiedlung von Industriebetrieben in Talauen liegen, wo neben anderen Faktoren wie z.B. der verkehrsgünstigen Lage auch der leichte Zugang zu Grund- und Oberflächenwasser ein wichtiger Standortfaktor ist. Industrielle Ent-

Abb. 3-25: Gewinnung von Grund- und Quellwasser durch die öffentliche Wasserversorgung und die Wirtschaft* in den Grundwasserlandschaften Baden-Württembergs - Gewonnene Wassermenge 1991 (in Mio. m³)
Quelle: [STATISTISCHES LANDESAMT 1995c]

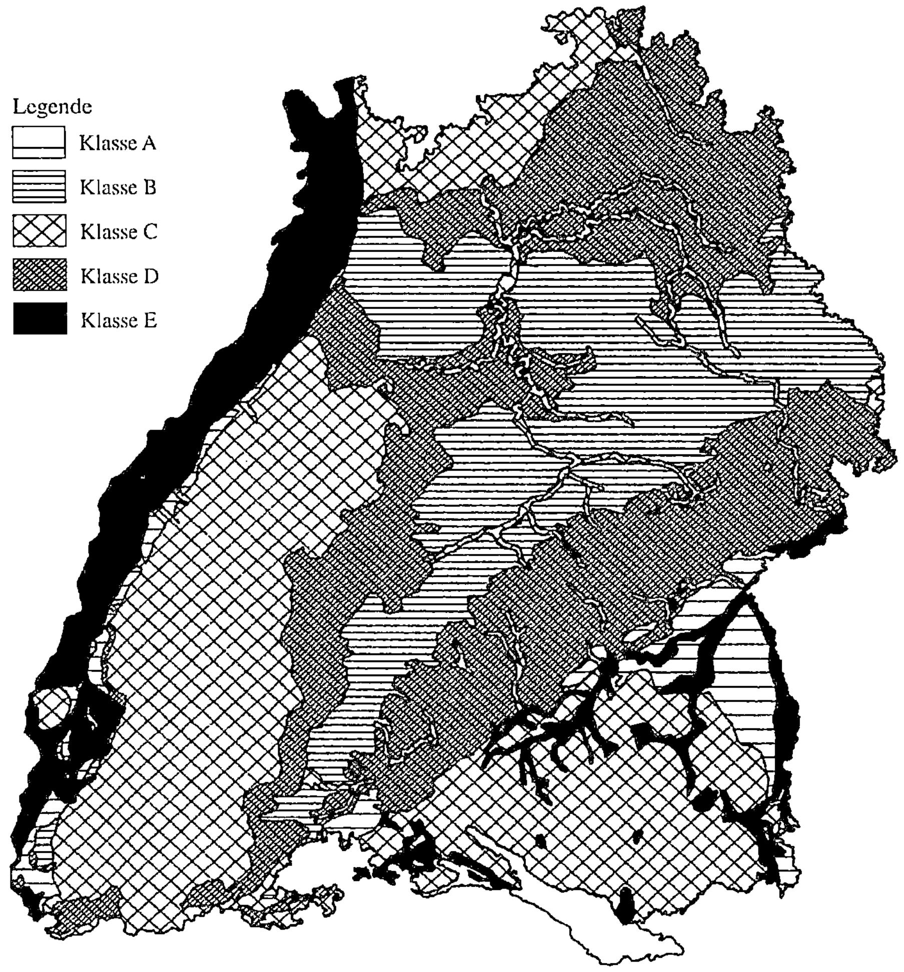

Klasse Grundwasserlandschaft	Mio. m³/Jahr	Klasse Grundwasserlandschaft	Mio. m³/Jahr
Klasse A		**Klasse C**	
Deckenschotter	2	Kristallin	42
Quartär	3	Moränen	43
Tertiär	7	Bundsandstein	47
Klasse B		**Klasse D**	
Lias und Dogger	18	Talfüllungen	78
Gipskeuper	19	Muschelkalk und Lettenkeuper	91
Höherer Keuper	24	Malm	92
		Klasse E	
		Eiszeitliche Sande und Kiese	364

Abb. 3-26: Gewinnung von Grund- und Quellwasser durch die öffentliche Wasserversorgung und die Wirtschaft* in den Grundwasserlandschaften Baden-Württembergs - Mittlere spezifische Wasserge-winnung 1991 (in Kubikmeter pro Hektar und Jahr)
Quelle: [STATISTISCHES LANDESAMT 1995c]

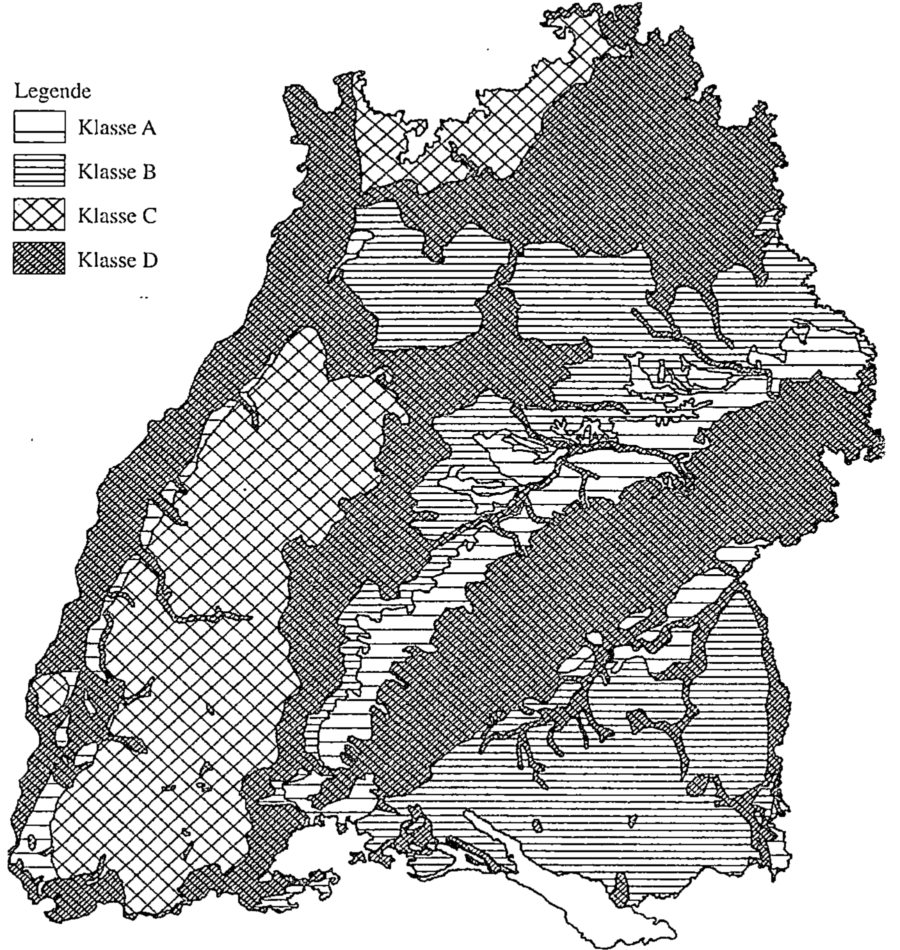

Klasse Grundwasserlandschaft	m³/ha/Jahr	Klasse Grundwasserlandschaft	m³/ha/Jahr
Klasse A		**Klasse C**	
Deckenschotter	43	Bundsandstein	130
Lias und Dogger	71	Muschelkalk und Lettenkeuper	140
Quartär	77	**Klasse D**	
Klasse B		Malm	211
Höherer Keuper	95	Talfüllungen	479
Gipskeuper	100	Eiszeitliche Sande und Kiese	991
Moränen	113		
Kristallin	116	**Landeswert**	**233**
Tertiär	119		

nahmestellen können hier – im Gegensatz zu den Brunnen der Öffentlichen Wasserversorgung – meistens ohne weitere Schutzvorkehrungen im Einzugsgebiet von Siedlungen, Industrie- und Verkehrsflächen betrieben werden, da für das Wasser in diesem Fall die Grenzwerte der Trinkwasserverordnung nicht bindend sind.

In der Grundwasserlandschaft der Eiszeitlichen Kiese und Sande liegt die Wirtschaft* mit 392 m³/ha·a zwar noch deutlich unter der spez. Wassergewinnung der Öffentlichen Wasserversorgung (598 m³/ha·a), im Vergleich mit den Entnahmen aus anderen Grundwasserlandschaften aber an der Spitze (Tab. 3-15). Das Oberrheintal als Hauptverbreitungsgebiet der Eiszeitlichen Kiese und Sande bietet vor allem den wasserintensiven Branchen wie der Chemischen und der „Papier"industrie (siehe Kapitel 3.1.2) günstige Bedingungen. Hier steht sowohl ein ausreichendes unterirdisches Wasserdargebot mit geringen jahreszeitlichen Schwankungen zur Deckung des Bedarfs an qualitativ hochwertigem Wasser als auch Oberflächenwasser für Kühlzwecke zur Verfügung.

Die Entnahmen der Öffentlichen Wasserversorgung zeichnen mehr als die der Wirtschaft* die hydrogeologischen Eigenschaften der Grundwasserlandschaften nach (Abb. 3-27 und Abb. 3-28). Entsprechend niedrig ist beispielsweise die öffentliche Entnahme im Wassermangelgebiet des Lias* und Dogger* (43 m³/ha·a).

Tab. 3-15: Spezifische Wassergewinnung durch die öffentliche Wasserversorgung und die Wirtschaft*
Quelle: verändert nach [Statistisches Landesamt 1995c]

Grundwasserlandschaft (Reihenfolge entspr. geol. Alter)	spez. Wassergewinnung der öffentl. Wasservers. m³/ha·a	spez. Wassergewinnung der Wirtschaft m³/ha·a	spez. Wassergewinnung insgesamt m³/ha·a
Insgesamt	158	75	233
Quartär/mächtiger Löß	70	7	77
Talfüllungen	200	278	479
eiszeitliche Sande und Kiese	598	392	991
Moränen	90	23	113
Deckenschotter	37	6	43
Tertiär	86	33	119
Malm	191	20	211
Lias und Dogger	43	28	71
Höherer Keuper	79	16	95
Gipskeuper	77	24	100
Muschelkalk und Lettenkeuper	97	43	140
Buntsandstein und Rotliegendes	114	15	130
Kristallin	96	20	116

Abb. 3-27: Gewinnung von Grund- und Quellwasser durch die öffentliche Wasserversorgung in den Grundwasserlandschaften Baden-Württembergs - Mittlere spezifische Wassergewinnung 1991 (in Kubikmeter pro Hektar und Jahr)
Quelle: [STATISTISCHES LANDESAMT 1995c]

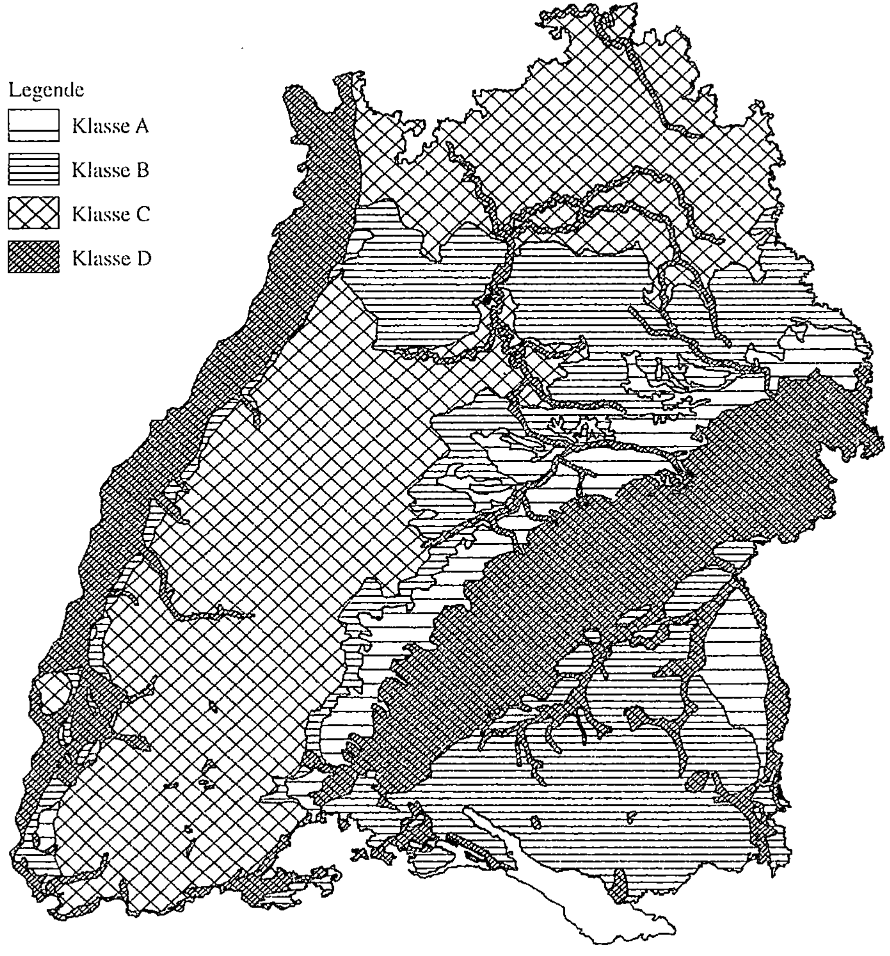

Klasse Grundwasserlandschaft	m³/ha/Jahr		Klasse Grundwasserlandschaft	m³/ha/Jahr
Klasse A			**Klasse C**	
Deckenschotter	37		Kristallin	96
Lias und Dogger	43		Muschelkalk und Lettenkeuper	97
Klasse B			Bundsandstein	114
Quartär	70		**Klasse D**	
Gipskeuper	77		Malm	191
Höherer Keuper	79		Talfüllungen	200
Tertiär	86		Eiszeitliche Sande und Kiese	598
Moränen	90			
			Landeswert	**158**

Abb. 3-28: Gewinnung von Grund- und Quellwasser durch die Wirtschaft* in den Grundwasser-
landschaften Baden-Württembergs - Mittlere spezifische Wassergewinnung 1991 (in Kubikmeter pro
Hektar und Jahr)
Quelle: [STATISTISCHES LANDESAMT 1995c]

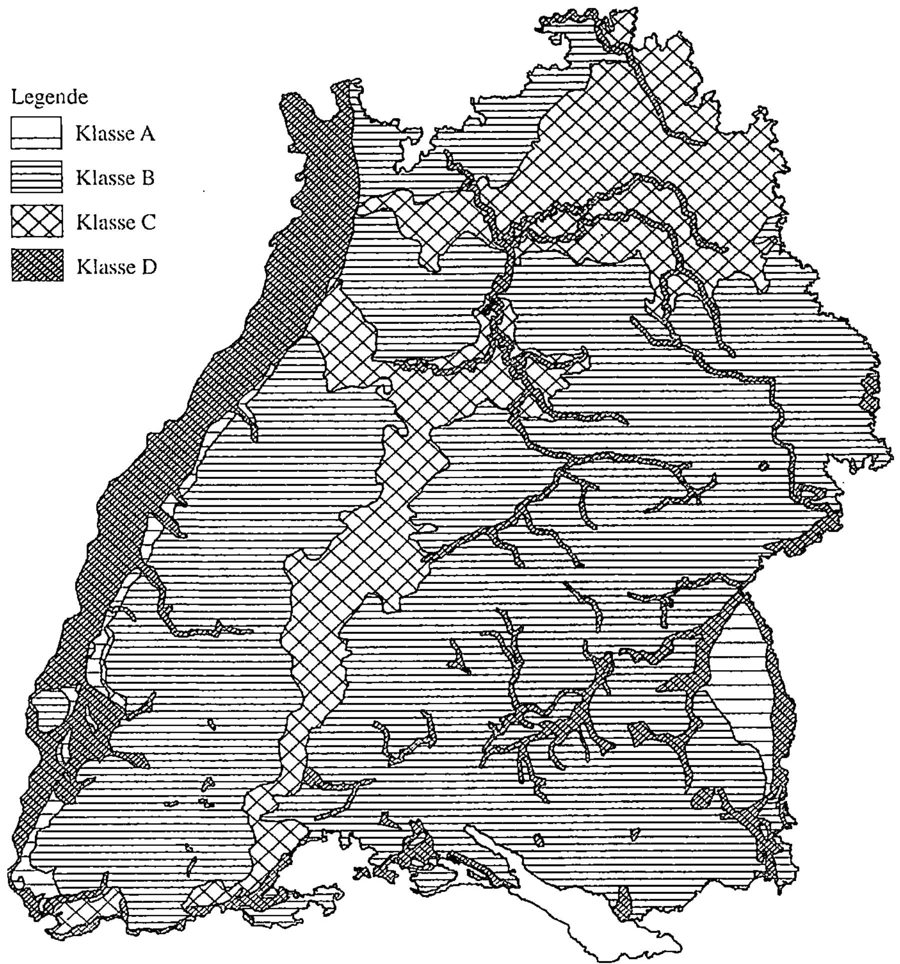

Klasse Grundwasserlandschaft	m³/ha/Jahr	Klasse Grundwasserlandschaft	m³/ha/Jahr
Klasse A		Lias und Dogger	28
Deckenschotter	6	Tertiär	33
Quartär	7		
		Klasse C	
Klasse B		Muschelkalk und Lettenkeuper	43
Bundsandstein	15		
Höherer Keuper	16	**Klasse D**	
Kristallin	20	Talfüllungen	278
Malm	20	Eiszeitliche Sande und Kiese	392
Moränen	23		
Gipskeuper	24	**Landeswert**	**75**

Auch die spezifischen Entnahmeraten für die Grundwasserlandschaften Gips-keuper*, Höherer Keuper*, Moränen*, Kristallin*, Muschelkalk* und Letten-keuper* sowie Buntsandstein* liegen mit Werten zwischen 77 und 114 m³/ha·a noch unter dem Durchschnitt (Tab. 3-15 und Abb. 3-27). Die Grundwasserland-schaften Deckenschotter*, Quartär* und Tertiär* werden wegen ihres geringen Flächenanteils und ihrer geringen Bedeutung für die Wasserversorgung in Baden-Württemberg außer Betracht gelassen.

Ein scheinbarer Widerspruch ergibt sich aus der relativ hohen spezifischen Wasserentnahme (191 m³/ha·a) in der Grundwasserlandschaft Malm* (Weißer Jura der Schwäbischen Alb) und der Vorstellung von der Schwäbischen Alb als wasser-armem Gebiet. Auf der Albhochfläche versickern die Niederschläge fast vollstän-dig, um dann in den schüttungsstarken Karstquellen, überwiegend im Einzugsge-biet der Donau, wieder auszutreten. Beide Bereiche, sowohl die wasserarme Hoch-fläche als auch der Bereich der Karstquellen, gehören aber zur selben Grund-wasserlandschaft Malm*.

Die Quellen des Malmkarsts* werden zu Zwecken der Trinkwasserversorgung gefaßt. Unter anderem dienen sie der Versorgung der Gemeinden auf der Albhoch-fläche über Gruppenwasserversorgungen sowie der Versorgung entfernterer Ge-biete durch die Landeswasserversorgung (siehe Kapitel 2.3.3.3 und 3.1.1.1). Al-lein 40 % der Gewinnung im Malm* entfallen auf drei Entnahmestellen der Landes-wasserversorgung. Bleibt diese Menge unberücksichtigt, so ergibt sich eine spez. Wassergewinnung von 114 m³/ha·a anstelle von 191 m³/ha·a.

Da die Öffentliche Wasserversorgung auch in eher ländlichen Gebieten wie Schwarzwald und Odenwald Wasser in ausreichender Menge und Qualität zur Ver-fügung stellen muß, fördert sie in den entsprechenden Grundwasserlandschaften Buntsandstein* und Kristallin* 14 % ihrer gesamten Fördermenge (Tab. 3-13), während nur 5 % der industriellen Wassergewinnung aus diesen Vorräten stammen (Tab. 3-14).

Auch beim Malm* ergibt sich ein ähnliches Bild mit 15 % der öffentlichen gegenüber 3 % der Wassergewinnung durch die Wirtschaft*. Dies hat vermutlich historische Gründe. Die ergiebigen Quellen des Malmkarst wurden schon früh von der Öffentlichen Wasserversorgung „belegt", weil sie sich sowohl zur Versorgung der näheren Umgebung als auch zur überörtlichen Versorgung der wasserarmen Albhochfläche eigneten. Die erste Gruppenwasserversorgung wurde beispielsweise auf der Alb gegründet [Geiler 1994] (siehe Kapitel 3.1.1).

Vergleich nach Wasserarten
Der Quellwasseranteil an der Grundwassergewinnung ist in den beiden Bereichen öffentliche Wasserversorgung und Wirtschaft* sehr unterschiedlich. Während die Wirtschaft ungefähr zu 5 % Quellwasser und zu 95 % Grundwasser im engeren Sinne fördert, bestehen die Entnahmen der Öffentlichen Wasserversorgung zu 40 % aus Quell- und zu 60 % aus Grundwasser im engeren Sinne (Tab. 3-16). Dem entspricht auch die Tatsache, daß in den Grundwasserlandschaften mit hohem Quellwasseranteil wie Buntsandstein*, Malm*, Kristallin* und höherer Keuper* (Abb. 3-29) die Öffentliche Wasserversorgung einen überdurchschnittlich hohen

Tab. 3-16: Wassergewinnung durch die öffentliche Wasserversorgung und die Wirtschaft* in den Grundwasserlandschaften Baden-Württembergs 1991 nach Wasserarten
Quelle: [Statistisches Landesamt 1995c]

Grundwasserlandschaft	Gewonnene Wassermenge			Davon			
	insgesamt			öffentlich		durch die Wirtschaft*	
	zu-sammen	Grund-wasser[1]	Quell-wasser	Grund-wasser[1]	Quell-wasser	Grund-wasser[1]	Quell-wasser
	1.000 m³						
Insgesamt	831.790	655.916	175.874	403.668	161.691	25.2248	14.183
davon							
Quartär / mächtiger Löß	3.227	2.493	734	2.218	729	275	5
Talfüllungen	77.911	62.319	15.592	23.452	9.159	38.867	6.433
eiszeitliche Kiese							
und Sande	364.691	362.855	1.836	218.743	1.584	144.112	252
Moränen	43.073	29.089	13.985	21.169	13.086	7.920	899
Deckenschotter über							
Oberer Süßwassermolasse	2.158	1.431	728	1.333	537	98	191
Tertiär	7.247	6.766	481	4.776	480	1.990	1
Malm	91.724	44.106	47.618	36.288	46.723	7.818	895
Lias und Dogger	18.049	12.803	5.246	6.118	4.843	6.685	403
Höherer Keuper	24.455	15.306	9.149	11.856	8.436	3.450	713
Gipskeuper	19.363	15.882	3.481	11.868	2.923	4.014	558
Muschelkalk und							
Lettenkeuper	90.999	61.920	29.079	35.672	27.257	26.248	1.822
Buntsandstein und							
Rotliegendes	47.282	18.240	29.042	13.922	27.786	4.318	1.256
Kristallin	41.608	22.705	18.903	16.253	18.148	6.452	755

[1] Einschließlich Uferfiltrat.

Anteil an der gesamten Grundwasserentnahme hat (Tab. 3-12). Schwankungen in der Quellschüttung können von den Öffentlichen Wasserversorgungsunternehmen durch interne Maßnahmen bei gleichzeitiger Nutzung mehrerer Gewinnungsanlagen oder im Verbund mit anderen Unternehmen ausgeglichen werden, während einzelne, auf sich gestellte Industriebetriebe über diese Möglichkeit in der Regel nicht verfügen. Die Betriebe setzen daher auf die steuerbare, eher kontinuierlich zu betreibende Grundwasserentnahme.

Zusammenfassung und Schlußfolgerung
Die räumliche Differenzierung Baden-Württembergs hinsichtlich seines Grundwasserdargebots* schlägt sich auch in unterschiedlichen Nutzungsintensitäten nieder. Genaue Aussagen darüber, wo die aktuelle Nutzung bereits an ihre Grenzen stößt oder die Wassergewinnung durch die Wirtschaft* mit der öffentlichen in Konkurrenz tritt, können nur getroffen werden, wenn für jedes Gebiet Grundwasserdargebot und Grundwassergewinnung gegenübergestellt werden. Hierzu liegen keine landesweiten Daten vor. Exemplarisch wurde dies in Kapitel 2.3.3 anhand dreier Beispielregionen durchgeführt.

Abb. 3-29: Wassergewinnung durch die öffentliche Wasserversorgung und die Wirtschaft* in den Grundwasserlandschaften Baden-Württembergs 1991 nach Wasserarten
Quelle: [STATISTISCHES LANDESAMT 1995c]

Gewinnung von Grund[1]- und Quellwasser[2]

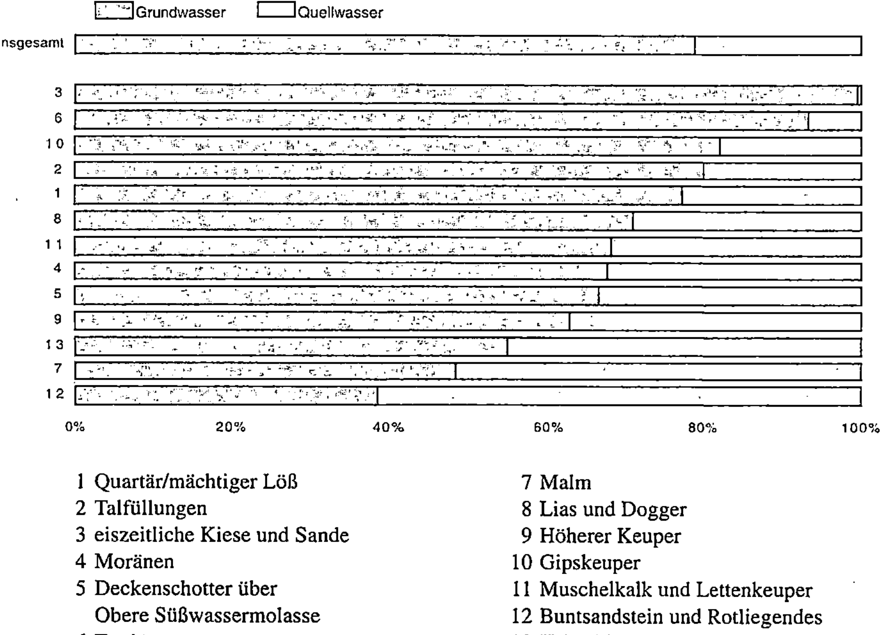

1 Quartär/mächtiger Löß	7 Malm
2 Talfüllungen	8 Lias und Dogger
3 eiszeitliche Kiese und Sande	9 Höherer Keuper
4 Moränen	10 Gipskeuper
5 Deckenschotter über	11 Muschelkalk und Lettenkeuper
Obere Süßwassermolasse	12 Buntsandstein und Rotliegendes
6 Tertiär	13 Kristallin

1) Einschließlich Uferfiltrat.
2) Dargestellt ist der Anteil an der je Grundwasserlandschaft gewonnenen Wassermenge.

Daß die Verfügbarkeit von Grundwasser (zusätzlich zu der von Oberflächenwasser) neben anderen Gesichtspunkten ein wichtiger Standortfaktor für die Industrie ist, zeigt sich in der bevorzugten Nutzung der Talfüllungen durch die Industrie. Konkurrenzsituationen mit der Öffentlichen Wasserversorgung haben hier allerdings eher qualitative Ursachen. Oft ist das Grundwasser der Talfüllungen, wie beispielweise im Neckartal, durch Siedlungs- und vor allem industrielle Einflüsse so stark belastet, daß es für die Trinkwassergewinnung nicht mehr geeignet ist (siehe Kapitel 3.2.1). In der Regel ist auch die Ausweisung von Wasserschutzgebieten in den oft dicht besiedelten Talauen problematisch.

Während Betriebe sich hauptsächlich an für sie günstigen Standorten angesiedelt haben, kommt der Öffentlichen Wasserversorgung eine flächendeckende Aufgabe zu. Sie fördert auch in weniger ergiebigen Grundwasserlandschaften wie z.B. dem Kristallin* und Buntsandstein* des Schwarzwalds, sofern sie nicht auf Fernwasserbezug und damit (bis auf die Ausnahme des Karstquellwassers der Landeswasserversorgung) auf Oberflächenwasser ausweicht.

3.1.5   Tiefes (altes) Grundwasser

Grundwasser kann sehr unterschiedliches Alter aufweisen – von wenigen Tagen bis zu mehreren Jahrtausenden. Dies hängt davon ab, ob und in welchem Maß es in den aktuellen Wasserkreislauf einbezogen ist. Grundwasser, das in einem früheren Erdzeitalter gebildet wurde und nicht mehr am aktuellen Wasserkreislauf teilnimmt, wird als fossiles Grundwasser bezeichnet. Beispiele dafür sind die Grundwasservorräte unter der Sahara, die unter anderen Klimabedingungen gebildet wurden. Ihre heutige Nutzung bedeutet einen irreversiblen Verlust dieser Wasservorräte und ist mit der Förderung von Erdöl vergleichbar. Im englischen Sprachgebrauch wird die Ausbeutung dieser Vorräte plastisch mit dem Begriff „Aquifer Mining" bezeichnet.

Auch bei uns in den gemäßigten Breiten existieren sehr alte Grundwasservorkommen, die mittlere Verweilzeiten von über 1.000 Jahren und mehr aufweisen. Sie nehmen in der Regel in geringem Maß am Wasserkreislauf teil. Diese alten Grundwasservorkommen nehmen eine Sonderstellung ein, da sie zu einer Zeit gebildet wurden, in der noch keine menschlichen Einflüsse auf das Grundwasser zu verzeichnen waren. Infolgedessen sind diese Grundwasservorräte noch frei von anthropogenen Schadstoffen. Da eine zwar sehr geringe, aber doch existente Grundwasserneubildung stattfindet, können in demselben sehr geringen Ausmaß auch persistente Schadstoffe eingetragen werden, was die Qualität dieser noch unbeeinflußten Grundwasservorräte innerhalb sehr großer Zeiträume verändern kann.

Die Nutzung dieser Grundwasservorräte kann unter Gesichtspunkten der Nachhaltigkeit nur unter folgenden Bedingungen erfolgen:
– die Entnahme darf die natürliche Neubildung nicht übersteigen
– durch die Entnahme darf kein – im Vergleich zum Zustand ohne Förderung – zusätzlicher irreversibler Schadstoffeintrag in das Grundwasservorkommen erfolgen.

Da altes Grundwasser überwiegend in tieferen Grundwasserstockwerken* vorkommt, wurde zu seiner Charakterisierung der Begriff „Tiefe Grundwässer" gewählt. Tiefe Grundwässer sind entsprechend den obigen Aussagen in erster Linie durch sehr niedrige Fließgeschwindigkeiten von wenigen Dezimetern bis Zehnermetern pro Jahr und dadurch auch sehr lange Verweilzeiten charakterisiert [DVWK 1987]. In vielen Fällen läßt sich nachweisen, daß tiefe Grundwässer ein Alter von 1.000 bis über 10.000 Jahren besitzen und während kalter Klimaperioden (Eiszeiten) gebildet wurden. In Baden-Württemberg gilt dies z.B. für den unter mächtiger Molasse* liegenden Malmkarst* in Oberschwaben [DVWK 1987]. Der Begriff Tiefes Grundwasser* wurde erst 1994 in die DIN 4049 aufgenommen und folgendermaßen definiert: Tiefes Grundwasser ist *„ Wasser tief gelegener Grundwasserleiter, das in seiner Beschaffenheit in charakteristischer Weise (z.B. durch Ionenaustausch) verändert sowie sauerstoffarm und tritiumfrei ist und nur in geringem Maße am Wasserkreislauf teilnimmt. "* [DIN 4049-3 1994].

Die langen Verweilzeiten der tiefen Grundwässer haben einen geringen Gehalt an natürlichen radioaktiven Isotopen (z.B. ^{14}C) zur Folge. Außerdem enthalten sie kein Tritium, da dieses erst mit den ersten Atombombenversuchen der 50er und 60er Jahre dieses Jahrhunderts in größerem Ausmaß in die Atmosphäre und damit in das neugebildete Grundwasser gelangte. Die niedrigen Fließgeschwindigkeiten ermöglichen Gleichgewichtsreaktionen*, die beispielsweise zu hohen Salzgehalten führen können. Eine hohe Mineralisation* allein kann jedoch nicht als Indiz für ein tiefes Grundwasser angesehen werden. Einerseits gibt es auch hoch mineralisiertes oberflächennahes Grundwasser, andererseits sind tiefe Grundwässer mit geringer Mineralisation aus vielen Gebieten bekannt. In der Regel treten tiefe Grundwässer in tieferen Grundwasserstockwerken auf, die meist gespannte Aquifere* darstellen. Eine bestimmte Tiefenlage kann der Definition jedoch nicht zugrundegelegt werden [DVWK 1983]. Entnahmen aus mehreren 100 m Tiefe legen jedoch – ebenso wie höhere Wassertemperaturen – die Vermutung nahe, daß es sich um „tiefes Grundwasser" entsprechend dieser Definition handelt.

Die Umstellung auf die Entnahme von tiefem Grundwasser für die Trinkwasserversorgung erfolgte oft, um qualitativen Problemen im oberflächennahen Grundwasser auszuweichen [DVWK 1983], bietet jedoch in der Regel keine langfristige Lösung des Problems. *„Künstliche Grundwasserentnahmen aus großen Tiefen können das natürliche Zirkulationssystem weiträumig entscheidend verändern und ausweiten, den Druckspiegel* im Fördergebiet absenken und damit die Grundwassererneuerung und den Grundwasserumsatz im System erhöhen"* [DVWK 1987]. In genutzten tiefen Aquifersystemen dringt z.B. Tritium enthaltendes junges Grundwasser (weniger als 50 Jahre mittlere Verweilzeit) lokal von oben in tiefere Aquiferbereiche ein (z.B. im Oberrheintal) [DVWK 1987]. So werden auch die im oberflächennahen Grundwasser enthaltenen Verunreinigungen mit in die Tiefe transportiert [ENGESSER 1984].

Künstliche Entnahmen können jedoch auch tieferes oder nahezu stagnierendes, salzreiches Grundwasser von den Rändern des aktiven Strömungsfeldes beiziehen und ensprechende Mischungsvorgänge hervorrufen [DVWK 1987]. Beispiele dafür gibt es im nördlichen Oberrheintal [HEITELE 1983, zit. in DVWK 1987]. Auch viele Mineral- und Thermalwässer entstammen dem tiefen Grundwasser.

Die Identifikation und Abgrenzung der Einzugsgebiete von Brunnen in tieferen, gespannten Aquiferen gestaltet sich in der Regel schwieriger als bei Fassungen des oberflächennahen Grundwassers, da die Regenerationsgebiete weit entfernt liegen können. Entsprechend ist die Ausweisung von Wasserschutzgebieten zur Vermeidung des Zutritts persistenter Schadstoffe zu tiefen Grundwässern sehr schwierig. Schadstoffeinträge können auch über hydraulische Fenster zwischen den Grundwasserstockwerken erfolgen, deren Lage und Funktionsweise meist nicht bekannt ist [SEILER 1995].

„Einstellzeiten von zwei bis 10 Jahren zur Erlangung eines hydraulischen Gleichgewichts auf die neuen Abflußbedingungen sind aus tiefen Grundwässern häufig zu beobachten.... Ihre Erschließung und Bewirtschaftung bewirkt ...in den meisten Fällen einen verstärkten Zutritt oberflächennaher zu tiefen Grundwässern und im Gefolge davon auch von Grundwasserkontaminationen in tiefe Grundwässer, die

sich jedoch stets erst nach langen Zeiträumen bemerkbar machen und dann wesentlich weitflächigere Auswirkungen haben können als in oberflächennahen Grundwässern" [SEILER 1995].

Entnahme von tiefem Grundwasser in Baden-Württemberg

Bei der statistischen Erfassung der Grundwasserentnahmen werden keine Daten über das genutzte Grundwasserstockwerk erhoben. Deshalb ist eine Aussage über das genaue Ausmaß der Nutzung von tiefem Grundwasser in Baden-Württemberg nicht möglich. Beispielhaft wird nachfolgend auf Entnahmen von tiefem Grundwasser im nördlichen Oberrheingebiet und im Donauried eingegangen.

Oberrheingebiet

Im Raum Mannheim/Ludwigshafen wird der Mittlere Grundwasserleiter* sowohl von der „Industrie" als auch der Öffentlichen Wasserversorgung sehr stark genutzt [HGK RHEIN-NECKAR 1987]. Das ^{14}C-Modellalter* dieses Grundwassers liegt im Absenkungstrichter* Mannheim/Ludwigshafen zwischen 3875 und 6855 Jahren, überwiegend jedoch bei 2200–2600 Jahren [ENGESSER 1984] und erfüllt damit die Bedingungen eines tiefen Grundwassers im Sinne der DIN 4049. Im unbeeinflußten Zustand stand hier das tiefere Grundwasserstockwerk unter höherem Druck als das darüberliegende, heute haben sich die Verhältnisse umgekehrt: „*Vergleicht man die Grundwasserstände im Oberen Grundwasserleiter und in den tieferen Grundwasserleitern, so erkennt man, daß im Bereich Mannheim-Ludwigshafen die Druckfläche des tieferen Grundwassers großflächig um mehr als 5 m unter die Oberfläche des Oberen Grundwasserleiters abgesenkt worden ist. Im ursprünglichen Zustand war dies umgekehrt, wie das derzeit nur noch südlich Altrip/Rheinau bis zum Hockenheimer Rheinbogen der Fall ist*" [HGK RHEIN-NECKAR 1987]. In der Konsequenz wird bereits seit 1984 an einzelnen Stellen Tritium im Mittleren Grundwasserleiter nachgewiesen (z.B. im Bereich des Wasserwerks Käfertal der Stadt Mannheim), was die Zusickerung von jungem Grundwasser aus dem Oberen Grundwasserleiter* belegt, die durch die umfangreiche Bewirtschaftung und damit verbundene Druckentlastung des Mittleren Grundwasserleiters ermöglicht wurde [HGK RHEIN-NECKAR 1987]. Eine Verschleppung von persistenten Schadstoffen, wie z.B. den vor allem im Gebiet zwischen Heidelberg und Mannheim im oberflächennahen Grundwasser großflächig verbreiteten leichtflüchtigen halogenierten Kohlenwasserstoffen [HGK Rhein-Neckar], in tieferes und älteres Grundwasser ist deshalb zu befürchten. Dies trifft vor allem dort zu, wo die Industrie Tiefenwasser für Brauchwasserzwecke entnimmt und dementsprechend keine Wasserschutzgebiete ausgewiesen wurden.

Für den rechtsrheinischen Teil zeigt Abb. 3-30 die Entwicklung der Entnahmemengen durch Öffentliche Wasserversorgung und „Industrie", getrennt nach Oberem und tieferen Grundwasserleitern, von 1969 bis 1983. Neuere Zahlen liegen bis jetzt noch nicht vor, werden aber im Zuge der Überarbeitung der Hydrogeologischen Karte Rhein-Neckar-Raum derzeit erhoben. Im Jahr 1983 förderte die Öffentliche Wasserversorgung hier insgesamt 64,1 Mio. m³ Grundwasser, davon ein Viertel aus tiefen Grundwasserleitern. Die Industrie* entnahm insgesamt 42,2 Mio. m³, jeweils zur Hälfte aus dem Oberen und den tieferen Grundwasserleitern.

Auffallend ist der konstante Rückzug der Industrie* aus den tiefen Grundwasserleitern, während die Entnahmen der Öffentlichen Wasserversorgung stetig zunahmen. Ob sich dieser Trend in den letzten zwölf Jahren fortgesetzt hat, läßt sich erst definitiv feststellen, wenn die o.g. Datenauswertung abgeschlossen ist. Für die Öffentliche Wasserversorgung läßt sich eine verstärkte Entnahme aus den tiefen Grundwasserleitern vermuten, da beispielsweise der Zweckverband Kurpfalz im Jahr 1989 Grundwasser aus dem Mittleren Grundwasserleiter* erschlossen hat [GUDERA 1995, pers. Mitt.]. Da die gesamten Entnahmen der Industrie* in den letzten Jahren zurückgingen und in den betreffenden Kreisen (Mannheim, Heidelberg und Rhein-Neckar-Kreis) im Jahr 1991 zusammen nur noch 26,5 Mio. m³/a betrugen, ist anzunehmen, daß auch die (rechtsrheinischen) Entnahmen der Industrie* aus den tiefen Grundwasserleitern deutlich zurückgegangen sind. Nach wie vor spielen jedoch die linksrheinischen (auf pfälzischer Seite erfaßten) Entnahmen der Industrie* (vor allem die rund 20 Mio. m³ der BASF [KLUGE ET AL. 1994]) aus den tieferen Grundwasserleitern eine wichtige Rolle. Das Stadtgebiet Ludwigshafen stellt mit 75 % der rheinland-pfälzischen Gesamtentnahmen aus dem tiefen

Abb. 3-30: Grundwasserentnahmen aus dem Oberen und tieferen Grundwasserleitern im Rhein-Neckar-Raum (baden-württembergischer Teil) - Trinkwasser der öffentlichen Wasserversorgung, Brauchwasser der Industrie, Beregnungswasser 1969 bis 1983
Quelle: [HGK RHEIN-NECKAR-RAUM 1987]

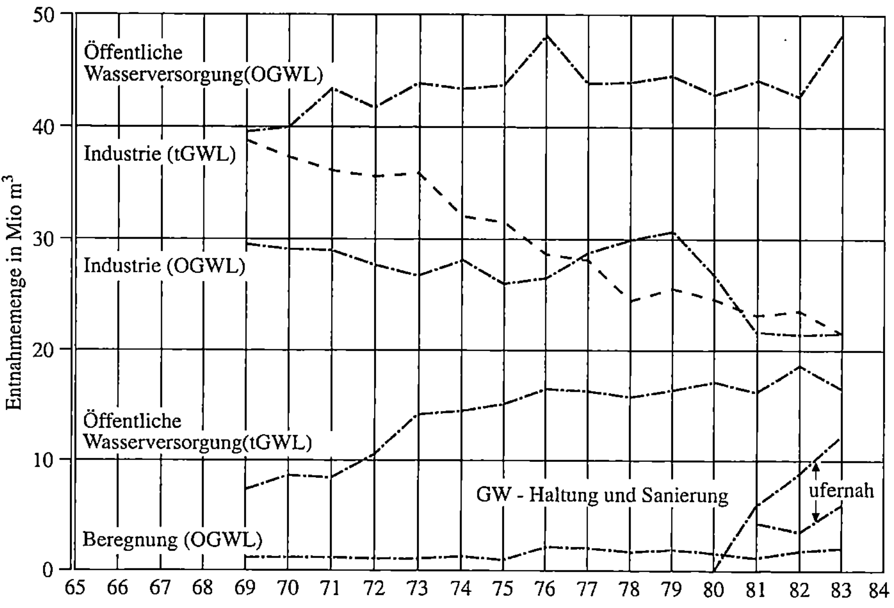

—·—·—·— (OGWL) Oberer Grundwasserleiter   — — — — (tGWL) tiefere Grundwasserleiter

Grundwasserleiter einen Schwerpunkt der Förderung dar [HGK Rhein-Neckar 1987]. Da der Rhein für die tieferen Grundwasserleiter keine hydraulische Barriere darstellt, ist von diesen Entnahmen auch Baden-Württemberg betroffen, der Absenkungstrichter* bildet sich sozusagen „grenzüberschreitend" aus.

Auch weiter südlich im Oberrheingraben wird tiefes Grundwasser gefördert, allerdings in weit geringerem Ausmaß und auf baden-württembergischer Seite hauptsächlich durch die Industrie*. Im Jahr 1985 wurden im Raum Karlsruhe rechtsrheinisch 3,6 Mio. m³ aus den tieferen Grundwasserleitern* entnommen, mehr als 90 % davon durch die Industrie*. Die tieferen Grundwasserleiter umfassen hier das Mittlere Kieslager*, die Altquartären* und die Pliozänen Grundwasserleiter*. Aufgrund von ¹⁴C-Bestimmungen kann hier auf ein Grundwasseralter von mehr als 1000 Jahren geschlossen werden [HGK Karlsruhe-Speyer 1988].

Während im Jahr 1985 der Anteil der Entnahmen aus den tieferen Grundwasserleitern auf baden-württembergischer Seite nur 3,7 % der gesamten rechtsrheinischen Grundwasserentnahmen (incl. Rheinuferfiltrat) ausmachte, werden die tieferen Grundwasserleiter auf linksrheinischer Seite vor allem durch die Öffentliche Wasserversorgung weitaus mehr genutzt. Im rheinland-pfälzischen Teil des Untersuchungsgebiets wurde im Jahre 1985 mit 9,1 Mio. m³ rund die Hälfte des insgesamt gewonnenen Grundwassers aus tieferen Grundwasserleitern gefördert, davon 94 % durch Wasserwerke der Öffentlichen Wasserversorgung [HGK Karlsruhe-Speyer 1988].

Donauried

Mehr als 1000 Jahre altes Grundwasser kommt im überdeckten Karst* südlich der Schwäbischen Alb vor, das dem Donauried von Süden her zuströmt. Von Norden und Nordwesten her wird das Donauried mit „jungem" Karstgrundwasser aus dem Einzugsgebiet der Schwäbischen Alb beliefert. Im Bereich einiger Fassungen (Nr. 2, 3 und 4) der Landeswasserversorgung steigt das Karstgrundwasser natürlicherweise in den darüberliegenden Kiesaquifer* auf und vermischt sich mit dem dort neugebildeten Grundwasser. Dieses „Mischwasser" fördert der Zweckverband Landeswasserversorgung (LW) durch im Kiesaquifer verfilterte* Brunnen (Abb. 3-31). Durch die mit der Entnahme verbundene Druckentlastung wird hier der natürliche Karstgrundwasseraufstieg im darüberliegenden Kiesaquifer verstärkt [Schloz 1988], was zu höheren Umsatzraten des tiefen Grundwassers führen kann.

Geogene Beschaffenheitsprobleme (Eisen, Mangan, Sulfat), die beim Durchtritt des Karstgrundwassers durch die Molasse* entstehen, und zunehmende Nitratgehalte im „jungen", oberflächennahen Grundwasser führten zu der Überlegung, das sehr alte, nitrat- und sauerstofffreie Karstgrundwasser über Tiefbrunnen direkt aus dem Karstgrundwasserleiter zu erschließen (siehe auch Kapitel 2.3.3.3). An der Fassung 4 der Landeswasserversorgung läuft deshalb bereits seit Jahren ein Probebetrieb; im Jahr 1991 wurden mehr als 7 Mio. m³ überwiegend altes Karstgrundwasser direkt aus dem Karstgrundwasserleiter unter der Molasse* entnommen [Geologisches Landesamt 1995].

Inzwischen wurde auch an Fassung 5 ein Pumpversuch gestartet, wobei es sich bei dem aus dieser Fassung entnommenen Karstgrundwasser strenggenommen nicht um Tiefengrundwasser entsprechend der o.g. Definition handelt, da es nur 20–30 Jahre alt und auch tritiumhaltig ist [SCHLOZ/GLA 1995, pers. Mitt.]. Auch in anderen Fassungen soll evtl. zukünftig direkt Karstgrundwasser gefördert werden: *„Sollte die Umstellung der Grundwassergewinnung von Kiesbrunnen auf Karstbrunnen bei diesen beiden Projekten erfolgreich sein, sind entsprechende Projekte bei anderen Fassungen geplant"* [MEHLHORN 1992]. Bei jeder Fassung bestehen jedoch andere hydrogeologische Verhältnisse, was Alter und Zusammensetzung des Grundwassers betrifft. Wir beschränken unsere Betrachtungen auf die Fassung 4, wo derzeit echtes Tiefengrundwasser gefördert wird.

Leitbild für die Grundwasserentnahme ist hier der Grundsatz, nicht mehr tiefes Karstgrundwasser zu entnehmen, als natürlicherweise in den Kiesaquifer aufsteigt. Dies soll nach Ansicht des Geologischen Landesamts durch eine entsprechende Festlegung der Entnahmerate nach der Auswertung der hydrogeologischen Daten und Pumpversuche und durch eine regelmäßige Überwachung gewährleistet werden [SCHLOZ/GLA 1995, pers. Mitt.].

Im Rahmen des derzeit durchgeführten Pumpversuchs soll ermittelt werden, welche Entnahmemenge dem „natürlichen" Grundwasseraufstieg entspricht und wie dies im Vergleich mit der bisherigen Situation (Entnahme im Kiesaquifer) zu sehen ist, wobei auch berücksichtigt werden muß, daß ab dem Überschreiten einer bestimmten Entnahmemenge aus dem Karst sich die Druckverhältnisse im Entnahmebereich umkehren. Während sich der Absenkungstrichter* (und damit die Druckentlastung) bisher im oberen Grundwasserleiter befand und deshalb tieferes Grundwasser nach oben aufstieg, entsteht nun der Absenkungstrichter* im un-

Abb. 3-31: Grundwasserbilanz für das Donauried
Quelle: [HAAKH 1994]

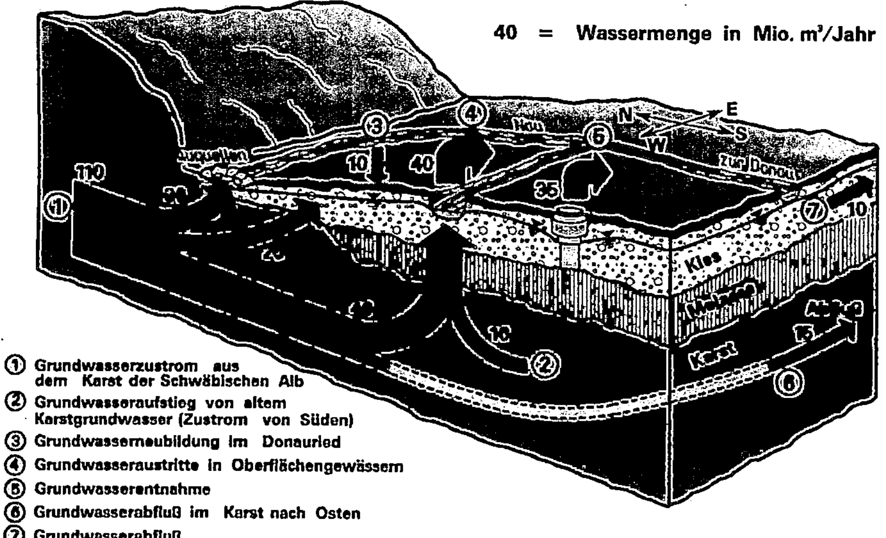

① Grundwasserzustrom aus
   dem Karst der Schwäbischen Alb
② Grundwasseraufstieg von altem
   Karstgrundwasser (Zustrom von Süden)
③ Grundwasserneubildung im Donauried
④ Grundwasseraustritte in Oberflächengewässern
⑤ Grundwasserentnahme
⑥ Grundwasserabfluß im Karst nach Osten
⑦ Grundwasserabfluß

teren Grundwasserleiter, was ein verstärktes Durchsickern von jungem, tritium-haltigem und mit Nitrat belastetem Kiesgrundwasser in den Karstgrundwasser-leiter mit sich bringt. Anzeichen hierfür sind im geförderten Karstgrundwasser in Fassung 4 feststellbar. Auf diese Weise können auch persistente Schadstoffe wie Pflanzenschutzmittel in das genutzte tiefe Grundwasser eingetragen werden. Nitrat wird wegen der reduzierenden Bedingungen im Karstgrundwasserleiter abgebaut.

Angesichts der Frage, ob ein solcher Schadstoffeintrag reversibel ist, wird bisher davon ausgegangen, daß sich aus dem Kiesaquifer beigezogenes junges Grundwasser einschließlich der darin enthaltenen Stoffe ausschließlich im Bereich des Entnahmetrichters befindet und sich damit in einem zeitlich und räumlich überschaubaren Zuflußbereich bewegt, dessen Grundwasser ständig über die Brunnen gefördert wird. Diese Annahme kann jedoch erst durch die Auswertung der im Rahmen des Pumpversuchs laufenden Datenerhebung bestätigt (oder widerlegt) werden. Damit soll geklärt werden, ob die Gefahr besteht, daß persistente Schadstoffe außerhalb des Entnahmebereichs in den tiefen Grundwasserleiter* eindringen können und ob dies zu einer irreversiblen bzw. langfristigen Kontamination des tiefen Grundwasserabstroms* führen kann.

Es wird angenommen, daß das bei Fassung 4 geförderte tiefe Grundwasser* in einem entfernteren, bisher nicht sicher bestimmbaren Bereich neugebildet wird. Diese Regeneration wird generell durch junges Karstgrundwasser des Weißen Jura* westlich des Donaurieds (bis in den Bereich von Ulm) vermutet. Ein evtl. dort stattfindender Schadstoffeintrag ist, sofern es sich um persistente Schadstoffe handelt, irreversibel bzw. langfristig wirksam. Falls durch Grundwasserentnahmen Veränderungen des natürlichen Grundwasserfließsystems hervorgerufen werden, können diese auch in Karstgebieten, insbesondere bei gespannten* geohydraulischen Verhältnissen, sehr weitreichend sein und die Bedingungen in unter Umständen weit entfernten Grundwasserneubildungsgebieten beeinflussen. Dies kann zur Folge haben, daß zusammen mit einer verstärkten Zusickerung von jungem Wasser in das tiefe Grundwasser ein verstärkter Schadstoffeintrag in das tiefe Grundwasserstockwerk* stattfindet, wenn im Regenerationsgebiet oberflächennahe Grundwasserverunreinigungen bestehen.

In Fassung 4 stellt sich zum ersten die Frage, ob sich durch die Umstellung von der früheren indirekten Förderung von tiefem Grundwasser auf die direkte Förderung eine grundsätzliche oder nur eine graduelle Veränderung der hydraulischen Situation ergibt. Zum zweiten stellt sich im Hinblick auf nachhaltiges Handeln die Frage, ob und in welchem Umfang es möglich ist, alle Begleiterscheinungen dieses Vorgangs wieder rückgängig zu machen, das heißt, ob und wie rasch sich nach einer Außerbetriebnahme der Pumpen der ursprüngliche Zustand wieder einstellt.

Die direkte Förderung von sehr altem Grundwasser in Fassung 4 beschleunigt das Eindringen von jungem, oberflächennahem und möglicherweise mit persistenten und anthropogenen Stoffeinträgen belastetem Grundwasser in den tiefen Grundwasserleiter innerhalb des Entnahmebereichs. Bei entsprechenden Druckverhältnissen kann dies auch außerhalb des Entnahmebereichs stattfinden. Die indirekte Förderung natürlich aufsteigenden alten Grundwassers greift nur dann bzw.

soweit in die natürlichen Abflußverhältnisse ein, wie die mit dem Pumpbetrieb verbundene Druckentlastung den Aufstieg tiefen Grundwassers über das Maß des natürlichen Aufstiegs hinaus hervorruft. In diesem Fall führt auch die indirekte Förderung tiefen Grundwassers zu Änderungen der Druckverhältnisse und damit zur Möglichkeit, daß jüngeres und somit anthropogen beeinflußtes Grundwasser außerhalb des Entnahmegebiets verstärkt dem tieferen Grundwasserleiter* zuströmt.

Die Beantwortung der zweiten Frage, ob alle Begleiterscheinungen dieses Prozesses reversibel sind, hängt in beiden Fällen davon ab, ob die Schadstoffe sich in der Weise im tieferen Aquifer* verteilen, daß sie nicht mehr im Entnahmebereich des Brunnens liegen. Dies kann dann der Fall sein, wenn sich durch die Entnahme die Druckverhältnisse in der Weise ändern, daß Schadstoffe innerhalb des Absenkungsbereichs*, aber außerhalb des Entnahmebereichs in den tiefen Grundwasserleiter eingetragen werden.

Fazit

Die Entnahme von tiefen Grundwasser* birgt zwei grundsätzliche Risiken: zum einen kann die Förderung die (in der Regel sehr geringe oder gar nicht vorhandene) Neubildung übersteigen. In diesem Falle kommt es zum Abbau der Ressource – dies wird im englischen Sprachgebrauch als „aquifer mining" bezeichnet. Zum anderen kann die Entnahme von tiefem (altem) Grundwasser* bewirken, daß verstärkt jüngeres, oberflächennahes Grundwasser in die alten Grundwasservorräte eindringt und diese qualitativ beeinträchtigt. Vor allem diese zweite Möglichkeit ist für Baden-Württemberg bedeutsam. Die Mischung von altem Grundwasser mit jüngerem, meist anthropogen belastetem Grundwasser ist in vielen Fällen irreversibel und bedeutet zumindest dann, wenn schwer abbaubare Schadstoffe in tiefere Grundwasserleiter* eingetragen werden, eine langfristige Verunreinigung der alten Grundwasservorräte, die quasi nicht mehr durch Sanierung rückgängig gemacht werden kann. Auf die Gefahr einer Verschmutzung tiefer Grundwasservorräte weist z.B. HÖLTING [1992] hin und rät insbesondere davon ab, Brunnen, in denen kontaminiertes Grundwasser gefördert wird, dadurch zu „sanieren", daß sie vertieft, d.h. weitere Teile des Grundwasserkörpers erschlossen werden.

In Lockergesteinsaquiferen* wie dem Oberrheingraben findet die oben beschriebene Nachlieferung in der Regel durch Zusickerung von den direkt darüberliegenden Aquiferbereichen statt und beschränkt sich auf den Bereich des oft großräumigen Absenkungstrichters*. In Karst-* und Kluftaquiferen* kann es jedoch zu einer Nachlieferung aus oft unbekannten Regenerationsgebieten (wie es z.B. beim alten Karstgrundwasser des Weißen Jura* der Fall ist) kommen. In beiden Fällen ist es schwierig, die tiefen Grundwasservorräte durch Wasserschutzgebiete vor anthropogenen Schadstoffeinträgen zu schützen. (In beiden Fällen wegen der großen Ausdehnung des Einzugsgebiets, im zweiten Fall zusätzlich wegen mangelnder Kenntnisse seiner Lage.) Die überaus langen Fließzeiten lassen außerdem den oben formulierten Zusammenhang zwischen Ursache (Eintragsort bzw. -zeitpunkt) und Wirkung (anthropogene persistente Stoffe im geförderten Wasser) nicht leicht erkennen. Es ist deshalb denkbar, daß heute durch eine Entnahme von tiefem Grundwasser ein verstärkter Beizug von jungem, kontaminiertem Grundwasser in diesen

Grundwasserleiter verursacht wird und daß erst nachfolgende Generationen die Folgen, z.B. erhöhte Gehalte an persistenten Schadstoffen (wie Lösungs- und Pflanzenbehandlungsmittel), im geförderten Grundwasser feststellen können.

Die Nutzung tiefer Grundwässer* ist in Baden-Württemberg in erster Linie ein qualitatives Problem, auch wenn nicht bekannt ist, ob und in welchem Ausmaß eventuell doch auch „Aquifer Mining" im eigentlichen Sinne stattfindet [SCHLOZ/ GLA 1996, pers. Mitt.]. Das bedeutet, daß v.a. der zweite Gesichtspunkt der Rahmenbedingungen für eine nachhaltige Nutzung tiefer Grundwässer (kein irreversiebler Schadstoffeintrag – vgl. Kapitel 1) beachtet werden muß. Aufgrund der qualitativen Beeinträchtigung kann deshalb im Lockergesteinsbereich des Oberrheingrabens die Förderung von Tiefengrundwasser nicht als nachhaltig bezeichnet werden.

Die weitaus komplizierteren Verhältnisse im Donauried werfen die Frage auf, ob dieselben Kriterien auch für altes Grundwasser, das bereits natürlicherweise in jüngere Grundwasserleiter aufsteigt, gelten können. In jedem Fall muß gewährleistet sein, daß durch die künstliche Entnahme keine – im Vergleich zur Situation ohne Nutzung – zusätzliche Kontamination der tiefen Grundwässer mit persistenten Schadstoffen stattfindet. Problematisch ist dabei, daß bereits durch die Pumpversuche, die u.a. zur Klärung dieser Frage durchgeführt werden, Veränderungen im Strömungsfeld erzeugt werden, die den Effekt auslösen können, der durch die Untersuchungen ausgeschlossen werden soll. Eine sorgfältige Durchführung und Auswertung der aus den derzeit laufenden Pumpversuchen gewonnenen Daten ist unter diesem Gesichtspunkt unbedingt notwendig. Eine abschließende Antwort auf die Frage nach der Nachhaltigkeit der Förderung von tiefem Grundwasser* im Donauried kann aus diesem Grund zum gegenwärtigen Zeitpunkt nicht gegeben werden.

Der Schutz der tiefen Grundwässer* vor Schadstoffeinträgen, die durch den verstärkten Beizug von oberflächennahem, kontaminiertem Grundwasser erfolgen können, ersetzt nicht die Notwendigkeit eines flächendeckenden Grundwasserschutzes sowohl für tiefes als auch für oberflächennahes Grundwasser. Da sich jedoch die zeitliche Eingriffstiefe der Verschmutzung tiefer Grundwässer* in anderen Dimensionen bewegt als beim oberflächennahen Grundwasser, ist die Nutzung oberflächennaher Grundwasservorkommen mit überschaubaren Regenerationszeiträumen im Hinblick auf nachhaltiges Handeln der Nutzung von alten Grundwässern in jedem Fall vorzuziehen. Damit das oberflächennahe Grundwasser weiterhin nutzbar bleibt bzw. wieder nutzbar wird und somit der Rückgriff auf altes Grundwasser entbehrlich wird, ist ein konsequenter und flächendeckender Grundwasserschutz erforderlich.

3.2 Konkurrierende Nutzungen

3.2.1 Konkurrierende Nutzungen eines Fließgewässers am Beispiel Neckar

Die nachfolgenden Ausführungen entstammen im wesentlichen einer Studie, die im Auftrag der Akademie für Technikfolgenabschätzung in Baden-Württemberg angefertigt wurde [KOBUS UND BÜRKLE 1995]. Wo weitere Literatur verwendet wurde, ist diese angegeben.

„Der Neckar und seine Zuflüsse unterliegen einer Vielzahl unterschiedlicher Nutzungen und Ansprüche. Fließgewässer sind landschaftsprägende Naturelemente und zählen zu den wichtigsten Biotopen sowohl in den siedlungsfernen Gebieten als auch in den Ballungsräumen. Die Quellgebiete und Bachläufe im gesamten Neckareinzugsgebiet mit seinen vielfältigen Landschaften von der Schwäbischen Alb bis zum Odenwald bieten nicht nur eine landschaftlich reizvolle Umgebung, sondern stellen auch hochwertige Fischereigewässer dar und werden für vielerlei Freizeitaktivitäten in Anspruch genommen. Die einstige Sand- und Kiesgewinnung aus den quartären Ablagerungen des Neckartals führte zur Anlage vieler Baggerseen. Diese werden heute zu einem beträchtlichen Teil für Baden und Wassersport von der Bevölkerung genutzt. Das Grundwasser in den Talauen wird vielerorts für die Trinkwassergewinnung erschlossen. Die größeren Gewässer dienen als Transportmittel und Vorfluter für den Auslauf von Kläranlagen, in denen industrielles und häusliches Abwasser gereinigt wird.*

Zum Schutz gegen Hochwasserschäden wurden in der Vergangenheit zahlreiche Hochwasserrückhaltebecken sowie Schutzdämme an den Gewässern angelegt.

Der Neckar und seine Zuflüsse werden in vielfältiger Form als Brauchwasserressource, als Wasserstraße und zur Wasserkraftgewinnung genutzt, wobei die damit verbundene Stauregelung des Gewässers erhebliche Eingriffe in die Gewässerökologie mit sich bringt.

Schließlich ist die Energiewirtschaft im mittleren Neckarraum auf Neckarwasser zur Abdeckung des Kühlwasserbedarfs angewiesen. Die damit verbundenen Aufwärmung des Flusses und die nicht unerheblichen Verdunstungsverluste führen vor allen Dingen in den Niedrigwasserzeiten und im Hochsommer zu Engpaßsituationen im Hinblick auf die Gewässerqualität, was entsprechende Einschränkungen der Nutzung notwendig macht.“ [KOBUS UND BÜRKLE 1995].

Eine systematische Übersicht über die unterschiedlichen Nutzungen und Ansprüche gibt Abb. 3-32.

Die Situation des Neckareinzugsgebiets ist nicht ohne weiteres mit der anderer Flüsse vergleichbar. Eine Besonderheit liegt in der enormen Bevölkerungsdichte des mittleren Neckarraums von ca. 700 E/km² (gegenüber 286 im Landesdurch-

Abb. 3-32: Nutzungen und Ansprüche an den Neckar
Quelle: [KOBUS UND BÜRKLE 1995]

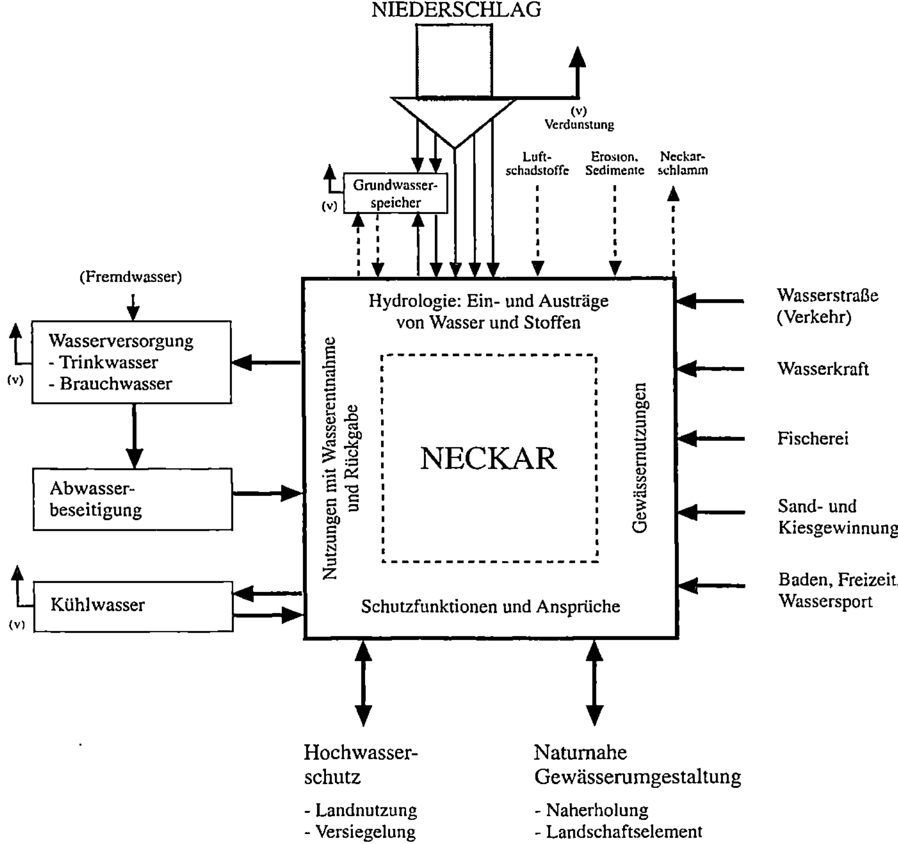

schnitt; Stand 1.1.1994), aus der auch für die Wasserversorgung und Abwasserentsorgung ungewöhnliche Ansprüche resultieren.

Konkurrierende Ansprüche

Ein typischer Zielkonflikt besteht zwischen dem Hochwasserschutz, dem „naturnahen" Gewässerausbau und der Besiedlung der Talauen. Der weitgehende Wegfall von Überflutungsflächen für Hochwässer als Retentionsräume* durch die Ausdehnung der Siedlungen (vor allem der Gewerbegebiete) und des Straßenbaus führte zwangsläufig zu einer Verengung und Kanalisierung des Flußlaufs und zu einer Verschärfung der Hochwasserspitzen.

Am mittleren Neckar sind inzwischen 80 % der Retentionsflächen in hochwasserfreie Siedlungsgebiete umgewandelt worden. Dadurch wird der Hochwasserabfluß im Neckar erheblich beschleunigt, was zu verschärften Situationen am Unterlauf bis zur Mündung in den Rhein führt. Die Hochwasserwellen von Rhein und

Neckar treffen inzwischen weitgehend zeitgleich in Mannheim ein [UM 1988, zit. in KOBUS UND BÜRKLE 1995].

Die „naturnahe" Gestaltung von Fließgewässern benötigt für dieselbe Abflußleistung um ein Mehrfaches größere Querschnitte als ein bewuchsfreier Kanal mit prismatischem Querschnitt. Werden keine zusätzlichen Flächen zur Verfügung gestellt, bedeutet ein naturnaher Ausbau zwangsläufig ein häufigeres Ausufern des Gewässers. Dies kann in vielen Flußabschnitten wegen dichter Bebauung und Flächennutzung nicht zugelassen werden.

Der Hochwasserschutz durch Rückhaltebecken (in Baden-Württemberg mit rund 300 Becken besonders ausgeprägt) hat sich für lokale Schutzmaßnahmen zwar bewährt, genügt jedoch nicht, wenn das gesamte Einzugsgebiet betrachtet wird. Außerdem wirft die Frage der Bauwerksicherheit der Staubauwerke neue Probleme auf: beispielsweise könnte der Dammbruch eines Rückhaltebeckens schlimmere Folgen haben als das Hochwasserereignis selbst. Bauliche Maßnahmen als Schutz einzelner Objekte sind stets aufwendig, weder allgemein einsetzbar noch als generelle Problemlösung ausreichend.

Bei der Diskussion um die Reduzierung von Retentionsflächen* durch Ausweisung hochwasserfreier Siedlungs- oder Gewerbeflächen in den Talauen wirkt sich äußerst nachteilig aus, daß der Effekt der Einzelmaßnahme auf den Hochwasserablauf relativ gering und nie gerichtsfest meßtechnisch nachweisbar ist. Der kumulative Effekt hingegen ist nicht zu übersehen und hat teilweise verheerende Folgen, wie sie in den extremen Hochwässern der letzten Jahre deutlich wurden.

Ein weiterer Interessensgegensatz besteht zwischen der <u>Trinkwasserversorgung</u> einerseits und allen <u>Nutzungen, die eine Beeinträchtigung der</u> Gewässergüte (sowohl von Grund- als auch von Oberflächenwasser) verursachen, andererseits. Inzwischen lebt der mittlere Neckarraum im wesentlichen von Trinkwasserimporten durch die Fernwasserversorgungsverbände Bodenseewasserversorgung und Landeswasserversorgung (siehe Kapitel 3.1.1.1 und 3.1.1.2). Im Neckartal gibt bzw. gab es jedoch zahlreiche örtliche Wasserversorgungsanlagen, zum Teil auch mit Grundwasseranreicherung*, wie beispielsweise bei der Filderwasserversorgung. Sie decken zwar nur einen Teil des Bedarfs, sind jedoch aus Gründen der Versorgungssicherheit ein wichtiger Bestandteil der Wasserversorgung. Wegen Grundwasserverunreinigungen verschiedenster Art, u.a. durch industrielle Schadensfälle, Altstandorte und Altlasten, aber auch durch die Landwirtschaft und atmogene Depositionen*, mußten viele örtliche Anlagen außer Betrieb genommen werden. In der Region mittlerer Neckar waren dies seit 1980 insgesamt 93 Stillegungen, von denen 28 wegen überhöhter Nitratgehalte, 14 aufgrund von Grenzwertüberschreitungen durch Chlorierte Kohlenwasserstoffe (CKW), Pflanzenschutzmittel oder sonstiger Stoffe, 14 wegen mikrobieller Verunreinigungen, 21 aus technischen, baulichen oder wirtschaftlichen sowie 16 aus Mehrfach- oder sonstigen Gründen erfolgten (siehe auch Kapitel 3.1.1 und Tab. 3-2).

Stellt man den tradierten Denkpfad „Grundwasser für die Trinkwasserversorgung , Oberflächengewässer als Vorfluter für das Abwasser" in Frage, könnten sich neue Perspektiven für die Wasserversorgung ergeben. Dies wäre vor allem für den mittleren Neckarraum und andere Regionen mit „Wassermangel" (darunter wird bisher immer Grundwassermangel verstanden) von Bedeutung. Die indirekte Nutzung von Oberflächenwasser als Uferfiltrat* oder über Grundwasseranreicherungsanlagen* für die Trinkwasserversorgung setzt allerdings eine entsprechende Gewässergüte voraus.

Mit der Frage der Gewässergüte hängt ein weiterer Interessensgegensatz zusammen: das Fließgewässer als Vorfluter für die Kläranlagenabläufe und Kühlwassereinleitungen einerseits und als ökologisch intaktes System andererseits.

Durch die Einleitung von (in der Regel unvollständig gereinigtem) Abwasser aus Kläranlagen und durch Mischwasser* aus Regenentlastungen* ist der Neckar erheblich belastet. Hinzu kommen diffuse Einträge aus der Landwirtschaft sowie aus atmogenen Depositionen*, die ungefähr die Hälfte der Nährstoffbelastung ausmachen (siehe Kapitel 5.2.1 und 5.2.2). Eine weitere Steigerung der Reinigungsleistung von Kläranlagen kann deshalb nur beschränkte Auswirkungen auf die Gewässergüte haben.

Die Aufwärmung durch Kühlwassereinleitungen verschärft die Problematik deutlich, da sie zur Abnahme des Sauerstoffgehalts führt. Denselben Effekt haben auch die Stauhaltungen, da sie die Fließgeschwindigkeit und damit den Sauerstoffeintrag herabsetzen.

Neben den im Wasser gelösten Nähr- und Schadstoffen sind die Belastungen der Sedimente vor allem mit Schwermetallen und anderen akkumulierbaren Substanzen (z.B. PCB) als Folge von Industrieabwassereinleitungen, aber auch von Mischwassereinleitungen bei Regenentlastungen*, die mit Kupfer und Zink belastetes Dachablaufwasser enthalten, von großer Bedeutung. Aus diesem Grund kann der Neckarschlamm nicht landwirtschaftlich verwertet und damit in den natürlichen Kreislauf zurückgeführt werden. Die Entsorgung des regelmäßig anfallenden Baggerguts bereitet deshalb große Schwierigkeiten. Auch die Remobilisierung und Verlagerung der Schwermetalle bei Hochwasserereignissen stellt ein Problem dar.

Die Gewässergüte des Neckars wird zum einen durch die stofflichen Belastungen, zum andern durch sein Selbstreinigungspotential bestimmt. Damit hängt sie von den genannten Hauptfaktoren (stoffliche Belastungen durch Abwassereinleitungen und diffuse Einträge, Beeinträchtigung des Selbstreinigungspotentials durch Kühlwassernutzungen, Stauhaltungen und Kanalisierung) ab. Kritische Situationen treten vor allem im Sommer bei Niedrigwasserführung und damit geringer Verdünnung der Abwassereinleitungen auf. Durchschnittlich besteht an 10 Tagen im Jahr die Abflußmenge des Neckars im Norden Stuttgarts mindestens zur Hälfte aus dem Abfluß der Kläranlage Stuttgart-Mühlhausen (Annahme: 4 m³/s Kläranlagenabfluß, NQ(10d)* bei Pegel Plochingen: 8,5 m³/s [LfU 1994]). Da die Stadt Stuttgart zu 97 % Fernwasser aus dem Bodensee bzw. den Entnahmegebieten der Landeswasserversorgung (Donau, Donauried, Karst der Schwäbischen Alb) bezieht, stammt der Kläranlagenabfluß und damit die Hälfte der Wasserführung an diesen Tagen aus den Einzugsgebieten von Hochrhein und Donau.

„Die Maßgabe, die Belastung der als Vorfluter* für Abwassereinleitungen (incl. Kühlwassereinleitungen) genutzten Fließgewässer an ihrer Selbstreinigungskraft zu orientieren, ist ökologisch zwingend" [Kobus und Bürkle 1995]. Während die Entwicklung in der Industrie* hin zu geschlossenen Kreisläufen, wassersparenden

Technologien und Vor-Ort-Aufbereitung geht (siehe Kapitel 3.1.2) und damit Wirtschaftsbetriebe unabhängiger von der Lage an einem Fließgewässer macht, trifft dies mit Sicherheit für die Energiewirtschaft mit ihrem Kühlwasserbedarf nicht zu. Hier bestehen im mittleren Neckarraum seit vielen Jahren erhebliche Engpässe bei Niedrigwasserführungen, die zu verschiedenen (nie verwirklichten) Vorschlägen wie Wasserüberleitungen aus anderen Einzugsgebieten (Schwarzwald, Bodensee, Rhein) oder Staubecken zur Niedrigwasseraufhöhung* geführt haben.

Der Kühlwasserbedarf der Energiewirtschaft ist im Vergleich zur sonstigen Wassernutzung extrem groß und beträgt ein Vielfaches des anderweitigen Wasserbedarfs. Er betrug 1991 in Baden-Württemberg 5,4 Mia. m³ gegenüber 759 Mio. m³ Trinkwasser und 767 Mio. m³ „industriellem"* Wasserverbrauch (siehe Kapitel 3.1.3).

Besonders am mittleren und unteren Neckar, der als Standort für 8 große Wärmekraftwerke (Kernkraftwerke Obrigheim und Neckarwestheim I und II, konventionelle Kraftwerke Walheim, Marbach, Münster, Gaisburg und Altbach) dient, ist der Kühlwasserbedarf überdurchschnittlich hoch. Er lag 1991 in den (vom Neckar durchflossenen) Kreisen Stuttgart, Esslingen, Ludwigsburg, Heilbronn und Neckar-Odenwald zusammen bei 1.462 Mio. m³, das sind knapp 99 % des gesamten im Neckareinzugsgebiet von der Energiewirtschaft zu Kühlzwecken geförderten Oberflächenwassers [STATISTISCHES LANDESAMT 1994b, STATISTISCHES LANDESAMT 1992]. Rechnet man die Jahresentnahmen auf eine kontinuierliche Entnahme um, so ergeben sich durchschnittlich 46,3 m³/s, was ungefähr dem mittleren Abfluß des Neckars am Pegel Plochingen (45,9 m³/s) bzw. mehr als einem Drittel des mitttleren Abflusses am Pegel Rockenau (134 m³/s) entspricht [LFU 1994].

Gemessen am gesamten Kühlwasserverbrauch Baden-Württembergs liegt der Anteil des im Neckareinzugsgebiet entnommenen Wassers bei 27 %, die restlichen 73 % werden fast ausschließlich dem Rhein bzw. seinen Zuflüssen entnommen (siehe Kapitel 3.1.3). Im Verhältnis zu seiner Wasserführung ist der Neckar dadurch weit mehr belastet als der Rhein. Obwohl die durchschnittliche Abflußmenge des Rheins fast das Zehnfache beträgt, stehen die Kühlwasserentnahmen aus Neckar und Rhein ungefähr im Verhältnis 1:3 (durchschnittlicher Abfluß des Rheins am Pegel Maxau: 1250 m³/s [LFU 1994]).

Für die Kühlung eines 1000 MW Kraftwerks werden etwa 40 m³/s Wasser gebraucht, dessen Temperatur dabei um 10 K* erhöht wird. Das Wärmeabfuhrvermögen des Neckars, das durch eine ökologisch begründete maximale Aufwärmspanne* des Flußwassers von 5 K* limitiert ist, ist vor allem bei niedrigen Wasserführungen nicht ausreichend. Abb. 3-33 zeigt beispielhaft ein Temperaturprofil des Neckars im September 1987. Die durch die beiden Kernkraftwerke verursachten Temperatursprünge sind deutlich erkennbar. Beim KKW Neckarwestheim liegt die Temperaturerhöhung deutlich über der ökologisch begründeten maximalen Aufwärmspanne von 5 K*. Auf der gesamten Fließstrecke von Deizisau bis Mannheim beträgt die Temperaturdifferenz im Jahresmittel bis zu 3,9 K* [UM UND LFU 1995] (Abb. 3-34).

Um eine zu starke Erwärmung des Neckars zu vermeiden, wird zu Niedrigwasserzeiten der Durchlaufkühlbetrieb auf Kühlturmbetrieb umgestellt. Die Verpflich-

Abb. 3-33: Mittleres Temperaturprofil des Neckars im September 1987
Quelle: verändert nach [LfU 1987]

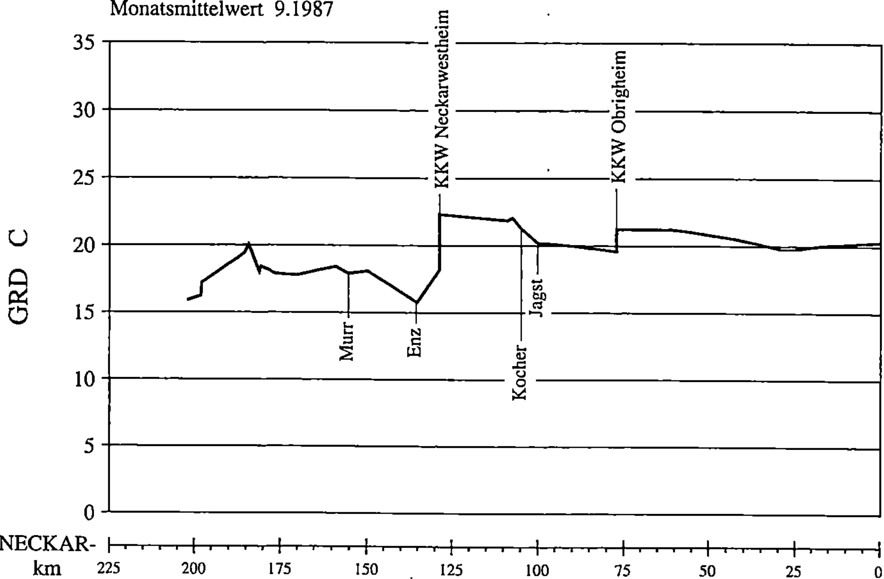

tung der Kraftwerksbetreiber zum Bau und Betrieb von Kühltürmen war bereits im von der Wasserwirtschaftsverwaltung im Jahr 1973 aufgestellten „Wärmelastplan Neckar" gefordert worden [LfU 1989].

Bei zwei Dritteln der installierten Gesamtleistung am Neckar ist inzwischen Kühlturmbetrieb möglich [UM und LfU 1995] (siehe auch Kapitel 3.1.3). Kühltürme fehlen z.B. noch beim Kernkraftwerk Obrigheim und teilweise beim Kraftwerk Heilbronn. Die wasserrechtliche Erlaubnis für die Entnahme von 18 m³/s Wasser durch das Kernkraftwerk Obrigheim ist bis 1997 befristet. Eine Verlängerung ist nach Aussagen des Umweltministeriums nur möglich, „wenn keine Befürchtungen für den Neckar bestehen". Um die maximale Aufwärmspanne* von 5 K* einhalten zu können, müßte dann ein Kühlturm gebaut oder die Stromproduktion eingeschränkt werden [STUTTGARTER ZEITUNG vom 29.4.95].

Die Verdunstungsverluste beim Kühlturmbetrieb machen jedoch bis zu 5 % des Kühlwasserumsatzes aus, d.h. sie liegen bei einem 1000 MW Kraftwerk bei ca. 2 m³/s, was dem Wasserbedarf von 1,3 Mio. Einwohnern (bei 131 l/d) entspricht. Deshalb wurden auch Beschränkungen der Verdunstungsmenge bei einer definierten Niedrigwasserführung des Neckars (< 25 m³/s am Pegel Lauffen) auf 27.000 m³/d für alle Kohlekraftwerke zusammmmen sowie 45.600 m³/d für das KKW Neckarwestheim festgelegt [ANONYMUS 1991].

Die mit der Wasserkraftnutzung bzw. der Funktion als Wasserstraße verbundene Stauregelung des Neckars führt sowohl zu Beeinträchtigungen des Landschafts-

Abb. 3-34: Aufwärmung des Neckars zwischen Deizisau und Mannheim
Quelle: verändert nach [UM UND LfU 1995]

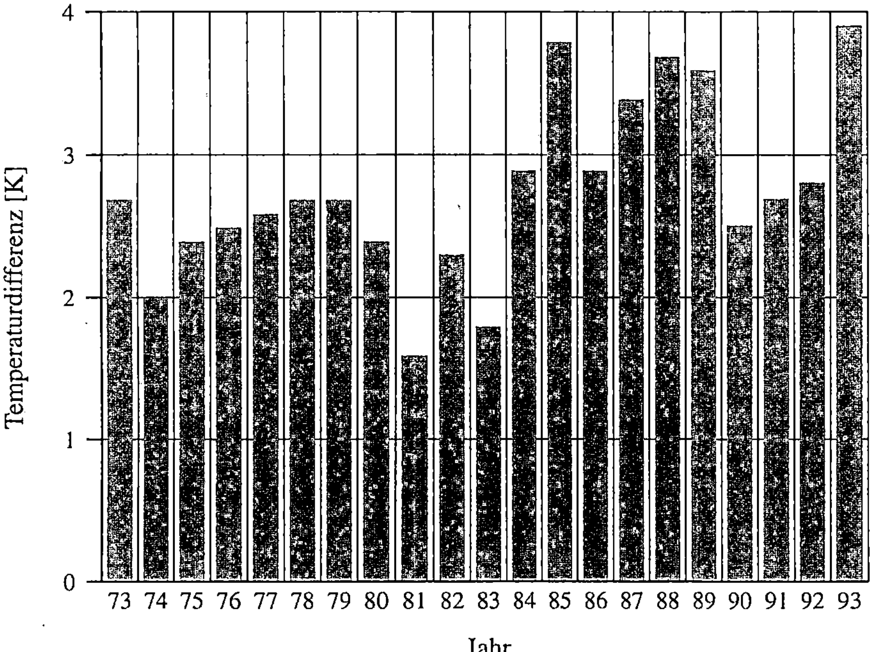

bildes als auch der Gewässerökologie, was wiederum Auswirkungen auf die Fischerei hat.

Seit Flößerzeiten (ab dem 14. Jahrhundert) wird der Neckar als Wasserstraße genutzt. Für den Massengütertransport stellt die Binnenschiffahrt auch heute die kostengünstigste und energiesparendste Transportform dar. Der Ausbau zur Wasserstraße bis Plochingen (1921 bis 1986) führte zu drastischen Eingriffen durch Wehre und Schleusen und verwandelte den Fluß in ein staugeregeltes Gewässer. Anforderungen der Schiffahrt wie Mindestfahrwassertiefe, Regelquerschnitt, Mindestbreite und Mindestradien führten zu einem technisch geprägten Schifffahrtskanal, der wenig Ähnlichkeit mit dem ursprünglichen Fluß aufweist. Inwieweit dies rückgängig gemacht werden kann, ist fraglich. Bei aktuellen bzw. zukünftigen Planungen könnte dies jedoch anders aussehen. Im Zusammenhang mit dem geplanten Ausbau von Elbe, Saale und Havel äußert sich der Deutsche Rat für Landespflege folgendermaßen: *„Flüsse sind in erster Linie Ökosysteme und erst in zweiter Linie auch als Wasserwege nutzbar." – „Man sollte zukünftig Flüsse nicht zu Wasserstraßen deformieren, sondern Formen finden, sie als naturnahe Fließgewässer mit all ihren Wohlfahrtswirkungen zu nutzen."* – Deshalb empfiehlt er, generell Kanallösungen den Vorrang geben [DEUTSCHER RAT FÜR LANDESPFLEGE 1994].

Versuche zu einer naturnäheren Ufergestaltung wurden von der Stadt Stuttgart in den Jahren 1992-1994 erfolgreich durchgeführt. In jüngster Zeit gibt es auch Ansätze, dem Verschwinden der wenigen verbliebenen Altarme des Neckars als Zeugen des einst natürlichen Flußlaufs und als Refugium für Gewässerflora und -fauna entgegenzusteuern.

Zwischen Rottenburg und der Mündung erzeugen 30 größere Laufkraftwasserwerke eine Nutzleistung von ca. 100 MW [WM 1991, zit. in KOBUS UND BÜRKLE 1995]. Dies ist im Vergleich zu der Energieproduktion durch Wärmekraftwerke recht wenig und liegt beispielsweise in der Größenordnung der Energieverluste, die durch die Umstellung eines 1300 MW-Blocks des (am Rhein gelegenen) Kernkraftwerks Philippsburg vom Durchlaufbetrieb auf Kühlturmbetrieb entstehen.

Die mit einer Wasserstraße bzw. Wasserkraftnutzung verbundenen Stauhaltungen sind in der augenblicklichen Bauform zusammen mit dem Schiffsverkehr gewässerökologisch und damit für den Fischbestand schädlich, da die Wehranlagen die Durchgängigkeit eines Gewässers unterbrechen und die Migrationsmöglichkeiten* der Gewässerorganismen einschränken. Technische Ersatzmaßnahmen wie Fisch-Scheuchanlagen an Einlaufbauwerken oder Fischtreppen haben nur begrenzten Erfolg und sind nicht für alle Gewässerorganismen geeignet. Durch den Verlust des ursprünglichen Flußcharakters können die ehemals autochtonen Fischpopulationen (Barben-Region) nicht mehr dauerhaft angesiedelt werden.

Durch den Besatz des Neckars mit anderen, für diese Bedingungen geeignete Fischarten, vor allem aber durch die Verbesserung seiner Gewässergüte auf II/III bis II (siehe auch Kapitel 5.1.2.2), kann der Neckar heute wieder auf seiner gesamten Länge fischereilich genutzt werden.

Auch Naherholung und Wassersport sind von den aufgeführten Nutzungen betroffen und teilweise dadurch eingeschränkt.

Trotz der deutlichen Verbesserung der Gewässergüte ist das Baden im Neckar am gesamten Fluß aus hygienischen Gründen nach wie vor verboten [LANDES-GESUNDHEITSAMT 1994]. Durch die mit Kühl- und Brauchwassereinleitungen verbundene Erwärmung des Neckars kann sich im Winter keine geschlossene Eisdecke mehr bilden. Flußbauwerke stellen Hindernisse für Boote dar, die jedoch an den Nebengewässern oft durch Kanugassen passiert werden können. Zwischen Plochingen und der Mündung in den Rhein sind die Freizeitaktivitäten wegen technischer Nutzungen und den Erfordernissen der gewerblichen Schiffahrt stark eingeschränkt.

Die Sand- und Kiesgewinnung im Neckartal hat viele Baggerseen hinterlassen, die z.T. sehr intensiv als Badegewässer genutzt werden, was im Konflikt mit der Gewinnung von Trinkwasser aus dem angeschnittenen Grundwasserleiter steht.

Wandern und Radfahren entlang des Flusses ist oft nur bedingt möglich. Viele Radwege führen jedoch auch entlang von kanalisierten Streckenabschnitten. Ob sich die Möglichkeiten für die Anlage von Radwegen im Zusammenhang mit der naturnahen Umgestaltung der Uferbereiche bessern, läßt sich nur im Einzelfall entscheiden.

3.2.2 Der Bodensee und sein Hinterland

Der Bodensee ist das größte Binnengewässer Deutschlands und nach dem Genfer See das zweitgrößte in Europa. Als internationales Gewässer mit den Anrainerstaaten Deutschland, Österreich und der Schweiz war er schon früh Anlaß zur Gründung internationaler Vereinigungen, die sich die Erhaltung bzw. Wiederherstellung seiner Gewässergüte und damit die Wahrung gemeinsamer Nutzungsinteressen zum Ziel gesetzt hatten. Am Anfang stand dabei die fischereiliche Nutzung im Vordergrund. Schon in einer Übereinkunft Ende des letzten Jahrhunderts über die Anwendung gleichartiger Bestimmungen für die Fischerei im Rhein und seinen Zuflüssen einschließlich des Bodensees wurde die Einleitung schädlicher Stoffe in Fischwasser verboten und eine Fischereibevollmächtigtenkonferenz ins Leben gerufen. Im Rahmen der zwischen 1953 und 1955 stattgefundenen zwischenstaatlichen Besprechungen über Wasserentnahmen aus dem Bodensee wurde die Bildung der Internationalen Gewässerschutzkommission für den Bodensee (IGKB) vorgeschlagen, die dann im Jahre 1959 gegründet wurde [ORBIG 1990].

Heute steht der Bodensee im Spannungsfeld zwischen seinen ökologischen Funktionen und seinen Funktionen als Trinkwasserspeicher, Fischgewässer und Anziehungspunkt für den Fremdenverkehr. So hat der Bodensee z.B. eine immer größere Bedeutung für durchziehende Vogelarten, da die Feuchtbiotope europaweit immer seltener werden [MÜLLER 1994, pers. Mitt.]. Außerdem stellt die Bodenseeregion einen attraktiven Siedlungs- und Wirtschaftsraum mit einer sehr hohen Bevölkerungsdichte im Uferbereich* dar, was in Verbindung mit dem Tages- und Wochenendtourismus zu einer hohen Verkehrsbelastung führt. Stoffliche Belastungen für den Bodensee bringt der Tourismus vor allem durch die Vergnügungsschiffahrt sowie den saisonalen Anstieg der Abwassermengen mit sich.

Die Interessen der Fischerei mit ihren 160–170 Berufsfischern [IBKF 1995] spielen nach wie vor eine wichtige Rolle. *„Während man früher in der Tat überlegte, ob man den nährstoffarmen See zur Verbesserung des Fischertrages mit den Fäkalabwässern der umliegenden Städte...düngen sollte "* [NABER 1990], war (und ist) die Eutrophierung* des Bodensees sowohl für die Wasserversorgung als auch den Naturschutz und nicht zuletzt auch für die Fischerei ein Problem, da sich zu den interessanten Arten wie Felchen, Barsch und Zander auch weniger begehrte Arten wie z.B. Weißfische gesellten [NABER 1990]. Außerdem entwickelte sich der Felchen aufgrund des großen Nahrungsangebots so schnell, daß er in den genormten Netzen schon vor der Geschlechtsreife abgefischt wurde, weshalb in internationalen Abkommen die Maschenweite der Fangnetze vergrößert werden mußte. Die Fischbestände des Bodensees sind heute außer durch die zur Verfügung stehende Nahrung wesentlich durch die Befischung begrenzt [MÜLLER 1994, pers. Mitt.].

Das erste Wasserwerk am Bodensee mit Aufbereitungsanlage wurde schon 1895 durch die Stadt St. Gallen in Betrieb genommen. Heute fördern 18 Wasserwerke in Deutschland und der Schweiz ca. 180 Mio. m³ Wasser und versorgen damit 4 Mio. Menschen [STABEL 1992]. Mit Abstand größtes Wasserversorgungsunternehmen ist die Bodenseewasserversorgung mit einer Entnahmemenge von ca. 132 Mio. m³ im Jahr 1993 [BWV 1994], an zweiter Stelle steht St. Gallen mit ca. 10 Mio. m³ Entnahme [NABER 1990]. Im Jahr 1991 förderte Baden-Württemberg allein 84 % der gesamten Wasserentnahme aus dem Bodensee [LANDTAG 11/2119]. Die Entnahmen spielen für den Wasserhaushalt des Sees nahezu keine Rolle. So betragen beispielsweise diejenigen der Bodenseewasserversorgung nur 1–1,2 % des natürlichen Abflusses und weniger als die Hälfte der natürlichen Verdunstung des Sees [NABER 1990].

Die Wasserversorger und insbesondere die Bodenseewasserversorgung sehen ihre Bedürfnisse inzwischen völlig in Einklang mit Naturschutzbelangen [BADISCHE ZEITUNG vom 2.7.1994]. Auch wenn in offiziellen Stellungnahmen der IGKB die Schutzwürdigkeit des Ökosystems Bodensee nicht an die Trinkwassernutzung gekoppelt wird, so war sie in der Vergangenheit mit Sicherheit ein schlagkräftiges Argument im politischen Raum, um Anstrengungen zur Verbesserung der Gewässergüte des Bodensees zu begründen. Allerdings hätte sich die Bodenseewasserversorgung – ungeachtet der negativen Folgen für das Ökosstem See – mit einem Sanierungserfolg von etwa 40 µg/l Gesamt-Phosphor (P) zufriedengegeben, da ein mäßiger P-Gehalt aus Gründen des Korrosionsschutzes für das Leitungsnetz erwünscht sei. In jüngster Zeit vertreten die Wasserversorger jedoch auch die Linie der IGKB, wonach ein ökologisch intakter See die beste Grundlage auch für die Wasserversorgung darstellt [MÜLLER 1995]. Es ist nicht zuletzt auch auf die Inter-

Abb. 3-35: Gesamtphosphor im Bodensee-Obersee während der Durchmischungsphase 1951 bis 1995
Quelle: verändert nach [IGKB 1995]

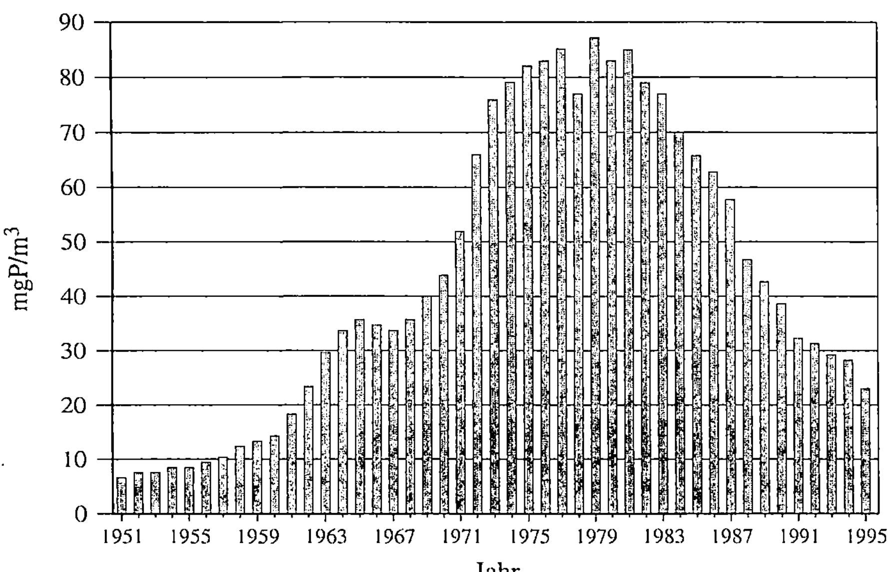

essen der Wasserversorger zurückzuführen, daß der Gehalt an Gesamt-Phosphor von 87 µg/l im Jahr 1979 [ORBIG 1990] auf 24 µg/l im Jahr 1995 [IGKB 1995] gesenkt werden konnte (Abb. 3-35).

Zur Reduzierung des P-Gehalts, der als limitierender Faktor für das Algenwachstum wirkt, wurden große Anstrengungen unternommen. Auf der Grundlage der bereits 1967 verabschiedeten Richtlinien für die Reinhaltung des Bodensees, die 1987 überarbeitet und erweitert wurden [GABL 1990, S. 169], wurden inzwischen alle Kläranlagen im Einzugsgebiet des Bodensees mit einer dritten Reinigungsstufe* nachgerüstet [MÜLLER 1994, pers. Mitt.]. Die vierte Reinigungsstufe (Flockungsfiltration*) ist in vielen Anlagen mit mehr als 30.000 Einwohnergleichwerten* bereits in Betrieb [MÜLLER 1994, pers. Mitt.]. Zur P-Belastung der Bodenseezuflüsse tragen in erheblichem Ausmaß auch die Regenentlastungen* aus Mischwasserkanälen bei. Im Jahr 1990 fehlten im Bodenseekreis 63 %, im Kreis Ravensburg 42 %, im Kreis Konstanz 22 % und im Kreis Sigmaringen 51 % des zur Rückhaltung des Mischwassers notwendigen Beckenvolumens [WBA KONSTANZ 1990, WBA RAVENSBURG 1990, zit. in UBR 1994a]. Zur Reduzierung der Schmutzfracht aus Mischwasserkanälen sind jedoch neben dem Bau bzw. optimierten Betrieb von Regenüberlaufbecken auch die Versickerung von unbelastetem Niederschlagswasser und die Beschränkung der Flächenversiegelung bzw. Entsiegelungsmaßnahmen notwendig [ORBIG 1990, ROTT 1994] (siehe auch Kapitel 4.2.1.2).

Aufgrund der fortschreitenden Reduzierung der P-Gehalte im Kläranlagenabfluß nimmt die Bedeutung der diffusen Einträge aus der Landwirtschaft für die Gesamtfracht immer mehr zu. Während die IGKB die P-Einträge in den Bodensee im Jahr 1986 noch je zur Hälfte den ländlichen Regionen und den Abwassereinleitungen zuschrieb [IGKB 1989], geht Stabel davon aus, daß Abwassereinleitungen heute nur noch zu einem Viertel zur Stickstoff- und Phosphorbelastung beitragen [STABEL 1992]. Eine neue Stoffbilanzierung wird von der IGKB für das Abflußjahr* 1995/96 durchgeführt.

Durch den Siedlungsdruck auf die Bodenseeregion, der sich in einer hohen Bevölkerungsdichte (526 E/km^2 im Uferbereich im Jahr 1992 [LANDTAG 11/1842]) und leicht erhöhten Zuwachsraten (7,8 % im Uferbereich gegenüber 7,2 % im Landesdurchschnitt) äußert, nehmen die Abwassermengen und Flächenversiegelungen weiterhin zu. Es besteht die Gefahr, daß die durch Kläranlagenausbau und verbesserte Regenwasserbehandlung erreichten Entlastungseffekte dadurch wieder aufgezehrt werden [ROTT UND SCHLICHTIG 1994a, UBR 1994a] (siehe Kapitel 4.2.1.2).

Während beim P-Gehalt des Bodensees in den letzten Jahren eine stetige Verbesserung zu verzeichnen war, ist die mikrobielle Belastung in den vergangenen Jahren deutlich gestiegen [FRANKFURTER ALLGEMEINE ZEITUNG vom 4.7.94, BADISCHE ZEITUNG vom 2.4.94]. Vor allem die Fäkalbakterien bereiten Probleme [STABEL 1992] und führten beispielsweise im Mündungsbereich der Schussen zu Badeverboten [LANDTAG 11/1842, Anhang 7]. Als Ursachen wurden hier vor allem Einträge aus Mischwasserentlastungen nachgewiesen. Ein Viertel bis ein Drittel des Eintrags wird Abwässern aus nicht an Kläranlagen angeschlossenen Siedlungsbereichen zugeordnet, während die Belastung aus der Landwirtschaft in diesem dicht besiedelten Einzugsgebiet eher von untergeordneter Bedeutung ist [GÜDE

1994]. Der Trend der hygienischen Grundbelastung in der Schussen geht in jüngster Zeit – nicht zuletzt bedingt durch den Ausbau großer Kläranlagen mit einer vierten Reinigungsstufe – wieder zurück [MÜLLER 1995]. Im Sommer 1995 wurde erstmals seit vier Jahren das Badeverbot an der Schussenmündung unter dem Vorbehalt aufgehoben, daß der Strand bei Erreichen eines bestimmten Pegelstandes der Schussen gesperrt wird [SCHWÄBISCHES TAGBLATT vom 14.7.95]. Dies ist deshalb notwendig, weil bei hoher Wasserführung aufgrund der bei Regenereignissen häufigeren Mischwasserentlastungen* der Anteil fäkal verunreinigten Abwassers relativ hoch ist.

Wasserversorgung und Naturschutz verfolgen ähnliche Interessen, die denen der ansässigen Bevölkerung aber teilweise entgegenstehen. Erstens fordert die Reinhaltung des Bodensees besonders hohe Standards in der Abwasserreinigung wie z.B. den Ausbau der Kläranlagen mit der vierten Reinigungsstufe. Zweitens wird von Seiten der Wasserversorger der Vorrang der Nutzung des Bodensees als Trinkwasserspeicher vor der Freizeitnutzung, z.B. durch Sportboote, postuliert [ANONYMUS 1992]. Für die Bewohner des Bodenseeraums bedeutet dies einerseits eine Beschränkung der mit dem Tourismus (in der derzeitigen Form) verbundenen wirtschaftlichen Entfaltungsmöglichkeiten, andererseits befürchten sie unverhältnismäßig hohe finanzielle Belastungen durch die besonderen Anforderungen an die Abwasserreinigung im Bodenseeeinzugsgebiet. In einem Ende 1993 von verschiedenen Abgeordneten aus dem Bodenseeraum gestellten Antrag wurde deshalb eine „Gerechte Lastenverteilung bei den Umweltschutzinvestitionen im Bodenseeraum" gefordert und der Vorschlag gemacht, auch die außerhalb des Bodensee-Einzugsgebiets lebenden Bezieher des Bodenseewassers über entsprechende Bezugspreise an diesen höheren Aufwendungen zu beteiligen. Dieser Vorschlag stieß jedoch aus mehreren Gründen auf Ablehnung bei der Landesregierung: „*Im Rahmen der Abwasserbeseitigung wird im Einzugsgebiet des Bodensees nichts unternommen, was ohne Wasserentnahme für Trinkwasserzwecke unterbleiben könnte. Die Bemühungen dienen der Erhaltung des Ökosystems Bodensee"* [LANDTAG 11/3109]. Die Aufwendungen für die Abwasserbehandlung hatten bis zu diesem Zeitpunkt noch nicht zu überdurchschnittlichen Wasser- und Abwassergebühren geführt. Letztlich wurde der Antrag auch aus der grundsätzlichen Überlegung „*im Hinblick auf die dann notwendige Gleichbehandlung anderer Regionen"* abgelehnt [LANDTAG 11/3109].

Nicht alle Bewohner des Bodenseeraums sind jedoch in der gleichen Weise von diesen „Lasten" betroffen. Das Bodenseeeinzugsgebiet weist in sich selbst sehr unterschiedliche Strukturen auf. Man kann es in den dicht besiedelten, vom Tourismus, aber auch von der Industrie lebenden Uferbereich mit einer sehr hohen Bevölkerungsdichte (> 500 E/km^2) und sein dünn besiedeltes, landwirtschaflich geprägtes Hinterland unterteilen (Seenahes Hinterland: 282 E/km^2, seefernes Hinterland: 129 E/km^2). Während viele der nah am Bodensee gelegenen Gemeinden sehr stark vom Fremdenverkehr leben und so auch wirtschaftliche Vorteile von Maßnahmen zur Erhaltung der Wasserqualität genießen, ist im Hinterland für die Bevölkerung die Beziehung zum Bodensee nicht mehr unmittelbar spürbar. Die vor allem in Oberschwaben notwendigen Verbesserungen der Abwasserbehandlung sind teuer (das Schussen-Programm erfordert 250 Mio. DM [LANDTAG 11/ 4357]), dienen aber nicht in erster Linie der eigenen Region und stoßen damit auf Akzeptanzschwierigkeiten. Ufergemeinden hingegen, die wirtschaftlich stark vom Fremdenverkehr abhängen, haben allein schon aus ökonomischen Gründen ein stärkeres Interesse an der Reinhaltung des Sees. Sie fürchten um Imageverlust, wenn beispielsweise aus Qualitätsgründen ein Badeverbot ausgesprochen werden muß.

Der Nutzen verbesserter Abwasserreinigung im seefernen Hinterland, z.B. im Schussental, ist für dessen Bewohner nicht unmittelbar wirtschaftlich spürbar. Die Aufhebung des Badeverbots an der Schusseneinmündung bringt den Kommunen im seefernen Hinterland keinen wirtschaftlichen Gewinn. In der Regel versorgen sie sich auch nicht mit Trinkwasser aus dem Bodensee. Auch wenn es in ihrem eigenen Interesse liegen sollte, die Schussen in einen besseren Zustand zu bringen, so ist doch ihr wirtschaftliches Interesse an der Reinhaltung des Bodensees gering.

Ein weiteres Beispiel für die beim Thema Gewässerreinhaltung bereits dargestellte Interessenkonstellation sind die ufernahen Flachwasserbereiche. Der Schutz dieser ökologisch wertvollsten Zonen dient sowohl den Interessen der Wasserversorgung, des Naturschutzes als auch der Fischerei, steht jedoch im Widerspruch zu einer Freizeitnutzung, die auf freien Zugang zum Ufer und insbesondere seine Nutzung für Bootsanlegeplätze angewiesen ist. Gleichzeitig ist jedoch laut Umfragen im Tourismusbereich die „ökologische Unversehrtheit" einer Urlaubsregion für viele Urlauber von primärer Bedeutung.

Die Flachwasserzonen bedecken ca. 80 km², das sind 14 % der gesamten Seefläche. Sie dienen z.B. als Nist- und Brutplätze für Wasservögel sowie als Laich- und Aufwuchsgebiete für viele Fischarten. Die starke räumliche Differenzierung und die verschiedenen Substrate ermöglichen im Vergleich zu anderen Seebereichen eine viel größere Vielfalt von Organismen. Zusätzlich zu dem hohen Eigenwert als Lebensraum liegt die besondere Bedeutung der Flachwasserzone in der hier vorherrschenden hohen Abbauintensität auch für Stoffe, die im Freiwasser (vor allem der tiefen Seebereiche) nur schwer abgebaut werden, wie z.B. Pestizide oder chlorierte Kohlenwasserstoffe. Die Flachwasserzonen leisten somit einen wichtigen Beitrag zur Selbstreinigungskraft des Sees und wirken als Schutzgürtel für diffuse landseitige Stoffeinträge in tieferes Wasser [MÜLLER 1990, LANDTAG 11/1842]. Neuere Untersuchungen kamen zu dem Ergebnis, daß Sauerstoff aus den Flachwasserzonen bei entsprechenden Witterungsbedingungen bis an den Seegrund transportiert wird [HOLLAN 1993]. Analoge Vorgänge können auch für Schadstoffe vermutet werden. Deshalb ist trotz der Fördertiefe der Bodenseewasserversorgung von 60 m die Freihaltung der Flachwasserzonen von Schadstoffen auch unter dem Aspekt der Trinkwasserversorgung wichtig.

Dem Schutz der Flachwasserzonen steht die intensive Nutzung der Ufer für Bootsanlegeplätze, Bojenfelder und andere Einrichtungen der Sport- und Gewerbeschiffahrt entgegen. Sie stellen die größten Ansprüche an die Ufer- und Flachwasserzonen. Die Uferbebauung macht insgesamt zwischen 46 % (Nordufer) und 85 % (Ostufer) des Bodenseeufers aus [UM UND LFU 1990].

Neben der mit Bootsanlegestellen und Liegeplätzen verbundenen Uferverbauung sind auch die stofflichen (Abgase, Schiffswäsche, Fäkalienentsorgung, Anti-Fauling-

Anstrich) und akustischen Beeinträchtigungen durch die laut Schiffahrtstatistik mitterweile rund 56.000 zugelassenen Boote, davon rund 36.000 mit Motorantrieb, ein Problem. Eine aus diesem Grund von der IGKB gewünschte absolute Begrenzung der Anzahl der Boote ließ sich bisher nicht durchsetzen, wohingegen zum 1.1.1996 die zweite, verschärfte Stufe der seit 1.1.1993 geltenden internationalen Abgasvorschrift in Kraft tritt, die durch Auflagen bei der Neuzulassung von Bootsmotoren eine weitere Begrenzung der abgegebenen Schadstoffe (Kohlenwasserstoffe, NO_x, CO) zum Ziel hat.

Die anhand der Beispiele Gewässerreinhaltung und Schutz der Flachwasserbereiche aufgezeigten Interessenskonflikte beschränken sich allerdings nicht nur auf die unterschiedlichen Nutzungen innerhalb einer Region wie z.B. des baden-württembergischen Bodenseeraums. Auch im internationalen Maßstab ist der Bodensee Gegenstand unterschiedlicher Interessen. Obwohl auch in Baden-Württemberg erhebliche strukturbestimmende Industrie in seenahem Räumen angesiedelt ist, und das Bodenseegebiet vor allem für Sonderkulturen und den Obstbau eine wichtige Rolle spielt, sind die deutschen Anrainerländer im Vergleich zu den Nachbarn wesentlich stärker an den Zielen Siedlung, Trinkwasserspeicher und Fremdenverkehrsraum interessiert. In Österreich und der Schweiz spielen u.a. industriegewerbliche Beschäftigungsmöglichkeiten und auch die Landwirtschaft im Hinterland des Thurgauer Seeufers eine bedeutende Rolle [RUPPERT 1991].

Wie stark jedoch die deutschen Interessen in punkto Wasserversorgung auch internationales Gewicht haben, läßt sich daran verdeutlichen, daß mehrere von der Schweiz am wichtigsten Bodenseezufluß, dem Alpenrhein, geplante Projekte nicht zuletzt aufgrund massiven Protests von Seiten der (überwiegend deutschen) Wasserversorger mittlerweile eingestellt wurden. Dazu zählen z.B. die im Calandamassiv geplanten Ölkavernen [STABEL 1992] und die Sondermüllrecyclinganlage in Sennwald [LANDTAG 11/2119]. Auch das von der schweizerischen Energiewirtschaft geplante Projekt Rheinkraftwerke Alpenrhein stößt auf Widerspruch der baden-württembergischen und bayrischen Delegationen in der IGKB [LANDTAG 11/2119]. Ebenso legte die Bodenseewasserversorgung gegen die Wiederzulassung der ENI-Pipeline Einspruch ein, als Österreich und die Schweiz bereits zugestimmt hatten [ANONYMUS 1992]. Diese Fernleitung für Rohöl kreuzt mehrere Male den Alpenrhein. Im Juni 1993 wurde auch der baden-württembergische Leitungsabschnitt durch das Regierungspräsidium Tübingen zugelassen. Nach anfänglicher Weigerung [FRANKFURTER ALLGEMEINE ZEITUNG vom 4.7.94] beteiligt sich die italienische Betreiberfirma der Pipeline nun an den Kosten der von der Bodenseewasserversorgung getroffenen Sicherheitsvorkehrungen in Millionenhöhe [LANDTAG 11/5459].

Diese Einwände aus Baden-Württemberg haben auf Schweizer Seite inzwischen kritische Äußerungen provoziert. So stellt Prof. Vischer von der ETH in Zürich sich die Frage, ob es *„vertretbar (ist), daß Baden-Württemberg gewisse Entwicklungen in Vorarlberg, Liechtenstein und der Schweiz beeinflussen oder verhindern will, nur um sich den Bodensee als Trink- und Brauchwasserspeicher zu sichern"* [VISCHER 1994] (siehe auch Kapitel 1). Baden-Württemberg als Hauptnutzer des Bodensees zur Trinkwassergewinnung ist zwar (noch) nicht in quantitativer, wohl aber in qualitativer Hinsicht darauf angewiesen, daß auch die Oberliegerstaaten Schweiz, Österreich und Liechtenstein einen Umgang mit ihrem Wasser pflegen, der weder auf Kosten nachfolgender Generationen noch ihrer Unterlieger* geht, also nach unserer Definition nachhaltig ist.

Für den baden-württembergischen Teil des Bodenseeeinzugsgebiets (knapp 23 %), wurde am 21.11.1994 vom baden-württembergischen Ministerrat das „Umweltprogramm Bodenseeraum (UBR)" verabschiedet, das einen Ausgleich zwischen den verschiedenen widerstreitenden Interessen in der Region schaffen soll. Ziel ist eine im Sinne des integrierten Umwelschutzes nachhaltige, die natürlichen Ressourcen schonende, umweltgerechte Entwicklung. Wesentliche Zielsetzungen sind

- eine stabile limnologische Situation des Sees (die gegenwärtig noch nicht erreicht ist [MÜLLER 1990]),
- ein intakter Uferbereich und eine stabile ökologische Situation in der Übergangszone Land-Wasser und im Einzugsgebiet,
- angepaßte, umweltverträgliche Nutzung des Sees und seines Einzugsgebietes,
- permanente Berücksichtigung dieser umweltpolitischen Ziele bei allen Handlungen und Maßnahmen.

Das UBR beruht auf der freiwilligen Mitwirkung aller Beteiligten, ist also weder Gesetz noch Förderprogramm. Mit Hilfe konkreter Maßnahmen in verschiedenen Bereichen wie Landwirtschaft, Wasserwirtschaft, Fremdenverkehr, Industrie, Verkehr, die entweder auf freiwilliger Basis erfolgen oder als öffentliche Aufgabe zum jetzigen Zeitpunkt finanzierbar sind, sollen die genannten Ziele erreicht werden [UBR 1994b].

Da Baden-Württemberg nur knapp ein Viertel des Bodenseeeinzugsgebiets einnimmt, aber 85 % der gesamten aus dem See geförderten Trinkwassermenge bezieht, sind gerade von baden-württembergischer Seite besondere Anstrengungen zu seiner Reinhaltung zu erwarten. Sie reichen jedoch bei weitem nicht aus, da Gewässerschutzmaßnahmen ohne Mitwirkung der anderen Anliegerstaaten wenig aussichtsreich sind. Dies war der Anlaß, bereits im Jahr 1959 die IGKB als internationale Organisation ins Leben zu rufen. Trotzdem bringt die Abhängigkeit von den Oberliegern für das auf den Bodensee als wichtigstes Standbein aufgebaute Wasserversorgungssystem in Baden-Würtemberg eine gewisse Unsicherheit mit sich (siehe auch Kapitel 3.1.1.1).

3.3 Wasserpreise

Trink- und Abwasserpreise sind in den letzten Jahren rapide angestiegen. Von 1992 bis 1994 lag ihre Steigerungsrate mit 20 % bzw. 30 % also deutlich über der allgemeinen Teuerungsrate von 7,9 %. Der Durchschnittspreis für einen Kubikmeter Trinkwasser lag in Baden-Württemberg am 1.1. 1994 bei 2,60 DM (mit Beträgen zwischen 0,64 DM und 4,60 DM), der entsprechende Abwasserpreis lag zwischen

Abb. 3-36: Entwicklung der Trink- und Abwassergebühren in Baden-Württemberg 1979 - 1994
Datenquelle: [JÄGER 1994]

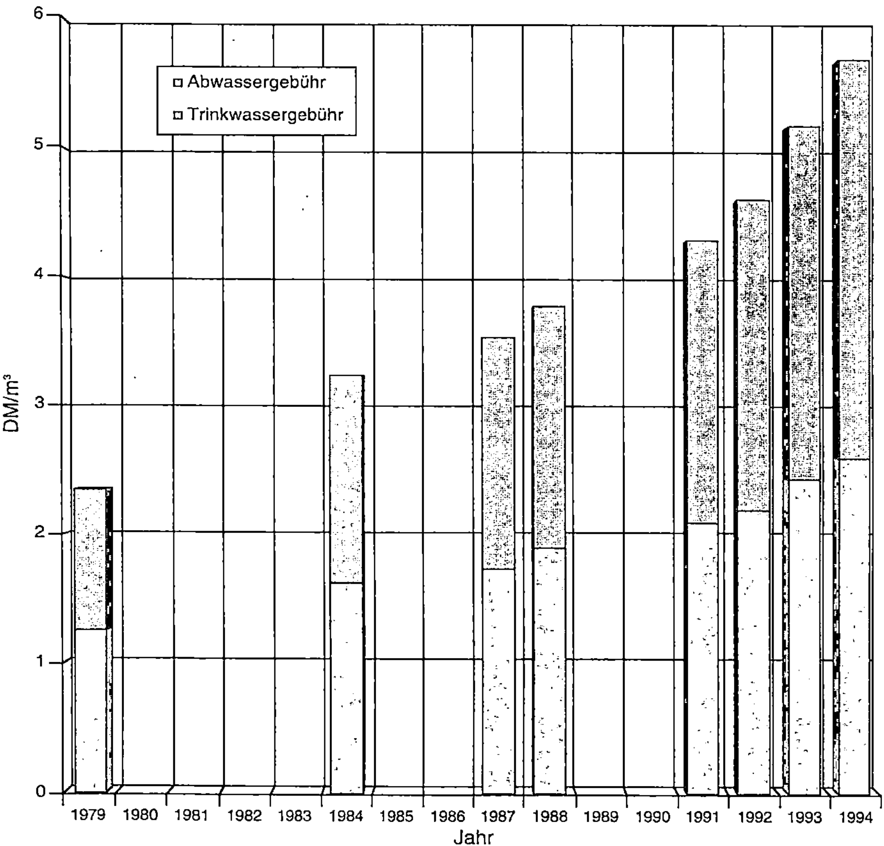

0,25 DM und 6,30 DM mit einem Durchschnittswert von 3,08 DM. Damit schnell-te der durchschnittliche Gesamtpreis für Wasser und Abwasser innerhalb von zwei Jahren von 4,60 DM auf 5,68 DM hoch [JÄGER 1994]. Einen Überblick über die Entwicklung der Trink- und Abwasserpreise seit 1979 gibt Abb. 3-36. Zu Beginn der 90er Jahre beginnen die Abwasserpreise die Trinkwasserpreise zu überholen.

Während zwei Drittel der Gemeinden ihre Trinkwassergebühr zwischen 1992 und 1994 um 10 % und mehr erhöhten, lagen die Preissteigerungen der Abwasser-gebühren im selben Zeitraum in 62 % der Gemeinden bei 20 % und mehr. Ein Vier-Personen-Haushalt mit durchschnittlichem Wasserverbrauch bezahlt pro Jahr durchschnittlich 1.100 DM an Wasser- und Abwasserkosten. Die Grundgebühr ist in diesem Betrag noch nicht enthalten [JÄGER 1994].

Die Ursachen für den Preisanstieg sind für Trink- und Abwasser nur teilweise identisch, und führen beim Abwasser zu deutlich höheren Preissteigerungen. Für beide Bereiche gelten als Ursachen die allgemeinen Kostensteigerungen für Personal und Material sowie die fallenden Zuwendungen des Landes bei Neuinvestitionen. So werden nach den neuen Förderrichtlinien seit 1.1.1995 erst ab einem Wasser- und Abwasserpreis von 8,50 DM/m³ öffentliche Zuschüsse gewährt [LANDTAG 11/5749].

Für den Preisanstieg beim Trinkwasser in den 90er Jahren sind nach Angaben des Statistischen Landesamts verschiedene Faktoren verantwortlich. Hierzu zählen in erster Linie die Kosten durch die Wasseraufbereitung, die z.T. durch die Umsetzung der Neufassung der Trinkwasserverordnung von 1990, die z.B. kostenaufwendige Entsäuerungsmaßnahmen zur Folge hatte, verursacht werden. Als weitere Gründe werden die Ausweisung von Wasserschutzgebieten sowie der Anschluß an Gruppen- und Fernwasserversorgungen (höhere Transportkosten, Kosten für die Aufbereitung von Oberflächenwasser) genannt [JÄGER 1994], wobei allerdings der Anteil der Zweckverbände an der gesamten Wasserförderung derzeit nur langsam wächst [BÜRINGER UND JÄGER 1995]. Als weiterer Faktor für die Erhöhung des Kubikmeterpreises für Trinkwasser fällt der ab 1993 festzustellende rückläufige Wasserverbrauch ins Gewicht (Abb. 3-3 und 3-4, siehe auch Kapitel 3.4). Der in Baden-Württemberg zum 1.1.1988 eingeführte sogenannte „Wasserpfennig" mit 10 Pf pro durch die öffentliche Wasserversorgung gefördertem Kubikmeter Wasser (bei Entnahmen zwischen 2000 und 3000 m³/a nur 5 Pf/m³) [WG BADEN-WÜRTTEMBERG 1988] führte damals zu einem entsprechenden Preisanstieg. Der prozentuale Anteil des Wasserpfennigs an den Kosten für die Trinkwasserbereitstellung geht jedoch mit zunehmenden Gesamtkosten zurück.

Die Preise für Trinkwasser zeigen regional sehr große Unterschiede (zwischen 0,64 DM und 4,60 DM) und hängen u.a. davon ab, ob sich Gemeinden selber versorgen oder Fernwasser beziehen, ob eine Aufbereitung notwendig ist und wie aufwendig diese ist, wie hoch die Anschlußdichte im Versorgungsgebiet ist und ob evtl. topographische Besonderheiten die Verteilung des Trinkwassers erschweren. Auch das Ausmaß der Leitungsverluste (siehe Kapitel 3.1.1) fällt ins Gewicht.

„Kleine Gemeinden in wasserreichen Gebieten, wie z.B. in der Rheinebene, die ihren Wasserbedarf aus qualitativ guten, örtlichen Wasservorkommen decken können, stellen ihr Trinkwasser in der Regel zu günstigeren Preisen zur Verfügung, während in Ballungsräumen oder in Gebieten mit natürlichem Wassermangel wie im Großraum Stuttgart, auf der Schwäbischen Alb und in Franken die Bürger mit höheren Trinkwasserpreisen konfrontiert werden. Hier entstehen vor allem durch die Beileitung von aufbereitetem Fernwasser zusätzliche Kosten" [JÄGER 1994].

Die mittlere Umlage pro Kubikmeter an die Verbandsmitglieder abgegebenen Wassers betrugen 1994 bei der Bodenseewasserversorgung 74 Pf, bei der Landeswasserversorgung 73 Pf [BWV 1995b, LW 1995]. Der Wasserpreis in den Mitgliedsgemeinden setzt sich aus dem Bezugspreis, der an das Fernwasserversorgungsunternehmen für die Lieferung bis an eine zentrale Übergabestelle (in der Regel Hochbehälter) bezahlt wird, sowie den Kosten für die Verteilung des Wassers innerhalb ihres Versorgungsbereichs zusammen.

In Abb. 3-37 wurden Trinkwasserpreis und Fernwasserimport pro Kopf gegenübergestellt. Es zeigt sich eine Tendenz zu steigenden Trinkwasserpreisen bei zu-

Abb. 3-37: Zusammenhang zwischen Trinkwasserpreis und Fernwasserimport
Datenquelle: [STATISTISCHES LANDESAMT 1994d] und [JÄGER 1994]

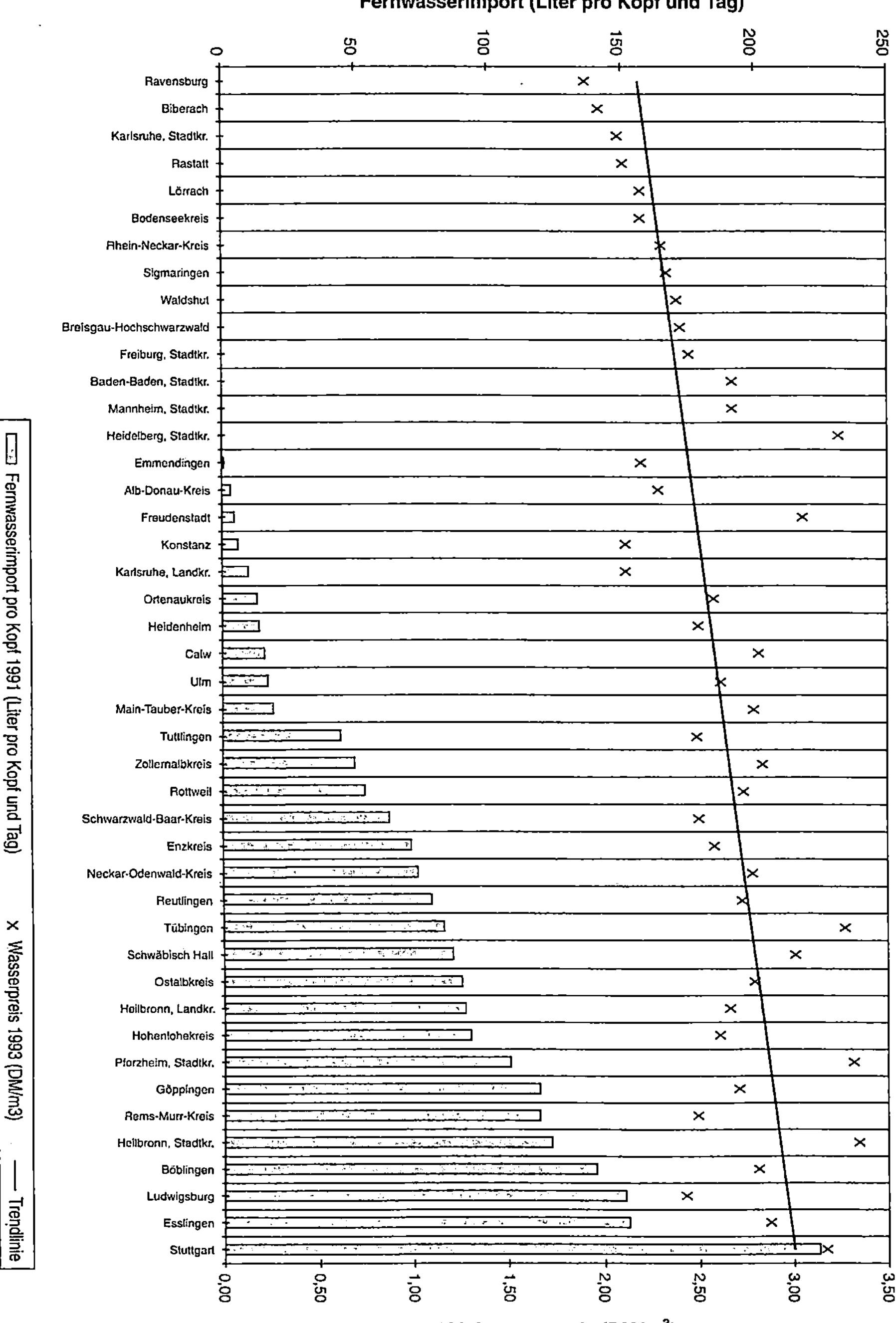

nehmendem Fernwasseranteil. Trinkwasserpreise bis 2,40 DM sind ausschließlich
in Regionen mit relativ hohem Grundwasserdargebot bzw. ohne nennenswerte
Fernwasserimporte wie z.B. am Oberrhein (Emmendingen, Rastatt, Karlsruhe,
Rhein-Neckar-Kreis), den Regionen Hochrhein-Bodensee (Lörrach, Waldshut, Kon-
stanz), Bodensee-Oberschwaben (Bodenseekreis, Sigmaringen, Ravensburg) und
Donau-Iller (Biberach und Alb-Donau-Kreis) anzutreffen.

Kreise mit Trinkwasserpreisen über 2,80 DM weisen bis auf zwei Ausnahmen
einen hohen Fernwasserimport pro Kopf auf (siehe Kapitel 3.1.1.2). Dies gilt in
der Region mittlerer Neckar für die Kreise Stuttgart, Böblingen, Esslingen und
Rems-Murr-Kreis, in Nord- und Ostwürttemberg für den Stadtkreis Heilbronn sowie die Kreise Schwäbisch Hall und Ostalbkreis, in der Region Nordschwarzwald
für den Stadtkreis Pforzheim und in der Region Neckar-Alb für die Kreise Tübingen und Zollernalb. Ausnahmen bilden der Stadtkreis Heidelberg und der Kreis
Freudenstadt. Hier liegen die Trinkwasserpreise über 3,00 DM, obwohl kein bzw.
kein nennenswerter Fernwasserimport vorliegt.

Für den Preisanstieg beim <u>Abwasser</u> in den 90er Jahren nennt das Statistische
Landesamt [JÄGER 1994] folgende Gründe:

— Die EG-Richtlinie über die Behandlung von kommunalem Abwasser verlangt
   in Übereinstimmung mit § 7a des Wasserhaushaltsgesetzes eine Reduzierung
   der Stickstoff- und Phosphorbelastung der Gewässer. Deshalb müssen die Kläranlagen mit einer dritten Reinigungsstufe nachgerüstet werden (siehe auch Kapitel 5.3.1). Aus Kostengründen soll jedoch der Vollzug zeitlich gestreckt werden [LANDTAG 11/4241] (siehe Kapitel 4.2.1.1).

— Abwässer aus Teilorten mit ungenügender Abwasserbehandlung müssen an zentrale öffentliche Abwasseranlagen angeschlossen oder mit eigenen Kläranlagen
   ausgestattet werden.

— Nach der Eigenkontrollverordnung des Landes von 1989 muß die Erstüber-
   prüfung der Abwasserkanäle binnen 10 Jahren abgeschlossen sein.

— Aufgrund des Abwasserabgabengesetzes des Bundes vom 6.11.1990 wird in
   Abhängigkeit von der Schädlichkeit des Abwassers eine Abwasserabgabe erhoben. Im Jahr 1993 betrug ihre Gesamtsumme in Baden-Württemberg 57,5 Mio.
   DM gegenüber 19,1 Mio. DM im Jahr 1991 und 28,6 Mio. DM im Jahr 1992
   [LANDTAG 11/4241]. Allerdings kann diese Abgabe mit wasserwirtschaftlich sinnvollen Investitionen wie Regenwasserbehandlung, Kanalsanierungen etc. verrechnet werden [LANDTAG 11/3047].

— Das Kommunalabgabengesetz erlaubt den Gemeinden Baden-Württembergs nur
   die Abschreibung der Anlagen auf Basis des Anschaffungs-, nicht aber des
   Wiederbeschaffungswertes [LANDTAG 11/4053]. Dies führt zuerst zu geringeren
   Gebühren, aber bei Neu- und Ersatzinvestitionen sind Gebührensprünge unver-
   meidbar [JÄGER 1994].

Die Abwasserpreise weisen noch größere regionale Unterschiede als die Trinkwas-
serpreise auf [JÄGER 1994]. Eine regionale Zuordnung ist — im Gegensatz zum
Trinkwasser — nicht möglich, da hier verschiedene Faktoren unterschiedlich zum
Tragen kommen. In dünn besiedelten Gebieten sind die Kosten für Errichtung und

Überwachung des Kanalnetzes verhältnismäßig hoch; andererseits bestehen hier eher Möglichkeiten einer landwirtschaftlichen Verwertung des Klärschlammes. In Ballungsräumen sind die Verhältnisse umgekehrt: hier sind die einwohnerspezifischen Kosten für das Kanalnetz günstiger, während der Klärschlamm kostenaufwendig behandelt und deponiert werden muß. Zusätzlich sind hier die gesetzlichen Anforderungen an die Reinigungsleistung der Kläranlagen höher, da diese von der Zahl der angeschlossenen Einwohner abhängen.

Wie Abb. 3-36 zeigt, ist die „Kostenexplosion" der Wasserpreise sehr viel stärker auf die Entwicklung im Abwasserbereich als bei der Trinkwasserversorgung zurückzuführen. Auf das Thema Abwasser und Abwasserreinigung wird ausführlich in Kapitel 4 eingegangen.

3.4   Wassersparen

Die Notwendigkeit des Wassersparens ergibt sich formal aus der 5. Novelle des Wasserhaushaltsgesetzes. Seit 1986 ist im § 1a die sparsame Verwendung des Wassers vorgeschrieben: *„Jedermann ist verpflichtet, ...eine mit Rücksicht auf den Wasserhaushalt gebotene sparsame Verwendung des Wassers zu erzielen..."* Der Hinweis auf den Wasserhaushalt macht aber auch deutlich, daß Maßnahmen zur Senkung des Wasserverbrauchs nicht in allen Teilen der Bundesrepublik gleichermaßen dringlich sind [LAWA 1994]. Die folgenden Überlegungen setzen sich deshalb mit der Notwendigkeit des Wassersparens in Baden-Württemberg auseinander.

3.4.1   Wassersparen in Baden-Württemberg - warum überhaupt?

In den vorangegangenen Kapiteln haben wir dargelegt, daß in Baden-Württemberg – auch durch den Einsatz der Fernwasserversorgungen* – auf der Versorgungsseite landesweit noch keine Übernutzung der Wasserressourcen besteht. Punktuell sind auch in unserem Bundesland Übernutzungen festzustellen. In den letzten Jahren häufen sich in der Presse Meldungen über die Notwendigkeit von Wassersparmaßnahmen. Anlaß hierfür sind Vorgänge vor allem im Raum Frankfurt bzw. Hamburg, wo durch gesetzgeberische Maßnahmen und Verwaltungsakte, vor allem jedoch auch durch Öffentlichkeitsarbeit intensiv für das Einsparen von Trinkwasser geworben wird.

Wir stellen hier die Frage, welche Gründe in Baden-Württemberg angesichts des landesweit ausreichenden Trinkwasserangebots für das Sparen von Trinkwasser gelten könnten. Die Antworten auf diese Fragestellung erbaten wir von Dipl.

Biol. Nikolaus Geiler (Arbeitskreis Wasser im Bundesverband Bürgerinitiativen Umweltschutz e.V.), der sich durch seinen Informationsdienst mit dem Namen „WASSER-Rundbrief" im vergangenen Jahrzehnt einen Namen gemacht hat. Soweit sich die weiteren Ausführungen auf seine Expertise stützen, wird dies nicht jedesmal erneut durch Zitat kenntlich gemacht. Auf ergänzende Literaturhinweise wird in der üblichen Form verwiesen.

Vorrangiges Ziel einer zukunftsorientierten Wasserwirtschaft in Baden-Württemberg ist nach Geiler [1994], die noch intakt gebliebenen Wasserressourcen vor qualitativen Schäden zu bewahren und die Einzugsgebiete* der kontaminierten Ressourcen zu sanieren. Der rationellen Wassernutzung (sparsamem Umgang) kommt neben diesen Vorrangzielen eine flankierende Funktion zu.

Das wesentliche Argument für Wassersparmaßnahmen ist die Vermeidung ökologischer Schäden. Wenn auch in Baden-Württemberg im Gegensatz zu anderen Regionen Deutschlands (z.B. Südhessen) Schäden durch die Entnahmen der öffentlichen Wasserversorger noch nicht allgemein bekannt sind, so bedeutet dies nicht, daß derlei Schäden noch nicht eingetreten wären:

Die ökologische Problematik, die die Förderung von Tiefengrundwässern mit sich bringt, haben wir in Kapitel 3.1.5 bereits beschrieben. Im Raum Mannheim wird Tiefenwasser durch Industriebetriebe und die Öffentliche Wasserversorgung gefördert, was eine Verschleppung von persistenten Schadstoffen in tiefere und ältere Grundwasserleiter zur Folge hat. Auch im Donauried wurde mit der Förderung von tiefem Grundwasser begonnen.

Weniger bekannt sind in Baden-Württemberg Schäden durch Grundwasserabsenkungen* aufgrund zu hoher Wasserentnahmen. So trägt die Förderung der öffentlichen Wasserversorger und der Industrie* in Nordbaden mit zum Absinken des Grundwassers im Hessischen Ried bei. Dort sind inzwischen setzungsbedingte Gebäudeschäden in Höhe von 40 Mio. DM aktenkundig. Der durch die Wasserentnahmen in Baden-Württemberg verursachte Schadensanteil beläuft sich nach Angaben des Regierungspräsidiums Darmstadt auf ca. 11 % der Schadenssumme [RP DARMSTADT 1995]. Auch im Freiburger Mooswald sind Vegetationschäden durch Wasserentnahmen eines Industrieunternehmens bekannt geworden [GEILER 1994].

Es darf bei diesen Überlegungen jedoch nicht vergessen werden, daß Trinkwassereinsparungen in dem Augenblick zum ökologischen Nachteil werden können, wenn aufgrund von Einsparungen einzelne Wasserfassungen aufgegeben werden können. Anstatt sich in deren Einzugsbereich weiter mit Schutzmaßnahmen auseinandersetzen zu müssen, könnten solche Gebiete dann für Gewerbe- oder Infrastrukturzwecke freigegeben werden, was für die Wasserqualität aller Erfahrung nach mit Nachteilen verbunden ist – siehe hierzu auch die Überlegungen zur Fernwasserversorgung in Kapitel 3.1.1.1. Auch trägt zu Zeiten niedriger Wasserstände jeder Kubikmeter in der Stuttgarter Region verbrauchten Wassers zur Erhöhung der Wasserführung des Neckars bei, da dieses in den Fluß eingeleitete Abwasser über das Fernwassernetz aus dem Donauried oder dem Bodensee stammt, somit der Verbrauch im mittleren Neckarraum zu einer Wasserüberleitung aus anderen Einzugsgebieten führt (siehe Kapitel 3.2.1).

Die zweite wichtige Begründung für einen sparsamen Umgang mit Wasser liegt im augenblicklich erforderlichen <u>Krisenmanagement</u> einiger Regionen: Es gilt dabei allerdings die Maxime „*Wassersparen ist kein Ersatz für Gewässerschutz*" [LAWA 1994]. Dennoch kann es bis zur erfolgreichen Sanierung von Gewässern erforderlich werden, Wasser zu sparen, um nicht auf andere, bisher unerschlossene Gewässer ausweichen zu müssen. Dies gilt vor allem für die Inanspruchnahme tiefer Grundwässer als Ersatz für verschmutztes oberflächennahes Grundwasser (siehe Kapitel 3.1.5). Wenn die oberen Grundwasserleiter* künftig wieder niedrigere Schadstoffgehalte zeigen und damit wieder genutzt werden können, wären solche Sparmaßnahmen möglicherweise auch wieder entbehrlich.

Ein weiteres wichtiges Argument für das Wassersparen betrifft das Verhältnis zwischen den Bevölkerungen in Förder- bzw. Nutzungsregionen. Die Förderregionen sind nicht in jedem Fall bereit, bedingungslos „ihr" Wasser an die „parasitären" Ballungsräume abzugeben. Hier können nach Geiler Sparmaßnahmen <u>zur Befriedung</u> des Widerstands beitragen. In Baden-Württemberg findet sich eine Reihe von Beispielen für diesbezügliche Vorbehalte:

- Im Gebiet westlich von Bruchsal, wo die seit 1981 mit der Bodenseewasserversorgung fusionierte Fernwasserversorgung Rheintal (FWR) bis vor kurzem rheinnahes Grundwasser zur Versorgung der Region Nordschwarzwald (Pforzheim) gewinnen wollte. Die Jahresfördermenge sollte bis zu 10 Mio. m³ betragen [LANDTAG 11/2119]. Den Bedenken der Bevölkerung in der Förderregion wollte das Umweltministerium insofern Rechnung tragen, als die wasserrechtliche Genehmigung zur Entnahme des Uferfiltrats Auflagen enthalten sollte, die u.a. das Ausschöpfen der Einsparpotentiale im Raum Pforzheim zum Gegenstand hatten [WIRSING 1995].

- Im Hockenheimer Rheinbogen, wo Rhein-Uferfiltrat* für den Rhein-Neckar-Raum entnommen werden soll.

- In der „Leutkircher Heid" wegen geplanter Grundwasserentnahmen.

- Im Illertal wegen geplanter Grundwasserentnahmen für die Landeswasserversorgung [LANDTAG 9/1242].

- Im Bodenseeraum, wo man sich aufgrund der Restriktionen, die sich mit dem Trinkwasserspeicher ergeben, als Opferregion für „die Stuttgarter" fühlt – siehe Kapitel 3.2.2. Die Problematik des Bodenseefernwassers führte auch bereits zu kritischen Reaktionen in der Schweiz, wo die Notwendigkeit eigener Einschränkungen bei der Nutzung des Rheins vor dem Hintergrund von Substitutionswasser aus dem Bodensee als Ersatz für unterlassenen Grundwasserschutz in Baden-Württemberg nicht verstanden und akzeptiert wird [VISCHER 1994] – siehe Kapitel 1.

Wassersparen kann einen Beitrag zur <u>Vermeidung von Sprunginvestitionen</u>* leisten: Wenn vorhandene Kapazitäten zur Wasserförderung, -aufbereitung und -verteilung nicht mehr ausreichen, können Wassersparmaßnahmen es ermöglichen, daß entsprechende Erweiterungsbauten bzw. Maßnahmen zur Neuerschließung unterbleiben können oder zumindest nicht im ursprünglich geplanten Ausmaß realisiert werden müssen. Beispiele hierfür sind Maßnahmen der Wasserversorgungsunternehmen, z.B. in Hamburg oder in Wien, wo durch Einsparprogramme auf die ansonsten erforderlichen Neubauten von Wasserwerken verzichtet werden konnte [SCHRÖDER 1996, HRUZA 1996]. Aufwendungen für Wassersparmaßnahmen sollten im Idealfall geringer als ansonsten fällige Investitionen sein. Für die Wasserwerke besonders interessant ist die Reduzierung des Spitzenbedarfs, auf den die Förder-, Aufbereitungs- und Verteilungskapazitäten ausgelegt sein müssen. *„Um z.B. an weniger als 13 Tagen im Jahr 1984 absolute Verbrauchsspitzen abzudecken, die mengenmässig nur 0,4 % der Jahresmenge ausmachen, benötigt man 20 % mehr an Maschinenausstattung"* [SCHADE 1989]. Die hierfür extra aufzuwendenden enormen Kosten liegen auf der Hand.

Da in vielen Teilen der Welt Wasser knapper als in Baden-Württemberg ist (siehe Kapitel 1 und 2), wäre eine moderne Wasserspartechnologie in Verbindung mit dem nötigen Know-How zu ihrer Umsetzung (Kopplung von Hard- und Soft-Ware) für eine exportorientierte Wirtschaft gegebenenfalls als vorteilhaft einzuschätzen. Die Beispiele Frankfurt und Hamburg zeigen, daß bei entsprechenden ordnungspolitischen Vorgaben passende Techniken entwickelt und optimiert werden (siehe Kapitel 3.4.2). Da weltweit die Landwirtschaft der größte Wasserförderer ist, sollten sich entsprechende Entwicklungen für moderne Spartechniken nicht allein auf den häuslichen und gewerblichen Bereich beschränken, sondern insbesondere die Landwirtschaft berücksichtigen, zumal die klimabedingten Veränderungen auch in unseren Breiten eine vermehrte Bewässerung landwirtschaftlicher Kulturen befürchten lassen. Die Exportfähigkeit dürfte sich aufgrund der anzuwendenden Low-Tech allerdings eher auf den Bereich der Beratung oder der Lieferung von „Problemlösungspaketen" konzentrieren als auf den alleinigen Gerätevertrieb.

Die Änderungen des Klimageschehens bedeuten für unser Land zweierlei: Zum einen wird eine Abnahme der Sommer- und ein Ansteigen der Winterniederschläge in Baden-Württemberg wahrscheinlich (siehe Kapitel 2.3.1). Wenn die Befürchtungen über ein Abschmelzen der Alpengletscher zutreffen [HÄBERLI 1993], würde dies zum zweiten den Verlust des größten europäischen Süßwasserspeichers – nämlich des Gletschereises – bedeuten [SEILER 1993]. Die Folge wäre, daß der Winterniederschlag in den Alpen nicht mehr gespeichert und wie bisher in der wärmeren Jahreszeit abgegeben würde, sondern unmittelbar als oberflächlicher Abfluß durch die Fließgewässer bereits im Winter oder im Frühjahr abgeführt wird. Beide Effekte bedeuten trockenere Sommer, in denen bei einem zu vermutenden geringeren Wasserdargebot zusätzlich ein größerer Wasseranteil als bisher für landwirtschaftliche Bewässerungsmaßnahmen bereitgestellt werden muß. Ein Wassermanagement, das Wasserspartechniken miteinschließt, wird einem solchen Szenario besser entsprechen als ein Fortschreiben unseres derzeitigen großzügigen Umgangs mit der Ressource Wasser.

Als weiteres Argument für das Wassersparen wird gelegentlich die Vereinheitlichung der regionalen Lebensbedingungen angeführt. Das bedeutet, daß der Pro-Kopf-Verbrauch in den Regionen unterschiedlichen Wasserdargebots (z.B. alte Bundesländer und neue Bundesländer) aus politischen und ethischen Gründen nicht zu weit auseinanderklaffen sollte [z.B. v. LERSNER 1995]. Diesem Argument halten wir entgegen, daß unterschiedlich ausgestattete Regionen ihre Ressourcen durchaus unterschiedlich nutzen können, soweit dies mit den oben (siehe Kapitel 1) beschriebenen Erfordernissen an nachhaltiges Handeln vereinbar ist.

Auf einen Aspekt ist am Schluß dieser Überlegungen besonders einzugehen: Wassersparen als ein Mittel zur Gebührenreduzierung. Wassersparen wird mittelfristig nicht zu einer Senkung der Wasserkosten führen. Da der Wasserpreis zu etwa 80% aus von der Fördermenge unabhängigen Fixkosten (Abschreibungen von Gebäuden und Anlagen, Lohnkosten) besteht [GEILER 1994, MÖHLE 1995], werden diese bei erfolgreichen Sparmaßnahmen auf eine geringere Liefermenge umgelegt werden müssen, was steigende Kubikmeterpreise zur Folge haben wird, so daß im Vergleich zum früheren Zustand keine Kostenersparnis erzielt werden wird. Als Folge der mit den Sparmaßnahmen in Frankfurt zurückgehenden Wasserlieferungen aus dem Vogelsberg scheinen Neuverhandlungen des Wasserpreises erforderlich geworden zu sein [WACK 1995, pers. Mitt.]

Aus diesem Grund wird nur derjenige, der überdurchschnittlich Wasser spart, solange von geringeren Kosten profitieren können, bis sein Verbrauchsniveau vom Großteil der Konsumenten erreicht worden ist. Langfristig können sich durch Sparmaßnahmen die Investitionskosten durch kleinere Dimensionierung der Infrastruktureinrichtungen durchaus reduzieren, so daß zumindest ein gewisser ökonomischer Vorteil mit Wassersparmaßnahmen einhergehen könnte.

3.4.2 Wassersparmaßnahmen bei der Öffentlichen Wasserversorgung

Als wesentliche Einsparmöglichkeit bei den öffentlichen Wasserversorgungsunternehmen nennt die Länderarbeitsgemeinschaft Wasser die Reduzierung der Leitungsverluste sowie die Begrenzung der Netzspülungen bzw. der Filterrückspülungen auf das absolut notwendige Maß. Bundesweit betragen die Verluste ca. 10 % [LAWA 1994]. In Baden-Württemberg errechnet sich ein Verlust von ca. 15 % (siehe Kapitel 3.1.1), wovon die „echten" Wasserverluste die Hälfte ausmachen dürften. Damit bewegen sich die Leitungsverluste in der selben Größenordnung wie die Wasserabgabe aus dem öffentlichen Netz an die Wirtschaft*. Die Motivation der lokalen Wasserwerke zur Reduzierung der Leitungsverluste in ihrem Verteilungsnetz ist nach Ansicht von BURY [1993] vor allem dann gering, wenn sie dadurch als Verbandsmitglieder eines Fernwasserversorgungszweckverbands ihre Bezugsrechte weniger ausschöpfen. Wegen der bereits dargestellten Tarifstruktur der Fernwasserversorgungsunternehmen, wonach der Kubikmeterpreis mit zunehmender Abnahmemenge sinkt, werden die finanziellen Aufwendungen für die Lecksuche nicht oder zumindest nur schleppend durch Kosteneinsparungen beim Wasserbezug amortisiert. Nach Auffassung des Umweltministeriums können im Rahmen der Gestaltungsfreiheit nach dem Gesetz für kommunale Zusammenarbeit sowohl Flexibilisierungen und Reduzierungen im Falle der Mindestabnahmeverpflichtungen als auch Verschiebungen des Preisgefüges hin zu einem höheren Betriebskostenanteil von den jeweiligen Verbänden festgelegt weden. Durch das seit 1988 eingeführte Wasserentnahmeentgelt will das Land seinen Beitrag zur Senkung der Leitungsverluste leisten [LANDTAG 11/1708]. Während im Entwurf zur Novelle des baden-württembergischen Wassergesetzes vom 13.11.1990 in § 43c noch finanzielle Anreize zur rationellen Verwendung von Wasser enthalten waren, ist dieser Passus in dem vom Landtag im November 1995 verabschiedeten Gesetzestext nicht mehr enthalten.

3.4.2.1 Wassersparen in privaten Haushalten

Techniken zur Reduzierung des Trinkwassereinsatzes greifen bei der Öffentlichen Wasserversorgung in der Regel beim Endverbraucher, d.h. im Haushalt oder zumindest im Gebäude des Kunden. Die dort derzeit angewandten Techniken zielen einmal auf eine Reduzierung ungenutzt ablaufenden Wassers ab, oder setzen zum anderen auf die Substitution von Trinkwasser durch Regenwasser im Bereich Bewässern / Waschen / Reinigen (siehe Kapitel 3.5). Ergänzende Maßnahmen und Techniken haben Verhaltensänderungen der Nutzer zum Ziel.

Reduktionstechniken
Zur Reduzierung des ungenutzt abfließenden Trinkwassers tragen wassersparende Armaturen bei, bei denen die Durchflußmenge pro Zeiteinheit mit steigendem Wasserdruck weniger stark zunimmt als bei normalen Armaturen (Durchflußbegrenzer), sowie Perlatoren und WC-Spülungen mit Unterbrechungsmöglichkeit. Die Kombination dieser einfachen Techniken wird oft als sogenanntes kleines Wassersparpaket bezeichnet. Es wird derzeit noch nicht flächendeckend eingesetzt. Der Pro-Kopf-Verbrauch läßt sich damit um ca. 50 l pro Tag oder um ein Drittel senken. Wassersparende Wasch- und Spülmaschinen sind in diesem Zusammenhang ebenfalls zu nennen und sind inzwischen Stand der Technik.

Darüber hinausgehende Techniken werden bisher nur vereinzelt erprobt (s.u.).

Zu den Techniken, die auf Verhaltensänderungen setzen, zählt z.B. eine in Zusammenarbeit mit den Hamburger Wasserwerken entwickelte Wasseruhr, die sich nachträglich am Hauptwasserhahn einer Wohnung anbringen läßt. Sie erlaubt eine verbrauchsorientierte Kostenfestsetzung nicht alleine bei Neubauten, sondern auch im Wohnungsbestand. Diese Entwicklung ermöglichte es dem Land Hamburg, durch Änderung der Landesbauordnung bis zum Jahr 2004 den Wohnungswasserzähler zwingend in jeder Wohnung vorzuschreiben. Bisherige Erfahrungen in 2400 bis 2500 Wohungen ergaben hierdurch Verbrauchsreduzierungen von 10–20 %. Mit dieser Maßnahme wird auch sozialen Ansprüchen an eine nachhaltige Wirtschaft entsprochen, weil eine gerechtere Kostenverteilung erreicht wird. In Baden-Württemberg wurde die Landesbauordnung dahingehend geändert, daß zumindest jede neugebaute Wohnung mit einem Wasserzähler ausgerüstet werden muß [LANDTAG 11/4825].

Die Toilettenspülung bietet sich in Haushalten aufgrund ihres hohen Anteils von ca. 30% am täglichen Wasserbedarf besonders zu weitergehenden Einsparun-

gen an. Die bei uns vorherrschende Schwemmentwässerung der Grundstücke mit
z.T. nur leicht geneigten Streckenabschnitten (zwischen Keller und Sammelkanal
in der Straße) fordert von einem herkömmlichen WC ein Spülvolumen von mindestens 6 l, um in allen Fällen sicher zu funktionieren. Weitere Reduzierungen erfordern einen größeren konstruktiven Aufwand oder einen Verzicht auf das Medium
Wasser als Transportmittel. Entsprechende Toilettensysteme sind in Kapitel 4 beschrieben.

Neben Maßnahmen zum Einsparen von Wasser werden derzeit verstärkt
Substitutionstechnologien diskutiert. Hierbei handelt es sich im wesentlichen um
die Nutzung von Dachablauf- (Regen-)wasser anstelle von Trinkwasser. Mehr dazu
findet sich in Kapitel 3.5.

3.4.2.2 Wassersparen in Bürogebäuden und im Beherbergungsgewerbe

Während Wassersparmaßnahmen im Bereich der privaten Wohnungen ein häufiges Thema sind, welches in der Bevölkerung auf eine hohe Akzepzanz trifft [IPSEN
1994], befinden sich entsprechende Überlegungen für Behörden- und Bürogebäude oder Hotels erst im Anfangsstadium. Nach Aussagen von Möhle sind in kommunalen bzw. staatlichen Gebäuden Einsparpotentiale von 5–10 %, maximal von
30 % vorhanden [MÖHLE 1995]. In diesen Gebäuden gibt es aufgrund ihrer Funktion besondere Gründe für Wassersparmaßnahmen:

Gerade öffentlichen Einrichtungen mit Publikumsverkehr kommt eine wichtige
Rolle aufgrund ihrer Vorbildfunktion zu. Weiterhin können Behörden durch Nutzung entsprechender Wasser-Spartechniken die Einführung neuer Techniken beim
teilweise weniger innovationsfreudigen Handwerk aufgrund ihrer Marktstellung
unterstützen, was privaten Investoren nur selten möglich ist. Aufgrund der intensiven Nutzung (Menschen/Quadratmeter) kann sich in Bürohäusern Wassersparen
ökonomisch besonders rechnen. Da zudem hier der Wasseranteil, der als Lebensmittel dient, gegenüber allen anderen Funktionen relativ gering ist, und in der Regel keine unbeaufsichtigten Kinder anwesend sind, deretwegen besondere hygienische Bedenken bestehen (siehe Kapitel 3.5), könnten sich in Bürohäusern die
Voraussetzungen zur Trinkwassersubstitution günstiger darstellen als im privaten
Umfeld.

Gebäude der Gastronomie und des Beherbergungsgewerbes bieten besondere
Voraussetzungen zur Einsparung von Trinkwasser. Untersuchungen der Stadtwerke Frankfurt haben ergeben, daß beispielsweise Messegäste, die für eine Übernachtung 300 bis 400 DM zu zahlen haben, durchschnittlich 10 Minuten länger
duschen als zu Hause. So sollen sich z.B. in einem 600 Betten-Hotel Wasserkosten
von jährlich 223.000 DM ergeben haben. Bis zu 80 % des Wasserverbrauchs werde von den Gästen verursacht. Nach Umrüstung auf wassersparende Armaturen
sei der durchschnittliche Verbrauch pro Gast und Nacht von 750 l auf 450 l gesunken. Eine weitere Verringerung auf 350 l sei möglich (wir erinnern, daß der
durchschnittliche Wasserverbrauch in den Haushalten Baden-Württembergs 1993
bei 131 l/E·d lag). Die Umrüstungskosten haben sich in dem beschriebenen Hotel

in weniger als einem Jahr amortisiert. Hochgerechnet auf die 3,5 Mio. jährlichen Übernachtungen in Frankfurt ergibt sich ein Einsparpotential von 1,3 Mio. m³ Wasser pro Jahr. Dies sind 2 % des gesamten Verbrauchs der Stadt Frankfurt [GEILER 1994].

Um dieses Potential rasch zu erschließen, bieten die Stadtwerke Frankfurt ein neuartiges Finanzierungsmodell, das Contracting, an. Bei diesem aus dem Energiebereich übernommenen Modell finanzieren die Stadtwerke die Umrüstungskosten in Hotels, Pensionen, Kliniken, Wohnheimen und Verwaltungsgebäuden. Der Vertragspartner zahlt die Kosten zzgl. der Zinsen dergestalt zurück, daß er einen Teil des Betrags, um den sich die Wasserrechnung reduziert, an die Stadtwerke zurückzahlt, jedoch nur solange, bis die Umbaukosten getilgt sind [STADTWERKE FRANKFURT 1995].

Am Beispiel des Rechenzentrums der BfG-Bank in Niedereschbach kann gezeigt werden, daß durch technische Optimierung der Klimaanlagen, durch Umbauten im Toilettenbereich und Sanierung der Gebäudeleittechnik (dezentrale Erfassung von Wasser- und Energieverbrauch) innerhalb von wenigen Jahren der Wasserverbrauch erheblich reduziert werden kann [BEHRENDS UND ABELS 1995]. Wie bei dem Gebäudeeigentümer nicht anders zu erwarten, hatten sich die Maßnahmen in kurzer Zeit amortisiert.

Eine andere Entwicklung aus Frankfurt ermöglicht die Reinigung von Küchenabwässern durch Verseifung der Fette mit Kalkmilch. Nach weiteren Reinigungsschritten kann das so gereinigte Wasser als Brauchwasser z.B. zur Toilettenspülung verwendet werden. Die Kalkseife soll in der Landwirtschaft Absatz finden. Nach Aussagen des Frankfurter Kämmerers und Umweltdezernenten sollen allein in der Main-Metropole 400 derartige Anlagen wirtschaftlich arbeiten können [FRANKFURTER RUNDSCHAU vom 9.5.1995].

3.4.3 Wassersparmaßnahmen bei „der Industrie"

Bei der Industrie* kommen Einsparungen durch Mehrfachnutzung von Wasser (nacheinander für verschiedene Zwecke) oder Kreislaufführung (immer wieder für denselben Zweck) zum Tragen. Ein weiterer wichtiger Aspekt ist die Substitution besserer Wasserqualitäten (z.B. Trinkwasser) durch qualitativ weniger wertvolles Wasser (z.B. durch Dachablauf-, oder Brauchwasser). Hierbei ist von Vorteil, daß große Industriebetriebe in der Regel über getrennte Netze für Kühl-, Brauch- und Trinkwasser verfügen.

Abwasser kann durch effektive Kläranlagen in der Qualität weiter verbessert, durch integrierte Techniken (Stoffrückhaltung, Wiederverwendung, aber auch durch Verfahrens- oder Produktumstellungen) in der Menge vermindert und qualitativ verbessert werden. Hier kommt dem Abwasserabgabengesetz eine ökonomisch wirkende Lenkungsfunktion zu.

Anders als bei der häuslichen Sanitärtechnik werden in Industrie und Gewerbe Techniken zur Wassereinsparung nicht von der Stange eingekauft. In der Regel wird durch Kombination und Optimierung bewährter Techniken eine auf das anwendende Unternehmen zugeschnittene Lösung geschaffen. Integrierte Verfahren* sind somit oftmals Unikate. Das wesentliche know-how liegt - zumindest bei den Großbetrieben – oftmals bei den Anwendern selbst. Es erscheint uns wichtig, durch einen geeigneten Wissenstransfer dieses know-how für mittelständische und kleine Betriebe zugänglich zu machen und komplette Lösungspakete anzubieten.

Von den einzelnen Branchen sind in Baden-Württemberg die Papierindustrie* und die Chemische Industrie die großen Wasserverbraucher mit zusammen über 50 % des „industriellen" Wasseraufkommens (siehe Kapitel 3.1.2). Sie führen dementsprechend die „Hitliste" der gewerblichen Wassernutzer mit großem Abstand an. Der für Baden-Württemberg wichtige Maschinen- und Straßenfahrzeugbau oder die Eisenschaffende Industrie rangieren mit jeweils ca. 2 % des industriell-gewerblichen Wasseraufkommens* auf den Rängen 8 bis 10 (Tab. 3-9).

Aufgrund der starken Inanspruchnahme der Ressource Wasser beschreiben wir nachfolgend zum einen Einsparmöglichkeiten bei der Papierindustrie*, zum anderen ist der Straßenfahrzeugbau aufgrund eine Reihe von Einspartechniken interessant.

Zur „Papierindustrie":
Die Papierverbände Baden-Württembergs machten ihr geringes Interesse deutlich, die Fachöffentlichkeit über Innovationen zur Einsparung von Wasser bzw. zur Vermeidung von Abwasser zu informieren. Der Grund hierfür sind Bedenken, daß neue Lösungen in einzelnen Unternehmen nach Bekanntwerden in kurzer Zeit zu Auflagen für die gesamte Branche führen könnten [MEISSNER 1994, pers. Mitt]. Dies bedeutet letztendlich, daß das in Deutschland gesetzlich fixierte Prinzip dynamisierter Standards, besser bekannt als Anwendung des „Standes der Technik", unterlaufen wird. Es müssen daher nach unserer Ansicht für Firmen Anreize entwickelt werden, die das „Schweigen der Oberingenieure" entbehrlich machen.

Als wesentliches Ergebnis kann aus Literaturangaben festgehalten werden, daß in der Papierindustrie* die Schließung von Kreisläufen das wesentliche Mittel zur Verringerung der eingesetzten Wassermenge ist. So wurden in Baden-Württemberg im Jahr 1991 ca. 14 Mio. m³ in Kreislaufanlagen eingespeist. Diese Wassermenge erlaubte eine Gesamtnutzung von ca. 460 Mio. m³, so daß ein durchschnittlicher Nutzungsfaktor* von 33 erzielt wurde [STATISTISCHES LANDESAMT 1995b].

Die zunehmende Kreislaufführung führt zwangsläufig zu einer steigenden Belastung des Kreislaufwassers – in der Papierindustrie* vor allem durch verstärktes mikrobielles Wachstum. Dies führt zu Geruchsproblemen, Korrosion und Verschleimung, weshalb ein verstärkter Einsatz von Bioziden* erforderlich ist. Teilweise mußten Kreisläufe auch wieder geöffnet werden [GELLER 1993].

Die Kreislaufführung wird nach Angaben der Papiertechnischen Stiftung weniger durch „neue", sondern vielmehr durch die intelligente Kombination bekannter Techniken möglich [GELLER 1995, pers. Mitt.].

Diese sind

- Sedimentation, Flotation und Filtration zur „Entstoffung" des Kreislaufwassers sowie
- Adsorption an Aktivkohle oder Oxidation (Ozon) zur Entfärbung.

Das know-how hierzu scheint vor allem in den Betrieben der Papierindustrie* angesiedelt zu sein bzw. entwickelt zu werden und weniger bei den Anlagenherstellern abrufbar zu sein.

Eine wichtige – derzeit noch wenig genutzte – Möglichkeit zur Reduzierung des spezifischen Abwasseranfalls scheint die biologische Kreislaufwasserbehandlung unter Kombination von Anaerob- und Aerobtechnik zu sein. Die Methodik wird im halbtechnischen Maßstab erprobt [HUSTER ET AL 1991]. Wie in fast allen Branchen ist auch bei der Papierindustrie* festzustellen, daß Verbesserungen bei den spezifischen Produktionsbedingungen von den Produktionssteigerungen teilweise kompensiert werden. So hat sich in den alten Bundesländern seit 1960 der Papierverbrauch versechsfacht. Nach Aussagen von Branchenkennern liegen die Auflagen von Zeitschriften oft zu 100 % über dem tatsächlichen Bedarf. Einsparrtechniken müssen deshalb durch geeignete Produktions- und Nutzungsweisen ergänzt werden, um ihre volle Wirkung zu entfalten.

Zum Straßenfahrzeugbau – das Beispiel Mercedes-Benz

Der Straßenfahrzeugbau gehört nicht zu den großen gewerblichen Wassernutzern. Durch Verlagerung einzelner Produktionsschritte zu den Zulieferern und durch unterschiedliche Maßnahmen in der Automobilwerken selbst konnte in den letzten Jahren der Wassereinsatz reduziert und das Abwasser entlastet werden. Einige Einzelheiten werden am Beispiel von Mercedes-Benz (Werk Sindelfingen) erläutert.

Am gesamten Wassereinsatz der Automobilproduktion hat mittlerweile der Komplex Lackierung mit 60% des Wassereinsatzes den dominierenden Anteil. Die Galvanik spielt dagegen mit 5 % des Wassereinsatzes eine vergleichsweise geringe Rolle. Da Galvaniken in manchen Gebieten Baden-Württembergs jedoch für die Gewässerqualität von großer Bedeutung sind, wird die bei Mercedes angewandte Umwelttechnik im Hinblick auf den know-how-transfer in mittelständische Betriebe angesprochen.

Lackierung

Bei der Lackierung ist vor allem die Umstellung von der Einfachnutzung des Wassers auf Kreislaufführung zu erwähnen (Karosserievorbehandlung). Bei der Tauchlackierung wurden mit Kaskadenspültechnik*, Membrantechnik* oder Elektrolyseverfahren* weitgehend bekannte Verfahren zur Standzeitverlängerung der Bäder eingesetzt und optimiert.

Durch die Umstellung in der Decklackierung auf sog. Wasserlacke mit einem Lösemittelanteil von noch 10 % ist eine aufwendige Lack-Wasserbehandlung erforderlich, um zu verhindern, daß Umweltprobleme von der Luft auf das Medium Wasser übergehen: Der Overspray, das ist der Lackanteil, der nicht die Fahrzeugoberfläche trifft, wird über Venturiwäscher ausgewaschen. Der gemischt-farbige

Lackschlamm wird anschließend mittels Sedimentation und Flotation aus dem Kreislaufwasser abgetrennt und extern verwertet (z.B. Hydrierung*). Es ist derzeit unklar, ob sich für einfarbige Lackschlämme günstigere Verwertungsmöglichkeiten anböten.

Von der wässrigen Phase wird kontinuierlich ein Teilstrom abgezogen und in einem aeroben* Verfahren unter Druck mikrobiell abgebaut. Die nachgeschaltete Ultrafiltration* hält die Bakterienmasse und Feinpartikel zurück. Das gereinigte Wasser geht in den Nebel-Auswaschwasser-Kreislauf zurück. Die Anlage eliminiert so im Jahr 12–15 t Lösemittel. Da sich einige organische Stoffe im Abwasser der Lackierung derzeit bakteriell nur unbefriedigend abbauen lassen, entwickelt Mercedes in Zusammenarbeit mit dem Fraunhofer-Institut für Chemische Technologie ein elektrolytisches* Verfahren, das durch anodische* Bildung von Sauerstoff und Hydroxylradikalen* eine Teiloxidation dieser Substanzen ermöglicht. Diese teiloxidierten Substanzen sollen nach dieser Vorbehandlung dem dann nachgeschalteten bakteriellen Abbau zugänglich werden. Ergänzend sind Vorversuche angelaufen, eine Pflanzenkläranlage dem Prozeß nachzuschalten.

Galvanik

Bei der galvanischen Beschichtung kommt es wesentlich darauf an, Verschleppungsverluste zu vermeiden (diese können bis zu 60% betragen) und Wertstoffe zurückzugewinnen. Zur Wassereinsparung und Abwasservermeidung kommt vor allem die Kaskadenspültechnik* mit taktendem Spülen zur Anwendung. Prozeßoptimierungen erfolgen durch die Vermeidung schöpfender Teile, durch Einhalten langsamer Aushebegeschwindigkeiten und ausreichender Abtropfzeiten sowie anschließender Gehängedachabspritzung. Wertstoffrückgewinnung erfolgt via Filtration, Elektrodialyse*, Membranelektrolyse* (Zn, Cr) oder konventioneller Elektrolyse* [MB 1995].

In Baden-Württemberg sind ca. 700 Lohn- und Betriebsgalvaniken ansässig, zwei Drittel davon in den beiden Regionen Mittlerer Neckar und Nordschwarzwald [SIMON 1994] (Abb. 3-38). Die Abwasserqualität dieser Betriebe ist wegen ihres gehäuften Auftretens für die Gewässer in den Einzugsgebieten von Enz und Nagold besonders wichtig. Viele Unternehmen sind Klein- und Kleinstbetriebe, in denen – anders als in der Betriebsgalvanik eines grossen Konzerns – das Prozeßwissen nur ungenügend vorhanden ist oder manchmal völlig fehlt. Hier ist die Koppelung von modernster Technik und Anwendungs-Know-How erforderlich, um ökologischen Erfordernissen ökonomisch entsprechen zu können.

Ökologisch sinnvolle Maßnahmen können durchaus auch zu Kosteneinsparungen der Unternehmen beitragen. Nach eigenen Angaben konnte z.B. Mercedes-Benz im Zeitraum von 1973 bis 1991 durch Wassersparmaßnahmen Kosten in Höhe von 3,9 Mio. DM einsparen [MB 1995]. Bei dieser Bilanz sind ggf. Effekte aufgrund veränderter Fertigungstiefen* zusätzlich zu berücksichtigen.

Techniken zur Einsparung von Wasser und zur Vermeidung von Abwasser erfordern oftmals einen hohen Energieeinsatz (Beispiel Ultrafiltration*). Wie das Statistische Landesamt in seiner Untersuchung für die Akademie für Technikfolgenabschätzung feststellt [STATISTISCHES LANDESAMT 1995], scheint bei der Industrie* in jüngster Zeit das Einsparen von Wasser auf Kosten des Energieverbrauchs erfolgt zu sein, während bis Mitte der 80er Jahre Wasser- und Energieeinsatz parallel zurückgingen (Abb. 3-14). Da die Substitution der erneuerbaren Ressource Wasser durch Energie auf Basis nicht erneuerbarer Energieträger mit den Grundsätzen der Nachhaltigkeit kaum zu vereinbaren ist (siehe Kapitel 1), muß nach unserer Ansicht mehr Wert auf eine integrierte Betrachtung der Ressourceneffizienz geachtet werden. Dies erfordert die gemeinsame Optimierung von Energie- und Stoffströmen sowie das Fernhalten von störenden Substanzen in den Halbstoffen. Hierfür sind weiterentwickelte Techniken im Anlagenbau, in der Meß-, Regel- und

Abb. 3-38: Verteilung der Galvanikbetriebe in Baden-Württemberg
Quelle: verändert nach [SIMON 1994]

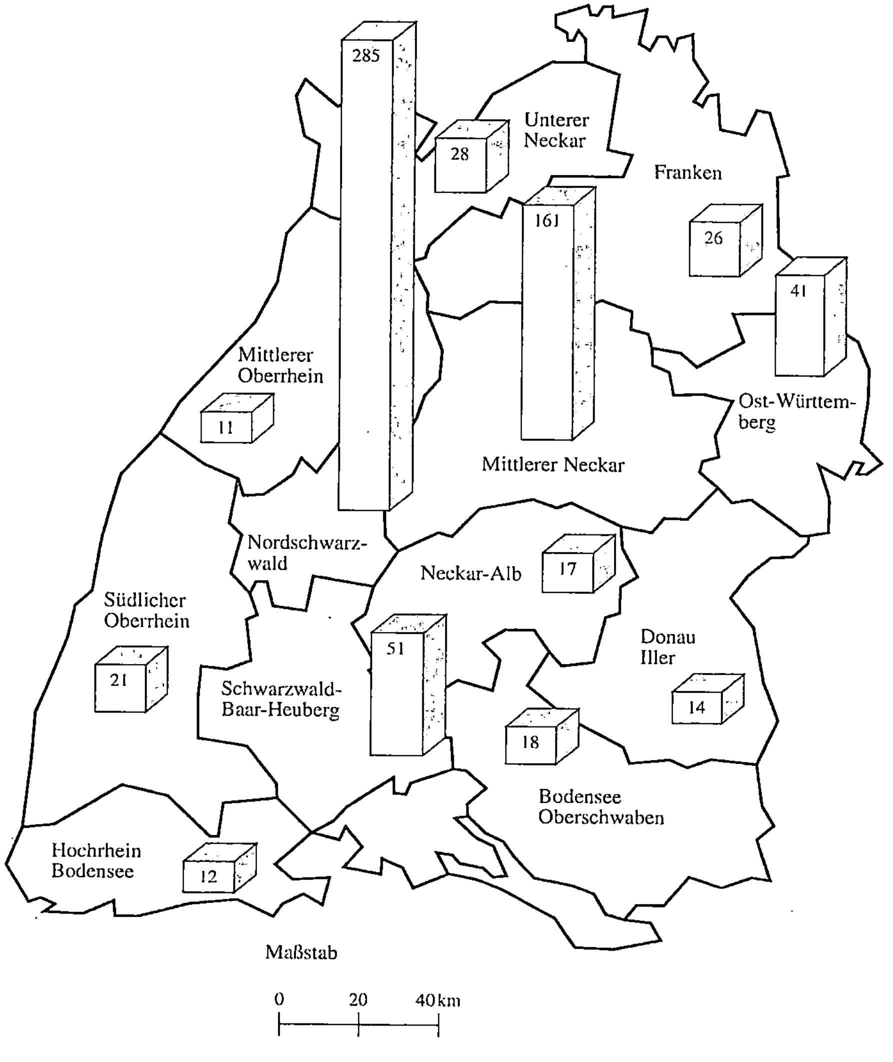

Prozeßleittechnik sowie in den physikalischen, chemischen und biologischen Reinigungssystemen erforderlich. Der sparsame Umgang mit Energie ist im Hinblick auf die Ressource Wasser nicht zuletzt auch deshalb wichtig, weil bei der derzeitigen Technik der Stromerzeugung in Kondensationskraftwerken ein erhöhter Strombedarf zur Steigerung des Kühlwasseranfalls im Kraftwerk führt und der Abbau von Kohle einen erheblichen Eingriff in die Hydrologie des jeweiligen Kohlereviers bedeuten kann (z.B. im Falle des Braunkohletagebaus).

3.4.4   Wassersparmaßnahmen in der Landwirtschaft

Die Landwirtschaft ist weltweit der größte Wasserverbraucher. Der überwiegende Anteil des Wassers wird für die künstliche Bewässerung verwendet, die für die Viehhaltung benötigte Menge ist demgegenüber weniger bedeutsam. Weltweit erreichen weniger als 40 % des Bewässerungswassers tatsächlich die Kulturen [FAO zitiert nach AGRA-EUROPE 1994].

Wasser, welches natürlicherweise von Nutzpflanzen dem Boden zur Produktion von Biomasse entzogen wird, findet bei Bilanzierungen des Wasserverbrauchs in der Regel keine Berücksichtigung. In Baden-Württemberg dürfte dies eine Menge von ca. 10 Mia. m³/a ausmachen. Zur Bewässerung nutzt die Landwirtschaft in Baden-Württemberg hierzu vergleichsweise wenig Wasser: schätzungsweise 120–130 Mio. m³ [STEINER ET AL. 1996].

Die Bewässerung spielt heute in Baden-Württemberg hauptsächlich in der südbadischen Rheinebene (Kreise Lörrach, Breisgau-Hochschwarzwald, Emmendingen und Ortenaukreis) eine bedeutende Rolle. Die Menge des Beregnungswassers in den vier genannten Landkreisen betrug 1993 ca. 8 Mio. m³ gegenüber ca. 1 Mio. in den 70er Jahren. Im gleichen Zeitraum hat sich die Bewässerungsfläche verdreifacht, die hektarbezogene Beregnungsmenge stieg von 500 m³ auf deutlich über 1000 m³/a an [GEILER 1995]. Für den westlichen Teil des Landkreises Breisgau-Hochschwarzwald ermittelte das Geologische Landesamt für das Jahr 1991 eine Bewässerungswassermenge zwischen 4 und 7 Mio. m³. Genauere Angaben sind aufgrund uneindeutiger Zuweisungen nicht möglich [GEOLOGISCHES LANDESAMT 1995]. Auch in anderen Gebieten Baden-Württembergs hängen optimale Ernten von einer Zusatzbewässerung ab (Unterland bei Heilbronn, Hohenlohe). In der Region südlich von Stuttgart wird auf den Fildern mit erheblichen Subventionen des Landwirtschaftsministeriums ein großer Beregnungsverband aufgebaut [GEILER 1994].

Die Länderarbeitsgemeinschaft Wasser sieht vor allem im Hinblick auf die Bewässerung der landwirtschaftlichen Kulturen Handlungsbedarf. Sie verlangt zum ersten eine standortgerechte Landbewirtschaftung, die nach Möglichkeit auf eine künstliche Bewässerung verzichten kann. Wenn Bewässerung dennoch erforderlich ist, sollen die Wasserbehörden die Wasserentnahme nur mit Mengennachweis gestatten. Die Beregnung soll dann durch die Aufstellung eines Beregnungsplans und Beregnungssteuerung entsprechend den Informationen von Bodenfeuchte-meßgeräten erfolgen. Durch Auswahl geeigneter Beregnungszeiten sollen die Verluste durch Abdrift (Beregnen bei Windstille) und Verdunstung (Beregnen am Abend) minimiert werden [LAWA 1994].

Im Bereich der Tierhaltung zieht die LAWA den Festmist der Schwemm-entmistung* vor. Aufgrund der in der Regel großen Dachflächen von landwirtschaftlichen Betrieben scheint die Regenwassernutzung gerade für die Landwirtschaft relativ hohe Einsparraten von Trinkwasser zu ermöglichen [LAWA 1994].

Am Ende dieses Kapitels zum Wassersparen wollen wir auf ein wichtiges, wenn nicht das zentrale Argument für Wassersparmaßnahmen in einem wasserreichen Land hinweisen: nämlich auf die mit Wassersparmaßnahmen verbundene <u>Reduzierung von Abwassermengen</u>. Denn in unserem Land deuten alle Indizien darauf hin, daß nicht die Erschöpfung der Ressource Wasser, sondern ihre begrenzte Aufnahmefähigkeit für Abfälle die Grenzen des Wachstums ziehen. Da diesem komplexen Thema das nachfolgende Kapitel gewidmet ist (Kapitel 4), behandeln wir dort auch die diesbezüglichen Auswirkungen von Wassersparmaßnahmen.

3.5 Substitution von Trinkwasser durch Regen- und Grauwassernutzung

Neben Verbrauchsreduzierungen schont auch die Substitution durch Regen*- oder Grauwasser* die Trinkwasservorräte, die in Baden-Württemberg überwiegend auf Grundwasser beruhen (siehe Kapitel 3.1.1). Unter dem Begriff „Regenwasser"* wird in diesem Zusammenhang das von Dachflächen ablaufende und in Behältern aufgefangene Wasser (Dachablaufwasser) verstanden. Grauwasser ist für Waschen oder Körperpflege bereits verwendetes Wasser, welches vor einer Wiederverwendung zwischengereinigt wird. Während drastische Einsparmaßnahmen aufgrund des damit verbundenen geringen Durchflusses vor allem bei der Toilettenspülung zu Verstopfungen im Bereich der Grundstücksentwässerung führen können (siehe Kapitel 3.4), kann die Kombination von mäßigen Wassersparmaßnahmen (ca.- 30 %) und Substitution durch Regen- oder Grauwasser zu erheblichen Einsparungen von Trinkwasser bei gleichzeitiger Kompatibilität mit dem gegenwärtigen Entwässerungssystem beitragen.

Bei der Regenwassernutzung ist weiterhin vorteilhaft, daß Mischwasser-kanalisationen* das Zusatzwasser bei Regenereignissen erst zeitversetzt verkraften müssen, weil ein Teil des Niederschlags in den jeweiligen Speichern aufgefangen wird und erst verzögert nach entsprechender Nutzung als Abwasser in Erscheinung tritt. Die Nutzung von Regenwasser* kann bei entsprechender stofflicher Beschaffenheit und geeigneten hydrogeologischen Verhältnissen mit der Versickerung kombiniert werden, was zu einer weiteren Entlastung des Kanalsystems beiträgt (siehe Kapitel 4), die Grundwasserneubildung* fördert und positive Auswirkungen auf das Kleinklima hat. Für die Nutzung von Regenwasser* im Haushalt kommen prinzipiell Gartenbewässerung, Wäschewaschen sowie WC-Spülung in Frage.

3.5.1 Regenwassernutzung

Die einfachste Form der Regenwassernutzung* ist die Regentonne. In modernen Regenwasseranlagen wird das von den Dachflächen ablaufende Wasser mehrfach gereinigt: Nach einer ersten Grobreinigung zur Entfernung von Blättern etc. wird das Wasser einem Speichergefäß (Zisterne, Tank) zugeführt. Dort erfolgt durch Sedimentation feinerer Schmutzpartikel ein weiterer Reinigungsschritt. Eine nochmalige qualitative Verbesserung des gesammelten Dachwassers ist dadurch möglich, daß die erste ablaufende, stärker verschmutzte Charge in die Kanalisation geleitet wird (Erstverwurf). Dies geschieht bisher dergestalt, daß pauschal ein gewisses Volumen (1–2 mm des Niederschlags) verworfen wird. Diese Abtrennung von stärker und weniger stark verschmutzem Dachablaufwasser wird als Regenwasserfraktionierung bezeichnet. Der Nachteil dieser pauschalen Fraktionierung besteht darin, daß vor allem bei sich wiederholenden kurzen Regenereignissen ein relativ großer Anteil des Dachwassers (30 % und mehr) ungenutzt abgeleitet wird [ROTT UND SCHLICHTIG 1994c]. Eine intelligente Variante des Regenwasserfraktionierers entwickelte Ende der 80er Jahre ein Überlinger Architekturbüro. Dessen Fraktionierer legt den Beginn des Sammelns entsprechend der Wasserqualität nach einer Leitfähigkeitsprüfung* des ablaufenden Wassers fest. Da mit all diesen Reinigungsschritten die von den Dachflächen stammende Schmutzfracht nicht vollständig eliminiert werden kann, ist Wasser aus Dachflächenabflüssen mit Schadstoffen (manche Metalle, Bakterien) stärker belastet als Regenwasser, bevor es die Dachflächen passiert hat (Tab. 3-17 und Tab. 3-18).

Den genannten Vorteilen der Regenwassernutzung* stehen vor allem hygienische Bedenken gegenüber, die derzeit kontrovers diskutiert werden – Stichwort „Spatzenschißwasser". Es bestehen zwei zentrale Probleme: zum einen die hygienischen Bedenken gegen die Nutzung von Dachablaufwasser in Privathaushalten in Hinblick auf mögliche gesundheitliche Beeinträchtigungen von Kindern, zum anderen die sich für die Trinkwasserversorgung ergebenden Risiken durch Fehlanschlüsse der Versorgungsleitungen in den Haushalten. Unter Hinweis auf eine Untersuchung in Frankfurt, wonach von 55 Regenwasseranlagen rund die Hälfte nicht ordnungsgemäß installiert waren, fürchtet der Bundesverband der deutschen Gas- und Wasserwirtschaft (BGW) um die Qualität des Trinkwassers für den Fall, daß die Nutzung von Regenwasser für Toilettenspülung und Wäschewaschen entsprechend einem Petitum des Bundesrats in der EU-Trinkwasserrichtlinie festgeschrieben würde [ZEITUNG FÜR KOMMUNALE WIRTSCHAFT vom 13.1.96].

Nach Ansicht des Landesgesundheitsamtes Baden-Württemberg limitiert neben der primären mikrobiologischen Belastung des Dachablaufwassers die Gefahr

Tab. 3-17: Physikalisch-chemische Beschaffenheit von Niederschlag, Grauwasser sowie von verschiedenen Niederschlagsabflüssen
Quelle: [LANGE 1995] und [ROTT UND SCHLICHTIG 1994b]

Parameter	Nieder-schlag	kommu-nales Schmutz-wasser	Grau-wasser	Dach-ablauf-wasser	Straßen-ablauf-wasser	Regen-wasser im qualitat. Trenn-system	Nieder-schlags-wasser im Misch-verfahren	Trink-wasser-ver-ordnung
pH-Wert	3-8,5	6,6-8,6	6,6-9,5	4,9-9,3	6,4-7,6	6,6-7.3	—	—
LF (μS/cm)	19-325	—	—	12-1 400	108-962	—	—	
	mg/l	mg/l	mg/l	mg/l	mg/l	mg/l	mg/l	mg/l
absetzbare Stoffe	—	—	2-3	—	—	—	—	
AFS	5-13	—	—	3-949	134-937	134-252	—	
BSB_5	—	150-500	50-200	—	—	10	114	
CSB	8-26	300-1.000	200-450	5-399	47-250	54	135	—
TOC	~1,5	—	—	0,9-96	12-28,3	—	—	—
NH_4^+-N	~0,2	30-60	1-7	0,6-4	4-14,4	~0,8	—	<1
NO_3^--N	0,6-0,7	—	—	0,2-8	0,04-11,4	—	—	<50
NO_2^--N	~0,05	—	—	0,3-0,5	0,02-0,7	1,8-3,5	—	<0,1
N-Ges	2	30-100	5-20	1,6	—	3,5	20	
PO_4^{3-}-Ges	0,04-0,3	3,16-6,32	0,13-0,63	0,02-1,7	0,6-2,3	0,06-1,7	2,21	<6,7
P-Ges	0,12-0,92	10-20	0,4-2	0,06-5,21	1,84-7,05	0,2-5,21	7	
Chloride	1-10	—	—	0,5-173	86-357	—	—	<250
	μg/l	μg/l	μg/l	μg/l	μg/l	μg/l	μg/l	μg/l
Blei	1-80	—	—	1-300	21-900	163-304 ·	—	<40
Cadmium	1-3	—	—	1-4,4	2,8-28	2,8-6,1	—	<5
Zink	50-199	—	—	50-450	320-2.000	320-440	—	—
Kupfer	7-200	—	—	10-880	10-400	58-136	—	—
Nickel	~5	—	—	0,5-10,6	35-63	~35	—	<50
PAK	n.n.	—	—	~0,5	0,24-3	0,2-2,9	—	<0,2

Tab. 3-18: Bakteriologische Beschaffenheit von Grau- und Dachablaufwasser
Quelle: [ROTT UND SCHLICHTIG 1994b]

	Colititer	Gesamt-coliforme Bakterien in 100 ml	Fäkal-coliforme Bakterien in 100 ml	Koloniezahl bei 20°C	Koloniezahl bei 36°C
Grauwasser	10^{-4}	> 24.000	40-140	$1,5 \times 10^7$	$1,8 \times 10^7$
Dachablauf-wassser		n.n. - 140	n.n. - 140	$< 10^2 - > 10^4$	$< 10^2 - > 10^4$
EG-Richtlinie für Badegewässer zwingender Wert in 100 ml		10.000	2.000		

der sekundären Aufkeimung in den Speichern den Einsatz im Haushalt und erlaubt eine Empfehlung zur Nutzung in <u>Waschmaschinen</u> aus hygienischer Sicht nicht [HINGST 1993]. Nach Hamburger und Bremer Untersuchungen [MOLL 1990, HOLLÄNDER ET AL. 1993] ließ sich jedoch kein Unterschied in der bakteriellen Belastung der Wäsche erkennen, gleichgültig, ob sie mit Trink- oder mit Dachablaufwasser gewaschen worden war. Demnach ist für den Restkeimgehalt der gewaschenen Wäsche der Keimgehalt in der Kleidung vor der Wäsche entscheidender als die Waschwasserqualität. Aufgrund dieser Ergebnisse hat die Hamburger Gesundheitsbehörde keine Bedenken gegen die Verwendung von Dachablaufwasser beim Waschen der Wäsche [SCHÜLE UND SCHLICHTIG 1995]. Die meist geringere Härte* des Dachablaufwassers im Vergleich zum Trinkwasser in Hartwassergebieten erlaubt geringere Dosierungen von Waschmitteln und ist deshalb positiv im Hinblick auf die Abwasserbelastung und den Gewässerschutz zu sehen. Allerdings schwindet die Bedeutung dieses Effekts mit der Marktposition neuerer Superkompaktwaschmittel, die deutlich weniger härtesensibel sind und deren Dosierempfehlungen entsprechend geringere Differenzen in Bezug auf die Wasserhärte* enthalten [GEILER 1995].

Die Nutzung von Dachablaufwasser zur <u>WC-Spülung</u> wird vom Landesgesundheitsamt Baden-Württemberg differenziert beurteilt: In öffentlichen Einrichtungen (Altenheimen, Kindergärten, Krankenhäusern) lehnt das Amt Regenwasser für diesen Verwendungszweck ab. In Privathaushalten scheint es dem Amt aufgrund des Vergleichs dieses Risikopotentials mit anderen Risiken, die eigenverantwortlich eingegangen werden (es nennt als Beispiele den Alkohol- und Nikotinkonsum) nicht erforderlich, den Einsatz von Dachablaufwasser zu untersagen, während sich das Bundesgesundheitsamt gegen die Nutzung von Dachablaufwasser im Haushalt aussprach [BGA 1993]. Seitens der baden-württembergischen Gesundheitsverwaltung wird jedoch ein erheblicher Aufklärungsbedarf über die im Vergleich zur Trinkwassernutzung bestehenden Risiken für erforderlich gehalten. Die Nutzung von Dachablaufwasser aufgrund der baurechtlichen Möglichkeiten durch Satzung vorzuschreiben (§ 74 Abs. 3, Nr. 2 Landesbauordnung), lehnt die Gesundheitsverwaltung in Baden-Württemberg aus Gründen der Fürsorge strikt ab. Ingesamt sieht das Landesgesundheitsamt keine Notwendigkeit, das Dachablaufwasser über die Nutzung zur <u>Gartenbewässerung</u> hinaus zu forcieren [HINGST 1993]. Diese Auffassung findet sich im novellierten Landeswassergesetz (§ 43b) wieder (siehe Nachtrag am Ende des Bandes).

Untersuchungen der Universität Stuttgart an neun Regenwassernutzungsanlagen in Gebieten mit unterschiedlicher Luftbelastung Baden-Württembergs haben ergeben, daß bei den meisten chemischen Parametern das Dachablaufwasser selbst den Ansprüchen der Trinkwasserverordnung (TVO) genügt. Die bakterielle Belastung entspricht zwar nicht der TVO, hält aber die Grenzen der EG-Richtlinie über die Qualität der Badegewässer ein, so daß die Nutzung von Dachablaufwasser zur WC-Spülung keiner Einschränkung unterliegen muß [SCHÜLE UND SCHLICHTIG 1995, ROTT UND SCHLICHTIG 1994a]. Auch nach Ansicht von Dott und Nolde [1993] ist die Einhaltung der EG-Richtlinie für Badegewässer für ein Wasser zur Toilettenspülung völlig ausreichend.

Die mit der Regenwassernutzung verbundene Einsparung von Trinkwasser betrug bei den o.g neun untersuchten Anlagen in Baden-Württemberg zwischen 23 % und 64 % [ROTT UND SCHLICHTIG 1994b].

Wenn Regenwasser innerhalb der Wohnungen verwendet werden soll, ist ein zweites Leitungssystem erforderlich. Einigkeit herrscht unter Befürwortern und Gegenern der Regenwassernutzung darüber, daß Dachablaufwasser nicht in die Leitungen des Trinkwassernetzes eindringen darf [HINGST 1993, SCHÜLE UND SCHLICHTIG 1995]. Hierdurch eintretende Verschmutzungen erfordern eine Desinfektion unter hoher Dosierung von Chlor mit anschließender Freispülung der Leitungen. Dies bedeutet neben der chemischen Belastung des Abwassers auch einen erheblichen Trinkwasserverbrauch. Die aus dieser denkbaren mikrobiellen Verunreinigung des Leitungswassers resultierende Gefährdung der Bevölkerung ganzer Wohngebiete erfordert nach Ansicht des Landesgesundheitsamts die umfassende und lückenlose öffentliche Kontrolle aller privaten Nutzungsanlagen von Dachablaufwasser [HINGST 1993].

Da die Techniken zur sicheren Fernhaltung von Regenwasser aus dem Trinkwassernetz vorhanden sind, bestehen vor allem Bedenken gegen Do-it-Yourself-Regenwasseranlagen, die nicht immer den erforderlichen Sicherheitsstandard aufweisen. Als Maßnahmen gegen Fehlanschlüsse wird zum einen die obligatorische Abnahme von Regenwasseranlagen durch das zuständige Wasserversorgungsunternehmen vorgeschlagen [WIRSING 1995], was die Wasserversorger unter prinzipiellen, aber auch unter arbeitsökonomischen Aspekten teilweise ablehnen. Denkbar ist auch die Kontrolle durch Fachfirmen bzw. die Technischen Überwachungsvereine. Zum anderen erhofft man sich von finanziellen Förderungen, die an den Nachweis der fachkundigen Installation geknüpft sind, die weitgehende Reduzierung des Do-it-Yourself-Einbaus. Baden-Württemberg stellt zur Zeit keine generellen Fördermittel für den Einbau von Regenwasseranlagen zur Verfügung, während verschiedene Kommunen solche Vorhaben mit teilweise über 1.000 DM je Einzelfall fördern. Hierbei ist ein sozialer Aspekt zu berücksichtigen: Da Regenwasseranlagen* aufgrund des Verhältnisses von Dachfläche zu Bewohnerzahl in Ein- oder Zweifamilienhäusern am sinnvollsten zu betreiben sind, in diesen Bautypen jedoch eher überdurchschnittlich situierte Personen leben, bedeutet die Subventionierung dieser Anlagen eine finanzielle Förderung des eher besser gestellten Bevölkerungsteils. Aufgrund des hohen Fixkostenanteils der Wasserversorgung werden die Kubikmeterpreise für Trinkwasser bei deutlich zurückgehendem Verbrauch steigen, wovon auch z.B. Bewohner von Wohnblöcken betroffen sein werden, die schon aus baulichen Gründen keine Regenwasseranlagen* betreiben können [GEILER 1995].

Günstige Voraussetzungen zur Regenwassernutzung bieten auch landwirtschaftliche oder gewerbliche Betriebe mit entsprechend großen Dachflächen. Im Terminal 2 des Frankfurter Flughafens werden beispielsweise zur Toilettenspülung und ggf. Brandbekämpfung pro Jahr ca. 15.000 m³ Dachablaufwasser verwendet [FRANKFURTER RUNDSCHAU 21.10.1994]. Diese Menge ist allerdings weniger als 1 % des gesamten Wasserverbrauchs des Flughafens von jährlich ca. 2 Mio. m³ [PFEIFFENBERGER 1995].

Durch kombinierte Verfahren der Regenwassernutzung und Versickerung können neben der Verringerung von Abflußspitzen in der Kanalisation auch erhebliche Schadstofffrachten, die aus der atmogenen Deposition oder aus der Haus-
installation stammen, von der Kanalisation ferngehalten werden. Tabelle 3-19 zeigt,
daß in Regenwasseranlagen abgesetzter Schlamm bei einigen Parametern die Grenzwerte der Klärschlammverordnung nicht einhält. Durch die Zurückhaltung dieser
Schadstoffe im Regenwassertank werden sie von Oberflächengewässern (im Falle
von Mischwasserentlastungen* – siehe Kapitel 4) und vom Klärschlamm (bei Abfluß in eine Kläranlage) getrennt gehalten. Das Problem der Entsorgung dieser
dezentral anfallenden Schlämme muß allerdings mitbedacht werden.

Am Beispiel der Wasserversorgung in Bremen kamen Müller und Kollegen zu
dem Ergebnis, daß die zentrale Trinkwasserversorgung und die Nutzung von Dachablaufwasser einen vergleichbaren Energieaufwand erfordern [MÜLLER ET AL. 1995].
Aufgrund der gegenwärtigen Datenlage können wir nicht beurteilen, ob diese Ein-
schätzung generell zutrifft. Eine Energiebilanz zur Nutzung von Dachablaufwasser
in Baden-Württemberg wird derzeit erstellt [ROTT 1995, pers. Mitt.]. Im Hinblick
auf unsere in Kapitel 1 aufgestellten Managementregeln ist es wichtig, daß die
Nutzung von Dachablaufwasser keinen höheren Energieeinsatz erfordert, als dies
bei der Bereitstellung von Trinkwasser der Fall ist. Anderenfalls würde die erneuerbare Ressource Wasser durch nicht erneuerbare Energieträger – auf denen
über 90 % der Energieerzeugung in Baden-Württemberg beruhen – ersetzt.

3.5.2 Grauwassernutzung

Grauwasser ist im Unterschied zu Fäkalabwasser (Schwarzwasser*) leicht verschmutztes Wasser aus Bad, Dusche oder Handwaschbecken. Es kann nach entsprechender Aufbereitung als Toilettenspülwasser Verwendung finden. Die Aufbereitung ist notwendig, um Fäulnis und Geruchsbildung zu vermeiden. Bei der
Grauwassernutzung* steht weniger die Einsparung von Trinkwasser im Vordergrund (schlechtes Kosten-/Nutzenverhältnis), sondern die dezentrale Reinigung
von Abwasser, so daß die „Nutzung" des Grauwassers eher einen Nebeneffekt der

Tab. 3-19: Schwermetallgehalte von Regenwasseranlagen
Quelle: [MOLL 1990]

Parameter	Meßwert (mg/kg TS)	Vergleichswerte nach Klärschlammverordnung (mg/kg Schlamm-Trockenmasse)
Arsen	3	
Cadmium	3	10
Blei	965	900
Kupfer	220	800
Zink	10.200	2.500

Abwasserreinigung darstellt. Der mit der Aufbereitung verbundene Aufwand ist deutlich höher als bei der Regenwassernutzung. Deshalb, aber auch wegen der Unabhängigkeit von der zur Verfügung stehenden Dachfläche, sind die Voraussetzungen zur Grauwassernutzung eher in mehrgeschossigen Gebäuden bzw. in Gebäudekomplexen gegeben als in Ein- oder Zweifamilienhäusern. Als Aufbereitungsanlagen kommen Tropfkörperanlagen* oder bewachsene Bodenfilter (Beschreibung in Kapitel 4) mit nachgeschalteter UV-Desinfektion zum Einsatz.

Eine Nutzung von Grauwasser findet in Deutschland bisher nur im Rahmen von Pilotprojekten statt. Entsprechende Anlagen werden z.B. in Berlin in ca. 100 Haushalten betrieben. Trotz der bisher positiven Ergebnisse wird eine allgemeine Empfehlung von den Ergebnissen notwendiger Langzeitstudien abhängen, die außer der Nutzung den Betrieb und die Kontrolle der Anlagen umfassen muß [DOTT UND NOLDE 1993]. Auch für die Grauwassernutzung* liegt noch keine vergleichende Ökobilanz vor.

Fazit:

Insgesamt ist in Baden-Württemberg keine Übernutzung der Wasserressourcen festzustellen. Ausnahmen bestehen im Raum Mannheim / Weinheim, wo die Grundwasserentnahmen von öffentlichen Wasserversorgern und Industrie* zum Absinken des Grundwasserspiegels* im Hessischen Ried mit beitragen und in der Rheinebene, wo teilweise aus qualitativen Gründen auf tiefes (altes) Grundwasser zurückgegriffen werden muß. Die Fernwasserversorgung führt in den Förderregionen bisher nicht zu erkennbaren ökologischen Schäden, kann aber in den Empfängerregionen zu nicht nachhaltigen Zuständen beitragen. Die Grenzen der Nachhaltigkeit könnten unter politischen Aspekten dann erreicht werden, wenn sich die Lieferregionen über Gebühr finanziell belastet oder in ihrer Entwicklungsfähigkeit eingeschränkt sehen. Im baden-württembergischen Hinterland des Bodensees wird teilweise künftig eine zusätzliche finanzielle Belastung aufgrund besonderer Abwasserreinigungsmaßnahmen befürchtet. Aufgrund von Einsprüchen der Bodenseewasserversorgung bzw. des Landes Baden-Württemberg gegen schweizer Projekte wird z.T. auch dort eine Behinderung der eigenen Entwicklungsfähigkeit gesehen.

Während der industriell-gewerbliche Wasserverbrauch seit langem rückläufig ist, haben die Energieversorger und die Öffentliche Wasserversorgung erst vor kurzem den Zenit der Inanspruchnahme der Ressource überschritten. Ausgeprägte Wassersparmaßnahmen durch den Einsatz neuer Techniken sowie die Substitution von Trinkwasser durch Dachablaufwasser scheinen zum Teil mit einer Erhöhung des Energieeinsatzes verbunden zu sein. Dies ist mit den Kriterien für nachhaltiges Wirtschaften wenig vereinbar. Wenn jedoch die Substitution von Trink- durch Dachablaufwasser integraler Bestandteil einer modernen Regenwasserbehandlung – bestehend aus Retention, Nutzung, Versickerung oder oberflächlichen Ableitung – wird, führt dies zusätzlich zu einer Reduzierung der Schmutzwassermenge (bei Mischwasserkanalisationen*) und somit zu einer Verbesserung der Gewässerqualität. Ein derartiges Regenwassermanagement ist im Hinblick auf einen nachhaltigen Umgang mit der Ressource Wasser mit großer Wahrscheinlichkeit positiver zu bewerten als die isolierte Regenwassernutzung.

3.6 Literatur

AGRA-EUROPE 1994
> Landwirtschaft ist der weltweit größte Wasserverbraucher. AGRA-EUROPE Nr. 43/1994. Länderberichte S. 24.

ANONYMUS 1992
> Der Bodensee hat als Trinkwasserspeicher Priorität vor anderen Nutzungsarten. Wasserwirtschaft 10/1992. 82. Jg. S. 517.

ANONYMUS 1991
> Niedrigwasser im Neckar. Wasserwirtschaft. 12/1991. 81. Jg. S. 601.

BEHRENDS UND ABELS 1995
> Behrends G., Abels B.: 50 % Einsparung sind ein Kinderspiel. In: Koenigs T. (Hrsg.): Minus 50 % Wasser möglich! Taunusstein. S. 37–42. 1995

BGA 1993
> Bundesgesundheitsamt: BGA gegen die Nutzung von Dachablaufwasser im Haushalt. BGA-Pressedienst. Nr. 50 v. 24.11.1995.

BMU 1994
> Bundesministerium für Umwelt, Naturschutz und Reaktorsicherheit (Hrsg.): Umweltpolitik – Wasserwirtschaft in Deutschland. Bonn. 1994.

BUNDESMINISTERIEN 1995
> 44. Jahresbericht der Wasserwirtschaft. Gemeinsamer Bericht der mit der Wasserwirtschaft befaßten Bundesministerien – Haushaltsjahr 1994. Wasser und Boden 47. Jahrg. 7/1995. S. 10–104.

BÜRINGER UND JÄGER 1995
> Büringer H., Jäger P.: Die Wassergewinnung im Rahmen der öffentlichen Wasserversorgung 1993. Baden-Württemberg in Wort und Zahl. 5. 1995. S. 214–218.

BURY 1993
> Bury R.: Verbrauchsorientierte Wasserpreise. Umweltministerium Baden-Württemberg (Hrsg.): Wasser sparen... ...aber wie? Stuttgart. 1993.

BWV 1995a
> Umlagesystem den Erfordernissen angepaßt. Kristallklar 6/95. 80. Jg. S.13.

BWV 1995b
> Zweckverband Bodensee-Wasserversorgung: Jahresbericht 1994. Stuttgart. 1995.

BWV 1994
> Zweckverband Bodensee-Wasserversorgung: Jahresbericht 1993. Stuttgart. 1994.

BWV 1993
> Zweckverband Bodensee-Wasserversorgung: Wasser aus dem Bodensee. Stuttgart. Juni 1993.

DEUTSCHER RAT FÜR LANDESPFLEGE 1994
> Deutscher Rat für Landespflege (Hrsg.): Konflikte beim Ausbau von Elbe, Saale und Havel. Schriftenreihe des Deutschen Rats für Landespflege. Nr. 64. 1994.

DIN 4049-3
> Deutsches Institut für Normung: Hydrologie, Teil 3: Begriffe zur quantitativen Hydrologie (DIN 4049-3). Oktober 1994.

DOTT UND NOLDE 1993
> Dott W., Nolde E.: Nutzung von gereinigtem Grauwasser zur Toilettenspülung in Mehrfamilienhäusern. In: Umweltministerium Baden-Württemberg (Hrsg.): Wasser sparen... ...aber wie? Stuttgart. 1993.

DVWK 1987
> Deutscher Verband für Wasser- und Kulturbau (Hrsg.): Erkundung tiefer Grundwasserzirkulationssysteme – Grundlagen und Beispiele. DVWK Schriftenreihe. Bd. 81. 1987.

DVWK 1983
  Einsele G., Josopait V., Seiler K.P., Werner J.: Beiträge zu tiefen Grundwässern und zum Grund-
  wasser-Wärmehaushalt. DVWK Schriftenreihe. Bd. 61. 1983.

ENGESSER 1984
  Engesser W.: Grundwasser im Rhein-Neckar-Raum, Geologie und Hydrogeologie. Mitteilungen
  des Wasserwirtschaftsverbands Baden-Württemberg e.V. 1984. S. 40–44.

GABL 1990
  Gemeinsames Amtsblatt: Verwaltungsvorschrift des Umweltministeriums über die Einführung
  der Richtlinien für die Reinhaltung des Bodensees vom 7. Februar 1990. GABl./1990. S.169–192.

GEILER 1995
  Geiler N.: Ökologische Aspekte der Regenwassernutzung im Haushalt. Vortrag anläßlich des
  Seminars „Regenwassernutzung" am 14.2.1995 im Umweltbundesamt Berlin. 1995. (Unveröf-
  fentlicht.)

GEILER 1995
  Geiler N.: Wassereinsparung bzw. Rationelle Wassernutzung und ihre Kosten – Ökologische
  Belastungen bei der Wasserver- und Abwasserentsorgung sowie deren monetäre Bewertung;
  erstellt im Auftrag des Öko-Instituts Freiburg im Rahmen einer Studie für das Umweltministerium
  von Baden-Württemberg: „Least Cost Planning in der Wasserversorgung". 1995.

GEILER 1994
  Geiler N.: Notwendigkeit von Wassersparmaßnahmen in Baden-Württemberg – ökologische und
  ökonomische Aspekte. In: Lehn H., Steiner M., Mohr H. (Hrsg.): Wasser – die elementare Ressource (Materialienband). Arbeitsbericht Nr. 52 der Akademie für Technikfolgenabschätzung in
  Baden-Württemberg. Stuttgart. 1996.

GELLER 1993
  Geller A. N.: Verringerung des Frischwassereinsatzes und Auswirkungen auf Kreislaufwasser-
  belastungen. 1993. (Unveröffentlicht.)

GEOLOGISCHES LANDESAMT 1995
  Geologisches Landesamt Baden-Württemberg: Darstellung des nutzbaren Grundwasserdargebots
  in verschiedenen Grundwasserlandschaften Baden-Württembergs am Beispiel von drei vertie-
  fenden Fallstudien. Gutachten im Auftrag der Akademie für Technikfolgenabschätzung in Baden-Württemberg. Stuttgart. 1995. (Unveröffentlicht.)

GÜDE 1994
  Güde H.: Die bakteriologische Belastung der Schussen. LfU (Landesanstalt für Umweltschutz
  Baden-Württemberg) (Hrsg.): Jahresbericht 1993. S. 138–146. Karlsruhe. 1994.

HAAKH 1994
  Haakh F.: Überlegungen zur Entwicklung der Nitratkonzentration im Grundwasser des Donaurieds. In: Zweckverband Landeswasserversorgung (Hrsg.): LW-Schriftenreihe Heft 14. Dezember 1994.

HAEBERLI 1993
  Haeberli W.: Gletscherschwund in den Alpen: Regionale Vorboten des verstärkten Treibhausef-
  fekts ? CIPRA Deutschland e.V. (Hrsg.): Alpen ohne Wasser ? S. 13–18. München. 1993.

HGK BADEN-WÜRTTEMBERG 1985
  Ministerium für Ernährung, Landwirtschaft und Forsten und Ministerium für Wirtschaft, Mit-
  telstand und Technologie Baden-Württemberg (Hrsg.): Hydrogeologische Karte von Baden-
  Württemberg – Grundwasserlandschaften. Freiburg und Karlsruhe. 1985.

HGK KARLSRUHE-SPEYER 1988
  Ministerium für Umwelt Baden-Württemberg, Ministerium für Umwelt und Gesundheit Rhein-
  land-Pfalz (Hrsg.): Hydrogeologische Kartierung und Grundwasserbewirtschaftung im Raum
  Karlsruhe-Speyer. Stuttgart, Mainz. 1988.

HGK RHEIN-NECKAR 1987
  Ministerium für Umwelt Baden-Württemberg, Hessischer Minister für Umwelt und Reaktor-
  sicherheit, Ministerium für Umwelt und Gesundheit Rheinland-Pfalz (Hrsg.): Hydrogeologische
  Kartierung und Grundwasserbewirtschaftung im Rhein-Neckar-Raum. Stuttgart, Wiesbaden,
  Mainz. 1987.

Hingst 1993

Hingst V.: Hygienische Bewertung der Nutzung von Dachablaufwasser. In: Umweltministerium Baden-Württemberg (Hrsg.): Wasser sparen... ...aber wie? Stuttgart. 1993.

Holländer et al. 1993

Holländer R., Block D., Walter C.: Hygienische Aspekte bei der Wäsche mit Regenwasser. Forum Städte-Hygiene. 44. 1993. S. 252–256.

Hölting 1992

Hölting B.: Ökologische Aspekte der Grundwassergewinnung in der Bundesrepublik Deutschland. gwf Wasser-Abwasser. 12. 133. 1992.

Hollan 1993

Hollan E.: Synoptische Messungen der winterlichen Tiefenwassererneuerung im Bodensee. Berichte der Landesanstalt für Umweltschutz Baden-Württemberg. Jahresbericht 1992. S.234–240.

Hruza 1996

Hruza P.: Die Wiener Wasserleitungen. Vortrag auf der Tagung: Water Saving Strategies in Urban Renewal. Europäische Akademie für städtische Umwelt. Wien. 1.–3.2. 1996.

Huster et al. 1991

Huster R., Demel I., Geller A.: Closing Paper Mill Whitewhater Circuits by Inserting an Anaerobic Stage with Subsequent Treatment Wat. Sci. Tech. Vol 24. No.3/4. 1991. S. 81–90.

IBKF 1995

Internationale Bevollmächtigten Konferenz für die Fischerei im Bodensee-Obersee: Die Fischerei im Bodensee-Obersee im Jahre 1994 – Gesamtbericht. Anlage zum Protokoll der Konferenz der IBKF vom 21. Juni 1995.

IGKB 1995

Internationale Gewässerschutzkommission für den Bodensee: Aktueller Bericht über den limnologischen Zustand des Bodensees im Seejahr 1994/95. 1995. (Unveröffentlicht.)

IGKB 1989

Internationale Gewässerschutzkommission für den Bodensee: Die Belastung des Bodensees mit Phosphor- und Stickstoffverbindungen, organisch gebundenem Kohlenstoff und Borat im Abflußjahr 1985/86. Ber. Int. Gewässerschutzkomm. Bodensee 40. 1989.

Ipsen 1994

Ipsen D.: WasserNutzen. Forschungsprojekt Wasserkreislauf und urban-ökologische Entwicklung (Hrsg.): Wasserkultur. Nr. 3. Oktober 1994. S. 30–37.

Jäger 1994

Jäger P.: Trink- und Abwasserpreise 1994. Baden-Württemberg in Wort und Zahl. 11. 1994. S. 531–536.

Kaltschmitt und Voss 1991

Kaltschmitt M., Voß A.: Integration einer Stromerzeugung aus Windkraft und Solarstrahlung in das Elektrizitätsversorgungssystem von Baden-Württemberg. Zweiter Zwischenbericht zum Forschungsbereich I des IER (Institut für Energiewirtschaft und rationelle Energieanwendung) an der Universität Stuttgart. 1991.

Kluge et al. 1994

Kluge Th., Schramm E., Vack A.: Industrie und Wasser – Aquarius II. Institut für sozial-ökologische Forschung (Hrsg.). Frankfurt am Main. 1994.

Kobus und Bürkle 1995

Kobus H., Bürkle F.: Konkurrierende Ansprüche an ein Fließgewässer – das Beispiel Neckar. In: Lehn H., Steiner M., Mohr H. (Hrsg.): Wasser – die elementare Ressource (Materialienband). Arbeitsbericht Nr. 52 der Akademie für Technikfolgenabschätzung in Baden-Württemberg. Stuttgart. 1996.

Krüger 1995

Krüger W.: Wassersparen in Hamburg. Programm und Erfolge. Vortrag bei den Hamburger Wasserwerken am 7.4.1995. (Unveröffentlicht.)

Landesgesundheitsamt 1994

Landesgesundheitsamt Baden-Württemberg: Schreiben an die Akademie für Technikfolgenabschätzung vom 11.10.1994.

LANDTAG 11/1708
Landtag von Baden-Württemberg: Kleine Anfrage des Abg. Hans Dieter Köde SPD und Antwort des Umweltministeriums – Senkung von Wasserverlusten bei der kommunalen Trinkwasserversorgung. Drucksache 11/1708 vom 5.4.1993.

LANDTAG 11/1842
Landtag von Baden-Württemberg: Antwort der Landesregierung auf die Große Anfrage der Fraktion der SPD – Drucksache 11/1196 vom 14. Januar 1993. Drucksache 11/1842 vom 30.4.1993.

LANDTAG 11/2119
Landtag von Baden-Württemberg: Antrag der Fraktion der FDP/DVP und Stellungnahme des Umweltministeriums – Langfristige Sicherung der Wasserversorgung in Baden-Württemberg; Schutz und Nutzung des Trinkwasserspeichers Bodensee. Drucksache 11/2119 vom 22.6.1993.

LANDTAG 11/3047
Landtag von Baden-Württemberg: Antrag der Fraktion GRÜNE und Stellungnahme des Umweltministeriums – Abbau der Standards bei der Abwasserbeseitigung in Zeiten knapper Kassen. Drucksache 11/3047 vom 2.12.1993.

LANDTAG 11/3109
Landtag von Baden-Württemberg: Antrag der Abg. Ulrich Müller u.a. CDU und der Abg. Norbert Zeller u.a. SPD und Stellungnahme des Umweltministeriums – Gerechte Lastenverteilung bei den Umweltschutzinvestitionen im Bodenseeraum. Drucksache 11/3109 vom 10.12.1993.

LANDTAG 11/4006
Landtag von Baden-Württemberg: Kleine Anfrage des Abg.Winfried Scheuermann, CDU, und Antwort des Umweltministeriums – Abwasserabgabe. Drucksache Nr. 11/4006 vom 13.5.1994.

LANDTAG 11/4053
Landtag von Baden-Württemberg: Kleine Anfrage des Abg. Manfred List, CDU, und Antwort des Umweltministeriums – Kosteneinsparungen bei der Abwasserbeseitigung. Drucksache 11/4053 vom 25.5.1994.

LANDTAG 11/4241
Landtag von Baden-Württemberg: Kleine Anfrage des Abg. Manfred List, CDU, und Antwort des Umweltministeriums – "Paradigmenwechsel" in der Wasser- und Abwasserpolitik. Drucksache Nr. 11/4241 vom 29.6.1994.

LANDTAG 11/4357
Landtag von Baden-Württemberg: Bericht über die Beratungen des Umweltausschusses über den Antrag der Abg. Ulrich Müller u.a. CDU und der Abg. Norbert Zeller u.a. SPD und der Stellungnahme des Umweltministeriums (Drucksache 11/3109) – Gerechte Lastenverteilung bei den Umweltschutzinvestitionen im Bodenseeraum. Drucksache 11/4357: Beschlußempfehlungen und Berichte, ausgegeben am 26.8.1994.

LANDTAG 11/4825
Landtag von Baden-Württemberg: Antrag der Fraktion der FDP/DVP und Stellungnahme des Umweltministeriums – Kostenreduzierung bei der Abwasserbeseitigung durch Optimierung der Regenwassernutzung. Drucksache 11/4825 vom 25.10.1994.

LANDTAG 11/5459
Landtag von Baden-Württemberg: Antrag der Abg. Norbert Zeller u.a. SPD und Stellungnahme des Umweltministeriums – Ölpipeline am Bodensee. Drucksache 11/5459 vom 9.2.1995.

LANDTAG 11/5749
Landtag von Baden-Württemberg: Bericht über die Beratung des Umweltausschusses des Antrags Drucksache 11/3900 – PAK im Trinkwasser. Drucksache 11/5749: Beschlußempfehlungen und Berichte der Fachausschüsse zu Anträgen von Fraktionen und von Abgeordneten, ausgegeben am 27.4.1995. S. 21.

LANDTAG 11/6166
Landtag von Baden-Württemberg: Gesetzentwurf der Landesregierung: Gesetz zur Änderung des Wassergesetzes für Baden-Württemberg. Drucksache 11/6166 vom 5.7.95.

LANDTAG 9/1242
Landtag von Baden-Württemberg: Antrag der Abg. Kuhn u.a. GRÜNE und Stellungnahme des Ministeriums für Ernährung, Landwirtschaft, Umwelt und Forsten – Sicherung der Grund- und

Trinkwasserversorgung, hier: Ökologische Auswirkungen der geplanten Grundwasserentnahme im Illertal und mögliche Alternativen. Drucksache 9/1242 vom 8.3.1985.

LASKE 1992
Laske Ch.: Verteilung von Fernwasser und Nutzung von Wasser aus örtlichen Vorkommen in einem Stadtgebiet. In: Fernwasserversorgung – Nahwasserversorgung, Gegensatz oder Symbiose? Stuttgarter Berichte zur Siedlungswasserwirtschaft. Bd. 120. S. 153–163. Stuttgart. 1992.

LAWA 1994
Länderarbeitsgemeinschaft Wasser (LAWA): Maßnahmen zur Verbesserung der rationellen Wassernutzung. Stuttgart. 2. Aufl. 1994.

LEXUTH-THOMÄ 1992
Lexuth-Thomä P.: Die Wasserversorgung Stuttgarts. Geographische Rundschau. 5/1992. S. 316–320.

LFU 1994
Landesanstalt für Umweltschutz Baden-Württemberg (Hrsg.): Deutsches Gewässerkundliches Jahrbuch – Rheingebiet. Teil I. Hoch- und Oberrhein 1991 (1.11.1990–31.12.1991). Karlsruhe. 1994.

LFU 1989
Landesanstalt für Umweltschutz Baden-Württemberg (Hrsg.): Wärmehaushalt Neckar – Messungen und Berechnungen. Karlsruhe. 1989.

LW 1994
Zweckverband Landeswasserversorgung Stuttgart: Geschäftsbericht 1993. Stuttgart. 1994.

MAROTZ 1993
Marotz G.: 20 Jahre Trinkwassergewinnung aus der Donau. Wasserwirtschaft 9/1993. 83. Jg. S. 512–513.

MB 1995
Mercedes-Benz, Werk Sindelfingen: Schreiben vom 8.2.1995 an die Akademie für Technikfolgenabschätzung in Baden-Württemberg.

MEHLHORN 1996
Mehlhorn H.: Schriftliche Mitteilung an die Akademie für Technikfolgenabschätzung in Baden-Württemberg vom 1.2.1996.

MEHLHORN 1992
Mehlhorn H.: Neuere Erkenntnisse über das Grundwasservorkommen im Donauried. Zweckverband Landeswasserversorgung (Hrsg.): LW-Schriftenreihe Heft 12. S.12–18. Dezember 1992.

MIKUS 1994
Mikus K.: Die Entwicklung eines Grundwasserwerkes mit künstlicher Grundwasseranreicherung am Beispiel des Wasserwerkes Neckartailfingen. In: Stuttgarter Berichte zur Siedlungswasserwirtschaft. Bd. 125. S. 29–58. Stuttgart. 1994.

MÖHLE 1995
Möhle K.-A.: Rationelle Wasserverwendung in Büro und Verwaltungsgebäuden. In: Koenigs T. (Hrsg.): Minus 50 % Wasser möglich! S. 11–36. Taunusstein. 1995

MOLL 1990
Moll B.: Regenwassernutzung. Fachliche Berichte der Hamburger Wasserwerke GmbH. 2. 1990. S. 33–41.

MÜLLER 1995
Müller H.: Schriftlicher Kommentar zur Pilotstudie der Akademie für Technikfolgenabschätzung in Baden-Württemberg: Das Potential der erneuerbaren Ressourcen in Baden-Württemberg – Wasser – vom 10.7.95.

MÜLLER ET AL. 1995
Müller U., Rieger J., Sundmacher T.: Regenwassernutzungsanlagen – eine ökologisch sinnvolle Alternative ? Überlegungen zu einer Bremer Produktökobilanz. Diskussionspapier Nr. 193. Institut für Ordnungs- und Prozeßpolitik. Fachbereich Wirtschaftswissenschaften. Universität Hannover. September 1995.

MÜLLER 1990
Müller H.: Limnologie des Bodensees. Wasserwirtschaft. 7/8/1990. 80. Jg. S. 388–392.

NABER 1992
Naber G.: Die Bedeutung von Fernwasserversorgungen für die Trinkwasserversorgung. In: Fernwasserversorgung – Nahwasserversorgung, Gegensatz oder Symbiose? Stuttgarter Berichte zur Siedlungswasserwirtschaft. Bd. 120. 1992. S. 9–24.

NABER 1990
Naber G.: Wassergewinnung aus dem Bodensee. Wasserwirtschaft. 7/8/1990. 80. Jg. S. 381–386.

ORBIG 1990
Orbig K.-E.: Gewässerschutz am Bodensee. Wasserwirtschaft. Nr. 7/8/1990. 80. Jg. S.374–378.

PFEIFFENBERGER 1995
Pfeiffenberger U.: Regenwassernutzung und Brauchwasserversorgung am Flughafen Frankfurt am Main. In: Koenigs T. (Hrsg.): Minus 50 % Wasser möglich! S. 79–90. Taunusstein. 1995.

ROMMEL 1994
Rommel K.: Die wasserwirtschaftliche Bilanz für Baden-Württemberg 1991. Baden-Württemberg in Wort und Zahl. 10/1994. S. 509–514.

ROMMEL 1993a
Rommel K.: Die öffentliche Wasserversorgung 1991. Baden-Württemberg in Wort und Zahl. 12/1993. S. 500–505.

ROMMEL 1993b
Rommel K.: Die Trinkwassergewinnung im Trockenjahr 1991. Baden-Württemberg in Wort und Zahl. 5/1993. S. 194–200.

ROMMEL 1991
Rommel K.: Neuere Tendenzen in der Trinkwasserversorgung. Baden-Württemberg in Wort und Zahl. 6/1991. S. 259–262.

ROOS ET AL. 1995
Roos W., Seifried D., Leprich U.: Least Cost Planning in der Wasserversorgung. Eine Studie des Öko-Instituts Freiburg im Auftrag des Umweltministeriums Baden-Württemberg unter Mitarbeit von N. Geiler und F. Schmid. Freiburg 1995.

ROTT UND SCHLICHTIG 1994a
Rott U., Schlichtig B.: Auswirkungen von Regen- und Grauwassernutzung im Haushalt und der Versickerung von Niederschlagswasser von Versiegelungsflächen auf die Reinigungsleistung von Kläranlagen sowie die Wasserqualität der Vorfluter in Baden-Württemberg. Gutachten im Auftrag der Akademie für Technikfolgenabschätzung in Baden-Württemberg. Stuttgart. 1994. (Unveröffentlicht.)

ROTT UND SCHLICHTIG 1994b
Rott U., Schlichtig B.: Regenwassernutzung – ein Beitrag zum Gewässerschutz oder eine Gefährdung für die Sicherheit unserer Wasserversorgung? Wasser und Boden 11/1994. S.14–21.

ROTT UND SCHLICHTIG 1994c
Rott U., Schlichtig B.: Erstellung einer Literaturstudie zum Thema Regen- und Grauwassernutzung. Abschlußbericht im Auftrag des Umweltministeriums Baden-Württemberg. November 1994.

RP DARMSTADT 1995
Regierungspräsidium Darmstadt: Schreiben an die Akademie für Technikfolgenabschätzung in Baden-Württemberg vom 27.2.1995.

RUPPERT 1991
Ruppert K.: Wasserflächen als Freizeitpotential – Beispiel Bodensee. wasser, energie, luft. H. 1/2. 83. Jg. CH-Baden. 1991.

SCHADE 1989
Schade F.-D.: Die öffentliche Wasserversorgung in Hessen. Hessische Landesanstalt für Umweltschutz (Hrsg.): Wassersparen – rationelle Wasserverwendung. Schriftenreihe. Nr. 85. 1989.

SCHLOZ 1988
Schloz W.: Das Aquifersystem des Langenauer Donaurieds. Jahrbuch des geologischen Landesamts Baden-Württemberg. Nr. 30. 1988. S. 441–455.

SCHMID 1992

Schmid H.: Die Bedeutung der Ortswasserversorgungen für die Wasserversorgung. In: Fernwasserversorgung – Nahwasserversorgung, Gegensatz oder Symbiose? Stuttgarter Berichte zur Siedlungswasserwirtschaft. Bd. 120. 1992. S. 73–86.

SCHNEPF 1992

Schnepf R.: Die Wasserversorgungskonzeption des Landes Baden-Württemberg. In: Fernwasserversorgung –Nahwasserversorgung, Gegensatz oder Symbiose? Stuttgarter Berichte zur Siedlungswasserwirtschaft. Bd. 120. 1992. S. 25-35.

SCHRÖDER 1996

Schröder A.: Einbau von Wasserzählern – Lenkungsinstrumente für den Verbrauch. Vortrag auf der Tagung: Water Saving Strategies in Urban Renewal. Europäische Akademie für städtische Umwelt. Wien. 1.–3.2. 1996.

SCHÜLE UND SCHLICHTIG 1995

Schüle E., Schlichtig B.: Regenwassernutzung – eine Modeerscheinung? In: Forschungs- und Entwicklungsinstitut für Industrie- und Siedlungswasserwirtschaft sowie Abfallwirtschaft e.V. Stuttgart (Hrsg.): Aktuelle Entwicklungen in der Wasserversorgung aus Grund- und Oberflächengewässern. Stuttgarter Berichte zur Siedlungswasserwirtschaft. Bd. 133. München. 1995.

SEILER 1995

Seiler K.-P.: Oberflächennahe und tiefe Grundwässer –Vorkommen und Bedeutung. Zusammenfasssung der Referate. IKT-Informationen 2/95, S.10.

SEILER 1993

Seiler W.: Klimaänderung: Alpen ohne Wasser? In: CIPRA Deutschland e.V. (Hrsg.): Alpen ohne Wasser? S. 19–25. München. 1993.

SIMON 1994

Simon S.: Auswirkungen der Umweltpolitik auf die Galvano-Branche in Baden-Württemberg. Dissertation. Universität Mannheim. 1994.

STABEL 1992

Stabel H.-H.: Auswirkungen der Wasserbeschaffenheit des Bodensees auf die Trinkwasserversorgung. Wasser und Boden 10/1992. S. 658–673.

STADTWERKE FRANKFURT 1995

Stadtwerke Frankfurt am Main: Contracting – investitionsfreies Nachrüstangebot der Stadtwerke Frankfurt fürs Wassersparen. Presseerklärung vom 21.4.1995.

STATISTISCHES LANDESAMT 1995a

Statistisches Landesamt Baden-Württemberg (Hrsg.): Öffentliche Wasserversorgung in Baden-Württemberg 1993 – Wasserabgabe in den Stadt- und Landkreisen. Statistische Berichte Baden-Württemberg – Umwelt – vom 22.3.1995. Art.-Nr. 3613 93004.

STATISTISCHES LANDESAMT 1995b

Statistisches Landesamt Baden-Württemberg, Referat 32: Prognose des Wasserbedarfs der baden-württembergischen Industrie bis zum Jahr 2005. In: Lehn H., Steiner M., Mohr H. (Hrsg.): Wasser – die elementare Ressource (Materialienband). Arbeitsbericht Nr. 52 der Akademie für Technikfolgenabschätzung in Baden-Württemberg. Stuttgart. 1996.

STATISTISCHES LANDESAMT 1995c

Statistisches Landesamt Baden-Württemberg, Abteilung 3: Darstellung wasserwirtschaftlicher Daten nach hydrogeologischen Verhältnissen. Teil II, Abschlußbericht im Auftrag der Akademie für Technikfolgenabschätzung in Baden-Württemberg. Stuttgart. 1995. (Unveröffentlicht.)

STATISTISCHES LANDESAMT 1995e

Schriftliche Mitteilung des Statistischen Landesamts am 20.7.1995.

STATISTISCHES LANDESAMT 1994a

Statistisches Landesamt Baden-Württemberg (Hrsg.): Öffentliche Wasserversorgung in Baden-Württemberg 1991 – Herkunft des Trinkwassers in den Stadt- und Landkreisen. Statistische Berichte Baden-Württemberg – Umwelt – vom 3.6.1994. Art.-Nr. 3613 91008.

STATISTISCHES LANDESAMT 1994b
Statistisches Landesamt Baden-Württemberg (Hrsg.): Wasserbilanz für Baden-Württemberg 1991 – Wasseraufkommen und Wasserverwendung in den Stadt- und Landkreisen. Statistische Berichte Baden-Württemberg – Umwelt – vom 25.7.1994. Art.-Nr. 3613 91010.

STATISTISCHES LANDESAMT 1994c
Statistisches Landesamt Baden-Württemberg (Hrsg.): Trink- und Abwasserpreise in Baden-Württemberg am 1. Januar 1994. Statistische Berichte Baden-Württemberg – Umwelt – vom 5.10.1994. Art.-Nr. 3618 94001.

STATISTISCHES LANDESAMT 1994d
Statistisches Landesamt Baden-Württemberg (Hrsg.): Auswertung von Daten über die Wassergewinnung, differenziert nach Eigengewinnung, Gruppen- und Fernwasserbezug, vom 27.6.1994. (Unveröffentlicht.)

STATISTISCHES LANDESAMT 1993
Statistisches Landesamt Baden-Württemberg (Hrsg.): Öffentliche Wasserversorgung in Baden-Württemberg 1991. Statistische Berichte Baden-Württemberg – Umwelt – vom 1.6.1993. Art.-Nr. 3613 91001.

STATISTISCHES LANDESAMT 1992
Statistisches Landesamt Baden-Württemberg (Hrsg.): Wasserversorgung und Abwasserbeseitigung bei Wärmekraftwerken für die öffentliche Versorgung in Baden-Württemberg 1991. Statistische Berichte Baden-Württemberg – Umwelt – vom 15.10.1992. Art.-Nr. 3614 91001.

STEINER ET AL. 1996
Steiner M., Lehn H., Sprich H., Linck G., Flaig H.: Einfluß der Land- und Forstbewirtschaftung auf die Ressource Wasser. In: Linckh G., Sprich H. Flaig H., Mohr H. (Hrsg.): Nachhaltige Land- und Forstwirtschaft. Band I: Voraussetzungen, Möglichkeiten, Maßnahmen. Springer. Heidelberg. 1996.

UBR 1994a
Umweltprogramm für den Bodenseeraum: Kurzfassung und Wertung. Arbeitsgruppe Wasserwirtschaft und Planungsgruppe Landschaftsarchitektur und Ökologie. Stuttgart. 1994.

UBR 1994b
Umweltprogramm für den Bodenseeraum: Entwurf. Projektgruppe UBR/Arbeitsgruppe Umweltministerium und Planungsgruppe Landschaftsarchitektur und Ökologie. Stuttgart. 1994.

UM UND LFU 1995
Umweltministerium und Landesanstalt für Umweltschutz Baden-Württemberg (Hrsg.): Umweltdaten 93/94. Karlsruhe. 1995.

UM UND LFU 1990
Umweltministerium und Landesanstalt für Umweltschutz Baden-Württemberg (Hrsg.): Umweltdaten 89/90. S. E–39. Karlsruhe. 1990.

V. LERSNER 1995
v. Lersner H.: Gewässerschutz – national und europäisch. gwf Wasser/Abwasser 1/1995. 136. Jg. S. 8–10.

VISCHER 1994
Vischer D.: Nachhaltige Gewässernutzung am Beispiel der überregionalen Wasserversorgung – Überlebensfrage oder Sehnsucht nach dem Paradies. In: Bätzing W., Wanner H. (Hrsg.): Nachhaltige Naturnutzung im Spannungsfeld zwischen komplexer Naturdynamik und gesellschaftlicher Komplexität. Geographica Bernensia. P30. Geographisches Institut der Universität Bern. 1994.

WG BADEN WÜRTTEMBERG 1988
Wassergesetz von Baden-Württemberg vom 1.7.1988: Anlage zu § 17 a Abs.3: Verzeichnis über das Entgelt für Wasserentnahmen.

WEISS 1992
Weiß M.: Erhaltung der Wasserqualität auf langen Transportwegen. Fernwasserversorgung – Nahwasserversorgung, Gegensatz oder Symbiose? In: Stuttgarter Berichte zur Siedlungswasserwirtschaft. Bd. 120. 1992. S. 47–72.

WIRSING 1995
   Wirsing A.: Wasser sparen, wasserwirtschaftliche und wirtschaftliche Konsequenzen. In: For-
   schungs- und Entwicklungsinstitut für Industrie- und Siedlungswasserwirtschaft sowie Abfallwirt-
   schaft e.V. Stuttgart (Hrsg.): Aktuelle Entwicklungen in der Wasserversorgung aus Grund- und
   Oberflächenwässern. Stuttgarter Berichte zur Siedlungswasserwirtschaft. Bd 133. München. 1995.
WM 1991
   Ministerium für Wirtschaft, Mittelstand und Technologie Baden-Württemberg (Hrsg.): Energie-
   programm. Stuttgart. 1991.

4 Abwasser

Wir haben verschiedentlich darauf hingewiesen, (siehe Kapitel 1 und 3), daß im wasserreichen Baden-Württemberg, von einzelnen Regionen abgesehen, derzeit weniger die Verfügbarkeit der Ressource Wasser menschliche Aktivitäten begrenzt, sondern eher die beschränkte Aufnahmekapazität der Gewässer für Abfallstoffe. Deshalb ist die Behandlung des Abwassers in Baden-Württemberg unter dem Aspekt der Nachhaltigkeit von besonderem Interesse. Fragen weitergehender und aufwendiger Abwasserbehandlung werden dadurch verschärft, daß ihre Notwendigkeit (Nährstoffelimination*) in eine Zeit der wirtschaftlichen Depression fällt, so daß der ökonomischen Tragbarkeit dieser ökologisch gebotenen Maßnahmen eine Schlüsselrolle zufällt.

Die uns vertraute, meist gemeinsame Schwemmentwässerung* von Schmutz- und Regenwasser ist in Europa und Nordamerika seit etwa 150 Jahren üblich. In früheren Zeiten war eine vergleichbare Technologie nur im alten Rom bekannt, wo in der cloaca maxima Schmutz- und Regenwasser gemeinsam dem Tiber zugeführt wurden, der deshalb schon damals eine schlechte Qualität aufwies [LANZ 1995]. Das Abschwemmen menschlicher Ausscheidungen in die Oberflächengewässer war weder historisch allgemein üblich, noch ist es heute in allen Kulturkreisen selbstverständlich: Der griechische Historiker Herodot schrieb z.B. im 5. Jhd. v. Chr. über die Perser: *„Sie harnen aber weder in einen Fluß, noch speien sie hinein, sie waschen sich nicht die Hände darin. Sie dulden es auch von keinem anderen, sondern haben vor den Flüssen eine ganz besondere Ehrfurcht"* [zit. in LANZ 1995]. Auch heute ist in vielen Teilen der Welt (islamische Glaubenswelt, Asien) die gemeinsame Schwemmentwässerung unterschiedlich verschmutzter Abwasserströme keinesfalls selbstverständlich.

In diesem Kapitel stellen wir nach einer kurzen historischen Einführung den heutigen Stand der Abwasserbehandlung in Baden-Württemberg vor. Danach diskutieren wir Vorstellungen über eine Fortentwicklung des heutigen Entwässerungssystems und stellen diesen „alternative" Verfahren der Abwasserbehandlung bzw. Fäkalienentsorgung gegenüber. Wir stützen uns dabei auf ein Gutachten der Freiburger „Arbeitsgemeinschaft Technologietransfer, Umweltschutz, Raumplanung und Stadtökologie (ATURUS)" [LANGE 1995]. Ergänzende Angaben werden jeweils gesondert zitiert.

4.1 Historische Entwicklung

Abgesehen von der Stadt Wien, wo bereits 1739 die meisten Gebiete innerhalb der Stadtmauern kanalisiert waren, ist die Mischwasser-Schwemmkanalisation ein Produkt des 19. Jahrhunderts. Bis zur Mitte jenes Jahrhunderts gab es kaum zentrale Wasserversorgungen. Die Einwohner der Städte versorgten sich aus kleinen Brunnen, Bächen oder Flüssen [ILLI 1987, 1993 zit. in LANGE 1995], die Fäkalien wurden meist in Gruben gesammelt und auf Feldern ausgebracht. Teilweise wurden sie aber auch damals über die Bäche und Flüsse entsorgt. So wurde im Stuttgarter Stadtrecht von 1492 verordnet: „*Wer kein eigenes Sprechhaus* (Toilette) *hat, muß den Unrat jede Nacht in den Bach tragen*" [zitiert nach Vaihinger Schaufenster vom 18.10.1995]. Das Bevölkerungswachstum bewirkte immer dichtere Siedlungsformen. Diese führten zu einer immer größeren Nähe von Latrinengruben und Brunnen, wodurch die Brunnen zum Teil mikrobiell verunreinigt wurden. Immer wieder überzogen deshalb Epidemien ganz Europa. Ende des 18. Jahrhunderts erstickten die Straßen und Gassen der europäischen Städte (vor allem der Metropolen London und Paris) in Tierkadavern, Essensresten und Kot. Abwässer flossen in oberirdischen Kanälen und Rinnsalen. Um dieser unhygienischen Zustände Herr zu werden, errichtete z.B. die Pariser Administration Anfang des 19. Jahrhunderts Wassertürme, die regelmäßig entleert wurden und wie aus überdimensionierten Spülkästen Straßen und Plätze durchspülten [LANZ 1995].

Die Entwicklung der Stadtentwässerung war auch eng mit naturwissenschaftlichen Theorien verbunden. Die „Miasmentheorie" erklärte ansteckende Krankheiten mit Ausdünstungen aus dem Boden, was um 1860 zur einer übersteigerten Angst vor dem Gestank der Fäkaliengruben führte. Die nächtliche Entleerung der Gruben führte regelmäßig zu panikartigem Verhalten [CORBIN 1984, zit. in LANGE 1995]. So warnten die Gelehrten beispielweise die Bauern davor, sich zu tief über ihre Äcker zu beugen, da aus dem Boden tödliche Miasmen aufsteigen sollten [LANGE 1995]. Um die Alternativen „Abfuhr der Fäkalien" bzw. „Schwemmkanalisation" wurde jahrzehntelang heftig gestritten [GRUBE UND BRUNNER 1871, PIEPER 1869, zit. in LANGE 1995]. Für die Schwemmkanalisation setzten sich vor allem Ingenieure und Hygieniker ein, deren Ansichten durch die rasche Verbreitung des Wasserklosetts [VARRENTRAP 1868 zit. in LANGE 1995] unterstützt wurden. Der Siphon* des Wasserklosetts machte Schluß mit den Geruchsbelästigungen, die beim Betrieb der Latrinen nicht zu vermeiden waren. Die nun wasserverdünnten Grubenfäkalien fanden jedoch keine Abnehmer mehr, worauf die Abwässer der Wasserklosetts in die vorhandenen Rinnsteine geleitet wurden, was die hygienische Situation in den Siedlungen weiter verschlechterte.

Je mehr Häuser über Trinkwasserleitungen versorgt wurden, umso größer wurden die Abwasserströme. Außerdem vergrößerte sich mit zunehmender Pflasterung der Straßen und Gassen der nicht mehr versickernde Regenwasseranteil. Diese Faktoren führten dazu, daß ab der Mitte des 19. Jahrhunderts große unterirdische Abflußkanäle gebaut wurden, die Regen- und Abwasser samt ihrem Schmutzinhalt in die Flüsse spülten. Das Problem, die Städte von ihrem Abwasser zu befreien (Stadtreinigungsfrage) wurde durch ein anderes Problem, die Verunreinigung der Gewässer (Flußverunreinigungsfrage), ersetzt. Innerhalb kürzester Zeit verkamen so die Flüsse zu stinkenden Kloaken und wurden zu idealen Ausbreitungspfaden von Krankheitserregern, wie Robert Koch im Jahr 1892 bewies. So waren viele Tote der Choleraepidemien (z.B. in Hamburg 1892) Opfer der Bemühungen der Gesundheitsverwaltungen, krankmachende Fäkalien aus den Siedlungen hinauszuspülen [LANZ 1995]. Justus von Liebig, der ursprünglich für die Trennung der Fäkalien von den übrigen Abwässern aus Gründen der Düngerversorgung für die Landwirtschaft plädierte, wandelte sich später zum Kanalisationsbefürworter, forderte dabei jedoch die Verrieselung der Nährstoffe auf den Feldern und sprach sich gegen die Einleitung in die Gewässer aus – z.B. in einem Gutachten für die Stadt London. Die Verrieselung von Fäkalien erwies sich wegen des großen Flächenbedarfs, langer Zuleitungen und des beträchtlichen Wartungsaufwandes als technisch aufwendig und kostspielig. Rieselfelder* wurden deshalb – aber auch aufgrund hygienischer Bedenken [SOEDER 1995] – nur in wenigen Städten verwirklicht, z.B. in Berlin, Danzig, Freiburg, Magdeburg, Münster oder Schwerin. Mit dem beginnenden 20. Jahrhundert hatte sich die Schwemmkanalisation durchgesetzt und es begann die Vereinheitlichung wasserwirtschaftlicher Lösungen, die weitestgehend bis heute erhalten sind.

Im heutigen Baden-Württemberg wurden im Zeitraum von 1850 bis 1870 nur wenige Kanalisationen gebaut (z.B. Konstanz). Im Zeitraum von 1875 bis 1900 kamen Kanalsysteme in Freiburg, Mannheim, Heidelberg, Heidenheim und Pforzheim dazu. Die erste Kläranlage (mit Rieselfeld*) wurde um 1885 in Freiburg gebaut. Im Jahre 1950 waren in Baden-Württemberg erst 44 Kläranlagen in Betrieb, im Jahr 1990 waren es 1261, im Jahr 1991 ging die Zahl auf 1252 zurück, wahrscheinlich aufgrund der Zusammenfassung kleinerer Anlagen (Abb. 4-1).

Abb. 4-1: Entwicklung des Baus kommunaler Kläranlagen in Baden-Württemberg im Zeitraum von 1950 bis 1991
Datenquelle: [LANGE 1995]

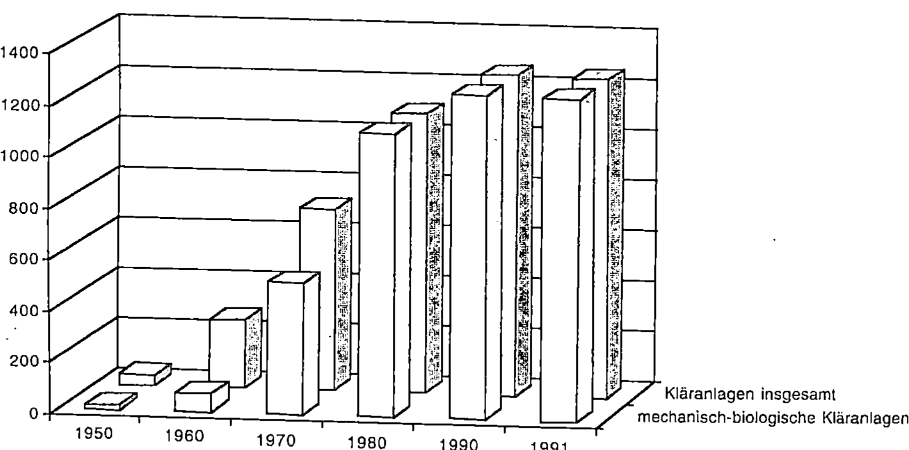

·Der Ausbau von Kläranlagen nach dem zweiten Weltkrieg ist auch im Zusammenhang mit der Zunahme von Chemikalien in Haushalt und Gewerbe zu sehen. Das Wasserrecht paßte sich dieser veränderten Situation an: Während das im Jahr 1960 erlassene Wasserhaushaltsgesetz (WHG) zunächst keine Anforderungen an die Reinigung von Abwasser stellte, wurde durch den 1976 eingefügten § 7a die Erlaubnis für das Einleiten von Abwasser in die Gewässer an die vorgeschaltete Abwasserreinigung entsprechend den „allgemein anerkannten Regeln der Technik" geknüpft. Im Zeitraum von 1970 bis 1980 wurden in Baden-Württemberg alle Kläranlagen neben der ersten (mechanischen) Stufe mit der zweiten (biologischen) Stufe ausgestattet (Abb. 4-1). In der Novelle von 1986 wurde das WHG verschärft, weil für Abwasser bestimmter Herkunft, das gefährliche Stoffe (giftig, persistent*, bioakkumulierbar*, kanzerogen*, mutagen*, teratogen*) enthält, eine Reinigung entsprechend dem wesentlich anspruchsvolleren „Stand der Technik" vorgeschrieben wurde. Diese Verschärfung trifft nicht unmittelbar die kommunalen Kläranlagen, jedoch die an das öffentliche Kanalnetz angeschlossenen Indirekteinleiter*. Konkretisiert sind diese Anforderungen in über 50 branchenspezifischen Verwaltungsvorschriften, die der Gesetzgeber in den letzten 15 Jahren erlassen hat. Aufgrund der Änderung der systematischen Ordnung der Verwaltungsvorschriften werden seit 1989 allgemeingültige Auflagen in einer Rahmen-Verwaltungsvorschrift geregelt und die branchenspezifischen Anforderungen in Anhängen zu dieser Verwaltungsvorschrift festgehalten. Seit 1979 wurden die Mindestanforderungen an kommunale Kläranlagen bei den Parametern BSB_5* und CSB* verschärft, im Jahr 1988 wurden die Nährstoffparameter Stickstoff und Phosphor neu aufgenommen [REICHELSTEIN 1995]. Dies erfordert die Erweiterung der Kläranlagen um eine dritte Stufe zur Nährstoffeliminination.

Öffentliche oder privatwirtschaftliche Abwasserbehandlung

Aus der Notwendigkeit, in den neuen Bundesländern rasch eine funktionierende Abwasserbehandlung aufbauen zu müssen, haben sich die Umwelt- und Wirtschaftsminister des Bundes und der neuen Bundesländer in ihrer „Gemeinsamen Erklärung vom 4.12.1991" nachdrücklich für den Einsatz privater Abwasserentsorger eingesetzt. Die dadurch ausgelöste Diskussion findet inzwischen auch in den alten Bundesländern aufgrund der engen kommunalen Finanzspielräume zunehmend Aufmerksamkeit. Neben der Entlastung der öffentlichen Haushalte wird von einer privatwirtschaftlichen Abwasserentsorgung u.a. die Freisetzung vorhandener Wirtschaftlichkeits- und Wettbewerbsspielräume sowie die Nutzung von Knowhow- und Managementvorteilen privater Unternehmer erhofft [BMUNR 1993]. Es sind hierbei fünf unterschiedliche Organisationsformen in der Diskussion:

1. Regiebetrieb   Abwasserentsorgung als Teil der Kommunalverwaltung
2. Eigenbetrieb   wie 1, aber eigener Haushalt und Werksausschuß
3. Entsorgungsgesellschaft wie 2, jedoch als rechtlich selbständige GmbH
4. Kooperationsmodell   wie 3, jedoch mit privater Beteiligung von max. 49 %
5. Betreibermodell   wie 4, jedoch ohne kommunale Beteiligung

Hinsichtlich der wichtigsten Entscheidungskriterien Realisierungsgeschwindigkeit, Kosteneffizienz, Haushaltsentlastung, kommunaler Einfluß und Flexibilität weisen die Modelle unterschiedliche Vor- und Nachteile auf, so daß eine Entscheidung für oder gegen ein bestimmtes Modell von den aktuellen Rahmenbedingungen vor Ort abhängt.

4.2 Heutiger Stand der Abwasserbehandlung in Baden-Württemberg

Die Abwasserbehandlung in Baden-Württemberg umfaßt die Behandlung von häuslichem und kleingewerblichem Abwasser in kommunalen Kläranlagen, die auch einen Teil des Regenwassers sowie den geringeren Teil des gewerblichen Abwassers (Indirekteinleiter*) klären, sowie die Behandlung von gewerblichen Abwässern in betriebseigenen Kläranlagen (Direkteinleiter*). Unsere Betrachtung der Abwasserbehandlung schließt neben den Kläranlagen auch die Kanalisationssysteme zur Sammlung von Schmutz- und Regenwasser ein. Das Abwasseraufkommen in Baden-Württemberg betrug 1991 insgesamt 7,4 Mia. m³, davon stammten ca. 70 % aus der Energiewirtschaft (meist Kühlwasser), ca. 10 % aus Bergbau und Verarbeitendem Gewerbe* („Industrie") sowie ca. 20 % aus der öffentlichen Abwasserbehandlung.

Ein Großteil der Abwasserinhaltsstoffe sind organische Komponenten, die sich unter Sauerstoffverbrauch spalten und abbauen lassen (Oxidation). Als Endprodukte einer vollständigen Oxidation von Kohlenwasserstoffen entstehen Kohlendioxid, Wasser und Energie. Stickstoff, Phosphor und Schwefel werden dabei zu Nitrat, Phosphat und Sulfat oxidiert. In den organischen Molekülen gegebenenfalls enthaltene anorganische Spurenstoffe (z.B. Metalle) werden dabei frei. Dieser Abbauprozeß erfolgt durch Mikroorganismen in Gewässern (Selbstreinigung). Auch hierfür ist Sauerstoff erforderlich, den die Mikroorganismen dem Wasser entziehen. Die Selbstreinigungskraft ist deshalb an ein ausreichendes Sauerstoffangebot im Gewässer gebunden. Da die Löslichkeit von Sauerstoff in Wasser mit steigender Temperatur abnimmt, können Temperaturerhöhungen aufgrund des dadurch hervorgerufenen Sauerstoffmangels negativ auf die Selbstreinigungskraft wirken, obwohl der Temperaturanstieg die Abbaugeschwindigkeit der mikrobiellen Prozesse beschleunigt. In der biologischen Stufe von Kläranlagen, die nahezu alle nach dem 1911 erfundenen Belebtschlammverfahren arbeiten [SOEDER 1995], wird durch mikrobielle Behandlung soviel organisches Material (unter Luftzufuhr) abgebaut, daß die verbleibende Restbelastung das Sauerstoffangebot des Gewässers nicht überfordert. Der mikrobielle Abbau wird also weitgehend aus dem Gewässer in die Kläranlage vorverlagert. Dies gilt allerdings nur für leicht abbaubare Stoffe. Diese bakteriell leicht abbaubaren Verbindungen werden in ihrer Gesamtheit durch einen Summenparameter* als „Biochemischer Sauerstoffbedarf" (BSB) quantifiziert. Damit wird angegeben, wieviel Sauerstoff die Flußbakterien benötigen, um diese Restverschmutzung abzubauen. Da sich der entsprechende Test über einen Zeitraum von 5 Tagen erstreckt, wird der Parameter BSB_5 genannt. Um mit diesem Test nur den Sauerstoffverbrauch zu erfassen, der aus der Oxidation des Kohlenstoffs resultiert, müssen Konkurrenzreaktionen – z.B. die Oxidation von Stickstoffverbindungen (Nitrifikation) – unterdrückt werden. Dies geschieht im Test durch Zusatz von Allyl-Thio-Harnstoff. Deshalb wird der Biologische Sauerstoffbedarf oftmals korrekt als ATH-BSB bezeichnet. Pro Tag gibt eine Person im Durchschnitt soviel leicht abbaubare organische Substanz ab, die einem $(ATH)\text{-}BSB_5$ von 60 g entspricht. Der Wert von 60 g BSB_5 wird deshalb auch als Einwohnergleichwert* (EGW) oder Einwohnerwert bezeichnet (s.u.).

Es gibt jedoch auch eine Reihe von Substanzen, die von Mikroorganismen nicht oder nur sehr schwer abgebaut werden und im oben beschriebenen Test zu keinem Sauerstoffverbrauch führen. Mit kräftigeren chemischen Oxidationsverfahren (Oxidation unter Laborbedingungen mit Chromsäure) kann man diese Verbindungen – wiederum unter Sauerstoffverbrauch – abbauen. Der hierfür benötigte Sauerstoff wird „Chemischer Sauerstoffbedarf"* (CSB) genannt. Dieser chemisch oxidative Abbau findet in Kläranlagen nicht statt. Es handelt sich dabei um eine analytische Methode zur Bestimmung schwer abbaubarer Komponenten in Kläranlagenausläufen oder in Gewässern. Das Verhältnis von CSB und BSB gibt somit einen Hinweis auf den Anteil schwer abbaubarer Komponenten.

Mit den Abwässern aus Baden-Württembergs Kläranlagen wurden im Jahr 1991 leicht abbaubare Stoffe in Gewässer eingeleitet, die einen BSB_5 von über 12.000 t hatten (Tab. 4-1). Sie stammten zu 82 % aus kommunalen, zu 18 % aus „industriellen*" Kläranlagen. Der chemische Sauerstoffbedarf der aus Kläranlagen abgegebenen schwer abbaubaren Stoffe (CSB*) betrug fast 83.000 t – davon stammten 71 % aus kommunalen, 29 % aus „industriellen" Kläranlagen. Aufgrund der besseren Abbauleistung der Kläranlagen für leicht abbaubare Stoffe enthält der noch an die Gewässer abgegebene Rest erheblich mehr schwer abbaubares Material als leicht abbaubares. Da für Stickstoff und Phosphor nur Angaben aus kommunalen Kläranlagen vorliegen, kann nur die Untergrenze der in die Gewässer Baden-Württembergs abgegebenen Frachten genannt werden. Es handelt sich um über 29.000 t

Tab. 4-1: Aus Kläranlagen Baden-Württembergs im Jahr 1991 ablaufende Schmutzfrachten
Quelle: [STATISTISCHES LANDESAMT 1994e und 1994g]

Herkunft	BSB_5 Fracht in t	CSB Fracht in t	Stickstoff Fracht in t	Phosphor Fracht in t
kommunale Kläranlagen	9.923	58.947	029.245	02.554
Direkteinleiter aus Bergbau und Verarbeitendem Gewerbe	2.122	23.861	k. A.	k. A.
Summe	12.045	82.808	>29.000	>2.550

Erklärung der Abkürzungen: siehe Text bzw. Glossar

Stickstoff und über 2.550 t Phosphor [STATISTISCHES LANDESAMT 1994e und 1994g]
(Tab. 4-1). Angaben zu Einträgen aus diffusen Quellen finden sich in Kapitel 5.2.

4.2.1   Die öffentliche (kommunale) Abwasserentsorgung

Das öffentliche Kanalnetz in Baden-Württemberg umfaßt eine Gesamtlänge von
50.560 km (Bezug: 1991), davon sind ca. 80 % als Mischwasserkanalisation (gemeinsame Ableitung von Schmutz- und Regenwasser) ausgeführt. In Trenn-
kanalisationssystemen* Baden-Württembergs (vor allem im Süden des Landes)
sind 5.353 km Schmutzwasserkanäle und 5.111 km Regenwasserkanäle verlegt
[STATISTISCHES LANDESAMT nach LANGE 1995]. Dies bedeutet ca. 5 m Kanal pro
Einwohner. Die Länge der privaten Kanäle wird auf das Doppelte geschätzt.

Der Anschlußgrad an die Kanalisation beträgt in Baden-Württemberg durchschnittlich 99,2 %, der an Kläranlagen 97,3 %. Im ländlichen Raum werden aufgrund des großen Anteils an Streusiedlungen und Einzelgehöften Anschlußgrade
von weniger als 90 % erreicht [UM UND LfU 1995]. Während in Baden-Württemberg inzwischen alle kommunalen Kläranlagen die erste (mechanische) und zweite (biologische) Reinigungsstufe besitzen (Abb. 4-1), sind an eine Anlage mit weitergehender Abwasserreinigung (dritte Stufe) zur Phosphor- oder Stickstoff-
elimination nur 61,2 % der Bevölkerung angeschlossen. Im Einzugsgebiet des
Bodensees ist ab einer Ausbaugröße von 30.000 Einwohnergleichwerten* aufgrund
der dort gegebenen besonderen Anforderungen (siehe Kapitel 3.2.2) noch eine vierte
Stufe erforderlich, in der vor allem aus der Phosphorfällung abgeschiedene Stoffe
in Filtern (Sandfilter) besonders wirkungsvoll zurückgehalten werden (Flockungsfiltration*). Zu den Anforderungen der Bodenseerichtlinie* siehe Tab. 4-4.

Aufgrund des über die Kläranlagen auch zu entsorgenden Niederschlagswassers
ist die zu reinigende Abwassermenge erheblich größer (etwa das Doppelte) als die
von der Öffentlichen Wasserversorgung gelieferte Trinkwassermenge. Die 1.433
Mio. m³ Abwasser aus kommunalen Kläranlagen setzen sich entsprechend zu 40 %
aus häuslichem und kleingewerblichem Abwasser und zu 52 % aus Regen- und
Fremdwasser* zusammen. Die verbleibenden 8 % (ca. 120 Mio. m³) sind überwiegend Abwässer aus industriell-gewerblichen Betrieben. Weniger als 1 % des öffentlichen Abwasseraufkommens* wird von anderen Bundesländern übernommen
[ROMMEL 1994]. Somit wurden 1991 pro an eine Kläranlage angeschlossenem Einwohner täglich 189 Liter Abwasser und 210 Liter Regenwasser behandelt.

4.2.1.1   Schmutzwasserbehandlung

In den 1.252 „öffentlichen" Kläranlagen Baden-Württembergs mit einer Ausbaugröße
von ca. 22 Mio. Einwohnergleichwerten* wurden im Jahr 1991 1,4 Mia. m³ Abwasser gereinigt. In Tab. 4-2 ist die Entwicklung der behandelten Abwassermenge so-

Tab. 4-2: Entwicklung der in kommunalen Kläranlagen Baden-Württembergs behandelten Abwassermenge sowie der ablaufenden Frachten einiger wichtiger Parameter
Quelle: [STATISTISCHES LANDESAMT 1994e]

Jahr	behandelte Abwassermenge	ATH-BSB$_5$	CSB	NH$_4^+$-N	N$_{ges}$	P$_{ges}$
	in Mia. m³	Fracht in t				
1975	0,970					
1977	1,277					
1979	1,340					
1981	1,375	18.288	91.897			
1983	1,622	19.390	73.019	15.438		
1985	1,533	14.781	66.657	16.367		
1987	1,771	12.901	61.705	14.313		
1989	1,708	12.254	66.846	12.233		
1991	1,426	9.923	58.947	10.011	29.245	2.554
Veränderung seit 1983	- 12 %	- 49 %	- 19 %	- 35 %		

Erklärung der Abkürzungen: siehe Text bzw. Glossar

wie der ablaufenden Frachten* einiger wichtiger Stoffe für den Zeitraum seit 1975 zusammengestellt.

Danach ging im Zeitraum von 1983 bis 1991 die Fracht der leicht abbaubaren Substanzen (ATH-BSB$_5$*) mit einer Reduktion auf die Häfte am stärksten zurück. Seit dem 1.1.1992 ist gemäß der Novelle der „Rahmenverwaltungsvorschrift Abwasser" die maximale Ablaufkonzentration aus Kläranlagen auf 15 mg/l BSB$_5$ begrenzt [SOEDER 1995]. Die Abgabe von Ammonium-Stickstoff konnte um ca. ein Drittel verringert werden, während sich die schwer abbaubaren Stoffe nur um ein knappes Fünftel reduzieren ließen. Aus den Daten von 1991 ist ersichtlich, daß die

Tab. 4-3: Reinigungsleistung öffentlicher Kläranlagen in Baden-Württemberg 1991. Angaben zu den einzelnen Parametern stammen von einer unterschiedlichen Anzahl von Kläranlagen
Quelle: [STATISTISCHES LANDESAMT 1994e]

Parameter	behandelte Abwassermenge		Konzentrationen		Frachten		Frachtreduzierung
			Zulauf	Ablauf	Zulauf	Ablauf	
	in 1000 m³	in %	in mg/l		in 1000 t		in %
ATH-BSB$_5$	1.343.858	(94,2 %)	222	7	298	9,4	96,8
CSB	1.305.654	(91,6 %)	408	42	533	54,1	89,8
NH$_4^+$-N	1.092.271	(76,6 %)	29	7	32,1	7,8	75,8
P$_{ges}$	1.176.349	(82,5 %)	7	2	7,8	1,9	75,1

Erklärung der Abkürzungen: siehe Text bzw. Glossar

gesamte abgeleitete Stickstofffracht etwa den dreifachen Wert der Ammonium-N-Fracht ausmacht (Tab. 4-2). Der künftige Ausbau der Kläranlagen um die Stufe der Nährstoffelimination läßt erwarten, daß sich die Einträge an Stickstoff und Phosphor künftig noch deutlich verringern werden. Bei den schwer abbaubaren Stoffen sind aus den statistischen Daten keine ausgeprägten Reduktionstendenzen erkennbar.

In Tab. 4-3 sind Angaben über Zu- und Ablaufkonzentrationen bzw. -frachten und zur Reinigungsleistung bezüglich einiger wichtiger Parameter zusammengestellt: Es ist dabei ebenfalls ersichtlich, daß die Abbauleistung nur für leicht abbaubare Stoffe (ausgedrückt im Biochemischen Sauerstoffbedarf – ATH-BSB$_5$*) über 90 % ausmacht. Wenn alle Anlagen mit einer dritten Stufe nachgerüstet sein werden, wird erwartet, daß sich die Abbauleistungen bzw. die Rückhaltung der Nährstoffverbindungen aus Stickstoff und Phosphor deutlich verbessern (Grenzwerte in Tab. 4-4). Schwerer abbaubare Stoffe (ausgedrückt als chemischer Sauerstoffbedarf – CSB*) werden nur unvollständig abgebaut und führen so zu einer jährlichen CSB-Fracht* im Ablauf der baden-württembergischen Kläranlagen von über 54.000 Tonnen. Zu den stofflichen Aspekten der CSB*-Belastung siehe Kapitel 4.2.3.

Aufgrund der vor allem in den 80er Jahren stark angestiegenen Nitratgehalte in der Deutschen Bucht (Abb. 4-2) wurde auf der dritten internationalen Nordseeschutzkonferenz (INK) im März 1990 beschlossen, die Einträge an Stickstoff und Phosphor in die Nordsee bis zum Jahr 1995 auf die Hälfte der Einträge von 1985 zu reduzieren. Die Verpflichtung zur Nährstoffreduzierung wurde neben anderen Festlegungen von der Europäischen Gemeinschaft in die EG-Richtlinie für kommunales Abwasser (91/271/EWG) im Mai 1991 übernommen. Diese Anforderungen gelten für Kläranlagen ab 10.000 Einwohnergleichwerten und sind bis zum 31.12.1998 zu erfüllen [DINKLOH 1995] (siehe Kapitel 5.3.1).

Baden-Württemberg hat 1993 mit der „Reinhalteordnung kommunales Abwasser" (ROKA) diese EG-Richtlinie in Landesrecht umgesetzt. Darin wird festgelegt, daß das gesamte Land mit Ausnahme des Einzugsgebiets der Donau unterhalb der Versinkungsstelle bei Fridingen als „empfindliches Gebiet" entsprechend der EG-Richtlinie eingestuft wird. Empfindlich deshalb, weil dort abgeleitetes Wasser zur Nordsee strömt (Wasser der Donau oberhalb Fridingen gelangt nach Versinkung in den Bodensee), und die EG-Richtlinie die Reduzierung der Nährstoffeinträge in die Nordsee zum Ziel hat. Die EG-Richtlinie sieht vor, daß alle Maßnahmen zur Nährstoffreduzierung bis zum 31.12.1998 abgeschlossen sind. Die ROKA verlangt davon abweichend, daß lediglich Phosphor bis zum 1.1.1999 in allen Kläranlagen > 10.000 Einwohnergleichwerten eliminiert werden muß. Die Termine für den Stickstoffabbau können von den Behörden nach wasserwirtschaftlichen Prioritäten, somit auch erst nach 1998 festgelegt werden. Der Investitionsbedarf zur Erfüllung der Richtlinie wird für alle kommunalen Klärwerke Baden-Württembergs mit ca. 4 Mia. DM veranschlagt. Aufgrund der finanziellen Schwierigkeiten vieler Kommunen hat die Landesregierung nicht nur eine zeitliche Streckung in der Umsetzung der EG-Richtlinie ermöglicht, sondern steht auch einfacheren Verfahren oder kleineren Umbauten, die zumindest eine Teildenitrifikation* ermöglichen, aufgeschlossen gegenüber. So wurden z.B. seit 1989 im Regierungsbezirk Nordbaden mehrere dieser von der Bemessungsrichtlinie A 131 der Abwassertechnischen Vereinigung (ATV) abweichenden Varianten erprobt,

Abb. 4-2: Phosphat- und Nitratkonzentrationen im Küstenwasser der Deutschen Bucht bei Helgoland. Jahresmittelwerte (Mediane = Zentralwerte) der Jahre 1962 bis 1994
Quelle: verändert nach [HICKEL ET AL. 1993, zitiert in DINKLOH 1995]

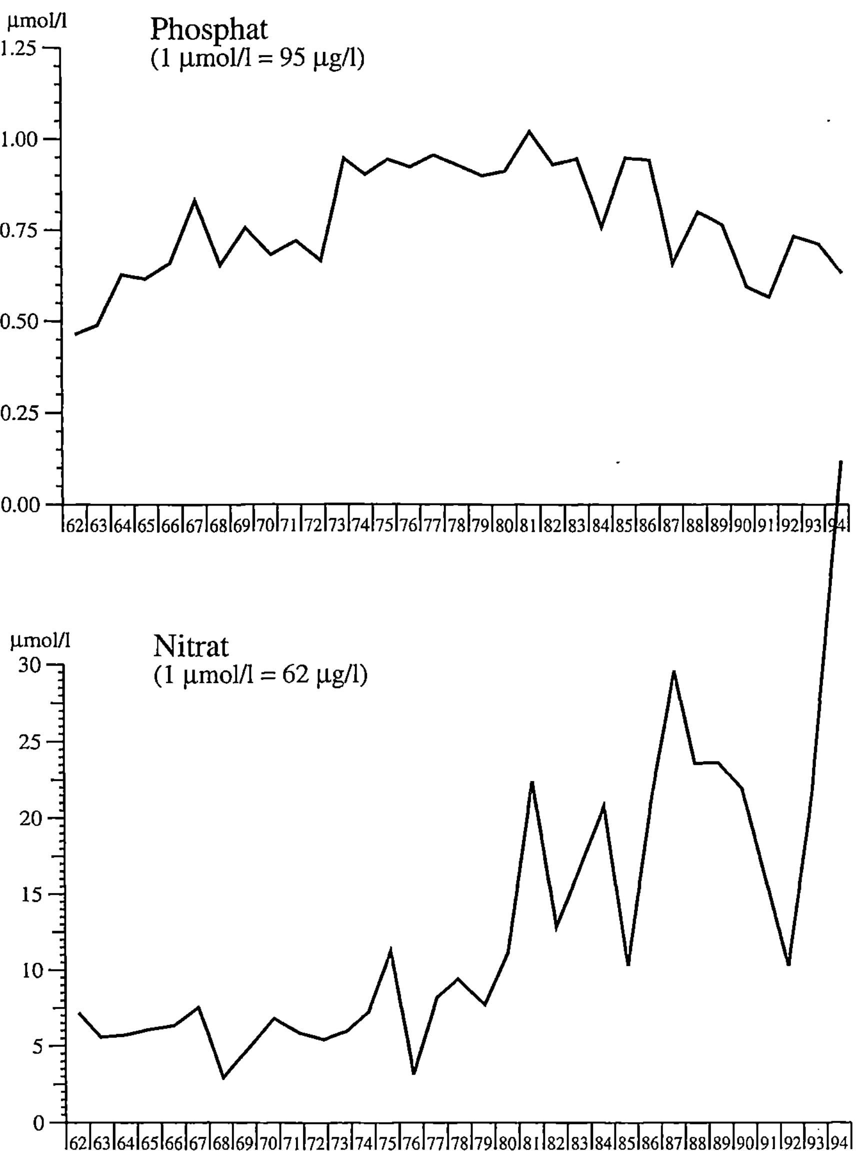

Tab. 4-4: Anforderungen an die Einleitungen aus kommunalen Abwasserbehandlungsanlagen gemäß Anhang 1 zur Rahmen-Abwasser-Verwaltungsvorschrift, gemäß ROKA und nach der „Bodenseerichtlinie"
Quelle: verändert nach [LANDTAG 11/3109]

		BSB_5	BSB_5	CSB	P_{gesamt}	P_{gesamt}	N_{gesamt} **
max. Ablaufkonzentration		mg/l		mg/l	mg/l		mg/l
Mindestreduktion			%			%	
			qualifizierte Stichproben				
Anhang 1 zur Rahmen-Abwasser VwV							
bis	1 000 EW	40	—	150	—	—	—
bis	5 000 EW	25	—	110	—	—	—
bis	20 000 EW	20	—	90	—	—	18
bis	100 000 EW	20	—	90	2	—	18
über	1 000 000 EW	15	—	75	1	—	18
ROKA (empfindliche Gebiete)							
bis	10 000 EW	25	—	125	—	—	—
bis	100 000 EW	25	—	125	2	—	15
über	100 000 EW	25	—	125	1	—	10
Bodensee-Richtlinie							
bis	600 EW	20	90	90	—	—	—
bis	3 000 EW	15	93	60	1,5	85	—
bis	30 000 EW	15	93	60	1	87	—
über	30 000 EW	15	93	60	0,3	95	—

** Der Parameter „N_{gesamt}" umfaßt

  nach Anhang 1: NH_4^+-N + NO_3^--N + NO_2^--N

  nach ROKA: NH_4^+-N + NO_3^--N + NO_2^--N + N_{org} [REICHELSTEIN 1995]

Erklärung der chemischen Formeln: siehe Text bzw. Glossar

womit Kosteneinsparungen gegenüber dem richtliniengemäßen Ausbau von 80–100 Mio. DM erreicht wurden. Solange durch diese „kleinen Ausbauten" die Mindestanforderungen nach Anhang 1 der ROKA eingehalten werden, kann nach Ansicht des Regierungspräsidiums Karsruhe auf einen regelgerechten Ausbau nach der Bemessungsrichtlinie A 131 der ATV verzichtet werden. Im Falle des Nichterreichens kann einem Zwischenausbau unter Terminfestsetzung für den endgültigen Ausbau zugestimmt werden. Hierbei sollen nach dem Entwurf zur Verwaltungsvorschrift zur ROKA *„alle Möglichkeiten zum gemeindefreundlichen Vollzug"* ausgeschöpft werden [REICHELSTEIN 1995]. Tabelle 4-4 gibt einen Überblick über die Anforderungen an die Einleitungen kommunaler Kläranlagen gemäß Anhang 1 zur Rahmen-Abwasser-Verwaltungsvorschrift (Bundesrecht), gemäß ROKA (Landesrecht für empfindliche Gebiete) und gemäß der Bodenseerichtlinie [INNENMINI-

STERIUM 1990]. Beim Vergleich der dort jeweils erfolgten Festlegungen ist zu beachten, daß in den Vorschriften voneinander abweichende Probenahmeprozeduren zur Anwendung kommen.

4.2.1.2 Regenwasserbehandlung

Mit fortschreitendem Ausbau der Kläranlagen wuchs die Bedeutung des ungeklärt in die Flüsse und Bäche eingeleiteten Überlaufes aus Mischwasserkanalisationen bei Regenereignissen. Kläranlagen sind in der Regel auf die doppelte Schmutzwassermenge ausgelegt – auf den sogenannten doppelten Trockenwetterabfluß*. Bei Regenereignissen kann sich die ablaufende Wassermenge jedoch auf den 100-fachen Betrag und mehr erhöhen. Die Situation wird dadurch weiter verschärft, daß dabei im Kanalsystem während trockenerer Perioden gebildete Ablagerungen wieder aufgewirbelt werden und auch gezielte Abwassereinleitungen während des Regenereignisses stattfinden. In der Vergangenheit wurde das im Kanalsystem abgeleitete überschüssige Mischwasser ungeklärt in die Vorfluter* entlassen. Dieser Vorgang wird als „Regenentlastung" bezeichnet, obwohl es sich dabei um Einleitungen von Mischwasser aus Schmutz- und Regenwasser handelt. Diese ungeklärten Mischwassereinleitungen stellen für die Gewässer sowohl eine hydraulische als auch stoffliche Belastung dar. Um diese zu verringern, wurden aufgrund der bereits im Jahr 1972 in Baden-Württemberg erlassenen Richtlinie für die „Anordnung und Bemessung von Regenentlastungen in Mischwasserkanalisationen" im Vergleich zu anderen Bundesländern überdurchschnittlich viele Mischwasserüberlaufbecken* installiert. In diesen Becken soll die besonders verschmutzte partikelförmige Schadstofffracht des Mischwassers zu Beginn des Regenereignisses aufgefangen und in einer späteren Trockenperiode der Kläranlage zugeführt werden. In Baden-Württemberg waren 1988 bereits 31 % der bundesweit realisierten Kapazitäten für „Regenüberlaufbecken" installiert, obwohl der Bevölkerungsanteil nur 9 % ausmacht [WEINANDY 1991]. Im Jahr 1991 waren 4.977 Becken errichtet, davon 98 % als Mischwasserüberlaufbecken*, der Rest als Regenklärbecken* (oftmals zwischen Straßen und Vorflutern* oder bei Regenwasserkanälen ohne weitere Kläranlage eingesetzt) bzw. Regenrückhaltebecken* ohne Überlauf in den Vorfluter*. Sie haben insgesamt ein Rückhaltevolumen von 2,5 Mio. m³ [STATISTISCHES LANDESAMT 1994f]. Insgesamt sind somit in Baden-Württemberg inzwischen 70 % des erforderlichen Beckenvolumens vorhanden. Im Bereich des Regierungspräsidiums Stuttgart sind bereits ca. 80 %, im Bereich der anderen Regierungspräsidien ca. 60 % der notwendigen Beckenkapazitäten installiert [UM UND LfU 1995]. Das erforderliche Rückhaltevolumen von durchschnittlich 0,35 m³ pro Einwohner (E) variiert mit der Bevölkerungsdichte: Gemeinden mit < 100 E/km² benötigen ein Rückhaltevolumen von 0,56 m³/E, Kommunen mit einer Dichte > 1.200 E/km² benötigen 0,23 m³/E. Bei Baukosten von 2.500–3.000 DM pro m³ Rückhaltevolumen rechnet man auf dem Stand von 1991 für ganz Baden-Württemberg mit einem noch erforderlichen Investitionsaufwand von ca. 3 Mia. DM oder 300 DM/E [WEINANDY 1991].

Unter bestimmten Voraussetzungen können durch Kanalnetzbewirtschaftung leerstehende Stauräume im Abwassernetz die Aufgabe der Mischwasserrückhaltung mitübernehmen, was die Aufnahmekapazität des Kanalsystems bei Regenereignissen erhöhen und die Häufigkeit von Entlastungsmaßnahmen reduzieren kann [KRAUTH 1995e].

Daten über die via Mischwasserentlastung direkt in die Oberflächengewässer abgegebenen Volumina werden in Baden-Württemberg bis auf Einzelfälle (Kontrolle der Beckengröße) nicht erhoben. *„Die Größenordnung der Verschmutzung der Gewässer durch Einleitung von Regenabflüssen bei Trennsystemen und Regenentlastungen bei Mischkanalisationen wird häufig auf ähnliche Werte geschätzt wie die Summe der Emissionen aus Kläranlagen"* [ROTT UND SCHLICHTIG 1994a]. Da die Reinigungsleistung der Kläranlagen nach Installation der dritten Stufe zur Nährstoffelimination weitgehend ausgeschöpft sein wird, gebührt nach unserer Ansicht im Bereich der Siedlungsentwässerung künftig Maßnahmen Priorität, die den Eintrag von Schmutz- und Schadstoffen in die Gewässer bei Regenereignissen verhindern.

Zur Verbesserung des Gewässerschutzes schlägt eine Forschergruppe der schweizer EAWAG (Eidgenössische Anstalt für Wasserversorgung, Abwasserreinigung und Gewässerschutz) eine flexiblere Strategie anstatt des ausschließlichen Baus von Mischwasserrückhalte- oder -überlaufbecken vor, zumal deren Rückhaltepotential mit 5–25 % der enthaltenen Stoffe eine geringere Wirkung zeige als ursprünglich erwartet [EAWAG 1979, zit. in LANGE 1995]: Untersuchungen an einem durch Mischwasserüberläufe belasteten Bach in der Schweiz (Glatt) [EAWAG 1979, zit. in LANGE 1995] und in Baden-Württemberg (Meisenbach) [HAHN UND FUCHS 1994] zeigten, daß sich die Gewässerbiozönosen* ober- und unterhalb von Mischwassereinleitungen* durchaus voneinander unterschieden. Die Unterschiede erklären sich weniger durch die stoffliche Belastung als vielmehr durch den hydraulischen Streß, der von der stoßweisen Abgabe hoher Abwassermengen im Vorfluter ausgelöst wird [HAHN UND FUCHS 1994]. Für die Ausprägung der Gewässerbiozönosen war darüber hinaus der Ausbauzustand (die Naturnähe) des Gewässers, vor allem die Existenz von Rückzugsmöglichkeiten für die Gewässerorganismen im Fall von stofflichen oder hydraulischen Belastungen von entscheidender Bedeutung. Deshalb können Maßnahmen zur Mischwasserrückhaltung erst dann ihre volle Wirkung entfalten, wenn die Morphologie des Gewässers der Vielfalt von Wasserorganismen überhaupt eine Lebensgrundlage ermöglicht. Eine vielfältigere Lebensgemeinschaft führt auch zu einer höheren Selbstreinigungskraft des Gewässers. Auch aufgrund dieses Zusammenhangs erhebt die Schweizer Gruppe die Forderung, die Gewässer in ein gesamtheitliches Entwässerungskonzept zu integrieren und einzelfallbezogen die Auswirkung von Rückhaltebecken oder Revitalisierungsmaßnahmen des Gewässers gegeneinander abzuwägen [FRUTIGER UND GAMETER 1992]. Zur „Naturnähe" von Oberflächengewässern siehe auch Kapitel 5.1.2.1. Ergänzend hierzu betonen HAHN UND FUCHS [1994] die Notwendigkeit, Entlastungswellen aus den Überlaufbecken zu dämpfen.

Während sich somit „Renaturierungsmaßnahmen" bei verbauten Fließgewässern zur Steigerung der Selbstreinigungskraft des Gewässers als Alternative oder Ergänzung zur Behandlung von Mischwasser anbieten, kann damit bei unverbauten Gewässern die Selbstreinigungskraft nicht weiter gesteigert werden. In diesem Fall müssen deshalb Maßnahmen zur Vermeidung von Belastungen greifen: Am Beispiel einer Ufergemeinde des Bodensees werden nachfolgend die Möglichkeiten zur Reduzierung des Stoffeintrags in den See durch Versickerung von Niederschlagswasser modelliert.

Fallstudie Bodensee

Die Universität Stuttgart hat am Beispiel einer Gemeinde am Bodensee für den Parameter* Phosphor exemplarisch gezeigt, daß die Erfolge der weitergehenden Abwasserbehandlung zum einen durch zusätzliche Verringerungen von Mischwasserentlastungen* erheblich gesteigert werden können, und daß diese positiven Effekte andererseits durch den bestehenden Siedlungsdruck gemindert oder völlig aufgezehrt werden können [ROTT UND SCHLICHTIG 1994a].

In dieser Untersuchung werden jeweils die direkte Phosphorfracht aus dem Auslauf einer modernen Kläranlage mit der Phosphorabgabe aufgrund von Überlaufereignissen aus der Kanalisation (Mischwasserüberläufe*) verglichen. Teil 1 der Untersuchung (Variante 1-4) untersucht das bestehende Altbaugebiet, Teil 2 (Variante 5 und 6) bezieht das geplante Neubaugebiet in die Betrachtung ein.

Abb. 4-3: Simulation des Phosphoreintrags bei unterschiedlicher Behandlung von Niederschlagswasser am Beispiel einer Gemeinde am Bodensee (Daten s. Tab. 4-5 u. Tab. 4-6)
Quelle: verändert nach [ROTT UND SCHLICHTIG 1994]

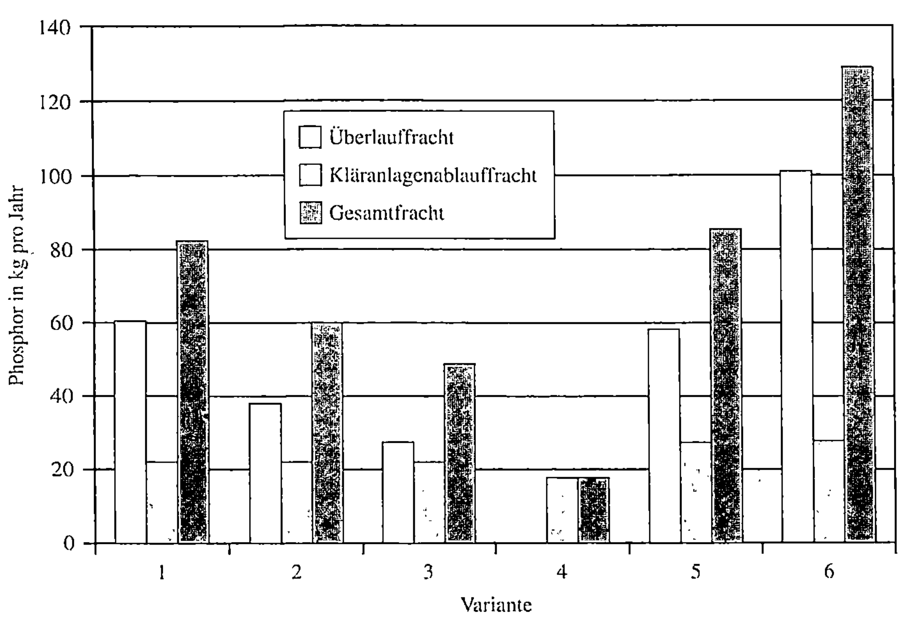

In Variante 1 werden die Effekte unterschiedlich großer Regenüberlaufbecken (RÜB)* verglichen (incl. Nullvariante).

In den folgenden Varianten wird sukzessive der Anteil der zur Versickerung gebrachten Niederschlagswässer bis hin zur völligen Versickerung allen Niederschlags gesteigert (Varianten 2–4). Dadurch wird die Häufigkeit von Mischwasserentlastungen entsprechend vermindert. Für jede Variante wird das sich aus den Mischwasserentlastungen* ergebende Volumen und die damit in den See eingeleitete Phosphorfracht berechnet. Im zweiten Teil der Betrachtung wird das zusätzliche Abwasservolumen und die damit verbundene Phosphorbelastung aus einem Neubaugebiet mit den verschiedenen Annahmen der Varianten 1 und 3 verrechnet (ergibt die Varianten 6 und 5).

Es handelt sich bei den Varianten 1–4 um ein bestehendes Gemeindegebiet von 15,7 ha, in dem 6,61 ha abflußrelevant versiegelt sind, d.h. die auf diese 6,61 ha fallenden Niederschläge werden über die Kanalisation entsorgt. Da diese als Mischwassersystem* ausgebildet ist, kommt es je nach Ausbaugrad der „Regenüberlaufbecken" (RÜB)* zu unterschiedlich häufigen Mischwasserentlastungen*.

- Für **Variante 1** (alles Regenwasser gelangt in den Kanal) wird das jährlich anfallende Mischwasser auf insgesamt ca. 122.000 m³ berechnet, davon gelangen ohne RÜB* ca. 70.000 m³ ohne Vorbehandlung in die Vorflut*. Durch den Bau eines RÜB* gemäß der Bodenseerichtlinie* (23 m³/ha versiegelter Fläche) wird das ohne Vorbehandlung in den See gelangende Volumen auf ca. 56.000 m³ reduziert. Je nach angenommenem Phosphorgehalt des Niederschlagswassers (0,1 oder 0,2 mg/l) wird ohne RÜB* eine Jahresfracht von 94,7 bis 100 kg in den Vorfluter* eingeleitet. Im Falle eines richtliniengemäßen RÜB* reduziert sich die Phosphorfracht um ca. 13 % auf 82,1 bis 86,6 kg/a. Die aus der – modernen – Kläranlage abgegebene Phosphorfracht ist je nach mitbehandeltem Mischwasseranteil vergleichsweise gering: Sie beträgt 19,2–22,3 kg/a (Tab. 4-5).
- In **Variante 2** wird als erste Entsiegelungsstufe das als wenig verschmutzt eingeschätzte Dachablaufwasser getrennt gesammelt und versickert. Die abflußrelevant versiegelte Fläche reduziert sich auf 3,78 ha (-43 %). Es verbleibt ein jährlicher Mischwasseranfall von ca. 95.000 m³. Ohne RÜB* gelangen damit 78–80,7 kg Phosphor in die Vorflut, mit RÜB* gemäß Bodenseerichtlinie* sind es 65,4–67,7 kg/a. Die Versickerung reduziert damit die eingeleitete Phosphorfracht um ca. 20 %.
- In **Variante 3** werden zusätzlich die auf Hofflächen und Wohnstraßen gesammelten und als „normal verschmutzt" eingeschätzten Niederschläge gesammelt und versickert. Die abflußrelevant versiegelte Fläche reduziert sich auf 2,63 ha (-60 %). Die Gesamtmischwassermenge verringert sich entsprechend weiter auf ca. 84.000 m³/a. Ohne RÜB* würde eine Phosphorfracht von ca. 66 kg jährlich in die Vorflut gelangen. Mit RÜB* würden noch 57–58 kg Phosphor abgegeben, es findet somit eine Reduktion im Vergleich zum Basisfall um ca. ein Drittel statt.
- In **Variante 4** wird schließlich alles Niederschlagswasser getrennt gesammelt und nach einer entsprechenden Behandlung versickert. Aus der Mischwasserkanalisation würde somit ein Trennsystem. Die Abwassermenge reduziert sich

Tab. 4-5: Zusammenfassung der Simulationsergebnisse zur Verringerung der Phosphor (P)-ableitungen einer Gemeinde am Bodensee (Varianten 1-4)
Quelle: [ROTT UND SCHLICHTIG 1994]

	Variante 1				Variante 2			Variante 3			Varia. 4
Gesamtwassermenge in m³/a	121 887				94 773			83 778			58 530
RÜB Größe in m³/ha	0	15	23	30	0	23	40	0	23	57	0
RÜB Größe in m³	0	100	150	200	0	85	150	0	60	150	0
Überlaufwassermenge in m³/a	70 163	58 359	55749	53 213	30 787	25 393	24 537	19 889	16 483	12 644	0
Niederschlagsmenge, die über die Kläranlage geleitet wird in m³/a	5 579	12 058	14 126	15 859	5 457	10 851	14 449	5 359	8 765	12 605	0
Kläranlagenabfluß in m³/a	64 108	70 587	72 656	74 388	63 986	69 380	72 979	63 889	67 295	71 134	58 530
direkte P-Fracht aus Überläufen des RÜB bei Niederschlagsbelastung 0,0 mg/l P in kg/a	70,2	58,4	55,8	53,2	56,1	42,4	35,9	45,6	35,4	26,1	0
direkte P-Fracht aus Überläufen des RÜB bei Niederschlagsbelastung 0,1 mg/l P in kg/a	75,4	63,1	60,3	57,6	58,8	44,6	37,8	47,3	36,8	27,2	0
direkte P-Fracht aus Überläufen des RÜB bei Niederschlagsbelastung 0,2 mg/l P in kg/a	80,7	67,8	64,8	62,0	61,5	46,9	39,8	47,3	38,2	28,3	0
indirekte Niederschlagsfracht über die Kläranlage in kg/a P	1,67	3,62	4,24	4,76	1,64	3,26	4,33	1,61	2,63	3,78	0
indirekte P-Fracht (aus Niederschlags- und Trockenwetterabfluß der Kläranlage) in kg/a	19,2	21,2	21,8	22,3	19,2	20,8	21,9	19,3	20,2	21,3	17,6
P-Gesamtfracht bei Belastung 0,0 mg/l P in kg/a	89,4	79,6	77,6	75,5	75,3	63,2	57,8	64,8	55,6	47,5	17,6
P-Gesamtfracht bei Belastung 0,1 mg/l P in kg/a	94,7	84,3	82,1	79,9	78,0	65,4	59,7	66,4	57,0	48,6	17,6
P-Gesamtfracht bei Belastung 0,2 mg/l P in kg/a	100,0	89,0	86,6	84,3	80,7	67,7	61,7	66,4	58,4	49,6	17,6

auf den Trockenwetterabfluß, ergänzt um prognostizierte 30 % Fremdwasser (z.B. aufgrund von Infiltration in undichte Kanalrohre sowie Fehlanschlüsse). Es verbleibt ein zur Kläranlage abgeführter Abwasserstrom von ca. 58.500 m³/a, mit dem 17,6 kg Phosphor in den Vorfluter abgeleitet werden. Die Totalversickerung ergibt somit eine Reduktion der Phosphoreinleitung in den See um ca. 80 % im Vergleich zu Variante 1 mit RÜB* bzw. um knapp 83 % ohne RÜB*.

Die alleinige Versickerung von Dachflächenwasser* (Variante 2) ergibt nach diesen Berechnungen bereits eine stärkere Phosphorentlastung des Vorfluters* als der Bau eines richtliniengemäßen Regenüberlaufbeckens ohne Versickerung (Variante 1). Abgesehen von der Totalversickerung werden die besten Ergebnisse durch Kombination von RÜB* und Versickerung erreicht. Bei Kläranlagen mit hoher Eliminationsrate kann mit der Errichtung von RÜB*, die die Anforderungen der Bodenseerichtlinie* noch übertreffen, zusätzlich eine deutliche Frachtreduzierung erreicht werden.

Tab. 4-6: Zusammenfassung der Simulationsergebnisse zur Verringerung der Phosphor (P)-ableitungen einer Gemeinde am Bodensee (Varianten 1, 5-6)
Quelle: [ROTT UND SCHLICHTIG 1994]

	Variante 1				Variante 5		Variante 6	
Gesamtwassermenge in m³/a	121 887				107 622		145 000	
RÜB Größe in m³/ha	0	15	23	30	23	57		
RÜB Größe in m³	0	100	150	200	60	150	150	200
Überlaufwassermenge in m³/a	70 163	58 359	55749	53 213	19 061	16 726	54 197	53 440
Niederschlagsmenge, die über die Kläranlage geleitet wird in m³/a	5 579	12 058	14 126	15 859	6 187	8 522	9 160	9 917
Kläranlagenabfluß in m³/a	64 108	70 587	72 656	74 388	88 560	90 895	90 803	91 561
direkte P-Fracht aus Überläufen des RÜB bei Niederschlagsbelastung 0,0 mg/l P in kg/a	70,2	58,4	55,8	53,2	61,6	56,8	96,21	94,5
direkte P-Fracht aus Überläufen des RÜB bei Niederschlagsbelastung 0,1 mg/l P in kg/a	75,4	63,1	60,3	57,6	63,1	58,2	101,1	99,4
direkte P-Fracht aus Überläufen des RÜB bei Niederschlagsbelastung 0,2 mg/l P in kg/a	80,7	67,8	64,8	62,0	64,6	59,6	106,1	104,3
indirekte Niederschlagsfracht über die Kläranlage in kg/a P	1,67	3,62	4,24	4,76	1,86	2,56	2,75	2,98
indirekte P-Fracht (aus Niederschlags- und Trockenwetterabfluß der Kläranlage) in kg/a	19,2	21,2	21,8	22,3	26,6	27,3	27,7	27,5
P-Gesamtfracht bei Belastung 0,0 mg/l P in kg/a	89,4	79,6	77,6	75,5	88,1	84,1	123,9	122,0
P-Gesamtfracht bei Belastung 0,1 mg/l P in kg/a	94,7	84,3	82,1	79,9	89,6	85,5	128,8	126,7
P-Gesamtfracht bei Belastung 0,2 mg/l P in kg/a	100,0	89,0	86,6	84,3	91,1	86,9	133,8	131,8

Durch die zusätzlichen Abwässer des geplanten Neubaugebiets (Größe: 6,7 ha) ergab die Modellierung folgende Ergebnisse:

- **Variante 6** (Kombination von Variante 1 und Neubaugebiet): Im Neubaugebiet wird allerdings das Niederschlagswasser von Dächern, Hofflächen und Wohnstraßen versickert. Durch die zusätzliche Zufuhr von Schmutzwasser und durch zusätzliches Niederschlagswasser aus der Straßenentwässerung steigt die in den Vorfluter trotz RÜB* eingeleitete Gesamtphosphorfracht aus Altgebiet und Neubaugebiet insgesamt auf 128,8 bis 133,8 kg/a an.

- **Variante 5** (Kombination von Variante 3 und Neubaugebiet): Durch die im Vergleich zu Variante 6 zusätzlich installierte Versickerung der Niederschläge von Dach- und Hofflächen sowie von den Wohnstraßen im Altgebiet (entspricht Variante 3) verringert sich in der Prognose die abgeleitete Gesamt-Phosphorfracht auf 89,6–91,1 kg/a (Tab. 4-6 sowie Abb. 4-3). Um den Phosphoreintrag aus Mischwasserentlastungen im untersuchten Gebiet um 10 kg/a zu vermindern, ist die Entsiegelung von ca. 1 ha Fläche erforderlich.

Auch wenn die gemessenen Mischwasserentlastungen geringere Volumina in die Vorflut abgeben, als in diesem Modell angenommen wird [ROTT UND SCHLICHTIG

Abb. 4-4: Simulation der in den Bodensee abgegebenen Wassermengen bei unterschiedlicher Behandlung von Niederschlagswasser (Daten s. Tab. 4-5 u. Tab. 4-6)
Quelle: verändert nach [ROTT UND SCHLICHTIG 1994]

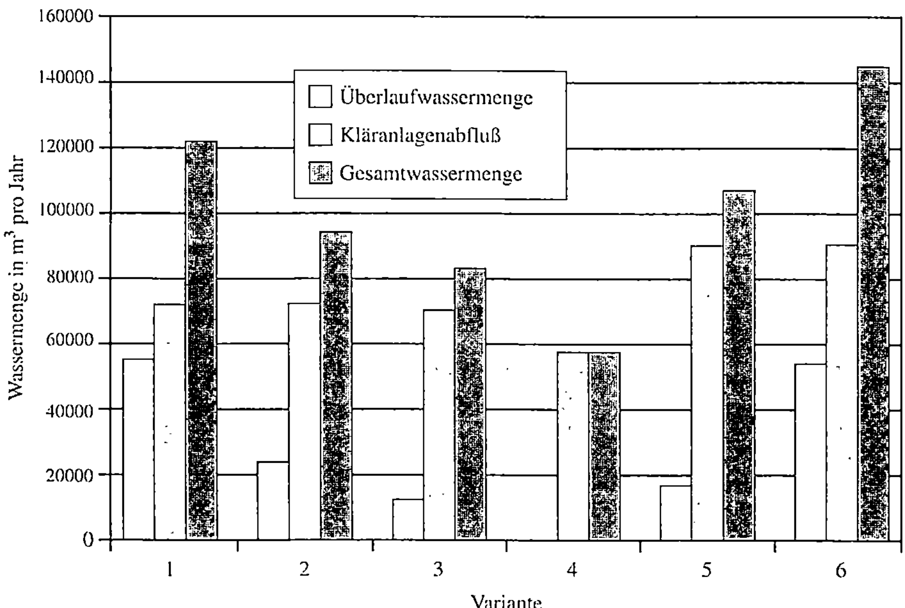

1994a], macht die Rechnung das Problem des Bodenseeraums sehr anschaulich. Nur durch Ausnutzung aller derzeit praktikablen Techniken (hocheffiziente Kläranlage, zusätzliche Installation eines Trennsystems im Neubaugebiet, nachträglich zu installierende Versickerung von Niederschlagswasser im Altgebiet und richtliniengetreuer Bau von Regenüberlaufbecken) kann die durch den Siedlungsdruck hervorgerufene Zusatzbelastung des Sees gerade aufgefangen werden. Die Erfolge des technischen Fortschritts werden so durch den Bevölkerungszuwachs gemindert oder gar kompensiert (siehe Kapitel 3.2.2).

Bei der Versickerung von Niederschlagswasser – insbesondere bei größeren Versiegelungsflächen (z.B. Straßen) – muß durch entsprechende bauliche Ausführungen der Versickerungseinrichtungen dafür gesorgt werden, daß im Sickerwasser enthaltene Schadstoffe vom Grundwasser ferngehalten werden und die entsprechenden Filtermaterialien ausgewechselt bzw. gereinigt werden können. Durch die Auswahl des Dachflächenmaterials und den Verwurf des besonders verschmutzten ersten ablaufenden Wassers (first-flush-effect) sind zusätzliche Möglichkeiten zur Verbesserung der Qualität des zur Versickerung gelangenden Wassers gegeben [FÖRSTER UND HERRMANN 1996a und 1996b].

4.2.2 Die gewerbliche Abwasserentsorgung

Im Jahr 1991 hatte die Wirtschaft in Baden-Württemberg (Energiewirtschaft, Bergbau und Verarbeitendes Gewerbe) ein Abwasseraufkommen* von 6,1 Mia. m³, wovon mit 88 % die Energiewirtschaft mengenmäßig den weitaus größten Anteil hatte.

4.2.2.1 Energiewirtschaft

Beim Abwasser der Energiewirtschaft handelt es sich fast vollständig um Kühlwasser. Entsprechend der steigenden Stromerzeugung verdoppelte sich der Kühlwasserbedarf im Zeitraum von 1975 bis 1987 (siehe Kapitel 3.1.3). Bis zum Jahr 1991 war bei leicht steigender Stromproduktion aufgrund technischer Änderungen ein Rückgang des abgeführten Kühlwassers um 13 % festzustellen. Im Jahr 1991 fielen 5,4 Mia. m³ Abwasser aus den Kraftwerken Baden-Württembergs an. Dabei handelte es sich bis auf 10 Mio. m³ um Kühlwasser.

Mit Ausnahme von 2 Mio. m³ Abwasser, das in die Kanalisation eingeleitet wird, wird sämtliches Abwasser in Oberflächengewässer, d.h. in den Rhein (3,92 Mia. m³) und den Neckar (1,45 Mia. m³) abgeführt. Die Kühlwasserableitung am Rhein stieg im Zeitraum von 1983 bis 1991 um 56 % an, wobei das erwärmte Kühlwasser vor der Einleitung nicht rückgekühlt wird. Am Neckar verlief die Entwicklung gegensinnig: Hier sank die eingeleitete Kühlwassermenge von 1983 bis 1991 um 32 %. Gleichzeitig wurde die Menge des vor der Einleitung rückgekühlten Kühlwassers um 70 % gesteigert. Durch beide Maßnahmen ging im genannten Zeitraum bis 1991 die ohne Rückkühlung in den Neckar eingeleitete Kühlwassermenge von 1,82 Mia. m³ auf 0,95 Mia. m³ zurück (-0,87 Mio m³ entsprechend 48 %) [STATISTISCHES LANDESAMT 1992]. Daten über den sich aus der zeitweiligen Stilllegung (1990/91) des ohne Kühlturm betriebenen Kernkraftwerks Obrigheim ergebenden verminderten Kühlwasseranfall liegen uns nicht vor. Auf die aus der Kühlwassereinleitung resultierende thermische Belastung des Neckars wurde in Kapitel 3.2.1 ausführlich eingegangen.

Die im Kühlwasser enthaltenen (Mikro-)Organismen (Bakterien, Algen, Pilze) finden in den erwärmten Anlagebereichen der Kraftwerke aufgrund der ebenfalls im Wasser befindlichen Nährstoffe (siehe Kapitel 5) in der Regel sehr günstige Wachstums- und Vermehrungsbedingungen vor. Das Resultat sind oftmals sogenannte Biofilme*, die z.B. an Oberflächen von Wärmetauschern die Wärmeübergänge erheblich behindern können [BOTT 1990]. In Abhängigkeit von der chemischen Beschaffenheit des Kühlwassers können auch Korrosionserscheinungen an den technischen Anlagen auftreten. Sowohl zur Verhinderung von Korrosion als auch zur Unterdrückung von Algen und Mikroorganismen werden dem Kühlwasser in der Regel Pestizide und Korrosionsinhibitoren zugesetzt [MÜLLER-STEINHAGEN 1990]. Abgeleitetes Kühlwasser mußte bisher entsprechend den „allgemein anerkannten Regeln der Technik" nicht geklärt werden [HELD 1984, zit. in KLUGE

ET AL. 1994]. Somit gelangen mit dem Kühlwasser auch die zugesetzten Chemikalien in die Flüsse. Nach Anhang 31 zur Rahmen-Abwasser-Verwaltungsvorschrift soll künftig die Klärung der Kühlwässer nach dem anspruchsvolleren „Stand der Technik" erfolgen. Dies bedeutet Beschränkungen für die Einleitung verschiedener Metalle (Chrom, Quecksilber, Zink, metallorganische Verbindungen) sowie für Chlor, Nitrit und Phosphor [BMUNR 1992]. Mittels des Leuchtbakterientests soll in Zukunft die Konzentration von Pestiziden in den Kraftwerksabwässern vor dem Einlauf in die Flüsse kontrolliert werden können [CHEMISCHE RUNDSCHAU Nr. 38 vom 22.9.1995].

4.2.2.2 Bergbau und Verarbeitendes Gewerbe

Das Abwasseraufkommen* von Bergbau und Verarbeitendem Gewerbe („Industrie*") betrug mit 0,7 Mia. m^3 im Jahr 1991 ca. 15 % weniger als im Jahr 1979. Der größte Anteil des Abwassers (ca. 592 Mio. m^3 oder 85 %) wurde nach Behandlung in betriebseigenen Kläranlagen direkt in Gewässer oder den Untergrund eingeleitet. Ein vergleichsweise geringer Anteil von 111 Mio. m^3 (15 %) wurde an das öffentliche Kanalnetz abgegeben (Indirekteinleitung*). Das abgeführte Abwasser bestand zu 55 % aus Kühlwasser, zu 42 % aus Produktionswasser und zu 3 % aus Belegschaftswasser.

Die wichtigsten direkt ($\geq$ 10 Mio. m^3/a) und indirekt ($\geq$ 5 Mio. m^3/a) einleitenden Branchen sind in Tab. 4-7 zusammengestellt. Es handelt sich hierbei im we-

Tab. 4-7: Die wichtigsten direkt und indirekt einleitenden Branchen von Bergbau und Verarbeitendem Gewerbe in Baden-Württemberg 1991 - Angaben in Mio. m^3
Quelle: [STATISTISCHES LANDESAMT 1994g]

Direkteinleiter		Indirekteinleiter	
Branche	Abwasser-menge	Branche	Abwasser-menge
Baden-Württemberg gesamt	592,7		111,0
„Papierindustrie"	210	Textilgewerbe	21,6
Chemische Industrie	193	Ernährungsgewerbe	18,9
Gewinnung von Sand und Kies	49,7	Straßenfahrzeugbau	11,6
Mineralölverarbeitung	34,5	Elektrotechnik	9,74
Ernährungsgewerbe	18,9	Chemische Industrie	9,70
Eisenschaffende Industrie	17,8	„Papierindustrie"	8,98
Maschinenbau	10,6	Maschinenbau	7,98
Summe	534,5		88,5
Anteil an der Gesamtmenge in Baden-Württemberg	90,2 %		79,7 %

Tab. 4-8: BSB$_5$- und CSB-Frachten der wichtigsten direkt und indirekt einleitenden Branchen von Bergbau und Verarbeitendem Gewerbe in Baden-Württemberg 1991
Quelle: [STATISTISCHES LANDESAMT 1994g]

Branche	BSB$_5$		CSB	
	Fracht (in t)	Anteil (in %)	Fracht (in t)	Anteil (in %)
Bergbau und Verarbeitendes Gewerbe in Baden-Württemberg gesamt	2.112	100	23.861	100
„Papierindustrie"	1.657	78,1	19.681	82,5
Chemische Industrie	315	14,8	3.415	14,3
Mineralölverarbeitung	77	3,6	347	1,5
Ernährungsgewerbe	20	0,9	120	0,5
Straßenfahrzeugbau	12	0,6	78	0,3
Summe	2.018		23.641	
Anteil an der Gesamtfracht in Baden-Württemberg		98,1		99,1

Erklärung von BSB$_5$ und CSB: siehe Text

sentlichen um dieselben Branchen, die unter dem Aspekt der Wassergewinnung in Kapitel 3.2.1 bereits behandelt wurden. Die jeweils bedeutendsten sieben direkt und indirekt einleitenden Branchen machen 90 % der Direkteinleitungen* bzw. 80 % der Indirekteinleitungen* aus [STATISTISCHES LANDESAMT 1994g]. Soweit Angaben über die BSB$_5$*- und CSB*-Frachten vorliegen, stammen 98 % der leicht abbaubaren Stoffe (BSB$_5$*) und 99 % der schwer abbaubaren Stoffe (CSB*) aus nur fünf Branchen. Mit jeweils über 90 % zeichnen die „Papier*-" und die Chemische Industrie für die leicht und schwer abbaubaren Abfallstoffe in den Abwässern von Bergbau und Verarbeitendem Gewerbe verantwortlich (Tab. 4-8). Sowohl bei der Behandlung der Abwässer von Direkteinleitern* [JEDELE 1995] als auch bei der Vorklärung der Abwässer von Indirekteinleitern* [MAIER UND HABERKERN 1995] sind trotz erheblicher Fortschritte in der jüngsten Vergangenheit teilweise noch erhebliche Optimierungspotentiale vorhanden.

4.2.3   Die Problematik der schwer abbaubaren Stoffe

Wir haben oben die Quantifizierung der mit dem Abwasser in die Gewässer eingeleiteten schwer abbaubaren Stoffe am Parameter CSB* dargestellt. Hinter diesem Summenparameter* verbirgt sich eine Vielzahl von natürlichen (z.B. Huminstoffe*) und synthetischen Einzelsubstanzen, die teilweise nicht bekannt sind und die sich bisher der Einzelanalytik in großem Umfang entziehen. Nach heutigem Kenntnisstand wird die Zahl der in der EU synthetisch hergestellten Substanzen auf ca. 100.000 geschätzt [HAHN 1988, zit. in KLUGE ET AL. 1994], nicht mitgerechnet die Zahl der bei jeder chemischen Reaktion auftretenden Nebenprodukte. Vorstellungen über den Anteil der natürlich entstehenden Huminstoffe liegen nicht vor. Bei Gewässeruntersuchungen werden mit den Summenparametern* TOC* (total organic carbon) und DOC* (dissolved organic carbon) die Gesamtheit bzw. der gelöste Anteil dieser organischen Komponenten zumindest in ihrem Kohlenstoffgehalt erfaßt. Über die aus Kläranlagen stammenden DOC*-Frachten liegt uns für Baden-Württemberg kein Überblick vor. In den süddeutschen Oberflächengewässern machen die Huminstoffe 50 – 80 % des DOC* aus [ABBT-BRAUN 1993]. Die in den Rhein insgesamt eingeleitete DOC*-Fracht stammt jeweils zur Hälfte aus kommunalen und industriellen Kläranlagen [SONTHEIMER UND VÖLKER 1987, zit. in KLUGE ET AL. 1994].

Entsprechend der Vielzahl unterschiedlicher Substanzen sind die human- bzw. ökotoxikologischen Eigenschaften dieser Substanzen sehr vielfältig. Unter der Annahme, daß die verschiedenen Organismen aufgrund evolutionärer Entwicklung an natürlich gebildete Huminstoffe* weitgehend angepaßt sind, wird nachfolgend auf einige Aspekte der synthetisch gebildeten schwer abbaubaren Substanzen eingegangen. Mit Ausnahme der Abwässer, die adsorbierbare organisch gebundenen Halogene* (AOX*) und einige Schwermetalle* enthalten und die deshalb gemäß Anhang 22 zur Allgemeinen Abwasser-Verwaltungs-Vorschrift nach dem Stand der Technik gereinigt werden müssen, gelten Abwässer, die andere organische Einzelstoffe enthalten, bislang als ungefährlich und können somit nach den „allgemein anerkannten Regeln der Technik" behandelt werden. Es darf danach ein „Rest-CSB*" von ca. 10 % abgeleitet werden. Sowohl hinsichtlich negativer Auswirkungen auf enzymatische Umsetzungen in Fließgewässerbakterien (z.B. β-Glucosidasen*) [KLUGE ET AL. 1994], als auch durch das verbleibende mutagene* Potential [LEHMANN ET AL. 1989, zit. in KLUGE ET AL. 1994] ist zumindest ein Teil der Stoffe, die den „Rest-CSB*" ausmachen, nicht als unproblematisch einzuschätzen. Bedingt durch die in Kläranlagen angewandte Technologie können vor allem solche Substanzen in die Gewässer gelangen, die sowohl schwer abbaubar (persistent*) sind, also von den Bakterien in Kläranlagen nicht erfaßt werden, als auch gut wasserlöslich sind und somit auch mögliche Aktivkohlefilter durchbrechen können. Ein Teil dieser Stoffe ist als trinkwasserrelevant einzustufen, weil nicht sicher davon ausgegangen werden kann, daß sie bei der Passage aus den Oberflächengewässern ins Grundwasser (Infiltration*) zurückgehalten werden. Ein Beispiel für persistente, schwer in Kläranlagen zurückhaltbare Substanzen ist die Stoffgruppe der sulfonierten Aromaten, die z.B. als Bestandteil von optischen Aufhellern* in Waschmitteln (DAS = 4,4´-Diaminostilben-2,2´-disulfonsäure), aus der Farbstoffproduktion (Naphthalinsulfonsäuren) oder aus der Zellstoffproduktion (Ligninsulfonsäuren) ins Abwasser gelangen. Kenntnisse über das Auftreten dieser Stoffe sind aufgrund der mangelhaften Analytik derzeit noch begrenzt.

Eine weitere relevante Stoffgruppe sind Substanzen mit hormonähnlichen Eigenschaften. Ein Beispiel dafür sind die in großem Umfang als nichtionische Tenside* in Reinigungsmitteln eingesetzten Alkylphenol-Polyethoxylate (APnEO). Ihre in herkömmlichen Kläranlagen gebildeten Abbauprodukte (z.B. Nonylphenol oder Octylphenol) reichern sich in aquatischen Organismen an und besitzen eine schwach östrogene* (verweiblichende) Aktivität. So wurden bei männlichen Fischen, die im Ablauf von Kläranlagen in Großbritannien gehältert wurden, Geschlechtsumwandlungen festgestellt. Im Wasser war eine große Zahl dieser östrogen* wirkenden Stoffe in geringer Konzentration festgestellt worden, darunter APnEO und das Abbauprodukt Nonylphenol. In Oberflächengewässern Großbritanniens wurden Nonylphenol-Konzentrationen bis zu 50 µg/l gemessen. Bei diesen Konzentrationen bilden Fischmännchen Vitellogenin*, das sonst nur von Weibchen unter Einwirkung des weiblichen Geschlechtshormons Östradiol produziert wird. Seit den 80er Jahren ist Nonylphenol auch in Kläranlagen und Gewässern der Schweiz nachgewiesen. Toxische Wirkungen sind bei Konzentrationen unter 6 µg/l [NAYLOR ET AL. 1992, zit. in LANGE 1995] nachgewiesen; ebenso hohe Anreicherungen bis zum 10.000fachen in der Süßwasseralge *Cladophora glomerata* [AHEL 1993, 1994d, zit. in LANGE 1995]. Aufgrund der großen Unsicherheit über die Auswirkungen dieser Stoffgruppe hat die Internationale Kommission für Trinkwasserqualität („Paris-Kommission") empfohlen, die Verwendung von Nonylphenolen bis zum Jahr 2000 einzustellen [LANGE 1995].

Arznei- und Diagnosemittel bzw. ihre Abbauprodukte können ebenfalls für Kläranlagen bzw. Oberflächengewässer problematisch sein. In Krankenhäusern entsteht Abwasser, das auf den ersten Blick (CSB*-, BSB$_5$*-, Phosphat- und Ammoniumgehalt) dem häuslichen Abwasser vergleichbar scheint. Viele der in Krankenhäusern verwendeten Chemikalien und Medikamente sind jedoch als gefährlich im Sinne von § 7a WHG zu beurteilen [KÜMMERER UND BRINKER 1994]. Zu den problematischen Stoffen zählen neben Reinigungs- und Desinfektionsmitteln Röntgenkontrastmittel, Antibiotika und Zytostatika* sowie einige Schwermetalle. Der Einsatz von vor allem alkalihaltigen Reinigungsmitteln führt oft zu stark alkalischen Klinikabwässern (pH 8–9). Für halogenorganische Verbindungen, die bei der Abwasseranalytik im Summenparameter* AOX* erfaßt werden, sind in Kliniken vor allem die medizinischen Bereiche und dort vor allem die Röntgenkontrastmittel auf Basis des 2,4,6-Trijodbenzols verantwortlich. Aus dieser Quelle könnten z.B. aus dem Freiburger Universitätsklinikum bis zu 650 kg/a organisch gebundenes Jod in das Abwasser gelangen. Der Beitrag von halogenhaltigen Medikamenten beträgt demgegenüber etwa ein Zehntel [GARTISER ET AL. 1995]. Diese Verbindungen scheinen die kommunalen Kläranlagen teilweise zu passieren bzw. nur unvollständig abgebaut zu werden [GARTISER 1995, pers. Mitt.]. Reinigungsmittel, die Chlor abspalten und mit anderen organischen Komponenten des Abwassers zu chlororganischen Verbindungen reagieren, können die Belastung durch AOX zusätzlich erhöhen. Klinikabwasser kann aus den genannten Gründen oftmals die Vorgaben der Indirekteinleiterverordnung (0,5 mg/l AOX) nicht einhalten.

Eine Bilanzierung für das Klinikum der Universität Freiburg ergab pro Jahr Einleitungen von ca. 180 kg Antibiotika und max. 4,7 kg Zytostatika in das kommunale Abwassernetz. Diese Substanzen können aufgrund ihres bakteriziden* oder

kanzerogenen* Potentials bakterielle Abbauprozesse in Kläranlagen stören und/
oder mangels vollständigen Abbaus in die Oberflächengewässer gelangen. Erste
Untersuchungen am Universitätsklinikum der Universität Freiburg deuten darauf
hin, daß Zytostatika* in den vorhandenen Konzentrationen auf Bakterien nicht
toxisch wirken [KÜMMERER UND BRINKER 1994]. Am Bespiel von Ifosfamid konnte
gezeigt werden, daß mit großer Wahrscheinlichkeit in kommunalen Käranlagen
keine Elimination und auch kein Primärabbau* stattfindet. Derzeit wird das
Strukturisomer* Cyclophosphamid auf seine Abbaubarkeit sowie Mutagenität*
untersucht [STEGER-HARTMANN ET AL. 1994]. Für Cyclophosphamid gibt es Hinweise auf Humanmutagenität* und Kanzerogenität* [ZAHN 1992, zit. in LANGE 1995].

Von den Schwermetallen sind im Klinikbereich vor allem Zink und Quecksilber aufgrund ihres Anteils in einigen Medikamenten von Interesse. So werden ca.
1,5 % der Quecksilberbelastung des Klärschlamms aus der Freiburger Kläranlage
durch die Anwendung des Medikaments Mercurchrom^R im Freiburger Universitäts-
klinikum verursacht [KÜMMERER UND BRINKER 1994]. Ökotoxikologische* Studien
(Daphnientest, Leuchtbakterientest, Ames-Test und der Test auf Chromosomenab-
errationen an Hamsterzellen) zeigen, daß Abwasserproben aus Krankenhäusern
problematischer als in kommunalen Kläranlagen untersuchte Abwasserproben einzuschätzen sind. Es ist derzeit noch offen, ob die im Test nachgewiesenen Wirkungen auch unter den Bedingungen der Vorfluter* eintreten [GARTISER ET AL. 1994].

Die hier für das Klinikum in Freiburg dargestellten Ergebnisse haben aufgrund
vermehrt durchgeführter ambulanter Behandlungen (Fachärzte für Radiologie,
ambulante Zytostatika*-Behandlung) erhebliche Bedeutung für die Abwasserqualität auch außerhalb des engeren Klinikbereichs. So wurden z.B. im Jahr 1993
in allen Trinkwasserproben aus verschiedenen Stadtteilen Berlins Spuren der
Clofibrinsäure festgestellt, nachdem zuvor bei Grundwasseruntersuchungen auf
Pflanzenschutzmittel dieses Strukturisomer* des Herbizids* Mecoprop eher zu-
fällig entdeckt worden war. Clofibrinsäure stammt von Personen, die Lipidsenker*
gegen erhöhte Blutfettwerte eingenommen hatten. Clofibrinsäure wurde inzwischen
in allen untersuchten Abläufen von Kläranlagen in Konzentrationen oberhalb des
Pestizidgrenzwertes der TVO* von 0,1 µg/l nachgewiesen [LANGE 1995]. Die Substanz ist inzwischen auch in Gewässern und im Trinkwasser anderer Regionen
Deutschlands identifiziert [STAN ET AL. 1994, zit. in LANGE 1995].

Anhand dieser Beispiele und aufgrund der mikrobiellen Belastungen in
Kläranlagenausläufen wird deutlich, daß trotz umfangreicher Klärmaßnahmen durch
die Abgabe geklärter Abwässer ein nicht vollständig beschreibbares Rest-Risiko-
potential für die Oberflächengewässer und z.T. auch für die Trinkwassergewinnung
verbleibt. Hinzu kommt die Belastung durch sogenannte Mischwasserentlastungen
(siehe Kapitel 4.2.1.2). Neben geklärtem Abwasser verlassen unsere Kläranlagen
erhebliche Mengen an Klärschlamm, die ein weiteres ökologisches und ökonomi-
sches Problem darstellen.

4.2.4 Problem Klärschlamm

In den alten Bundesländern fielen 1991 ca. 50 Mio. m³ Klärschlamm unterschiedlicher Qualität mit einem Trockenmasseanteil von 2 Mio. t [MELSA 1992] bis 2,5 Mio. t. [LINDNER 1992] an. In Baden-Württemberg waren es im gleichen Jahr in öffentlichen Kläranlagen knapp 8,1 Mio. m³ Rohschlamm entsprechend 403.000 t Trockenmasse [STATISTISCHES LANDESAMT 1994h]. Dies ist erheblich mehr als z.B. der Schlammanfall in allen neuen Bundesländern, der sich auf 250.000 t Trockenmasse belief [LINDNER 1992]. Dieser Vergleich zeigt deutlich, in welchem Ausmaß verstärkte Anstrengungen in der konventionellen Abwasserreinigung zu einer Zunahme der Reststoffproblematik führen. Aus industrieller Abwasserreinigung fielen in Baden-Württemberg im Jahr 1993 ca. 156.000 t Klärschlamm an [STATISTISCHES LANDESAMT 1995c]. Diese Angabe enthält keinen Hinweis zum Wassergehalt der Schlämme. Bei der Bewertung der aus der industriellen Abwasserreinigung anfallenden Schlammenge ist weiterhin zu beachten, daß je nach Definition die als Klärschlamm „industrieller" Herkunft ausgewiesene Menge nominell starken Schwankungen unterliegen kann. So können z.B. die Schlämme aus der Abwasserreinigung in der Papierfabrikation in einem Berichtszeitraum als „Klärschlämme", in einem anderen als „Papierschlämme" deklariert werden. Eine solche Umdeklaration führt nominell zu einem deutlichen Rückgang des industriellen Klärschlammaufkommens, ohne daß faktisch ein wesentlicher Unterschied eingetreten ist.

In Baden-Württemberg existiert nach Angaben der Landesregierung derzeit keine Datei, die zeitnah und umfassend Auskunft über angefallene Klärschlamm-Mengen und deren Entsorgungsweg geben könnte [LANDTAG 11/3986]. Über den Verbleib des Schlamms aus kommunalen Kläranlagen informiert Tab. 4-9. In Baden-Württemberg wird ein überdurchschnittlich hoher Anteil deponiert (57 %), etwa ein Fünftel wird in der Landwirtschaft verwendet oder kompostiert. Zur Verbrennung gelangen ca. 13 %. Der verbleibende Rest von ca. 8 % wird exportiert. Über den Export von Klärschlamm informiert Tab. 4-10.

Tab. 4-9: Im Jahr 1991 in Baden-Württemberg bzw. in den alten Bundesländern angefallene Klärschlamm-Mengen und deren Verbleib (in 1.000 t Trockenmasse)
Quellen: [LANDTAG 11/3986] [LINDNER 1992] [MELSA 1992] [STATISTISCHES LANDESAMT 1993b]

	Baden-Württemberg		alte Bundesländer			
auf Deponien	230,0	(57 %)	900	-	1.125	(45 %)
in der Landwirtschaft	67,2	(17 %)	500	-	625	(25 %)
durch Verbrennung	51,5	(13 %)	300	-	375	(15 %)
durch Kompostierung	20,9	(5 %)	k. A.			
durch Export	33,5	(8 %)	300	-	375	(15 %)
Summe	403,1	(100 %)	2.000	-	2.500	(100 %)

Tab. 4-10: Klärschlammexport im Rahmen der öffentlichen Abfallentsorgung aus Baden-Württemberg in den Jahren 1991 - 1993. Angaben in t teilentwässerter Substanz
Quelle: [LANDTAG 11/3986]

	in alte Bundesländer	in neue Bundesländer	nach Frankreich	Summe
1991	4.761	4.850	66.305	75.916
1992	≤ 58.613	≥ 34.378	8.675	101.666
1993	≤ 51.575	≥ 33.312	1.430	86.317

Die im Rahmen der öffentlichen Abfallentsorgung übernommenen Klärschlamm-Mengen sind von 1987 bis 1993 um ca. 20 % angewachsen. Das steigende Schlamm-aufkommen resultiert vor allem aus der „weitergehenden Abwasserreinigung" (Nährstoffelimination) sowie aus der Regenwasser- und Mischwasserbehandlung. Von 1991 bis 1993 stieg das kommunale Klärschlammaufkommen um ca. 10 % von 693.200 t auf 763.200 t an [STATISTISCHES LANDESAMT 1995c]. Diese Angaben beziehen sich nicht auf Trockenmasse, sondern auf einen Naßschlamm mit 30–40 % Wasseranteil [SEIDEL 1995, pers. Mitt.]. Bei konstantem Wassergehalt resultiert daraus für das Jahr 1993 ein Trockenmasse-Anfall von ca. 440.000 bis 445.000 t. Der Trend zu steigenden Schlamm-Mengen wird nach Aussagen der Landesregierung anhalten [LANDTAG 11/3986].

Obwohl sich von 1991 bis 1992 die an die Landwirtschaft abgegebene Klär-schlamm-Menge um 12.000 t Trockenmasse erhöht hat (+18 %), wird sich nach Ansicht der Landesregierung die auf diesem Verwertungsweg abzusetzende Menge nicht mehr weiter steigern lassen. Dies liegt zum einen an der Zunahme von Komposten aus der Getrenntmüllsammlung, den sogenannten „Biomüllkomposten", die unmittelbar mit dem Klärschlamm um Flächen konkurrieren. Zum anderen ergeben sich aus der Novelle der Klärschlammverordnung vom 15.4.1992 zusätz-liche Restriktionen in der landwirtschaftlichen Verwertung. Durch die geplante Ausweitung der Wasserschutzgebiete in Baden-Württemberg werden weiterhin Flächen aus der Klärschlammnutzung ebenso ausscheiden wie durch Verpflich-tungen im Vertragsanbau von Nahrungsmitteln, die eine Klärschlamm-Anwendung ausschließen [LANDTAG 11/3986].

Eine erweiterte Flächennutzung zum Anbau von Industrie*- oder Energie-pflanzen* könnte demgegenüber Flächen zur Verwertung von Klärschlamm schaf-fen. Dessen Qualität darf allerdings eine dauerhafte Nutzung der Ressource Boden unter Gesichtspunkten der Nachhaltigkeit nicht beeinträchtigen. Durch die Nährstoffelimination in der dritten Klärstufe werden die Klärschlämme künftig mehr Phosphor enthalten bei gleichzeitigem Rückgang des Stickstoffanteils. Ob sich dadurch die Rahmenparameter der landwirtschaftlichen Verwertung ent-scheidend ändern, kann derzeit nicht vorhergesagt werden.

Da die Ablagerung unbehandelter Klärschlämme in Deponien aufgrund der Anforderungen der TA-Siedlungsabfall an den maximalen Gehalt organischer Be-standteile ab dem Jahr 2005 nicht mehr möglich sein wird, die landwirtschaftliche Verwertung begrenzt sowie der Export politisch unerwünscht ist, kommt der

Klärschlammverbrennung immer größere Bedeutung zu. Die Landesregierung favorisiert hierzu spezielle Wirbelschichtanlagen [LANDTAG 11/3986]. Energetisch ist dieser Entsorgungsweg problematisch, da erhebliche Mengen an Wasser entweder mechanisch und/oder thermisch entfernt werden müssen. Zudem sind ohne weitere Behandlungsmaßnahmen viele Schadstoffe in den Aschen aus Verbrennungsanlagen relativ mobil [MÖLLER 1995]. Eine sichere Ablagerung der Reststoffe erfordert mehrere Barrieren, wobei neben künstlichen und natürlichen Dichtungselementen von Deponiekörpern die Auslaugbeständigkeit des abzulagernden Gutes die wichtigste Barriere darstellt. Um unter Umweltbedingungen auslaugsicher zu sein, müssen Aschen konventioneller Verbrennungsanlagen gesintert (verglast) werden, oder die Klärschlämme müßten in Hochtemparaturanlagen (z.B. in Schmelzkammerfeuerungen von Kraftwerken) (mit-)verbrannt werden. Deren Reststoffe sind keine Aschen, sondern auslaugbeständigere Schlacken. Auch beim Flugstromvergasungsverfahren entsteht ein Schmelzgranulat [Landtag 11/5505]. Neben thermischen Verfahren können auch nasse Oxidationsverfahren unter Verwendung von Rein- oder Luftsauerstoff den organischen Rest der Klärschlämme mineralisieren. Erfahrungen in großtechnischen Anlagen liegen hierzu in Deutschland kaum vor. Wie erste von einem Hersteller vorgelegte Ergebnisse am Beispiel der Kläranlage Apeldoorn (NL) zeigen, scheint es möglich, mit diesen Verfahren unter vergleichsweise günstigen ökonomischen Rahmenbedingungen den Anforderungen der TA Siedlungsabfall zu entsprechen [MANNESMANN 1995].

Fazit:
Im industriell gewerblichen Bereich fallen neben Kühl- und Belegschaftsabwasser vor allem Prozeßabwässer an, die spezifisch gereinigt werden können, wobei zunehmend integrierte* Verfahren End-of-the-Pipe*-Lösungen ersetzen. Dies führt bereits heute zu deutlich vermindertem Schmutzwasseranfall und vor allem zu Reduktionen der absoluten Schmutzfracht. Bei der Siedlungsentwässerung werden dagegen ganz unterschiedlich verschmutzte Wässer (Schwarzwasser aus Toiletten, Grauwasser aus Bad und Küche) miteinander vermischt und in dem in Baden-Württemberg überwiegend verbreiteten Mischwassersystem durch Niederschlagswasser zusätzlich verdünnt. Sofern nicht über die sogenannten Regenentlastungen diese Mischwässer den Vorflutern direkt zugeführt werden, erfolgt in den Kläranlagen eine gemeinsame Reinigung, wobei kohlenstoff- und stickstoffhaltige Verbindungen je nach Ausbaugrad der Anlage mehr oder weniger zu gasförmigen Endprodukten mineralisiert* werden. Produkte unvollständiger oder nicht erfolgter Mineralisierung* oder Fällungsprodukte (Phosphor) werden in ansteigenden Klärschlammengen fixiert. Nicht abbaubare und gut wasserlösliche Substanzen sowie Mikroorganismen gelangen teilweise über den Kläranlagenablauf, vor allem aber durch die Mischwasserentlastungen* in die Oberflächengewässer und erzeugen dort eine nur unvollständig einzuschätzende chemische und eine immer noch erhebliche mikrobielle Belastung. Deshalb muß z.B. das Badeverbot im Nekkar weiterhin aufrecht erhalten werden [MEDIZINISCHES LANDESUNTERSUCHUNGSAMT 1988]. Bei der Deponierung oder landwirtschaftlichen Verwertung von Klärschlamm werden Schadstoffe vom Medium Wasser direkt auf die Ressource Boden übertra-

gen; bei der Verbrennung gelangt ein Teil der Schadstoffe in das Medium Luft und von dort wieder auf den Boden. Der in den Aschen verbliebene Anteil kann von Boden und Grundwasser nur durch (aufwendige) Stabilisierung der Verbrennungsrückstände dauerhaft ferngehalten werden. Der energetische Aufwand ist bei der Klärschlammverbrennung zudem beachtlich.

Im Gegensatz zur Abfalldiskussion, in der das „Vermeiden" inzwischen eine große Bedeutung erlangt hat, finden wir im Bereich der Schmutzwasserbehandlung im wesentlichen Ansätze zu anderen Verfahren der Behandlung. Dies bedeutet, daß für Schmutzwasser meist alternative End-of-the-Pipe-Strategien diskutiert werden. Echte Vermeidungsansätze finden sich nur bei der „Behandlung" von Niederschlagswasser, wo inzwischen die Versickerung oder ein direktes Abführen in Oberflächengewässer, also eine Herausnahme von Niederschlagswasser aus dem Abwassersystem immer öfter thematisiert wird.

Weitere Verbesserungen bei der Behandlung von Siedlungsabwasser werden vor dem Hintergrund dieser Diskussion an die getrennte Behandlung der unterschiedlichen Abwasserströme gebunden sein. Über das dabei jeweils erforderliche Ausmaß der Trennung wird von Fall zu Fall unterschieden werden müssen.

4.3   Abwasserbehandlung der Zukunft

Überlegungen zu zukunftsorientierten Strategien der Abwasserbehandlung müssen sich zum einen an dem bereits bestehenden Entwässerungssystem orientieren und zum anderen örtliche oder regionale Gegebenheiten (Verdichtungsraum oder ländlicher Raum) berücksichtigen. Nachfolgend beschriebene Vorstellungen einer zukünftigen Siedlungsentwässerung zeigen daher unterschiedliche Ansätze für Verdichtungsräume einerseits und für den ländlichen Raum andererseits.

4.3.1   Zukunftsorientierte Abwasserbehandlung in Verdichtungsräumen

In den Verdichtungsräumen Baden-Württembergs kann davon ausgegangen werden, daß ein nahezu vollständiger Anschluß der Bevölkerung an Kanalisation und Kläranlagen bereits erfolgt ist. Aufgrund der hohen Versiegelung wird ein Großteil des Niederschlags über die Kanalisation abgeleitet. Das Kanalsystem selbst ist teilweise sanierungsbedürftig. Für die alten Bundesländer werden nach Angaben der Abwassertechnischen Vereinigung zur Kanalnetzsanierung allein ca. 90 Mia. DM benötigt [FRANKFURTER RUNDSCHAU vom 26.9.1995].

Die bestmögliche Reinhaltung der Gewässer bei gleichzeitig minimalem Anfall von Schlamm und vernünftigem Energieeinsatz erfordert neue Technologien bei der Abwasservorbehandlung, im Klärwerk und in der Gewässerbewirtschaftung. Zur Entlastung der Vorfluter wird es einerseits erforderlich sein, versiegelte Flächen wieder zu entsiegeln, damit wieder mehr Niederschläge unmittelbar versickern können. Die danach noch verbleibenden Abwasserströme sind nach Vorstellungen von KRAUTH [1995a] zu dreiteilen und getrennt zu behandeln. Es werden dabei folgende Teilströme unterschieden:

- Teilstrom Dachablaufwasser
- Teilstrom Straßenabflußwasser
- Teilstrom Schmutzwasser

Diese Dreiteilung unterscheidet beim Schmutzwasser nicht zwischen Fäkal- und Grauwasser, trennt aber das Niederschlagswasser nach seinem – je nach Herkunft unterschiedlichen – Verschmutzungsgrad auf.

Der Teilstrom <u>Dachablaufwasser</u> kann nach dieser Konzeption aufgrund der Erfolge in der Luftreinhaltung bei entsprechenden hydrogeologischen Verhältnissen dezentral bzw. zentral versickert werden oder in offenen Gräben dem Vorfluter zufließen. Hierdurch würden bereits erhebliche Volumina von Kanalsystem und Kläranlage ferngehalten, bzw. würden die durch Mischwasserentlastungen hervorgerufenen Einträge ungeklärter Abwässer in die Gewässer erheblich reduziert [KRAUTH 1995a] (siehe Kapitel 4.2.1.2 – Fallstudie Bodensee – auch hinsichtlich der erforderlichen Maßnahmen zum Schutz des Grundwassers bei der Versickerung).

Der Teilstrom <u>Straßenabfluß</u> enthält einen hohen Anteil anorganischer partikulärer Substanzen (z.B. Streugut des Winterdienstes). Diese machen derzeit 40–50 % der Klärschlammtrockenmasse aus [KRAUTH 1995d]. Zusammen mit organischen Abwasserbestandteilen aus Haushalten verursachen sie auch bleibende Ablagerungen im Kanalsystem. Aus beiden Gründen ist es erforderlich, für diese Substanzen anstelle der Sinkkästen in den Straßeneinläufen geeignete Abscheider zu entwickeln, die einerseits ein Fernhalten des Materials aus Kanalsystem und Kläranlage ermöglichen, andererseits ein Zurückgewinnen der Substanzen für ein stoffliches Recycling erlauben. Durch diese Maßnahme könnten die Vorklärbecken (Absetzbecken) der Kläranlagen weitgehend entfallen oder zumindest kleiner dimensioniert werden. Auch ist es denkbar, sie dann zukünftig als Vorfällstufe zu nutzen [Krauth 1995a]. Die Belastung des Teilstroms Straßenabwasser (z.B. durch Mineralölprodukte, Verbrennungsrückstände, Reifenabrieb etc.) erfordert auch künftig die Reinigung in der Kläranlage vor der Ableitung in ein Gewässer.

Zur <u>Abführung</u> von Straßenabfluß und Schmutzwasser empfiehlt Krauth die Verwendung von Kanälen mit größerer Höhe als Breite (ovaler Querschnitt) anstelle kreisrunder Bauformen, weil diese bei geringer Wasserführung bessere hydraulische Transporteigenschaften aufweisen (höhere Schleppspannung). Zur besseren Überwachung der Grundstücksanschlüsse sieht das Konzept vor, die Zuständigkeit der Kanalnetzbetreiber bis in den Keller der Gebäude auszuweiten und innerhalb der Gebäude die Kanäle nicht mehr unter dem Kellerboden, sondern sichtbar an der Kellerdecke zu installieren.

Durch Installation eines Speichervolumens von 300 m³/ha abflußwirksamer Fläche finden Mischwasserentlastungen statistisch nur noch ein Mal in fünf Jahren statt, was als zumutbare Gewässerbelastung empfunden wird [KRAUTH 1995a] (zur heutigen Dimensionierung von Mischwasserrückhaltebecken siehe Kap. 4.2.1.2).

Die gemeinsame Behandlung der Teilströme Straßenabflußwasser und Schmutzwasser in der Kläranlage ist nach den Vorstellungen von Krauth durch Anwendung neuer Techniken so zu optimieren, daß der Gehalt an organischem Kohlenstoff im Klärschlamm von derzeit ca. 50 % auf Werte von 10–15 % reduziert wird. Hierzu dienen zum einen die bereits erwähnten, noch zu entwickelnden Abscheider für die Straßeneinläufe, neue Siebanlagen im Klärwerk (Maschenweite 3 mm) sowie anstatt der heutigen Vorklärbecken eine Vorfällung, um der biologischen Stufe weitgehend feststofffreies Abwasser zuführen zu können. Zur Vermeidung von mikrobiellen Belastungen der Vorfluter über die Kläranlagenausläufe sieht Krauth anstelle der bisherigen Nachklärbecken eine abschließende Ultra-* oder Nanofiltration* [KRAUTH 1995a] und/oder UV-Desinfektion [KRAUTH 1995d] vor, so daß das geklärte Wasser in jedem Falle Badewasserqualität erreicht. Am Beispiel der besonders problematischen Abwässer eines Textilveredelungsbetriebes konnte gezeigt werden, daß durch diese Verfahren mit Ausnahme des Faktors Chlorid im Ablauf der Kläranlage Trinkwasserqualität zu erreichen ist [KRAUTH 1995b]. Nachteilig ist dabei der derzeit noch sehr hohe Energiebedarf der Ultra- bzw. Nanofiltration. Von neu entwickelten Membranmaterialien erhofft sich Krauth allerdings sehr deutliche Energieeinsparungen [KRAUTH 1995a]. Der in der Vorklärung ausgefällte Primärschlamm wird nach den Vorstellungen Krauths anaerob* ausgefault. Das dabei entstehende Gas wird in einem Blockheizkraftwerk verwertet. Der ausgefaulte Schlamm wird durch Verbrennung oder Naßoxidation mineralisiert.

Nach Ergebnissen des „Schussenprogramms" des Instituts für Seenforschung in Langenargen erfolgt die Verkeimung der Oberflächengewässer vor allem durch Verkeimungsstöße bei Mischwasserentlastungen [MÜLLER 1995, pers. Mitt.]. Deshalb ist – vor allem im Hinblick auf die hygienische Situation beim Baden in Oberflächengewässern – eine Entkeimung der Kläranlagenabläufe erst dann sinnvoll, wenn keine Mischwasserentlastungen mehr stattfinden (s.o.).

Das hier kurz skizzierte Konzept baut auf der gegenwärtigen Schwemmkanalisation auf (Maßnahmen, die am Gewässer selbst ansetzen, werden in Kapitel 5 beschrieben). Es erfordert somit keine prinzipiellen Verhaltensänderungen der betroffenen Bevölkerung. Die in Kapitel 3.4 und 3.5 beschriebenen Einspar- und Substitutionstechniken sind mit dieser Idee einer Siedlungsentwässerung kompatibel. Auch das WC bleibt prinzipiell unverändert. In diese Systematik könnte eine besonders wassersparende Variante, das in Schweden entwickelte sparsame WC des Systems Gustavsberg einzubezogen werden.

Das System besteht aus einer Tiefspültoilette mit aufgesetztem 3-l-Spülkasten. Die Toilette wird an einen 20-l-Sammelbehälter mit Heberanlage angeschlossen (Abb. 4-5). Nach Füllung des Sammelbehälters erfolgt eine selbsttätige Entleerung. Die Heberanlage kann bei einer Anschlußleitung von weniger als 10 m Län-

Abb. 4-5: Wassersparklo Gustavsberg
Quelle: verändert nach [BERGER 1990]

Systemskizze mit Sammelheber:

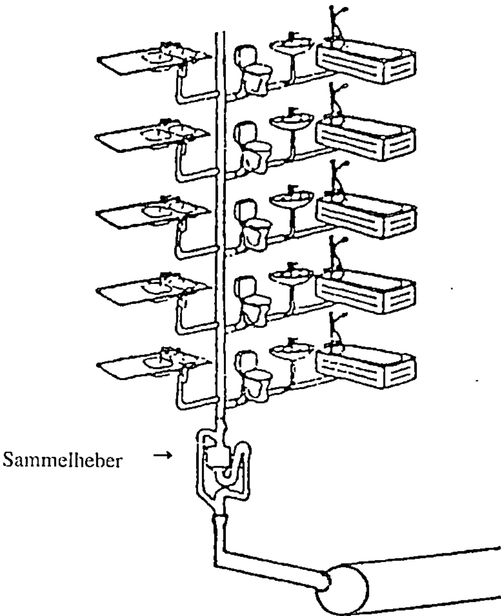

Ausspülung des Sammelhebers durch Syphoneffekt:

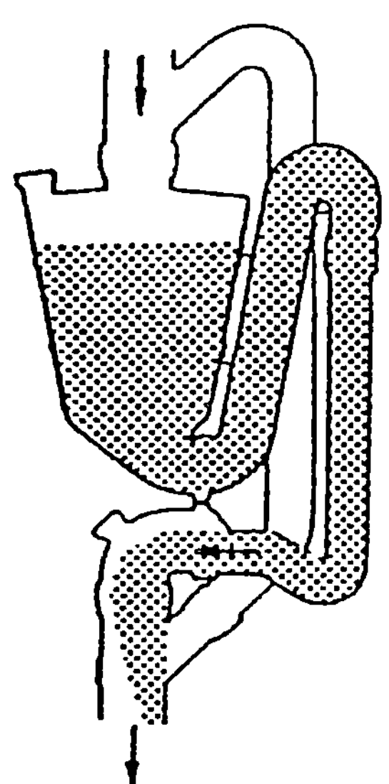

ge· zwischen Toilette und öffentlicher Kanalisation entfallen. In Deutschland ist diese Toilette mit einem Gesamtspülwasservolumen von 4 Litern zugelassen [MÖHLE 1995]. In Berlin ist das System in einem Schulgebäude mit 40 angeschlossenen Toiletten installiert [BERGER 1995, pers. Mitt.]. In 19 Wohnungen eines Wohnblocks in Berlin Kreuzberg führten diese Toiletten im Vergleich zu normalen 6-l-Toiletten mit Spartaste zu einer Wasserverbrauchsreduzierung von ca. 18 l pro Person und Tag [HAHN UND ZEISEL 1990].

4.3.2 Zukunftsorientierte Konzepte im ländlichen Raum

Aufgrund der geringeren Siedlungsdichte und größerer vom Kanalnetz zu überbrückender Distanzen führen in ländlichen Gebieten zentrale Lösungen oftmals zu spezifisch höheren Kosten als in Verdichtungsgebieten. Für den Ausbau eines Kanalnetzes werden im ländlichen Raum pro angeschlossenem Einwohner 3.000 bis 6.000 DM veranschlagt, während für den Bau der Kläranlage Kosten zwischen 800 und 2.000 DM genannt werden [RESCH 1994].

4.3.2.1 Gemeinsame Behandlung unterschiedlicher Schmutzwässer

Um die hohen Kosten der bisher üblichen Freispiegelleitungen* zu reduzieren, werden bereits heute vereinzelt kleinere Siedlungsbereiche mittels Druck- oder Vakuumentwässerung an entfernter liegende zentrale Kläranlagen angeschlossen. Dieser mit dem Stichwort: „Abwasserentsorgung mit dem Feuerwehrschlauch" charakterisierte Entwässerungstyp wird zum Beispiel in Mannheim-Straßenheim [SCHÄFER 1995] oder im Einzugsgebiet der Schussen [MÜLLER 1995, pers. Mitt.] angewandt. Das Niederschlagswasser muß dabei getrennt vor Ort behandelt und versickert werden.

Bei der Vakuum-Entwässerung ist die Kombination mit der Vakuum-Toilette sinnvoll, die im Prinzip aus Flugzeugen, Schiffen und druckertüchtigten Eisenbahnwagen (z.B. ICE-Zügen) bekannt ist. Sie reduziert den Wassereinsatz auf ca. einen Liter pro Spülgang. Dieses Toilettensystem ist seit einigen Jahren in mehreren Wohnblöcken einer Siedlung Norderstedts (nahe Hamburg) installiert und führt dort in Kombination mit konventionellen Wasserspartechniken (siehe Kapitel 3.4) insgesamt zu durchaus respektablen Trinkwasser-Einsparungen von ca. 50 % (im Durchschnitt 64 l/E·d anstelle von 140 l/E·d). Den größten Einsparanteil steuert dazu die Toilettenanlage mit einer Reduzierung um ca. 90 % bei (Abb. 4-6).

Der Nachteil des Systems besteht darin, daß zur Vakuumerzeugung beträchtliche Energie aufzuwenden ist, so daß unter Abzug der Gutschrift für den bei Wasserver- und -entsorgung eingesparten Energiebetrag netto ein um etwa Faktor 5 höherer Energieeinsatz für den Betrieb der Vakuumtoiletten bestehen bleibt [SCHEFFLER 1995, pers. Mitt.]. Das System substituiert somit Wasser durch Ener-

Abb. 4-6: Wassereinsparungen durch Sparsysteme und Vakuumklo - Beispiel Norderstedt
Quelle: verändert nach [MASCOW 1995]

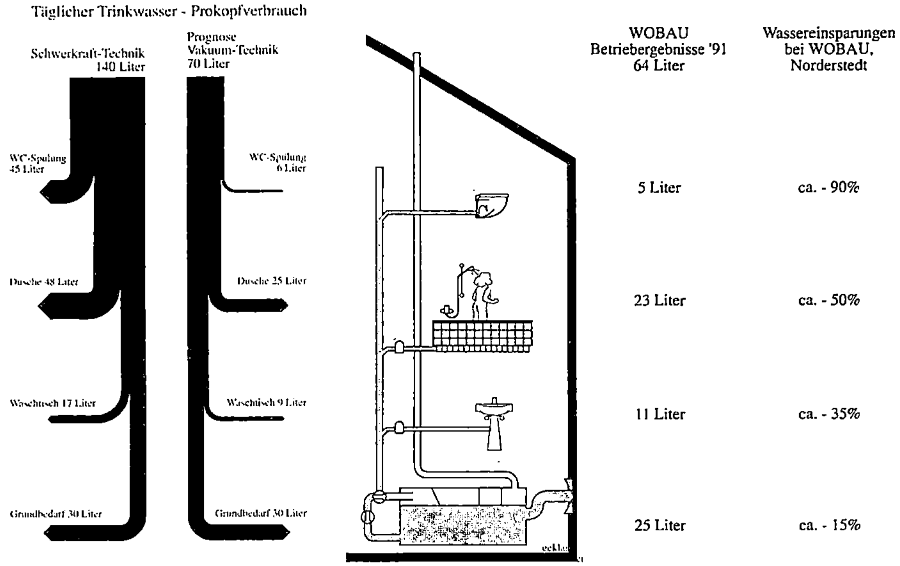

gie, die bei uns derzeit überwiegend aus nicht erneuerbaren Ressourcen stammt. Dies ist im Hinblick auf die von uns formulierten Prinzipien zur nachhaltigen Ressourcenbewirtschaftung (siehe Kapitel 1) kritisch zu werten.

Eine weitere Möglichkeit zur Kostenreduzierung besteht im Bau dezentraler Kläranlagen, die lange Sammelleitungen entbehrlich machen. Es gibt eine Reihe dezentraler Abwasserreinigungsverfahren. Tabelle 4-11 gibt hierzu einen Überblick.

Das SBR-Verfahren (Sequence Batch Reactors) ist ein Belebtschlammverfahren, wie es im Prinzip in einer öffentlichen Kläranlage zur Anwendung kommt. Im Unterschied dazu läuft es nicht kontinuierlich ab, sondern chargenweise. LANGE [1995] schätzt, daß in Europa einige tausend dieser Anlagen in Betrieb sind. Die Technik ist weit entwickelt. Die Anlagen lassen sich vollautomatisch steuern und per Fernüberwachung kontrollieren. Sie werden auch als komplette Containerstationen angeboten. Die Reinigungsleistung entspricht weitgehend der konventioneller Kläranlagen und ist im Winter nicht wesentlich schlechter als im Sommer. Nachteilig sind die hohen Anschaffungs-, Betriebs- und Wartungskosten sowie der hohe Energiebedarf (<GG>3 9 kWh/d bei einer Auslegung für 800 Einwohner) [LANGE 1995].

Tropfkörper gehören mit zu den ältesten Abwasserreinigungsverfahren – sie sind seit 1893 aus England bekannt. Im Gegensatz zum Belebtschlammverfahren, das die Mikroorganismen des Freiwassers nutzt, werden hier diejenigen Mikroorganismen auf dem Tropfkörper angereichert, die zur Selbstreinigung auf der Sohle

Tab. 4-11: Übersicht über dezentrale Abwasserreinigungsanlagen
Quelle: nach [BOLLER 1994, zitiert in LANGE 1995]

Verfahren	Fläche/ Einwohner m^2	Volumen/ Einwohner m^3	Aufenthaltszeit	Nitrifikation
Nicht belüftete Teiche	10	10 - 15	> 20 Tage	+
Bodenfilter	4 - 20	7 - 12	-	±
Belüftete Teiche	3	4 - 7	>3 - 6	±
Pflanzenbeete	7 - 12	3 - 6	4 - 40	+
Sandfilter	4 - 6	4 - 6	1 Std. - 7 Tage	+
Nitrifizierender Tropfkörper	0,17 - 0,3	0,45 - 0,6	6 - 10 Min.	+
zusätzliche Belüftung	0,12 - 0,25	0,35 - 0,6	1 - 3 Tage	+
SBR-Verfahren	0,1 - 0,2	0,3 - 0,5	1 - 3 Tage	+
Nitrifizierende Rot. Biol. Contactor (RBC)	0,1 - 0,18	0,17 - 0,25	10 - 20 Std.	+
Nichtnitrifizierende Tropfkörper	0,05 - 0,08	0,13 - 0,18	3 - 6 Min.	-
Nichtnitrifizierende Rot. Biol. Contactor	0,04 - 0,07	0,07 - 0,13	8 - 15 Std.	-
Nitrifizierende Biofilter	0,005 - 0,01	0,02 - 0,03	30 - 50 Min.	+
Nichtnitrifizierende Biofilter	0,004 - 0,01	0,013 - 0,03	20 - 40 Min.	-

oder auf Pflanzenoberflächen in Fließgewässern beitragen. Die Abwasserschicht, die am Tropfkörper herabrieselt, muß dünn genug sein, um eine ausreichende Sauerstoffversorgung der Mikroorganismen zu gewährleisten. Die mit dem Abwasser flockig abgespülten Mikroorganismen setzen sich in einem Nachklärbecken ab. Da im Tropfkörper im Gegensatz zum großen Volumen des Belebtschlammbeckens keine Verdünnung oder Pufferung des Abwassers möglich ist, führen starke Schwankungen der Abwasserzusammensetzung zu verminderten Reinigungsleistungen. Ein weiterer Nachteil ist die Temperaturempfindlichkeit des Systems aufgrund der großen Oberflächen, was vor allem im Winter zu vergleichsweise geringen Reinigungserfolgen führt [LANGE 1995].

In Baden-Württemberg sind seit kurzem sogenannte <u>Pflanzenkläranlagen</u> in Gemeinden bis 1.000 Einwohner zugelassen [LANDTAG 11/4053]. Für die Reinigungsleistung dieser Anlagen sind weniger die Pflanzen als vielmehr die im Substrat siedelnden Mikroorganismen verantwortlich, weshalb diese Anlagen korrekter als „bewachsene Bodenfilter" bezeichnet werden sollten [KRAUTH 1995c]. Diese Anlagen unterscheiden sich in der Art des gewählten Substrats (Bodenmaterials), der Bepflanzung (Dichte, Artenzahl), der Hydraulik (Horizontal-, Vertikaldurchfluß), sowie der Bau- und Betriebsweise. Die Reinigungsleistung erfolgt im Substrat der Pflanzenkläranlagen durch Adsorption* der Schmutzstoffe und nachfolgenden mikrobiellen Abbau („Bodenfilter"). Die Pflanzen versorgen über ein spezielles Gewebe (Aerenchym) ihren Wurzelbereich mit Luft und sorgen so für aerobe* Zonen im ansonsten anaeroben* Wurzelbereich des überstauten, wassergesättigten Substrats. Somit können in Pflanzenkläranlagen gleichermaßen aerobe* und anaerobe* Abbaureaktionen stattfinden.

Aufgrund der kontroversen Diskussion über die Leistungsfähigkeit solcher Anlagen wurden vom Institut für Wasser-, Boden-, Lufthygiene des Umweltbundesamts (früher zum Bundesgesundheitsamt gehörig) ca. 20 verschiedene Pflanzenkläranlagen auf ihre Leistungsfähigkeit untersucht [HAGENDORF UND HAHN 1994]. Die Ergebnisse zeigen, daß die Reinigungsleistung der untersuchten Pflanzenkläranlagen bei nichtbindigem, durchlässigem Bodenmaterial deutlich besser ist als bei bindigen Substraten. Anlagen mit sandig-kiesigen Substraten zeigen bei vertikalem Durchfluß und intermittierendem Betrieb wesentlich höhere Abbauraten als solche mit horizontalem Durchfluß. Die Wirkungsgrade der unterschiedlichen Anlagen für die wichtigsten Parameter sind in Tab. 4-12 zusammengefaßt. Die gesetzlichen Mindestanforderungen werden eingehalten (BSB_5: 40 mg/l, CSB: 150 mg/l – vgl. Tab. 4-4). Die Elimination von AOX schwankte zwischen den einzelnen Anlagen von 9 % bis 60 %. Als Investitionskosten werden bei einer Ausbaugröße von $\leq$ 50 Einwohnergleichwerten (EGW) 700–1.500 DM/EGW und 100–300 DM/m^2 Pflanzbeet genannt. Die jährlichen Betriebskosten werden mit 350 DM/EGW beziffert [HAGENDORF UND HAHN 1994]. Hierbei ist zu beachten, daß endgültige Aussagen über die Leistungsfähigkeit dieser Anlagen erst in einigen Jahren getroffen werden können, wenn eine entsprechende Betriebsdauer erreicht ist. Für die Standzeit der Anlage ist die Effektivität der Vorklärung z.B. durch die Dimensionierung vorgeschalteter Dreikammerfaulgruben zum Fernhalten von Feststoffen entscheidend. Andernfalls ist ein Verschlammen des Bodensubstrats zu erwarten, was die Reinigungsleistung der Anlage entscheidend mindern dürfte (s.o.) [KRAUTH 1995c].

Aquakulturen produzieren Nahrungs- oder Futtermittel in aquatischen Systemen. Diese Methode ist in Ostasien Tradition. In Indien werden heute ca. 30 % des Abwassers in sog. Abwasserfarmen zur Hälterung von Karpfen und Tilapia genutzt. In Aquakulturen tragen neben Mikroorganismen auch höhere Organismen (Fische, Muscheln, Krebse) zur Reinigung des Abwassers bei. Der große Vorteil solcher Anlagen besteht in der prinzipiellen Möglichkeit, aus Abwasser eiweißreiche Nahrung anstelle von Klärschlamm zu erzeugen. Dies erscheint bei der au-

Tab. 4-12: Wirkungsgrad unterschiedlicher Pflanzenkläranlagen
Quelle: nach [HAGENDORF UND HAHN 1994]

Systematik		Anlage		Wirkungsgrad [%]					
				BSB_5	CSB	TOC	N_{ges}	NH_4^+-N	PO_4^{3-}-P
nichtbindige Bodenfilter:	Beschickung horizontal:	Höhenberg		96	90	89	42	66	22
		Germerswang	Beet 1	90	85	76	49	42	60
			Beet 2	89	83	73	36	27	40
		Marienroth		75	59	58	29	00	00
		See		98	92	92	55	66	98
	Beschickung vertikal:	Rade	1991	98	96	97	56	99	99
			1993	98	91	87	23	54	91
		Bausen		99	90	84	95	99	99
bindige Bodenfilter:		Hofgeismar-B.		88	74	72	34		56
		Schwalmtal-H.		75	59	58	29	00	00
		Neu-Ulrichstein		00	00	00	39	00	00

Erklärung der Abkürzungen: siehe Text

genblicklichen Abwasserzusammensetzung industrialisierter Staaten im Hinblick auf die Gefahr der Schadstoffakkumulation in den erzeugten Nahrungsmitteln nur schwer durchführbar. Außerdem ist auch fraglich, ob auf diese Weise produzierte Nahrungsmittel in unserem Kulturkreis auf Akzeptanz stoßen. Aufgrund der langen Verweilzeit des Abwassers haben solche Anlagen einen sehr großen Flächenbedarf, der mit der in gemäßigten Breiten erforderlichen Energiezufuhr kaum in Einklang zu bringen sein dürfte. In Europa existieren nach unserer Kenntnis zwei Pilotversuche: Seit 1989 ist eine fünfstufige Aquakultur-Anlage für die Abwässer der Volkshochschule Trosa (Schweden) in einem Gewächshaus in Betrieb. Die Reduktion von CSB* und BSB_5* kann mit > 95 % als sehr effektiv bezeichnet werden, die Reduktion der coliformen Keime umfaßt 3–4 Größenordnungen, die Elimination von Stickstoff und Phosphor beträgt lediglich 60 %. An der Ingenieurschule Wädenswil (Schweiz) startet gegenwärtig ein Pilotprojekt, in dem die Abwässer des Gärtnereibetriebs der Ingenieurschule via Aquakultur gereinigt werden sollen [LANGE 1995].

4.3.2.2 Getrennthaltung der Fäkalien

Während bei allen bisher beschriebenen Verfahren die unterschiedlich verschmutzten Schwarz- und Grauwässer gemeinsam behandelt werden, wird immer wieder die Getrennthaltung der Fäkalien thematisiert [LANGE 1995, LANZ 1995, RESCH 1994]. Dies war im letzten Jahrhundert in Deutschland teilweise noch der Fall (siehe Kapitel 4.1) und ist in vielen Teilen der Erde noch heute üblich (China, Indien, Japan, Vietnam, Südafrikanische Homelands [RESCH 1994]). Es sprechen zwei prinzipielle Gründe für dieses Vorgehen: die Kreislaufführung wichtiger Nährstoffe und die Entlastung der Gewässer. LANGE [1995] geht davon aus, daß diese Getrennthaltung der Fäkalien Japan im letzten Jahrhundert vor Seuchen, wie sie in Europa auftraten, verschont hat. Bei einer direkten Rückführung von Fäkalien auf landwirtschaftliche Flächen ist eine Übertragung von Krankheitserregern – insbesondere pathogenen Würmern – allerdings nicht auszuschließen.

In einem derzeit laufendem Forschungsprojekt versuchen die Eidgenössische Anstalt für Wasserversorgung, Abwasserreinigung und Gewässerschutz (EAWAG) und die Weltbank unter den Bedingungen der Provinz Hubei in China die Frage zu beantworten, ob das dort konventionelle System der Fäkalienrückführung auf die Felder unter hygienischen Aspekten so optimiert werden kann, daß es kurz- und mittelfristig eine Alternative zur westlichen Schwemmentwässerung darstellen kann [SCHERTENLEIB 1995].

Eine Möglichkeit der getrennten Behandlung von Fäkalien bieten <u>Komposttoiletten</u>. Sie sind in Skandinavien relativ weit verbreitet (nach Herstellerangaben über einhunderttausend Exemplare). Bei diesem System werden unter aeroben* Bedingungen Fäkalien durch Mikroorganismen, Pilze und Bodenorganismen zu Kompost umgesetzt. Dabei sollen nach Angaben des Bundes für Umwelt und Naturschutz Deutschland (BUND) Krankheitserreger abgetötet und das Volumen auf ca. 1/10 reduziert werden. Das Verfahren wird als hygienisch positiver als die herkömmliche Schwemmentwässerung eingeschätzt [BUND 1994]. In Großkammertoiletten, z.B. „Clivus-Multrum" können auch Küchenabfälle gemeinsam mit Fäkalien kompostiert werden. Zur sicheren Durchlüftung ist ein kleiner Ventilator erforderlich. Zum Erhalt eines ausgereiften Kompostes werden 2–5 Jahre benötigt [LANGE 1995]. Nach Angaben des Imhoff-Taschenbuchs zur Stadtentwässerung [RESCH 1994] ist bei abflußlosen Trockenabortgruben ein „Abwasseranfall" von 1,5 l/E·d anzusetzen. Hieraus folgt, daß ein mehrjähriger Kompostierungsprozeß Auffangvolumina von mehreren Kubikmetern erfordert, die in der bestehenden Bausubstanz in Baden-Württemberg oft nur schwer zu integrieren sein dürften. Bei Kleinkammertoiletten wird durch intensivere Belüftung die Kompostierungsgeschwindigkeit und damit auch die Temperatur gesteigert. Hierdurch sind kleinere Volumina einhaltbar, allerdings ist der Stromverbrauch entsprechend höher. LANGE [1995] geht von Werten ≤ 1.000 kWh/a für einen Vier-Personen-Haushalt aus.

Eine spezielle Entsorgung von Trockentoiletten wird aus Japan berichtet. Dort sind die Trockentoiletten vielfach an abflußlose Entleerungsgruben angeschlossen, in die auch kleine Spülwassermengen eingeleitet werden. Die Gruben werden zwei- bis vierwöchentlich von einem Saugfahrzeug geleert, das deren Inhalt, den sogenannten „night-soil", zu einer zentralen Behandlungsanlage bringt. In einer auf 70.000 Einwohner ausgelegten Anlage werden ca. 180 m³/d behandelt, die sich zu 80 % aus night-soil und zu 20 % aus Fäkalschlamm von Mehrkammergruben zusammensetzen. Erster Behandlungsschritt ist eine mechanische Grobstoffentnahme. Der Dickschlamm wird mittels Zentrifuge entwässert und zusammen mit entwässertem Rechengut einem Verbrennungsofen zugeführt. Die flüssige Phase wird zunächst aerob-thermophil* vorbehandelt, danach im Verhältnis 1:15 mit Ablaufwasser verdünnt und in einer Belebungsanlage mit Nachklärbecken geklärt. Anschließend erfolgt eine Nachfällung und Abschlußchlorung. Die Ablaufkonzentrationen des Verfahrens sind etwas schlechter als bei den gewohnten mechanisch-biologischen Kläranlagen (BSB$_5$: 10–30 mg/l, CSB: 50–70, Gesamt-N: 20–30 mg/l). Aufgrund der geringen Volumina ergeben sich allerdings sehr geringe spezifische Belastungsfrachten für den Vorfluter. Die Kostenbelastung wird als vergleichsweise günstig beschrieben [RESCH 1994], Zahlen werden jedoch nicht genannt. Im Unterschied zur bei uns üblichen Schwemmentwässerung mit Klärschlammentwässerung und -verbrennung besteht der Vorteil dieses Systems in der geringen zu behandelnden und zu verbrennenden Masse (die bei uns überwiegend aus Wasser besteht). Nachteilig ist der erhöhte Aufwand für die Abfuhr der Fäkalien und die sich daraus ergebende Verkehrsbelastung. Zusätzlich erfordert das System eine getrennte Behandlung von Niederschlagswasser* einerseits und Grauwasser* andererseits. Eine vergleichende Bilanzierung dieses Systems mit der üblichen Schwemmentwässerung liegt nicht vor.

Die hier beschriebene getrennte Behandlung von Fäkalien kann für die Benutzer der Toiletten erhebliche Verhaltensänderungen bedeuten. Ob hierfür derzeit eine Akzeptanz gegeben ist, kann mit dem aktuellen Wissensstand nicht zuverlässig abgeschätzt werden. Interessant ist in diesem Zusammenhang, daß in den Städten Bielefeld und Hamm für jeweils ein Neubaugebiet über den Einsatz von Komposttoiletten – auch im sozialen Wohnungsbau – nachgedacht wird [BÜLTMANN 1995].

Täb. 4-13: Ausgewählte Alternativprojekte der Siedlungswasserwirtschaft in Baden-Württemberg
Quelle: verändert nach [LANGE 1995]

Landkreis/Region	Ort	Projekt-Art	Begleituntersuchungen/ Ansprechpartner
Schwäbisch Hall	3 Orte im Landkreis Schwäbisch Hall	3 Untergrundverrieselungen, Laufzeit > 20 Jahre	Ausführlicher Untersuchungs bericht von 1986, Info WBA[1] Schwäbisch Hall
Schwäbisch Hall		Regenwassernutzung zu Kühlwasserzwecken	Fa. Bausch & Ströbel, Ilshofen
Schwäbisch Hall	Mainkundt-Schönhard	Pflanzenkläranlage	
Unterer Neckar	Waldangelloch/ Sinsheim	Regenwasserbehandlung mit Bodenfilter	Bioplom Ing. Ges. Sinsheim, i. A. Land Baden-Württemberg
Donau-Iller/ Alb-Donau-Kreis	Blaubeuren	Regenwasserbehandlung mit Bodenfilter	
Donau-Iller/Ulm	Ulm	Kanalnetzsteuerung	näheres unbekannt
Nordschwarzwald	Sternenfels	Regenwassernutzung für 1 Wohn- und 1 Gewerbegebiet	Gemeinde Sternenfels
Nordschwarzwald	Seewald	Bodenfilteranlage	
Nordschwarzwald	Alpirsbach	Pflanzenkläranlage	Familien Maulbetsch + Denz
Nordschwarzwald		2 Kleinkläranlagen	Untersuchungsbericht des WBA[1] Freudenstadt
Nordschwarzwald	Pforzheim	Bodenfilter	Regierungspräsidium Karlsruhe
Böblingen, Esslingen, Göppingen		private Regenwassernutzungsanlagen	
Böblingen, Esslingen, Göppingen	Herrenberg	Kanalnetzbewirtschaftung hydrodynamisch	WBA[1] Herrenberg
Böblingen, Esslingen, Göppingen		Pflanzenkläranlagen	
Breisgau-Hochschwarzwald	Bad Krotzingen	Regenwasserableitung in einem Gewerbegebiet an der L 213	Ökologisches Gewerbegebiet in Planung; Planung Frau Daldrop, Stuttgart
Ostalbkreis	Dischingen-Osterhofen	separate Dachwasserableitung durch altes Kanalnetz bei der Sanierung	Büro Grimm, Ellwangen
Ostalbkreis	Lauchheim-Hüllen	Ableitung der Dachwässer über Bodenfilter mit anschließender Versickerung	
Stuttgart/Ludwigsburg		Pflanzenkläranlage	geplant, WBA[1] Besigheim
Stuttgart/Ludwigsburg		Nutzung von Dachflächenwasser	geplant. WBA[1] Besigheim
Mannheim	Mannheim Wallstadt-Nord	26 ha, 3000 Einw. Pflanzen-kläranlage, Bodenfilteranlage, Regenwasserversickerung (in Planung)	Stadtplanungsamt Mannheim (Hr. Bausch) Broschüre: Ökologisches Bauen
Schwarzwald-Baar-Kreis	Furtwangen (Schwarzwald)/ Kussenhof II	Wohngebiet mit 10 ha und 600 Einw. (im Bau bis 1996), Regenwassernutzung Regen-wasserversickerung,	Atelier Dreiseitl

[1] ehemalige Ämter für Wasserwirtschaft und Bodenschutz (WBA) sind inzwischen aufgrund einer Verwaltungsreform aufgelöst und in unterschiedliche Nachfolgeeinrichtungen aufgegangen

4.3.3 Pilotprojekte für alternative Verfahren in Baden-Württemberg

Im Rahmen des für die Akademie für Technikfolgenabschätzung in Baden-Württemberg erstellten Gutachtens befragte LANGE [1995] Ende 1994 die damals noch existenten Ämter für Wasserwirtschaft und Bodenschutz nach Pilotprojekten alternativer Lösungsansätze im jeweiligen Amtsbezirk. Von den 17 angeschriebenen Ämtern antworteten 14. Lange hat aus den Antworten 22 berichtenswerte Nennungen zusammengestellt (Tab. 4-13). Es handelt sich im wesentlichen um Anlagen zur Regenwassernutzung und zur getrennten Behandlung von Niederschlagswasser sowie um sogenannte Pflanzenkläranlagen.

4.4 Literatur

ABBT-BRAUN 1993
Abbt-Braun G.: Praktische Aspekte von Huminstoffen. In: DVGW (Hrsg.): Wasserchemie für Ingenieure. S. 69–95. München, Wien.1993.

BERGER 1990
Berger Biotechnik GmbH: Das Gustavsberg Wassersparsystem. WSS Produktinformation. Hamburg. 1990.

BMUNR 1992
Bundesministerium für Umwelt, Naturschutz und Reaktorsicherheit: Entwurf für den Anhang 31 zur Allgemeinen Rahmen-Abwasser-Verwaltungsvorschrift. Bonn. 1992.

BMUNR 1993
Bundesministerium für Umwelt, Naturschutz und Reaktorsicherheit: Privatwirtschaftliche Realisierung der Abwasserentsorgung – Erfahrungsbericht. Bonn. 1993.

BOTT 1990
Bott T. R.: Biofouling. In: GVC – VDI-Gesellschaft Verfahrenstechnik und Chemieingenieurwesen (Hrsg.): Fouling von Wärmeübertragungsflächen – Fouling of Heat Exchanger Surfaces. S. 5.1–5.20. Düsseldorf. 1990.

BUND 1994
Bund für Umwelt und Naturschutz Deutschland e.V. – Landesverband Baden-Württemberg: Zukunftsfrage Wasser. Stuttgart. 1994.

BÜLTMANN 1995
Bültmann H.-F.: Gegen die Unwirt-(schaft)lichkeit unserer Städte. In: BHW Bausparkasse AG: (Hrsg.) Wohnen im eigenen Heim. Heft 4/1995. S. 34–38.

DINKLOH 1995
Dinkloh L.: Die Notwendigkeit der weitergehenden Abwasserreinigung aus der Sicht der Bundesregierung. In: Magistrat der Stadt Frankfurt am Main (Hrsg.): Hearing 3. Reinigungsstufe für die Frankfurter Kläranlagen. S. 16–32. Frankfurt. 1995.

FÖRSTER UND HERRMANN 1996a
Förster J., Herrmann R.: Eintrag und Transport von organischen Umweltchemikalien über verschiedene Dächer in das Kanalsystem. In: Beichert J., Hahn H. H., Fuchs S. (Hrsg.): Stoffaustrag aus Kanalisationen – Hydrologie bebauter Gebiete. In Vorbereitung. 1996.

FÖRSTER UND HERRMANN 1996b
Förster J., Herrmann R.: Empfehlungen für die Auswahl von Dachmaterialien und zur Versickerung von Dachabflüssen. In: Beichert J., Hahn H. H., Fuchs S. (Hrsg.): Stoffaustrag aus Kanalisationen – Hydrologie bebauter Gebiete. In Vorbereitung. 1996.

FRUTIGER UND GAMETER 1992
Frutiger A., Gameter S.: Biologische Aspekte des Gewässerschutzes in urbanisierten Gebieten. GAIA 4/1992. 1. Jg. S. 214–219.

GARTISER ET AL. 1995
Gartiser S., Brinker L., Willmund R., Erbe T., Kümmerer K.: Belastung von Krankenhausabwasser mit gefährlichen Stoffen im Sinne § 7a WHG. In: Gartiser S., Brinker L. unter Mitarbeit von Willmund R., Uhl A., Erbe T., Kümmerer K.: Abwasserbelastende Stoffe und Abwassersituation in Kliniken. Abschlußbericht des F+E-Vorhabens 102 06 514. Umweltforschungsplan des Bundesministers für Umweltwelt, Naturschutz und Reaktorsicherheit im Auftrag des Umweltbundeamtes. Berlin. 1995.

GARTISER ET AL. 1994
Gartiser S., Brinker L., Uhl A., Willmund R., Kümmerer K., Daschner F.: Untersuchung von Krankenhausabwasser am Beispiel des Universitätsklinikums Freiburg. Korrespondenz Abwasser. 9/1994. S. 1618–1624.

HAGENDORF UND HAHN 1994
Hagendorf U., Hahn J.: Untersuchungen zur umwelt- und seuchenhygienischen Bewertung naturnaher Abwasserbehandlungssysteme. UBA-Texte 60/94 Umweltbundesamt. Berlin. 1994.

HAHN UND FUCHS 1994
Hahn H. H., Fuchs S.: Ökologische Relevanz von Mischwassereinleitungen auf die Ökologie kleiner Fließgewässer. In: Projekt Wasser-Abfall-Boden im Kernforschungszentrum Karlsruhe (PWAB) (Hrsg.): Berichte über das 4. Statuskolloquium am 21. Februar 1994 in Karlsruhe. KfK-PWAB 15. S. 93–107. Karlsruhe. 1994.

HAHN UND ZEISEL 1990
Hahn E., Zeisel J.: Integriertes Wasserkonzept, Block 6, Berlin-Kreuzberg. Modellvorhaben im Rahmen des BMBau-Ressortforschungsprogramms Experimenteller Wohnungs- und Städtebau. Projektdokumentation und Zusammenfassung der Forschungsergebnisse 1984–1989. Herausgegeben von der Arbeitsgemeinschaft Ökologischer Stadtumbau. Berlin. 1990.

INNENMINISTERIUM 1990
Innenministerium des Landes Baden-Württemberg (Hrsg.): Verwaltungsvorschrift des Umweltministeriums über die Einführung der Richtlinien für die Reinhaltung des Bodensees. Gemeinsames Amtsblatt. Ausgabe A. 23.3.1990. S. 169–192.

JEDELE 1995
Jedele K.: Die Abwasserreinigung in der Zellstoff- und Papierindustrie. In: Forschungs- und Entwicklungsinstitut für Industrie- und Siedlungswasserwirtschaft sowie Abfallwirtschaft e.V. Stuttgart (Hrsg.): Bessere Abwasserreinigung – besserer Gewässerschutz. Stuttgarter Berichte zur Siedlungswasserwirtschaft Bd 136. S. 65–75. München, Oldenbourg. 1995.

KLUGE ET AL. 1994
Kluge T., Schramm E., Vack A.: Industrie und Wasser – Aquarius II Studientext. Institut für sozial-ökologische Forschung (Hrsg.). Frankfurt. 1994.

KRAUTH 1995a
Kommunale Abwasserbehandlung in der Zukunft. Korrespondenz Abwasser 8/1995. S. 1256–1258.

KRAUTH 1995b
Krauth Kh.: Verfahren zur Reinigung auch problematischer Abwässer. Stuttgarter Uni-Kurier Nr. 68/August 1995. S. 12–13.

KRAUTH 1995c
Krauth Kh.: Die Pflanzenkläranlage Schurtannen. In: Forschungs- und Entwicklungsinstitut für Industrie- und Siedlungswasserwirtschaft sowie Abfallwirtschaft e.V. Stuttgart (Hrsg.): Bessere Abwasserreinigung – besserer Gewässerschutz. Stuttgarter Berichte zur Siedlungswasserwirtschaft Bd 136. S. 77–102. München, Oldenbourg. 1995.

KRAUTH 1995d

Krauth Kh.: Kommunale Abwasserbehandlung in der Zukunft. Vortrag im VDI-Haus in Stuttgart-Vaihingen am 8.5.1995. (Unveröffentlicht.)

KRAUTH 1995e

Krauth Kh.: Bewirtschaftung von Mischkanalisationen durch Regelung des Abflusses von Regenüberlaufbecken, manuelle Bewirtschaftung von Kanalnetzen. In: Landesanstalt für Umweltschutz Baden-Württemberg und Umweltministerium Baden-Württemberg (Hrsg.): Forschungsreport V 1995. S. 472. Karlsruhe. 1995.

KÜMMERER UND BRINKER 1994

Kümmerer K., Brinker L.: Bewußter Umgang mit Trinkwasser – Wasser sparen und Abwasserbelastung senken. Krankenhaustechnik. September 1994. S. 63–64 .

LANDTAG 11/3109

Landtag von Baden-Württemberg: Antrag der Abg. Ulrich Müller u.a. CDU und der Abg. Norbert Zeller u.a. SPD und Stellungnahme des Umweltministeriums – Gerechte Lastenverteilung bei den Umweltschutzinvestitionen im Bodenseeraum. Drucksache 11/3109 vom 10.12.1993.

LANDTAG 11/3986

Landtag von Baden-Württemberg: Antrag der Abg. Friedrich-Wilhelm Kiel u.a. FDP/DVP und Stellungnahme des Umweltministeriums – Aktueller Stand und Zukunft der Klärschlammentsorgung in Baden-Württemberg. Drucksache 11/3986 vom 11.5.1994.

LANDTAG 11/4053

Landtag von Baden-Württemberg: Kleine Anfrage des Abg. Manfred List, CDU, und Antwort des Umweltministeriums – Kosteneinsparungen bei der Abwasserbeseitigung. Drucksache 11/4053 vom 25.5.1994.

LANDTAG 11/5505

Landtag von Baden-Württemberg: Antrag der Abg. Karl Göbel u.a. CDU und Stellungnahme des Umweltministeriums – Neue Technik zur Klärschlammbeseitigung. Drucksache 11/5505 vom 17.2.1995.

LANGE 1995

Lange J.: Alternative Lösungsansätze für eine nachhaltige Abwasserentsorgung. Gutachten der Arbeitsgemeinschaft Technologietransfer, Umweltschutz, Raumplanung und Stadtökologie (ATURUS) für die Akademie für Technikfolgenabschätzung in Baden-Württemberg. Freiburg. 1995. (Unveröffentlicht.)

LANZ 1995

Lanz K.: Das Greenpeace Buch vom Wasser. Naturbuch. Augsburg. 1995.

LINDNER 1992

Lindner K.-H.: Neuer rechtlicher und technischer Rahmen für die Klärschlammentsorgung. In: KHD Humboldt Wedag AG (Hrsg.): Internationaler Kongreß 1971–1991 – 20 Jahre weltweite Schlammentwässerung mit KHD-Technologie. S. 25–36. Köln. 1992.

MAIER UND HABERKERN 1995

Maier W., Haberkern B.: Bessererer Wirkungsgrad der Kläranlage durch optimierte Vorbehandlung bei Indirekteinleitern. In: Forschungs- und Entwicklungsinstitut für Industrie- und Siedlungswasserwirtschaft sowie Abfallwirtschaft e.V. Stuttgart (Hrsg.): Bessere Abwasserreinigung – besserer Gewässerschutz. Stuttgarter Berichte zur Siedlungswasserwirtschaft Bd 136. S. 123–147. München, Oldenbourg. 1995.

MANNESMANN 1995

Broschüre der Fa. Mannesmann Anlagenbau zum „VerTech"-Verfahren

MASCOW 1995

Mascow K.: Vom Schiffsbau in die Sozialwohnung – Perspektiven einer neuen Technologie. Vortrag bei den Hamburger Wasserwerken am 7.4.1995. (Unveröffentlicht.)

MEDIZINISCHES LANDESUNTERSUCHUNGSAMT 1988

Medizinisches Landesuntersuchungsamt Stuttgart: Schreiben an das Regierungspräsidium Stuttgart zu Untersuchungen des Neckars auf fäkale Verunreinigungen und Salmonellen „Problembereich Baden im Neckar" vom 7.9.1988.

MÈLSA 1992
> Melsa A.: Die Entwicklung der Entwässerungstechnologie unter dem Zwang geänderter Entsorgungsziele. Oder: Entwässerung um jeden Preis? In: KHD Humboldt Wedag AG (Hrsg.): Internationaler Kongreß 1971–1991 – 20 Jahre weltweite Schlammentwässerung mit KHD-Technologie. S. 25–36. Köln. 1992.

MÖHLE 1995
> Möhle K.-A.: Rationelle Wasserverwendung in Büro- und Verwaltungsgebäuden. In: Koenigs T. (Hrsg.): Minus 50 % Wasser möglich! S. 11–36. Taunusstein. 1995.

MÖLLER 1995
> Möller U.: Klärschlammentsorgung. In: Stadt Mannheim, Technische Akademie Mannheim e.V., VDI-Nordbadisch-Pfälzischer Bezirksverein e.V. (Hrsg.): Umweltkongreß '95 – Abwasserwirtschaft im Dialog. Mannheim. 1995.

MÜLLER-STEINHAGEN 1990
> Müller-Steinhagen H.: Mitigation of Heat Exchanger Fouling. In: GVC – VDI-Gesellschaft Verfahrenstechnik und Chemieingenieurwesen (Hrsg.): Fouling von Wärmeübertragungsflächen – Fouling of Heat Exchanger Surfaces. S. 9.1–9.22. Düsseldorf. 1990.

REICHELSTEIN 1995
> Reichelstein N.: Gesetzliche Anforderungen an kommunale Klärwerke und ihre technische Umsetzung. In: Stadt Mannheim, Technische Akademie Mannheim e.V. und VDI Nordbadisch-Pfälzischer Bezirksverein e.V. (Hrsg.): Umweltkongreß '95 – Abwasserwirtschaft im Dialog. Mannheim. 1995.

RESCH 1994
> Resch H.: Abwasser und Fäkalien ohne Kanal zur Kläranlage? In: Bartz J. W. (Hrsg.): Klärschlammentsorgung, Status – Lösungen – Tendenzen. Renningen-Malmsheim. 1994.

ROMMEL 1994
> Rommel K.: Die Wasserwirtschaftliche Bilanz für Baden-Württemberg 1991. Baden-Württemberg in Wort und Zahl. 10. Stuttgart. 1994. S. 509–514.

ROTT UND SCHLICHTIG 1994a
> Rott U., Schlichtig B.: Auswirkung von Regen- und Grauwassernutzung im Haushalt und der Versickerung von Niederschlagswasser von Versiegelungsflächen auf die Reinigungsleistung von Kläranlagen sowie die Wasserqualität der Vorfluter in Baden-Württemberg. Gutachten im Auftrag der Akademie für Technikfolgenabschätzung in Baden-Württemberg. Stuttgart. 1994. (Unveröffentlicht.)

SCHÄFER 1995
> Schäfer H. B.: Grundzüge moderner Wasserpolitik. In: Stadt Mannheim, Technische Akademie Mannheim e.V. und VDI Nordbadisch-Pfälzischer Bezirksverein e.V. (Hrsg.): Umweltkongreß '95 – Abwasserwirtschaft im Dialog. Mannheim. 1995.

SCHERTENLEIB 1995
> Schertenleib R.: Verbesserte traditionelle Fäkalienentsorgung in China – Alternative zur Schwemmkanalisation ? EAWAG news 39 D. Mai 1995. S. 22–24.

SOEDER 1995
> Soeder C. J.: Wasserwirtschaftliche Perspektiven der Behandlung kommunaler Abwässer. Vortrag im Rahmen der STE-Seminar-Reihe „Wasser". Krefeld. 1995.

STATISTISCHES LANDESAMT 1995c
> Statistisches Landesamt Baden-Württemberg (Hrsg.): Abfallbeseitigung im Produzierenden Gewerbe und in Krankenhäusern in Baden-Württemberg 1993. Statistische Berichte Baden-Württemberg – Umwelt. Artikel-Nr. 362193002 vom 13.3.1995.

STATISTISCHES LANDESAMT 1994e
> Statistisches Landesamt Baden-Württemberg (Hrsg.): Öffentliche Abwasserbeseitigung in Baden-Württemberg 1991 – kommunale Kläranlagen. Statistische Berichte Baden-Württemberg – Umwelt. Artikel-Nr. 361391011 vom 29.12.1994.

STATISTISCHES LANDESAMT 1994f
> Statistisches Landesamt Baden-Württemberg (Hrsg.): Öffentliche Abwasserbeseitigung in Baden-Württemberg 1991 – Anschlußverhältnisse, Abwasseraufkommen und Kanalisation. Statistische Berichte Baden-Württemberg – Umwelt. Artikel Nr. 361391009 vom 23.6.1994.

STATISTISCHES LANDESAMT 1994g

Statistisches Landesamt Baden-Württemberg (Hrsg.): Wasserversorgung, Wasserverwendung und Abwasserbeseitigung im Bergbau und Verarbeitenden Gewerbe in Baden-Württemberg 1991. Statistische Berichte Baden-Württemberg – Umwelt. Artikel-Nr. 361591001 vom 14.3.1994.

STATISTISCHES LANDESAMT 1994h

Statistisches Landesamt Baden-Württemberg (Hrsg.): Kommunales Abfallaufkommen in den Stadt- und Landkreisen Baden-Württembergs 1993. Statistische Berichte Baden-Württemberg – Umwelt. Artikel-Nr. 361693001 vom 15.12.1994.

STATISTISCHES LANDESAMT 1993b

Statistisches Landesamt Baden-Württemberg (Hrsg.): Beseitigung und Verwertung von Klärschlamm 1991. Statistische Berichte Baden-Württemberg – Umwelt. Artikel-Nr. 361391994 vom 8.10.1993.

STATISTISCHES LANDESAMT 1992

Statistisches Landesamt Baden-Württemberg (Hrsg.): Wasserversorgung und Abwasserbeseitigung bei Wärmekraftwerken für die öffentliche Versorgung in Baden-Württemberg 1991. Statistische Berichte Baden-Württemberg – Umwelt. Artikel-Nr. 361491001 vom 15.10.1992.

STEGER-HARTMANN ET AL. 1994

Steger-Hartmann T., Dettenkofer M., Kümmerer K.: Untersuchung der Abbaubarkeit pharmazeutischer Inhaltsstoffe in Klinikabwasser mit einem modifizierten OECD Confirmatory Test (OECD 303 A). Poster auf der Jahrestagung der Fachgruppe Ökotoxikologie der GdCH in Heidelberg. 1994.

UM UND LfU 1995

Umweltministerium Baden-Württemberg, Landesanstalt für Umweltschutz Baden-Württemberg (Hrsg.): Umweltdaten 93/94. S. F-14. Stuttgart. 1995.

WEINANDY 1991

Weinandy A.: Regenwasserbehandlung im Regierungsbezirk Stuttgart. Wasserwirtschaft 9/1991. 81. Jg. S. 402–407.

5 Gewässergüte in Baden-Württemberg, Qualitätsziele und rechtliche Rahmenbedingungen

Die Behandlung der Qualität des Grundwassers und der Oberflächengewässer in Baden-Württemberg erfolgt deswegen im Anschluß an das Thema „Abwasser" (Kapitel 4), weil die Gewässerqualität unserem Eindruck nach derzeit maßgeblich durch menschliche Aktivitäten beeinflußt wird. Sie ist somit wesentlich ein Resultat unserer Art der Wassernutzung und Abwasserbehandlung.

Nach einem einführenden, der Übersicht dienenden Abschnitt (Kapitel 5.1) werden die Aussagen zur Gewässerqualität anhand einiger spezieller Parameter* vertieft und die wesentlichen Sektoren, die zur Qualitätsbeeinflussung beitragen (Landwirtschaft, Einträge aus der Atmosphäre, Ablagerung und Ableitung von Schmutz- und Schadstoffen), aufgezeigt. Dabei ist uns bewußt, daß in der Regel weder ein bestimmter stofflicher Parameter* nur einem Sektor zugewiesen werden kann, noch, daß die einzelnen Sektoren durch lediglich einen Stoff mit Hinblick auf die Gewässergüte in Erscheinung treten. Zum Schluß dieses Kapitels (5.3) stellen wir die derzeit relevanten rechtlichen Rahmenbedingungen sowie diskutierte Schutzkonzepte und Qualitätsziele vor.

5.1 Überblick über die Gewässerqualität in Baden-Württemberg anhand integrierender Untersuchungsverfahren bzw. aufgrund von Summenparametern

Grundsätzliche Anforderungen an unseren Umgang mit Gewässern sind im Wasserhaushaltsgesetz festgeschrieben: „Die Gewässer sind als Bestandteil des Naturhaushaltes so zu bewirtschaften, daß sie dem Wohl der Allgemeinheit und im Einklang mit ihm auch dem Nutzen einzelner dienen und daß jede vermeidbare Beeinträchtigung unterbleibt" (§ 1a, Abs. 1) [WASSERHAUSHALTSGESETZ 1990]. Wenn dieser Vorschrift in der Vergangenheit Rechnung getragen worden wäre, müßte die gegenwärtige Schadstoffbelastung der Gewässer als „unvermeidlich" eingestuft werden. Die bereits eingetretenen, teilweise beachtlichen Erfolge in der Verbesserung der Qualität der Oberflächengewässer beweisen allerdings, daß diese Einstufung nicht zutreffen kann. Vielmehr stellt das umgesetzte Ausmaß von Gewässerschutz eine Synthese aus gesellschaftlicher Einsicht, politischem Umsetzungswillen, vorhandenem Stand der Technik und ausreichenden finanziellen Ressourcen dar. Gewässerverschmutzung führt allerdings selbst zu erheblichen Kosten für die Allgemeinheit.

Der Anteil an aufbereitetem Wasser ist bei der öffentlichen Wasserversorgung in Baden-Württemberg im Zeitraum 1979–1987 von 47 % auf 67 % angestiegen. Dies ist teilweise zwar auch auf geänderte Rahmenbedingungen (Novelle der Trinkwasserverordnung 1986) sowie z.T. auf eine Neudefinition des Begriffs „Aufbereitung" zurückzuführen – so fällt z.B. bei der statistischen Erfassung das „Mischen" unterschiedlich belasteter Wässer erst seit 1987 unter den Begriff „Aufbereitung" [ROMMEL 1989]. Dennoch ist unübersehbar, daß die unzureichende Wasserqualität einen erheblichen Aufbereitungsaufwand erfordert und somit einen Kostenfaktor darstellt.

Aus einer im Auftrag des Bundesumweltministeriums erstellten Studie zum Einfluß der Gewässerverschmutzung auf die Kosten der Trink- und Brauchwasserversorgung in den alten Bundesländern geht hervor, daß aufgrund der Gewässerverschmutzung im Jahr 1983 für Aufbereitung, Erschließung neuer Wasservorkommen sowie Planung und Überwachung 780 Mio. DM aufzuwenden waren [BMUNR 1991]. Für den Zeitraum von 1975 bis 2000 werden im Bereich der öffentlichen Wasserversorgung Folgekosten von 20 Mia. DM prognostiziert [UBA 1991]. Gewässerschutz verursacht deshalb nicht nur Kosten, sondern kann auch zu erheblichen Kosteneinsparungen auf der Seite der Wassernutzung beitragen.

Zielvorstellung des Umweltministeriums Baden-Württemberg ist es, „*die Kunst der Wasseraufbereitung auf geogen verursachte Probleme*"...sowie „*Hygiene- bzw. Transportprobleme*" zu beschränken [WIRSING 1994]. Es sollte stets derart gutes Rohwasser verfügbar sein, daß zur Aufbereitung allenfalls einfache Methoden angewandt werden müssen.

5.1.1 Grundwasser

In Deutschland werden 71–72 % des Trinkwassers aus Grund- und Quellwasser gewonnen [BUNDESMINISTERIEN 1995]. In Baden-Württemberg liegt der Anteil von Grund- und Quellwasser an der Trinkwassergewinnung noch etwas höher, derzeit bei ca. 75 % – siehe Kapitel 3 dieser Studie. Grundwasser ist unsere wesentliche Trinkwasserressource. Seinem Schutz gebührt daher hohe Priorität. Auch im Hinblick darauf, daß wir künftigen Generationen eine Lebensqualität zusprechen, die mit der vergleichbar ist, die wir vorgefunden haben, steht unsere Generation in der

Pflicht, Grundwasser zu hinterlassen, das mit einfachen Methoden aufbereitet werden kann und damit die oben formulierten Anforderungen der Landesregierung erfüllt.

Durch Deckschichten und die belebte Bodenzone galt das Grundwasser bisher als ausreichend geschützt. In der Vergangenheit schienen qualitätsbedingte Nutzungseinschränkungen im wesentlichen durch seine natürliche Herkunft bedingt. Die in den zurückliegenden Jahren bekannt gewordenen Qualitätsbeeinträchtigungen zeigen jedoch den erheblichen Einfluß menschlicher Aktivitäten auf das Grundwasser. Da die Selbstreinigungskraft und die Fließgeschwindigkeit von Grundwasser im Vergleich zu Fließgewässern gering ist, bleiben bereits eingetretene Verunreinigungen lange Zeit am Ort erhalten, und es bestehen keine oder nur unvollständige Sanierungsmöglichkeiten [KOBUS 1988]. Deshalb muß davon ausgegangen werden, daß es noch Jahrzehnte dauern wird, bis das Grundwasser von den heute bekannten anthropogenen Belastungen befreit sein wird bzw. bis zurückliegende oder aktuelle Verschmutzungen überhaupt erst erkennbar werden. Im Hinblick auf das Wohl kommender Generationen muß daher der Qualität des Grundwassers eine ganz besondere Aufmerksamkeit geschenkt werden. Eine wesentliche Voraussetzung zur Erhaltung bzw. Verbesserung der Wasserqualität ist die Kenntnis seiner Beschaffenheit. Das wesentliche Instrument hierfür ist in Baden-Württemberg das Grundwasserüberwachungsprogramm.

Das Grundwasserüberwachungsprgramm wurde in Baden-Württemberg in den 80er Jahren initiiert. Seine theoretischen Grundlagen bilden Vorarbeiten des Engler-Bunte-Instituts von 1983 sowie das „Grundwasserüberwachungskonzept 1983" der Länderarbeitsgemeinschaft Wasser (LAWA). Im Gegensatz zu anderen Bundesländern, die ihre Wasserversorgungsunternehmen auf gesetzlicher Grundlage zu Rohwasseruntersuchungen verpflichten, realisiert Baden-Württemberg derzeit dieses Programm auf kooperativem Weg. Bei der Beprobung des Grundwassers im Jahr 1994 beteiligten sich ca. 30 % der im Land ansässigen Wasserversorgungsunternehmen am Rohwassermeßnetz, d.h. stellten der Landesanstalt für Umweltschutz Daten über die Wasserqualität vor der Aufbereitung zur Verfügung [LFU 1995].

Grundlagen, Zielsetzungen und Regelungen für den Aufbau und Betrieb des Grundwasserüberwachungsprogramms werden vom Beirat „Erfassung und Überwachung der Grundwasserbeschaffenheit" beim Ministerium für Umwelt Baden-Württemberg erarbeitet. Dieser Beirat setzt sich aus Vertretern verschiedener Landes- und Kommunalinstitutionen, dem Landesverband der Industrie, den Vereinen und Verbänden aus dem Bereich des Gas- und Wasserfachs sowie von freien chemischen Laboratorien zusammen.

Wesentliches Instrumentarium ist das Grundwasserbeschaffenheitsmeßnetz. Dieses umfaßt unterschiedliche Teilmeßnetze bzw. spezielle Projekte. Ausgehend vom Basismeßnetz, welches möglichst keine anthropogen direkt beeinflußten Meßstellen umfaßt, wurde das Meßnetz im Verlauf des vergangenen Jahrzehnts sukzessive um die Rohwassermeßstellen der öffentlichen Wasserversorger, um deren Vorfeldmeßstellen, um die Meßstellen im – vermuteten – Einflußbereich der Emittentengruppen Industrie, Landwirtschaft, Siedlung und Sonstige sowie um das Quellmeßnetz und das Projekt Schienenverkehr erweitert (Abb. 5-1) [BEIRAT

Abb. 5-1: Übersicht über das Grundwasserbeschaffenheitsmeßnetz Baden-Württembergs (Erläuterungen s. Text, Kapitel 5.1.1)
Quelle: Abb. verändert nach [UM und LfU 1995], Daten: [LfU 1995]

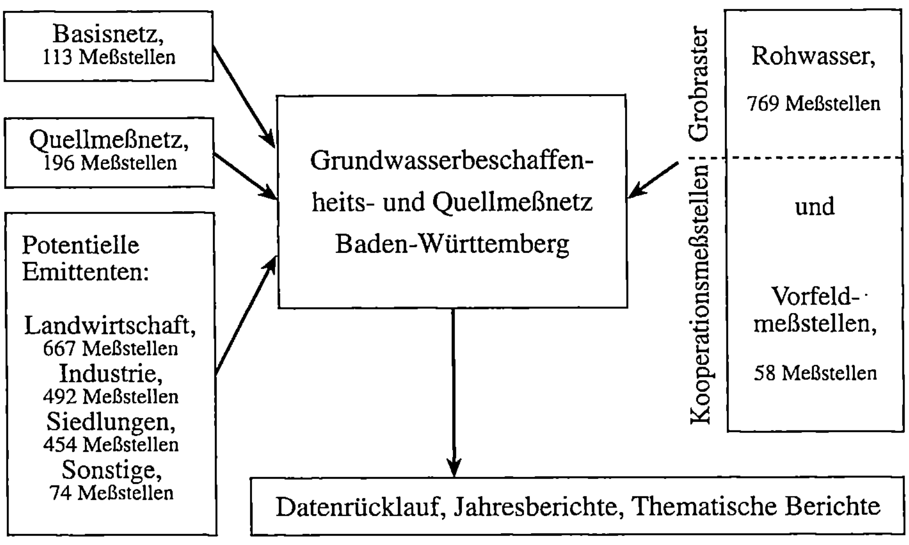

„Erfassung und Überwachung der Grundwasserbeschaffenheit" beim UM 1989, LfU 1993]. Im Jahr 1994 umfaßte das Basismeßnetz 113 Meßstellen, von den Rohwassermeßstellen betrieb das Land selbst 168, die Daten von weiteren 601 Meßstellen der Wasserversorger konnte es zur Auswertung heranziehen. Die Anzahl der Vorfeldmeßstellen betrug 58, das Emittentenmeßnetz Landwirtschaft umfaßte 667, das Emittentenmeßnetz Industrie 492 und das Emittentenmeßnetz Siedlungen 454 Meßstellen. Zusätzlich wurden „sonstige Emittenten" (Kläranlagen, Verkehrswege) mit 74 Meßstellen sowie die Quellen des Festgesteinsbereichs mit 196 Meßpunkten überwacht. Insgesamt konnten im Jahr 1994 Informationen zur Beschaffenheit des Grund- und Quellwassers von 2763 Meßpunkten in Baden-Württemberg ausgewertet werden [LfU 1995]. Im Jahr 1993 waren es 2634 Meßstellen [UM und LfU 1995].

Die von der Landesanstalt für Umweltschutz (LfU) und den Wasserversorgungsunternehmen erhobenen Daten werden bei der LfU zentral erfaßt, ausgewertet und fortgeschrieben. Soweit die bei der Landesgesundheitsverwaltung geführte Trinkwasserdatenbank Wässer erfaßt, die ohne weitere Behandlung ins Netz abgegeben werden (Reinwässer), bestehen zwischen dieser Datenbank und der Grundwasserdatenbank der LfU Überschneidungen, die durch eine wechselseitige Verknüpfung genutzt werden können.

Unsere in diesem Kapitel getroffenen Aussagen zur Qualität des Grundwassers in Baden-Württemberg stützen sich sowohl auf Ergebnisse des Grundwasserüberwachungsprogramms als auch auf vom Statistischen Landesamt aufbereitete

Daten zur Wasserversorgung. Aufgrund der Herausnahme belasteter Wasservorkommen aus der Öffentlichen Wasserförderung geben die vom Statistischen Landesamt publizierten Daten zur Qualität der geförderten Wässer den Zustand der örtlichen Grundwasservorkommen oftmals nur eingeschränkt wieder. Weiterhin werden in den Berichten des Statistischen Landesamtes unter dem Arbeitsbegriff „Grundwasser" sehr oft zusammenfassende Informationen zu Grund-, Quell- und Oberflächenwasser gegeben, so daß oft keine spezifischen Aussagen zur Qualität des Grundwassers möglich sind.

Die Ergebnisse zeigen einerseits, daß die Zusammensetzung der unterschiedlichen Grundwässer bereits aus geogenen Gründen sehr unterschiedlich ist. So variieren z. B. die Eisen- und Mangangehalte um zwei bis drei Größenordnungen. Im Sulfatgehalt gibt es Unterschiede um mehr als eine Größenordnung [UM UND LfU 1995]. Bei anthropogen bedingten Schadstoffen andererseits sind im Grundwasser grundsätzlich zwei Belastungstypen zu unterscheiden:

- Punktförmige Belastungen, die oftmals aus gewerblicher Tätigkeit oder aus unsachgemäßer Lagerung/Ablagerung oder aus Unfällen resultieren. Diese können lokal zu erheblichen Verschmutzungen und somit zu Einschränkungen oder zum Verzicht der Ressourcennutzung führen. In der Regel sind sie einem oder mehreren definierten Verursachern zuzuordnen.
- Flächendeckende Belastungen. Sie resultieren im wesentlichen aus drei Sektoren: aus der Landwirtschaft, aus undichten Abwasserleitungen und aus Depositionen atmogener Schadstoffe. Bei der letzten Ursache wird neben dem öffentlich beachteten Aspekt der „Versauerung" der steigenden, nahezu flächendeckenden Nährstoffanreicherung in naturnahen Ökosystemen und der hierdurch implizierten Gefährdung des Grundwassers insbesondere durch Stickstoffverbindungen aus unserer Sicht derzeit immer noch zu wenig Beachtung geschenkt.

Im zweiten Teil dieses Kapitels (5.2) werden wir insbesondere auf die flächendeckenden Belastungen weiter eingehen. Ihre Bedeutung mag daran ermessen werden, daß von 1980 bis 1992 über 350 Trinkwassergewinnungsanlagen in Baden-Württemberg allein aus Qualitätsgründen stillgelegt werden mußten [BÜRINGER UND JÄGER 1995].

5.1.2   Oberflächenwasser

Landesweite Beschreibungen zur Güte der Oberflächengewässer liegen uns nur für wenige Parameter* vor (Naturnähe, Saprobienindex*). Überwiegend sind die Informationen auf bestimmte Faktoren in definierten Gewässern begrenzt. Auch bei den landesweiten Untersuchungen sind Gewässer erst ab einer gewissen Größe berücksichtigt [KRAUTH 1995a], so daß im engeren Sinn keine flächendeckenden Bestandserhebungen vorliegen.

Die meisten Fließgewässer des Landes Baden-Württemberg unterliegen aufgrund der dichten Besiedelung einer intensiven, teilweise konkurrierenden Nutzung (siehe Kapitel 3.2.1). Eine wesentliche Nutzung ist die Abführung von Abwasser [UM 1992b]. Bedingt durch die wieder ansteigende Produktion und die Bevölkerungszunahme setzte mit den 50er Jahren dieses Jahrhunderts in der Bundesrepublik eine massive Verschmutzung der Oberflächengewässer ein. Durch den erst später erfolgten Ausbau der Kläranlagen (siehe Kapitel 4.2.1) und die steigende Anschlußdichte hat sich erst ab Mitte der 80er Jahre die Qualität meist wieder verbessert. Die nach dem Saprobiensystem* als stark bis übermäßig verschmutzt eingestuften Gewässerabschnitte sind kürzer geworden oder ganz verschwunden.

Dies gilt auch für das Land Baden-Württemberg [LAWA 1993], welches als Anlieger von Flußoberläufen im bundesweiten Vergleich als bevorzugt ausgestattet einzustufen ist. Dem Ziel der Landesregierung, eine durchgehende Gewässergüte der Stufe II bei guter Sauerstoffversorgung zu erreichen [UM 1993], ist das Land inzwischen recht nahe gekommen [FLINSPACH 1994]. Es bestehen jedoch noch beachtliche Unterschiede in der Qualität der einzelnen Gewässer. So zeigte z.B. der Neckar im Jahr 1985 auf 40 % seiner Fließstrecke einen besseren, aber auf 15 % seiner Fließstrecke einen schlechteren Gütezustand als zu Beginn der Güteüberwachung Mitte der 50er Jahre [WEINANDY 1991]. Unsere Beschreibung des Status Quo und der Tendenz der Qualität von Oberflächengewässern beschränkt sich meist auf die Fließgewässer – Ausführungen zum Bodensee finden sich in Kapitel 3.2.2.

5.1.2.1 Naturnähe der Fließgewässer

Mit der Tullaschen Rheinkorrektion* im 19. Jahrhundert begann die Phase großer Eingriffe in die Morphologie* der Fließgewässer. Veranlassung für diese Maßnahmen waren u.a. Bestrebungen, neue Siedlungsräume hochwasserfrei zu gestalten, landwirtschaftliche Flächen zu entwässern bzw. das Brutgebiet der Malaria übertragenden Stechmücken zu verkleinern und die Flüsse den steigenden Transporterfordernissen anzupassen. Im 20. Jahrhundert wurde diese Entwicklung durch das Siedlungswachstum in den Flußtälern, durch den Ausbau der Ufer – z.B. für Hafenanlagen – aber auch durch die maschinengerechte Anpassung der Landwirtschaftsflächen (Flurbereinigung) vorangetrieben. Zur Zeit des Dritten Reiches waren auch militärische Aspekte (Wasserläufe als Panzergräben) mitverantwortlich für die Umgestaltung der Gewässer, z.B. bei der Pfinz-Saalbach- und der Acher-Rench-Korrektion [SCHAAL UND BÜRKLE 1993]. Die Veränderungen sind anhand der Kartendarstellung für das Oberrheingebiet bei Altenheim anschaulich zu erkennen (Abb. 5-2). *„Die Eingriffe in die Fließgewässer-Ökosysteme bis in die heutige Zeit sind mit eine maßgebende Ursache für den Verlust an Lebensräumen, naturnaher Landschaft und ökologischer Stabilität.“* [UM UND LFU 1994]

Es ist ein erklärtes Ziel der Landesregierung, naturnahe Flußökosysteme als zusammenhängende Lebensräume für die jetzige und nachfolgende Generationen zu erhalten bzw. wiederzugewinnen [UM UND LFU 1994]. Naturnähe bzw. Natur-

Abb. 5-2: Veränderung der Überschwemmungsflächen des Oberrheins bei Altenheim vor der Rhein-korrektion (1828), vor (1923) und nach Oberrheinausbau (1986)
Quelle: [LfU 1994a]

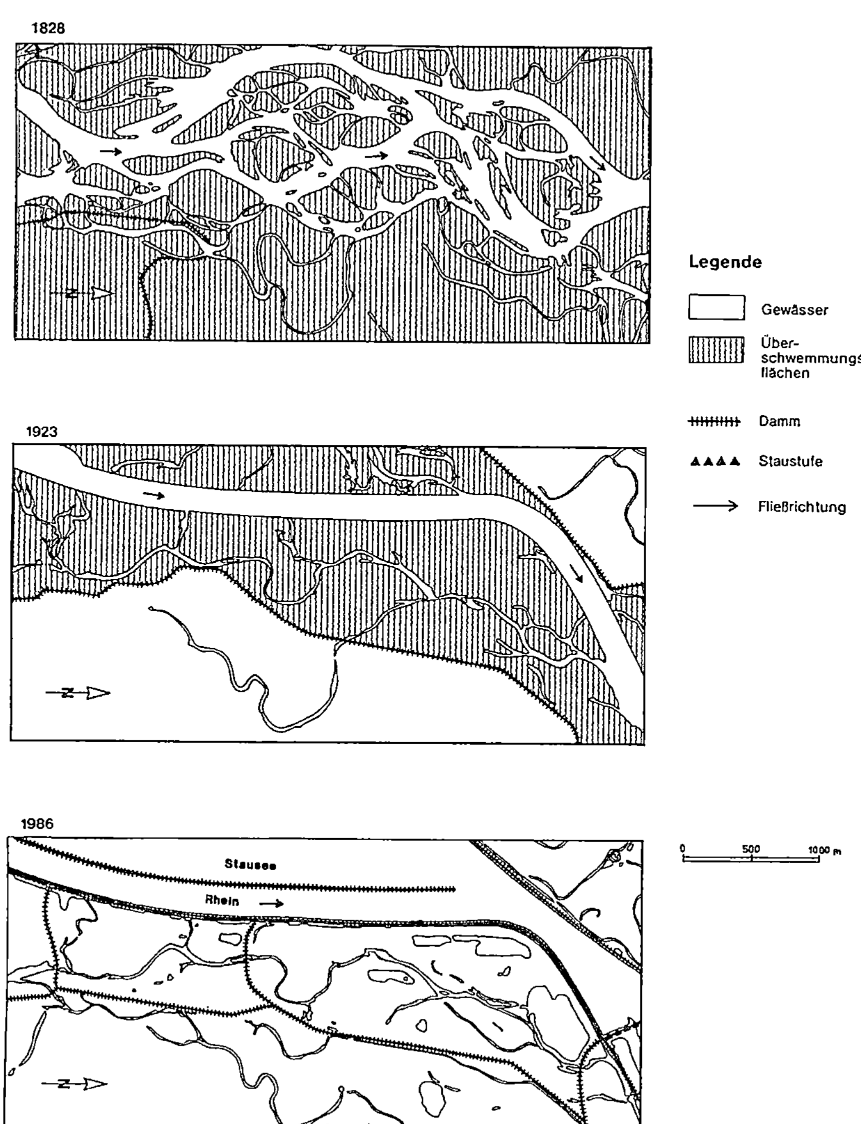

ferne spiegeln sich nicht allein in der stofflichen Beschaffenheit, sondern auch im morphologischen* Zustand des Gewässer wieder. Die Gewässermorphologie wur-de von der Landesanstalt für Umweltschutz in Zusammenarbeit mit den ehemali-gen Ämtern für Wasserwirtschaft und Bodenschutz anhand der fünf Strukturfaktoren

- ' Linienführung (Gewichtung: 5),
- Gehölzsaum (Gewichtung: 4),
- Gewässerrandstreifen (Gewichtung: 3),
- Talbodennutzung (Gewichtung: 2) und
- künstliche Wanderungshindernisse (Gewichtung: 1)

beurteilt. Das Ergebnis versteht sich als eine erste „*Groberfassung*" der Fließgewässer mit einem Einzugsgebiet > 20 km². Es handelt sich um eine Kartierung von 450 Fließgewässern mit einer Gesamtlänge von 8.500 km, welche in 2.200 Abschnitte eingeteilt wurden [UM UND LFU 1994]. Ziel der Kartierung war es, in einem überschaubaren Zeitrahmen von einem Jahr analog zur Kartierung der Gewässergüte (s.u.) einen Überblick über den Zustand der Fließgewässerstruktur zu geben.

Zur Methodik: Die Gewässerabschnitte wurden bezüglich der fünf oben entsprechend ihrer abnehmenden Bedeutung aufgelisteten Faktoren jeweils in die Katagorien: „weitgehend naturnah" (7 Punkte), „beeinträchtigt" (4 Punkte) oder „naturfern" (1 Punkt) eingestuft und bewertet. Die hierfür jeweils gültigen Beurteilungskriterien sind in Tab. 5-1 zusammengestellt. Die Einzelbewertungen wurden mit dem jeweiligen Gewichtungsfaktor multipliziert. Aus den so erhaltenen Produkten wurde zunächst die Summe gebildet, welche anschließend durch die Summe der Gewichtungsfaktoren (=15) dividiert wurde. Als zusätzlich definierte Bedingung erfordert die Gesamteinstufung „weitgehend naturnah", daß mindestens drei der fünf Strukturfaktoren als „weitgend naturnah" mit jeweils 7 Punkten und maximal ein Strukturfaktor als „naturfern" mit nur 1 Punkt eingestuft wurden. Umgekehrt war für die Gesamtbeurteilung „naturfern" erforderlich, daß mindestens drei Strukturfaktoren als „naturfern" und höchstens ein Strukturfaktor als „weitgehend naturnah" bewertet wurde. Zu weiteren methodischen Einzelheiten siehe UM UND LFU [1994].

Das erhaltene Endergebnis wurde drei Klassen zugeordnet, die kartographisch mittels Bandsignaturen dagestellt werden (Abb. 5-3). Diese Signaturen zeichnen den Gewässerverlauf nach und differenzieren in ihrer Breite die Zuständigkeiten für den Unterhalt (Bundeswasserstraßen, Gewässer I. bzw. II. Ordnung). Die drei gebildeten Klassen sind:

- Zustandsklasse 1: 5,5–7,0 Punkte: „weitgehend naturnah"   grün
- Zustandsklasse 2: 3,5–5,49 Punkte: „beeinträchtigt"   gelb
- Zustandsklasse 3: 1,0–3,49 Punkte: „naturfern"   violett

Die Abbildung zeigt, daß nur noch wenige Gewässerabschnitte, meist an Ober- und Mittelläufen, noch als „weitgehend naturnah" eingestuft werden können. Die meisten Gewässerabschnitte werden als beeinträchtigt oder naturfern klassifiziert.

Wie bereits in Kapitel 4 dargestellt, kommt naturnahen Fließgewässern nicht allein im Hinblick auf Naturschutz und Landschaftspflege eine hohe Bedeutung zu. Naturnahe Gewässerzustände sind auch wegen ihrer höheren Selbstreinigungskraft und Stabilität gegen punktuell auftretende hyraulische und stoffliche Belastungen ein wichtiger Faktor in der Maßnahmenkette zur Reinigung unserer Abwässer. So ist zum Beispiel die für die Oxidation von Kohlenstoff- und Stickstoffverbindungen benötigte Fließstrecke beim naturnah ausgebauten Gewässer we-

Tab. 5-1: Definition der Wertstufen der fünf für die Gewässermorphologie wichtigen Strukturfaktoren
Quelle: [UM und LfU 1994]

Wertstufen	Linienführung
weitgehend naturnah	Gewässerverlauf weitgehend naturnah, z.B. im Tiefland krümmungsreich; weniger als 25 % der Strecke gegenüber dem Zustand in historischen Karten verändert;
beeinträchtigt	ersichtlich gestreckt; mehr als 25 % bis 50 % der Strecke verändert gegenüber dem Zustand in historischen Karten;
naturfern	geradlinig oder nur leicht geschwungen; über 50 % der Strecke verändert gegenüber dem Zustand in historischen Karten.

Wertstufen	Gehölzsaum
weitgehend naturnah	sofern natürlicherweise zu erwarten: beidseitig durchgehend, in standortgerechter Artenzusammensetzung; kleine Lücken im Ausmaß unter 25 % der Abschnittlänge möglich (bei natürlicher Vernässung bis 50 % möglich);
beeinträchtigt	schmaler und/oder bruchstückhaft und/oder nur an einem Ufer entwickelter Gehölzsaum (Lücken im Ausmaß 25-50 % der Abschnittlänge möglich); und/oder Neupflanzungen mit Anteil unter 50 %; durchgehender Gehölzsaum mit Nadelgehölzanteil von 10-25 %; und/oder geringer Anteil eingebrachter Baumreihen (z.B. Pappeln) möglich;
naturfern	kein oder nur sehr spärlich entwickelter Gehölzsaum; Lücken über 50 % der Abschnittlänge einnehmend; und/oder Anteil künstlich angelegter/standortfremder Gehölze über 25 % und/oder Anteil an Nadelgehölzen über 25 %der Abschnittlänge bei durchgehendem Gehölzsaum, unter 25 % bei bruchstückhaftem Saum.

Wertstufen	Gewässerrandstreifen
weitgehend naturnah	Streifen mindestens 10 m breit und durchgehend ausgebildet, allenfalls extensiv genutzt (Laubwald, Mischwald; auch geringer Anteil extensiven Grünlands möglich);
beeinträchtigt	Streifen weniger als 10 m breit, aber nicht durchgehend ausgebildet, 50 % der Uferlänge einnehmend (d.h. über 50 % naturnah ausgebildet oder nur extensiv genutzt); und/oder über 50 % reiner Nadelforst, und/oder Ufersaumrasen/Böschungs- und Vorlandrasen;
naturfern	Streifen weniger als 50 % der Uferlänge einnehmend, intensive Nutzung dominiert im ufernahen Bereich (= Streifenbreite nur z.T. über 10 m); Verdolungsstrecken.

Wertstufen	Talbodennutzung
weitgehend naturnah	mehr als 75 % der Fläche mit standortgerechtem Waldbestand und/oder Mischwald (mit dominierendem Laubgehölzanteil), auch mit Anteilen extensiven Grünlands (z.B. Feuchtwiesen, Magerrasen etc.);
beeinträchtigt	mehr als 75 % der Fläche mit standortfremdem Nadelwald und/oder 25 % bis 75 % der Fläche eher intensiv genutztes Acker-, Grün-, Gartenland; Siedlungsbereiche mit eher lockerer Bebauung; und/oder Verkehrsstraßen uferbegleitend (bei sonst natürlichen Verhältnissen);
naturfern	mehr als 75 % der Fläche intensiv genutzte Agrarlandschaft und/oder intensiv genutztes Grünland und/oder dichte Bebauung, Verkehrsflächen, Einrichtungen der intensiv nutzbaren Naherholung.

Wertstufen	künstliche Wanderungshindernisse
weitgehend naturnah	kein künstliches Wanderungshindernis im Abschnitt und ausreichende Mindestabflüsse im Gewässerabschnitt; keine Verdolungen über 30 m Länge, keine Stauhaltungen;
beeinträchtigt	insgesamt 1-3 künstliche Wanderungshindernisse auf 5 km Lauflänge; Ausleitungen gesichert mit Mindestwasserführung unter 1/3 MNQ oder Verdolungsstrecken unter 500 m (bei wenigstens **einem** künstlichen Wanderungshindernis zutreffend!);
naturfern	insgesamt bzw. im Mittel über 3 Wanderungshindernisse auf 5 km Lauflänge; Mindestwasserführung bei Ausleitungen nicht gesichert; Verdolungsstrecken über 500 m Länge; Stauhaltung über 500 m; durch Eingriffe bedingtes zeitweises Trockenfallen oder Verdolungsstrecke **und** Stauhaltung zusammen über 500 m.

sentlich kürzer als beim technischen Gerinne [DVWK 1990]. Ein naturnaher Gewässerzustand ist deshalb auch unter anthropozentrischen Gesichtspunkten in die Abwägungen von konkurrierenden Nutzungen miteinzubeziehen. KRAUTH [1995b] fordert entsprechend die umfassende Renaturierung technisch ausgebauter Gewässer. Ohne diese Ergänzung kann seiner Meinung nach die gewünschte Gewässergüte trotz aller Anstrengungen auf der Seite der Abwasserklärung nicht erreicht werden.

Abb. 5-3: Übersichtskartierung des morphologischen Zustands der Fließgewässer in Baden-Württemberg
Quelle: [UM UND LFU 1995]

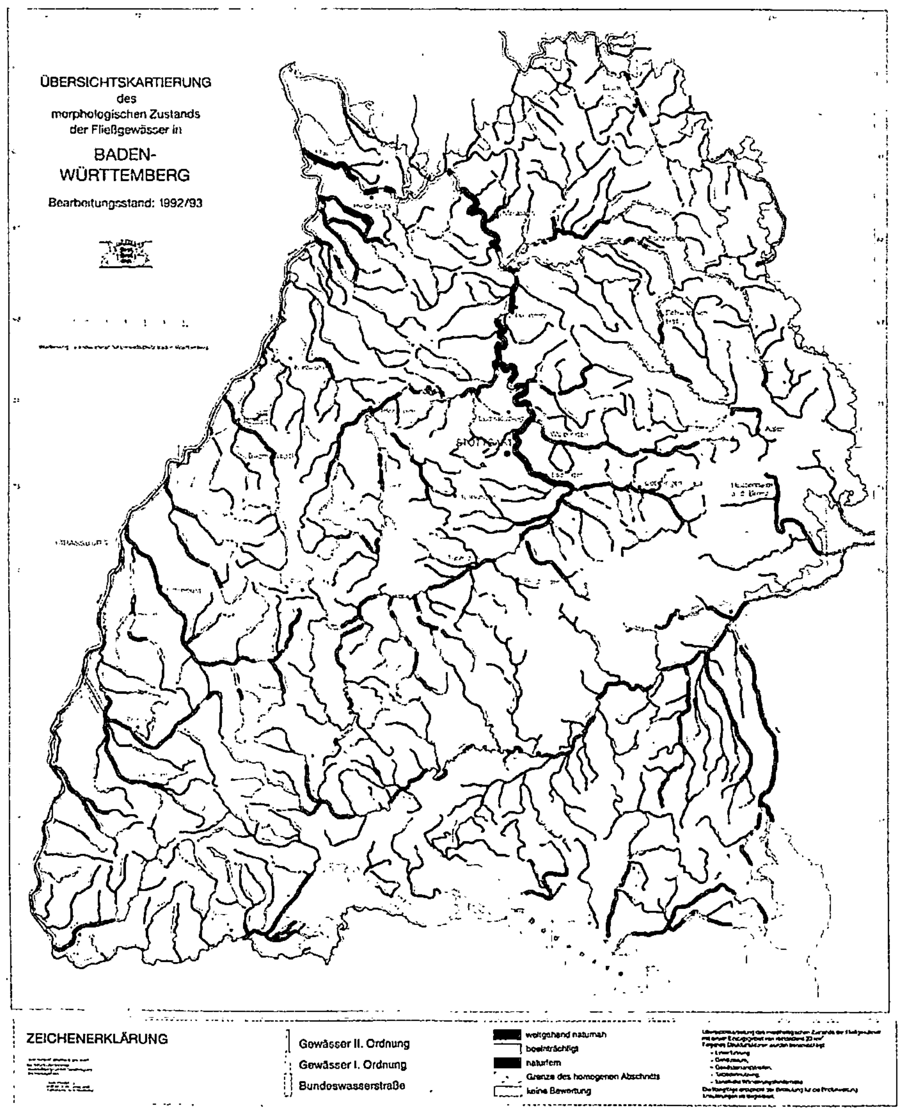

5.1.2.2 Gewässergüte nach LAWA-Güteklassen

Die Beschreibung der Gewässerqualität anhand der LAWA-Güteklassen konzentriert sich auf den <u>Teilaspekt der Belastung durch leicht abbaubare organische Inhaltsstoffe</u>. Der Abbau dieser Substanzen auf dem Wege der Oxidation kann zu einer Abnahme des Sauerstoffgehaltes im Gewässer führen (Sauerstoffzehrung) (siehe Kapitel 4.2). Die Auswirkungen können anhand spezieller Zeigerorganismen (Bioindikatoren) klassifiziert werden. Auf diese bereits 1902 von Kolkwitz und Marsson beschriebene Systematik geht das DIN-Verfahren (DIN 38410) zurück, welches eine einheitliche Liste von Bioindikatoren zusammenstellt. Im Vordergrund steht dabei die Organismengruppe des Makrozoobenthons, wirbelloser Kleintiere des Gewässerbodens, auch als „Fischnährtiere" bezeichnet.

Die in Abb. 5-4 dargestellte Gewässergüte Baden-Württembergs basiert auf der Auswertung von biologischen Gewässeruntersuchungen an 1561 Gewässerabschnitten. Bei 71 % der untersuchten Abschnitte ist eine Gewässergüte der Stufe II oder besser zu verzeichnen. Die von der Landesregierung angestrebte Gewässergüte der Klasse II – mäßig belastet – ist wie folgt definiert (ohne Saprobienindex* und Taxabeschreibung): *Die Gewässer sind durch organische Stoffe und deren Abbauprodukte mäßig verunreinigt. Zu Zeiten stärkerer Algenentwicklung ist eine deutliche Trübung vorhanden. Es tritt noch keine Faulschlammentwicklung auf. Es handelt sich um ertragreiche Fischgewässer. Durch Algen, Blütenpflanzen, Schnecken, Kleinkrebse und Insekten sowie deren Larven findet eine sehr dichte Besiedlung statt. Der Sauerstoffgehalt unterliegt aufgrund der Sauerstoffzehrung einer stärkeren Schwankung, liegt jedoch durchweg über 6 mg O₂/l, so daß Fischsterben noch nicht auftreten* [UM 1992b]. Diese Definition zeigt, daß die Bewertung vor allem im Hinblick auf fischereibiologische Kriterien erfolgt.

Bei rund 29 % der untersuchten Gewässerabschnitte waren 1991 noch Gütedefizite festzustellen (Klasse II–III oder schlechter), 21 % waren in der Klasse II–III („kritisch belastet") eingestuft, 6,6 % in Klasse III (stark verschmutzt) und 1,4 % in den Klassen III–IV und IV („sehr stark verschmutzt" bzw. „übermäßig verschmutzt").

Gütedefizite bestehen an den drei großen Flüssen Rhein, Donau und vor allem am Neckar. Ebenfalls trifft dies für die Bäche des Nordschwarzwaldes in ihren mittleren und unteren Abschnitten sowie die Bäche des Kraichgaus zu. Unsere weitere Beschreibung der Gewässerqualität beschränkt sich auf die drei großen Flüsse Rhein, Neckar und Donau. Hier waren zu Beginn der 90er Jahre folgende Abschnitte hinsichtlich der Gewässergüte noch als unbefriedigend einzustufen:

- **Rhein** im Abschnitt
  - zwischen Wiese- und Kandermündung
  - zwischen Kinzig- und Sandbachmündung
  - zwischen Federbach- und Pfinzmündung
- **Neckar** im Abschnitt
  - unterhalb Tübingen bis zur Ermsmündung
  - unterhalb der Aichmündung
  - im Mittellauf zwischen Fils- und Kochermündung

·—   im gesamten Unterlauf zwischen Elzmündung und Einmündung in den Rhein
- **Donau** im Abschnitt
    - Brigach- und Bregzusammenfluß bis zur Kötachmündung
    - ab oberhalb Tuttlingen bis zur Mündung der Großen Lauter
    - zwischen Riß- und Illermündung
    - unterhalb Ulm bis zur Landesgrenze

Abb. 5-4: Gütezustand der Fließgewässer in Baden-Württemberg auf biologisch-ökologischer Grundlage 1991
Quelle: [UM 1992b]

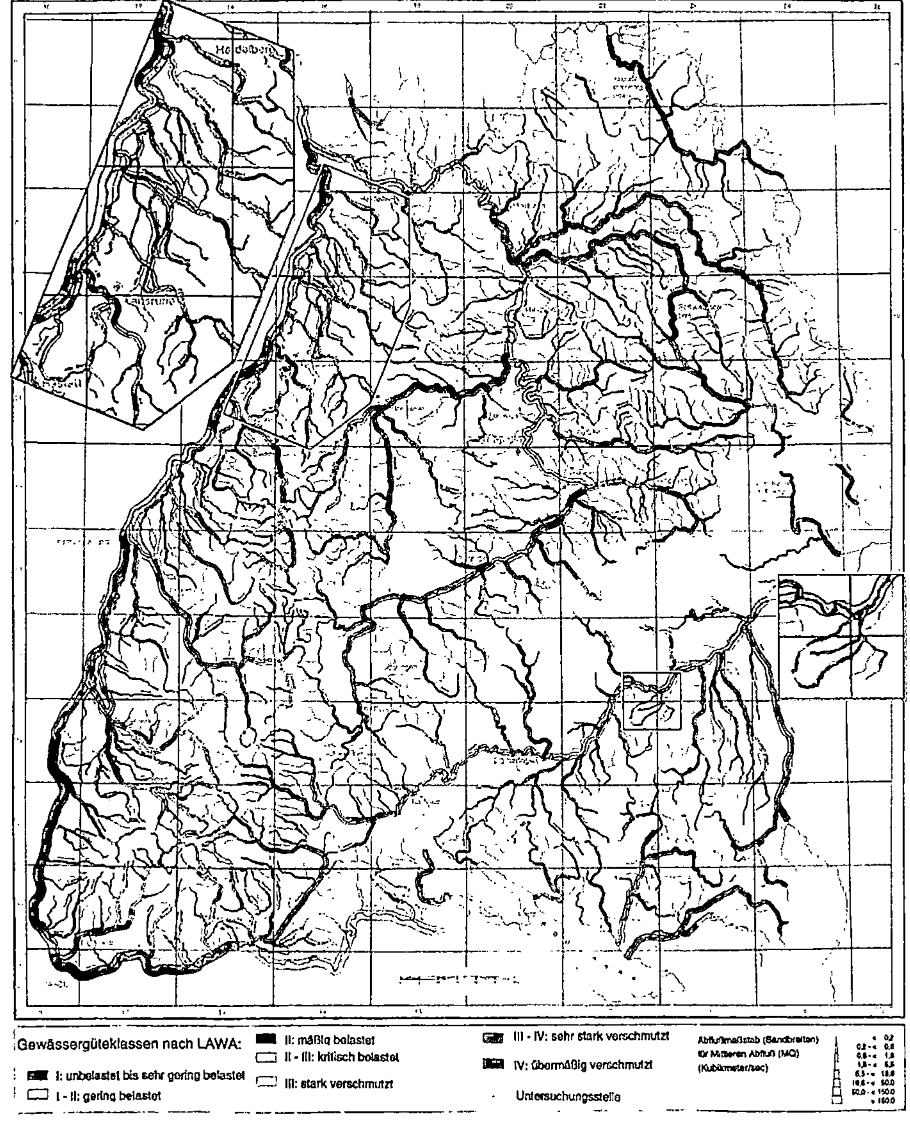

Entwicklung der Gewässergüte seit 1968

Abbildung 5-5 zeigt die Entwicklung der Gewässergüte von 1968 bis 1991. Aufgrund des einheitlichen Bewertungssystems kann von 1968 bis 1986 ein direkter Vergleich erfolgen. Es ist eine deutliche Verbesserung hin zu „mäßigen" Belastungen zu konstatieren. Im Jahr 1986 wurde das 5-stufige System Baden-Württembergs an das 7-stufige System der LAWA angepaßt. Die farbliche Veränderung, insbesondere bei den – blau dargestellten – Stufen: „gering belastet" und „unbelastet", zeigt dadurch 1991 weniger *„eine Verbesserung der Gewässergüte zu 1986 an, sondern ist eher Ausdruck einer günstigeren Bewertung durch das LAWA-Verfahren"* [UM 1992b]. Die Beschreibung der vielen einzelnen Maßnahmen, die zu der bisher erreichten Verbesserung der Fließgewässerqualität führten, würde den hier zur Verfügung stehenden Rahmen sprengen. Es handelt sich um viele Einzelmaßnahmen der Sanierung und Erweiterung von Kläranlagen, die zunehmend von Maßnahmen zur Rückhaltung bzw. Verzögerung von Stoßbelastungen (Regen- bzw. Mischwasserrückhaltebecken) ergänzt werden.

Teilweise waren auch Verschlechterungen der Gewässergüte festzustellen: Im Hochrheingebiet betrifft dies den Kommenbach (Nebenfluß der Wutach) und den Oberlauf der Schlücht (Überlastung der Kläranlagen bzw. noch nicht erfolgter Anschluß an die Kläranlagen). Im Gebiet des mittleren Neckars die Fils (Kläranlagen Göppingen und Uhingen), die Körsch (diverse Kläranlagen), die Sall (Nebenfluß des Kochers) sowie die Enz im Bereich Neuenbürg und einige Abschnitte der Nagold. An der Donau sind keine Verschlechterungen dokumentiert [UM 1992b].

Abb. 5-5: Entwicklung der Gewässergüte in Baden-Württemberg von 1968 bis 1991
Quelle: [UM 1992b]

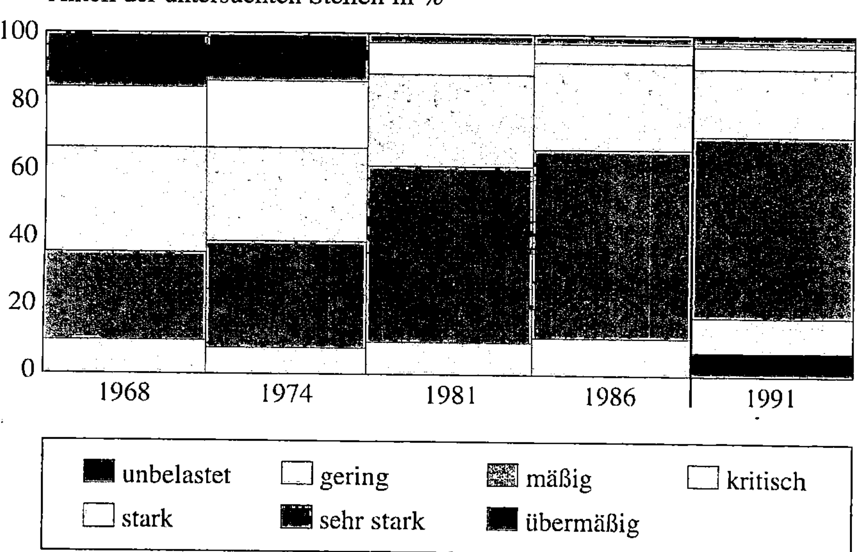

Ausblick

Für die unzureichende Gewässergüte am <u>Oberrhein</u> unterhalb der industriellen Ballungsräume Basel und Straßburg wird keine Verbesserung prognostiziert, während durch Sanierungsmaßnahmen im Bereich der Zellstoffindustrie im Raum Mannheim und Karlsruhe bereits merkliche Verbesserungen eingetreten sind – siehe auch Abb. 5-6 [UM 1992b, UM UND LfU 1995]. Ein Hauptziel des Aktionsprogramms der Internationalen Kommission zum Schutze des Rheins gegen Verunreinigung (IKSR) ist die Verbesserung des Ökosystems durch die Rückkehr früher vorhandener Arten. Unter dem Namen „Ökologisches Gesamtkonzept für den Rhein – Lachs 2000" wurde 1991 ein von der EU gefördertes Maßnahmenbündel zur Sanierung und Wiederbesiedlung unter Einschluß mehrerer Nebenflüsse beschlossen. Der Neckar ist dabei nicht genannt.

Infolge ungünstiger Mengenverhältnisse von Abwasser und Flußwasser einerseits und die geringe physikalische Wiederbelüftungsrate andererseits sind die Voraussetzungen für eine Selbstreinigung der langsam strömenden Gewässer des Hügel- und Tieflandes im <u>nördlichen Oberrheingebiet</u> kritischer einzuschätzen als im Falle der wasserreichen Berglandflüsse im südlichen Oberrheingebiet. Neben der Reduzierung von Abwassereinleitungen ist bei den kritischen Gewässern eine deutliche Verringerung des diffusen Schadstoffeintrags vor allem aus der Landwirtschaft erforderlich [UM 1992b].

Eine Verbesserung der unbefriedigenden Wasserqualität im Verlauf des <u>oberen Neckars</u> (bis Ermsmündung) in den Flußabschnitten unterhalb von Villingen-Schwenningen und Tübingen ist nach Angaben des Umweltministeriums nicht

Abb. 5-6: Vergleich der Gewässergüte von Rhein, Neckar und Donau in den Jahren 1991 und 1993
Quelle: [UM UND LfU 1995]

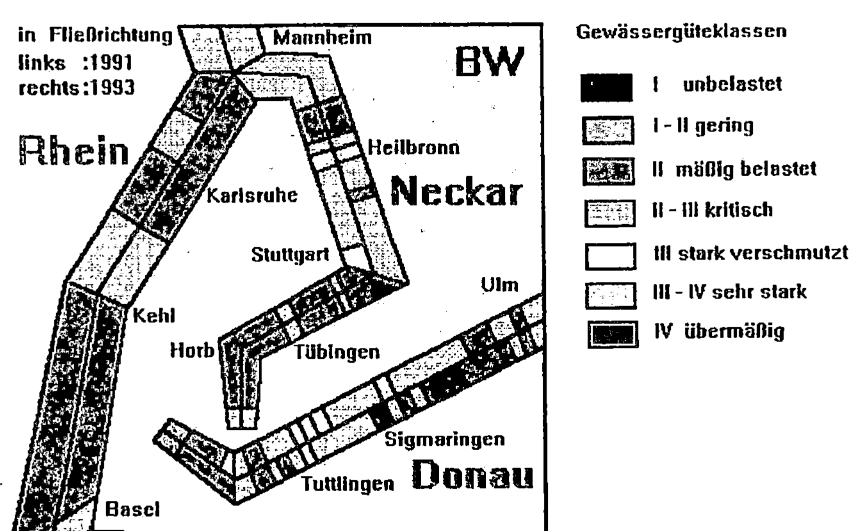

absehbar (Abb. 5-6) [UM 1992b]. Die durch Ab- und Kühlwässer in den gestauten Flußabschnitten des <u>mittleren Neckars</u> (Plochingen bis Stuttgart, Heilbronn) unzureichende Gewässergüte soll sich durch die geplanten bzw. bereits in der Umsetzung befindlichen Sanierungsmaßnahmen der Kläranlagen am Neckar und seinen Zuflüssen verbessern [UM 1992b]. Im Abschnitt zwischen Stuttgart und Heilbronn sind im Vergleich zu 1991 im Jahr 1993 einzelne Verbesserungen der Gewässergüte dokumentiert (Abb. 5-6) [UM und LfU 1995]. Am <u>unteren Neckar</u> (ab Einmündung der Elz) ist, abgesehen von Verbesserungen in einzelnen kurzen Abschnitten, keine Veränderung der Gewässergüte zu diagnostizieren [UM 1992b]. Es finden auch keine Maßnahmen Erwähnung, die eine Verbesserung in diesem Bereich erwarten lassen.

Im Vergleich zu 1991 war an vielen Gewässerabschnitten der <u>Donau</u> im Jahr 1993 eine Verbesserung der Gewässergüte festzustellen (Abb. 5-6) [UM und LfU 1995]. Durch die Erweiterung der Kläranlage Tuttlingen wird eine weitere Verbesserung im flußabwärts gelegenen Abschnitt erwartet [UM 1992b, UM und LfU 1995].

Im März 1993 hat die Länderarbeitsgemeinschaft Wasser (LAWA) die zweite Kartierung chemischer Daten für die Fließgewässer der Bundesrepublik Deutschland über den Zeitraum von 1982 – 1991 vorgelegt [LAWA 1993]. Im Land Baden-Württemberg erfolgt die Beobachtung anhand von 18 Meßstellen. Dabei handelt es sich im einzelnen um:

- **Rhein**
  BW 01:   Öhningen (Auslauf Bodensee-Untersee)
  BW 02:   Dogern (unterhalb Waldshut)
  BW 03:   Weisweil
  BW 04:   Karlsruhe
  BW 05:   Mannheim, oberhalb Neckarmündung
- **Neckar**
  BW 11:   Starzach-Börstingen (zwischen Horb und Rottenburg)
  BW 10:   Kirchentellinsfurt (unterhalb Tübingen)
  BW 09:   Deizisau (Plochingen)
  BW 08:   Poppenweiler (bei Marbach)
  BW 07:   Kochendorf (oberhalb Kochermündung)
  BW 06:   Mannheim-Neckarau (kurz vor Einmündung in den Rhein)
- **Donau**
  BW 13:   Hundersingen (unterhalb Sigmaringen)
  BW 14:   Öpfingen (Mündung der Riß)
  BW 12:   Ulm
- **Bodenseezuflüsse**
  BW 15:   Schussen (Unterlauf vor Mündung in Bodensee)
  BW 16:   Argen (Unterlauf vor Mündung in Bodensee)
  BW 17:   Rotach (Unterlauf vor Mündung in Bodensee)
  BW 18:   Radolfzeller Aach (Quelle)

Die Auswertungsergebnisse der Meßstellen BW 1 – BW 14 werden für den Summenparameter BSB_5 in Kapitel 5.1.2.3 behandelt. Die Einzelparameter Ammonium,

Chlorid, Nitrat und Phosphat werden im Kapitel 5.2 dargestellt. Bei der Bewertung von Konzentrationsangaben sind schwankende Jahresabflußmengen der Gewässer zu beachten. So war die Wasserführung in den Trockenjahren 1989–1991 um 10–20 %, beim Neckar bis zu 25 % gegenüber dem langjährigen mittleren Abfluß verringert [LAWA 1993]. Aus einer Konzentrationserhöhung kann deshalb nicht unmittelbar auf eine entsprechende Frachterhöhung geschlossen werden. Deshalb erlaubt diese Konzentrationsänderung keinen unmittelbaren Rückschluß auf Veränderungen im Einzugsgebiet.

5.1.2.3 Biochemischer Sauerstoffbedarf (BSB$_5$)

Der Biochemische Sauerstoffbedarf ist ein Indikator für leicht abbaubare Stoffe. Er gibt an, wieviel Sauerstoff von den im Wasser lebenden Organismen für die Oxidation dieser Stoffe im Wasser vebraucht wird. Die Angabe wird unter konstanten Bedingungen (Dunkelheit, 20 °C) über einen Zeitraum von 5 Tagen ermittelt. Daher die Parameterbezeichnung BSB$_5$ (siehe Kapitel 4.2). Sein Informationsgehalt stellt eine gute Ergänzung der Ergebnisse der LAWA-Güteklassen dar.

BSB$_5$-Werte > 6 mg/l gelten als erhöht, > 12 mg/l als hoch und > 24 mg/l als sehr hoch [LAWA 1993]. Die Ergebnisse für Baden-Württemberg sind in Abb. 5-7 graphisch dargestellt.

Rhein: Die BSB$_5$-Werte (Median) des Rheins steigen vom Ausgang des Bodensees (1,1–1,8 mg/l) bis nach Mannheim (1,4–2,4 mg/l) geringfügig an bei fallender Tendenz im Untersuchungszeitraum. Die in den abflußarmen Trockenjahren 1989–1991 in der Regel ermittelten geringeren Medianwerte verglichen mit den abflußreicheren Jahren zuvor können zum einen eine verbesserte Reinigungsleistung der Kläranlagen widerspiegeln (siehe Kapitel 4.2). Sie können jedoch auch einen Hinweis darauf geben, daß als Folge geringerer hydraulischer Überbeanspruchung der Kanalsysteme Mischwasserentlastungen* in diesen Trockenjahren seltener stattfanden. Die Maximalkonzentrationen zeigen in den Trockenjahren 1990 und 1991 vergleichsweise hohe Werte an der Station in Mannheim (7,4 bzw. 5,7 mg/l) [LAWA 1993].

Neckar: Die Belastung durch leicht abbaubare Stoffe ist am Oberlauf des Nekkars mit der des Rheins vergleichbar (Median-Werte von 1,2 bis 1,3 mg/l). Am mittleren Neckar ist eine sehr deutliche Zunahme der Belastung mit Werten von 3,4–7,1 mg/l festzustellen. Bis nach Mannheim geht die Belastung auf einen Sauerstoffbedarf von 2,0 bis 6,6 mg/l zurück. Während in den 80er Jahren eine „erhöhte" bis „hohe" Belastung festzustellen war, ist von 1989–1991 ein eindeutiger Trend zu Werten deutlich < 6 mg/l festzustellen.

Donau: Für den Oberlauf liegt nur ein Wert für den Median* für 1990 mit 1,4 mg/l vor. Die Maximalwerte an dieser Station lagen zwischen 3,2 und 9,9 mg/l. Dies sind höhere Konzentrationen als z.B. im Rhein bei Mannheim. An der zweiten Station (BW 14) sind höhere Belastungen (Median: 1,9–6,6 mg/l) festzustellen. In Ulm ist die Belastung mit Medianwerten* von 1,4–3,8 mg/l wieder geringer. Nur an der Station Ulm liegt eine Datenreihe für den Zeitraum von 1983–1991

Abb. 5-7: Beschaffenheit der Fließgewässer in Baden-Württemberg - LAWA-Meßstellennetz.
Biochemischer Sauerstoffbedarf (BSB$_5$) in mg/l: Hauptwerte 1982 bis 1991
Quelle: verändert nach [LAWA 1993]

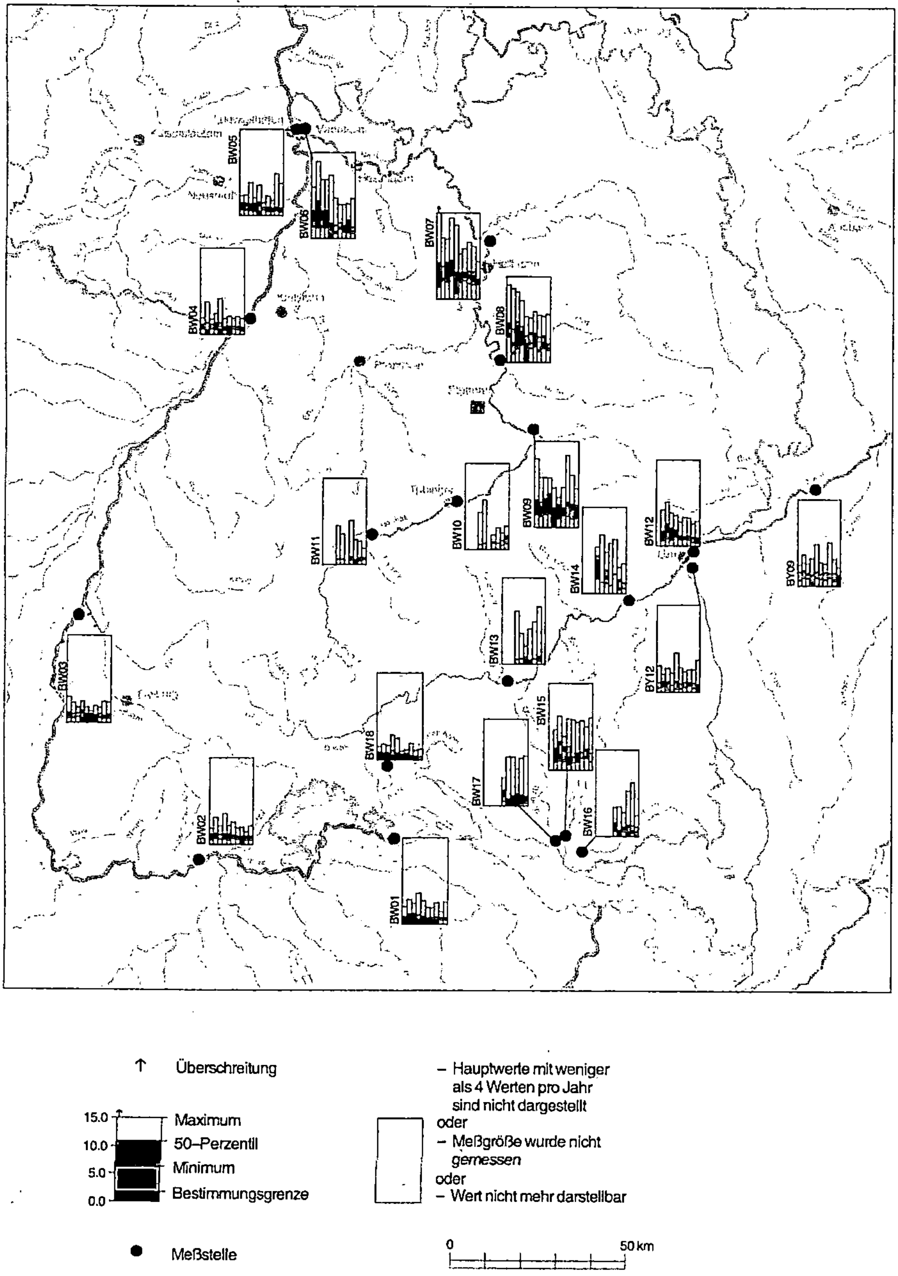

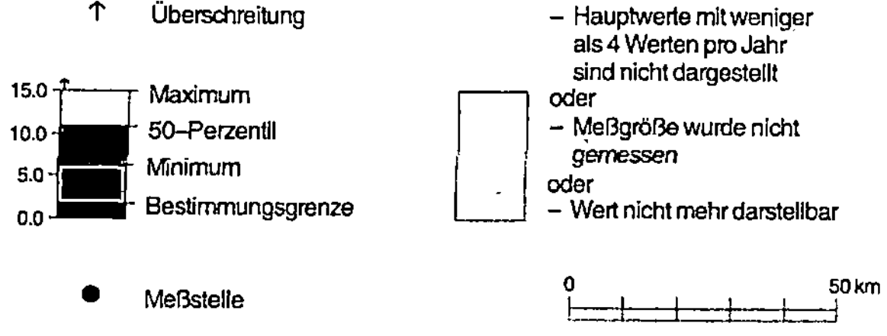

vor. Sie zeigt eine klar rückläufige Tendenz der Belastung durch leicht abbaubare Stoffe [LAWA 1993].

5.1.2.4 Chemischer Sauerstoffbedarf (CSB) bzw. gelöster organischer Kohlenstoff (DOC)

Die Darstellung des Chemischen Sauerstoffbedarfs* wurde aus der Kartierung der Länderarbeitsgemeinschaft Wasser *„wegen der geringen Aussagekraft für die Ökologie der Fließgewässer herausgenommen"* [LAWA 1993]. Sowohl im Hinblick auf den Export schwer abbaubarer Substanzen in Nordsee und Schwarzes Meer als auch aufgrund der teilweise problematischen Stoffe, die sich hinter diesem Summenparameter verbergen können (siehe Kapitel 4.2.3), wäre eine Kartierung dieses Summenparameters unserer Ansicht nach angezeigt.

Am Beispiel des Parameters DOC* (dissolved organic carbon) kann die Belastung durch die Summe der gelösten organischen Komponenten unabhängig von ihrer Abbaufähigkeit aufgezeigt werden. Für den DOC liegen uns nur Angaben zu Rhein, Neckar und Donau vor. In den 70er Jahren halbierten sich die DOC-Gehalte im Rhein von ca. 6 mg/l auf Werte < 3 mg/l, im Neckar von ca. 7,5 mg/l auf Werte um 3–3,5 mg/l. Im letzten Jahrzehnt blieb die Belastung in beiden Flüssen konstant, während sie in der Donau von 1981–1993 von 4 mg/l auf ca. 2,5 mg/l sank. Die aktuell in Rhein und Donau ermittelten Werte gelten als mäßig, im Neckar als deutlich erhöht (Abb. 5-8) [UM UND LFU 1995].

Da ein Teil der Substanzen, die den DOC ausmachen, in den Flüssen nicht abgebaut werden, steigt die DOC-Fracht im Verlauf der Fließstrecke an. Im Rhein steigt auch die DOC-Konzentration mit der Fließstrecke an. Da gleichzeitig auch die abfließende Wassermenge steigt, deutet ein Konzentrationsanstieg auf überproportionale Einleitungen hin. Aus Abb. 5-9 ist weiterhin ersichtlich, daß die Belastung des Rheins durch gelöste Kohlenstoffverbindungen entlang seiner Fließstrecke nicht kontinuierlich, sondern in zwei Zonen diskontinuierlich erfolgt. Der erste Konzentrationssprung erfolgt im Streckenabschnitt zwischen Öhningen und Village-Neuf. An diesem Streckenabschnitt befindet sich die chemische Industrie Baden-Württembergs und der Schweiz sowie die Großstadt Basel. Der zweite sprunghafte Anstieg findet im Streckenabschnitt zwischen Karlsruhe und Mainz statt. Hier befindet sich der Großraum Mannheim-Ludwigshafen mit Chemischer und Papierindustrie sowie die Mündung des Neckars. Es ist somit zu vermuten, daß sich im Rhein hinter dem Summenparameter DOC relevante Mengen synthetischer Kohlenstoffverbindungen verbergen. Der Sauerstoffhaushalt des Rheins wird zwar nicht wesentlich beeiträchtigt, da einige Substanzen gar nicht oder nur eingeschränkt abgebaut werden, die Substanzen wirken aber auf die Gewässerorganismen im Fluß bzw. in der Nordsee entsprechend ihrem ökotoxikologischen Potential ein. Soweit aus Uferfiltrat des Rheins Trinkwasser gewonnen wird und die jeweiligen Substanzklassen bei der Untergrundpassage nicht sicher zurückgehalten bzw. abgebaut werden, kommt ihnen unmittelbare trinkwasserrelevante Bedeutung zu.

Abb. 5-8: Entwicklung der DOC-
Konzentrationen in Rhein, Neckar
und Donau
Quelle: [UM UND LFU 1995]

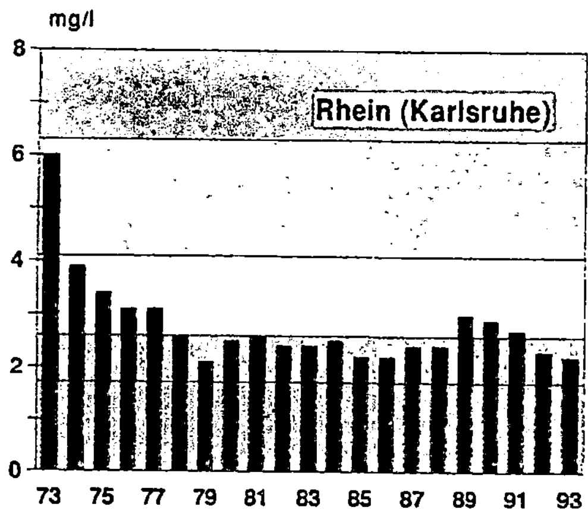

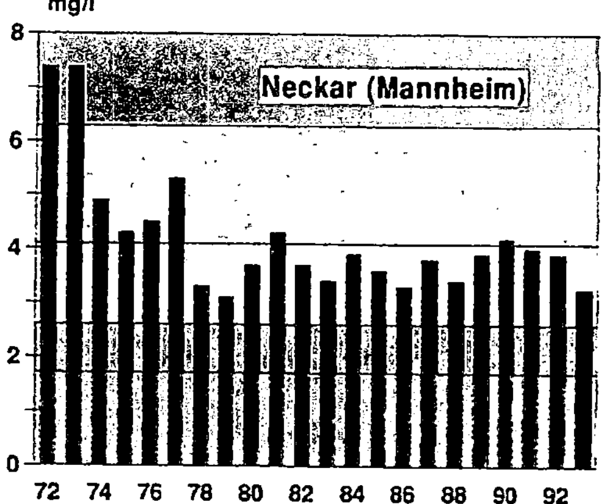

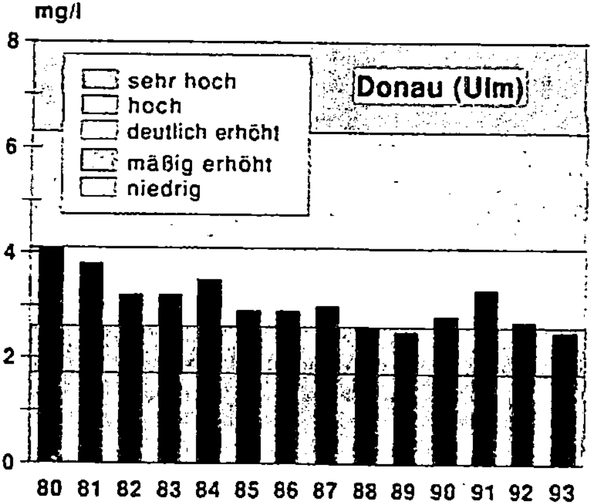

Abb. 5-9: Kumulative Häufigkeiten der Konzentrationen des Rheins mit der Fließstrecke für das Jahr 1990
Quelle: [HUBER ET AL. 1993]

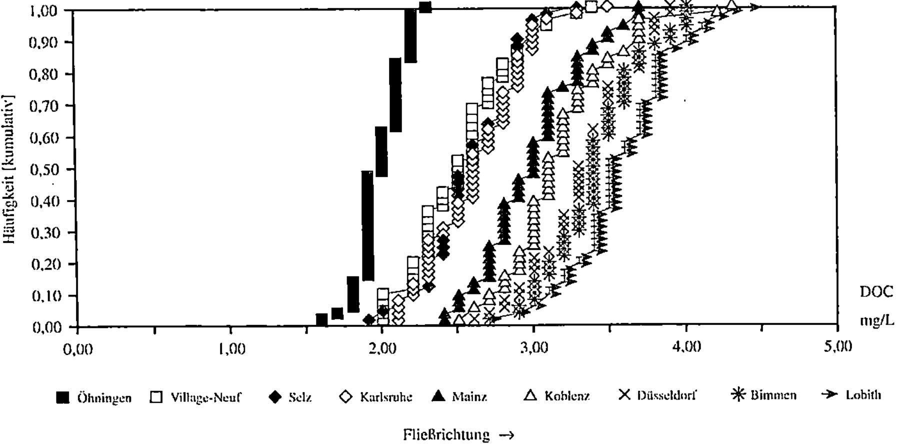

5.1.2.5 Adsorbierbare Organische Halogene (AOX)

Die Gewässerbelastung durch organische Halogene, meist Chlor-Verbindungen, ist überwiegend gewerblichen Ursprungs. Wichtige punktuelle Belastungen gingen in der Vergangenheit von der „Papierindustrie*" und der Chemischen Industrie aus. Kommunale Abwässer können durch Lösemittelreste von gewerblichen Indirekteinleitern belastet sein. Als summarische Kenngröße (Summenparameter*) für die unterschiedlich persistenten und toxischen Substanzen dient der AOX-Wert, das ist die Summe der an Aktivkohle adsorbierbaren organischen Halogene. Die Dimension des Meßwertes ist bezogen auf das bei der Analyse gebildete Chlorid (Cl⁻) [HUBER ET AL. 1993].

Die AOX-Gehalte im **Rhein** verdreifachen sich vom Auslauf des Bodensees (Meßstelle Öhningen: < 5 µg/l Cl⁻) bis nach Mannheim auf 14 µg/l Cl⁻. Bis zum Ende der 80er Jahre lag die entsprechende Konzentrationsangabe noch bei ca. 40 µg/l Cl⁻. Die Verbesserung geht auf Sanierungsmaßnahmen und Produktionsumstellungen (Verzicht auf die Chlorbleiche) bei der Chemischen Industrie und der „Papierindustrie*" zurück. Die derzeitigen Konzentrationen werden als „mäßig erhöht" bewertet [UM UND LFU 1995].

Die AOX-Last des **Neckars** rührt vor allem von gewerblichen Indirekteinleitern her. Sie zeigt im Streckenverlauf wenig Veränderung (Maximum unterhalb Heilbronn) und läßt auch im zeitlichen Verlauf von 1984 bis 1993 keinen eindeutigen Trend erkennen. Mit Konzentrationen um 10 µg/l Cl⁻ ist sie – wie im Falle des Rheins – als „mäßig erhöht" einzuschätzen.

Durch Sanierungsmaßnahmen bei der „Papierindustrie*" an **Donau** und **Schussen** sank der AOX-Gehalt von Konzentrationen um 40 µg/l Cl⁻ auf Werte von 5–10 µg/l [UM UND LFU 1995].

5.2 Ergänzende Aussagen durch Einzelparameter

Die Beschreibung der Gewässergüte anhand der in Kapitel 5.1 beschriebenen Summenparameter hat den unübersehbaren Vorteil, mit einer überschaubaren Datenmenge eine Grundinformation über die Gewässerqualität zu erhalten. Die Analyse verschiedener Einzelparameter kann hierzu ergänzende Informationen zu Ursache/Wirkungsbeziehungen und zur Herkunft der jeweiligen Belastung liefern. Nachfolgend beschreiben wir die Gewässergüte in Baden-Württemberg anhand ausgesuchter Parameter und ordnen ihre Herkunft – soweit möglich – den einzelnen Sektoren zu.

Hierbei beschränken wir uns auf diejenigen Parameter, zu denen wir im landesweiten Rahmen Aussagen treffen können. Wie wir in Kapitel 4 bereits ausgeführt haben, kommen in unseren Gewässern mehrere 10.000 bis 100.000 Stoffe in geringen Konzentrationen vor. Einigen davon kommt mit Sicherheit human- oder ökotoxikologische Bedeutung zu. Zu nennen sind in diesem Zusammenhang beispielsweise Benzol, Toluol, Ethylbenzol, Xylol, halogenierte Biphenyle, halogenierte Dibenzodioxine und Dibenzofurane sowie Polycyclische Aromaten. Da uns zum Vorkommen dieser Substanzen in baden-württembergischen Gewässern jeweils nur punktuelle Informationen vorliegen, ist uns eine landesweite Zustandsbeschreibung hinsichtlich dieser Substanzen nicht möglich.

5.2.1 Stickstoff aus Landwirtschaft und atmogener Deposition

Die Stickstoffproblematik in Gewässern beruht nach Ansicht von Steuernagel [1992] auf dem seit den 50er Jahren stark gestiegenen Einsatz von Stickstoff (N) in der Landwirtschaft. Demnach ist er sowohl flächenspezifisch als auch in Bezug auf die Menge produzierter Biomasse deutlich angestiegen. Im Wirtschaftsjahr 1992/1993 wurden in den alten Bundesländern durchschnittlich 108,2 kg/ha N als Mineraldünger* ausgebracht [LANDTAG 11/4472]. Hinzu kommt der N-Eintrag über Wirtschaftsdünger* (Jauche, Festmist, Gülle), der für das Jahr 1991 auf 83 kg N/ha landwirtschaftlicher Fläche berechnet wurde [WENDLAND ET AL. 1993]. Nach Aussagen unterschiedlicher Autoren [BACH 1987, BACH ET AL. 1992, ISERMANN 1992, alle zit. in WENDLAND ET AL. 1993] resultieren hieraus derzeit Überschüsse in der Stickstoffbilanz von durchschnittlich 100 kg/ha landwirtschaftlicher Nutzfläche [WENDLAND ET AL. 1993].

Die Problematik durch gezielt eingesetzten Düngestickstoff auf <u>landwirtschaftlichen</u> Nutzflächen ist im Bewußtsein der Allgemeinheit präsent. Weniger ins öffentliche Bewußtsein getreten ist die ökologische Problematik, die aus <u>atmogenen Stickstoffeinträgen</u> abseits der Betriebsflächen resultiert. Dieser zusätzliche Input stammt aus zwei Quellen: Aus der Verbrennung (NO_x*) und aus der Landwirtschaft (NH_3*). In Deutschland wurden 1991 ca. 960.000 Tonnen NO_x-Stickstoff und ca. 633.000 Tonnen NH_3-Stickstoff (davon 96 % aus der Landwirtschaft) emittiert [ISERMANN 1994, UBA 1994]. Der größte Teil des von der Landwirtschaft freigesetzten Stickstoffs stammt von Veredelungsbetrieben, da die geringe N-Effizienz der Tierproduktion zu hohen N-Ausscheidungen führt. Aufgrund ihres Verhaltens in der Atmosphäre werden diese Stickstoffverbindungen über weite Strecken transportiert und danach deponiert. Die Deposition kann einerseits über Regen, Tau- oder Nebel (nasse Deposition: NO_x als NO_3^-; NH_3 als NH_4^+) erfolgen. Die stickstoffhaltigen Verbindungen können aber auch direkt als Gas oder als Partikel an Boden- oder Pflanzenoberflächen abgeschieden werden (trockene Deposition). Da Niederschlagsanalysen die gasförmige Deposition nicht erfassen, geben sie den tatsächlichen Eintrag nur unvollständig wieder.

Den atmogenen Stickstoffeinträgen kommt vor allem auf Waldflächen entscheidende Bedeutung zu. Dies beruht zum einen darauf, daß aufgrund des Auskämmeffektes vor allem unter Nadelwäldern eine erheblich höhere Stickstoffdeposition als im Freiland zu verzeichnen ist (Laubwald: mittlerer Faktor 1,2; Nadelwald: mittlerer Faktor 2,1 bezogen auf Freiflächen [KÖBLE ET AL. 1993]), zum anderen, weil unsere Waldökosysteme auf Stickstoff als Mangelfaktor und nicht auf Stickstoff als Überschußelement eingerichtet sind. Sich selbst überlassene Bannwälder

Abb. 5-10: Stickstoffdeposition in Waldgebieten Baden-Württembergs (Kronendurchlaß), ermittelt in ständig offenen Sammelgefäßen (bulk-sampler). Mittelwerte für den Zeitraum von 1982 bis 1992. Angaben in kg/(ha*a)
Quelle: [LEHN ET AL. 1995]

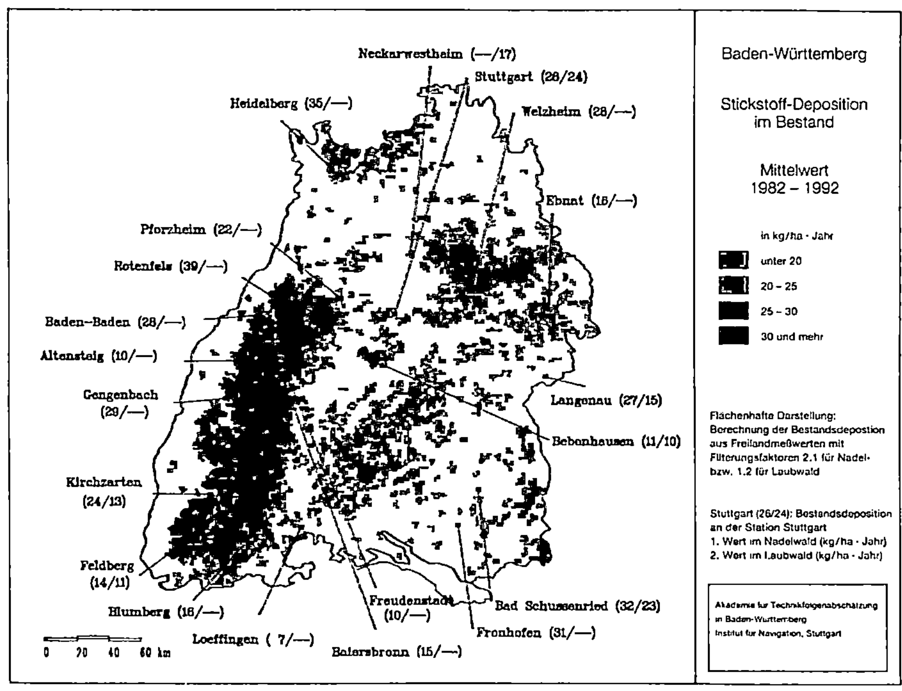

bauen pro Jahr ca. 2–5 kg Stickstoff in Biomasse ein, bewirtschaftete Wälder mit Holzeinschlag 4–10 kg [GUNDERSEN UND RASMUSSEN 1988]. Demgegenüber betragen die Stickstoffeinträge in die Wälder Mitteleuropas oftmals 20 bis 40 kg/ha·a, in Gebieten mit intensiver Viehhaltung sind Depositionsraten von 100 kg N/ha·a und mehr keine Seltenheit [FLAIG UND MOHR 1992]. Abbildung 5-10 zeigt die Depositionsraten in Waldgebieten Baden-Württembergs.

Im Übermaß deponierter Stickstoff wird entweder zu Nitrat nitrifiziert* und gelangt mit dem Sickerwasser ins Grundwasser oder er wird im Anschluß an die Nitrifikation* zu gasförmigem N_2O oder N_2 denitrifiziert* und gelangt so wieder in die Atmosphäre. Die Schwelle (Critical Load), ab der erhöhte Nitratkonzentrationen im Sickerwasser unter Wald auftreten können, liegt bei einer Deposition von ca. 10 kg N/ha·a (Abb. 5-11) [DISE UND WRIGHT 1995].

5.2.1.1 Grundwasser

Im Grundwasser stellt Stickstoff in Form von Nitrat das Hauptproblem dar. Ammonium wird als Kation* besser an Tonminerale gebunden und ist dadurch weitaus weniger auswaschungsgefährdet. Nitrat gelangt über das Sickerwasser aus der ungesättigten Zone* in das Grundwasser. Es kann nur dann aus dem Wurzelraum ausgewaschen werden, wenn die Niederschlagsmenge die Evapotranspiration* übersteigt, es somit zu einer Versickerung unter die durchwurzelte Bodenzone

Abb. 5-11: Stickstoffaustrag als Funktion der Stickstoffdeposition
Quelle: [DISE UND WRIGHT 1995]

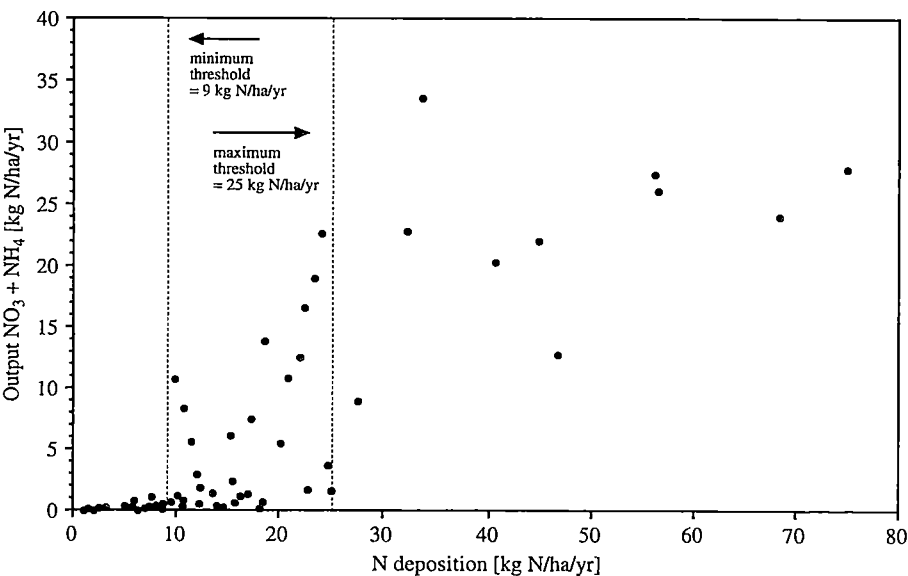

kommt. Dies geschieht in der Regel in nennenswertem Ausmaß nur außerhalb der Vegetationsperiode und ist damit eng an die Grundwasserneubildung geknüpft.

Rohmann und Sontheimer [1985] machen pauschal den gesamten Bereich Landwirtschaft als Verursacher für den überwiegenden Teil der Grundwasserbelastung mit <u>Nitrat</u> verantwortlich und gehen von einer überschüssigen Nitratstickstoffmenge in landwirtschaftlich genutzten Böden der alten Bundesländer zwischen 0,6 und 1,55 Mio. t N, d.h. einer durchschnittlichen Belastung des Grundwassers mit ca. 90 kg N/ha landwirtschaftlicher Fläche aus (incl. 18 kg N/ha aus atmogenen Depositionen). Demgegenüber messen sie anderen Belastungsquellen wie (gezielter) Abwasserversickerung, Sickerwasser aus Abfalldeponien sowie Versickerung von (nitrathaltigen) Oberflächenwässern nur eine untergeordnete und in der Regel lokal begrenzte Rolle zu [ROHMANN UND SONTHEIMER 1985]. Wendland et al. [1993] gehen von durchschnittlich 50 kg N pro ha landwirtschaftlicher Nutzfläche aus, die in das Grundwasser eingetragen werden (incl. 30 kg N/ha atmogener Depositionen). Auch nach den Angaben von Dohmann kommt der Landwirtschaft neben den atmogenen Einträgen eine zentrale Rolle bei der Grundwasserbelastung durch Nitrat zu (Abb. 5-12) [DOHMANN 1995].

Überhöhte Stickstoffeinträge aus der Atmosphäre können jedoch ebenfalls zu steigenden Stickstoffgehalten im Grundwasser unter Wäldern führen (s.o.). Ammoniak-Stickstoff wirkt im Boden zusätzlich versauernd, weil sowohl bei der Nitrifikation* als auch bei der NH_4^+-Aufnahme in die Pflanzen Protonen* frei wer

Abb. 5-12: In Böden eingetragene Stickstofffrachten aus verschiedenen Quellen in den alten Bundesländern
Quelle: [DOHMANN 1995]

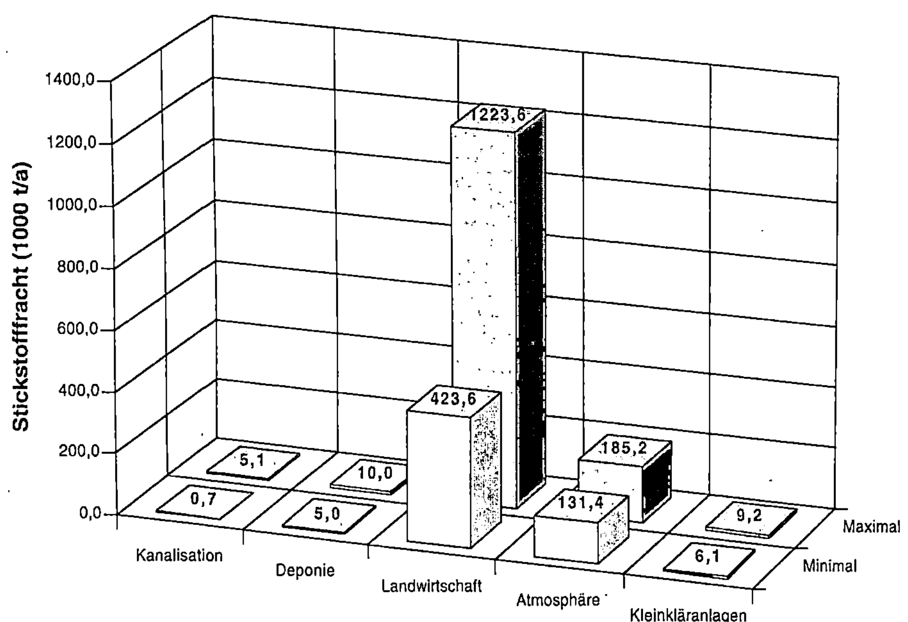

den (siehe Kapitel 5.2.4). Die erhöhten Stickstoffeinträge in Waldökosystemen sind bereits im Sicker- und Quellwasser nachzuweisen. Im Sickerwasser von Fichten- und Buchenbeständen sind Nitratkonzentrationen von 60 bis 100 mg/l keine Seltenheit. Als Spitzenwerte wurden in Baden-Württemberg 163 und 177 mg/l ge-

Abb. 5-13: Nitratgehalt des Quellwassers der Meßstellen des Grundwasserbeschaffenheitsmeßnetzes der LfU (Spezielle Auswertung der LfU für die Akademie für Technikfolgenabschätzung in Baden-Württemberg)

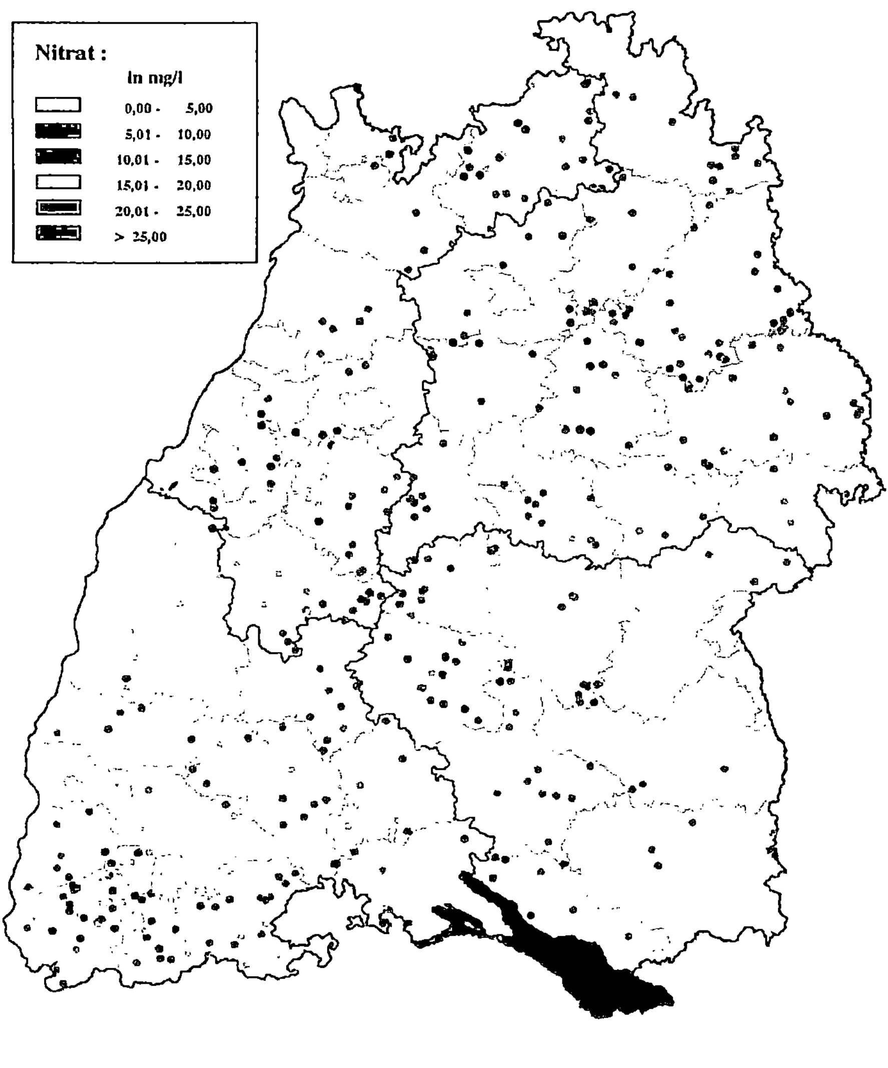

messen [BÜCKING 1993]. Wie eine spezielle Auswertung der Angaben des Quell-
meßnetzes der Landesanstalt für Umweltschutz zeigt, sind auch in vielen Quell-
wässern des Schwarz- und Odenwaldes erhöhte Nitratgehalte (> 5 mg/l) – bezogen
auf den natürlichen Zustand – bereits festzustellen (Abb. 5-13). Die in Abb. 5-14
dargestellte Entwicklung der Nitratgehalte dreier Quellen im südlichen Odenwald
bei Heidelberg zeigt seit den 50er Jahren dieses Jahrhunderts einen kontinuierlichen
Anstieg und mittlerweile eine Vervielfachung des ursprünglichen Niveaus von ca.
5 mg NO_3^-/l. Diese Entwicklung der letzten 40 Jahre zeigt, daß es sich bei den
heute festzustellenden Nitratkonzentrationen <u>unter Wäldern</u> um anthropogene*
Effekte handeln muß. Bei anhaltendem Trend ist zu befürchten, daß die Quellwässer
in bewaldeten Einzugsgebieten, die ehemals als Garanten einer guten Trinkwasserqualität galten, wegen Qualitätsbeeinträchtigungen für die Trinkwasserversorgung
ausfallen könnten.

Um die „natürliche Hintergrundkonzentration" an Nitrat (und anderen Inhalts-
stoffen) zu ermitteln, wurden von der Landesanstalt für Umweltschutz Basismeß-
stellen in meist vollständig bewaldeten Einzugsgebieten herangezogen, die anthropogen möglichst unbeeinflußt sein sollen. Der Medianwert* dieses Teilmeßnetzes
lag 1994 für Nitrat bei 6,6 mg/l, das 90. Perzentil bei 18 mg/l [LfU 1995]. Hierbei
wird jedoch die derzeit übliche Hintergrundbelastung z.B. aufgrund der oben be-

Abb. 5-14: Entwicklung der Nitratkonzentration in Quellen dreier Waldgebiete des Odenwaldes bei
Heidelberg. Ausgehend von Konzentrationen um 5 mg/l in den fünfziger Jahren sind inzwischen 20 mg/l
und mehr erreicht
Datenquelle: [STADTWERKE HEIDELBERG AG]

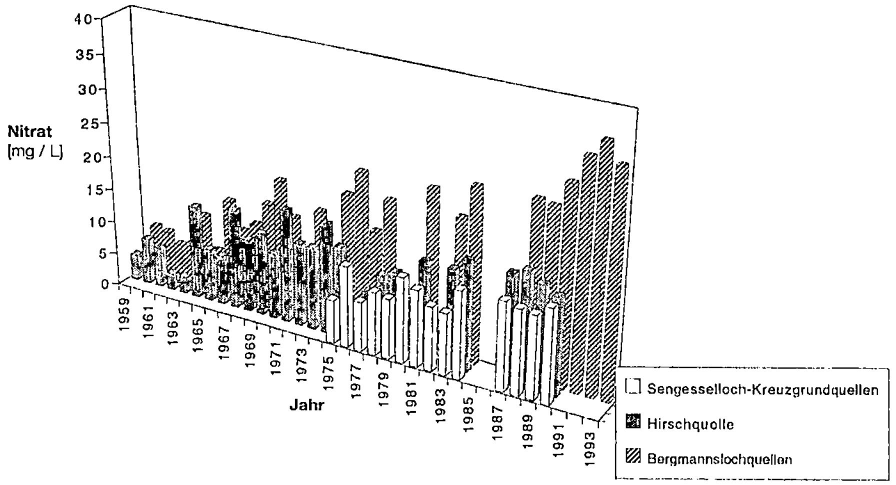

schriebenen atmogenen N-Depositionen miterfaßt, die in erheblichem Maße auf anthropogene Einflüsse (Landwirtschaft und Verkehr [LEHN ET AL. 1995]) zurückzuführen sind. Dies dürfte vor allem für die im oberflächennahen Grundwasser des Buntsandsteines und Kristallins auftretenden Stickstoffgehalte zutreffen [LfU 1994b].

Über das Ausmaß der Nitrat-Belastung des Grundwassers durch Versickerung von Abwasser aus undichten Abwasserkanälen liegen nur wenige Erkenntnisse vor. Eine grobe Abschätzung gibt Dohmann mit einer Gesamtstickstofffracht zwischen 700 t/a und 5000 t/a für das Gebiet der alten Bundesländer [DOHMANN 1995]. Diese zusätzlichen N-Belastungen sind landesweit im Vergleich zur atmogenen Deposition (50.000 bis 60.000 t N allein in Baden-Württemberg [LEHN ET AL. 1995]) und der Auswaschung aus landwirtschaftlichen Flächen vernachlässigbar gering. Dies wird durch die Überlegungen von Bau bestätigt [BAU 1991].

Das Grundwasser des Landes Baden-Württemberg wurde 1994 an 2753 Meßstellen auf Nitrat untersucht. Schwerpunkte der Belastung liegen im Main-Tauber-Kreis, im Rhein-Neckar-Kreis, im Neckarraum zwischen Stuttgart und Heilbronn, im Ostalbkreis, in der Oberrheinebene, im Markgräfler Land, am Kaiserstuhl sowie in den Landkreisen Biberach und Sigmaringen [LfU 1995]. Die Belastungen sind einerseits vor allem in Gebieten mit hohem Anteil an Sonderkulturen (Spargel, Wein, etc.), andererseits in Gebieten mit großen Tierbeständen bzw. hoher Anzahl an Veredelungsbetrieben mit entsprechend hohen N-Bilanz-Überschüssen anzutreffen. Sonderkulturen spielen in der südlichen Oberrheinebene, im Markgräfler Land, am Kaiserstuhl, im Rhein-Neckar-Kreis und im Kreis Karlsruhe (Spargel) sowie zwischen Stuttgart und Heilbronn (Wein) eine wichtige Rolle [STATISTISCHES LANDESAMT 1986]. Der relativ hohe Viehbesatz im landwirtschaftlichen Vergleichsgebiet „Oberland" (das die Landkreise Biberach und Sigmaringen beinhaltet) von ca. 2 Großvieheinheiten pro ha (119 % des Durchschnittswertes) sowie der relativ hohe N-Überschuß (berechnet als „Hoftorbilanz*") von 115 kg N/ha landwirtschaftlicher Nutzfläche (121% des Durchschnittswertes) [DOLUSCHITZ ET AL. 1992] lassen einen Zusammenhang zwischen Viehbesatz bzw. N-Überschuß und Nitratbelastung des Grundwassers vermuten.

Die verschiedenen Teilmeßnetze des Grundwasserbeschaffenheitsmeßnetzes spiegeln zusätzliche sektoral spezifische Verschmutzungen wieder.

Über alle Meßstellenarten betrachtet, lagen 80 % der Nitratwerte im Jahr 1994 zwischen 2,5 und 55 mg/l, der Mittelwert (Median*) liegt bei 21 mg/l. Beim Rohwasser für die öffentliche Wasserversorgung betrug die entsprechende Spannbreite 3,1 bis 42 mg/l, der Median lag bei 18 mg/l. An 13 % dieser Meßstellen wurde der Warnwert der LfU von 40 mg/l, in 5,4 % der Grenzwert von 50 mg/l überschritten [LfU 1995].

Die höchsten Nitrat-Belastungen finden sich im Bereich der Emittentenmeßstellen Landwirtschaft. Hier lagen 1994 80 % der Werte zwischen 5 und 81 mg/l. Der Median war mit 34 mg/l gegenüber der Gesamtheit der Meßstellen um nahezu 50 % erhöht. Warnwertüberschreitungen waren an 41 % der Meßstellen, Grenzwertüberschreitungen in 28 % festzustellen.

Der Trend der Nitratkonzentrationen im Grundwasser deutet immer noch leicht nach oben. Die statistische Auswertung von 493 Meßstellen (= 18 % des Gesamtmeßnetzes) ergab für 313 Meßstellen einen signifikanten Anstieg der Nitratkonzentrationen, an 180 Stellen eine Abnahme. Eine weitere Auswertung von 515 Meßstellen für den Zeitraum von 1991–1994 ergab einen Ansteig des Medianwertes* um 3 mg/l, das bedeutet von jährlich 0,75 mg/l [LFU 1995]. Allerdings deuten die mittleren Nitratgehalte der Böden in Wasserschutzgebieten auf eine Trendwende hin. In den Jahren 1992 und 1993 wurden hier im Mittel Werte von 29 bzw. 28 kg N/ha gemessen (berechnet nach den Bestimmungen der SchALVO* vom 1.1.1992) [STAATSANZEIGER vom 14.12.1994], im Jahr 1994 nur noch 22 kg N/ha und 1995 24 kg N/ha. Diese *„Stabilisierung auf sehr niedrigem Niveau"* [PRESSEMITTEILUNG 49/ 96 DES LANDWIRTSCHAFTSMINISTERIUMS] läßt langfristig – zumindest in Wasserschutzgebieten – auf eine Reduzierung der Nitratauswaschung hoffen.

Die Nitratsituation im Grundwasser zeigt entsprechende Auswirkungen auf die öffentliche Wasserversorgung: Von den 550 in Baden-Württemberg zwischen 1980 und 1992 geschlossenen Trinkwassergewinnungsanlagen mußten über 370 aus Gründen der Wasserqualität stillgelegt werden. Überschreitungen des Nitratgrenzwertes waren mit 110 Fällen die häufigste qualitätsbedingte Einzelursache . Die Anzahl der Schließungen, bei denen Nitrat nur einer von mehreren Parametern war, ist aus den Angaben des Statistischen Landesamtes nicht ersichtlich [BÜRINGER UND JÄGER 1995]. Im Zeitraum von 1991 bis 1993 wurden 13 Anlagen stillgelegt, die 1991 den Grenzwert von 50 mg/l NO_3^- überschritten hatten. Es waren 1993 noch 111 Anlagen mit Nitratgehalten über 50 mg/l in Betrieb. Da die wegen erhöhter Nitratgehalte außer Betrieb genommenen Wassergewinnungsanlagen nicht in die Statistik eingehen, können aus der Entwicklung der Anzahl von Gewinnungsanlagen mit Grenzwertüberschreitungen keine Rückschlüsse über Trends im Grundwasser gezogen werden. Qualitative Beeinträchtigungen im gewonnenen Rohwasser werden häufig durch Zumischung von nitratärmerem Wasser gedämpft [STATISTISCHES LANDESAMT 1995d]. Hinsichtlich der regionalen Belastungsschwerpunkte stimmen die Ergebnisse des Grundwasserbeschaffenheitsmeßnetzes der LfU von 1994 mit denen des Statistischen Landesamts von 1993 überein, sofern nicht durch den Bezug aus überörtlichen Fern- oder Gruppenwasserversorgungen die lokalen Verhältnisse in den Hintergrund treten [LFU 1995].

Im folgenden wird die negative Entwicklung der letzten Jahre bei Nitrat an zwei Beispielen nochmals verdeutlicht:
• In dem vom Zweckverband Landeswasserversorgung genutzten Grundwasservorkommen im (gesamten) Donauried lag der Jahresmittelwert für Nitrat im Jahr 1930 noch bei ca. 10 mg/l. Im Jahr 1994 wurde ein Jahresmittelwert für das westliche Donauried von über 40 mg/l erreicht, im östlichen Teil lag er bei über 30 mg/l (Abb. 5-15). Wegen der auf ca. 10 Jahre geschätzten Verweilzeiten im Untergrund ist eine Trendwende noch nicht erreicht. Eine Prognoserechnung des Zweckverbandes Landeswasserversorgung schätzt, daß die maximale Nitratkonzentration in ca. 8–10 Jahren erreicht sein wird. Dann werden unter ungünstigen Bedingungen (Naßjahr) im westlichen Donauried Nitratkonzentrationen von ca. 65 mg/l, im östlichen um 50 mg/l erwartet. Die Unterschiede zwischen

Abb. 5-15: Entwicklung der Nitratkonzentrationen im westlichen und östlichen Donauried
Quelle: verändert nach [HAAKH 1994]

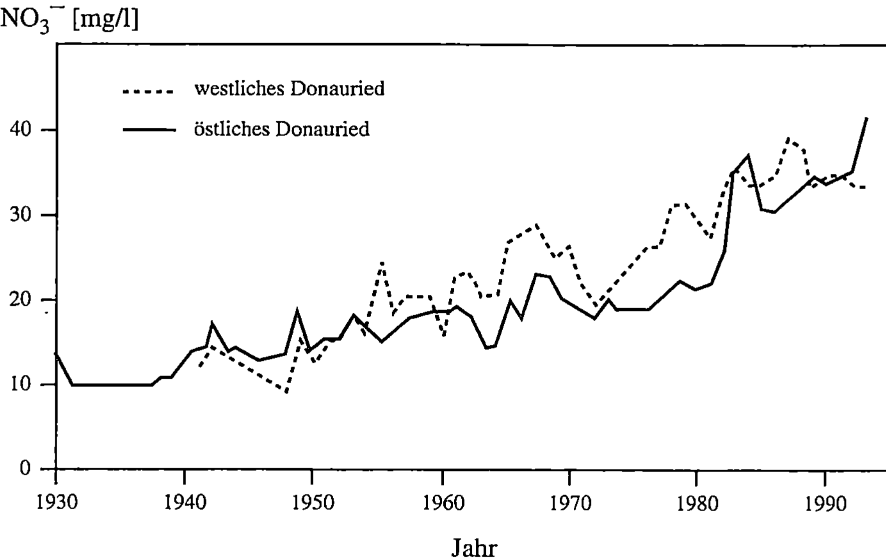

westlichem und östlichem Donauried liegen in den unterschiedlich starken Einflüssen aus der lokalen Grundwasserneubildung, die sich dem durchschnittlich mit 33 mg/l Nitrat belasteten Karstgrundwasser überlagert. Die anmoorigen Böden im westlichen Teil des Donaurieds sind stark stickstoffhaltig und tragen stärker zum N-Eintrag bei als die Böden im östlichen Teil [HAAKH 1994].

- Das vom Zweckverband Wasserversorgung Grünbachgruppe (im Main-Tauber-Kreis) geförderte Wasser enthielt im Jahr 1965 noch 25 mg/l Nitrat. Heute betragen die entsprechenden Werte 55 bis 75 mg/l NO$_3^-$ [LANDTAG 11/5544].

Landwirtschaft muß nicht zwangsläufig zu ungenießbarem Grundwasser führen. Im Projekt „Grundwasser schonender Maisanbau" wurde im Raum Freiburg gezeigt, daß sich durch die Kombination von optimierter Düngung und Begrünungsmaßnahmen durch Untersaaten die Auswaschung von Nitrat soweit reduzieren ließ, daß bei weiterhin guten Erträgen der Nitratgrenzwert der Trinkwasserverordnung nicht überschritten werden muß [ROGG 1993]. Auch im Falle von Sonderkulturen (Beispiel: Spargelanbau im Raum Bruchsal) konnte durch Optimierung der Düngung eine deutliche Reduktion der Nitratbelastung in oberflächennahen Grundwasserleitern erzielt werden. Ob auch hier der Grenzwert der Trinkwasserverordnung eingehalten werden kann, ist noch nicht abschließend geklärt [ROHMANN ET AL. 1993].

5.2.1.2 Oberflächenwasser

Der Stickstoffeintrag in die Oberflächengewässer der alten Bundesländer wird für die zweite Hälfte der 80er Jahre mit 770.000 t angegeben. Davon stammen 46 % aus der Landwirtschaft, 30 % aus kommunalen Kläranlagen (inklusive gewerbliche Indirekteinleiter), 10 % von industriellen Direkteinleitern, sowie 2–3 % aus nichtkanalisierten Abwässern bzw. der Regenwasserbehandlung. Der Anteil der natürlichen Grundfracht beträgt 6,5 % entsprechend 50.000 t/a [LAWA 1993], 440.000 t (57 %) erfolgen als diffuse Einträge. Dabei spielt die Exfiltration* von Grundwasser bzw. der Interflow* die dominierende Rolle. Der Einfluß des Dränwassers folgt mit großem Abstand [WERNER UND OLFS 1990]. In den neuen Bundesländern betrug der N-Eintrag in die Oberflächengewässer 262.000 t [ISERMANN 1994, pers. Mitt.].

Ammonium-Stickstoff stellt eine besondere Belastung für die Oberflächengewässer aus zwei Gründen dar: Bei höherer Temperatur erfolgt die Oxidation von Ammonium zu Nitrat unter Sauerstoffverbrauch (Nitrifikation*). Da die Löslichkeit von Sauerstoff mit steigender Temperatur abnimmt, stellt die Nitrifikation ein jahreszeitlich spezifisches Risiko für den Sauerstoffgehalt dar. Eine zweite Gefahr resultiert bei alkalischen pH-Werten in der Umsetzung von Ammonium zu fischgiftigem Ammoniak. Unbelastete Oberflächengewässer zeigen Ammonium-N-Konzentrationen von < 0,1 mg/l. Für den Rhein ist eine Zielvorgabe von 0,2 mg/l NH_4^+-N (90. Perzentil) festgelegt. NH_4^+-N-Konzentrationen > 2 mg/l gelten demgegenüber als erhöht, > 4 mg/l als hoch und > 8mg/l als sehr hoch [LAWA 1993]. Die in den großen Flüssen Baden-Württembergs zwischen 1982 und 1991 ermittelten Ammonium-N-Gehalte sind in Abb. 5-16 dargestellt.

Unbelastete Fließgewässer enthalten Nitrat-Stickstoff in Konzentrationen um 1 mg/l. Konzentrationen > 5 mg/l gelten als erhöht, > 10 mg/l als hoch, > 20 mg/l als sehr hoch [LAWA 1993]. In der EG-Richtlinie zur Qualitätsanforderung an Oberflächengewässer zur Trinkwassergewinnung werden 25 mg NO_3^-/l (d.i. 5,7 mg NO_3^--N/l) als Richtwert bzw. 50 mg NO_3^-/l (d.i. 11,4 mg NO_3^--N/l) als zwingender Wert genannt. Die in Baden-Württemberg erhaltenen Ergebnisse für Nitrat-N zeigt Abb. 5-17.

Rhein: Die Medianwerte für Ammonium-N liegen im gesamten baden-württembergischen Rheinabschnitt im Bereich der Nachweisgrenze von 0,1 mg NH_4^+-N/l. Die Maxima erreichten Mitte der 80er Jahre auf der Strecke von Straßburg bis Mannheim Werte von 0,5 mg NH_4^+-N/l. In den drei Trockenjahren 1989–1991 betrugen die Maxima 0,2–0,3 mg NH_4^+-N/l. Angaben zum 90. Perzentil werden nicht gegeben. Median- und Maximalwerte deuten darauf hin, daß die Zielvorgabe von 0,2 mg NH_4^+-N/l bereits erreicht sein könnte.

Die Nitrat-N-Werte steigen von noch naturnahen Werten am Auslauf des Bodensees (0,7–0,9 mg/l) bis Mannheim auf das Dreifache (1,7–2,3 mg/l). Eine zeitliche Tendenz ist im Zeitraum von 1982 bis 1991 bei den Medianwerten nicht zu erkennen. An manchen Stationen zeigen die Maximalwerte einen Abwärtstrend (z.B. für Nitrat am Auslauf des Bodensees) [LAWA 1993]. An der Station Karlsruhe stellt die LfU bis zum Jahr 1978 einen Anstieg von ehemals Werten um 1 mg

Abb. 5-16: Beschaffenheit der Fließgewässer in Baden-Württemberg - LAWA Meßstellennetz.
Ammonium-Stickstoff (NH$_4$-N) in mg/l: Hauptwerte 1982 bis 1991
Quelle: verändert nach [LAWA 1993]

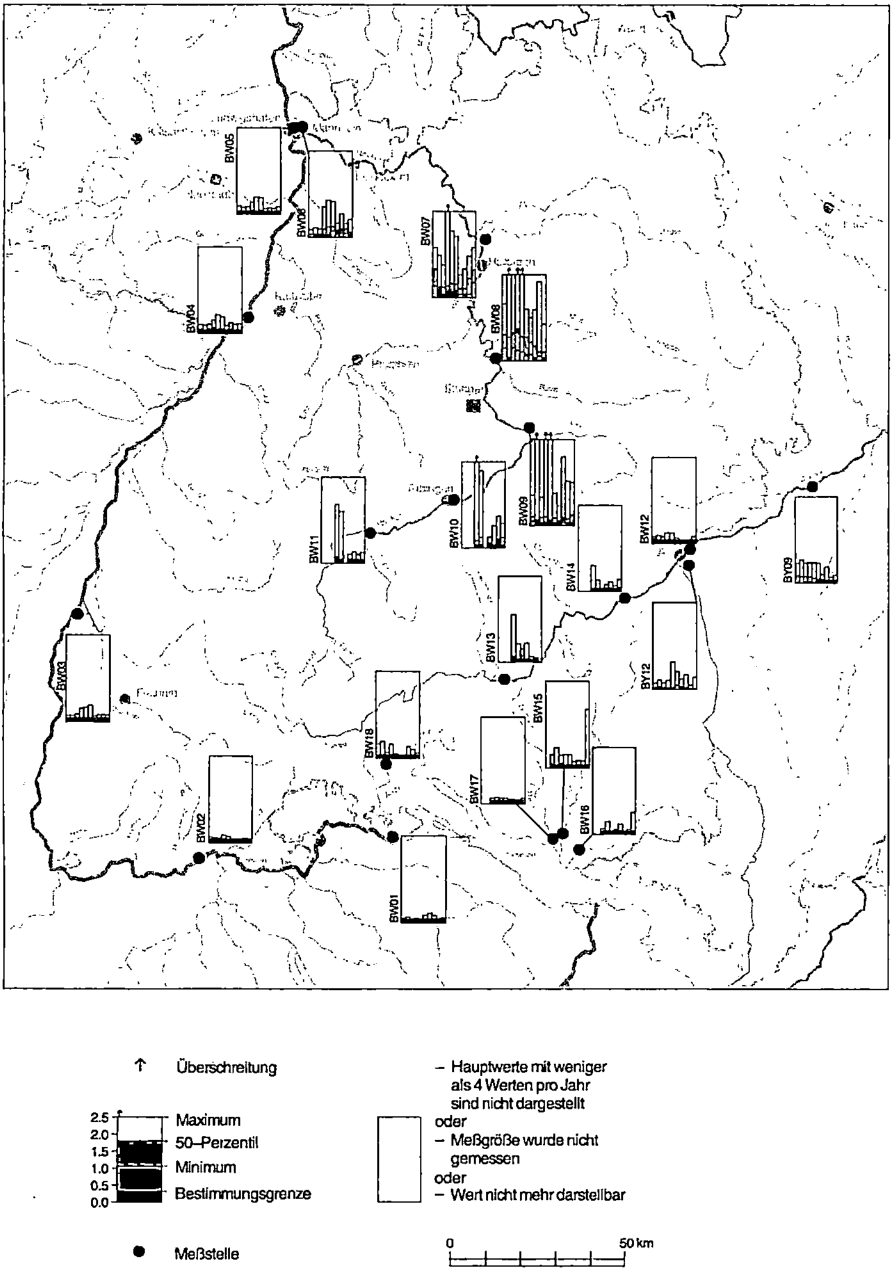

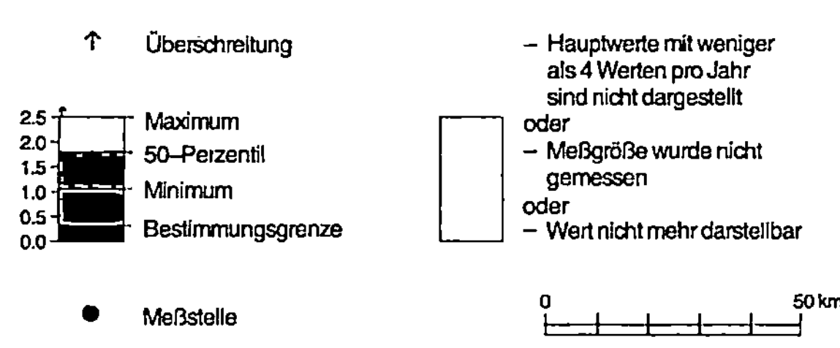

Abb. 5-17: Beschaffenheit der Fließgewässer in Baden-Württemberg - LAWA Meßstellennetz.
Nitrat-Stickstoff (NO$_3$-N) in mg/l: Hauptwerte 1982 bis 1991
Quelle: verändert nach [LAWA 1993]

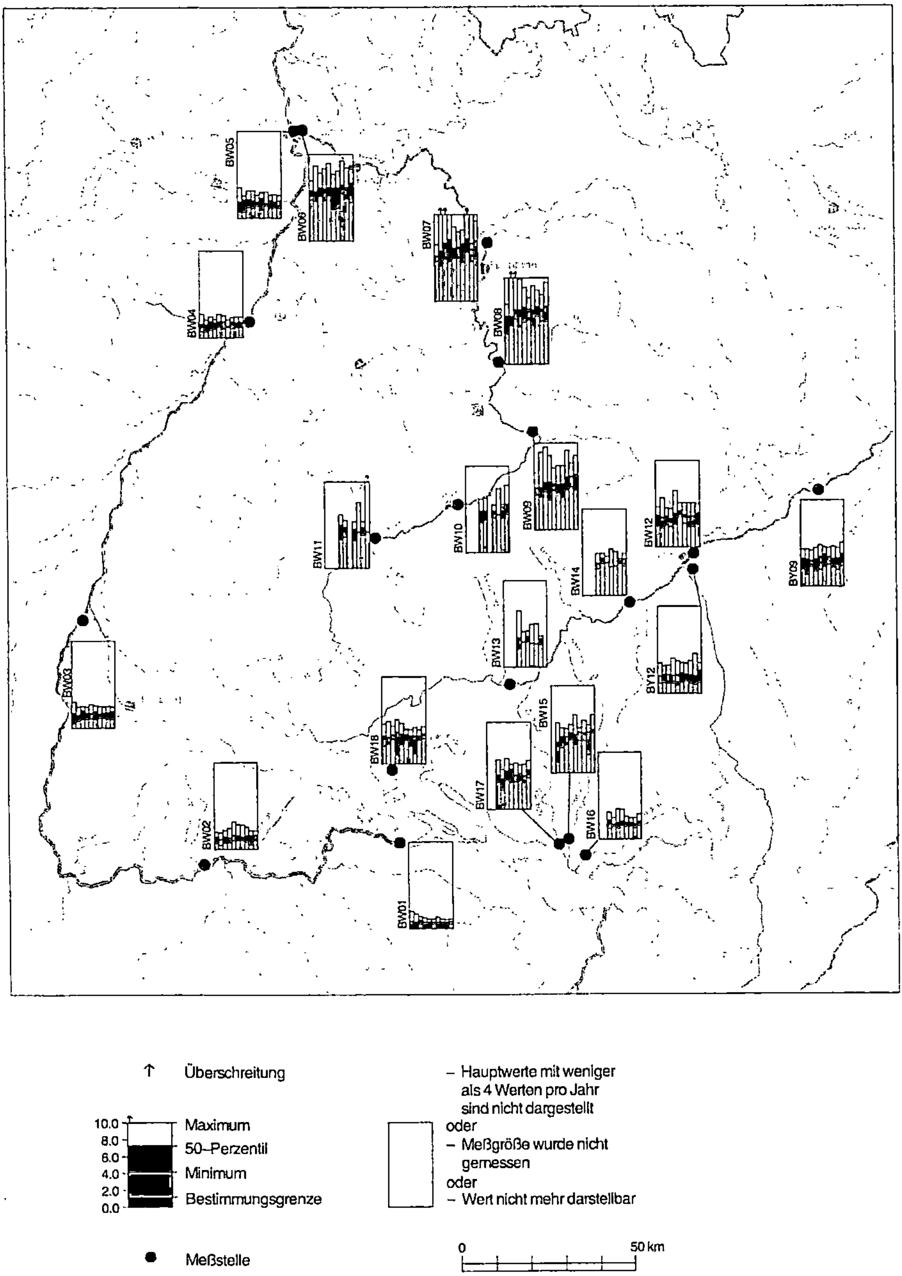

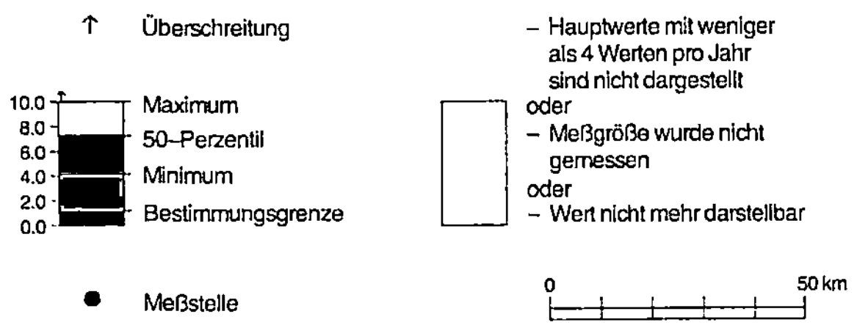

NO_3^--N/l auf Konzentrationen zwischen 1,5 bis 1,7 NO_3^--N/l fest. Dieses Niveau ist seither unverändert und wird als mäßig erhöht eingestuft [UM und LfU 1995]. Die Fracht an NH_4^+-N sank an der Station Mannheim im Zeitraum von 1990–93 um 20 %, die von NO_3^--N blieb unverändert [LfU, Schreiben an die Akademie für Technikfolgenabschätzung vom 22.3.94].

Neckar: Die Ammonium-N-Konzentrationen sind im Neckar deutlich höher als im Rhein. Die Medianwerte sind nur selten im Bereich der Nachweisgrenze und steigen am Mittellauf bis 0,9 mg NH_4^+-N/l an. Dort wurden auch Maxima > 5 mg NH_4^+-N/l angetroffen. Im Bereich der höchsten Belastung am Mittellauf sind seit Mitte der 80er Jahre Verbesserungen festzustellen, die auf gesteigerte Reinigungsleistungen der Kläranlagen zurückzuführen sind [LAWA 1993]. Für die Station Mannheim dokumentiert die LfU im Zeitraum von 1972 bis 1982 Konzentrationsabnahmen von 2,5 auf 0,1 bis 0,3 mg NH_4^+-N/l. Dieses als „mäßig erhöht" definierte Niveau blieb seit 1982 im wesentlichen unverändert [UM und LfU 1995]. Die Fracht an NH_4^+-N sank an der Station Mannheim im Zeitraum von 1990–93 um 42 %, die von Nitrat-N blieb unverändert [LfU, Schreiben an die Akademie für Technikfolgenabschätzung vom 22.3.94].

Auch die Nitrat-N-Konzentrationen des Neckars sind erheblich höher als die des Rheins. Vom Oberlauf bis zu seiner Mündung werden NO_3^--N-Konzentrationen zwischen 4,5 und 6,7 mg/l (Median) ermittelt. Die Maximalwerte betragen 10 mg NO_3^--N und mehr. Damit ist der Fluß bezüglich Nitrat als erhöht belastet, im Mittellauf als hoch belastet einzustufen. Durch die im Vergleich zum Rhein stärkere Auswirkung der Trockenheit in den Jahren 1989 bis 1991 auf die Wasserführung können zur Tendenz keine sicheren Aussagen getroffen werden. Angaben der LfU zur Station Mannheim zeigen ähnlich wie beim Rhein steigende Konzentrationen von ca. 4 mg NO_3^--N/l im Jahr 1972 auf Werte um 6 mg NO_3^--N/l im Jahr 1976. Dieses Niveau blieb bis 1993 unverändert. In den Jahren 1991–1993 sind geringfügig rückläufige Konzentrationen festzustellen [UM und LfU 1995]. .

Donau: Die Ammonium-Belastung der Donau ist mit NH_4^+-N-Gehalten von < 0,1 bis 0,2 mg/l etwas höher als im Rhein, jedoch deutlich tiefer als im Neckar. Nur für die Station Ulm liegen Zeitreihen über ein Jahrzehnt vor. Danach ist sowohl bei den Medianwerten* als auch bei den Maxima eine abnehmende Tendenz der Belastung zu erkennen [LAWA 1993]. Die Angaben der LfU zeigen im Zeitraum von 1980 bis 1985 sinkende Konzentrationen von 0,26 auf 0,05 bis 0,06 mg NH_4^+-N/l [UM und LfU 1995]. Die Frachten von NH_4^+-N und NO_3^--N stiegen allerdings an der Station Ulm im Zeitraum von 1990–92 um 89 % bzw. 28 % an [LfU, Schreiben an die Akademie für Technikfolgenabschätzung vom 15.3.94].

Die Nitratbelastung der Donau ist geringer als die des Neckars. Die Medianwerte im Oberlauf liegen zwischen 3,2 und 4,1 mg NO_3^--N/l. Entlang der Fließstrecke bis Ulm sind keine gravierenden Veränderungen zu beobachten. Auch ein zeitlicher Trend ist von 1982 bis 1991 nicht zu erkennen. Die Belastung gilt als „deutlich erhöht" [UM und LfU 1995].

5.2.2   Phosphor aus Landwirtschaft und Abwässern

5.2.2.1 Grundwasser

Phosphoreinträge in das Grundwasser spielen in der Regel eine untergeordnete Rolle, da Phosphate im Boden gut adsorbiert werden. Organisch gebundener bzw. komplexierter Phosphor ist leichter verlagerbar als anorganisches Phosphat. In Einzelfällen können insbesondere bei intensiver Tierhaltung sehr hohe Konzentrationen im oberflächennahen Grundwasser auftreten [FÜRST UND MEERHEIM 1983 zit. in LfU 1994b].

Während 1994 80 % der Werte für Orthophosphat im Basismeßnetz Baden-Württembergs je nach Grundwasserlandschaft zwischen 7 und 170 µg/l schwankten (Median: < 30 µg/l), lagen 80 % der Meßergebnisse bei den Emittentenmeß-stellen Landwirtschaft zwischen < 10 und 150 µg/l (Median: 37 µg/l). Im Gesamtmeßnetz zeigten 80 % der Meßstellen Konzentrationen zwischen 10 und 215 µg/l (Median 41 µg/l). Es ist somit keine Grundwasserbelastung mit Phosphat durch die Landwirtschaft zu erkennen [LfU 1995].

Im Bereich der Siedlungen waren im Jahr 1993 dagegen Orthophosphat-Konzentrationen zwischen < 10 µg/l bis > 6.000 µg/l festzustellen [LfU 1994a]. Der im Jahr 1994 ermittelte Medianwert von 40 µg/l und das 90. Perzentil von 300 µg/l weisen ebenfalls auf eine höhere Grundwasserbelastung der Siedlungsflächen im Vergleich zur Landwirtschaft hin [LfU 1995]. Als Ursache sind undichte Abwasser-kanäle zu vermuten. Diese Annahme wird auch durch die festzustellenden Bor-Gehalte im Grundwasser gestützt.

5.2.2.2 Exkurs: Bor als Indikatorparameter

Der Parameter* Bor kann aufgrund seiner universellen Verwendung in Wasch- und Reinigungsmitteln zum Nachweis für den Austritt von Schmutzwasser aus Kanalsystemen genutzt werden, wenn nicht eine hohe geogene Vorbelastung wie im Falle des Keupers* und der Oberen Meeresmolasse* vorliegt. Dabei ist die von Bor selbst hervorgerufene Belastung weniger bedeutsam, der Parameter* weist jedoch auf Belastungen aus Abwässern durch Nährstoffe, Mikroorganismen und sonstige organische Substanzen hin [LfU 1994a]. Der Medianwert* für Bor lag 1994 im Siedlungsmeßnetz mit 40 µg/l bereits erheblich über dem Median* des Basismeßnetzes von 10 µg/l. Das 90. Perzentil* betrug im Siedlungsbereich 150 µg/l, unter Wald dagegen 51 µg/l. Die unter Siedlungen festgestellten Maximalkonzentrationen wurden mit 4.700 µg/l, unter Wald mit 227 µg/l ermittelt [LfU 1995].

Legt man den vom ehemaligen Bundesgesundheitsamt (BGA) vorgeschlagenen Schwellenwert von 50 µg/l Bor für eine anthropogene Belastung zugrunde, waren 1993 47 % der Emittentenmeßstellen Industrie und 39 % der Emittenten-

Abb. 5-18: Der Borgehalt des Grund- und Quellwassers der Meßstellen des Grundwasserbeschaffenheitsmeßnetzes des Landes Baden-Württemberg im Jahr 1993
Quelle: [LfU 1994b]

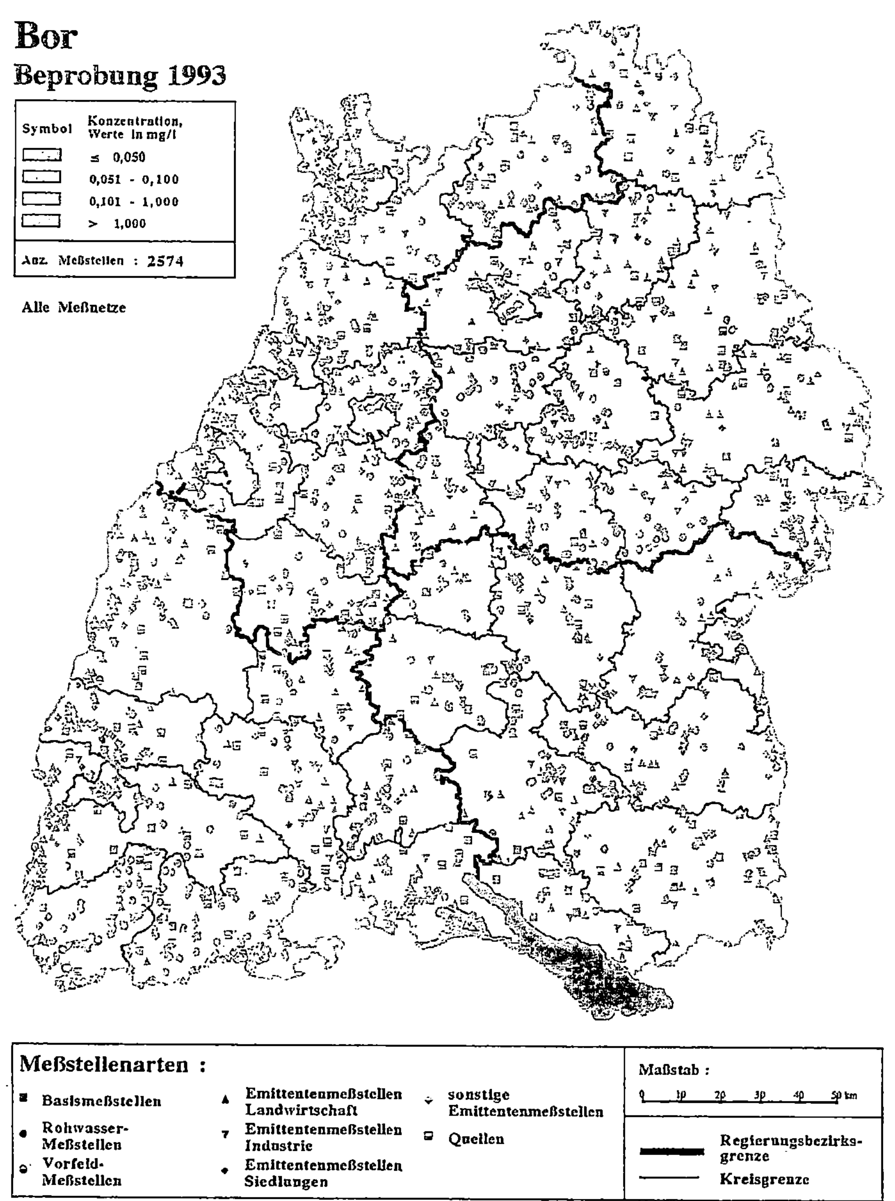

meßstellen Siedlung *„eindeutig anthropogen beeinflußt"* [LfU 1994a]. Den Warnwert der LfU von 100 µg/l überschritten im Jahr 1994 20 % der Siedlungsmeßstellen
und 24 % der Meßstellen des „Emittentenmeßnetzes Industrie". Dies bedeutet im
Vergleich zu 1993 einen Anstieg um 3 % [LfU 1995]. Die Schwerpunkte anthropogener Belastung liegen im Neckarraum zwischen Stuttgart und Heilbronn, in
der Oberrheinebene und ganz allgemein in städtischen Gebieten [LfU 1993].

Da Bor von Kläranlagen kaum zurückgehalten wird, gelangt es in die Fließgewässer. Von dort kann es in das Grundwasser infiltrieren, was im Bereich der
Stauhaltungen* des Neckars in erheblichem Maße stattfindet. Der Verlauf des
Neckars kann deshalb in Abb. 5-18 anhand der Borkonzentrationen des Grundwassers von > 0,1 mg/l (gelbe Farbe) gut nachvollzogen werden. Auch in diesem Fall
geht das Problem weniger vom Element Bor selbst aus. Sein gehäuftes Auftreten
im Grundwasser nahe der Stauhaltungen* weist auf die Möglichkeit hin, daß auch
andere – ggf. als bedenklicher einzustufende – Stoffe aus den Flüssen ihren Weg
ins Grundwasser finden – siehe Kapitel 4.2.3 und 5.1.2.4.

5.2.2.3 Oberflächenwasser

Phosphor (P) übt als Nährelement einen entscheidenden Einfluß auf die Entwicklung von Phytomasse in Gewässern aus. Ein Überangebot kann zur Massen-
entwicklung von Algen führen. Mit dem Anteil an Orthophosphat-Phosphor wird
der gelöste, unmittelbar pflanzenverfügbare Phosphoranteil beschrieben, mit
Gesamtphosphor die P-Summe aller Phosphorverbindungen.

Der jährliche Phosphoreintrag in die Oberflächengewässer der alten Bundesländer wird für die zweite Hälfte der 80er Jahre auf 74.000 t geschätzt [HAMM
1991]. Die einzelnen Sektoren haben daran folgende Anteile:

- Landwirtschaft   41 %
- Kommunale Kläranlagen   39 %
- Mischwasserüberläufe   8 %
- Industrielle Direkteinleiter   7 %
- Ungeklärte Abwässer   3 %
- Natürliche Grundfracht   2 %

Etwa 46 % (34.000 t P) des Eintrags stammten im Jahr 1987 in den alten Bundesländern aus diffusen Einträgen. Die Landwirtschaft hat daran je nach Einzugsgebiet den überragenden Anteil (81–87 %) [HAMM 1991]. Hierbei spielt mengenmäßig der Eintrag durch Bodenabtrag die größte Rolle, weil Phosphor überwiegend
an feste Partikel gebunden ist. Da ein erheblicher Teil des erodierten Materials
bereits auf Überschwemmungsflächen wieder abgelagert wird, gelangt nur ein Teil
des Phosphoreintrags (ca. 40 %) bis in die Unterläufe der Flüsse und in die Meere
[HAMM 1993]. Durch die zurückgehende Verwendung phosphathaltiger Waschmittel
ist der Beitrag der Siedlungsentwässerung am Phosphor-Eintrag in die Gewässer
rückläufig. Eine noch verbleibende wesentliche Quelle sind Phosphate in Lebensmitteln. So enthalten z.B. Cola-haltige Getränke 180 mg P/l [BBU 1994]. Die seit

dem Ende der 80er Jahre verstärkt betriebene Nährstoffelimination in kommunalen Kläranlagen wird den Beitrag der Siedlungsentwässerung an der Gewässerbelastung weiter senken. Die Bedeutung der Landwirtschaft wird dementsprechend ansteigen.

Unbelastete Quellbäche weisen Gesamtphosphorgehalte von 1–10 µg/l P auf, anthropogen nicht beeinflußte Gewässeroberläufe in Einzugsgebieten mit Laubwaldbeständen 20–50 µg/l [LAWA 1993]. Als Zielvorgabe soll im Rhein bis zum Jahr 2000 ein Wert von 150 µg/l Gesamtphosphor unterschritten werden [IKSR 1991b].

Die LAWA zieht zur Beurteilung von Fließgewässern hiervon erheblich abweichende Wertebereiche heran: Für Gesamtphosphor werden von ihr erst Werte > 1 mg/l als erhöht, > 2 mg/l als hoch und > 4 mg/l als sehr hoch eingestuft. Demgegenüber werden Konzentrationen um 1 mg/l bereits in den Abläufen von dreistufigen Kläranlagen erreicht [MÜLLER, pers. Mitt. 1995]. Für Orthophosphat-Phosphor gelten nach LAWA Werte von > 0,5 mg/l als erhöht, > 1 mg/l als hoch und > 2 mg/l als sehr hoch [LAWA 1993].

Die Ergebnisse zum Gehalt von Gesamtphosphor der großen Flüsse Baden-Württembergs sind in Abb. 5-19 und für Orthophosphat-Phosphor in Abb. 5-20 dargestellt.

Bodensee: Die Konzentration von Gesamtphosphor betrug zu Beginn der 50er Jahre noch 10 µg/l und stieg bis zum Beginn der 80er Jahre auf Werte von über 80 µg/l an. Bis 1993 sanken die Gehalte aufgrund der gesetzlichen Reduzierung des Phosphatgehalts in Waschmitteln sowie des Ausbaus von Kläranlagen mit Phosphatfällung auf Werte unter 30 µg/l. Im Jahr 1995 waren 24 µg/l erreicht [MÜLLER, pers. Mitt. 1995]. Das Sanierungsziel liegt bei Werten < 20 µg/l, wobei eine Grenzkonzentration noch nicht definiert ist [IGKB 1994] – siehe auch Abb. 3-35. Im Rheinsee (Teil des Untersees zwischen Berlingen und Öhningen) betrugen die Gesamt-Phosphor-Konzentrationen (G) 1987 noch 50 µg/l, 1995 waren es 22 µg/l [MÜLLER, PERS. MITT. 1995].

Rhein: Vom Abfluß des Bodensees bis nach Mannheim stiegen in der Dekade von 1982 bis 1991 sowohl die Orthophosphat-Phosphor- (O) als auch die Gesamt-Phosphor-Konzentrationen (G) etwa um den Faktor 5 an. Am Bodenseeabfluß lagen die Konzentrationswerte des Medians* zwischen 30 und < 100 µg/l (G) bzw. 10– < 100 µg/l (O), in Mannheim erreichten sie 150–300 µg/l (G) bzw. 50– < 100 µg/l (O). Bis zum Jahre 1984 war ein ansteigender Trend zu beobachten, seither sind rückläufige Werte festzustellen [LAWA 1993]. An der Station Karlsruhe hat die LfU von 1972 bis 1993 sinkende Tendenzen dokumentiert [UM UND LFU 1995]. Ein Unterschreiten des Zielwertes von 150 µg/l scheint deshalb bereits vor dem Jahr 2000 im gesamten baden-württembergischen Rheinabschnitt wahrscheinlich. Von 1990 bis 1993 sank die Fracht an Orthophosphat-Phosphor an der Station Mannheim um 20% [LFU, Schreiben an die Akademie für Technikfolgenabschätzung vom 22.3.94].

Neckar: Für den Zeitraum von 1982 bis 1991 liegen an den beiden Meßpunkten des Neckaroberlaufs BW 11 und BW 10 zu Gesamtphosphor keine bzw. nur vereinzelte Meßwerte vor. Im weiteren Verlauf bis Mannheim blieben die Medianwerte mit 240–960 µg/l nahezu konstant. Sie lagen ca. 10-fach höher als die Werte im

Abb. 5-19: Beschaffenheit der Fließgewässer in Baden-Württemberg - LAWA-Meßstellennetz.
Gesamt-Phosphor (Ges.-P) in mg/l: Hauptwerte 1982 bis 1991
Quelle: verändert nach [LAWA 1993]

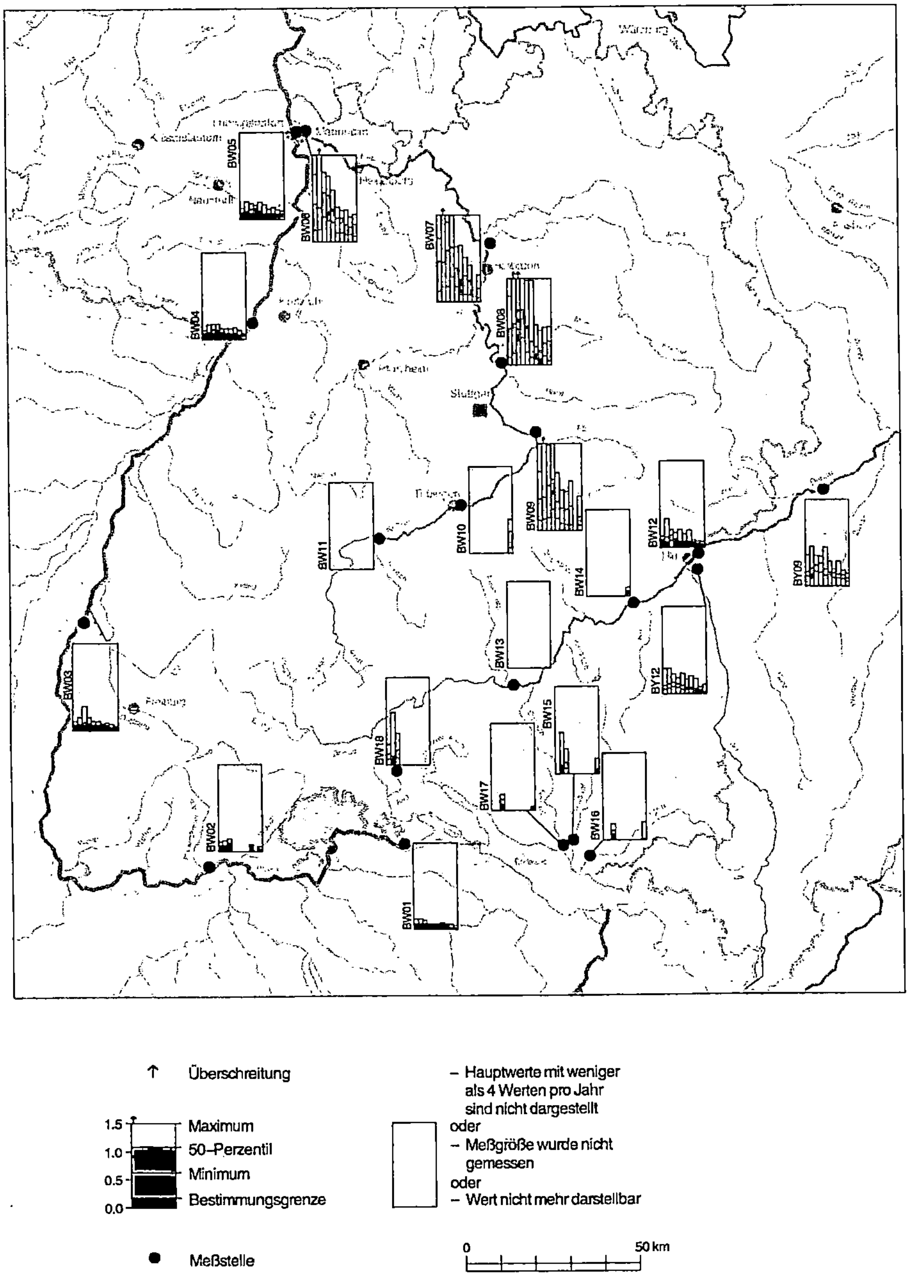

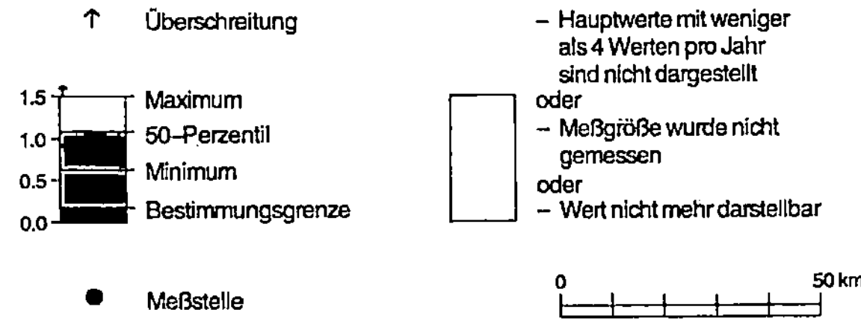

Abb. 5-20: Beschaffenheit der Fließgewässer in Baden-Württemberg - LAWA Meßstellennetz.
Ortho-phosphat-Phosphor (o-PO$_4$ -P) in mg/l: Hauptwerte 1982 bis 1991
Quelle: verändert nach [LAWA 1993]

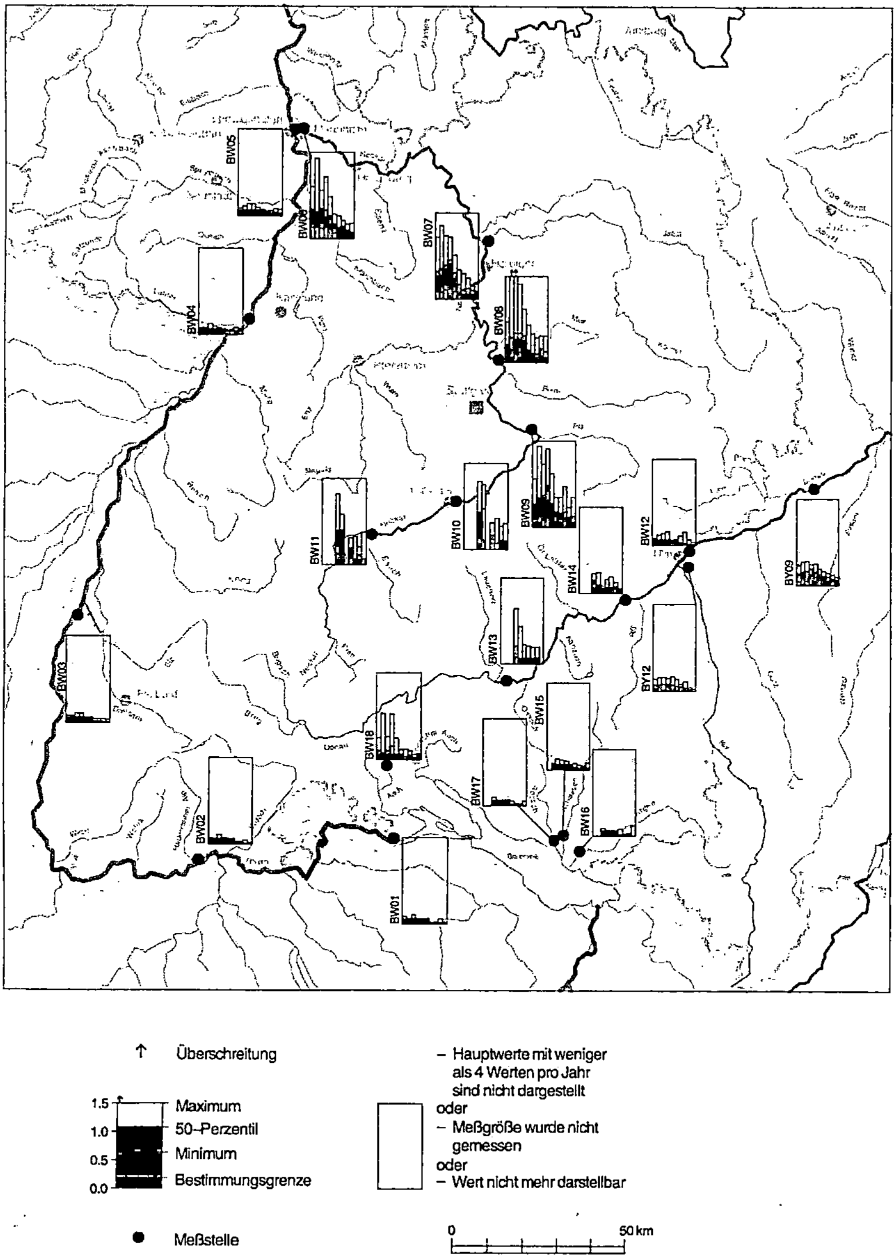

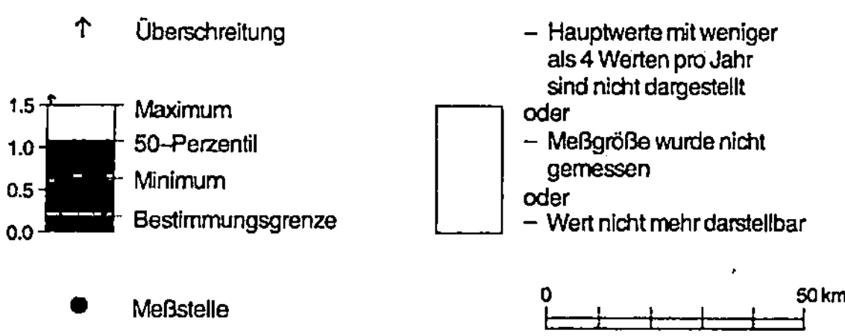

Rhein. Die <u>Orthophosphat-Konzentrationen</u> lagen im oberen und mittleren Neckar im zeitlichen Verlauf nahezu konstant zwischen 150 und 740 µg/l, im Unterlauf gingen sie geringfügig zurück auf Medianwerte* von 110 bis 680 µg/l [LAWA 1993]. Seit den 70er Jahren ist eine rückläufige Tendenz der Phosphorkonzentrationen im Neckar festzustellen. Seit dem Jahr 1990 haben die Gehalte an der Station Mannheim die Marke von 300 µg/l unterschritten [UM und LfU 1995]. Allerdings stieg von 1990 bis 1993 die <u>Fracht</u> an Orthophosphat-Phosphor an der Station Mannheim um 35 % an [LfU, Schreiben an die Akademie für Technikfolgenabschätzung vom 22.3.1994].

Donau: An der Donau sind nur für die Station Ulm Daten über die Periode von 1982 bis 1991 vorhanden. Das Belastungsniveau der Donau in Ulm ist eher mit dem des Rheins als mit dem des Neckars zu vergleichen. Die Konzentrationen für Gesamt-Phosphor liegen dort zwischen 50 und 210 µg/l (Median*). Die für die Donau umfangreicheren Daten zu Orthophosphat-Phosphor zeigen trotz unterschiedlicher Meßgenauigkeiten an den einzelnen Meßorten eine abnehmende Tendenz entlang der Fließstrecke bis Ulm. Die Medianwerte des Oberlaufs betrugen < 100 bis 320 µg/l, in Ulm wurden 20 bis < 100 µg/l ermittelt [LAWA 1993]. Von 1980 bis 1987 waren die Konzentrationen rückläufig und haben seither ein Nivau von ca. 50 µg/l errreicht [UM und LfU 1995]. Die Fracht an Orthophosphat-Phosphor stieg an der Station Ulm von 1990 bis 1992 jedoch um 25 % an [LfU, Schreiben an die Akademie für Technikfolgenabschätzung vom 15.3.94].

5.2.2.4 Exkurs: Phosphatersatzstoffe

Aufgrund der Novelle des Waschmittelgesetzes ging der Einsatz von Phosphaten zur Komplexierung von Erdalkalimetallen – insbesondere Calcium – (Enthärtung) deutlich zurück. Als Substitute für Phosphat in Wasch- und Reinigungsmitteln sind u.a. EDTA, NTA sowie Zeolithe in Verwendung.

<u>EDTA und NTA</u>: Der Absatz von <u>EDTA</u> (Ethylen-Diamin-Tetra-Acetat) beträgt in Deutschland derzeit ca. 4.500 t/a. EDTA wird weniger im Haushalt eingesetzt. Sein Haupteinsatzgebiet ist die Reinigung und Entfettung in der Metallindustrie. EDTA findet weiterhin Verwendung in Kühlschmieremulsionen, Industriereinigern und Gleitschleifmitteln, sowie bei der Herstellung von Leiterplatten, in der Fotoindustrie und Textilverarbeitung. Mögliche Ersatzstoffe für EDTA sind NTA, Citrat, Tartrat und Gluconat [BUNDESMINISTERIEN 1993, UM und LfU 1995].

Ab einer Konzentration von mehreren Milligramm pro Liter kann EDTA Schwermetalle aus Gewässersedimenten zurücklösen. In diesem Konzentrationsbereich kommt EDTA in baden-württembergischen Gewässern nicht vor. Von den Oberflächengewässern Deutschlands sind folgende Konzentrationsangaben bekannt: Rhein bei Mannheim und Donau bei Ulm 10 µg/l, Ruhr 20 µg/l, Neckar bei Mannheim ca. 20–40 µg/l. Die Ursache für die vergleichsweise hohe Belastung des Neckars ist in den Indirekteinleitungen der Metallindustrie sowie im ungünstigen Vorflut/Abwasser-Verhältnis des Neckars zu vermuten. Im Bodensee lagen die EDTA-Konzentrationen in den vergangenen Jahren bei 2 bis 4 µg/l, im Jahr 1994 erstmals wieder unter 2 µg/l [LANDTAG 11/5111]. Aufgrund freiwilliger Vereinbarungen zwischen Bundesbehörden, Wasserversorgung und der chemischen Industrie wird eine Halbierung der 1991 festgestellten Fracht binnen 5 Jahren angestrebt. Am Bodensee konnte bereits im Zeitraum von 1989 bis 1994 die gewerbliche Fracht um 50 % verringert werden [LANDTAG 11/5111].

Die Länderarbeitsgemeinschaft Wasser zieht aufgrund der besseren biologischen Abbaubarkeit das NTA (Nitrilo-Tri-Acetat) dem EDTA vor. NTA kommt jährlich mit ca. 2.300 t zum Einsatz [UM UND LFU 1995]. Zum Gehalt von EDTA und NTA in den großen Fließgewässern Baden-Württembergs siehe Abb. 5-21.

DTPA: Diethylen-Trinitrilo-Penta-Acetat (DTPA) wird überwiegend in der Papierindustrie beim Recycling von Altpapier eingesetzt. Die Verbrauchsmenge beträgt in Deutschland zur Zeit ca. 850 t/a. Da es ähnlich schlecht biologisch abbaubar ist wie EDTA, wird es entsprechend kritisch bewertet. Erste orientierende Untersuchungen in Fließgewässern erfolgten 1993, wobei in Rhein, Neckar und Donau Werte > 2 µg/l nachweisbar waren. Der Maximalwert wurde im Rhein bei Mannheim mit 4,1 µg/l ermittelt [UM UND LFU 1995].

5.2.3   Pestizide aus Landwirtschaft und sonstiger Anwendung

Im Jahr 1993 wurden in Deutschland insgesamt 22.246 t Pflanzenbehandlungsmittelwirkstoffe abgesetzt, davon 56 % Herbizide, 27 % Fungizide und 4 % Insektizide [INDUSTRIEVERBAND AGRAR 1994]. Landwirtschaft und Gartenbau machen mit ca. 80 % der eingesetzten Wirkstoffmenge die Hauptgruppe der Pflanzenbehandlungs-

Abb. 5-21: EDTA- und NTA-Konzentrationen in Rhein, Neckar und Donau
Quelle: [UM und LFU 1995]

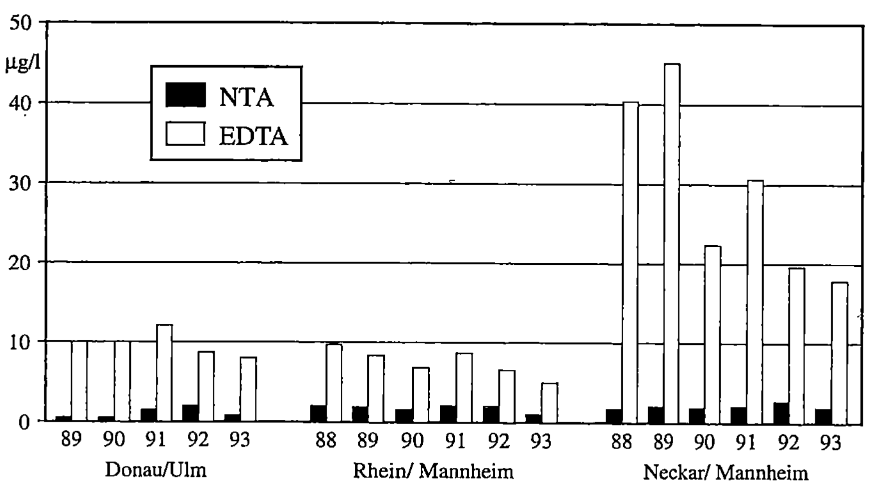

mittel-Anwender in der BRD aus [PESTEMER UND NORDMEYER 1993]. Die Forstwirtschaft verbrauchte 1985 lediglich ca. 0,1 % der in der (alten) BRD verkauften Wirkstoffmenge. Pro Jahr werden ca. 1 % der gesamten Waldfläche mit Pflanzenbehandlungsmitteln behandelt [BMELF 1994]. Die restlichen 20 % der eingesetzten Wirkstoffmenge verteilen sich auf Klein- und Hausgärten, öffentliche Grünanlagen, gewerbliche Zierflächen, Sportplätze und Verkehrswege [PESTEMER UND NORDMEYER 1993], wobei vor allem die Gleiskörper der Deutschen Bahn AG zu nennen sind. Hier werden pro Jahr rund 300 t Herbizide auf 24.500 ha Gleisanlagen eingesetzt (alte BRD) [KOCH 1990], wobei sich die Wirkstoffe teilweise von den in der Landwirtschaft eingesetzten deutlich unterschieden. Beispielsweise wurden von 1987 bis 1989 im Stadtwald Frankfurt Bromacil und Hexazinon ausschließlich zur Aufwuchsbekämpfung auf Gleisanlagen eingesetzt [ABKE ET AL. 1993].

Für den Gebrauch in Kleingärten wurden in Deutschland 534 t Pflanzenbehandlungsmittel, für den Gebrauch im Haus 68 t verkauft [INDUSTRIEVERBAND AGRAR 1994]. In Baden-Württemberg ist allerdings der Einsatz von Pflanzenbehandlungsmitteln in Haus- und Kleingärten sowie in öffentlichen Grünanlagen weitgehend verboten [PFLANZENSCHUTZANWENDUNGSGESETZ 1990].

Nahezu alle (96 %) der dem UBA gemeldeten Einzelbefunde in Grund-, Quell- oder Oberflächenwasser beziehen sich auf 18 der insgesamt 151 untersuchten Wirkstoffe. Dabei sind vor allem die Triazine mit einem Anteil von 80 % an der Gesamtzahl der Funde von herausragender Bedeutung [IRMER ET AL. 1993]. Der hohe Anteil von Herbiziden an den Wasseranalysen beruht zum einen auf ihren chemischen Eigenschaften (relativ hohe Persistenz), zum anderen auf ihrem weit verbreiteten Einsatz (ca. 60 % aller eingesetzten Pflanzenbehandlungsmittel [PESTEMER UND NORDMEYER 1993]).

5.2.3.1 Grundwasser

In Deutschland dürfen Pflanzenbehandlungsmittel nur zugelassen werden, wenn bei sachgerechter Anwendung keine schädlichen Auswirkungen auf die Gewässer zu erwarten sind. Im Zeitraum 1986–1991 wurden allerdings bei 14.800 der dem ehemaligen Bundesgesundheitsamt (BGA) gemeldeten Einzelmessungen (11,6 % aller Messungen) Pflanzenbehandlungsmittel nachgewiesen, ein Drittel davon waren Grundwasserproben [IRMER ET AL. 1993]. Da Pflanzenbehandlungsmittelfunde nur dann dem BGA bzw. seiner Nachfolgeorganisation gemeldet werden, wenn sie im Trinkwasser auftreten, ist die entsprechende Statistik nicht repräsentativ für das gesamte Grundwasser. Die Mehrzahl der Anwendungsbereiche wie Klein- und Hausgärten, öffentliche Grünanlagen, gewerbliche Zierflächen, Sportplätze und Verkehrswege liegt außerhalb von Trinkwassereinzugsgebieten, so daß eine evtl. Kontamination des Grundwassers aufgrund hier eingesetzter Pflanzenbehandlungsmittel über Trinkwasseranalysen meist nicht bekannt werden kann.

Hinweise auf Grundwasserbelastungen in Baden-Württemberg auch durch Anwendungen außerhalb der Landwirtschaft ergeben sich aus den Ergebnissen des Grundwasserbeschaffenheitsmeßnetzes der LfU. Bei den 53 in Baden-Württemberg im Jahr 1994 untersuchten Meßstellen im Einflußbereich von Bahnanlagen waren in 32 % der Fälle Überschreitungen des Trinkwassergrenzwertes (0,1 µg/l) durch das Herbizid Hexazinon und in 26 % der Fälle durch Bromacil verursacht [LFU 1995]. Bei Pumpversuchen im Renchtal wurden Konzentrationen von Bromacil ($\leq$ 0,9 µg/l) und Hexazinon ($\leq$ 0,3 µg/l) im Grundwasser in der Nähe von Bahnanlagen festgestellt [KUSSMAUL UND KREUTER 1994]. Grenzwertüberschreitungen durch diese beiden Wirkstoffe wurden zum Vergleich lediglich an 0,2 % der Meßpunkte im Emittentenmeßnetz Landwirtschaft dokumentiert. Der Grenzwert für das Totalherbizid Diuron wurde 1994 an 3,8 % der Meßstellen in der Nähe von Bahnanlagen und bei 0,6 % der Meßpunkte im Emittentenmeßnetz Landwirtschaft überschritten (Tab. 5-2) [LFU 1995]. Nach Pressemitteilungen soll künftig auf den Einsatz von Diuron auf Schienenwegen der DB verzichtet werden [RHEIN-NECKAR-ZEITUNG vom 6.2.1996].

Als grundwasserrelevante Pflanzenbehandlungsmittel werden Stoffe mit hoher Persistenz* (laut Prüfkriterien der Zulassung: Halbwertszeit > 3 Wochen) und/ oder hoher Mobilität angesehen. Letztere hängt in erster Linie von der Wasserlöslichkeit sowie den Sorptionseigenschaften* an Bodenbestandteilen (Tonminerale, Humus) ab. Die Kriterien Persistenz und Mobilität sind wesentlich für die Beurteilung der Grundwasserrelevanz von Pflanzenbehandlungsmitteln bei der Zulassungsprüfung durch die Biologische Bundesanstalt (BBA). Auch Stoffe, die sowohl eine mittlere Persistenz* als auch mittlere Mobilität aufweisen, werden als

Tab. 5-2: Grenzwertüberschreitungen durch Pflanzenschutzmittel im Grundwasserbeschaffenheitsmeßnetz der LfU 1994 - Angaben in %
Datenquelle: [LFU 1995]

Wirkstoff	Gesamtmeßnetz		Emittentenmeßnetz Landwirtschaft		Emittentenmeßnetz Sonstige	
	>GW	>BG	>GW	>BG	>GW	>BG
Atrazin	4,6	27,8	07,7	28,0	06,9	49,3
Desethylatrazin	8,6	33,4	14,1	35,1	09,6	52,1
Simazin	0,9	09,0	00,5	06,5	02,7	27,0
Bromacil	2,7	03,8	00,2	00,8	18,9	21,6
Hexazinon	2,4	04,4	00,2	01,0	23,0	25,7
Metalaxyl	0,2	00,4	00,8	01,2	00,0	01,4
Diuron	0,8	01,8	00,6	01,2	03,6	10,9

GW = Grenzwert
BG = Bestimmungsgrenze
Meßstellenanzahl Gesamtmeßnetz: > 2300, Diuron: 780
Meßstellenanzahl Emittentenmeßnetz Landwirtschaft: 667, Diuron: 666
Meßstellenanzahl Emittentenmeßnetz Sonstige: 74, davon 53 Bahn

grundwassergefährdend eingestuft [PESTEMER UND NORDMEYER 1993]. Gemäß diesen Kriterien der BBA werden die Triazine, darunter Atrazin und sein Nachfolgeprodunkt Terbutylazin mit ihren Metaboliten sowie Propazin und Simazin als grundwassergefährdend angesehen [BAIER ET AL. 1985, DFG 1990]. Die Anwendung von Atrazin ist in Wasserschutzgebieten Baden-Württembergs seit 1988 [SchALVO 1987] und seit 1991 generell in Deutschland verboten [BUNDESGESETZBLATT 1991].

Haupteintragspfad für Pflanzenbehandlungsmittel in das Grundwasser ist der flächenhafte Eintrag über das Sickerwasser von landwirtschaftlichen Flächen. Entscheidende Faktoren sind dabei neben den Abbau- und Sorptionseigenschaften* des Pflanzenbehandlungsmittels vor allem die Bodenart sowie der Humusgehalt, ebenso Menge, Intensität und Zeitpunkt der Niederschläge. Ein direkt nach der Applikation des Mittels niedergehender Starkregen trägt erheblich zur Verlagerung ins Grundwasser bei. Ebenso werden Pflanzenbehandlungsmittel aus sandigen, leicht wasserdurchlässigen und humusarmen Böden leichter ausgetragen als aus schweren und humusreichen Böden.

Neben dem flächenhaften Eintrag von Pflanzenbehandlungsmitteln können auch punktuelle Einträge durch unsachgemäße Lagerung, Unfälle oder unsachgemäße Entsorgung von Reinigungsbrühen das Grundwasser lokal belasten [HURLE ET AL. 1993].

Grundwasser wird in Baden-Württemberg auf folgende Pflanzenbehandlungsmittel untersucht: Von den <u>Herbiziden</u> auf die Triazine Atrazin, Simazin, Terbutylazin und Propazin einschließlich ihrer Abbauprodukte Desethylatrazin, Desisopropylatrazin und Desethylterbutylazin sowie auf Bromacil, Hexazinon und Diuron, auf das <u>Fungizid</u> Metalaxyl sowie das <u>Insektizid</u> Lindan.

Die Schwerpunkte der Grundwasserbelastung mit Atrazin und Desethylatrazin lagen 1994 wie auch im Vorjahr in mehreren Gebieten der Oberrheinebene, im Donautal sowie in Ostwürttemberg. Zusätzlich findet man im ganzen Land punktuell hohe Konzentrationen von Pflanzenbehandlungsmitteln [LFU 1994a]. Desethylatrazin verursacht aufgrund seiner im Vergleich zu Atrazin höheren Mobilität erheblich höhere Belastungen als Atrazin. Im Rohwasser (= Trinkwasser vor der Aufbereitung) wurde 1994 der „Warnwert" der Landesanstalt für Umweltschutz von 0,8 μg/l in 2,2 % der Fälle durch Atrazin, jedoch in 7,2 % der Fälle durch Desethylatrazin überschritten [LFU 1995].

Einen Hinweis auf breite Anwendungsbereiche von Pflanzenbehandlungsmitteln auch außerhalb der Landwirtschaft gibt ein Vergleich der Ergebnisse des Teilmeßnetzes Landwirtschaft mit dem gesamten Grundwasserbeschaffenheitsmeßnetz Baden-Württemberg. Im Jahr 1994 wurden im Teilmeßnetz Landwirtschaft nur für die Stoffe Atrazin und Desethylatrazin deutlich mehr Grenzwertüberschreitungen als im Gesamtmeßnetz festgestellt (Tab. 5-2). Dies wird zum einen dem Einfluß landwirtschaftlicher Flächen auch auf Meßstellen anderer Teilmeßnetze zugeschrieben, zum andern aber auch dem oben bereits beschriebenen Einsatz von Pflanzenbehandlungsmitteln auf Siedlungs- und Verkehrsflächen [LFU 1994a].

Bei der Bewertung obiger Angaben muß beachtet weden, daß Meßwerte erfahrungsgemäß mit einem Fehler von +/- 40–70 % behaftet sind [LFU 1995].

5.2.3.2 Oberflächenwasser

Im August 1992 waren in der BRD 215 Wirkstoffe für Pflanzenbehandlungsmittel zugelassen, davon 59 mit „erhöhtem gewässerschädigendem Potential" [Irmer et al. 1993]. Eine Bilanzierung der Pflanzenbehandlungsmittel-Einträge in Oberflächengewässer ist mangels flächendeckender Untersuchungen derzeit nicht möglich [Bruckhaus und Berg 1990]. Aufgrund der abgesetzten Wirkstoffmenge und dem flächendeckenden Einsatz von Pflanzenbehandlungsmitteln muß die Landwirtschaft als Hauptursache für das Auftreten von Pflanzenbehandlungsmitteln in Oberflächengewässern angesehen werden. Daneben spielen auch die Behandlung von an Flüssen gelegenen Bahntrassen mit Pflanzenbehandlungsmitteln wie z.B. an der Rems [Hurle et al. 1993] sowie punktuelle Einleitungen pestizidhaltiger Abwässer durch die Chemische Industrie lokal eine Rolle.

Für die <u>diffusen</u> Einträge von Pflanzenbehandlungsmitteln sind zwei Haupteintragspfade entscheidend: Einerseits der Transport über Zwischenabfluß* und Drainagen*, andererseits der direkte Oberflächenabfluß*, wobei darunter sowohl das oberflächlich abfließende Wasser als auch das darin enthaltene erodierte Bodenmaterial verstanden wird. Besonders anfällig dafür sind Kulturen, die über längere Zeit keine ausreichende Bodenbedeckung aufweisen. Das Ausmaß des Austrags wird von folgenden Parametern beeinflußt: Niederschlagsmenge und -intensität, Bodenart, Bodenfeuchte und Oberflächenbeschaffenheit des Bodens, Hangneigung, Aufwandsmenge, Art der Applikation, chemisch-physikalische Eigenschaften, Persistenz* und Sorption* der Pflanzenbehandlungsmittel sowie ackerbauliche Parameter wie Art der Bodenbearbeitung und Pflanzenbewuchs [Hurle et al. 1993].

In Abhängigkeit von der Wasserlöslichkeit des Wirkstoffs wird er entweder gelöst oder an Partikel gebunden ausgetragen. Auf geneigten Flächen erfolgt so schätzungsweise ein Verlust von 1–2 % der eingesetzten Wirkstoffmenge [Hurle et al. 1993]. In der Regel führt das erste Niederschlagsereignis nach dem Aufbringen des Pflanzenbehandlungsmittels zum relativ größten Austrag. Während die im Zwischenabfluß* und dem Drainagewasser enthaltenen Wirkstoffe eine Basiskonzentration in den Gewässern erzeugen, die geringeren jahreszeitlichen Schwankungen unterworfen ist, kann der Oberflächenabfluß zu kurzzeitigen Spitzenkonzentrationen führen [Scherer et al. 1992]. Andere Eintragspfade sind die direkte Behandlung von Gewässern (z.B. zeitweilig trockengefallene Gräben), die Abdrift der fein verstäubten Spritzbrühe durch Wind oder die direkte atmosphärische Deposition über den Niederschlag. Im allgemeinen spielen diese anderen Eintragspfade eine untergeordnete Rolle. Im Bodenseeraum sind seit einigen Jahren sogenannte Tunnelspritzanlagen im Obstanbau in Betrieb, bei denen die nicht an die Bäume gelangende Spritzbrühe aufgefangen und wiederverwendet wird. Die dadurch eingesparten Spritzmittel belaufen sich auf ca. 40 %, wodurch nicht nur die Umwelt weniger belastet wird, sondern auch der Fahrer des Traktors geschützt wird. Obwohl sich die Anlagen durch die Einsparung von Spritzmitteln nach wenigen Jahren amortisieren, haben sie sich bisher nicht durchsetzen können.

Neben den diffusen Einträgen können auch <u>punktuelle</u> Einträge von industriellen Direkteinleitern oder kommunalen Kläranlagen (Indirekteinleiter) erfolgen.

Unsachgemäße Lagerung, Unfälle oder unsachgemäße Entsorgung von Reinigungsbrühen sind weitere Möglichkeiten punktueller Belastungen. Eine Untersuchung des staatlichen Umweltamts Münster ergab, daß ein Drittel der Gesamtbelastung der Oberflächengewässer im untersuchten Einzugsgebiet auf Hofabläufe zurückzuführen sind [MEYER 1995].

In Baden-Württemberg werden keine flächendeckenden Untersuchungen über die Belastung der Oberflächengewässer mit Pflanzenbehandlungsmitteln durchgeführt. Die LfU untersucht seit 1984 Rhein, Neckar und Donau an „*ausgewählten Stellen*“. Der Rhein wird seit 1989 wegen in der Vergangenheit wiederholt aufgetretenen Schadensfällen bei am Oberrhein ansässigen Herstellern intensiver untersucht: An der Station Karlsruhe werden mehrmals wöchentlich 40 Pflanzenbehandlungsmittel analysiert. Häufig sind dabei die Herbizide* Atrazin und Simazin, nachzuweisen, gelegentlich auch Ametryn, Terbutylazin, Diuron, Isoproturon und Desethyatrazin im Bereich der Nachweisgrenze. Im Jahresmittel liegen die Konzentrationen aller untersuchten Pflanzenbehandlungsmittel jeweils unter dem Grenzwert der Trinkwasserverordnung für Einzelsubstanzen von 0,1 µg/l. Die Konzentration von Atrazin und Simazin gehen im Rhein seit 1986 aufgrund von Optimierungsmaßnahmen von Produktionsprozessen und „*als Folge der Verlagerung der Atrazinproduktion aus dem Rheineinzugsgebiet*“ (Ciba-Geigy [KRUHM-PIMPL 1993]) zurück (Tab. 5-3) [UM UND LFU 1995]. Die seither zu beobachtenden Konzentrationen werden wie auch im Falle von Neckar und Donau auf diffuse Einträge zurückgeführt. Die zeitliche Korrespondenz des Auftretens der Substanzen in den Gewässern mit den typischen Anwendungszeiten weist auf die Landwirtschaft als Ursache hin. Auf Initiative eines Herstellers von Analysegeräten wurde 1990 das „Rhine-Basin“-Programm ins Leben gerufen, welches an mehreren Stationen entlang des Rheins den Kenntnisstand insbesondere der polaren organischen Schadstoffe (Pestizide, Sulfonate, Phthalate) verbessern soll. Der Aufbau des Meßsystems wurde 1994 beendet, im Sommer 1994 sollte die erste Meßkampagne abgeschlossen sein [MAYER 1994].

Tab. 5-3: Pestizidkonzentrationen im Rhein bei Karlsruhe
Quelle: [UM und LFU 1995]

Angaben in µg/l	1986[1]		1988 N=10		1990 N=151		1991 N=108		1992 N=103		1993 N=104	
	MW[2]	MAX	MW[3]	MAX	MW[3]	MAX	MW[3]	MAX	MW[3]	MAX	MW[3]	MAX
Atrazin	0,37	1,1	0,12	0,28	0,07	0,37	0,05	0,10	<0,05	0,12	<0,05	0,07
Desethylatrazin			0,05	0,08	<0,10	0,20	<0,10	<0,10	<0,10	0,10	<0,10	<0,10
Simazin	0,22	0,58	<0,05	0,08	<0,05	0,18	<0,05	0,01	<0,05	0,06	<0,05	0,05
Amethryn	0,08	0,25	<0,05	<0,05	<0,05	0,08	<0,05	0,10	<0,05	<0,05	<0,05	<0,05
Terbutylazin	<0,05	0,05	<0,05	0,07	<0,10	0,26	<0,10	0,30	<0,10	<0,10	<0,10	<0,10

[1] Daten: Arbeitsgemeinschaft Wasserwerke Bodensee-Rhein (AWBR), Jahresbericht 1988, S. 104
[2] Geometrisches Mittel
[3] Arithmetisches Mittel
N = Zahl der Bestimmungen

Ergänzende regionale Untersuchungsergebnisse liegen für die Rems [HURLE ET AL. 1993, LANG UND HURLE 1993, zit. in HURLE ET AL. 1993] und für die baden-württembergischen Bodenseezuflüsse Schussen, Argen, Rotach, Seefelder - und Stockacher Aach [ROSSKNECHT 1994a] vor. Danach überschreiten die Konzentrationen einiger Substanzen den Grenzwert der Trinkwasserverordnung von 0,1 µg/l erheblich. Während sich das Atrazinverbot mit einjähriger Verzögerung in den Bodenseezuflüssen bemerkbar macht (sowohl Atrazin- als auch Desethylatrazingehalte gingen ab 1992 auf Werte ≤ 0,1 µg/l zurück), steigt die Zahl positiver Befunde für Diuron an, was auf einen zunehmenden Einsatz dieses Totalherbizids hinweist [ROSSKNECHT 1994a]. Seit 1984 wird das vom Zweckverband Landeswasserversorgung bei Leipheim entnommene Donauwasser regelmäßig auch auf Pestizide untersucht. Für Atrazin wurden in den 80er Jahren Gehalte von ca. 30 ng/l und für Simazin ca. 10 ng/l ermittelt [WERNER 1987, zit. in BRUCKHAUS UND BERG 1990]. Generell werden die Konzentrationen der Pflanzenbehandlungsmittel im Donauwasser von der Landeswasserversorgung als *„nicht von Relevanz"* eingeschätzt [WEBER UND WÖLFEL 1992].

Von Mai bis Dezember 1991 wurden an zehn Stationen der Rems 200 Untersuchungen auf Wirkstoffe von Pflanzenbehandlungsmitteln durchgeführt. Bei 173 Proben kam es zu positiven Befunden, die ausschließlich von Herbiziden aus der Gruppe der s-Triazine (Atrazin) und aus der Gruppe der Phenoxyalkansäuren (Mecoprop und Dichlorprop) verursacht wurden. Die Gehalte lagen in 25 % der Fälle unter 0,1 µg/l, bei 57 % im Bereich von 0,1–0,5 µg/l und bei 18 % > 0,5 µg/l. Die höchsten Konzentrationen waren in den Monaten Mai und Juni – entsprechend den Terminen der Spritzmittelanwendungen – festzustellen. Nach Berechnungen wurden im Untersuchungszeitraum 27 kg Pflanzenbehandlungsmittelwirkstoff mit der Rems exportiert, davon 20 kg Phenoxyalkansäuren (0,15 % der erfaßten eingesetzten Menge) und 7 kg Triazine (0,6 % der erfaßten applizierten Menge). Aufgrund der trockenen Witterung im Jahr 1991 war der Austrag vergleichsweise gering, während bei normaler Witterung 1–2 % der eingesetzten Wirkstoffmenge in die Oberflächengewässer ausgetragen werden. Neben der Landwirtschaft wird auch der Einfluß der Gleistrasse der Deutschen Bahn AG als Herkunft diskutiert. Als Haupteintragspfad wird der Oberflächenabfluß (run-off) angesehen [HURLE ET AL. 1993].

5.2.3.3 Trinkwasser

Die Belastung des Trinkwassers durch Wirkstoffe von Pflanzenbehandlungsmitteln resultiert nicht allein aus der Belastung von Grund- bzw. Oberflächenwasser. Durch die unterschiedlichen Verfahren zur Desinfektion im Rahmen der Trinkwasseraufbereitung können im Wasserwerk selbst entweder entsprechende Wirkstoffe in das Trinkwasser eingeschleppt werden oder durch Umsetzung der desinfizierenden Substanzen mit im Wasser natürlicherweise vorhandenen Stoffen entstehen. Ein Beispiel für die erste Möglichkeit stellt die Verunreinigung von Trinkwasser durch Quecksilber dar, welches aus zur Desinfektion verwendeten Natrium-Hypochlorit-

Lösungen stammen kann. Als Pflanzenbehandlungsmittel ist Quecksilber bereits seit 1983 verboten. Ein Beispiel für im Wasserwerk neu gebildete Wirkstoffe ist Chlorpikrin, welches bei der Desinfektion mittels Ozon entstehen kann. Als Pflanzenbehandlungsmittel ist Chlorpikrin seit 1980 verboten [HÄFNER 1995]. Nach Angaben von Häfner [1995] wurden in Baden-Württemberg sowohl Quecksilber als auch Chlorpikrin (im Großraum Stuttgart) in Trinkwasserproben nachgewiesen. Aus Häfners Angaben ist allerdings nicht ersichtlich, ob es sich bei diesen Belastungen des Trinkwassers durch Wirkstoffe von Pflanzenbehandlungsmitteln um ein großräumiges oder punktuell auftretendes Problem handelt. In jedem Fall wird deutlich, daß durch die jeweiligen Grenzwerte in der Trinkwasserverordnung Wirkstoffe, die aus der Landwirtschaft oder von der Behandlung von Bahngleisen stammen, deutlich restriktiver bewertet werden als diejenigen stofflich identischen oder vergleichbaren Substanzen, die im Wasserwerk selbst zum Einsatz kommen. Letztere gewannen in der Vergangenheit eine zunehmende Bedeutung, weil sowohl bei der Verwendung von Oberflächenwasser als auch im Falle von langen Tranportstrecken (Fernwasser) eine Desinfektion notwendig ist. Beides, Oberflächen- und Fernwasser, wurde in Baden-Württemberg in den letzten Jahrzehnten in steigendem Maße zur Trinkwasserversorgung verwendet (siehe Abb. 3-5 und Abb. 3-6).

Im Hinblick auf den nachhaltigen Umgang mit der Ressource Wasser kommt der Desinfektion von Trinkwasser keine vorrangige Bedeutung zu, weil sich die Desinfektion zwar auf das Trinkwasser, jedoch nicht auf das Grundwasser auswirkt – im Gegensatz zu den Auswirkungen von Landwirtschaft und der Behandlung von Eisenbahngleisen. Die Ressource Wasser ist durch die Maßnahmen der Trinkwasserdesinfektion allenfalls insofern betroffen, als mit Desinfektionsstoffen belastetes Trinkwasser aus undichten Leitungen ins Grundwasser gelangen kann, oder daß diejenigen Stoffe, die in Kläranlagen nicht abgebaut werden, die Vorfluter* und letztlich dadurch die Meere belasten, wo sie sich bei entsprechender Persistenz* (z.B. Quecksilber) anreichern können.

5.2.4 Säurebildner aus atmogener Deposition

Durch Verbrennungsprozesse einerseits und die landwirtschaftliche Tierhaltung andererseits gelangen in großem Maße Schadstoffe in die Atmosphäre, die im Verlauf ihres Aufenthalts eine chemische Veränderung erfahren und nach anschließender Deposition in Böden und Gewässern zum Teil versauernd wirken können. Die Auswirkungen der ursprünglichen Leitsubstanz Schwefeldioxid und daraus entstandenen schwefligen Säure bzw. Schwefelsäure konnte durch Entschwefelungsmaßnahmen an stationären Feuerungsanlagen um über 80 % gemindert werden. Nach wie vor unbefriedigend stellt sich die Situation bei den Stickstoffoxiden (NO, NO_2) und der daraus gebildeten salpetrigen Säure und Salpetersäure bzw. beim Ammoniak (NH_3) und dem daraus gebildeten Ammonium (NH_4^+) dar. Die Emissionssituation dieser Substanzen wurde bereits in Kapitel 5.2.1 dargestellt.

Die Ammoniumeinträge wirken versauernd, weil sowohl bei der Nitrifikation* als auch bei der Ammonium-Aufnahme durch Pflanzen Protonen frei werden. In landwirtschaftlich geprägten Regionen Baden-Württembergs geht der Säureeintrag bereits überwiegend auf Ammonium zurück [HEPP UND HILDEBRAND 1993].

Die depositionsbedingten Säureeinträge schlagen in Baden-Württemberg besonders im Odenwald und Schwarzwald auf die Gewässer durch, da in diesen Gebieten Böden und Grundwasserleiter (Buntsandstein und Kristallin) ein sehr geringes Puffervermögen aufweisen. Während in natürlicherweise sauren Gewässern spezifisch angepaßte wertvolle Lebensgemeinschaften existieren können, kann aus der anthropogen veursachten übermäßigen Versauerung ein Artenschwund resultieren, der die davon betroffenen Gewässer ökologisch entwertet. Zusätzlich kann saures Wasser aus Böden und Installationsmaterialien Aluminium bzw. Schwermetalle freisetzen, was von humantoxikologischer Relevanz sein kann.

5.2.4.1 Grundwasser

Die Anforderungen an den Säuregehalt im Trinkwasser wurden aufgrund der EG-Richtlinie 80/778/EWG durch die Novellierung der Trinkwasserverordnung 1986 zum Schutz vor Korrosionsproblemen und wegen damit verbundener Schwermetallfreisetzung in Trinkwasserverteilungssystemen erhöht. Der pH-Wert des Trinkwassers muß seither zwischen 6,5 und 9,5 liegen.

Im Jahr 1990 wurde in Baden-Württemberg der zulässige pH-Bereich nach der Trinkwasserverordnung an 13,6 % der Rohwassermeßstellen nicht eingehalten [LFU 1993], im Jahr 1994 war er in 9,7 % der Fälle unterschritten, was sicherlich auch dadurch begründet ist, daß einige Anlagen aus Qualitätsgründen vom Netz genommen werden mußten. Vor allem im Basismeßnetz (unter Wald) entsprachen 1994 21,2 % der Wasserproben nicht den Grenzwerten der Trinkwasserverordnung [LFU 1995]. Die Wasserwerke begegnen unzulässiger Säure mit Entsäuerungsmaßnahmen, wozu nach Angaben des Statistischen Landesamtes in den letzten Jahren weitere Anlagen errichtet wurden. Im Jahr 1991 wurden ca. 100.000 Einwohner mit zu saurem Wasser versorgt [ROMMEL 1993a]. Zwei Jahre zuvor waren es noch 110.000 Einwohner, im Jahr 1987 130.000 [ROMMEL 1992b].

Im Jahr 1983 förderten 234 Gewinnungsanlagen Wasser mit pH < 6,5. Davon befanden sich 177 im Schwarzwald [ROMMEL 1988]. Für das Jahr 1989 nennt Rommel [1992a] 245 Grenzwertunterschreitungen. Diese Zahl ist als Mindestangabe zu verstehen, weil die Betreiber von 80 kleinen Anlagen keine Angaben zum Rohwasser machten. Es hat im Zeitraum von 1983 bis 1989 somit eine nicht genauer quantifizierbare Zunahme von säurebelasteten Wassergewinnungsanlagen gegeben. In seiner Pressemitteilung zum „Tag des Wassers" vom 22.3.1994 konstatiert der „Deutsche Verein des Gas- und Wasserfachs" (DVGW) eine *„zunehmende Boden- und Gewässerversauerung"*, welche auf einer pH-Absenkung der Niederschläge von natürlichen pH-Werten zwischen 5 und 5,6 auf pH < 4 herrühren. Eine Reduzierung der Immissionen um 90–95 % wird vom DVGW deshalb für erforderlich gehalten.

Abb. 5-22: pH-Werte im Grundwasser Baden-Württembergs bei der Beprobung 1993
Quelle: [BARUFKE 1995]

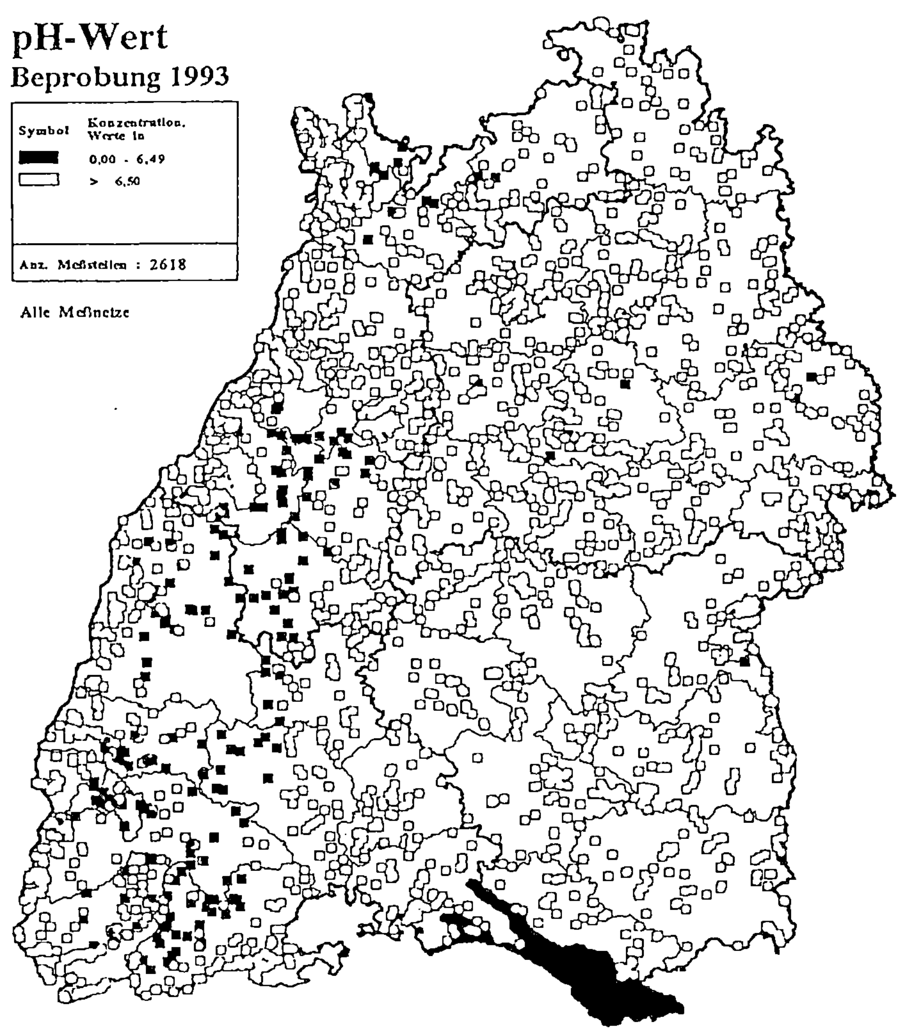

Die Darstellung aller pH-Daten aus dem Grundwasserbeschaffenheitsmeßnetz
zeigt auch im Jahr 1993 den Schwerpunkt von sauren Grundwässern im Schwarz-
und Odenwald (Abb. 5-22). Der pH-Wert ist entscheidend für das Lösungsvermögen
von Metallen in Wasser. Die Untersuchungen der LfU wiesen im Jahr 1994 bei
pH-Werten oberhalb von 6,5 in 39 % der Fälle Aluminium oberhalb der Nachweisgrenze von 5 µg/l und in 2,5 % der Fälle Cadmium oberhalb von 0,2 µg/l nach. Bei

pH-Werten unter 6 konnte dagegen in 71 % Aluminium und in 13 % der Fälle Cadmium oberhalb der Nachweisgrenze detektiert werden [LFU 1995].

5.2.4.2 Oberflächengewässer

Seit einigen Jahren werden in den Quellgebieten kleiner, nicht durch Abwässer belasteter Fließgewässer chemische und biologische Veränderungen beobachtet, die mit versauernd wirkenden atmogenen Depositionen im Zusammenhang stehen [UM 1992b]. Die Untersuchungen konzentrieren sich auf die kalkarmen, gering gepufferten und damit versauerungsgefährdeten Gebiete Baden-Württembergs in Odenwald und Schwarzwald. Aufgrund der relativ hohen Niederschläge an den Luv-Seiten dieser Mittelgebirge und wegen des Auskämmeffekts insbesondere durch Nadelbäume ist ein verstärkter Säureeintrag an diesen Standorten festzustellen. Dadurch wird das durch die Geologie der Standorte gegebene Risiko weiter erhöht [HEPP UND HILDEBRAND 1993].

Die LfU untersucht seit den 80er Jahren die Reaktion des Makrozoobenthons* im Hinblick auf den Säurezustand der Gewässer in einem langfristig angelegten Programm. An etwa 100 Gewässerabschnitten erfolgt in ein- bis zweijährigem Turnus eine Erhebung biologischer und chemischer Parameter, an weiteren 10 Abschnitten werden in monatlichem Abstand chemische Untersuchungen durchgeführt. Aufgrund dieser Erhebungen wurde ein neues Bewertungssystem mit vier Stufen entwickelt, das 1991 erstmals in Form einer Karte dokumentiert wurde (Abb. 5-23).

Im Gegensatz zum Saprobienindex, dem ein Mittelwert aus den Zeigerwerten aller Indikatororganismen zugrunde liegt, wird bei diesem Bewertungssystem nach dem Prinzip maximaler Empfindlichkeit gegenüber dem Säuregehalt des Wasser bewertet. Mit zunehmender Versauerung geht ein Rückgang der Artenvielfalt einher [UM 1992b]. Das System führt nur in kalkarmen unbelasteten Fließgewässern der Güteklassen I und I–II zu plausiblen Resultaten. Es unterscheidet folgende vier Stufen:

- I   ständig nicht saure Gewässer: pH meist bei 7, jedoch über 6,5, pH-Minima ≤ 6
- II   episodisch schwach saure Gewässer: wie bei I, pH-Minima $\geq 5,5$
- III   periodisch deutlich saure Gewässer (kritischer Säurezustand, deutliche ökologische Schäden): pH $< 6,5$; pH-Minima $< 5,5$ (bei sommerlich-herbstlichem Niedrigwasser auch Neutralbereich möglich)
- IV   ständig stark saure Gewässer (starke ökologische Schäden): pH-Wert ganzjährig $< 5,5$; pH-Minima oft < 5 (manchmal pH $\leq 4,3$)

Die thematische Karte (Abb. 5-23) stellt den aktuellen, biologisch wirksamen Säurezustand dar und nicht den Grad der Versauerung, der sich nur durch langjährigen Vergleich ermitteln läßt [UM 1992b]. Die sauersten Gewässer liegen im Buntsandstein des Nordschwarzwalds. Nur geringfügig besser ist die Situation im Granit des mittleren Schwarzwaldes. Im basenreicheren Granit-/Gneisgebiet des Südschwarzwaldes ist die Situation deutlich günstiger [UM 1992b]. Über den Odenwald werden keine Aussagen getroffen.

Abb. 5-23: Der Säurezustand der Fließgewässer im Schwarzwald 1991
Quelle: [UM 1992b]

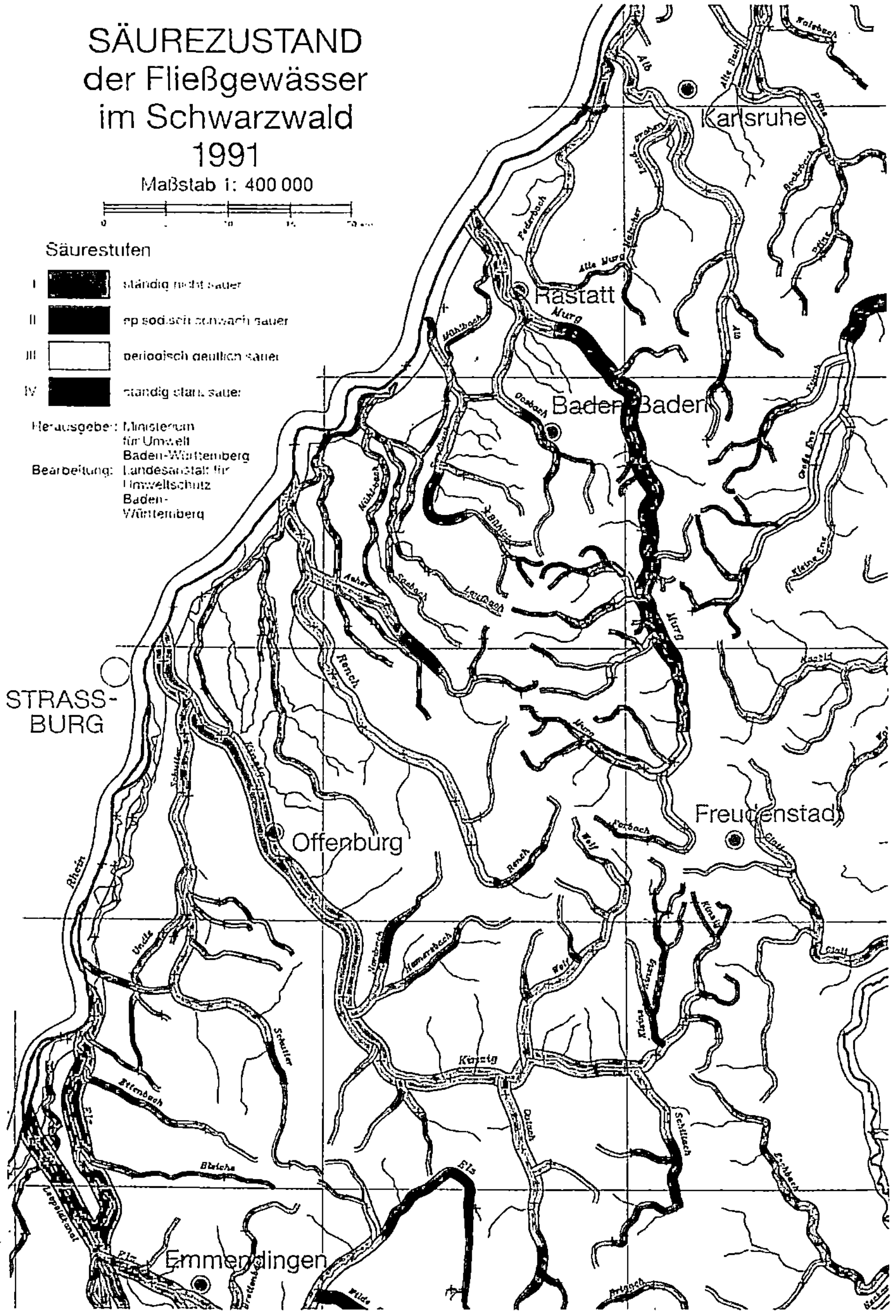

Abb. 5-23 Fortsetzung: Der Säurezustand der Fließgewässer im Schwarzwald 1991
Quelle: [UM 1992b]

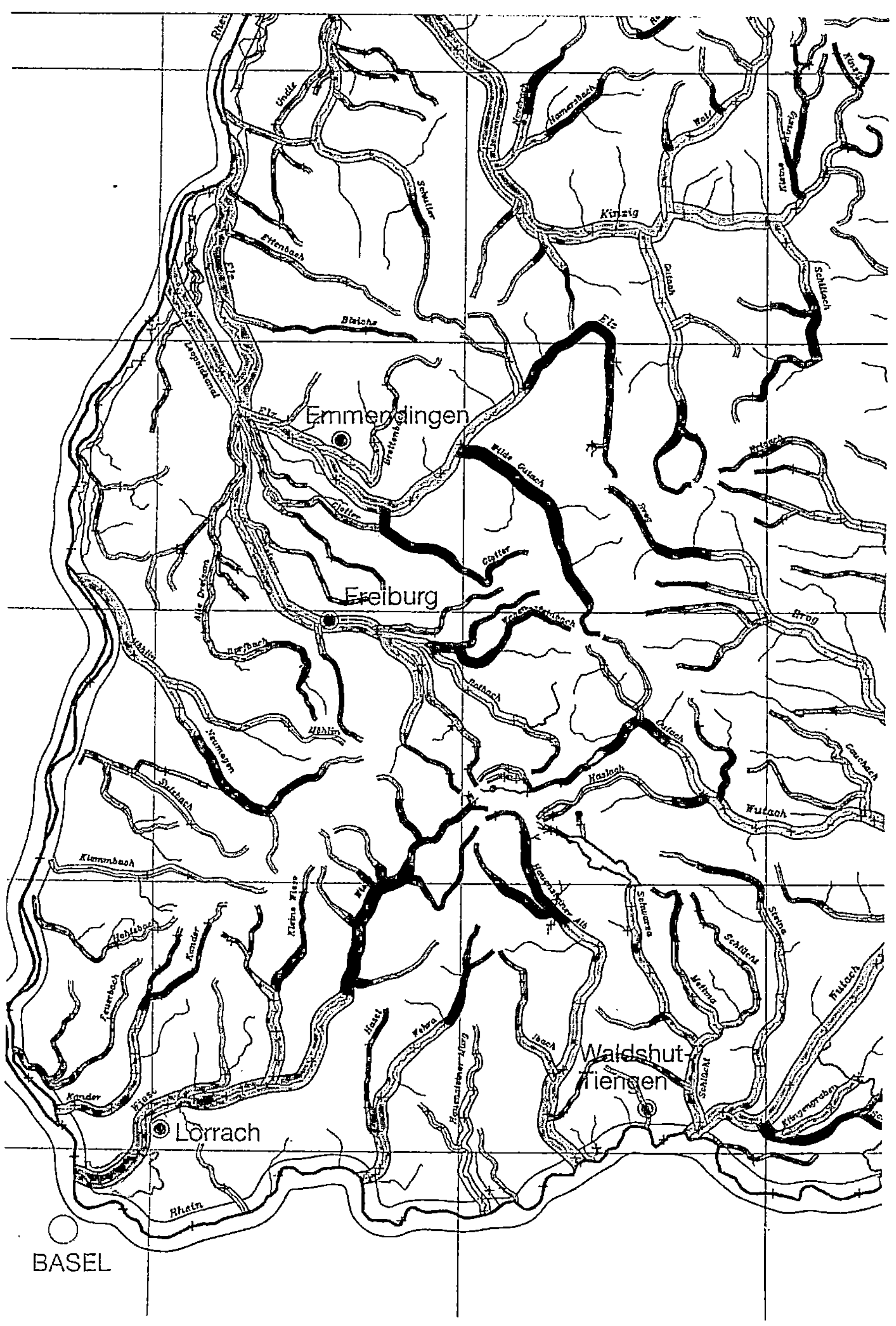

Zeitliche Entwicklung

Aufgrund des erst seit kurzem aufgelegten Untersuchungsprogramms ist eine sichere Trendaussage noch nicht möglich. Vorausgehende Untersuchungen an Kieselalgen in Schwarzwaldbächen in den Jahren 1970 und 1986 lieferten allerdings klare Belege dafür, daß in diesem vergleichsweise kurzen Zeitraum eine Verschiebung hin zu säuretoleranteren Kieselalgen-Gesellschaften stattfand. Diese Veränderung wird auf anthropogene Einflüsse (saure Depositionen) zurückgeführt [UM 1992b].

5.2.5   Schwermetalle

Schwermetalle sind Bestandteile der Gesteine und somit auch der Böden. Deshalb sind in Grund- und Oberflächenwässern je nach Ausgangskonzentration im Substrat, Bindungsstärke der Metalle und Lösungseigenschaften der Wässer unterschiedliche geogen bedingte Hintergrund-Konzentrationen zu erwarten.

5.2.5.1   Grundwasser

Nur ein Teil der Grundwassermeßstellen des Landes wurde 1994 auf Schwermetalle untersucht. Von den über 2700 Meßstellen wurden 725 auf die Metalle Arsen, Blei und Cadmium, 724 auf Chrom, 723 auf Nickel, 445 auf Quecksilber und 400 auf Zink untersucht. Aus den Meßergebnissen des Basismeßnetzes ergeben sich Informationen zur *„geogen geprägten Hintergrundbelastung"*, die nicht völlig identisch mit dem geogenen Hintergrund sein muß. Wie wir bereits beim Stickstoff ausgeführt haben (Kapitel 5.2.1), sind die Waldgebiete, in denen das Basismeßnetz betrieben wird, Einflüssen aus atmogenen Depositionen ausgesetzt. Aufgrund menschlichen Tuns sind die Niederschläge saurer als von Natur aus und vermögen aus schlecht gepufferten Böden höhere Schwermetallmengen auszuwaschen, als dies natürlicherweise der Fall ist – siehe Kapitel 5.2.4. Deshalb können die in Tab. 5-4 dargestellten Metallkonzentrationen von oberflächennahen Meßstellen auch anthropogen beeinflußt sein. Die aufgeführten Konzentrationen überschreiten in der Regel nicht die jeweiligen Grenzwerte der Trinkwasserverordnung.

Im Gesamtmeßnetz wurden 1994 folgende Grenzwertüberschreitungen festgestellt:

Arsen:	1 von 725 (Basismeßnetz)
Blei:	2 von 725 (1 im Basis-, 1 im Quellmeßnetz)
Cadmium:	0 von 725
Chrom:	0 von 724
Nickel:	0 von 723
Quecksilber:	0 von 445

Tab. 5-4: „Geogen geprägte Schwermetallkonzentrationen" in ausgewählten Regionen Baden-Württembergs. Angegeben sind die 10. und 90. Perzentile aus dem Basismeßnetz der Landesregierung. Es sind nur oberflächennahe Meßstellen berücksichtigt
Quelle: [LfU 1994b]

Parameter	Dim.	Quartär	Quartär, z.T. moränenüberdeckt	Weißjura	Höherer Keuper	Muschelkalk Lettenkeuper	Buntsandstein Kristallin
		Oberrheingraben	Alpenvorland, Albsüdrand	Schwäb. Alb	Keuperbergland	Gäugebiete, Hohenlohe	Schwarzwald, Odenwald
Arsen	µg/l	0,2...10	<0,2...0,4	<0,2	0,3...1,6	<0,2...2	<0,2...10
Blei	µg/l	<0,5...4,3	<0,5...0,6	<0,5	<0,5...0,7	<0,5	<0,5...5,7
Cadmium	µg/l	<0,05...0,3	<0,05	<0,05...0,08	<0,05...0,18	<0,05...0,2	<0,05...0,37
Chrom, ges.	µg/l	<0,2...1,0	<0,2...1,0	<0,2...0,3	<0,2...0,4	<0,2...1,0	<0,2...0,4
Nickel	µg/l	<0,5...1,6	<0,5...0,9	<0,5	<0,5	<0,5...4,3	<0,5...4,8
Quecksilber	µg/l	<0,05...0,06	<0,05...0,16	<0,05...0,09	<0,05...0,14	<0,05...0,15	<0,05

Erwähnenswert ist die Tatsache, daß es 1994 bei Arsen insgesamt zu 15 Überschreitungen des damaligen Warnwertes von 10 µg/l kam. Seit 1996 ist der Grenzwert für Arsen aus humantoxikologischen Gründen (kanzerogenes Potential) von 40 µg/l auf 10 µg/l abgesenkt, so daß künftig eine entsprechende Zahl von Grenzwertüberschreitungen zu befürchten ist. Drei Überschreitungen waren im Jahr 1994 im Basismeßnetz, 11 an den Rohwassermeßstellen und eine im „Emittentenmeßnetz Siedlung" festzustellen [LfU 1995]. Die Schwerpunkte der Arsenbelastung lagen 1993 im südlichen Rhein-Neckar-Kreis, im Landkreis Lörrach und im Landkreis Waldshut [LfU 1994b].

5.2.5.2 Exkurs: Sekundärkontaminationen durch Versorgungsleitungen

Trinkwasser, welches von den Wasserwerken meist in einwandfreiem Zustand geliefert wird, kann durch den Aufenthalt in Metallrohren (die z.T. zusätzlich verlötet sein können) über die Grenzwerte der Trinkwasserverordnung kontaminiert werden. Belastungen gehen meist von den Metallen Blei, Cadmium, Kupfer, Mangan und Zink aus. Das Ausmaß der möglichen Sekundärkontamination hängt außer von den Materialeigenschaften der Wasserleitungen und den Lösungseigenschaften des Wassers (pH-Wert, Kalkgehalt) wesentlich von der Aufenthaltsdauer des Wassers in der Leitung ab. Mit zunehmender Aufenthaltszeit steigen die Metallkonzentrationen an. Deshalb ergeben sich bei entsprechenden Materialvoraussetzungen die größten Belastungspotentiale in Haushalten durch das erste am Morgen gezapfte Wasser, welches über Nacht in der Leitung stand (Stagnationswasser) (Tab. 5-5).

Der Vergleich der Mittelwerte zeigt im Falle des Elements <u>Blei</u> eine Verdoppelung des Gehalts in den Hausinstallationen verglichen mit der von den Wasserwerken abgegebenen Qualität. Durch Stagnation erhöhen sich die Konzentrationen um weitere 30 %. Im Mittel bleiben die Bleikonzentrationen auch nach Stagnation unterhalb des Grenzwertes der Trinkwasserverordnung (TVO). Die ermittelten

Tab. 5-5: Konzentrationen ausgewählter Schwermetalle im Trinkwasser nach dem Verlassen der Wasserwerke, nach spontaner Entnahme in Haushalten sowie nach Stagnation in Haushalten - arithmetische Mittelwerte (Fettdruck) und maximale Einzelbefunde (Max.). Bundesweite Untersuchungen (Angaben in µg/l)
Quelle: [KRAUSE ET AL. 1991, zitiert in PUCHELT 1995]

Element	ab Wasserwerk		Spontanproben		Stagnationswasser		TVO
	Mittelw.	Max.	Mittelw.	Max.	Mittelw.	Max.	
Blei	**1,9**	9,0	**4,1**	122,0	**5,32**	200	40
Cadmium	**0,22**	2,2	**0,26**	4,6	**0,34**	7,9	5
Kupfer	**13,3**	185	**155**	4610	**248**	5090	100/3000*
Zink	**122**	5215	**465**	9370	**804**	12900	100/5000*

TVO = Trinkwasserverordnung
* Trinkwasserrichtzahl gemäß EG-Richtlinie 778/80/EWG
    der höhere Wert bezieht sich auf Wasser nach 12-stündiger Stagnation im Leitungsnetz

Maximalwerte der Spontan- und der Stagnationsproben betragen ein Mehrfaches des Zulässigen. Aus diesen Daten ist zu erkennen, daß bleihaltige Leitungen punktuell zur Anwendung kommen und das Trinkwasser in erheblichem und unzulässigem Maße sekundär kontaminieren.

Die Cadmiumgehalte der Spontanproben sind im Mittel gegenüber dem von den Wasserwerken abgegebenen Wasser nur wenig erhöht (+ 18 %). Durch Stagnation erhöhen sich die Konzentrationen – ähnlich dem Blei – um weitere 30 %. Im Mittel schöpfen auch Stagnationswässer den zulässigen Grenzwert zu weniger als 10 % aus. Die Maximalgehalte der Spontanproben erreichen den Grenzwert nur knapp, die Maximalgehalte der Stagnationsproben überschreiten ihn um 58 %. Insgesamt stellt sich in Deutschland die Situation somit günstiger dar als beim Element Blei.

Grundsätzlich anders verhält es sich beim Element Kupfer: Kupfer ist im Gegensatz zu Blei und Cadmium ein essentielles Spurenelement und wird daher in gewissem Maß vom Organismus benötigt. Zum zweiten gibt es in Deutschland keinen Grenzwert für Trinkwasser, sondern einen Richtwert aus der entsprechenden EG-Richtlinie von 1980 (80/778/EWG). Der Mittelwertsvergleich zwischen dem von den Wasserwerken abgegebenen Wasser und den Spontanproben im Haushalt illustriert den verbreiteten Einsatz von Kupfer als Material für Wasserleitungen. Die Kupfergehalte in Haushalten liegen im Mittel über 10-fach höher als nach Abgabe von den Wasserwerken, durch Stagnation erhöhen sie sich um weitere 60 %. Während die Mittelwerte deutlich unter der von Quentin [1980] für Kleinkinder genannten Unverträglichkeitsgrenze von 800 µg/l bleiben, wird diese Grenze bereits von den Maximalwerten der Spontanproben erheblich überschritten.

Zink ist ebenso wie Kupfer essentiell und wird nicht gesetzlich im Trinkwasser begrenzt. Die Trinkwasserrichtzahl der EG-Richtlinie 80/778/EWG wird bereits vom Wasser nach Verlassen der Wasserwerke überschritten. In Spontanproben der Haushalte sind die Konzentrationen demgegenüber nahezu vervierfacht. Durch

Stagnation erfolgt nochmals nahezu eine Verdoppelung. Die Maximalkonzentrationen liegen bereits in den Wasserwerken 50-fach, in den Haushalten bis über 100-fach über der Richtzahl der EG. Selbst die Richtzahl für 12 stündiges Stagnationswasser von 5.000 µg/l wird nicht immer eingehalten (Tab. 5-5).

Spezielle Aufstellungen über Schwermetallkonzentrationen im Trinkwasser baden-württembergischer Haushalte liegen uns nicht vor. Durch Ablaufenlassen der besonders hoch belasteten Stagnationswässer kann die Kontamination des gezapften Wassers vermindert werden. Je nach Belastung müssen dabei mehrere Dutzend bis mehrere hundert Liter Wasser ablaufen, um ausreichend tiefe Konzentrationen zu erreichen [PUCHELT 1995]. Dies ist zum einen mit einem sparsamen Umgang mit der Ressource nicht zu vereinbaren, zum anderen werden durch metallhaltiges ablaufendes Wasser der Klärschlamm bzw. die Vorfluter unnötig mit Metallen belastet.

Wasserleitungen können das Trinkwasser nicht alleine durch Schwermetalle belasten. Die vor allem in den 50er und 60er Jahren durch Tauchteerung behandelten Graugußrohre können nach Untersuchungsergebnissen der Chemischen Landesuntersuchungsanstalt in Karlsruhe (CLUA) die Quelle für massive Belastungen durch krebserzeugende Polyzyklische Aromatische Kohlenwasserstoffe (PAK) sein [HÄFNER 1995]. Über das Ausmaß dieser Belastung des Trinkwassers in Baden-Württemberg liegen uns keine Angaben vor.

5.2.5.3 Oberflächenwasser und Sedimente

Vor allem die zunehmende Industrialisierung nach dem Zweiten Weltkrieg führte in Kombination mit ungenügender Abwasserreinigung zur Gewässerbelastung durch Schwermetalle. Der Höhepunkt der Belastung trat in den 70er Jahren auf [UM UND LFU 1995]. Schwermetallverbindungen kommen in Gewässern auch gelöst, im wesentlichen aber partikelgebunden vor. Deshalb müssen Wasserkörper, Schwebstoffe und Sedimente jeweils gesondert betrachtet werden.

Mit der Ausnahme von Belastungen Mitte der 80er Jahre am mittleren Neckar waren im Wasserkörper der beschriebenen Flüsse Baden-Württembergs keine Auffälligkeiten zu verzeichnen [LAWA 1993]. Die Gehalte an Chrom, Cadmium und Quecksilber liegen in Rhein, Neckar und Donau meist unterhalb der analytischen Nachweisgrenze, die etwa ein Zehntel der jeweiligen Grenzwerte der Trinkwasserverordnung beträgt. Im Falle von Kupfer werden Konzentrationen zwischen 3 und 4 µg/l, im Falle von Zink 10–20 µg/l ermittelt. Die EG-Richtlinie 75/440/ EWG läßt in Oberflächengewässern zur Trinkwasseraufbereitung maximale Kupfer-Gehalte von 20–50 µg/l und Zinkgehalte von 500–5000 µg/l zu [UM UND LFU 1995].

Von größerer Bedeutung sind die Schwermetallbelastungen an Schwebstoffen. Seit Mitte 1992 werden mittels einer Durchflußzentrifuge aus Rhein, Neckar und Donau regelmäßig Schwebstoffe entnommen und auf Schwermetallakkumulationen untersucht. Für Chrom und Nickel werden Konzentrationen ähnlich dem geogenen Hintergrund ermittelt. Quecksilber ist im Rhein in etwas erhöhten Konzentrationen festzustellen (Median* 0,32–0,48 mg/kg Trockensubstanz (TS*) gegenüber

Gehalten in Neckar und Donau von 0,2–0,3 mg/kg TS. Da neu gebildete Rheinsedimente diese Erhöhung nicht zeigen, werden resuspendierte Altsedimente als Ursache angenommen. Blei und Zink sind in den Schwebstoffen aller drei beprobten Flüsse um den Faktor 2–4 gegenüber dem geogenen Hintergrund angereichert. Bei Cadmium fallen besonders die neugebildeten Schwebstoffe im Neckar unterhalb der Einleitungen im Ballungsraum Stuttgart auf. Die Medianwerte* liegen dort mit 1,2–1,4 mg Cd/kg TS deutlich höher als im Falle des Rheins (Median: 0,5–0,6 mg Cd/kg TS) oder der Donau bei Ulm (Median: ca. 0,8 mg Cd/kg TS). Die Landesregierung hält deshalb am Neckar noch weitere Maßnahmen zur Reduzierung der Schwermetallbelastung für erforderlich [UM UND LfU 1995].

Partikel, die in Stillwasserzonen sedimentieren, bilden <u>Sedimente</u>. Erosion der Sedimente bei Hochwässern [WESTRICH UND KERN 1994] und ihre Entfernung beim Ausbaggern der Fahrrinne [MÜLLER 1979] können zu Verlagerungen und teilweise chemischer Remobilisierung schwerlöslicher Metallverbindungen führen. Ebenfalls sind Remobilisierungen durch Komplexbildner (EDTA/NTA) möglich [UM UND LfU 1995] (siehe Kapitel 5.2.2.3). Sowohl der aktuelle Belastungszustand als auch die zeitliche Entwicklung durch partikelgebundene Schwermetalle kann anhand von Untersuchungen der Gewässersedimente besser ermittelt werden als durch die Analyse des Wasserkörpers selbst.

Zur Beurteilung der Sedimente wird der Geoakkumulationsindex I_{geo} [MÜLLER 1979] herangezogen, der die aktuelle Belastung auf den 1,5-fachen geologischen Hintergrund bezieht. Die Metallkonzentration in Schwebstoffen hängt aufgrund der spezifischen Oberfläche stark von der Teilchengröße ab. Es hat sich bei Sedimenten deshalb als sinnvoll erwiesen, die Tonfraktion (Korngröße < 2 µm) zur Beurteilung heranzuziehen und auf den natürlichen Tongesteinstandard nach Turekian und Wedepohl zu normieren. Zur Berücksichtigung von Meßfehlern [MÜLLER ET AL. 1993] und geringen anthropogenen Belastungen [MÜLLER 1979] werden in der I_{geo}-Klasse 0 („praktisch unbelastet") die Referenzwerte des Tongesteinsstandards um 50 % erhöht. Die darauffolgenden I_{geo}-Klassen 1 bis 6 bedeuten jeweils eine Konzentrationsverdoppelung der nächst niederen Klasse. Eine Einstufung in I_{geo}-Klasse 6 bedeutet somit, daß die ermittelte Konzentration mindestens 96-fach höher als der entsprechende Hintergrundwert ist. Die Einteilung von zehn Metallen in die sieben I_{geo}-Klassen ergibt sich aus Tab. 5-6.

Im Jahr 1979 wurde erstmals die Sedimentqualität des Rheins auf der Strecke vom Bodensee bis zur niederländischen Grenze dokumentiert und für den Abschnitt zwischen Basel und der deutsch/niederländischen Grenze bei Bimmen/Lobith mit dem Zustand von 1971 verglichen [MÜLLER 1979]. Aussagen zum Schwermetallgehalt des Neckars können auf dem Stand von 1990 erfolgen (s.u.), während zum Rhein mit Ausnahme von Cadmium und Quecksilber (s.u.) derzeit nur für den Stand von 1979 aussagekräftige Daten publiziert sind. Von den Sedimenten des Bodensees liegen Informationen zum Jahr 1991 vor.

Die im **Bodensee** im August 1991 ermittelten Gehalte der Elemente Chrom, Kupfer, Quecksilber und Zink liegen im Bereich der natürlichen Hintergrundbelastung. Die Sedimente sind demnach durch diese Metalle als *„praktisch unbelastet"* (I_{geo}-Klasse 0) zu bewerten. Im Falle von Blei und Cadmium werden Kon-

Tab. 5-6: I_{geo}-Klassifizierung (Angaben in mg/kg; bei Eisen in %)
Quelle: verändert nach [MÜLLER ET AL. 1993]

	I_{geo} 0	I_{geo} 1	I_{geo} 2	I_{geo} 3	I_{geo} 4	I_{geo} 5	I_{geo} 6
	praktisch unbelastet	unbelastet bis mäßig belastet	mäßig belastet	mäßig bis stark belastet	stark belastet	stark bis übermäßig belastet	übermäßig belastet
Eisen	< 7,05	< 14,1	< 28,2	< 56,4	< 112,8	< 225,6	> 225,6
Mangan	< 1275	< 2550	< 5100	< 10200	< 20400	< 40800	> 40800
Cadmium	< 0,45	< 0,9	< 1,8	< 3,6	< 7,2	< 14,4	>14,4
Zink	< 142,5	< 285	< 570	< 1140	< 2280	< 4560	> 4560
Blei	< 30	< 60	< 120	< 240	< 480	< 960	> 960
Kupfer	< 67,5	< 135	< 270	< 540	< 1080	< 2160	> 2160
Chrom	< 135	< 270	< 540	< 1080	< 2160	< 4320	> 4320
Nickel	< 102	< 204	< 408	< 816	< 1632	< 3264	> 3264
Kobalt	< 28,5	< 57	< 114	< 228	< 456	< 912	>912
Quecksilber	< 0,6	< 1,2	< 2,4	< 4,8	< 9,6	< 19,2	> 19,2

zentrationen erreicht, die den I_{geo}-Klassen 0 und 1 zuzuordnen sind [ROSSKNECHT 1994b]. Hier ist von einem „*unbelasteten bis mäßig belasteten*" Zustand auszugehen. Aufgrund von geänderten Probenahmebedingungen können keine exakten Vergleiche zur Beprobung im Jahr 1980 angestellt werden. Aufschluß über die zeitliche Entwicklung der Schwermetallkonzentrationen wird von Bohrkernanalysen erwartet, die in der zweiten Hälfte dieses Jahrzehnts erfolgen sollen [ROSSKNECHT 1994b].

Im baden-württembergischen **Rhein**abschnitt vom Bodenseeauslauf bis nach Mannheim lagen 1979 die durchschnittlichen Konzentrationen von Chrom, Nickel und Kobalt im Bereich des natürlichen Hintergrundwertes. Die Kupfergehalte lagen bis zur Kinzigmündung in I_{geo}-Klasse 1 (< 135 mg/kg), im weiteren Flußverlauf in I_{geo}-Klasse 2 (< 270 mg/kg). Die Quecksilbergehalte führten nahezu im gesamten Abschnitt bis Mannheim zu einer Einstufung nach I_{geo}-Klasse 2 (< 1,2 mg/kg). Ähnlich verhielt sich die Situation bei Zink (im Abschnitt von Basel bis zur Kinzigmündung erfolgte eine Qualitätsverbesserung nach I_{geo}-Klasse 1). Die Konzentrationen von Blei und Cadmium ergaben auf dem Abschnitt vom Bodensee bis nach Mannheim fast durchweg eine Einstufung nach I_{geo}-Klasse 3. Dies bedeutet bei Blei einen Konzentrationsbereich < 240 mg/kg, bei Cadmium < 3,6 mg/kg. Im Abschnitt zwischen Aare- und Glattmündung lag bei beiden Metallen eine Verbesserung nach I_{geo}-Klasse 2 vor. Im Falle von Chrom und Zink verschlechterte sich die Sedimentqualität ab Mannheim um eine, im Falle von Cadmium um zwei I_{geo}-Klassen [MÜLLER 1979].

Im Falle von Cadmium, Chrom und Zink verringerten sich die Metallgehalte der Sedimente im Abschnitt von Basel bis zur Mündung des Mains von 1971 bis 1979 um eine I_{geo}-Klasse, bei Quecksilber um zwei Klassen. Bei Blei, Kobalt und Kupfer ergab sich in diesem Zeitraum keine Veränderung [MÜLLER 1979].

Im Jahre 1994 wurde vom Institut für Sedimentforschung der Universität Heidelberg eine Kartierung der Schwermetallbelastung der Oberflächengewässer in

Baden-Württemberg vorgelegt. Diese Kartierung soll 1996 von der Landesanstalt für Umweltschutz publiziert werden [PINTER, pers. Mitt. 1995]. Die vorab in den „Umweltdaten 93/94" abgedruckte Karte für die Belastung durch Cadmium stuft den Rhein in I_{geo}-Klasse 0 (unbelastet) bis I_{geo}-Klasse 1 (unbelastet bis mäßig belastet) ein. Ausnahmen bestehen im Bereich Basel (I_{geo}-Klasse 3 mäßig bis stark belastet) und Mannheim (I_{geo}-Klasse 2: mäßig belastet). Gleiches gilt für Quecksilber. Mit Ausnahme eines Flußabschnittes oberhalb von Speyer und unterhalb der Pfinzmündung (I_{geo}-Klasse 2) gilt der Rhein als unbelastet bzw. unbelastet bis mäßig belastet. Im Falle von Blei sind dagegen längere Abschnitte mit „mäßiger Belastung" (I_{geo}-Klasse 3) anzutreffen. [UM UND LfU 1995].

Schwermetalle sind im Fließgewässer nicht auf Schwebstoff und Sediment begrenzt. Daten zum Schwermetallgehalt in Rheinfischen [IKSR 1992] zeigen, daß ein Teil der Metalle durchaus bioverfügbar sind. Erhöhte Mittel- und Medianwerte* für Cadmium fanden sich in Aalen im Bereich von Rhein-km 440–630 (Landesgrenze Baden-Württemberg zu Hessen bis Linz). Bei Rotaugen waren Erhöhungen im Bereich von Rhein-km 112 (Waldshut) bis 313 (Helmlingen) dokumentiert. Die höchsten Median*- und Mittelwerte von Quecksilber wurden in Hechten und Barben im Abschnitt von Rhein-km 112–313 (Waldshut-Helmlingen) ermittelt. Höchstmengenüberschreitungen gemäß den lebensmittelrechtlichen Vorschriften traten bei Barben bereits ab Rhein-km 57 (Rheinau), bei Hechten im Bereich von Rhein-km 247–278 (Weisweil bis Ichenheim) auf. Konzentrationserhöhungen durch Blei betrafen nicht den badischen Rheinabschnitt. Sie traten im letzten deutschen Abschnitt ab Rhein-km 642 (Bad-Honnef) bei Aal und Rotauge auf [IKSR 1992].

Die Mehrzahl der Sedimente der **Nebengewässer des Rheins** sind durch Cadmium, Blei und Zink stärker belastet als die des Rheins selbst. Besonders auffällig sind der Oberlauf der Wiese mit hohen Anreicherungen von Cadmium und Blei ($\leq$ 1.263 mg/kg Pb, d.h. bis I_{geo}-Klasse 6) sowie der Leimbach unterhalb von Wiesloch. In beiden Fällen überlagern sich geogene Effekte und Ablagerungen aus ehemaligem Bergbau [UM UND LfU 1995].

Die Sedimente im **Neckareinzugsgebiet** werden seit den 70er Jahren vom Institut für Sedimentforschung der Universität Heidelberg systematisch untersucht. Die Schwermetallbelastung des Neckars erreichte Anfang der 70er Jahre dieses Jahrhunderts ihren Höhepunkt. In vergleichenden Untersuchungen konnte bis 1985 ein deutlicher Rückgang der mittleren Schwermetallkonzentrationen beobachtet werden. Als Gründe hierfür werden der Ausbau industrieller und kommunaler Kläranlagen, die „*Beseitigung möglicher Emissionsquellen*" sowie die aufgrund der Klärschlammverordnung verringerte Belastung durch Auswaschungen aus hoch belasteten Klärschlämmen genannt [MÜLLER ET AL. 1993].

Ab 1985 verlangsamt sich der Rückgang der Schwermetallkonzentrationen. Teilweise kommt es auch wieder zu einem Anstieg der mittleren Gehalte, insbesondere bei Blei und Quecksilber (Abb. 5-24). Die Trendumkehr bei Blei bleibt ungeklärt, im Falle von Quecksilber wird die 1990 im Vergleich zu 1985 empfindlichere Analytik als Ursache diskutiert [MÜLLER ET AL. 1993]. Dies scheint aus unserer Sicht dann plausibel, wenn 1985 die ermittelten Werte unterhalb der Nachweisgrenze gleich Null gesetzt wurden und für die entsprechenden Proben aufgrund

Abb. 5-24: Mittlere Schwermetall-Konzentrationen in der Tonfraktion von Sedimenten des Neckars in den Jahren 1972, 1979, 1985 und 1990
Quelle: verändert nach [MÜLLER ET AL. 1993]

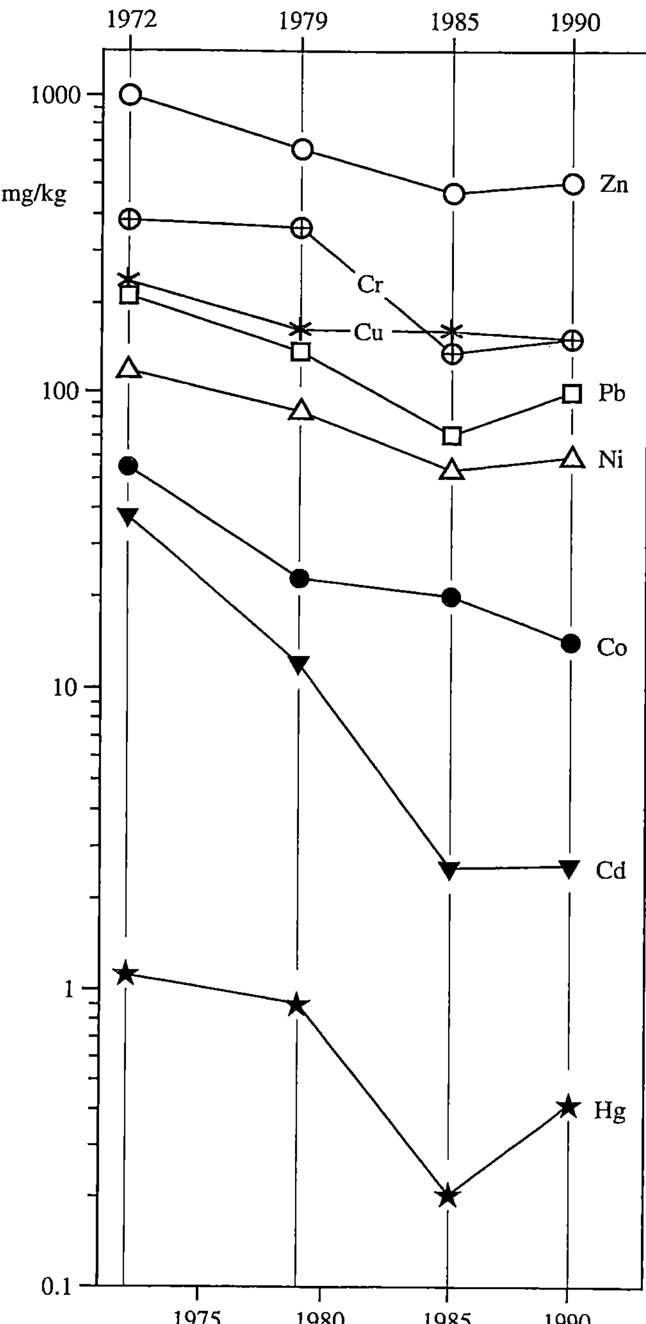

Tab. 5-7: Bewertung der Schwermetallgehalte der Neckarsedimente nach I_{geo} (%-Anteil der Schwermetallgehalte an den I_{geo}-Klassen) für die Untersuchung 1990
Quelle: nach [MÜLLER ET AL. 1993]

	I_{geo} 0	I_{geo} 1	I_{geo} 2	I_{geo} 3	I_{geo} 4	I_{geo} 5	I_{geo} 6
Eisen	100						
Mangan	85,3	9,3	5.3				
Cadmium	26,6	23,5	25,5	12	6,7	3	2,7
Zink	2,6	25	51,7	17,7	2,8		
Blei	0,75	16,4	58	20,6	2,6	1,5	
Kupfer	30,4	50,8	14,2	3,4	1,1		
Chrom	74,9	20	3	1,1	0,75	0,4	
Nickel	95,9	3,9	1,1				
Kobalt	99,6	0,4					
Quecksilber	77,9	17,2	3,4	1,5			

der besseren Meßtechnik 1990 endliche Resultate erzielt werden konnten. Tabelle 5-7 gibt einen Überblick über die Bewertung der Neckarsedimente im Jahr 1990.

Bei der Untersuchung im Jahr 1990 sind bei allen untersuchten Metallen über 70 % der beprobten Neckarabschnitte nach I_{geo}-Klasse 2 oder besser eingestuft (max. 6-facher Hintergrund) (Tab. 5-7). I_{geo}-Klasse 6 tritt nur noch bei Cadmium auf (2,7 % der untersuchten Flußabschnitte), I_{geo}-Klasse 5 bei Cadmium (3 %), Blei (1,5 %) und Chrom (0,4 %).

Anhand der Abb. 5-25 bis 5-28 [MÜLLER 1981] und [MÜLLER ET AL. 1993] werden nachfolgend die wesentlichen Veränderungen im Schwermetallgehalt der Sedimente im Zeitraum von 1979 bis 1990 diskutiert.

Cadmium (Abb. 5-25): Beim Element Cadmium ist die positive Entwicklung der Neckarsedimente im Zeitraum von 1979 bis 1990 am deutlichsten zu erkennen. Im Jahr 1979 war der gesamte Verlauf des Neckars mit Ausnahme weniger kurzer Flußabschnitte in gelben bis roten Farben dargestellt, d.h. in I_{geo}-Klasse 4-6 eingestuft. Dies bedeutet eine im Vergleich zum Hintergrund 24- bis > 96-fache Anreicherung. Im Jahr 1990 waren diese starken Belastungen auf einige Flußabschnitte zwischen Fils- und Remsmündung sowie auf das Mündungsgebiet der Enz beschränkt. Weite Bereiche des Neckars sind in grünen Farben dargestellt. Die entsprechende I_{geo}-Klasse 2 zeigte noch eine Belastung von maximal dem sechsfachen Hintergrundgehalt an. Im Unterlauf ab Heidelberg konnte die I_{geo}-Klasse 1 (= maximal dreifache Anreicherung) erreicht werden. Insgesamt noch unbefriedigend war 1990 die Situation an der Enz und Glems, die überwiegend 12- bis > 48-fach erhöhte Cadmiumkonzentrationen in ihren Sedimenten zeigten.

Eine neuere Darstellung [UM UND LFU 1995] dokumentiert von obiger Beschreibung teilweise abweichende Bewertungen: danach hat sich die Qualität im Neckar unterhalb Heidelbergs wieder nach I_{geo}-Klasse 3 verschlechtert, in den Neckarstaustufen Esslingen, Aldingen und Hofen wurden sehr hohe Cadmiumgehalte ermittelt (I_{geo}-KLasse 5 und 6). Möglicherweise wurden hier ältere, belastete Sedimente freigelegt. An der Glems hat sich dagegen die Situation mit I_{geo}-Klassen 1–3 verbessert [UM UND LfU 1995].

<u>Chrom</u> (Abb. 5-26): Die 1979 noch häufig anzutreffenden I_{geo}-Klassen 2–4 des Neckars ab der Mündung der Murr und am Oberlauf der Jagst haben sich bis zum Jahr 1990 in I_{geo}-Klassen 0–1 erheblich verbessert. Im unteren Flußabschnitt der Murr sind jedoch Verschlechterungen eingetreten.

<u>Kupfer</u> (Abb. 5-26): In weiten Abschnitten der Fließgewässer des Neckareinzugsgebietes hat sich die Lage zwischen den beiden Untersuchungszeitpunkten um eine bis zwei I_{geo}-Klassen verbessert, d.h. die Belastung ist auf ca. ein Viertel des ehemaligen Wertes gefallen. Auch an den Problemschwerpunkten – der Enz sowie an manchen Abschnitten in den Oberläufen von Neckar und Fils – sind z.T. erhebliche Verbesserungen zu verzeichnen. Im Einzugsgebiet der Enz sowie in einigen Abschnitten des oberen Neckars war die Situation im Jahr 1990 noch nicht befriedigend (I_{geo}-Klasse 3–4).

<u>Quecksilber</u> (Abb. 5-27): In weiten Bereichen des Neckareinzugsgebietes enthielten die Sedimente im Jahr 1990 Quecksilber im Bereich natürlicher Konzentrationen. An den Belastungsschwerpunkten von Enz, Würm und Fils waren im Jahr 1990 im Vergleich zu 1979 deutliche Verbesserungen festzustellen. Dort wurden noch maximal 12-fache Anreicherungen, bezogen auf den geologischen Hintergrund, ermittelt. Nach einer aktuellen Darstellung von Umweltministerium und Landesanstalt für Umweltschutz hat sich die Situation weiter verbessert [UM UND LfU 1995].

<u>Nickel</u> (Abb. 5-27): Dieses Metall war 1990 in den meisten Abschnitten der Fließgewässer des Neckareinzugsgebietes in natürlichen Konzentrationen nachzuweisen. An der Enz unterhalb der Würmmündung waren im Jahr 1990 verglichen mit 1979 neben Verbesserungen der Sedimentqualität auch Flußabschnitte mit Verschlechterungen festzustellen.

<u>Zink</u> (Abb. 5-28): Im Jahr 1979 waren nur noch Abschnitte der Jagst und der Murr lediglich gering anthropogen belastet. Im Oberlauf des Neckars bis zur Mündung der Eyach, im mittleren Neckar, dem Einzugsgebiet der Enz und in vielen Abschnitten der Fils überwogen 1979 die I_{geo}-Klassen 3 bis 5. Meist fand hier bis 1990 eine Verbesserung um eine bis zwei Klassen statt. An der Jagst hat sich die Situation in vielen Abschnitten jedoch um eine Klasse verschlechtert. Aufgrund der weiten Verwendung von Zink scheinen auch diffuse Einträge (z.B. aus Installationen) eine erhebliche Bedeutung zu besitzen. Entsprechend schwieriger gestaltet sich die Sanierung der Gewässer.

<u>Blei</u> (Abb. 5-28): Bei der Untersuchung im Jahr 1979 war nahezu jeder Gewässerabschnitt des Neckareinzugsgebietes anthropogen belastet. Die I_{geo}-Klassen 2–4 dominierten. Insbesondere an Fils, Jagst und Kocher sind bis 1990 deutliche Verbesserungen eingetreten. Am Neckar dominierte 1990 I_{geo}-Klasse 2. An der Enz waren im Untersuchungszeitraum neben Verbesserungen auch Verschlechterungen festzustellen. Auch an der Enzmündung in den Neckar ist eine kleinräumige Verschlechterung um zwei I_{geo}-Klassen zu verzeichnen.

Abb. 5-25: Die Schwermetall-Belastung der Sedimente des Neckars und seiner Zuflüsse, Vergleich der Sedimentkartierungen von 1979 und 1990
Seite 272: Übersicht der Probenahmestellen
Seite 273: Cadmium (Cd)
Quelle: [MÜLLER 1981] und [MÜLLER ET AL. 1993]

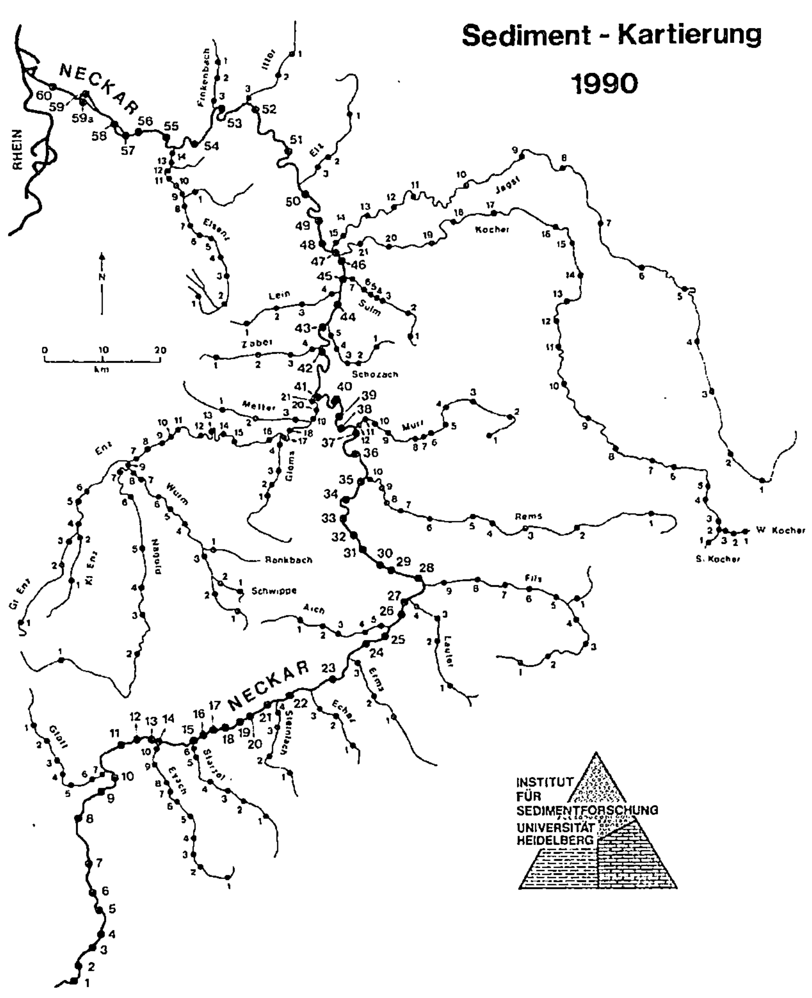

Abb. 5-25: Fortsetzung. Die Schwermetall-Belastung der Sedimente des Neckars und seiner Zuflüsse, Vergleich der Sedimentkartierungen von 1979 und 1990
Seite 272: Übersicht der Probenahmestellen
Seite 273: Cadmium (Cd)
Quelle: [MÜLLER 1981] und [MÜLLER ET AL. 1993]

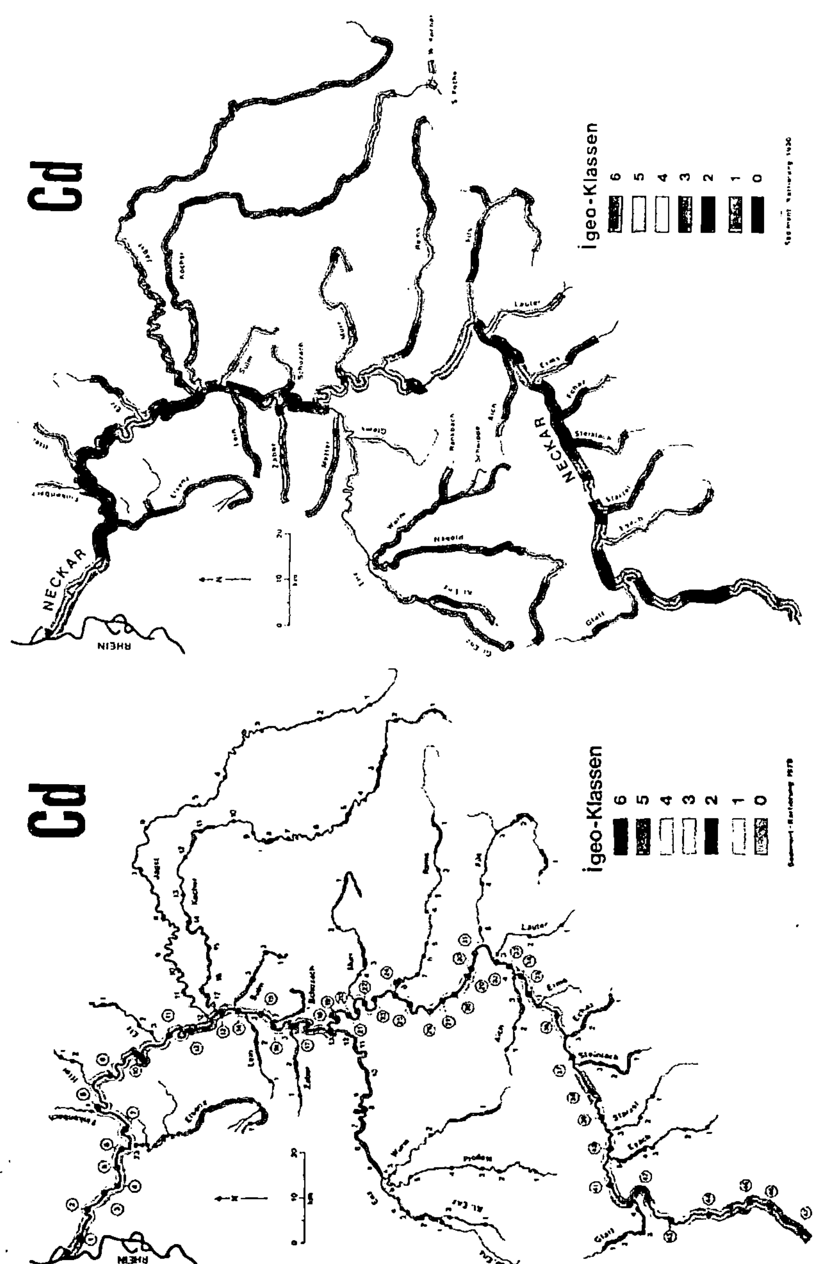

Abb. 5-26: Die Schwermetall-Belastung der Sedimente des Neckars und seiner Zuflüsse, Vergleich der Sedimentkartierungen von 1979 und 1990
Seite 274: Chrom (Cr)
Seite 275: Kupfer (Cu)
Quelle: [MÜLLER 1981] und [MÜLLER ET AL. 1993]

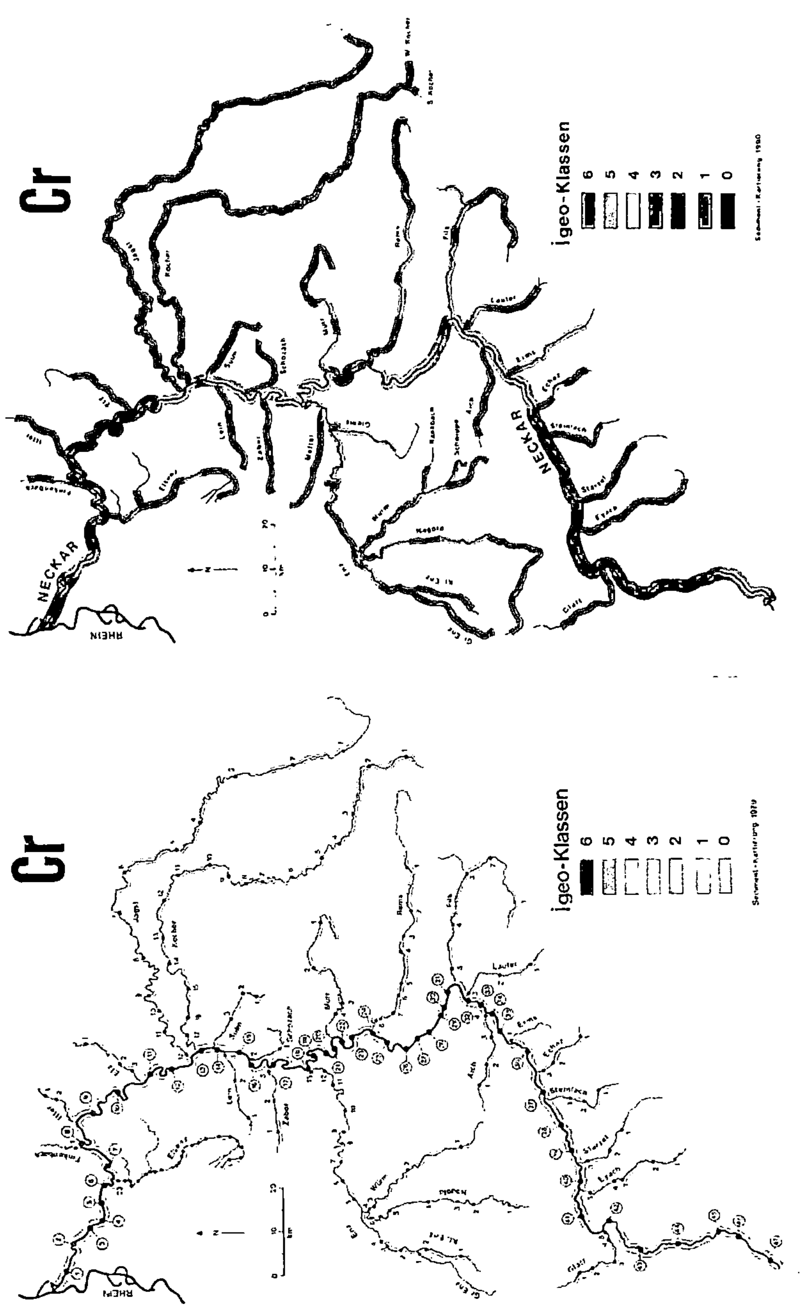

Abb. 5-26 Fortsetzung: Die Schwermetall-Belastung der Sedimente des Neckars und seiner Zuflüsse, Vergleich der Sedimentkartierungen von 1979 und 1990
Seite 274: Chrom (Cr)
Seite 275: Kupfer (Cu)
Quelle: [MÜLLER 1981] und [MÜLLER ET AL. 1993]

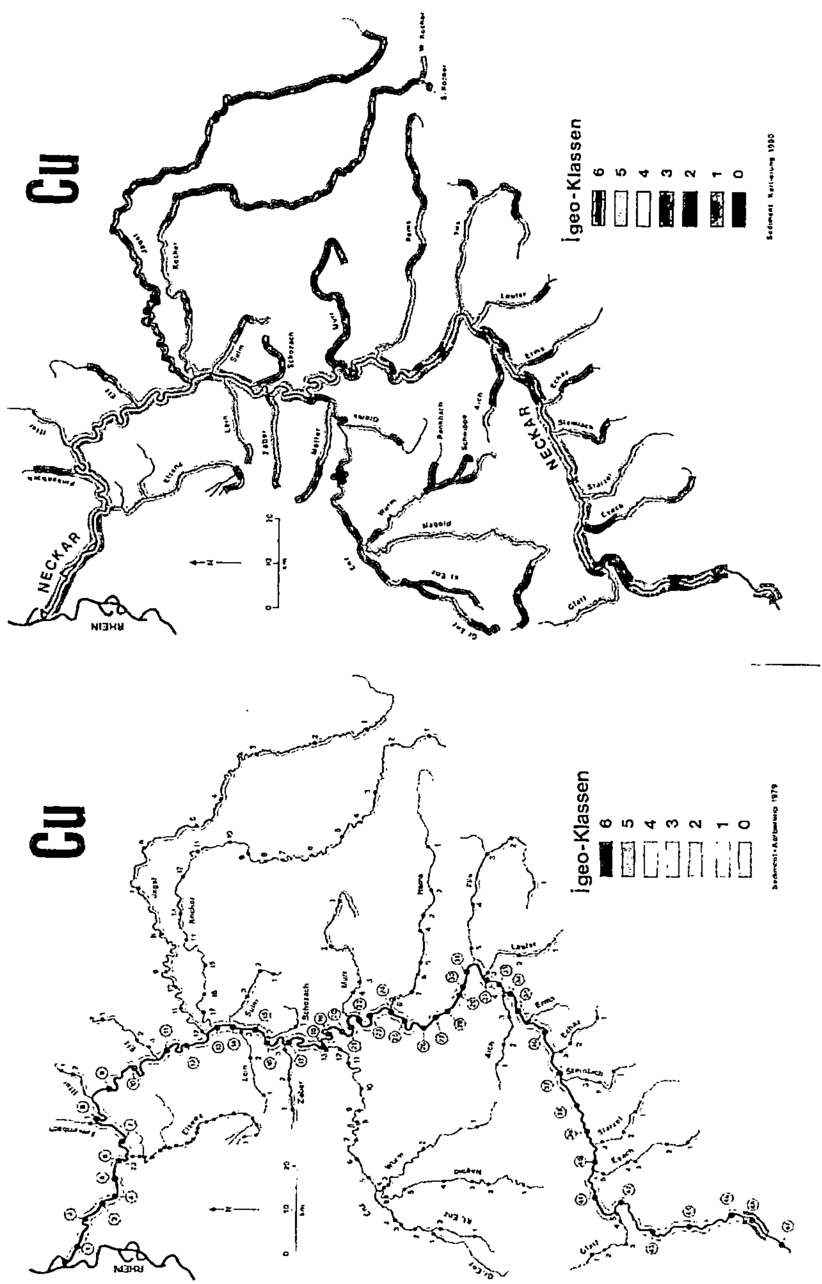

Abb. 5-27: Die Schwermetall-Belastung der Sedimente des Neckars und seiner Zuflüsse, Vergleich der Sedimentkartierungen von 1979 und 1990
Seite 276: Quecksilber (Hg)
Seite 277: Nickel (Ni)
Quelle: [MÜLLER 1981] und [MÜLLER ET AL. 1993]

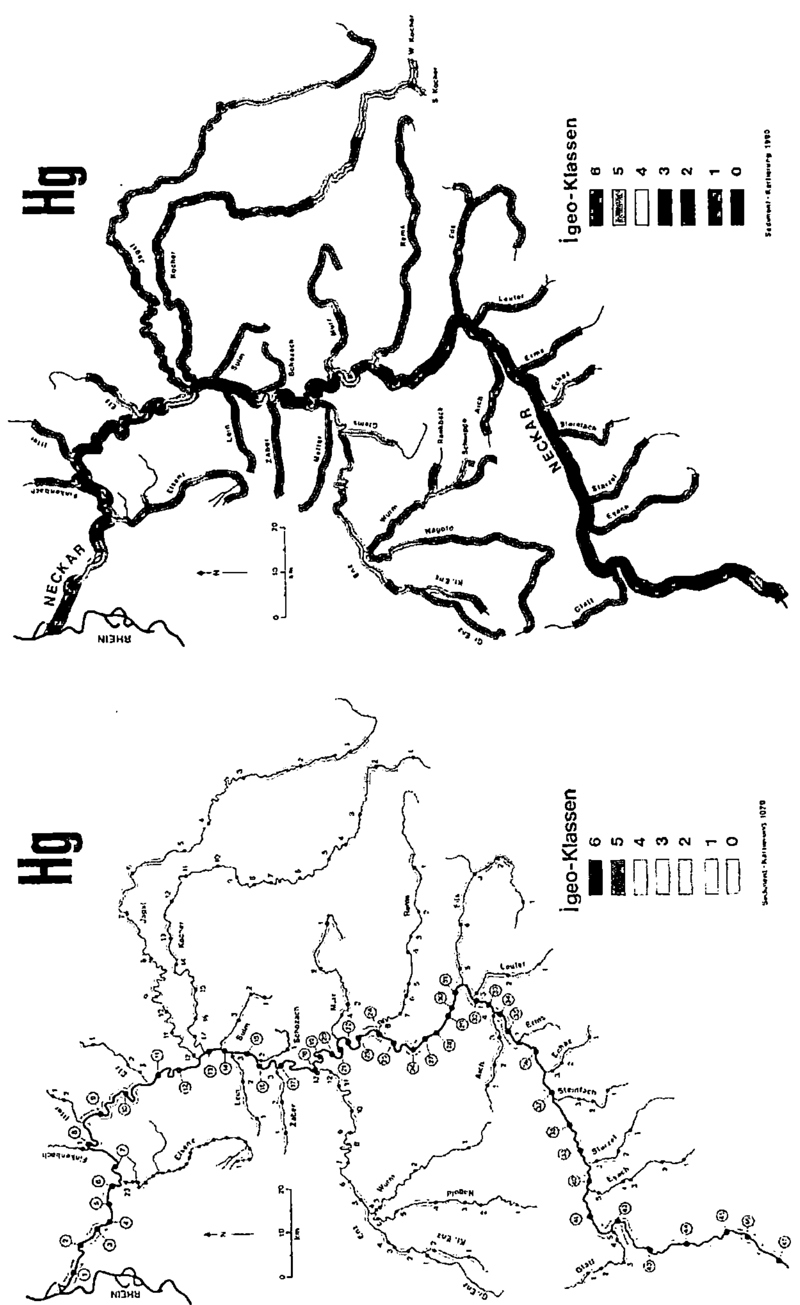

Abb. 5-27 Fortsetzung: Die Schwermetall-Belastung der Sedimente des Neckars und seiner Zuflüsse, Vergleich der Sedimentkartierungen von 1979 und 1990
Seite 276: Quecksilber (Hg)
Seite 277: Nickel (Ni)
Quelle: [Müller 1981] und [Müller et al. 1993]

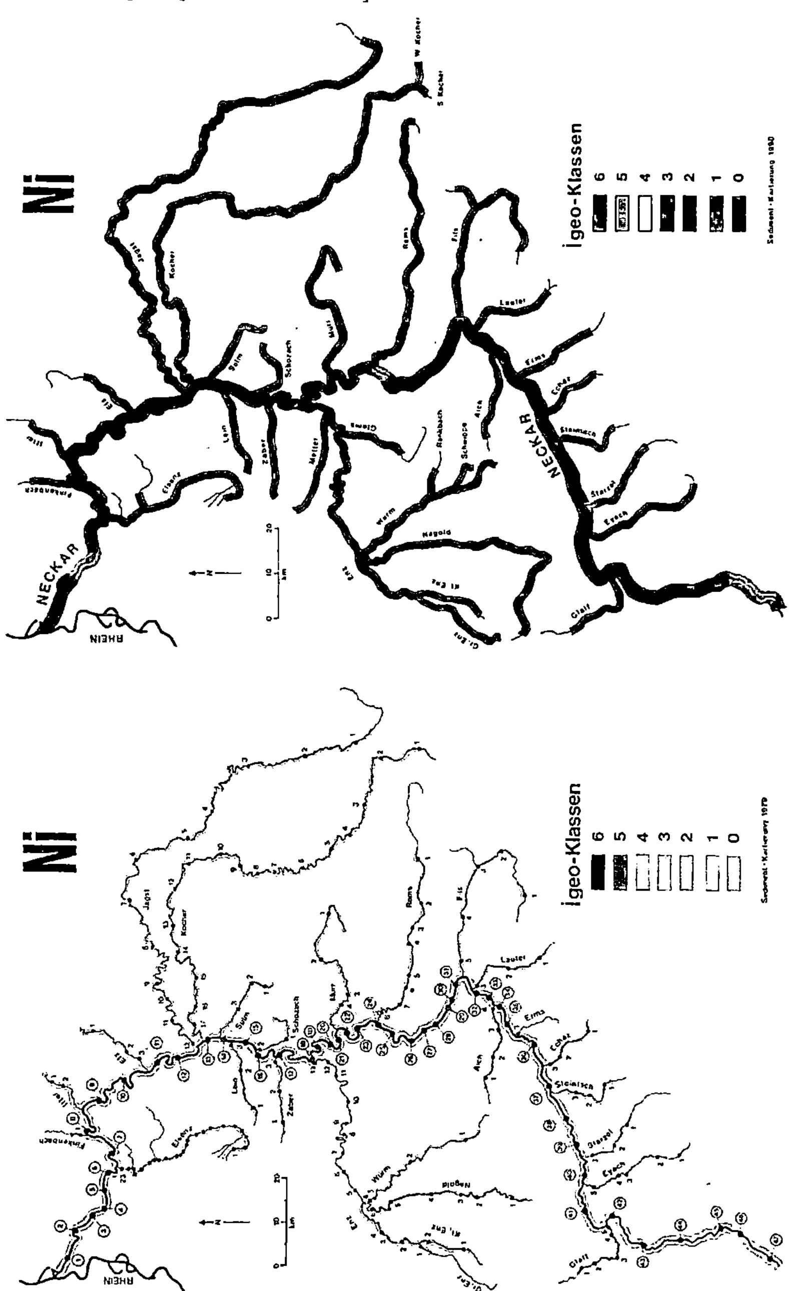

Abb. 5-28: Die Schwermetall-Belastung der Sedimente des Neckars und seiner Zuflüsse, Vergleich der Sedimentkartierungen von 1979 und 1990
Seite 278: Blei (Pb)
Seite 279: Zink (Zn)
Quelle: [MÜLLER 1981] und [MÜLLER ET AL. 1993]

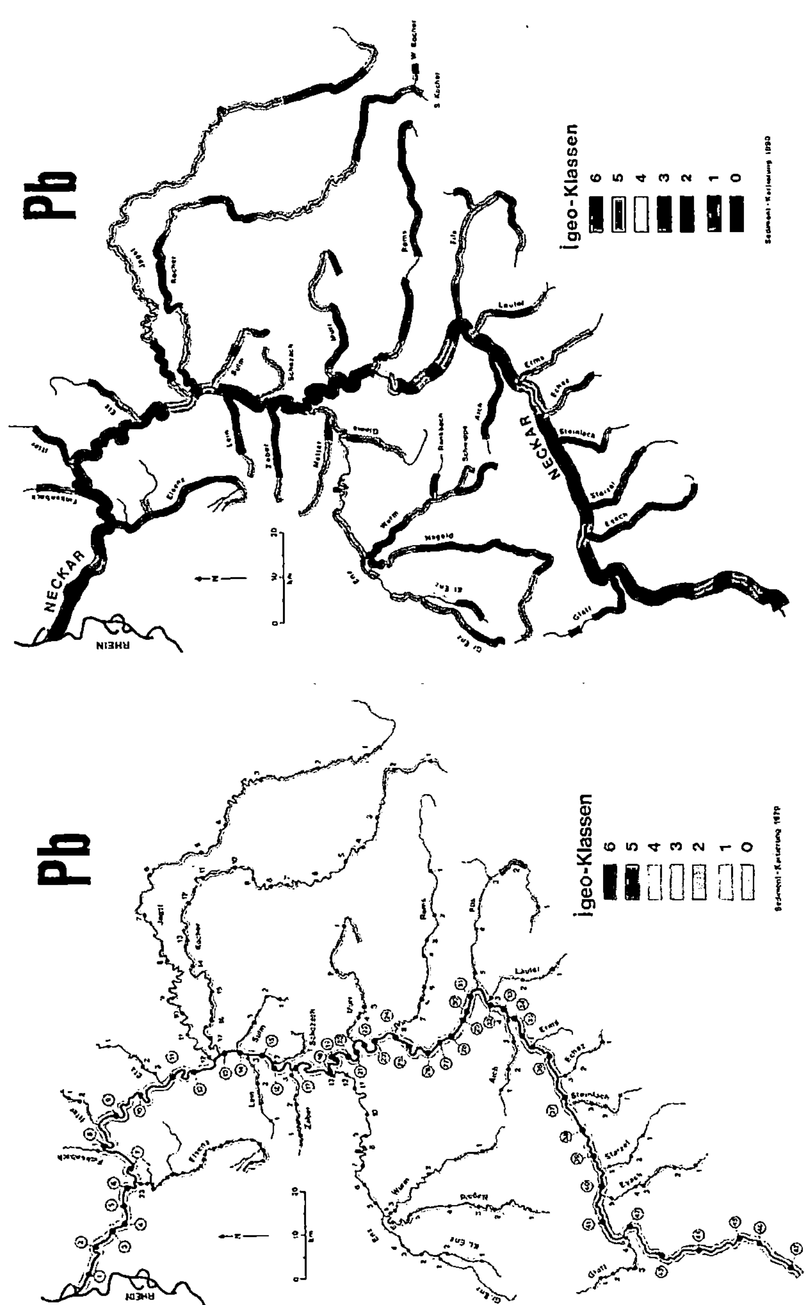

Abb. 5-28 Fortsetzung: Die Schwermetall-Belastung der Sedimente des Neckars und seiner Zuflüsse, Vergleich der Sedimentkartierungen von 1979 und 1990
Seite 278: Blei (Pb)
Seite 279: Zink (Zn)
Quelle: [MÜLLER 1981] und [MÜLLER ET AL. 1993]

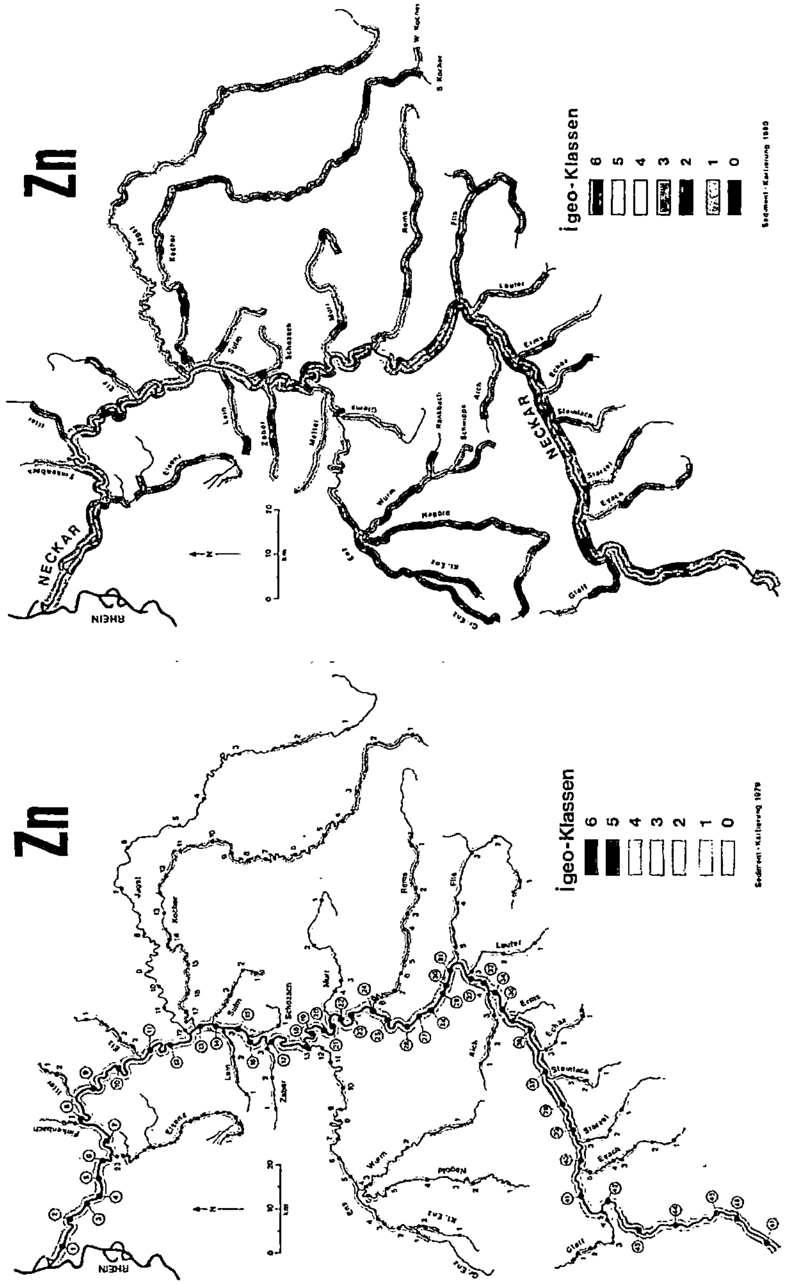

<u>Kobalt</u>: Die Untersuchung zeigte bereits 1979 im gesamten Neckareinzugsgebiet natürliche oder naturnahe Gehalte. Im Bericht zur Untersuchung von 1990 wurde das Metall nicht mehr graphisch dargestellt.

Die Sedimente der **Bodenseezuflüsse** sowie des **Donaueinzugsgebiets** sind in ihrem Chrom-, Nickel- und Quecksilbergehalt als unbelastet einzuschätzen. In der Brenz werden punktuell erhöhte Chrom- und Quecksilberkonzentrationen ermittelt. Brigach, Breg und obere Donau sowie Schmiecha und einige Bodenseezuflüsse sind teilweise durch Cadmium, Kupfer oder Zink stärker belastet (I_{geo}-Klasse: 3 bis 4). Blei ist überwiegend bis 6-fach bezogen auf den geogenen Hintergrund (I_{geo}-Klasse 2) aufkonzentriert, in Schmiecha, Brigach und Breg auch bis I_{geo}-Klasse 3. Besonders zu erwähnen ist die Iller: Deren Sedimente sind in der Regel gering belastet. Unterhalb von Vöhringen sind jedoch lokal starke bis sehr starke Anreicherungen (I_{geo}-Klassen 5 und 6) von Blei, Kupfer und Zink festzustellen [UM UND LfU 1995].

Angaben zu den Schwermetallgehalten der Sedimente von 44 kleineren Seen Baden-Württembergs sind in einer vom Umweltministerium herausgegebenen Studie zusammengestellt [UM 1992a]. Die Darstellung der Ergebnisse würde den hier zur Verfügung stehenden Raum sprengen.

Zu Schwermetallbelastungen aus stillgelegten Bergwerken siehe Kapitel 5.2.6.

5.2.6   Altlasten

Die Landesregierung geht aufgrund einer Hochrechnung landesweit von 17.000 Verdachtsflächen aufgrund von Altablagerungen und 18.000 Verdachtsflächen aufgrund von Altstandorten aus. In 50 % der Fälle wird ein weitergehender Erkundungsbedarf erwartet. Schätzungen über tatsächlich zu sanierende Fälle sind derzeit noch nicht möglich [FLITTNER 1993]. Entsprechend liegen über die insgesamt zu erwartenden Kosten noch keine Prognosen vor.

Die 1988 von der Landesregierung beschlossene Konzeption zur Behandlung altlastenverdächtiger Flächen und Altlasten sieht eine landesweit flächendeckende Erhebung und Erfassung, eine anschließende stufenweise Erkundung und Gefährdungsabschätzung sowie eine Sicherung bzw. Sanierung mit anschließender Überwachung vor. Im Land sind bisher ca. 6.500 ehemalige Müllkippen und wilde Ablagerungen bekannt geworden [FLITTNER 1993]. Zur Erkundung und Sanierung kommunaler Altlasten wurden bis Ende 1992 349 Mio. DM aus Landesmitteln aufgewandt [SCHNEPF 1993].

Aufgrund der großen Zahl von Altlasten und der Vielfalt der dabei beteiligten Stoffe und Stoffgemische kann in diesem Rahmen kein Überblick über diese Thematik gegeben werden. Als Beispiel für die Grundwassergefährdung gehen wir nachfolgend auf die Problematik der halogenierten Kohlenwasserstoffe ein. Die Belastung der Oberflächengewässer behandeln wir am Beispiel schwermetallhaltiger Abwässer aus stillgelegten Bergwerken.

5.2.6.1 Grundwassergefährdung – Beispiel halogenierte Kohlenwasserstoffe

Einen besonderen Stellenwert im Zusammenhang mit Altlasten haben Leicht flüchtige Halogen-Kohlenwasserstoffe (LHKW) aufgrund ihrer weiten Verbreitung, ihrer Persistenz und toxikologischen Relevanz. Sie wurden in der Vergangenheit vor allem als hydrophobe Lösemittel verwendet. Ihr Einsatzschwerpunkt liegt im Bereich der Metallverarbeitung (Oberflächenentfettung) sowie der Chemischen Reinigung von Textilien. Der Marktumfang der vier Lösemittel Tetrachlorethen, Trichlorethen, 1,1,1-Trichlorethan und Dichlormethan ist seit Beginn der 80er Jahre in der BRD rückläufig. Während 1982 248.000 t auf den Markt kamen, waren es 1990 95.000 t (- 62 %). Für das Jahr 1995 werden 60.000 t (- 75 %) prognostiziert [SCHNEPF 1993].

In Baden-Württemberg wurde vergleichsweise früh auf eine Verminderung der LHKW-Belastung hingearbeitet. Im Jahr 1989 wurde z.B. vom damaligen Ministerium für Umwelt der „Leitfaden: Umgang mit leicht flüchtigen chlorierten und aromatischen Kohlenwasserstoffen" herausgegeben, der auch in anderen Bundesländern große Beachtung fand. Im geförderten Trinkwasser wurde diese Stoffgruppe erstmals im Jahr 1985 annähernd flächendeckend analysiert (85 % der geförderten Grund-, Quell- und Oberflächengewässer). In zwei Drittel der damals untersuchten Wässer konnten keine LHKW nachgewiesen werden. Bei 31 % der geförderten Wässer (198 Mio. m^3) waren LHKW-Konzentrationen unterhalb des ab 1986 gültigen Grenzwerts der Trinkwasserverordnung von 10 Mikrogramm pro Liter festzustellen. Bei ca. 1 % (6,8 Mio. m^3) wurde der Grenzwert überschritten. Diese Belastung betraf zu 97 % Grundwässer und zu 3 % Quellwässer. Zur Trinkwasserverwendung aufbereitetes Oberflächenwasser war 1985 nicht mit LHKW-Konzentrationen oberhalb des ab 1986 gültigen Grenzwertes belastet. Schwerpunkte der Belastung waren in Baden-Württemberg am mittleren und unteren Neckar festzustellen [BURKARD 1987]. Bei der Bewertung der im Jahr 1985 ermittelten LHKW-Gehalte anhand der Trinkwasserverordnung (TVO) von 1986 ist zu beachten, daß die für 1985 getroffene Aussage nicht nach Einzelstoffen differenziert, während sich der Grenzwert der TVO auf die Summe von vier definierten Substanzen (1,1,1-Trichlorethan, Trichlorethen, Tetrachlorethen und Dichlormethan) bezieht. Da auch im Jahr 1992 Tri- und Tetrachlorethen immer noch die wesentlichen Belastungskomponenten aus der Stoffgruppe der LHKW ausmachen, erscheint uns diese Bewertung dennoch für eine qualitative Aussage geeignet.

Über 10 % des 1987 in Baden-Württemberg geförderten Wassers durchlief einen Aktivkohlefilter [ROMMEL 1989]. Schwerpunkte waren die nördliche Oberrheinebene, die Schwäbische Alb und die Oberen Gäu-Landschaften. Es wird nicht angegeben, zu welchem Anteil chlorierte Kohlenwasserstoffe diese Aufbereitungstechnik erzwingen – über Aktivkohle können auch Mineralölrückstände, BTEX-Aromaten (Benzol-, Toluol-, Ethylbenzol- und Xylol-Aromaten), PAK (polyzyklische aromatische Kohlenwasserstoffe), PCB (polychlorierte Biphenyle) entfernt werden. Alleine aufgrund der erheblichen LHKW-Belastung im Raum Mannheim/ Heidelberg [KOBUS 1988] kann davon ausgegangen werden, daß die LHKW einen, wenn nicht den wesentlichen Grund für die Notwendigkeit von Aktivkohleanlagen im Bereich der Wasseraufbereitung ausmachen.

Die Auswertung der Beprobung des Grundwassermeßnetzes im Jahre 1994 ergab für LHKW den Schwerpunkt der Belastung in hochindustrialisierten und dicht besiedelten Räumen, z.B.

- im Neckarraum zwischen Stuttgart und Heilbronn
- in der Oberrheinebene insb. im Raum Mannheim/Heidelberg
- im Raum Lörrach/Basel und Raum Waldshut
- in Städten mit metallverarbeitender Industrie: z.B. Freiburg, Pforzheim, Schwäbisch Gmünd, Aalen, Reutlingen.

Tetrachlorethen und Trichlorethen sind die häufigsten Ursachen für Verschmutzungen, gefolgt von 1,1,1-Trichlorethan. Tetrachlormethan und cis-1,2-Dichlorethen als Abbauprodukte von Tetrachlor- und Trichlorethen spielen eine deutlich geringere Rolle. An 960 aller im Jahr 1994 untersuchten 2629 Grundwassermeßstellen (37 %) wurden im Jahr 1994 LHKW nachgewiesen, in 184 Fällen (7 %) oberhalb des Grenzwertes der Trinkwasserverordnung. Während im Basismeßnetz vier positive Befunde und keine Grenzwertüberschreitungen beobachtet wurden, zeigten in Industriegebieten 362 von 492 untersuchten Meßstellen (74 %) positive LHKW-Befunde. Bei 105 (21 %) wurde der Grenzwert nach Trinkwasserverordnung überschritten. Nur wenig besser stellt sich die Situation in Siedlungsgebieten dar: Bei 256 von 454 untersuchten Meßstellen (56 %) waren LHKW feststellbar, in 12 % der Fälle war der Grenzwert der Trinkwasserverodnung überschritten [LFU 1995]. Während die hohe Belastung in Industriegebieten aus dem jahrelangen unsachgemäßen Umgang mit diesen Substanzen resultiert, wird die Belastung in Siedlungsgebieten im wesentlichen auf undichte Kanalisationen zurückgeführt. Nachlässiger Umgang in Chemischen Reiniungen oder anderen Kleinbetrieben sind weitere wesentliche Ursachen in Mischgebieten [LFU 1994a].

Bisher wurden in Baden-Württemberg ca. 300 Sanierungsmaßnahmen aufgrund von LHKW-Schädensfällen eingeleitet. Die damit verbundenen Kosten beziffert das Umweltministerium Baden-Württemberg auf mehrere hundert Mio. DM [SCHNEPF 1993].

Seit September 1995 steht an der Universität Stuttgart mit der „Versuchseinrichtung zur Grundwasser- und Altlastensanierung" (VEGAS) ein Zentrum für großskalige Experimente zur Verfügung. Hier sollen u.a. Technologien zur In-Situ-Sanierung von Böden und Grundwasserleitern entwickelt werden [KOBUS ET AL. 1993].

5.2.6.2 Oberflächenwasser – Abwässer aus Bergwerken

In Baden-Württemberg wurde jahrhundertelang in einer Vielzahl von Bergwerken Silber, aber auch Blei, Kupfer und Zink gewonnen. Schwerpunkt des Bergbaus war der Schwarzwald. Die silberhaltigen Fahlerze* enthalten u.a. Arsen und Antimon. In Zinkblenden ist das Metall mit Cadmium vergesellschaftet. Manche

Erzlagerstätten, z.B. im Raum Wiesloch, führen zusätzlich Mineralien, die Thallium, Nickel und Kobalt enthalten [PUCHELT 1995]. Von den inzwischen stillgelegten Gruben sind teilweise stark überwachsene Halden oder Grubeneingänge zurückgeblieben, aus denen noch heute Gruben- bzw. Haldenwasser mit durchaus relevanten Schwermetallkonzentrationen austreten.

Puchelt [1995] nennt vier erst in diesem Jahrhundert stillgelegte Erzgänge:
- Grube Gottes Segen bei St. Blasien (Blei, Silber, Zink)
- Grube Schauinsland bei Freiburg (Blei, Silber, Zink)
- Grube Gottes Segen bei Wiesloch (Antimon, Arsen, Blei, Silber, Zink)
- Grube Neubulach im Nordschwarzwald (Antimon, Arsen, Bismut, Kupfer)

In vielen Abwässern aus Bergwerksaltlasten stellt Arsen ein Problem dar: Im Falle von Wiesloch nennt Puchelt Ablaufkonzentrationen über 110 µg/l, im südlichen Schwarzwald bei Todtnau $\leq$ 111 µg/l, im Bereich Münstertal $\leq$ 204 µg/l, in Reichenbach bei Lahr $\leq$ 2.550 µg/l und im Raum Alpirsbach 30–80 µg/l.

Bei Schüttungen von 0,2–9 l/s resultieren hieraus 6.000 bis 300.000 Kubikmeter Grubenabwasser pro Jahr. Die mit dem Abwasser ausgetragenen Schwermetalle belasten zum einen die Oberflächengewässer (siehe Kapitel 5.2.5.3). Sie können jedoch auch nach Infiltration das Grundwasser belasten. So nennt Puchelt für einen Brunnen in der Nähe des ehemaligen Bergwerks in Wiesloch eine Arsenkonzentration über 200 µg/l oder für Trinkwasser eines Hauses nahe einem abgeworfenen* Grubenbau in Reichenbach bei Lahr Arsen-(As^{5+})- Konzentrationen um 160 µg/l. Der Grenzwert nach Trinkwasserverordnung beträgt dagegen 10 µg/l. Sowohl zum Schutz der Oberflächengewässer, aber auch zum Schutz des Grundwassers ist eine Begrenzung der Stoffausträge aus stillgelegten Bergwerken erforderlich. In ihrer für die Direkteinleitung nach § 7a WHG (Abwasser-Rahmen-Vorschrift 89) für ca. 1.400 Stoffe aufgestellten Liste für Einleitungsgrenzwerte schlagen Lühr und Kollegen [LÜHR ET AL. 1994] für Arsen einen Grenzwert von 100 µg/l Abwasser vor. Puchelt weist darauf hin, daß diese Grenzwerte nicht einfach durch Verdünnung, sondern durch Reinigungsmaßnahmen erreicht werden sollten [PUCHELT 1995].

5.2.7 Chlorid

Gewässerbelastungen durch Chlorid sind im wesentlichen mit der Gewinnung, Verarbeitung und dem Gebrauch von Speise- oder Industriesalz verbunden. Ab einer Konzentration von 100 mg/l Chlorid schmeckt Wasser salzig, ab 400 mg/ Chlorid (entspricht 660 mg Na^+Cl^-) wird es für den menschlichen Gebrauch ungenießbar [HÜTTER 1994]. Der Grenzwert nach Trinkwasserverordnung beträgt 250 mg/l Cl^-. Meerwassser enthält ca. 3 % Na^+Cl^- [HOLLEMAN-WIBERG 1985] entsprechend ca. 2.000 mg Cl^-. Ab 100 mg Cl^- setzt eine beschleunigte Korrosion, z.B. in Versorgungsanlagen ein [BERNHARDT UND SCHMIDT 1988].

5.2.7.1 Grundwasser

Die Chloridgehalte im Grundwasser Baden-Württembergs sind von Natur aus niedrig. Im Basismeßnetz (unter Wald) lagen im Jahr 1994 90 % der 113 untersuchten Proben unter 14,7 mg/l Cl⁻ (Median*: < 5 mg/l). Unter Industriegebieten betrug dagegen das 90. Perzentil* 91 mg/l Cl⁻ (Median*: 31 mg/l). Der Maximalwert von 1.620 mg/l Cl⁻ wurde im Emittentenmeßnetz Industrie nachgewiesen. Die Belastung unter Siedlungsgebieten ist nicht als geringer einzuschätzen: 88 mg/l Cl⁻ (90. Perzentil*) und ebenfalls 31 mg/l als Medianwert*. Auch unter Landwirtschaftsflächen sind deutlich erhöhte Chloridgehalte festzustellen (90. Perzentil*: 54 mg/l Cl⁻, Median*: 24 mg/l Cl⁻). Bei insgesamt 2748 Grundwasseranalysen wurden im Jahr 1994 16 Grenzwertüberschreitungen festgestellt (0,6 %). Davon waren jeweils 6 unter Industriegebieten und unter Siedlungsgebieten, zwei im Meßnetz „sonstige Emittenten" und jeweils eine Grenzwertüberschreitung im Quellmeßnetz und unter Landwirtschaftsflächen festzustellen [LfU 1995]. Neben gewerblicher Tätigkeit scheinen erhöhte Chloridgehalte im Grundwasser von Siedlungsgebieten auf die Verwendung von Auftausalz, in landwirtschaftlichem Gebiet auf die Verwendung chloridhaltiger Düngemittel zurückzuführen zu sein.

In der Oberrheinebene südlich des Kaiserstuhls tritt Wasser aus tertiären* salzhaltigen Sedimenten in die quartäre* Kiesfüllung über und führt zu geogen bedingt erhöhten Chloridgehalten [GEOLOGISCHES LANDESAMT 1995]. Während Bernhardt und Schmidt [1988] die anthropogen verursachte Grundwasserversalzung in der Oberrheinebene auf die Chloridverpressung im elsässischen Chalampé zurückführen, sieht das Geologische Landesamt den deutschen und elsässischen Kalibergbau als Ursache der „extrem hohen" Chloridgehalte an. Unter einer Fläche von 22 km² mit einer jährlichen Grundwasserneubildung von ca. 5 Mio. m³ ist der Grenzwert der Trinkwasserverordnung für Chlorid überschritten [GEOLOGISCHES LANDESAMT 1995] (siehe auch Abb. 2-8).

5.2.7.2 Oberflächenwasser

In den meisten Flüssen liegt der natürliche Chloridgehalt unter 20 mg/l. Anthropogene Erhöhungen erfolgen durch die Anwendung von Streusalz, durch häusliche und industrielle Abwässer, wobei in unserem Gebiet die Salzgewinnung eine nicht unerhebliche Rolle spielt. Die Länderarbeitsgemeinschaft Wasser bezeichnet Konzentrationen > 200 mg/l als erhöht, > 400 mg/l als hoch und > 800 mg/l als sehr hoch [LAWA 1993]. Die graphische Darstellung der Chloridbelastung von Rhein, Neckar und Donau zeigt Abb. 5-29.

Rhein: Die Chlorid-Konzentration (Median*) steigt vom Bodenseeauslauf (5–7 mg/l) bis zum nördlichen Oberrhein bei Mannheim (90–133 mg/l) stark an. Der wesentliche Sprung findet im Bereich der Abwassereinleitungen aus den Kaiminen des Elsaß statt. Ihr Einfluß ist daran erkennbar, daß während der Streikperiode im elsässischen Kalibergbau in den Monaten Juni und Juli 1989 die Chloridkonzentration im Rhein auf ca. 40–50 mg Cl⁻/l sank [HABERER 1991]. Dieser Konzen-

Abb. 5-29: Beschaffenheit der Fließgewässer in Baden-Württemberg - LAWA-Meßstellennetz.
Chlorid in mg/l: Hauptwerte 1982 bis 1991
Quelle: verändert nach [LAWA 1993]

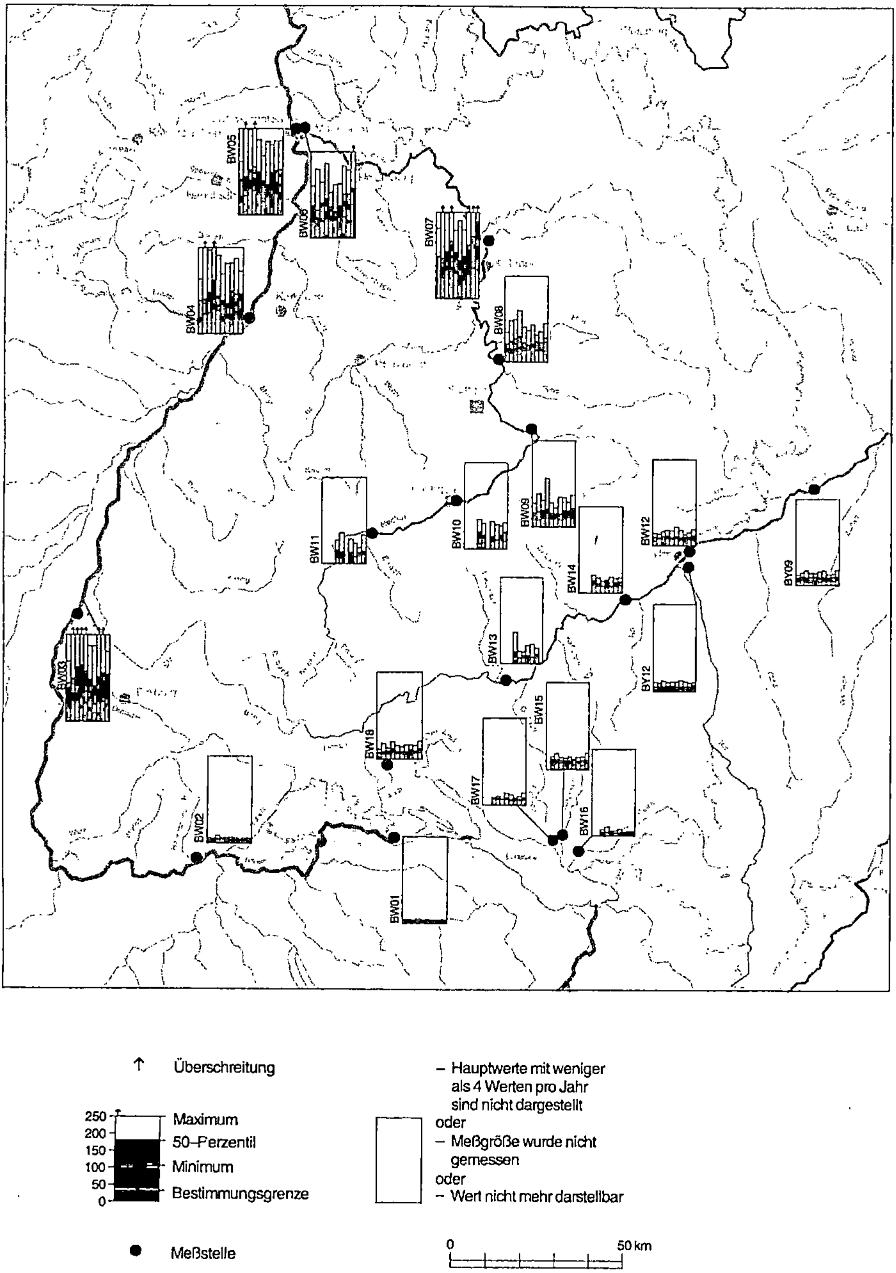

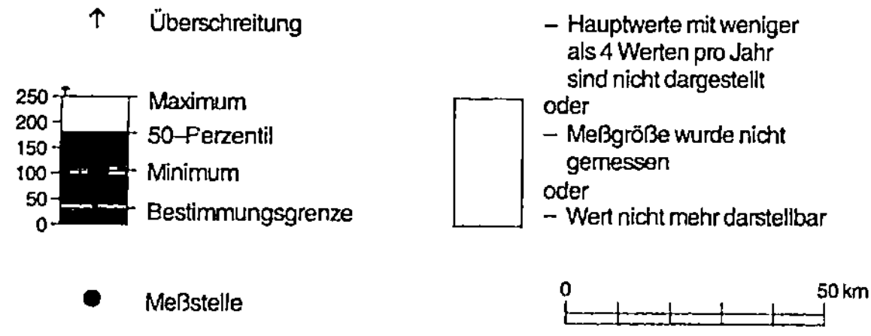

trationsbereich war im Rhein noch vor der Jahrhundertwende an der Grenze zu den Niederlanden vorherrschend [IAWR 1985, zit. in BERNHARDT UND SCHMIDT 1988]. Während eine Tendenz der Chloridkonzentration im Zeitraum von 1982 bis 1991 nicht zu erkennen ist [LAWA 1993], nahm die Chlorid-Fracht als Resultat des erst 1983 von Frankreich unterzeichneten Chloridabkommens der Rheinanliegerstaaten von 1976 [BERNHARDT UND SCHMIDT 1988] seit 1985 an der Station Karlsruhe von ca. 160 kg/s auf 130 kg/s ab [UM UND LfU 1995].

Die deutsch-niederländische Grenze passieren derzeit ca. 400 kg Cl⁻ pro Sekunde. Davon stammen ca. 110 kg aus den Kaliminen des Elsaß. Die Arbeitsgemeinschaft-Wasserwerke-Bodensee-Rhein fordern die Rückführung des Abraums in die Stollen, wie das bereits im ehemaligen deutschen Kalibergwerk Buggingen ohne Schädigung der Grundwasserlandschaft erfolgt sei (s.o.) [AWBR 1990]. Seit 1991 werden von den Kaliminen im Elsaß zeitlich befristete Rückhaltemaßnahmen getroffen, wenn ein Konzentrationswert von 200 mg/l im Rheinwasser an der deutsch-niederländischen Grenze überschritten wird [BUNDESMINISTERIEN 1993].

Neckar: Der Median* des Chloridgehaltes liegt bereits am Oberlauf des Neckars mit 31–38 mg/l erheblich höher als am Hochrhein (Bodenseeauslauf). Die Konzentration verdoppelt sich bis zum Meßpunkt BW 08 (Poppenweiler) und steigt am Meßpunkt BW 07 (Kochendorf) sprunghaft auf Medianwerte von 110–223 mg/l an. Bis zur Mündung in den Rhein gehen die Werte auf 76–146 mg/l zurück. Ein Trend ist innerhalb des beschriebenen Jahrzehnts von 1982 bis 1991 nicht auszumachen [LAWA 1993]. Nach der Einstellung der Soda-Produktion im Raum Heilbronn sank die Chloridkonzentration ab Oktober 1993 an der Meßstelle Kochendorf von den genannten ca. 200 mg/l auf Werte um 40 mg/l (Abb. 5-30). Aufgrund des schlechten Abwasser/Vorflut*–Verhältnisses ist die Chloridbelastung im Neckar immer noch als „hoch" einzustufen. Zusammen mit der erhöhten Temperatur

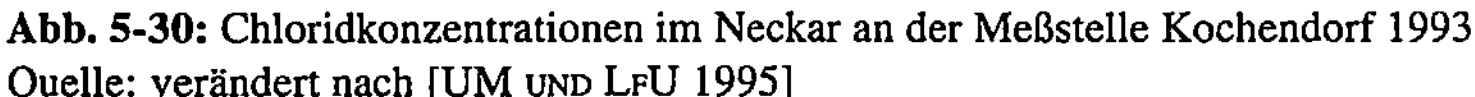

Abb. 5-30: Chloridkonzentrationen im Neckar an der Meßstelle Kochendorf 1993
Quelle: verändert nach [UM UND LfU 1995]

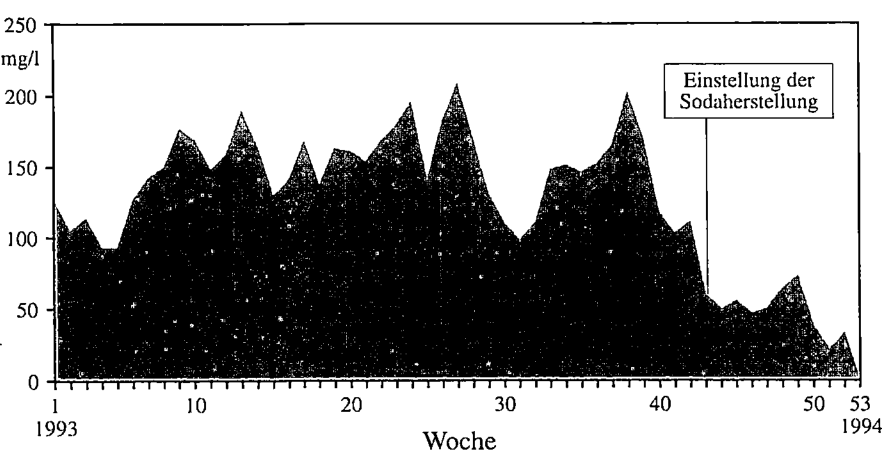

flußabwärts des Kernkraftwerks Neckarwestheim ist die Chloridkonzentration ein Grund für die Verbreitung der seit 1990 in den Neckar eingewanderten subtropischen Muschelarten *Corcicula fluminalis* und *Corbicula fluminea* [UM UND LFU 1995].

Donau: Der Chloridgehalt ging im Untersuchungszeitraum von 1982 bis 1991 auf der durch Baden-Württemberg führenden Fließstrecke mit Werten von 24–34 mg/l (50. Perzentil) am Oberlauf und 22–27 mg/l in Ulm leicht zurück. Nur für die Station in Ulm liegen Daten für den gesamten Zeitraum von 1982 bis 1991 vor [LAWA 1993]. Hieraus ist keine zeitliche Tendenz abzuleiten. Die LfU beurteilt den Chloridgehalt der Donau als mäßig bis deutlich erhöht [UM UND LFU 1995].

Durch den Betrieb von Ionenaustauschern in Haushalt (Geschirrspülmaschine) und Gewerbe haben sich die Chloridgehalte in allen mit Abwasser belasteten Flüssen merklich erhöht [UM UND LFU 1995].

5.2.8 Aus Baden-Württemberg abfließende Frachten

Bisher haben wir in diesem Kapitel die Gewässerqualität weitgehend anhand von Konzentrationsangaben beschrieben. Aussagen zum absoluten Eintrag in die Nordsee bzw. das Schwarze Meer oder zum „Abfallexport" aus Baden-Württemberg via Vorfluter* erfordern Angaben zur Fracht der jeweils betrachteten Substanzen. Diese Angaben sind methodisch schwierig zu erarbeiten und bisher selten dokumentiert. Für 45 der bis 1995 prioritär zu begrenzenden Stoffe hat die Deutsche Kommission zur Reinhaltung des Rheins eine Übersicht der im Jahr 1992 aus dem Rheineinzugsgebiet abfließenden Frachten, getrennt nach industriellen Direkteinleitern* und kommunalen Kläranlagen (inklusive industrieller Indirekteinleiter*), erstellt. Diffuse Einträge sind dabei nicht berücksichtigt (Tab. 5-8). Mengenmäßig dominierten die Stickstoff- (130.000 t N/a) und Phosphor- (10.000 t P/a) Verbindungen. Die abfließende Fracht von Adsorbierbaren Organischen Halogenen (AOX) betrug 752 t/a, die von Zink 483 t/a. Die Frachten von Chrom, Kupfer, Nickel und Blei betrugen 44–75 t/a. Die Jahresfrachten von Benzol, Cadmium und einigen Chlorkohlenwasserstoffen betrugen zwischen 1 und 10 t [DT. KOMMISSION ZUR REINHALTUNG DES RHEINS 1993].

Schadstoffe in den Rheinsedimenten spielen eine ökonomisch wichtige Rolle bei der Verwendung bzw. Entsorgung ausgebaggerter Schlämme des Rotterdammer Hafens. Ein Teil der Schlämme muß wegen der hohen Schadstoffgehalte in der eigens dafür gebauten Spezialdeponie „Slufter" abgelagert werden. Ansonsten kann das Material z.B. für den Dammbau verwendet werden. Zwischen dem Hafen Rotterdam und dem Verband der Chemischen Industrie (VCI) in Frankfurt wurde Ende 1995 die zweite Stufe des Umweltabkommens unterzeichnet, in dem sich die deutsche chemische Industrie dazu verpflichtet, bis zum Jahr 2000 die Einleitungen von AOX auf 300 t, von Zink auf 100 t, von Kupfer und Nickel auf 25 t und von Chrom auf 20 t zu senken. Es sollen dann noch 140 kg Quecksilber und 500 kg

Tab. 5-8: Frachten der im Jahr 1992 aus dem deutschen Rheineinzugsgebiet in den Rhein und seine Nebenflüsse eingeleiteten prioritär zu begrenzenden Stoffe, differenziert nach industriellen Direkteinleitungen bzw. kommunalen Einleitungen
Quelle: [DEUTSCHE KOMMISSION ZUR REINHALTUNG DES RHEINS 1993]

Stoff	Gesamtfracht	Industrielle Direkteinleitungen	Kommunale Einleitungen und ang. Industrie
	kg/ha	kg/ha	kg/ha
Quecksilber	378	182	196
Cadmium	0	579	501
Chrom	44 032	34 685	9 347
Kupfer	74 560	37 078	37 482
Nickel	49 751	25 932	23 819
Zink	483 065	143 250	339 815
Blei	47 992	17 007	30 985
Arsen	156	156	0
Atrazin	0	0	0
Azinphos-Ethyl	0	0	0
Azinphos-Methyl	0	0	0
Bentazon	440	440	0
DDT	0	0	0
Dichlorvos	0	0	0
Aldrin, Dieldrin, Endrin, Isodrin	0	0	0
Endosulfan	<1	<1	0
Fentrothion	0	0	0
Fenthion	0	0	0
Hexachlorcyclohexan	30	30	0
Malathion	0	0	0
Parathion	0	0	0
Parathion-Methyl	0	0	0
Pentachlorphenol	<<	<<	0
Simazin	0	0	0
Trifluralin	0	0	0
Zinnorganische Verbind.	<50	<50	0
1,2-Dichlorethan	9 333	7 633	1 700
1,1,1-Trichlorethan	941	<50	891
Trichlorethen	777	224	553
Tetrachlorethen	1 226	333	893
Chloroform	9 192	8 969	223
Tetrachlorkohlenstoff	92	60	32
Benzol	2 700	1 200	1 500
(Mono)-Chloraniline	200	200	0
Chlornitrobenzole	350	350	0
Trichlorbenzol	<960	<960	0
2-Chlortoluol	<225	<225	0
4-Chlortoluol	<210	<210	0
Hexachlorbenzol	7	7	0
Hexachlorbutadin	0,4	0,4	0
PCB	0	0	0
AOX	751 675	568 468	183 207
Dioxine	0	0	0
Phosphate	10 138 802	945 577	9 193 225
Gesamtstickstoff	138 044 169	25 313 119	112 731 050

0   keine Einleitung bekannt
<<   keine Frachtangabe möglich; Konzentration deutlich unter der Nachweisgrenze

Cadmium eingeleitet werden dürfen. Im Vergleich zu 1986 bedeutet dies eine Reduzierung zwischen 58 % (Cadmium) und 87 % (Chrom). Im Gegenzug verzichtet der Hafen von Rotterdam auf Schadenersatzforderungen gegenüber den Mitgliedsfirmen des Chemieverbandes [CHEMISCHE RUNDSCHAU NR. 47 vom 24.11.1995].

Ableitungen aus kommunalen Kläranlagen machten > 90 % der Stickstoff-, > 80 % der Phosphor- und ca. 70 % der Zinkfracht aus, während AOX (76 %) und viele chlorhaltige Lösemittel von industriellen Direkteinleitern stammten (z.B. 98 % des Chloroforms). Diese Angaben erlauben lediglich eine erste Orientierung, weil außer dem Fehlen der diffusen Einträge auch eine Fehlerbetrachtung zu den definierten Einleitungen nicht vorhanden ist. Eine Übersicht über die Gesamtheit der mit der Vorflut aus Baden-Württemberg exportierten Stoffe ist uns nicht bekannt.

Für die Parameter Chemischer Sauerstoffbedarf* (CSB), Ammonium-Stickstoff*, Nitrat-Stickstoff* und Orthophosphat-Phosphor* hat uns die LfU mit Schreiben vom 15. bzw. 22.3.1994 die im Jahr 1992 in Rhein und Neckar (jeweils bei Mannheim) und in der Donau bei Ulm ablaufenden Frachten mitgeteilt (Tab. 5-9). Im Falle der schwer abbaubaren Stoffe (CSB) und des Orthophosphat-Phosphors transportierte demnach der Rhein bis Mannheim drei Viertel der von Baden-Württemberg an die Flußunterlieger* weitergegebenen Fracht. Beim Stickstoff waren es zwei Drittel. Über ein Fünftel der genannten Stickstoff- und Orthophosphat-Phosphor-Fracht verläßt Baden-Württemberg über den Neckar.

Die Frachten in Neckar und Donau stammen überwiegend aus Baden-Württemberg. Da die Frachtangaben des Rheins einerseits auch Beiträge aus Österreich, der Schweiz, von Liechtenstein und aus Frankreich enthalten, andererseits sowohl kommunale Einleitungen als auch industrielle Direkteinleitungen aus dem Stadtgebiet von Mannheim unterhalb des für den Rhein genannten Meßpunktes eingeleitet werden, können die in Tab. 5-9 für den Meßpunkt Rhein BW 05 getroffenen Aussagen nicht mit den Ableitungen Baden-Württembergs in den Rhein gleichgesetzt werden. Deshalb ist es auf der Basis dieser Angaben nicht möglich, die mit der Vorflut* aus Baden-Württemberg exportierte Fracht zu quantifizieren.

Die Tendenz der ablaufenden Frachten ist uneinheitlich: Am **Rhein** zeigen die Frachten für Orthophospat-Phosphor* und Ammonium-Stickstoff* im Zeitraum von 1990–93 eine Abnahme um 20 %. Bei Nitrat-Stickstoff* ist keine Veränderung zu erkennen (- 2 %). Beim CSB* war im Zeitraum von 1990–92 eine Reduktion um 9 % festzustellen.

Tab. 5-9: Frachtablauf aus Baden-Württemberg 1992
Quelle: [LfU 1994, Schreiben vom 15. bzw. 22.03.1994]

Parameter	Frachtablauf aus Baden Württemberg (t/a)	relativer Anteil in %		
		Rhein BW05 (Mannheim)	Neckar BW06 (Mannheim)	Donau BW12 (Ulm)
CSB	509 504	80,0 %	12,4 %	7,6 %
NH_4^+-N	4 165	74,5 %	19,7 %	5,8 %
NO_3^--N	115 059	66,0 %	22,8 %	13,2 %
o-PO_4^{3-}-P	3 314	72,6 %	24,0 %	3,4 %

Am **Neckar** blieb die Nitrat-Stickstoff-Fracht von 1990–93 unverändert, die von Ammonium-Stickstoff* ging bei stark schwankendem Verhalten um 42 % zurück. Dagegen ist ein Anstieg der CSB-Fracht um 14 % und der Orthophosphat-Phosphor-Fracht um 35 % festzustellen.

Im Zeitraum von 1990–92 sind die Frachten in der **Donau** durchgängig angestiegen: beim CSB* um 26 %, beim Ammonium-Stickstoff* um 89 %, beim Nitrat-Stickstoff um 28 % und beim Orthophosphat-Phosphor um 25 %. Die Gründe hierfür sind uns nicht bekannt.

5.3 Rechtliche Rahmenbedingungen, Schutzkonzepte und Qualitätsziele

Neben dem Wasserhaushaltsgesetz des Bundes und dem Wassergesetz des Landes Baden-Württemberg ist die EU-Gesetzgebung von entscheidender Bedeutung. Sie hat direkten Einfluß auf die Mitgliedstaaten und engt den nationalen Entscheidungsspielraum oft ein. Wegen der großen Bedeutung für die deutsche und damit auch baden-württembergische Wassergesetzgebung, aber auch aufgrund der sich abzeichnenden Änderungen, wird im folgenden Abschnitt auf das EG-Recht näher eingegangen. Daran anschließend werden die in Deutschland bereits vorliegenden Gewässerschutzkonzepte und Qualitätsziele inclusive der daraus abgeleiteten künftigen Schwerpunkte des Gewässerschutzes dargestellt.

5.3.1 EU und Gewässerschutz

Das europäische Gemeinschaftsrecht setzt als supranationales Recht den Rahmen für die nationalen Rechte der Mitgliedstaaten. Neben Verordnungen, die unmittelbar EU-weit gelten, sind vor allem <u>Richtlinien</u> das Hauptinstrument der EU-Gesetzgebung. Richtlinien geben einen Rahmen vor, der innerhalb einer bestimmten Frist von den Nationalstaaten umgesetzt werden muß. Nach dem Subsidiaritätsprinzip bleiben die Mittel und Wege, mit denen dies erfolgt, den Nationalstaaten überlassen. So werden in Deutschland z.B. viele Regelungen im Bereich des Umweltschutzes und besonders des Wasserrechts auf Länderebene getroffen.

Mit Inkrafttreten der Einheitlichen Europäischen Akte am 1.7.87 wurden die Vorraussetzungen für eine europäische Umweltschutzpolitik geschaffen. Es wurde ein Titel ”Umwelt” mit den Artikeln 130 r–t in den EWG-Vertrag eingefügt, auf die sich die seither erlassenen Umweltrichtlinien beziehen. Auch das europäische Parlament hat ein Mitspracherecht erhalten. Eine Übersicht über die wichtigsten EG-Richtlinien zum Gewässerschutz enthält Tab. 5-10.

Die EG hat seit ihrem Bestehen 140 Rechtsakte zum Thema Wasser im weitesten Sinne verabschiedet, davon knapp 30 Richtlinien und Entschließungen zum Bereich Gewässerschutz [WILLE 1994]. Sie können in Richtlinien mit emissionsbezogenem Ansatz, die auf die Vermeidung von Schadstoffzufuhren abzielen (wie z.B. die Nitratrichtlinie), und in Richtlinien mit immissionsbezogenem Ansatz, die

Tab. 5-10: EG-Richtlinien und Richtlinienentwürfe im Bereich Wasser

Kurzfassung	Offizielle Bezeichnung	Nummer	Datum	Bemerkungen
Oberflächenwasser-richtlinie	Richtlinie des Rates über Qualitätsanforderungen an Oberflächengewässer für die Trinkwassergewinnung in den Mitgliedstaaten	75/440/EWG	16.6.1975	soll durch Ökologie-Richtlinie ersetzt werden (s.u.)
Badewasserrichtlinie	Richtlinie des Rates über die Qualität der Badegewässer	76/160/EWG	8.12.1975	Entwurf für Neufassung im Februar 1994 angenommen
Fischgewässer-richtlinie	Richtlinie des Rates über die Qualität von Süßwasser, das schutz- oder verbesserungsbedürftig ist, um das Leben von Fischen zu erhalten	78/659/EWG	18.7.1978	soll durch Ökologie-Richtlinie ersetzt werden (s.u.)
Muschelgewässer-richtlinie	Richtlinie des Rates über die Anforderungen an Muschelgewässer	79/923/EWG	30.10.1979	soll durch Ökologie-Richtlinie ersetzt werden (s.u.)
Trinkwasserrichtlinie	Richtlinie des Rates über die Qualität von Wasser für den menschlichen Gebrauch	80/778/EWG	15.7.1980	Entwurf für Neufassung (Kom/95/612) am 4.1.1995 angenommen
Gewässerschutzrichtlinie *und* *Folgerichtlinien:*	Richtlinie des Rates betreffend die Verschmutzung infolge Ableitung bestimmter gefährlicher Stoffe in die Gewässer der Gemeinschaft	76/464/EWG	4.5.1976	Neufassung geplant
- Quecksilber aus Alkalielektrolyse	*- Richtlinie des Rates betreffend Grenzwerte und Qualitätsziele für Quecksilberableitungen aus dem Industriezweig Alkalielektrolyse*	82/176/EWG	22.3.1982	
- Cadmium	*- Richtlinie des Rates betreffend Grenzwerte und Qualitätsziele für Cadmiumableitungen*	83/513/EWG	26.9.1983	
- Quecksilber ohne Alkalielektrolyse	*- Richtlinie des Rates betreffend Grenzwerte und Qualitätsziele für Quecksilberableitungen mit Ausnahme des Industriezweigs Alkalielektrolyse*	84/156/EWG	8.3.1984	
- HCH	*- Richtlinie des Rates betreffend Grenzwerte und Qualitätsziele für Ableitungen von Hexachlorcyclohexan*	84/491/EWG	9.10.1984	
- DDT u.a.	*- Richtlinie des Rates betreffend Grenzwerte und Qualitätsziele für die Ableitung bestimmter gefährlicher Stoffe i. S. der Liste I im Anh. d. Richtlinie 76/464/EWG*	86/280/EWG	12.6.1986	
Grundwasser-richtlinie	Richtlinie des Rates über den Schutz des Grundwassers gegen Verschmutzung durch bestimmte gefährliche Stoffe	80/68/EWG	17.12.1979	soll d. RL „Süßwasserwirtschaft und Grundwasserschutz" ersetzt werden
Kommunalabwässer-Richtlinie	Richtlinie des Rates über die Behandlung von kommunalem Abwasser	91/271/EWG	21.5.1991	
Nitratrichtlinie	Richtline des Rates zum Schutz der Gewässer vor Verunreinigung durch Nitrat aus landwirtschaftlichen Quellen	91/676/EWG	12.12.1991	
Pestizidrichtlinie Anhang VI zur Pestizidrichtlinie	Richtline des Rates über das Inverkehrbringen von Pflanzenschutzmitteln Richtline des Rates zur Festlegung des Anhangs VI der Richtlinie 91/414/EWG über das Inverkehrbringen von Pflanzenschutzmitteln	91/414/EWG 94/43//EG	15.7.1991 27.7.1994	als Produktrichtlinie keine Umweltschutz-RL im engeren Sinne
Ökologierichtlinie	Vorschlag der EG-Kommission für eine Richtlinie des Rates über die ökologische Qualität von Gewässern	KOM (93)680 endg.	Aug. 1994	soll Fisch- und Muschelgewässer-RL sowie Oberflächen-RL ersetzen
IVU-Richtlinie (oder IPPC-RL)	Vorschlag der EG-Kommission für eine Richtlinie des Rates über die integrierte Vermeidung und Verminderung der Umweltverschmutzung	KOM (93)423 endg.	14.9.1993	muß mit Neufass. der Gew.schutz-RL u. Ökologie-RL abgestimmt werden

Mindestanforderungen an das an einer Verbrauchstelle ankommende Wasser stellen (wie z.B. die Trinkwasserrichtlinie), unterteilt werden.

Da die bisherigen Regelungen kein einheitliches Konzept für den Gewässerschutz darstellen, sollen in Zukunft vier eher immissionsbezogene Rahmenrichtlinien den gesamten Bereich der Gewässerqualität abdecken. Zusätzlich setzt der emissionsbezogene Gewässerschutz bei den einzelnen Verursachern an: die Nitratrichtlinie soll Emissionen aus der Landwirtschaft, die Gewässerschutzrichtlinie (ergänzt bzw. ersetzt durch die IVU-Richtlinie) Emissionen aus der Industrie und die Kommunalabwasser-Richtlinie diejenigen aus Siedlungen begrenzen.

Bei den Rahmenregelungen zur Gewässerqualität haben die Mitgliedstaaten die Möglichkeit, *„auf Wunsch zusätzliche Parameter von untergeordneter Bedeutung hinzuzufügen"* [BERICHT DER KOMMISSION 1993]. Dies würde z.B. bei der Trinkwasserrichtlinie bedeuten, daß die BRD in die deutsche Trinkwasserverordnung Parameter aufnehmen kann, die in der europäischen Richtlinie nicht vorgesehen sind. Außerdem entscheiden die Mitgliedstaaten nach dem Subsidiaritätsprinzip über Art und Umfang der Maßnahmen, die zum Erreichen der durch die EG-Richtlinie vorgegebenen allgemeinen Ziele erforderlich sind. Im einzelnen handelt es sich bei den künftigen Rahmenrichtlinien zur Gewässerqualität um folgende Regelungen:

Neufassung der <u>Trinkwasserrichtlinie:</u>
Der Entwurf wurde am 4.1.1995 von der Kommission angenommen und wird nun von Rat und Parlament diskutiert. Auf die konkreten Änderungen wird weiter unten eingegangen.

Neufassung der <u>Badegewässerrichtlinie:</u>
Der jetzige Text soll an den wissenschaftlichen Fortschritt angepaßt und unter Einbeziehung bisheriger Erfahrungen vereinfacht werden. Sie sieht die Möglichkeit vor, ein einstweiliges Badeverbot auszusprechen und führt ein Konzept „Gewässer von ausgezeichneter Qualität" ein, um Informationen über den Zustand der Umwelt präziser zu gestalten. Überflüssige Parameter oder solche ohne Grenzwert wurden gestrichen und der Schwerpunkt auf Verschmutzungsindikatoren gelegt [EUROPÄISCHE KOMMISSION 1994a]. Beispielsweise sollen Streptokokken als Fäkalindikatoren neu eingeführt werden [LAWRENCE 1995].

Richtlinie über die <u>ökologische Qualität des Oberflächenwassers:</u>
Der im Sommer 1994 vorgelegte Entwurf sieht vor, daß auf der Basis einer gemeinsamen Definition der "Ökologischen Qualität von Oberflächengewässern" die Mitgliedstaaten jeweils auf die Situation ihrer Gewässer zugeschnittene Qualitätsziele festlegen, für deren Verwirklichung integrierte Programme ausgearbeitet werden müssen. Als erste Maßnahme werden die Mitgliedstaaten dazu verpflichtet, ein Meß- und Überwachungsprogramm zu errichten, um die ökologische Qualität der Gewässer zu bestimmen. Instrumente zum Erreichen der Ziele können neben ordnungsrechtlichen Maßnahmen auch wirtschaftliche Anreize sein. Über die Fortschritte muß der Kommission und der Öffentlichkeit regelmäßig berichtet

werden [EUROPÄISCHE KOMMISSION 1994b]. Diese Richtlinie wird neben anderen auch die Oberflächenwasser-Richtlinie ersetzen. Über die geplante Neufassung dieser Richtlinie sowie der Trinkwasser- und der Badegewässerrichtlinie fand am 20.6.95 eine Anhörung des Europaparlaments statt.

Neufassung der Grundwasserrichtlinie:
Im Rahmen des von der Umweltministerkonferenz in Den Haag im November 1991 beschlossenen Grundwasseraktionsprogramms soll die bisherige, sich auf die Ableitung von gefährlichen Stoffen ins Grundwasser beschränkende und daher emissionsbezogene Grundwasserrichtlinie von 1979 überarbeitet werden [RINGEL-TAUBE 1994]. Um eine stärkere Integration des Grundwasser- und Oberflächen-wasserschutzes zu gewährleisten, soll sie dann in eine neue allgemeine Wasser-rahmenrichtlinie aufgenommen werden [EUROPÄISCHE KOMMISSION 1996].

Die wichtigsten bestehenden und geplanten emissionsbezogenen Richtlinien bzw. Richtlinienentwürfe zum Gewässerschutz sind:

Richtlinie über die Behandlung von kommunalem Abwasser:
Sie legt fest, bei welcher Einwohnerzahl welche Abwasserbehandlungsanlagen innerhalb welcher Zeitspanne gebaut werden müssen. Die Fristen liegen zwischen 1998 und 2005 je nach Einwohnerzahl und Sensibilität des Gebiets, wobei zwi-schen sensiblen, weniger sensiblen und normalen Gebieten unterschieden wird. Gründe für die Ausweisung eines sensiblen Gebietes können beispielsweise das Risiko der Eutrophierung, die Trinkwasserentnahme aus Oberflächengewässern oder die Verpflichtung zur Einhaltung anderer Richtlinien (z.B. Fisch- und Mu-schelgewässerrichtlinie, Badegewässerrichtlinie) sein. Die Ausweisung der sensi-blen Gebiete ist dabei Aufgabe der Mitgliedstaaten. Bis 30.6.93 sollte die Richtli-nie in nationales Gesetz umgesetzt werden, bis 31.12.93 die sensiblen Gebiete fest-gelegt werden sowie Programme zur Umsetzung der Richtlinie gestartet werden. Bis 30.6.94 sollte der Kommission über die Programme berichtet werden [LARRÉ 1995].
Baden-Württemberg hat die Richtlinie mit der „Reinhalteordnung kommunales Abwasser" (ROKA) bereits umgesetzt. Ganz Baden-Württemberg mit Ausnahme des Donaueinzugsgebiets unterhalb der Versinkungsstelle bei Fridingen wurde zum sensiblen Gebiet erklärt [REICHELSTEIN 1995]. Die oben genanten Fristen für die Umsetzung wurden in Baden-Württemberg in Bezug auf den Stickstoffabbau ver-längert [REICHELSTEIN 1995] (vgl. Kapitel 4.2.1.1).

Nitratrichtlinie:
Auf ihre Inhalte wird weiter unten eingegangen.

Gewässerschutzrichtlinie mit ihren bisher 7 Folgerichtlinien:
Sie bezieht sich auf die Ableitung gefährlicher Stoffe (z.B. Cadmium, Quecksil-ber, etc., s.o.). Dabei ist sie zunächst nicht industrieanlagenbezogen, sondern be-zieht sich allgemein auf die Einleitung bestimmter Stoffe. Sie basiert auf dem Prin-

zip, daß die EU auf der Grundlage der besten verfügbaren Techniken einheitliche Grenzwerte festlegt. Ausnahmen sind möglich, wenn nachgewiesen werden kann, daß in dem Gebiet , das von den Ableitungen betroffen ist, die Qualitätsziele der Gemeinschaft trotzdem eingehalten werden [BLAK „Fachübergreifendes Umweltrecht" 1994].

Richtlinienvorschlag über die integrierte Vermeidung und Verminderung der Umweltverschmutzung (IVU-Richtlinie):
Er ist als Antwort auf den Brundtland-Bericht [WCED 1987] gedacht und zielt auf die dort angeführten institutionellen Defizite ab, wobei gemeint ist, daß die bestehenden Institutionen ihrem Schutzauftrag für die Umwelt nicht gerecht werden, weil sie überholtem sektoralem Denken entsprächen. Der IVU-Richtlinienvorschlag ist jedoch nicht schutzgutbezogen, sondern zielt auf den industriellen Sektor als Umweltgefährdungsbereich ab. Integrierter Umweltschutz im Sinne dieses Vorschlags meint nicht *„eine umfassende medienübergreifende oder stoffbezogene Bewertung als vielmehr verfahrensrechtliche Konzentration in der administrativen Behandlung bestimmter industrieller Umweltverschmutzung"*. Der IVU-Richtlinienvorschlag sieht keine EU-einheitlichen, nach dem Stand der besten verfügbaren Techniken hergeleiteten Emissionsgrenzwerte mehr vor. Der Stand der besten verfügbaren Technik dient nicht mehr als Vorsorgemaßstab für notwendige Maßnahmen, sondern als Orientierungsgröße für Emissionsgrenzwerte im Einzelfall mit vielfältigen Abweichmöglichkeiten. Wie auch in der Gewässerschutzrichtlinie ist eine Abweichmöglichkeit vorgesehen, wenn in dem Gebiet, das von den Ableitungen betroffen ist, die Qualitätsziele der Gemeinschaft trotzdem eingehalten werden können. Unklar ist, wie verhindert werden kann, daß diese Regelung das Einfallstor für eine Verteilung der Umweltbelastung über Gebiete mit noch guter Umweltqualität wird [BLAK „Fachübergreifendes Umweltrecht" 1994].

Die bisher erwähnten Richtlinien betreffen Umweltschutzziele direkt und berufen sich, sofern sie nach 1987 erlassen wurden, auf die entsprechenden Artikel 130 r–t des EWG-Vertrages.
Umweltschutzbelange können jedoch auch indirekt betroffen sein, so z.B. bei der Richtlinie über das Inverkehrbringen von Pflanzenschutzmitteln. Als Produktregelung, die sich auf Art. 100 a Abs.4 EG-Vertrag (Kompetenz der Gemeinschaft zum Erlaß von Vorschriften zur Rechtsangleichung) stützt, soll sie sicherstellen, daß das betreffende Produkt im ganzen europäischen Markt unbeschränkt verkehrsfähig ist [Wahl und Rehbinder 1994]. Im Gegensatz zu den o.g. Umweltrichtlinien, die den Nationalstaaten das Recht einräumen, eigene, strengere Regelungen zu erlassen, wird bei der Pflanzenschutzmittelrichtlinie der Spielraum der Mitgliedstaaten, strengeres nationales Recht einzuführen, von Wahl und Rehbinder [1994] als eher gering eingeschätzt.
Die Umsetzung der EG-Richtlinien in Bundes- bzw. Landesrecht sowie die damit verbundenen Schwierigkeiten werden im Folgenden an den Beispielen Nitratrichtlinie, Trinkwasserrichtlinie und Pflanzenschutzmittelrichtlinie erläutert.

Nitratrichtlinie

Sie hat zum Ziel, durch Nitrate aus landwirtschaftlichen Quellen verursachte Gewässerverunreinigungen zu verringern. Kernstück der Maßnahmen ist die Begrenzung der Ausbringung von organischen Düngemitteln auf 170 kg N pro ha und Jahr in von den Mitgliedstaaten auszuweisenden "besonders gefährdeten Gebieten" sowie die Aufstellung von "Regeln der guten fachlichen Praxis" für nicht gefährdete Gebiete. Auf die Ausweisung "besonders gefährdeter Gebiete" kann verzichtet werden, wenn die dafür vorgeschlagenen Maßnahmen flächendeckend ergriffen werden. Unter dem Aspekt, daß neben der Sicherstellung der Trinkwasserversorgung die Vermeidung der Gewässereutrophierung als gleichrangiges Ziel der Richtlinie angesehen wird, hat sich Deutschland (neben Dänemark, den Niederlanden und ggf. Luxemburg) entschieden, die Richtlinie flächendeckend umzusetzen [TEUBER UND MÜLLER 1992]. Dies ist inzwischen durch den Erlaß der Düngemittel-Anwendungsverordnung erfolgt.

In Baden-Württemberg wurde der Nitrateintrag aus landwirtschaftlichen Quellen bisher nur in Wasserschutzgebieten durch die SchALVO begrenzt. Mit dem Inkrafttreten der bundesweit gültigen Düngemittel-Anwendungsverordnung wird nun der Erlaß einer eigenen „Gülleverordnung" [Landtag 11/4471] hinfällig.

Trinkwasserrichtlinie

Wesentliche Änderungen gegenüber der alten Trinkwasserrichtlinie sind die Einführung neuer (z.B. einiger kanzerogene Stoffe) und die Abschaffung irrelevanter Parameter (insgesamt 25) sowie eine neue Aufteilung in mikrobiologische, chemische und Indikatorparameter. Letzlich enthält die neue Richtlinie noch 47 statt vorher 62 Parameter. Die in der alten Fassung enthaltenen <u>Richt</u>werte (z.B. für Nitrat 25 mg/l) wurden aufgehoben. Auch der Begriff „Grenzwert" wurde durch „parametric values" ersetzt, die dennoch den Charakter von Grenzwerten haben [OTTENWÄLDER 1994]. Im Falle von Abweichungen von Grenzwerten (z.B. durch Wasserrohrbrüche verursachte erhöhte Keimzahlen) sind für die Wasserversorger praktikablere Ausnahmeregelungen vorgesehen. Weiterhin sollen die Mitgliedstaaten jährlich gegenüber der Kommission über die Qualität ihres Trinkwassers berichten. Für den Parameter Blei, der hauptsächlich aus Hausinstallationen stammt, ist ein Moratorium von 15 Jahren vorgesehen, bis der Grenzwert von 10 µg/l in Kraft tritt. Der Entwurf enthält auch eine Generalklausel, wonach Wasser im Haushaltsbereich, das keinen direkten oder indirekten Einfluß auf die Gesundheit des Verbrauchers hat, nicht die Trinkwasserqualität erfüllen muß [SCHMITZ 1994].

Die für den Parameter Pestizide vorgesehene Regelung rief in der deutschen Öffentlichkeit heftige Diskussionen hervor. Der Summengrenzwert von 0,5 µg/l soll gestrichen werden. Der pauschale Grenzwert von 0,1 µg/l für jeden Einzelwirkstoff soll zwar erhalten bleiben, dem einzelnen Mitgliedstaat jedoch die Möglichkeit eingeräumt werden, die Kommission aufzufordern zu prüfen, ob für einen bestimmten Pflanzenbehandlungsmittelwirkstoff ein individueller Grenzwert festgelegt werden kann. Unklar ist, ob dieser Wert, sofern von der Kommission festgelegt, dann nur für den betreffenden Mitgliedstaat oder aber europaweit Gültigkeit hätte [OTTENWÄLDER 1994]. Gegen diese „Öffnungsklausel bei Pflanzenschutzmitteln" bestehen von Seiten der Wasserwirtschaft Bedenken [JEDLITSCHKA 1994]. Ebenfalls auf breiten Widerspruch stieß der ursprüngliche Vorschlag, zukünftige Grenzwertänderungen („notwendige Anpassungen der Richtlinie an den wissenschaftlichen Fortschritt") einem Ausschuß und der Kommission zu übertragen, ohne daß das europäische Parlament beteiligt ist. In der endgültigen Fassung wurde diese Passage dahingehend geändert, daß Grenzwertänderungen nur möglich seien, wenn eine Revision der Richtlinie anberaumt wird, was in Zukunft alle 10 Jahre unter Beteiligung des Europäischen Parlaments erfolgen soll.

Im Zusammenhang mit der Neufassung der Trinkwasserrichtlinie wurde vor allem von Seiten der Wasserversorger und der Bundesregierung immer wieder auf die Notwendigkeit eines Gesamtkonzeptes Gewässerschutz hingewiesen. Die Trinkwasserrichtlinie als Instrument für einen ganzheitlichen Gewässerschutz zu benutzen, wird allgemein als sehr fragwürdig angesehen: *„man muß nicht unbedingt die Nordsee über die Trinkwasserrichtlinie schützen"* [KLEIN 1994]. Einigkeit besteht jedoch darüber, daß nur ein konsequenter Gewässerschutz die Voraussetzung bietet, daß Trinkwasser ohne aufwendige Aufbereitung die gestellten Qualitätsanforderungen erfüllen kann. Die Wasserversorgungsunternehmen fühlen sich als Reparaturbetriebe mißbraucht und sehen es nicht als ihre Aufgabe an, die Versäumnisse im Gewässerschutz durch aufwendige Aufbereitungstechniken wettzumachen.

Die immer wieder vorgebrachte Forderung nach humantoxikologischen Grenzwerten für Pflanzenbehandlungsmittel im Trinkwasser stößt auf die Schwierigkeit, daß diese für viele Stoffe nicht vorliegen und daß z.B. für aquatische Organismen ganz andere Empfindlichkeiten bestehen. Da sich aber Richtlinien zum Schutz des Grundwassers zumindest bisher auf die Trinkwassergrenzwerte beziehen, wäre eine humantoxikologische Bewertung nicht in allen Fällen ausreichend. Außerdem sind die von der WHO empfohlenen Leitwerte keine Vorsorge-, sondern Gefahrenabwehrwerte und sollen auch in Gebieten mit klimabedingtem Mangel an gutem Grundwasser und anderem Entwicklungsstand gelten [JEDLITSCHKA 1994].

Konsequenzen für die deutsche Trinkwasserverordnung durch die neue EU-Trinkwasserrichtlinie ergeben sich nur dort, wo strengere Grenzwerte erlassen wurden, wie z.B. bei Blei oder Bor. Hier muß eine Anpassung des deutschen Rechts an die EU-Richtlinie erfolgen. Die Möglichkeit, strengere Grenzwerte für bestimmte Stoffe festzulegen, ergibt sich daraus, daß die Trinkwasserrichtlinie als Umweltregelung auf Art. 130s des EWG-Vertrags basiert und dadurch die Nationalstaaten das Recht haben, eigene, strengere Regelungen zu erlassen (s.o.).

Pestizidrichtlinie

Die <u>Richtlinie über das Inverkehrbringen von Pflanzenschutzmitteln</u> wurde am 15.7.1991 verabschiedet und hätte innerhalb von zwei Jahren in nationales Recht umgesetzt werden sollen. Dies ist bis jetzt noch nicht erfolgt, weil die dazugehörenden Anhänge I und VI als wesentliche Bestandteile noch nicht bzw. mit großer zeitlicher Verzögerung verabschiedet wurden.

Das Verfahren zur Erstellung von Anhang I, der sogenannten "Positivliste", in die die zugelassenen Wirkstoffe aufgenommen werden, wurde Ende 1992 eingeleitet und kam noch nicht zum Abschluß [LUENSTEDT 1994]. Anhang VI, der die einheitlichen Bewertungsgrundsätze für die Zulassung von Pflanzenbehandlungsmitteln festlegt, wurde (gegen die Stimmen von BRD und NL) im Juni 1994 durch die <u>Richtlinie zur Festlegung des Anhangs VI</u> verabschiedet.

Er enthält aus der Sicht des Gewässerschutzes zwei wesentliche Schwachpunkte:

1. In den Bewertungsgrundsätzen über Verbleib und Verteilung von Pflanzenbehandlungsmitteln beschränkt sich der Schutz des Grundwassers auf das „zur Gewinnung von Trinkwasser bestimmte Grundwasser". Der Schutz von anderen, evtl. für zukünftige Nutzungen (z.B. durch nachfolgende Generationen) vorgesehenen Grundwasservorkommen ist damit eingeschränkt [WAHL UND REHBINDER 1994].

2. Die Bewertung für die Oberflächengewässer orientiert sich an der <u>Richlinie über Qualitätsanforderungen an Oberflächengewässer für die Trinkwassergewinnung</u>. Hier liegen die Pestizidgrenzwerte je nach Aufbereitungsverfahren bis zu 50 mal höher als in der Trinkwasserrichtlinie. Der Schutz des aquatischen Lebens wird insofern berücksichtigt, als die Zulassung verweigert wird, wenn *„unannehmbare Auswirkungen auf nicht zu den Zielorganismen gehörende Arten"* zu erwarten sind. Die Orientierung an der (veralteten) Oberflächengewässerrichtlinie wurde vom Deutschen Verein des Gas- und Wasserfachs e.V. (DVGW) heftig kritisiert mit der Begründung, daß wegen der unzureichenden Elimination der Pflanzenbehandlungsmittel in den Aufbereitungsverfahren eine Beeinträchtigung der Umwelt und des Trinkwassers nicht ausgeschlossen werden könne [DVGW 1993, zit. in WAHL UND REHBINDER 1994]. Da die bisherige Oberflächenwasserrichtlinie von 1975 durch eine <u>Richtlinie über die ökologische Qualität des Oberflächenwassers</u> ersetzt werden soll (s.o.), ergeben sich Möglichkeiten für einen verbesserten Schutz von Oberflächengewässern gegenüber Pestizideinträgen durch die vorgesehene Änderung der Qualitätsziele für Oberflächengewässer.

Der deutsche Gesetzesentwurf zur Umsetzung der Pflanzenschutzmittelrichtlinie weicht in drei wesentlichen Punkten von den Vorgaben der EG-Richtlinie ab [WAHL UND REHBINDER 1994]:

1. Nach EG-Recht ist eine <u>bedingte</u> Zulassung für ein Pflanzenbehandlungsmittel auch dann möglich, wenn die zu erwartenden Rückstände im (für die Trinkwasserversorgung vorgesehenen) Grundwasser die Grenzwerte der Trinkwasserrichtlinie von 0,1 µg/l überschreiten, aber toxikologisch begründete mildere Grenzwerte eingehalten werden. Von dieser Möglichkeit will die BRD in ihrem Referentenentwurf zur Änderung des Pflanzenschutzgesetzes keinen Gebrauch machen, sondern an der grundsätzlichen Beschränkung auf den Grenzwert von 0,1 µg/l festhalten. Da *„für Pflanzenschutzmittel, für die im Ausland eine <u>bedingte</u> Zulassung erteilt worden ist, keine Anerkennungsverpflichtung besteht, ist es ausgeschlossen, daß Pflanzenschutzmittel, die im Hinblick auf den Grundwasserschutz in Deutschland nicht zugelassen werden, über die Hintertür der bedingten Zulassung im Ausland in das Inland gelangen können"*[WAHL UND REHBINDER 1994]. Außerdem geht der deutsche Gesetzentwurf noch vom

„absoluten" Schutz des Grundwassers aus, er übernimmt die Einschränkung auf
„*zur Trinkwasserversorgung bestimmtes Grundwasser*" nicht [WAHL UND REH-
BINDER 1994].

2. Bei der Anerkennung ausländischer Zulassungen behält sich die BRD vor, die
   unter anderen agrarökonomischen, klimatischen und pedologischen* Bedingungen erfolgte Zulassung im Ausland den inländischen Bedingungen anzupassen
   und die Zulassung eines Pflanzenbehandlungsmittels nur mit entsprechenden
   Auflagen anzuerkennen. Diese geplante Neuregelung dürfte mit der EG-Richtlinie nicht vereinbar sein [WAHL UND REHBINDER 1994].

3. Nach der EG-Richtlinie wird die Zulassung eines Pflanzenbehandlungsmittels
   zurückgenommen, wenn sich herausstellt, daß die Voraussetzungen für ihre Erteilung nicht mehr erfüllt sind. Im Entwurf des neuen deutschen Pflanzenschutzgesetzes ist für diesen Fall eine Verpflichtung zum Widerruf der Zulassung vorgesehen. Außerdem ist ein Vorbehalt der nachträglichen Aufnahme und Ergänzung von Auflagen vorgesehen, der es ermöglicht, neuen Erkenntnissen über
   Umweltauswirkungen, insbesondere auf die Gewässer, Rechnung zu tragen. Weiterhin kann die Biologische Bundesanstalt während der Dauer der Zulassung
   Untersuchungen anordnen, deren Ergebnisse innerhalb einer bestimmten Frist
   mitgeteilt werden müssen (Nachzulassungsmonitoring) [WAHL UND REHBINDER
   1994].

Das Europäische Parlament hat am 14.11.1994 Nichtigkeitsklage gegen die Richt-
linie zur Festlegung des Anhangs VI erhoben mit der Begründung, daß die
Einschränkung des Grundwasserschutzes auf das für die Trinkwassergewinnung
bestimmte Grundwasser im Widerspruch zum in der Richtlinie über das
Inverkehrbringen von Pflanzenschutzmitteln festgeschriebenen Schutz des gesamten
Grundwassers stehe [GÖRLACH 1994]. Außerdem könnten so weitreichende Ent-
scheidungen, die den Grundwasser- und Trinkwasserschutz betreffen, nicht ohne
Beteiligung des Europäischen Parlaments getroffen werden. Dieser Klage hat am
18. Juni 1996 der Europäische Gerichtshof stattgegeben und den Anhang VI für
null und nichtig erklärt [EUROPE ENVIRONMENT VOM 29.6.1996].

Die Notwendigkeit EU-weiter Regelungen ist für den Gewässerschutz offensichtlich. So können beispielsweise Emissionsbeschränkungen für solche Stoffe, die
über den Luftpfad zur Verschmutzung von Böden und Gewässern führen, praktisch nur mit Regelungen auf Unions-Ebene Wirksamkeit zeigen. Außerdem können nationale Regelungen zu Wettbewerbsverzerrungen führen. Auch Produktion,
Einfuhr und Verwendung von gewässerschädigenden Stoffen können am wirksam-
sten auf EU-Ebene beeinflußt werden. „*Die Erhaltung der Natur und ihrer Arten
erfordern einheitliche Bedingungen für ihr Fortbestehen und letzten Endes bedürfen
die grenzüberschreitenden Gewässer des internationalen Schutzes*" [RINGELTAUBE 1994].

   Die international vorgegebenen Regeln sollen nach dem Subsidiaritätsprinzip
umgesetzt werden, d.h. die Verantwortlichkeiten zwischen Union und Mitgliedstaaten sollen neu und zweckmäßig verteilt werden. Dies läßt innerhalb eines vorgegebenen Rahmens Spielraum, um nationalen Besonderheiten Rechnung zu tragen.

Handelt es sich bei einer EU-weiten Regelung jedoch nicht um eine Umweltschutzregelung, sondern eine Produktregel, wie es bei der Pflanzenschutzmittelrichtlinie der Fall ist, so bedeutet dies nicht zwangsläufig einen verbesserten Gewässerschutz. Im Gegenteil – sie kann, wie im Fall der Bundesrepublik Deutschland, eine Verschlechterung des bisherigen Schutzstandards in den Nationalstaaten darstellen.

EU-weite Regelungen sind nur dann sinnvoll, wenn sie aufeinander abgestimmt sind und sich gegenseitig ergänzen. Die Überarbeitung alter Richtlinien alleine wird diesem Anspruch bisher nicht gerecht. Das in der Diskussion über den Anhang VI zur Pflanzenschutzmittelrichtlinie und die Trinkwasserschutzrichtlinie geforderte Gesamtkonzept Gewässerschutz müßte alle Aspekte des Gewässerschutzes – von denen die Nutzung der Gewässer für die Trinkwasserversorgung zwar eine wichtige, aber nicht die einzige ist – berücksichtigen. Ansätze in diese Richtung sind erkennbar. Die Europäische Kommission hat mittlerweile Überlegungen für eine Rahmenrichtlinie über die Wasserressourcen formuliert. Sie soll mehrere bestehende (Oberflächenwasser-, Fischgewässer-, Muschelgewässer-, Grundwasser-) bzw. geplante (ökologische Qualität von Gewässern) Richtlinien, die sich mit dem Gewässerschutz befassen, ersetzen bzw. integrieren [EUROPÄISCHE KOMMISSION 1996].

5.3.2 Bestehende Schutzkonzepte und Qualitätsziele

Die LAWA (Länderarbeitsgemeinschaft Wasser), ein Zusammenschluß aller für den Bereich Wasser zuständigen obersten Landesbehörden der Bundesländer, hat mit ihrem Grundsatzpapier „Forderungen der Wasserwirtschaft für eine fortschrittliche Gewässerschutzpolitik, LAWA 2000", ein allgemeines Gewässerschutzkonzept vorgelegt. Speziell auf den Grundwasserschutz wird in dem Grundsatzpapier „Deutsche Anforderungen an einen fortschrittlichen (zukunftsweisenden) Grundwasserschutz in der Europäischen Gemeinschaft" eingegangen.

Nach den von der LAWA formulierten allgemeinen Grundsätzen sind Gewässer *„Bestandteil der Natur und Landschaft und als solche zu schützen. ..Sie sind nach Menge und Güte so zu bewirtschaften, daß sie dem Wohl der Allgemeinheit...dienen und daß jede vermeidbare Beeinträchtigung unterbleibt. Gewässerschutz muß an den Belastungsquellen ansetzen und den medienübergreifenden Umweltschutz berücksichtigen"*. Einwirkungen auf Gewässer bedürfen der behördlichen Zulassung, wobei sowohl die Eigenkontrolle als auch die staatliche Überwachung die Einhaltung dieser Anforderungen sicherstellen soll. Die Zusammenarbeit mit den Nachbarstaaten ist zu vertiefen, um einen grenzüberschreitenden Gewässerschutz und den Schutz von Nord- und Ostsee zu gewährleisten. Die Umweltpolitik der Europäischen Gemeinschaft hat dafür zu sorgen, daß die Ziele des Gewässerschutzes auf einem hohen Niveau harmonisiert werden [LANDTAG 11/2300, Anlage 1].

5.3.2.1 Oberflächengewässer

Für den Schutz der Oberflächengewässer fordert die LAWA die Einhaltung bestimmter, vom Gewässergütezustand <u>unabhängiger</u> Mindesanforderungen an das eingeleitete Abwasser. Diese Anforderungen *„...richten sich an die Schadstoffvermeidung und die Abwasserbehandlung. ...Summen-*, Leit-* und biologische Wirkparameter* für die jeweiligen Herkunftsbereiche sind den Einzelstoffbegrenzungen vorzuziehen".* (Dies wird in der EU-Gesetzgebung nicht beherzigt: bei der neuen Trinkwasserrichtlinie wurde der Summengrenzwert für Pestizide aufgegeben.) *„An Einleitungen in Binnengewässer, Küstengewässer oder die hohe See sind gleiche Mindestanforderungen zu stellen. ...Weitergehende Anforderungen an Abwassereinleitungen sind zu stellen, wenn der Schutz der Gewässer oder deren Nutzungen dies erfordert. Maßgeblich für Qualitätsziele ist jeweils der empfindlichste Teil des Gewässersystems einschließlich der Meere. Die Wasserbeschaffenheit ist...regelmäßig zu überwachen. Bäche, Flüsse und Seen einschließlich der Uferbereiche und Auen sind naturnah zu pflegen, zu erhalten oder umzugestalten."* [LANDTAG 11/2300, Anlage 1].

Für <u>Nährstoffe</u> wurden vom Arbeitskreis „Wirkungsstudie" Qualitätsziele vorgeschlagen [Hamm 1991]. Da verschiedene Gewässertypen von Natur aus ein unterschiedliches trophisches Niveau haben, ist es nicht möglich, für alle Gewässer einheitliche Qualitätsziele zu formulieren. Darüberhinaus hängt das angestrebte Qualitätsziel eng von dem betrachteten Schutzgut ab. An das Schutzgut „Trinkwasser" sind nach Hamm [1991] und dem Bund/Länder-Arbeitskreis „Qualitätsziele" [BLAK QZ 1993] andere Qualtitätsanforderungen zu stellen als an das Schutzgut „aquatische Lebensgemeinschaft", das z.B. bei Ammonium niedrigere, bei Nitrat höhere Konzentrationen tolerieren kann als das Schutzgut „Trinkwasser". Die in der „Studie über Wirkungen und Qualitätsziele von Nährstoffen in Fließgewässern" [HAMM 1991] entwickelten Qualitätsziele sind in Tab. 5-11 und Tab. 5-12 zusammengefaßt.

Für den Schutz der betroffenen Meere, im Falle von Baden-Württemberg Nordsee und Schwarzes Meer, sind neben Konzentrationsbetrachtungen auch die Berücksichtigung der Frachten erforderlich. Von 1960 bis 1980 hat sich die Phytoplanktonbiomasse in den deutschen Küstengewässern parallel zum Anstieg der Nährstofffrachten der Flüsse vermehrt. Sie schwankt seit dem Ende der 70er Jahre auf einem hohen Niveau, wobei die jährlichen Unterschiede vom Klima gesteuert werden [GERLACH 1990, zit. in HAMM 1991]. Von der Internationalen Kommission zum Schutze des Rheins wird deshalb eine Halbierung der N- und P-Einträge in die Flüsse im Zeitraum 1985 bis 1995 angestrebt [IKSR 1994], um die durch Eutrophierung bewirkte Algenproduktion in den Küstengewässern zu verringern.

Grundsätze für die Ableitung von Zielvorgaben für Oberflächengewässer bezüglich <u>gefährlicher Stoffe</u>* wurden vom Bund/Länder-Arbeitskreis „Qualitätsziele" formuliert. Gefährliche Stoffe im Sinne des § 7a WHG sind Stoffe oder Stoffgruppen, die wegen der Besorgnis einer Giftigkeit, Langlebigkeit, Anreicherungsfähigkeit oder einer krebserzeugenden, fruchtschädigenden oder erbgutverändernden Wirkung als gefährlich zu bezeichnen sind. Für diese Stoffe sollen

Tab. 5-11: Qualitätsziele für das Schutzgut Aquatische Lebensgemeinschaft
Quelle: [HAMM 1991]

Wirkungsbereiche/Parameter	Qualitätsziel [mg/l]	Anmerkung
1. Ökotoxikologische Wirkungen gegenüber Wasserorganismen		
Ammoniak (NH_3)	0,025 (NH_3)	Angaben zu zeitlicher Dauer und Häufigkeit von Überschreitungen offen
Gesamtammonium ($NH_4^+ + NH_3$) -Salmonidengewässer -Cyprinidengewässer	0,20 (NH_4^+) = 0,16 (NH_4^+-N) 0,40 (NH_4^+) = 0,31 (NH_4^+-N)	

Nitrit (NO_2)
-Salmonidengewässer
  -Wasser < 10 mg/l Cl^-
 	
  - Wasser > 10 mg/l Cl^-
 	
- Cyprinidengewässer
  - Wasser < 10 mg/l Cl^-
 	
  - Wasser > 10 mg/l Cl^-
	
	0,10 (NO_2^-) =
	0,03 (NO_2^--N)
	0,65 (NO_2^-) =
	0,20 (NO_2^--N)
	
	0,20 (NO_2^-) =
	0,06 (NO_2^--N)
	1,30 (NO_2^-) =
	0,40 (NO_2^--N)
		In Anlehnung an die EIFAC-Werte (EIFAC-FAO, 1994) transponiert als 90-Percentil

Nitrat (NO_3^-)	kein Qualitätsziel erforderlich	
2. Indirekte Wirkungen		
Nitrifikations-Sauerstoffbedarf -tiefe, sehr langsam fließende, gestaute oder tidebeeinflußte Flüsse -andere Flüsse	0,5 (NH_4^+-N) 3,0 (NH_4^+-N)	90-Percentilwerte; bei Überschreitung dieser Werte können zeitweise O_2-Gehalte < 6,0 mg/l auftreten. Qualitätsziele gelten für Gewässer mit geringer Belastung (CSB_5 nicht > 2,0 mg/l)
Eutrophierung frei fließender Flüsse	keine einheitl. Qualitätsziele	Allgemeines Ziel: Verminderung der Nährstoffbelastung aus punktförmigen und diffusen Quellen
Eutrophierung gestauter Flüsse (Typ Ruhr oder Main) -gerade noch tolerabel -weiterreichendes Qualitätsziel	 0,16 - 0,20 (Ges.-P) 0,05 - 0,15 (Ges.-P)	gilt für die Vegetationsperiode und eine flußspez. Bezugswasserführung, die im Niedrigwasserbereich liegt

ähnlich zum Vorgehen bei den Nährstoffen Zielvorgaben in Abhängigkeit vom Schutzgut festgelegt werden. Zielvorgaben sind dabei nicht mit Qualitätszielen, bei denen es sich um rechtlich verbindliche Grenz- oder Richtwerte handelt, gleichzusetzen, sondern werden als „Orientierungswerte" aufgefaßt [BLAK QZ 1993].

Für das Schutzgut „Trinkwasser" sind die in der EG-Oberflächenwasserrichtlinie (75/440/ EWG, vgl. Kapitel 5.3.1) vorgegebenen Grenzwerte vorgesehen. Beispielsweise ist dies der Summengrenzwert von 1 µg/l für die drei Wirkstoffe Parathion, HCH und Dieldrin. Für alle anderen Pflanzenbehandlungsmittelwirkstoffe wird

Tab. 5-12: Qualitätsziele für das Schutzgut Trinkwasserversorgung aus Oberflächengewässern (Fließgewässer)
Quelle: [HAMM 1991]

Wirkungsbereiche/Parameter	Qualitätsziel in mg/l	Anmerkung
1. Direkte Wirkungen, gesundheitliche Beeinträchtigung des Menschen		
Nitrat (NO_3^-)	25,0 (NO_3^-) = 5,7 (NO_3^--N)	95-Percentil*
Nitrit (NO_2^-)	kein Qualitätsziel erforderlich	
Ammonium (NH_4^+) -bei Uferfiltration mit Aufenthaltszeit von mehreren Wochen bis Monaten	1,5 (NH_4^+) = 1,2 (NH_4^+-N)	95-Percentil*
-bei Uferfiltration mit Aufenthaltszeit von Stunden bis 2 Tage	0,2 (NH_4^+) = 0,15 (NH_4^+-N)	95-Percentil*
2. Indirekte Wirkungen		
Chlorophyll a -bei Langsamfiltration oder Uferfiltration -bei Flockung und Schnellfiltration	0,030 (Chl. a) 0,005 (Chl. a)	Das zugehörige Qualitätsziel für Ges.-P liegt im Bereich von 0,050 - 0,15 mg/l

*) entsprechend der EG-Oberflächenwasser-Richtlinie

der Trinkwassergrenzwert von 0,1 µg/l als Zielvorgabe übernommen. Gibt es für naturfremde gefährliche Stoffe keine verbindlichen Trinkwassergrenzwerte, werden fachlich begründete Richtwerte des Umweltbundesamtes als Zielvorgaben übernommen.

Für das Schutzgut „Aquatische Lebensgemeinschaften" sollen Zielvorgaben aus Ergebnissen von Testverfahren mit Bakterien, Algen, Krebsen und Fischen als Vertreter der vier zentralen Trophiestufen abgeleitet werden, wobei grundsätzlich das niedrigste Testergebnis für die empfindlichste Art Ausgangspunkt für die Zielwertableitung sein soll [BLAK QZ 1993]. Demnach könnten sich für dieses Schutzziel beispielsweise Zielvorgaben unterhalb des derzeitigen Grenzwerts der Trinkwasserverordnung für Pflanzenbehandlungsmittel ergeben [ZIMMERMANN UND DIETER 1994].

Neben Konzentrationsbeschränkungen für gefährliche Stoffe sind vor allem für den Schutz der Meere auch Frachtbeschränkungen notwendig. Das 1987 vereinbarte „Aktionsprogramm Rhein" hatte die Reduzierung der sogenannten „prioritären Stoffe" (gefährliche Stoffe entsprechend § 7a WHG sowie Nährstoffe) im Rhein um 50 % zwischen den Jahren 1985 und 1995 zum Ziel [DT. KOMMISSION ZUR REINHALTUNG DES RHEINS 1993]. In der 3. Internationalen Nordseekonferenz wurde die Liste gefährlicher Stoffe bzw. Stoffgruppen, deren Eintrag über die in die Nordsee mündenden Gewässer zu verringern ist, von 8 auf 36 Stoffe bzw. Stoffgruppen erweitert [IKSR 1991a]. Die Stoffe und ihre Reduzierungsziele sind in Tab. 5-13 aufgeführt.

Der angestrebte Zustand für den Bodensee als für Baden-Württemberg besonders wichtiges Oberflächengewässer wurde in den von der Internationalen Gewässerschutzkommision für den Bodensee (IGKB) verabschiedeten Richtlini-

Tab. 5-13: Reduzierungsziele, Liste der vorrangig zu behandelnden Stoffe (3. INK), Liste der prioritären Stoffe oder Stoffgruppen (APR)
Quelle: [IKSR 1991b]

Stoffe oder Stoffgruppen	Aktionsprogramm Rhein			3. INK
	Punktueller Eintrag (1995)	Prognose 1995 (I + K)	Reduzierungsziel	Reduzierungsziel
Organische Zinnverbindungen				
Dibutylzinnverbindungen	(1) (3)		≥ 50 %	
Tributylzinnverbindungen	(1) (3)		≥ 50 %	≥ 50 %
Triphenylzinnverbindungen	(1) (3)		≥ 50 %	≥ 50 %
Tetrabutylzinnverbindungen	(1) (3)		≥ 50 %	
Andere Substanzen				
Benzol	82 300 kg/a	70 %	≥ 50 %	
Chloraniline	36 900 kg/a	60 %	≥ 50 %	
Chloroform	1 109 200 kg/a	65 %	≥ 50 %	≥ 50 %
Chlornitrobenzole	39 600 kg/a	85 %	≥ 50 %	
2-Chlortoluol	(1)	≥ 50 %		
4-Chlortoluol	(1)	≥ 50 %		
1,2-Dichlorethan	581 100 kg/a	90 %	≥ 50 %	≥ 50 %
Dioxine		(2)	(2)	≥ 70 %
Hexachlorbenzol	200 kg/a	70 %	≥ 50 %	≥ 50 %
PCB	3 300 kg/a	99 %	≥ 50 %	
Tetrachlorethen	14 800 kg/a	50 %	≥ 50 %	≥ 50 %
Tetrachlorkohlenstoff	17 700 kg/a	45 %	≥ 50 %	≥ 50 %
Trichlorbenzol	1 200 kg/a	65 %	≥ 50 %	≥ 50 %
1,1,1-Trichlorethan	6 000 kg/a	40 %	≥ 50 %	≥ 50 %
Trichlorethen	13 200 kg/a	55 %	≥ 50 %	≥ 50 %
Schwermetalle				
Arsen			(2)	≥ 50 %
Blei	281 000 kg/a	15 %	≥ 70 %	≥ 70 %
Cadmium	21 600 kg/a	70 %	≥ 70 %	≥ 70 %
Chrom	599 000 kg/a	70 %	≥ 50 %	≥ 50 %
Nickel	385 000 kg/a	45 %	≥ 50 %	≥ 50 %
Kupfer	480 000 kg/a	25 %	≥ 50 %	≥ 50 %
Quecksilber	2 700 kg/a	35 %	≥ 70 %	≥ 70 %
Zink	2 178 000 kg/a	30 %	≥ 50 %	≥ 50 %
Pestizide				
Atrazin	(1)	≥ 50 %	≥ 50 %	
Azinphos-Ethyl			(2)	≥ 50 %
Azinphos-Methyl	(1)		≥ 50 %	≥ 50 %
Bentazon	(1)		≥ 50 %	
DDT			(2)	≥ 50 %
Dichlorvos	(1)		≥ 50 %	≥ 50 %
Drine	33 kg/a	75 %	≥ 50 %	≥ 50 %
Endosulfan	5 kg/a	0 %	≥ 50 %	≥ 50 %
Fenitrothion			(2)	≥ 50 %
Fenthion	(1)		≥ 50 %	≥ 50 %
HCH			(2)	≥ 50 %
Malathion			(2)	≥ 50 %
Parathion	21 kg/a	80 %	≥ 50 %	≥ 50 %
Parathion-Methyl	(1)		≥ 50 %	≥ 50 %
Pentachlorphenol	1 980 kg/a	50 %	≥ 50 %	≥ 50 %
Simazin	(1)		≥ 50 %	≥ 50 %
Trifluralin	(1)		≥ 50 %	≥ 50 %
Nährstoffe				
Phosphate	47 770 t/a	60 %	≥ 50 %	
Ammonium	181 660 t/a	65 %	≥ 50 %	
Summenparameter				
AOX	6 664 200 kg/a	60 %	≥ 50 %	

(1) Die Einträge dieser Substanzen werden zur Zeit quantifiziert

(2) Weitere Stoffe aus der Liste der vorrangig zu behandelnden Schadstoffe aus der 3. INK; die Reduzierungsziele für diese Stoffe sind noch zu formulieren.

(3) Um einen Vergleich mit der Liste 3. INK zu ermöglichen, werden die Substanzen in dieser Tabelle als Stoffgruppe und nicht als Einzelstoff gezählt.

I= Industrielle Dirkteinleitung

K= Kommunale Einleitungen und angeschlossene Industrien

en für die Reinhaltung des Bodensees [GABL 1990] definiert. Dieser beinhaltet zum ersten einen geringstmöglichen Düngestoffgehalt: zum Zeitpunkt der Verabschiedung der Richtlinien im Jahr 1987 wurden 30 µg/l Gesamt-Phosphor, inzwischen nur noch 20 µg/l Ges.-Phosphor im Bodenseewasser als obere Grenze angestrebt [IGKB 1994]. Weiterhin sind ein ausreichender Sauerstoffgehalt, vor allem im Tiefenwasser zur Aufrechterhaltung aerober Abbauverhältnisse, sowie ungestörte Mischungs- und Schichtungsverhältnisse im See notwendig, damit die Sauerstoffversorgung des Tiefenwassers gewährleistet ist. Es sind geringstmögliche Gehalte insbesondere an schwer oder nicht abbaubaren Schadstoffen anzustreben, damit diese weder einzeln noch in Summenwirkung die Ökologie des Sees beeinträchtigen. Letztendlich müssen die Flachwasserbereiche in der Lage sein, ihre Funktion für den See zu erfüllen (vgl. auch Kapitel 3.2.2).

5.3.2.2 Grundwasser

In ihrem Grundsatzpapier fordert die LAWA, daß *„Grundwasser flächendeckend zu schützen (ist), da es nicht nur Grundlage der Trinkwasserversorgung ist, sondern als Teil des Wasserkreislaufs auch die Oberflächengewässer speist, so daß Grundwasserbelastungen auch diese beeinträchtigen."* Es ist *„... soweit als irgend möglich in seiner natürlichen Beschaffenheit zu erhalten; Grundwasserverunreinigungen sind zu sanieren".* Die Festlegung von Qualitätszielen wird ausdrücklich abgelehnt, da diese zur Sanktionierung von Verschmutzungen anstatt zur Sanierung von Grundwasserschäden führen [LANDTAG 11/2300, Anlage 2]. Außerdem würde dadurch ein *„Auffüllen bis zum Grenzwert"* begünstigt. Da Grundwasserverunreinigungen Langzeitschäden sind, muß das Grundwasser durch geeignete Vorsorgemaßnahmen vor schädlichen Stoffeinträgen geschützt werden. Dies bedeutet beispielsweise höchste Sicherheitsanforderungen für den Umgang mit wassergefährdenden Stoffen, eine entsprechende landwirtschaftliche Bodennutzung, geeignete Standorte für Abfalldeponien, die Sanierung kontaminierter Standorte und die Dichtigkeit von Abwasserkanälen.

„Die Bewirtschaftung des Grundwassers muß Aufgabe der staatlichen Behörden sein; Grundwasserentnahmen müssen grundsätzlich erlaubnispflichtig sein. Dabei ist sicherzustellen, daß die Bewirtschaftung des Grundwassers im Einklang mit dem Naturhaushalt erfolgt. Eine qualitative Bewirtschaftung (Auffüllen bis zum Grenzwert) ist nicht zulässig."

„Zur Sicherung der Trinkwasserversorgung können in Trinkwassereinzugsgebieten weitergehende Maßnahmen ergriffen werden". [LANDTAG 11/2300, Anlage 2].

5.3.2.3 Künftige Schwerpunkte des Gewässerschutzes

Zur Umsetzung der o.g. Grundsätze fordert die LAWA konkrete Maßnahmen [LANDTAG 11/2300, Anlage 1]:

– Anlagen zum Umgang mit wassergefährdenden Stoffen müssen so ausgestattet, nachgerüstet und betrieben werden, daß eine Verunreinigung von Gewässern nicht zu besorgen ist. Entsprechende Vorkehrungen sind auch gegen Betriebsstörungen und Unfälle zu treffen.

– Abwasseranlagen sind in regelmäßigen Abständen auf ihre Dichtigkeit zu überprüfen.

– Abfalldeponien müssen so angelegt und betrieben werden, daß von ihnen keine Gefährdung des Oberflächen- und Grundwassers ausgeht. Deponieraum ist durch Vermeidung und Verwertung von Abfällen auf das notwendige Maß zu begrenzen. Zur Verminderung mobilisierbarer Schadstoffe sind die Abfälle vor der Ablagerung nach dem Stand der Technik zu behandeln.

– Auswirkungen von Altlasten auf die Gewässer müssen ausreichend kontrolliert werden.

– Belastungen durch den Eintrag von Nährstoffen und Pflanzenbehandlungsmitteln aus Land- und Forstwirtschaft müssen durch standortgerechte Nutzung und schonende Bodenbewirtschaftung, Verhinderung der Bodenerosion, pflanzenbedarfsgerechte Nährstoffversorgung, integrierten Pflanzenschutz, pflanzenbauliche Maßnahmen nach „guter fachlicher Praxis", Gewässerrandstreifen sowie Beratung und Schulung der Landwirte vermindert werden.

– Emissionen aus Industrie- und Gewerbeanlagen, Kraftwerken, Hausbrand und Kraftfahrzeugverkehr müssen erheblich vermindert werden.

– Bei der Produktion und Anwendung von Stoffen, die besonders gefährlich sind oder die im natürlichen Stoffkreislauf auch langfristig nicht abgebaut werden, muß sichergestellt werden, daß sie nicht in die Oberflächengewässer oder das Grundwasser gelangen.

5.4 Literatur

ABKE ET AL. 1993

    Abke W., Korpien H., Post B.: Belastung des Grundwassers im Abstrom von Gleisanlagen durch Herbizide. Vom Wasser. 81. S. 257–273. Weinheim. 1993.

AWBR 1990

    Arbeitsgemeinschaft Wasserwerke Bodensee-Rhein: Mitteilungen des AWBR. Mitgliederversammlung der Arbeitsgemeinschaft Wasserwerke Bodensee-Rhein am 20. Juni 1990 in Überlingen. gwf 9/1990. 131. Jg. S. 489–499.

BAIER ET AL. 1985

    Baier Ch., Hurle K., Kirchhoff J.: Datensammlung zur Abschätzung des Gefährdungspotentials von Pflanzenschutzmittel-Wirkstoffen für Gewässer. DVWK-Schriften. H. 74. Hamburg, Berlin. 1985.

BARUFKE 1995

    Barufke K.-P.: Grundwasserversauerung und atmosphärische Deposition in Baden-Württemberg. Bayerisches Landesamt für Wasserwirtschaft (Hrsg.): Grundwasserversauerung durch atmos-

phärische Deposition, Ursachen – Auswirkungen – Sanierungsstrategien. H. 3. S. 283–288.
München. 1995.

BAU 1991
Bau K.: Überlegungen und Untersuchungen zur Exfiltration von Abwasser aus der Kanalisation
ins Grundwasser. Wasserwirtschaft 2/1991. 81. Jg. S. 72–75.

BBU 1994
Bundesverband Bürgerinitiativen Umweltschutz e.V. (Hrsg.): Wasserrundbrief Nr. 300. Freiburg. 1994.

BEIRAT „ERFASSUNG UND ÜBERWACHUNG DER GRUNDWASSERBESCHAFFENHEIT" BEIM UM 1989
Ministerium für Umwelt Baden-Württemberg (Hrsg.): Handbuch Hydrologie Baden-Württemberg – Grundwasserüberwachungsprogramm. Konzept u. Grundsatzpapiere. Stuttgart. 1989.

BERICHT DER KOMMISSION 1993
Bericht der Kommission an den Rat vom 24.11.1993; zit. in gwf-aktuell 2. S.XXI. 1994.

BERNHARDT UND SCHMIDT 1988
Bernhardt H., Schmidt W.-D.: Zielkriterien und Bewertung des Gewässerzustandes und der
zustandsverändernden Eingriffe für den Bereich der Wasserversorgung. Karlsruhe. 1988.

BLAK „FACHÜBERGREIFENDES UMWELTRECHT" 1994
Bund/Länder Arbeitskreis "Fachübergreifendes Umweltrecht": Bericht an die 43. Umweltministerkonferenz am 24./25. November 1994 in Chemnitz. In: Bundesumweltministerium
(Hrsg.): Umwelt Nr. 2/1995, Sonderteil: Zum Verhältnis medienübergreifender Regelungen für
Industrieanlagen im Recht der Europäischen Union. 1994.

BLAK QZ 1993
Bund/Länder-Arbeitskreis "Gefährliche Stoffe – Qualitätsziele für oberirdische Gewässer": Konzeption zur Ableitung von Zielvorgaben zum Schutz oberirdischer Gewässer vor gefährlichen
Stoffen – Stand 6.5.1993. (unveröffentlicht, steht laut UMK-Beschluß vom 6.5.93 unter dem
Vorbehalt der noch erforderlichen Erprobung).

BMELF 1994
Bundesministerium für Ernährung, Landwirtschaft und Forsten: Nationaler Waldbericht der BRD.
Bonn. 1994.

BMUNR 1991
Bundesministerium für Umwelt, Naturschutz und Reaktorsicherheit: Forschungsschwerpunkt
Kosten der Umweltverschmutzung – Nutzen des Umweltschutzes. gwa 12/199. S. 864.

BRUCKHAUS UND BERG 1990
Bruckhaus A., Berg R.: Anforderungen des Gewässerschutzes an eine ordnungsgemäße Landwirtschaft. Texte 19/90. Umweltbundesamt. Berlin. 1990.

BÜCKING 1993
Bücking W.: Stickstoff-Immissionen als neuer Standortfaktor in Waldgesellschaften – neue Entwicklungen am Beispiel süddeutscher Wälder. Phytocoenologia. 23. S. 65–94. 1993.

BÜRINGER UND JÄGER 1995
Büringer H., Jäger P.: Die Wassergewinnung im Rahmen der öffentlichen Wasserversorgung
1993. Statistisches Landesamt Baden-Württemberg (Hrsg.): Baden-Württemberg in Wort und
Zahl 5/1995. S. 214–218.

BUNDESGESETZBLATT 1991
Erste Verordnung zur Änderung der Pflanzenschutz-Anwendungsverordnung vom 22. März 1991.
Bundesgesetzblatt. Teil I. S. 796–798.

BUNDESMINISTERIEN 1995
Bundesministerien (Bundesministerium für Ernährung, Landwirtschaft und Forsten, Bundesministerium für Umwelt, Naturschutz und Reaktorsicherheit, Bundesministerium des Innern,
Bundesministerium für Gesundheit, Bundesministerium für Wirtschaft, Bundesministerium für
Verkehr): Jahresbericht der Wasserwirtschaft. Gemeinsamer Bericht der mit der Wasserwirtschaft befaßten Bundesministerien. Haushaltsjahr 1994. Wasser und Boden 7/1995. S. 10–29.

BUNDESMINISTERIEN 1993
Bundesministerien (Bundesministerium für Ernährung, Landwirtschaft und Forsten, Bundesministerium für Umwelt, Naturschutz und Reaktorsicherheit, Bundesministerium des Innern, Bun-

desministerium für Wirtschaft, Bundesministerium für Verkehr, Bundesministerium für Gesundheit): Jahresbericht der Wasserwirtschaft. Gemeinsamer Bericht der mit der Wasserwirtschaft befaßten Bundesministerien. Haushaltsjahr 1992. Wasser und Boden 7/1993. S. 505–516.

BURKART 1987
Burkart R.: Trinkwasserbeschaffenheit in Baden-Württemberg – Schwerpunkt und Tendenzen. Baden-Württemberg in Wort und Zahl 10/1987. S. 343–352.

DFG 1990
Deutsche Forschungsgemeinschaft: Pflanzenschutzmittel im Trinkwasser: Analytik, toxikologische Beurteilung und Strategien zur Minimierung des Eintrages. Mitteilung XVI der Kommission für Pflanzenschutz-, Pflanzenbehandlungs- und Vorratsschutzmittel. Weinheim. 1990.

DISE UND WRIGHT 1995
Dise N. B., Wright R. F.: Nitrogen leaching from European forests in relation to nitrogen deposition. Forest ecology and Management. 71. S. 153–161. 1995.

DOHMANN 1995
Dohmann M.: Vergleich der Boden- und Grundwasserbelastung undichter Kanäle mit anderen Schmutzstoffeinträgen. In: Dohmann M. (Hrsg.): Umweltschutz fördern, Bürokratie abbauen, Eigenverantwortung stärken. 28. Essener Tagung für Wasser- und Abfallwirtschaft vom 29.3–31.3.1995 in Aachen. Vertrieb: Gesellschaft zur Förderung der Siedlungswasserwirtschaft an der RHTH Aachen e.V. Aachen. 1995.

DOLUSCHITZ ET AL. 1992
Doluschitz R., Welck H., Zeddies J.: Stickstoffbilanzen landwirtschaftlicher Betriebe – Einstieg in eine ökologische Buchführung? Berichte über Landwirtschaft. 70. S. 551–565. Hamburg, Berlin. 1992.

DT. KOMMISSION ZUR REINHALTUNG DES RHEINS 1993
Deutsche Kommission zur Reinhaltung des Rheins: Bestandsaufnahme zur Einleitung prioritärer Stoffe im deutschen Rheineinzugsgebiet – Stand 1992 – . Aktionsprogramm Rhein. Koblenz. 1993.

DVWK 1990
Deutscher Verband für Wasserwirtschaft und Kulturbau: Abhängigkeit der Selbstreinigung von der Naturnähe der Gewässer. DVWK Mitteilungen Heft 21. Bonn. 1990.

EUROPÄISCHE KOMMISSION 1996
Europäische Kommission: Wasserschutzkonzept der Europäische Kommission; dokumentiert in AGRA–Europe 17. 1996.

EUROPÄISCHE KOMMISSION 1994a
Europäische Kommission: Qualität der Badegewässer 1993. EUR 15399 DE. Amt für amtliche Veröffentlichungen der Europäischen Gemeinschaften. Luxemburg. 1994.

EUROPÄISCHE KOMMISSION 1994b
Europäische Kommission: Vorschlag für eine Richtlinie "über die ökologische Qualität von Gewässern"; dokumentiert in AGRA-Europe 34. 1994.

FLAIG UND MOHR 1992
Flaig H., Mohr H.: Assimilation of Nitrate and Ammonium by the Scots Pine (Pinus sylvestris) Seedlings under conditions of High Nitrogen Supply. Physiologia Plantarum. 84. S. 568–576. 1992.

FLINSPACH 1994
Flinspach D.: Vorwort. In: DVGW (Hrsg.): Flächendeckender Grundwasserschutz und Grundwasserschutzgebiete. DVGW-Schriftenreihe Wasser. Nr. 84. S. 3–5. Eschborn. 1994.

FLITTNER 1993
Flittner M.: Wieviele kommunale Altablagerungen müssen saniert werden? Landesanstalt für Umweltschutz Baden-Württemberg (Hrsg.): Handbuch Altlasten. Das Modellstandortprogramm des Landes Baden-Württemberg. Symposium 3.-5. März. Karlsruhe. 1993.

GABL 1990
Gemeinsames Amtblatt: Verwaltungsvorschrift des Umweltministeriums über die Einführung der Richtlinien für die Reinhaltung des Bodensees vom 7. Februar 1990. S. 169–192.

GEOLOGISCHES LANDESAMT 1995
Geologisches Landesamt Baden-Württemberg: Darstellung des nutzbaren Grundwasserdargebots in verschiedenen Grundwasserlandschaften Baden-Württembergs am Beispiel von drei vertie-

fenden Fallstudien. Gutachten im Auftrag der Akademie für Technikfolgenabschätzung in Baden-Württemberg. Stuttgart. 1995. (Unveröffentlicht.)

GÖRLACH 1994
Görlach W.: Europaparlament klagt für Qualität des Grundwassers. In: AGRA-EUROPE 45/1994. S.11.

GUNDERSEN UND RASMUSSEN 1988
Gundersen P., Rasmussen I.: Nitrification, Acidification and Aluminium Release in Forest Soils. In: Nilsson, J. and P. Grennfelt (Eds.): Critical Loads for Sulfur and Nitrogen, Miljîrapport. 15. Nordic Council of Ministers. Copenhagen. 1988.

HAAKH 1994
Haakh F.: Überlegungen zur Entwicklung der Nitratkonzentration im Grundwasser des Donaurieds. In: Zweckverband Landeswasserversorgung (Hrsg.): LW-Schriftenreihe Heft 14. S. 5–11. Stuttgart. 1994.

HABERER 1991
Haberer K.: Die Belastung des Rheins mit Schadstoffen. Geographische Rundschau 6/1991. 43. Jg. S. 334–341.

HÄFNER 1995
Häfner M.: Über die Auslösung von hohen Pflanzenschutzmittel-Belastungen im Trinkwasser durch die Wasserwerke selbst. Gesunde Pflanzen Heft 7/1995. 47. Jg. S.251–258.

HAMM 1993
Hamm A.: Problembereich Nährstoffe aus wasserwirtschaftlicher Sicht. Belastungen der Oberflächengewässer aus der Landwirtschaft – gemeinsame Lösungsansätze zum Gewässerschutz. Schriftenreihe agrarspectrum. 21. Frankfurt a. Main. 1993.

HAMM 1991
Hamm A.(Hrsg.): Studie über Wirkungen und Qualitätsziele von Nährstoffen in Fließgewässern. St Augustin. 1991.

HEPP UND HILDEBRAND 1993
Hepp R., Hildebrand E. E.: Stoffdeposition in Waldbeständen Baden-Württembergs. AFZ Heft 22. 48. Jg. S. 1139–1142. München. 1993.

HOLLEMAN-WIBERG 1985
Hollemann A. F., Wiberg E.: Lehrbuch der Anorganischen Chemie. Berlin, New York. 1985.

HUBER ET AL. 1993
Huber S. A., Huber W., Frimmel F. H.: Summarische Parameter für organische Verbindungen. DVGW (Hrsg.): Wasserchemie für Ingenieure. S. 47–67. München. 1993.

HÜTTER 1994
Hütter L. A.: Wasser und Wasseruntersuchung. Aarau, Frankfurt, Salzburg. 1994.

HURLE ET AL. 1993
Hurle K., Lang S., Kirchhoff J.: Gewässerbelastung durch Pflanzenschutzmittel. In: DLG (Hrsg.): Belastungen der Oberflächengewässer aus der Landwirtschaft – gemeinsame Lösungsansätze zum Gewässerschutz. Schriftenreihe agrarspectrum. Bd. 21. Frankfurt. 1993.

IGKB 1994
Internationale Gewässerschutzkommission für den Bodensee: Aktueller Bericht über den limnologischen Zustand des Bodensees im Seejahr 1993/94. S. 9. 1994. (Unveröffentlicht.)

IKSR 1994
Internationale Kommission zum Schutze des Rheins gegen Verunreinigung (IKSR) (Hrsg.): Aktionsprogramm Rhein – Bestandsaufnahme der punktuellen Einleitungen prioritärer Stoffe. Koblenz. 1994.

IKSR 1992
Internationale Kommission zum Schutze des Rheins gegen Verunreinigung (IKSR): Aktionsprogramm Rhein – Statusbericht Rhein 1990 – Kontamination von Rheinfischen. Zusammengestellt und bearbeitet von K. Kypke-Hutter und R. Lippold, Chemische Landesuntersuchungsanstalt Freiburg. 1992.

IKSR 1991a

Internationale Kommision zum Schutze des Rheins gegen Verunreinigung (IKSR): Aufgaben aus der 3. Internationalen Nordseeschutzkonferenz (INK). Tätigkeitsbericht der Internationalen Kommission zum Schutze des Rheins gegen Verunreinigung (IKSR). Anlage 1.1.2. Lenzburg. 1991.

IKSR 1991b

Internationale Kommision zum Schutze des Rheins gegen Verunreinigung (IKSR): Konzept zur Ausfüllung des Punktes A.2 des Aktionsprogramms Rhein (1. Zielvorgaben). Tätigkeitsbericht der Internationalen Kommision zum Schutze des Rheins gegen Verunreinigung (IKSR). Anlage 1.3.3. Lenzburg. 1991.

INDUSTRIEVERBAND AGRAR 1994

Industrieverband Agrar: Jahresbericht 1993/94. Frankfurt. 1994.

IRMER ET AL. 1993

Irmer U., Wolter R., Kussatz C.: Problembereich Pflanzenschutzmittel aus wasserwirtschaftlicher Sicht. In: DLG (Hrsg.): Belastungen der Oberflächengewässer aus der Landwirtschaft – gemeinsame Lösungsansätze zum Gewässerschutz. Schriftenreihe agrarspectrum. Bd. 21. Frankfurt a. Main. 1993.

ISERMANN 1994

Isermann K.: Ammoniak-Emissionen der Landwirtschaft, ihre Auswirkungen auf die Umwelt und ursachenorientierte Lösungsansätze sowie Lösungsaussichten zur hinreichenden Minderung. In: Enquête-Kommission Schutz der Erdatmosphäre des Deutschen Bundestags (Hrsg.): Studienprogramm Landwirtschaft. Economica. Bonn. 1994.

JEDLITSCHKA 1994

Jedlitschka J.: Statement beim BGW-Informationstag in Bonn "Neue Wege im Trinkwasser? – Die Novellierung der europäischen Trinkwasserrichtlinie" am 17.11.1994. In: Bundesverband der deutschen Gas- und Wasserwirtschaft e.V. (Hrsg.): Dokumentation des BGW-Informationstags Neue Wege im Trinkwasser? – Die Novellierung der europäischen Trinkwasserrichtlinie. S. 43–48. Bonn. 1994.

KLEIN 1994

Klein G.: Statement beim BGW-Informationstag in Bonn "Neue Wege im Trinkwasser? – Die Novellierung der europäischen Trinkwasserrichtlinie" am 17.11.1994. In: Bundesverband der deutschen Gas- und Wasserwirtschaft e.V. (Hrsg.): Dokumentation des BGW-Informationstags Neue Wege im Trinkwasser? – Die Novellierung der europäischen Trinkwasserrichtlinie. S. 24–28. Bonn. 1994.

KÖBLE ET AL. 1993

Köble R., Nagel D., Smiatek G., Werner B., Werner L.: Kartierung der Critical Loads & Levels in der Bundesrepublik Deutschland. Abschlußbericht zum Forschungsvorhaben FE 108 02 080: Erfassung immissionsempfindlicher Biotope in der Bundesrepublik Deutschland und in anderen ECE-Ländern im Auftrag des Umweltbundesamtes. Stuttgart. 1993.

KOBUS ET AL. 1993

Kobus H., Cirpka O., Barczewski B., Koschitzky H.-P.: Versuchseinrichtung zur Grundwasser- und Altlastensanierung VEGAS – Konzeption und Programmrahmen. In: Institut für Wasserbau, Universität Stuttgart (Hrsg.): Mitteilungen. Heft 82. Stuttgart. 1993.

KOBUS 1988

Kobus H.: Grundwasserbelastungen, Sanierungsbeispiele und Schutzmaßnahmen. Die Geowissenschaften 11/1988. 6. Jg. S. 330–336. Weinheim.

KOCH 1990

Koch B.: Aufwuchsbeseitigung auf den Gleisen der DB. Eisenbahningenieur 8/1990. 41. Jg. S. 410–415.

KRAUTH 1995a

Krauth Kh.: Kommunale Abwasserbehandlung in der Zukunft. Vortrag im VDI-Haus in Stuttgart-Vaihingen am 8.5.1995. (Unveröffentlicht.)

KRAUTH 1995b
>   Krauth Kh.: Kommunale Abwasserbehandlung in der Zukunft. Korrespondenz Abwasser 8/1995.
>   S. 1256–1258.

KRUHM-PIMPL 1993
>   Kruhm-Pimpl M.: Pestizide in Oberflächengewässern – Befunde in Talsperren und Uferfiltra-
>   ten. Acta hydrochim. hydrobiol 3/1993. 21. Jg. S. 145–152. Weinheim.

KUSSMAUL UND KREUTER 1994
>   Kußmaul H., Kreuter U.: Grundwasserbelastung durch Herbizidanwendungen auf Bahngleisen
>   – Fallstudien. Texte 51/94 Umweltbundesamt. Berlin. 1994.

LANDTAG 11/2300
>   Landtag von Baden-Württemberg: Antrag der Abg. Dr. Walter Caroli u.a. SPD und Stellungnah-
>   me des Umweltministeriums: Flächendeckender Grundwasserschutz in den Bundesländern.
>   Anlage 1 und 2. Drucksache 11/2300 vom 28.7.1993.

LANDTAG 11/4471
>   Landtag von Baden-Württemberg: Antrag der Abg. Gerd Teßmer u.a. SPD und Stellungnahme
>   des Ministeriums für Ländlichen Raum, Ernährung, Landwirtschaft und Forsten – Gülleter-
>   ordnung. Drucksache 11/4471 vom 10.8.94.

LANDTAG 11/4472
>   Landtag von Baden-Württemberg: Antrag der Abg. Gerd Teßmer u.a. SPD und Stellungnahme
>   des Ministeriums für Ländlichen Raum, Ernährung, Landwirtschaft und Forsten – Dünge- und
>   Pflanzenschutzmittelabgabe. Drucksache 11/4472 vom 10.8.94.

LANDTAG 11/5111
>   Landtag von Baden-Württemberg: Gefahren für das Trinkwasser aus dem Bodensee durch
>   Ethylendiamintetraessigsäure (EDTA). Drucksache 11/5111 vom 13.12.1994. Stuttgart. 1994.

LANDTAG 11/5544
>   Landtag von Baden-Württemberg: 8. Petition 11/3168 betr. Trinkwasserversorgung, Bau einer
>   Carix-Anlage. Drucksache 11/5544 vom 23.03.1995. S. 9–11.

LARRÉ 1995
>   Larré D.: Implementation of the EU Guideline for the Treatment of Municipal Waste Waters in
>   the Member States. In: Dohmann M. (Hrsg.): Umweltschutz fördern, Bürokratie abbauen, Ei-
>   genverantwortung stärken. 28. Essener Tagung für Wasser- und Abfallwirtschaft vom 29.3–
>   31.3.1995 in Aachen. Vertrieb: Gesellschaft zur Förderung der Siedlungswasserwirtschaft an
>   der RHTH Aachen e.V. Aachen. 1995.

LAWA 1993
>   Länderarbeitsgemeinschaft Wasser (Hrsg.): Fließgewässer der Bundesrepublik Deutschland –
>   Karten der Wasserbeschaffenheit 1982–1991. Stuttgart. 1993.

LAWRENCE 1995
>   Lawrence D.G.: Future Regulations for the Water Policy from the Point of View of the Commission
>   of the European Union. In: Dohmann M. (Hrsg.): Umweltschutz fördern, Bürokratie abbauen,
>   Eigenverantwortung stärken. 28. Essener Tagung für Wasser- und Abfallwirtschaft vom 29.3–
>   31.3.1995 in Aachen. Vertrieb: Gesellschaft zur Förderung der Siedlungswasserwirtschaft an
>   der RHTH Aachen e.V. Aachen. 1995.

LEHN ET AL. 1995
>   Lehn H., Flaig H., Mohr H.: Vom Mangel zum Überfluß: Störungen im Stickstoffkreislauf. GAIA
>   1/1995. 4. Jg. S. 13–25. Heidelberg.

LFU 1995
>   Landesanstalt für Umweltschutz Baden-Württemberg (Hrsg.): Grundwasserüberwachungspro-
>   gramm – Ergebnisse der Beprobung 1994. Karlsruhe. 1995.

LFU 1994a
>   Landesanstalt für Umweltschutz Baden-Württemberg (Hrsg.): Grundwasserüberwachungspro-
>   gramm – Ergebnisse der Beprobung 1993. Karlsruhe. 1994.

LFU 1994b
Landesanstalt für Umweltschutz Baden-Württemberg (Hrsg.): Grundwasserüberwachungsprogramm – Geogen geprägte Hintergrundbeschaffenheit – Ergebnisse aus dem Basismeßnetz. Karlsruhe. 1994.

LFU 1993
Landesanstalt für Umweltschutz Baden-Württemberg (Hrsg): Grundwasserüberwachungsprogramm – Ergebnisse der Beprobung 1992. Karlsruhe. 1993.

LUENSTEDT 1994
Luenstedt, C.: Negative Harmonisierung. In: Politische Ökologie. Sonderheft 5. 1994.

LÜHR ET AL. 1994
Lühr H.-P., Jorns A. C., Staupe J.: Einleitewerte für kontaminierte Wässer. IWS-Schriftenreihe. Bd. 14. Berlin. 1994.

MAYER 1994
Mayer R.: „Rhine-Basin"-Programm macht Fortschritte – Analytik verbindet drei Länder. Chemische Rundschau. Nr.12. S. 5. 1994.

MEYER 1995
Meyer R.: Strategien zur Minimierung von PBSM-Einträgen in Oberflächengewässer in der Region Haltern. In: Dohmann M. (Hrsg.): Umweltschutz fördern. Bürokratie abbauen, Eigenverantwortung stärken. 28. Essener Tagung für Wasser- und Abfallwirtschaft vom 29.3–31.3.1995 in Aachen. Vertrieb: Gesellschaft zur Förderung der Siedlungswasserwirtschaft an der RHTH Aachen e.V. Aachen. 1995.

MÜLLER 1981
Müller G.: Die Schwermetallbelastung des Neckars und seiner Nebenflüsse – Eine Bestandsaufnahme. Chemiker Zeitung 6/1981. 105. Jg. S. 157–164.

MÜLLER 1979
Müller G.: Schwermetalle in Sedimenten des Rheins – Veränderungen seit 1971. Umschau 24/ 1979. 79. Jg. S. 778–783.

MÜLLER ET AL. 1993
Müller G., Yahya A., Gentner P.: Die Schwermetallbelastung der Sedimente des Neckars und seiner Nebenflüsse: Bestandsaufnahme 1990 und Vergleich mit früheren Untersuchungen. Heidelberger Geowissenschaftliche Abhandlungen. Bd. 69. Heidelberg. 1993.

OTTENWÄLDER 1994
Ottenwälder H.: Novellierung der Trinkwasserrichtlinie. Vortrag beim BGW-Informationstag in Bonn „Neue Wege im Trinkwasser? – Die Novellierung der europäischen Trinkwasserrichtlinie" am 17.11.1994. In: Bundesverband der deutschen Gas- und Wasserwirtschaft e.V. (Hrsg.): Dokumentation des BGW-Informationstags Neue Wege im Trinkwasser? – Die Novellierung der europäischen Trinkwasserrichtlinie. S. 13–23. Bonn. 1994.

PESTEMER UND NORDMEYER 1993
Pestemer W., Nordmeyer H.: Abschätzung potentieller Grundwassergefährdung durch Pflanzenschutzmittel. Wasser und Boden 2/1993. S. 70–76. Hamburg.

PFLANZENSCHUTZANWENDUNGSGESETZ 1990
Gesetz über die Einschränkung der Anwendung von Pflanzenschutzmitteln (PflSchAnwG) vom 17.12. 1990. Gesetzblatt von Baden-Württemberg. S. 426. Stuttgart. 1990.

PUCHELT 1995
Puchelt H.: Einfluß schwermetallhaltiger Bergbaualtlasten bzw. metallischer Installationen auf die Qualität von Grund-, Oberflächen- und Leitungswasser in Baden-Württemberg. Gutachten im Auftrag der Akademie für Technikfolgenabschätzung in Baden-Württemberg. 1995. (Unveröffentlicht.)

REICHELSTEIN 1995
Reichelstein N.: Gesetzliche Anforderungen an kommunale Klärwerke und ihre technische Umsetzung. Stadt Mannheim, Technische Akademie Mannheim e.V. und VDI Nordbadisch-Pfälzischer Bezirksverein e.V. (Hrsg.): „Umweltkongreß '95 – Abwasserwirtschaft im Dialog" Mannheim. 1995.

RINGELTAUBE 1994
Ringeltaube J. :Grundwasserschutz in der Europäischen Union. In: DVGW (Hrsg.): Flächendekkender Grundwasserschutz und Grundwasserschutzgebiete. DVGW-Schriftenreihe Wasser. Nr. 84. S. 9–24. Eschborn. 1994.

ROGG 1993
Rogg J.-M.: Nitratverminderung in Böden und Grundwasser in Wasserschutzgebieten. In: Gutke K. (Hrsg.): Umweltschutz, Wie? Symposium: Wieviel Umweltschutz braucht das Trinkwasser? S. 263–280. Köln. 1993.

ROHMANN ET AL. 1993
Rohmann U., Ball T., Hiersch M.: Pilotprojekt Grundwasserschonender Spargelanbau. Abschlußbericht. DVGW-Forschungsstelle am Engler-Bunte-Institut der Universität Karlsruhe (TH). November 1993.

ROHMANN UND SONTHEIMER 1985
Rohmann U., Sontheimer H.: Nitrat im Grundwasser. DVGW-Forschungsstelle am Engler-Bunte-Institut der Universität Karlsruhe. Karlsruhe. 1985.

ROMMEL 1993a
Rommel K.: Die Trinkwassergewinnung im Trockenjahr 1991. Baden-Württemberg in Wort und Zahl 5/1993. S. 194–200.

ROMMEL 1992a
Rommel K.: Beeinträchtigungen im Rohwasser der öffentlichen Wasserversorgung. Baden-Württemberg in Wort und Zahl 1/1992. S. 8–12.

ROMMEL 1992b
Rommel K.: Trinkwasserqualität – Anspruch und derzeitige Situation. Baden-Württemberg in Wort und Zahl 9/1992. S. 459–464.

ROMMEL 1989
Rommel K.: Trinkwasseraufbereitung in Baden-Württemberg. Baden-Württemberg in Wort und Zahl 9/1989. S. 440–444.

ROMMEL 1988
Rommel K.: Trinkwasserbeschaffenheit in den Naturräumen Baden-Württembergs. Baden-Württemberg in Wort und Zahl 9/1988. S. 371–381.

ROSSKNECHT 1994a
Roßknecht H.: Untersuchung von Pflanzenschutzmitteln in baden-württembergischen Bodensee-Zuflüssen. Landesanstalt für Umwelstschutz Baden-Württemberg – Institut für Seenforschung in Langenargen. Mai 1994. (Unveröffentlicht.)

ROSSKNECHT 1994b
Roßknecht H.: Untersuchung von Schadstoffen in Bodensee-Sedimenten. In: Internationale Gewässerschutzkommission für den Bodensee (Hrsg.): Limnologischer Zustand des Bodensees. Nr. 20. 1994.

SCHAAL UND BÜRKLE 1993
Schaal H., Bürkle F.: Vom Wasser- und Kulturbau zur Wasserwirtschaftsverwaltung in Baden-Württemberg – 200 Jahre Wasserwirtschaft im Südwesten Deutschlands. Hrsg.: Umweltministerium Baden-Württemberg. Karlsruhe. 1993.

SchALVO 1987
Verordnung des Ministeriums für Umwelt über Schutzbestimmungen in Wasser- und Quellenschutzgebieten und die Gewährung von Ausgleichsleistungen (Schutzgebiets- und Ausgleichs-Verordnung (SchALVO). Gesetzblatt für Baden-Württemberg, S. 717–754. Stuttgart. 1988.

SCHERER ET AL. 1992
Scherer P., Müller-Wegener H.-U., Kötter K.: Pflanzenschutzmittelanwendung im Einzugsgebiet der Talsperre Haltern und deren Auswirkung auf das Trinkwasser. gwf Wasser-Abwasser 12/1992. 133. Jg. S. 620–626. München.

SCHMITZ 1994
Schmitz M.: Bleibt der deutsche Trinkwasserstandard erhalten? Vortrag beim BGW-Informationstag in Bonn „Neue Wege im Trinkwasser? – Die Novellierung der europäischen Trinkwasserrichtlinie" am 17.11.1994. In: Bundesverband der deutschen Gas- und Wasserwirtschaft e.V.

(Hrsg.): Dokumentation des BGW-Informationstags Neue Wege im Trinkwasser? – Die Novellierung der europäischen Trinkwasserrichtlinie. S. 6–12. Bonn. 1994.

SCHNEPF 1993

Schnepf R.: Grundwassersanierung in Baden-Württemberg. In: Gutke K. (Hrsg.): Umweltschutz, Wie? Symposium: Wieviel Umweltschutz braucht das Trinkwasser ? S. 315–323. Köln. 1993.

STATISTISCHES LANDESAMT 1995d

Statistisches Landesamt Baden-Württemberg (Hrsg.): Nitratgehalt im gewonnenen Wasser. Baden-Württemberg in Wort und Zahl 1/1995. S. 1.

STATISTISCHES LANDESAMT 1986

Statistisches Landesamt Baden-Württemberg (Hrsg.): Landwirtschaft in Baden-Württemberg. Stuttgart. 1986.

STEUERNAGEL 1992

Steuernagel M.: Stickstoffeinsatz in der Landwirtschaft als globale stoffliche Belastung – ökologische Problematik und mögliche Lösungsansätze. Expertentagung Naturschutz und Landwirtschaft. Bonn. 1992. (Unveröffentlicht.)

TEUBER UND MÜLLER 1992

Teuber W., Müller J.: Europäischer Gewässerschutz: Nitratrichtlinie verabschiedet. Wasser und Boden 5/1992. S. 319–321.

UBA 1994

Umweltbundesamt (Hrsg.): Daten zur Umwelt 1992/1993. Berlin. 1994.

UBA 1991

Umweltbundesamt (Hrsg.): Der Einfluß der Gewässerverschmutzung auf die Kosten der Wasserversorgung in der Bundesrepublik Deutschland. Berichte 2/91. Berlin. 1991.

UM 1993

Ministerium für Umwelt Baden-Württemberg: Jahresbericht der Wasserwirtschaft. Baden-Württemberg 1992. Wasser und Boden 7/1993. 45. Jg. S. 518–520. Hamburg.

UM 1992a

Ministerium für Umwelt Baden-Württemberg (Hrsg.): Chemische Untersuchungen des Wassers und der Sedimente von 44 Seen in Baden-Württemberg. Wasserwirtschaftsverwaltung Heft 28. Stuttgart. 1992.

UM 1992b

Ministerium für Umwelt Baden-Württemberg (Hrsg.): Gütezustand der Gewässer in Baden-Württemberg – Zustandsuntersuchung auf biologisch-ökologischer Grundlage. Wasserwirtschaftsverwaltung Heft 27. Stuttgart. 1992.

UM UND LFU 1995

Umweltministerium und Landesanstalt für Umweltschutz Baden-Württemberg (Hrsg.): Umweltdaten 93/94. Karlsruhe. 1995.

UM UND LFU 1994

Umweltministerium und Landesanstalt für Umweltschutz Baden-Württemberg (Hrsg.): Übersichtskartierung des morphologischen Zustands der Fließgewässer in Baden-Württemberg 1992/93. Handbuch Wasser. 2. Karsruhe. 1994.

WAHL UND REHBINDER 1994

Wahl R., Rehbinder E.: Der Einfluß des EU-Rechts auf die Wasserversorgung. Gutachten im Auftrag der Akademie für Technikfolgenabschätzung in Baden-Württemberg. 1994. (Unveröffentlicht.)

WASSERHAUSHALTSGESETZ 1990

Gesetz zur Ordnung des Wasserhaushaltes (Wasserhaushaltsgesetz – WHG) vom 23. 09. 1986. Bundesgesetzblatt (BGBl.). I. S. 1526. berichtigt in: BGBl. I. 1986. S. 1654. geändert am 12.02.1990 mit Artikel 5 UVPG BGBl. I. S. 205. 1990.

WCED 1987

World Commission on Environment and Development: Our Common Future (Der Brundtland-Bericht). Oxford University Press. S. 310ff. 1987.

WEBER UND WÖLFEL 1992
Weber H., Wölfel P.: Die Entwicklung der Beschaffenheit des Donauwassers oberhalb von Leipheim in den letzten 20 Jahren. In: Zweckverband Landeswasserversorgung (Hrsg.): LW-Schriftenreihe Heft 12. S. 19–26. Stuttgart. Dezember 1992.

WEINANDY 1991
Weinandy A: Regenwasserbehandlung im Regierungsbezirk Stuttgart. Wasserwirtschaft 9/1991. 81. Jg. S. 402–407. Stuttgart.

WENDLAND ET AL. 1993
Wendland F., Albert H., Bach M., Schmidt R. (Hrsg.): Atlas zum Nitratstrom in der Bundesrepublik Deutschland. Berlin, Heidelberg, New York. 1993.

WERNER UND OLFS 1990
Werner W., Olfs H.-W.: Stickstoff- und Phosphorbelastung der Fließgewässer aus der Land-(wirt)schaft und die Möglichkeiten zu ihrer Verringerung. Wasser Berlin '89. S. 489–501. Berlin. 1990.

WESTRICH UND KERN 1994
Westrich B., Kern U.: Mobilität von Schadstoffen in den Sedimenten staugeregelter Flüsse – Naturversuche in der Staustufe Lauffen, Modellierung und Abschätzung des Remobilisierungsrisikos kontaminierter Altsedimente. Projekt Wasser, Abfall, Boden (PWAB) im Kernforschungszentrum Karlsruhe. Bericht über das 4. Statuskolloquium im Februar 1994. Karlsruhe. 1994.

WILLE 1994
Wille V.: Rahmenvorgaben auf europäischer Ebene. In: Akademie für Raumforschung und Landesplanung (Hrsg.): Wassergütewirtschaft und Raumplanung. S. 21–33. Hannover. 1994.

WIRSING 1994
Wirsing A.: Wasserversorgung und Grundwasserschutz in Baden-Württemberg. Referat zum 8. Trinkwasserkolloquium am 8. März 1994 in Stuttgart-Vaihingen. Stuttgarter Berichte zur Siedlungswasserwirtschaft. 125. S. 7–28. München. 1994.

ZIMMERMANN UND DIETER 1994
Zimmermann G. M., Dieter H.H.: Wie problemgerecht ist die humantoxikologische Bewertung von Pestiziden im Trinkwasser? UWSF-Zeitschrift für Umweltchemie und Ökotoxikologie 6/1994. 6. Jg. S.341–349.

6 Anforderungen an eine nachhaltige Gewässerbewirtschaftung in Baden-Württemberg

Eine nachhaltige Wirtschaft in Baden-Württemberg soll kommenden Generationen eine Ressourcenausstattung ermöglichen, wie sie unsere Generation vorgefunden hat, ohne daß dies auf Kosten unserer Nachbarn geschieht. Wasser wird in der Regel nicht <u>ver</u>braucht sondern <u>ge</u>braucht (Ausnahme: chemische oder biochemische Synthesen, z.B. Photosynthese der Pflanzen) und wird nach seiner Nutzung verschmutzt bzw. erwärmt in den Kreislauf zurückgegeben. Aus diesem Grund können sich Überlegungen zu einem nachhaltigen Umgang mit der Ressource Wasser nicht auf quantitative Aspekte beschränken, sondern es müssen Fragen der Qualität gleichrangig mitbeantwortet werden. Es kommt nicht allein darauf an, unseren Nachkommen einen ausreichend großen Wasserschatz zu hinterlassen, sondern auch dafür zu sorgen, daß es sich dabei tatsächlich um einen „Schatz", also um ein wertvolles Gut handelt. Dies wird nur dann der Fall sein, wenn das Land künftig über qualitativ hochwertiges Wasser verfügen kann.

Auf der Basis der in den vorangegangenen Kapiteln dargestellten Ergebnisse kann die Frage, ob unser Umgang mit der Ressource Wasser als „nachhaltig" bezeichnet werden kann, nicht mit einem einfachen „Ja" oder „Nein" beantwortet werden. Wie wir nachfolgend zeigen werden, ist in mancher Hinsicht der Umgang mit der Ressource Wasser in Baden-Württemberg als nachhaltig zu bezeichnen. Bei manchen Teilaspekten ist die Antwort jedoch nicht eindeutig zu geben oder sie fällt negativ aus. Im Nachtrag zu unserer Studie werden wir anhand zentraler Inhalte des Gesetzes zur Änderung des Wassergesetzes für Baden-Württemberg vom November 1995 analysieren, inwieweit dieses Gesetz eine nachhaltige Gewässerbewirtschaftung in unserem Bundesland fördert.

6.1 Baden-Württemberg, ein wasserreiches Land

Im Unterschied zu vielen Regionen der Welt – z.B. Naher Osten – ist Baden-Württemberg ein wasserreiches Land. Wie wir in Kapitel 2 gezeigt haben, beträgt die sich jährlich intern erneuernde Ressource* ca. 11–14 Mia. m³. Hinzu kommen ca.

33 Mia. m³ durch Zuflüsse von Oberliegern* (Schweiz, Österreich, Liechtenstein, Frankreich, Bayern). Dieser Vergleich zeigt, daß mehr als zwei Drittel der uns jährlich potentiell zur Verfügung stehenden Wassermenge in Höhe von 44–47 Mia. m³ bereits von anderen Staaten oder Ländern genutzt werden können, bevor sie unser Land erreichen.

Die für Haushalte, Gewerbe, Industrie und Energiewirtschaft in Baden-Württemberg insgesamt geförderte Wassermenge von 6,9 Mia. m³ macht ca. 15 % der gesamten jährlich erneuerbaren Wasserressource* aus. Auch die Grundwasserförderung beträgt maximal 15 % der jährlichen Neubildung. Die Nutzungsrate der Ressource Wasser ist somit landesweit deutlich geringer als ihre Regenerationsrate. Die erste Maxime unserer zweiten Managementregel zur nachhaltigen Ressourcenbewirtschaftung (Nutzung nur in dem Maße, wie sich die Ressource erneuert – siehe Kapitel 1) wird somit erfüllt. Unter rein quantitativen Aspekten kann daher für den Bilanzraum von ganz Baden-Württemberg Nachhaltigkeit attestiert werden. Ohne die Zuflüsse von Oberliegern* wäre das Bilanzergebnis in Baden-Württemberg allerdings deutlich angespannter, weil die derzeit geförderte Wassermenge immerhin die Hälfte bis zwei Drittel der intern erneuerbaren Ressource* ausmacht. Der Wasserreichtum Baden-Württembergs beruht deshalb auf dem Zufluß von Oberflächenwasser mit einer ausreichenden Qualität. Das bedeutet, daß unsere Oberlieger* auch im Interesse von Baden-Württemberg einen nachhaltigen Umgang mit der Ressource pflegen müssen.

Regional kommt es in Baden-Württemberg oder seiner unmittelbaren Nachbarschaft teilweise zu Übernutzungen der Ressource Wasser. Dies ist z.B. im Raum Mannheim / Weinheim der Fall, wo zu hohe Grundwasserentnahmen in Baden-Württemberg zu ökologischen und materiellen Schäden im benachbarten Hessischen Ried beitragen oder im Falle von Vegetationschäden aufgrund sinkender Grundwasserspiegel im Raum Freiburg (siehe Kapitel 3). In diesen Fällen wird die Ressource über ihre Regenerationsrate hinaus genutzt, was der ersten Maxime unserer zweiten Managementregel nicht entspricht. Im Südschwarzwald wird offenbar Quellwasser in einem Ausmaß gefördert, daß der für den Erhalt einer naturnahen Vegetation erforderliche Wasserfluß nicht mehr überall gewährleistet ist („Trocknissyndrom"). Hier wäre die zweite Maxime unserer zweiten Managementregel unbeachtet geblieben (siehe Kapitel 1).

Die bisher pauschale Betrachtung der Mengenverhältnisse wird nachfolgend zum einen im Hinblick auf den Wasserbedarf von Land- und Forstwirtschaft weiter differenziert, zum anderen um die regionalen Unterschiede erweitert.

6.1.1   Wasserbedarf der Land- und Forstwirtschaft

Wasserwirtschaftliche Bilanzierungen sind üblicherweise auf das geförderte Wasser beschränkt. Die Pflanzen entnehmen für ihr Wachstum dem Ökosystem erhebliche Wassermengen, ohne daß diese von Wasserzählern registriert würden und in wasserwirtschaftliche Betrachtungen eingingen. Ein Großteil der in Baden-Württemberg verdunsteten Wassermenge von jährlich 16–19 Mia. m³ wird von Pflanzen transpiriert*. Zur Erinnerung: Die geförderte Wassermenge beläuft sich dagegen auf ca. 7 Mia. m³ pro Jahr. Auch wenn Pflanzen unabhängig von unserer Nutzung für ihr Wachstum Wasser brauchen und transpirieren, müßten Wasserbilanzen nach unserer Ansicht um die Betrachtung der für das Wachstum der Pflanzen erforderlichen Wassermenge erweitert werden. Aus Gründen einer einheitlichen Betrachtung und zur realistischen Abschätzung des tatsächlichen regionalen Wasserbedarfs ist die Berücksichtigung aller Wasserentnahmen, unabhängig davon, ob sie auf natürlichen oder künstlichen Mechanismen beruhen, angezeigt.

In den letzten 40 Jahren ist in Baden-Württemberg eine Tendenz zu geringeren Sommerniederschlägen bei gleichzeitig steigender Durchschnittstemperatur festzustellen (siehe Kapitel 2). Die Entwicklung dieser beiden Klimafaktoren macht künftig einen gesteigerten Bedarf an Bewässerungswasser wahrscheinlich. Die in der Oberrheinebene zur Bewässerung eingesetzte Wassermenge ist allem Anschein nach bereits kräftig im Steigen begriffen. Da das Statistikgesetz erst ab 1998 eine Erhebung dieses in der Landwirtschaft zur künstlichen Bewässerung eingesetzten Wassers vorsieht, sind für Baden-Württemberg derzeit keine flächendeckenden Angaben zum Bedarf an Bewässerungswasser in der Landwirtschaft vorhanden. Weil ca. 48 % der Landesfläche mit landwirtschaftlichen Kulturen bedeckt sind, wird eine vorausschauende Wasserpolitik in jedem Fall gut beraten sein, in künftigen Sommern einen höheren Wasserbedarf bei gleichzeitig geringerem saisonalem Dargebot in die Überlegungen einzubeziehen.

6.1.2 Regionale Disparitäten

Der Wasserschatz ist im Lande Baden-Württemberg nicht gleichmäßig verteilt: Während die Randgebiete im Osten (Donauried und Karst der Schwäbischen Alb), Süden (Bodensee und Hochrheintal) und Westen (Oberrheinebene) über einen großen Wasserreichtum verfügen, sind die zentralen und nördlichen Landesteile weniger gut ausgestattet. Sie werden oft als die klassischen (Grund-)Wassermangelgebiete bezeichnet (siehe Kapitel 2). Der dort festzustellende Mangel an trinkbarem Wasser wird durch die Lieferungen der Fernwasserversorgungen ausgeglichen. Der Fernwasserbezug erfolgt hauptsächlich aus dem Bodensee und aus dem Donauried.

Aus den Grundsätzen einer nachhaltigen Wirtschaftsweise kann nicht abgeleitet werden, daß sich Regionen (z.B. auch Ballungsräume) aus ihren eigenen Ressourcen versorgen müßten. Selbst wenn dies für die Ressource Wasser – z.B. aufgrund erfolgreicher Sparmaßnahmen – noch möglich sein sollte, halten wir die Versorgung eines Ballungsraumes mit selbst erzeugten Lebensmitteln für illusionär. Das Zusammenleben moderner Gesellschaften ist auf eine Arbeitsteilung eingerichtet, aus der sich unterschiedliche Stoff- und Energieströme ergeben. Die

Aneignung von Tragekapazität ist legitim, solange in der Liefer- und Empfänger-region insgesamt den Maximen einer nachhaltigen Ressourcennutzung entsprochen wird.

Fernwasserbezug ist deshalb nach unserer Auffassung solange mit einer nachhaltigen Ressourcenbewirtschaftung zu vereinbaren, wie er in den Liefer- und Nutzerregionen nachhaltige Zustände ermöglicht. Im Bodenseegebiet sind beispielsweise keine durch die Fernwasserentnahme verursachten ökologischen Nachteile zu erkennen. Vielmehr unterstützt die Nutzung als Trinkwasserspeicher die ökologisch begründeten Bemühungen zur Verbesserung der Wasserqualität des Sees. Im Donauried ist die Entwicklung, zur Fernwasserversorgung vermehrt auf tiefe Grundwässer auszuweichen, dagegen mit Kriterien der Nachhaltigkeit nur unter bestimmten Rahmenbedingungen zu vereinbaren (siehe Kapitel 3): Der dort beabsichtigte Ersatz des inzwischen durch Nitrat belasteten Wassers der oberen Grundwasserleiter (erneuerbare Ressource) durch Tiefengrundwasser (nur bedingt erneuerbare Ressource) bedeutet dann eine Umkehrung der in Kapitel 1 aufgestellten Grundsätze einer nachhaltigen Wirtschaftsweise, wenn die Förderung des tiefen Grundwassers die Menge übersteigt, die auch ohne menschlichen Eingriff abfließen würde, vor allem, wenn durch die damit verbundenen erhöhten Umsatzraten auch ein verstärkter Schadstoffeintrag in die noch unbelasteten Grundwasservorräte hervorgerufen wird (siehe Kapitel 3.1.5).

Bevor dieses Risiko eingegangen wird, müßten unseres Erachtens in einer nachhaltigen Wasserwirtschaft alle Möglichkeiten im belieferten Gebiet (Großraum Stuttgart) zum Einsparen und /oder zur Substitution von Trinkwasser genutzt werden. Ziel dieser Maßnahmen wäre es, dadurch die Entnahme von tiefem Grundwasser entbehrlich zu machen oder zumindest die Entnahmemenge so gering zu halten, daß sie die Menge des natürlichen Abflusses nicht übersteigt. Nach erfolgter Sanierung könnte das Wasser der oberen Grundwasserleiter wieder genutzt werden. Der Gedanke, vor der Erschließung neuer Ressourcen der rationellen Verwendung bereits vorhandener Güter Priorität einzuräumen, spielte bei dem inzwischen ruhenden Genehmigungsverfahren zur Fernwasserentnahme von Uferfiltrat des Rheins im Raum Bruchsal zur Versorgung von Pforzheim und Umgebung eine wesentliche Rolle (siehe Kapitel 3).

Im Falle der Fernwasserversorgung aus dem Bodensee geben nach den obigen Ausführungen keine ökologischen, sondern soziale und politische Probleme Anlaß, darüber nachzudenken, ob hier nicht doch die Grenzen der Nachhaltigkeit erkennbar sind. Die Anstrengungen zur Reinhaltung des Sees bedeuteten für die Anlieger der baden-württembergischen Seezuflüsse, aber auch für die Oberlieger* des Sees (Schweiz, Österreich, Liechtenstein) besondere Aufwendungen zur Abwasserreinigung bis hin zum Verzicht auf bestimmte wirtschaftliche Projekte, z.B. den Kraftwerksbau am Alpenrhein (siehe Kapitel 1 und 3.2.2). Vischer formuliert daher aus schweizer Sicht: „...*Warum deckt es* (gemeint ist Baden-Württemberg) *seinen Wasserbedarf nicht aus dem Neckar und dem Main... Offenbar sind der Neckar und der Main derart verschmutzt, daß ihr Wasser nur mit großen Kosten zu Trink- und Brauchwasser aufbereitet werden kann. Und offenbar sollen diese Flüsse vor allem der einheimischen Wasserkraftnutzung, der Kühlwasserversorgung ther-*

mischer Kraftwerke und der Schiffahrt dienen. Sind da Einsprachen zur Verbesserung gewässerschützerischer Ziele und der Verhinderung von Kraftwerken im Nachbarland nicht eher fragwürdig?" [VISCHER 1994 – zit. in Kapitel 1].

Der mit der Wasserqualität des Bodensees verbundene ökonomische Vorteil kommt außer den Beziehern von Fernwasser vor allem den Regionen am Bodenseeufer aufgrund der Aufwertung des Sees für touristische Zwecke zugute. Im Einzugsgebiet des Bodensees waren in der Vergangenheit – im Vergleich zu anderen Oberflächengewässern – überdurchschnittliche Aufwendungen zur Gewässerreinhaltung erforderlich (z.B. bei der Reduzierung der Phosphatbelastung). Die dortige Bevölkerung muß daher höhere Kosten tragen, ohne von den Vorteilen der Maßnahmen unmittelbar zu profitieren. In einem solchen Fall ist unseres Erachtens aus sozialen Gründen der Nachhaltigkeit eine Beteiligung an den Kosten der Abwasserreinigung durch diejenigen überlegenswert, die durch die Maßnahmen begünstigt werden. Eine solche Kostenbeteiligung birgt allerdings die Gefahr, die Bereitschaft zum Nicht-Verschmutzen von Ressourcen generell an entsprechende Leistungen der Nutzungsbegünstigten zu koppeln. Dies würde das Verursacherprinzip aushebeln, weshalb solche Beteiligungen nur vorübergehend erfolgen sollten, bis landesweit einheitliche Abwasserstandards erreicht sind.

Neben einer sozial verträglichen Aufteilung von Kosten sind beim Bezug von Fernwasser zusätzlich politische Maßnahmen erforderlich, die sicherstellen, daß sich die Fernwasserbezieher nicht auf Kosten der Wasserlieferanten entwickeln. Der oben angesprochene, in der praktischen Politik bisher noch nicht ausgebrochene Interessenswiderspruch zwischen der Schweiz und Baden-Württemberg könnte nach Ansicht Vischers dann virulent werden, wenn sich in der Schweiz der Eindruck festigt, daß der Bodensee zum *„Spülkasten Europas"* [VISCHER 1994, zit. in Kapitel 1] werden soll. Deshalb darf auch aus politischen Gründen im Hinblick auf die Lieferregionen des Fernwassers die Erhaltung der autochthonen Wasserressourcen in den Empfängerregionen nicht vernachlässigt werden.

Bei der Diskussion um Fernwasser werden oft die ökologischen Auswirkungen in den Liefergebieten thematisiert. Unterschätzt werden dagegen die durch die Fernwasserversorgung in den Empfängerregionen bewirkten Folgen. Gerade beim Empfänger kann Fernwasser mehr zu nicht-nachhaltigen Zuständen beitragen, als dies in den Lieferregionen Baden-Württembergs derzeit der Fall ist: Wenn sauberes Wasser zu vergleichsweise günstigen Konditionen einfach zu importieren ist, besteht weniger die Notwendigkeit, sich vor Ort mit den Problemen des Gewässerschutzes befassen zu müssen. Wasserschutzgebiete können aufgegeben und für andere Zwecke genutzt werden. Als Beispiel für diese These mag der Raum Stuttgart dienen. In diesem Grundwassermangelgebiet mußten zwischen 1980 bis 1992 über 90 Brunnen oder Quellen geschlossen werden. Über zwei Drittel dieser Stilllegungen waren auf Verunreinigungen durch Nitrat, Pflanzenbehandlungsmittel, Chlorkohlenwasserstoffe, Mikroorganismen oder Kombinationen dieser Stoffe – also auf Mißwirtschaft – zurückzuführen [BÜRINGER UND JÄGER 1995 – zit. in Kapitel 3]. Die Bereitschaft zu einem derartigen nicht-nachhaltigen Umgang mit der Ressource können wir uns nur durch die Gewißheit der Betroffenen erklären, zur Not auf Fernwasser zurückgreifen zu können. Dadurch, daß nachfolgenden Generationen durch derartiges Handeln ungenießbares Grundwasser hinterlassen wird, wird zum einen gegen die elementaren Anforderungen an nachhaltiges Wirtschaften verstoßen. Zum anderen bedeutet ein solches Handeln, den politischen Kriterien von Nachhaltigkeit nicht zu entsprechen, wenn dies in den Empfängerregionen zu einem wirtschaftlichen Vorteil gegenüber den Lieferregionen des Fernwassers führt.

Fernwasserversorgung sollte deshalb nach unserer Auffassung im mittelfristig verstandenen Interesse der Förder- und Empfängerregionen eine Ergänzung zur lokalen Wasserversorgung darstellen und nicht auf deren Ersatz zielen. Die hohe Versorgungssicherheit, die sich aus dem Prinzip der beiden Standbeine (Lokal- und Fernwasser) in Baden-Württemberg ergibt, kommt nur dann zum Tragen, wenn tatsächlich beide Beine standfest sind, wenn also lokale Wasservorkommen auch genutzt werden können. Von der in der Rechtsposition der Europäischen Union angelegten Koppelung von Schutzwürdigkeit und tatsächlicher Nutzung des Wassers (siehe Kapitel 5.3.1 – Pestizidrichtlinie) könnte der Zwang ausgehen, die Ressource nutzen zu müssen, wenn ihr Schutz gewollt ist. Unabhängig davon, ob die Kommission diese Betrachtungsweise gegenüber dem Europäischen Parlament und gegenüber manchen Mitgliedsstaaten (z.B. Deutschland) durchzusetzen vermag, ist in der Öffentlichkeit die Schutzwürdigkeit für eine genutzte Ressource leichter zu vermitteln als für ein – scheinbar – brachliegendes Gut.

Deshalb ist nicht allein unter Aspekten der Versorgungssicherheit, sondern auch im Hinblick auf eine nachhaltige Nutzung des Wasserschatzes die Nutzung lokaler Wasserressourcen geboten, soweit Schüttung und geogene Belastungen eine wirtschaftliche Förderung erlauben. Die Analyse der Gründe für die im letzten Jahrzehnt erforderlich gewordenen Schließungen von Brunnen oder Quellen beweist, daß hierfür in Baden-Württemberg vor allem anthropogen verursachte qualitative Mängel ausschlaggebend waren.

6.2   Qualitative Mängel an der Wasserressource

Zwei von drei Litern Trinkwasser mußten Ende der 80er Jahre in Baden-Württemberg aufbereitet werden, um die Vorgaben der Trinkwasserverordnung zu erfüllen. Rohwasser aus Oberflächengewässern muß immer durch eine Reihe von Verfahrensschritten zu Trinkwasser aufbereitet werden.

6.2.1   Qualitative Beeinträchtigungen des Grundwassers

Während über die Hälfte des gewonnenen Grundwassers vor allem aufgrund geogen bedingter Mängel aufbereitet werden muß, sind anthropogene Verunreinigungen der entscheidende Grund für bisher erforderliche Stillegungen von Trinkwasserversorgungsanlagen. In den 12 Jahren zwischen 1980 und 1992 mußten in Baden-Württemberg 550 (von ca. 2.000) Brunnen oder Quellen vom Netz genommen werden. In 44 % der Fälle waren zu hohe Gehalte von Nitrat, Pflanzenbehandlungsmitteln, Lösemitteln oder bakterielle Verunreinigungen die Ursache (siehe Kapitel 5). Der Anstieg der Konzentrationen von ehemals naturnahen Werten über die zulässigen Grenzwerte der Trinkwasserverordnung hinaus zeigt, daß in diesen Fällen mehr Schadstoffe bzw. Schadorganismen der Ressource zugeführt wurden, als sie abzubauen in der Lage ist. Dies ist mit unserer dritten Regel zur nachhaltigen Ressourcenbewirtschaftung (siehe Kapitel 1) nicht zu vereinbaren.

Der unsachgemäße Umgang mit der Ressource führt zu einer immer stärkeren Einschränkung des nutzbaren Dargebots. Oder einfacher ausgedrückt: Wasser ist in ausreichender Menge vorhanden, aber seine Qualität ist für eine Nutzung oft ungenügend. In unserem von Natur aus wasserreichen Land liegt der Schlüssel zur Nachhaltigkeit deshalb im Schutz der Ressource vor qualitativen Beeinträchtigungen.

Neben punktuellen – teilweise allerdings massiven – Belastungen durch Deponien, Altlasten oder durch nicht sachgemäßem Umgang mit wassergefährdenden Stoffen (z.B. im Falle halogenorganischer Lösemittel), sind im wesentlichen drei Sektoren für die flächenhaften Belastungen des Wassers verantwortlich: Die Landwirtschaft, atmogene Depositionen und die Siedlungsentwässerung.

Unter landwirtschaftlichen Flächen ist die Grundwasserneubildung höher als unter Wald. Da die Öffentliche Wasserversorgung in Baden-Württemberg zu drei Vierteln auf Grundwasser beruht (siehe Kapitel 3), können sich die Landwirte im engeren Sinn durchaus als die eigentlichen Wasserversorger verstehen. Gleichzeitig werden Grund- und Oberflächengewässer vor allem durch abgeschwemmte und ausgewaschene Nähr- und Pflanzenbehandlungsstoffe oft über die vertretbaren Grenzen hinaus belastet (siehe Kapitel 5.2). Der Landbewirtschaftung kommt deshalb eine Schlüsselrolle bei Maßnahmen zur Verbesserung der Gewässergüte zu. Nährstoffe sowie Pflanzenbehandlungsmittel in Grund- und Oberflächenwasser sind Produktionsmittel am falschen Platz. Vor allem Düngemittel müssen sich am tatsächlichen Bedarf der Pflanzen orientieren und mit geeigneten Techniken zu den richtigen Zeitpunkten zielgenau ausgebracht werden. Wie im Pilotprojekt „Grundwasser schonender Maisanbau" im Raum Freiburg gezeigt werden konnte, ist es selbst bei dieser „Problemkultur" möglich, durch die Kombination von optimaler Düngung mit Begrünungsmaßnahmen durch Untersaaten die Nitratauswaschung soweit zu reduzieren, daß der Anbau von Mais mit guten Erträgen nicht zur Gewinnung von Trinkwasser in Widerspruch geraten muß [ROGG 1993 – zit. in Kapitel 5]. Selbst im Falle von Sonderkulturen (z.B. bei Spargel im Raum Bruchsal) ist es gelungen, durch entsprechende Optimierungen eine Verringerung der Nitratbelastung in oberflächennahen Grundwasserleitern zu erreichen [ROHMANN ET AL. 1993, zit. in Kapitel 5).

Auch wenn von den im Grundwasser bisher festgestellten Konzentrationen von Pflanzenbehandlungsmittel keine akuten gesundheitlichen Gefahren ausgehen, sind diese Substanzen im Grundwasser prinzipiell unerwünscht. Es ist deshalb mit Aspekten des Grundwasserschutzes nur der Einsatz von solchen Pflanzenbehandlungsmitteln vereinbar, deren Halbwertszeit kurz genug ist, um das Grundwasser nicht zu erreichen und deren Metabolite* als grundwasserneutral eingeschätzt werden können. Nach den bisher gemachten Erfahrungen [ROHMANN ET AL. 1993 – zit. in Kapitel 5] reichen Maßnahmen auf freiwilliger Basis zur Verbesserung der Grundwassersituation oft nicht aus. Ordnungsrechtliche Maßnahmen, wie sie z.B. die SchALVO vorsieht, und privatrechtliche Vereinbarungen zwischen Wasserversorgungsunternehmen und Landwirten sind notwendig, um landesweit einen ausreichenden Schutz des Grundwassers sicherzustellen, ohne regional unterschiedliche Rahmenbedingungen für die Landwirtschaft zu schaffen.

Atmogene Depositionen von Säurebildnern und Nährstoffen tragen vor allem in Waldgebieten aufgrund des Auskämmeffekts der Bäume zu Qualitätsminderungen im Quell- und Grundwasser bei. Ursachen sind in erster Linie die Emissionen von Kraftfahrzeugen und aus der landwirtschaftlichen Tierhaltung, sowie von Industriebetrieben und Hausfeuerungen [LEHN ET AL. 1995 – zit. in Kapitel 5]. Es ist erforderlich, den Eintrag von Nährstoffen und Säurebildnern auf das für die Ökosysteme verträgliche Maß zu begrenzen. Hierzu müssen die ermittelten Schwellenwerte für die kritische Belastung (critical loads) Rechtscharakter bekommen. Dies bedeutet eine Ergänzung des derzeitigen Immissionsschutzrechtes. Neben der Aufnahme depositionsbezogener Grenzwerte sind ergänzend zu dem Prinzip „Vermeidbares zu Vermeiden" (Einhaltung des „Standes der Technik") Emissionsbegrenzungen erforderlich, die ein Einhalten dieser noch zu schaffenden Depositionsgrenzwerte unter den jeweiligen klimatologischen Ausbreitungsbedingungen sicher gewährleisten.

Undichte Kanalsysteme belasten je nach der Beschaffenheit der abgeführten Abwässer das Grundwasser mit einer Vielzahl von Stoffen. Während Nährstoffen dabei eine eher geringe Rolle zukommt, sind Lösungsmittel und bakterielle Belastungen von besonderer Relevanz. Wie die Analyse von über 2.500 Grundwassermeßstellen in Baden-Württemberg zeigt, ist die Beeinträchtigung des Grundwassers durch Abwässer aus undichten Kanalsystemen keinesfalls ein vereinzelt auftretendes Phänomen, sondern betrifft nahezu alle Siedlungsräume. Deshalb ist die Sanierung der Kanalisationen – trotz der hierfür erforderlichen hohen Mittel – eine Aufgabe, die im ganzen Land hohe Priorität genießen sollte (siehe Kapitel 4 und 5).

6.2.2   Qualitätsmängel der Oberflächengewässer

Während es beim Grundwasser noch zweifelhaft ist, ob die qualitative Trendwende bereits erreicht ist, kann den Oberflächengewässern meist eine deutliche Verbesserung ihrer Güte im Verlauf des letzten Jahrzehnts attestiert werden (siehe Kapitel 5.2). Dennoch sind sie durch Nährstoffe, Mikroorganismen und schwer abbaubare Stoffe immer noch so hoch belastet, daß sie teilweise nur unter großem Aufwand zu Trinkwasser aufbereitet werden können. Verantwortlich hierfür sind diffuse Einträge von landwirtschaftlich genutzten Flächen, die manchmal ungenügende Abwasserreinigung von Gewerbebetrieben, die immer noch unvollständige Reinigung der Abwässer in den oft nur zweistufigen Kläranlagen, vor allem auch die ungeklärten Überläufe aus Mischwasserkanalisationen. Unter intragenerationalen Aspekten ist zu fragen, ob der Bezug von relativ sauberem Alpenwasser aus der Schweiz und die Abgabe von ungleich verschmutzterem Flußwasser an die Bundesländer Rheinland-Pfalz, Hessen und Nordrhein-Westfalen sowie an die Niederlande mit dem Anspruch auf nachhaltiges Handeln gemäß unserer vierten Maxime zur nachhaltigen Ressourcenbewirtschaftung vereinbar ist (siehe Kapitel 1). Eine Wasserqualität im Bodensee, die derjenigen des Neckars bei Mannheim entspräche, würde die baden-württembergische Wasserversorgung vor erhebliche Probleme stellen. In diesem Zusammenhang sollten nach unserer Auffassung die von Baden-Württemberg mit den Flüssen abgeleiteten Frachten der wichtigsten Abwasserinhaltstoffe regelmäßig bilanziert und veröffentlicht werden. In keinem Fall ist es mit unserer vierten Maxime zu vereinbaren, wenn die mit den Flüssen zu den unterliegenden* Nachbarn exportierten Schad- oder Schmutzstoff-Frachten noch im Ansteigen begriffen sind (siehe Kapitel 5.2.8).

Die Reduzierung der mit den Flüssen exportierten Schadstofffrachten erfordert punktuelle Verbesserungen bei der Reinigung von gewerblichen und häuslichen Abwässern. Aufgrund der in Baden-Württemberg weit verbreiteten Mischwasserkanalisationen, in denen Abwasser und Niederschlagswasser gemeinsam abgeführt werden, setzt eine maßgebliche Verbesserung der Gewässerqualität aber vor allem die Beendigung der nahezu ungeklärten Einleitung dieser Mischwässer in Bäche und Flüsse nach größeren Niederschlagsereignissen voraus.

Die vergleichsweise hohe Belastung des größten Binnenflusses des Landes – des <u>Neckars</u> – (siehe Kapitel 5), ist hausgemacht. Sie resultiert zum einen aus der hohen Siedlungsdichte in Teilen seines Einzugsgebiets (z.B. 700 Einwohner pro km² im Mittleren Neckarraum gegenüber 286 im Landesdurchschnitt) und dem damit verbundenen hohen Abwasseraufkommen aus der Siedlungsentwässerung. Zum anderen wird der Fluß aufgrund der hohen Dichte von gewerblichen Indirekteinleitern* und Wärmekraftwerken zusätzlich durch schwer abbaubare Abwässer und Kühlwasser sowohl chemisch als auch thermisch belastet (siehe Kapitel 3.2.1). Durch die mit der Schiffahrtsnutzung einhergehende Kanalisierung und Uferverbauung wurde zudem die Selbstreinigungskraft des Flusses stark eingeschränkt. In der Summe bedeuten alle diese Maßnahmen, daß der Umgang mit diesem Gewässer nicht als nachhaltig bezeichnet werden kann, weil die Zufuhr mancher Schmutz- und Schadstoffe die Selbstreinigungskraft trotz vorzuweisender Verbesserungen in der Gewässerqualität noch immer übersteigt. Insgesamt wird der Fluß von der Vielfalt und Vielzahl der an ihn gestellten Ansprüche überfordert.

Deshalb und aufgrund der Tatsache, daß der Neckar – mit Ausnahme eines kurzen Abschnitts – ein rein baden-württembergisches Gewässer ist, würde er sich besonders als Modell für einen fortschrittlichen Gewässerschutz im Land Baden-Württemberg eignen. Das ungünstige Verhältnis von Abwasser- und Vorflutmenge* hatte in der Vergangenheit verschiedene Planungen zur Erhöhung der Wasserführung des Neckars zur Folge (Erhöhung des Verdünnungspotentials), die allerdings im politischen Raum gescheitert sind. Anstatt die Abwässer durch zusätzlich beigeleitetes Wasser lediglich weiter zu verdünnen, sollten nach unserer Auffassung Maßnahmen zur weiteren Verringerung der Abwasserströme (Reduktion des Schmutzpotentials) und zur Erhöhung der Selbstreinigungskraft (Erhöhung des Reinigungspotentials) des Flusses getroffen werden:

Solange elektrischer Strom in konventionellen Wärmekraftwerken erzeugt wird, würde eine langfristige Verlagerung der entsprechenden Kapazitäten (z.B. bei Neubau) vom Neckar an den Rhein der unterschiedlichen Aufnahmefähigkeit beider Gewässer für Abwärme besser entsprechen als der heutige Zustand. Die zu Niedrigwasserzeiten erforderliche Drosselung der Kraftwerksleistung am Neckar zeigt, daß es sich bei der gegenwärtigen Konstellation um keine dauerhafte Lösung handeln kann.

Wenn bei der Festlegung von Einleitungsbegrenzungen in baden-württembergische Gewässer auch deren Selbstreinigungskraft mitberücksichtigt würde, wären am Neckar z.T. aufwendigere Abwasserreinigungsmaßnahmen erforderlich als z.B. am Rhein. Dies müßte bei marktkonformem Verhalten eine Gewerbeansiedlung am Rhein eher begünstigen als am Neckar. Der im Lande unterschiedlich weit fortgeschrittene Ausbau der Mischwasserüberlaufbecken* demonstriert, daß Maßnahmen zum Gewässerschutz durchaus regional differenziert entsprechend den Erfordernissen der Gewässer erfolgen können. Ebenso sind auch regional differenzierte Anforderungen an die eingeleiteten Abwässer denkbar. Im Falle des Neckars könnte nach unserer Auffassung eine spezielle „Neckarrichtlinie" zur spezifischen Anpassung der Belastung an seine besondere Gewässercharakteristik nützlich sein, so wie zum Schutz des Bodensees eine spezielle „Bodenseerichtlinie*" geschaffen wurde. Neben einer Hygienisierung der Abwässer würde ein Getrennthalten und eine spezifische Behandlung der unterschiedlichen Abwasserarten (Dach-, Hof- und Straßenabläufe, Fäkalabwasser) zu einer weiteren Entlastung des Flusses beitragen. Insbesondere die Überläufe aus Mischwasserkanalisationen bei Regenereignissen müssen drastisch reduziert werden.

Es wäre weiterhin sinnvoll zu prüfen, ob die auf weiten Abschnitten seiner Fließstrecke auf seiner ganzen Breite vorhandene Kanalisierung teilweise rückbaubar ist, so daß wie z.B. im Flußabschnitt unterhalb Heidelbergs ein Kanal für die Schifffahrt parallel zum Bett des „alten Neckars" angelegt werden könnte. Wenn ein solcher Zustand bei Niedrigwasser ohne Austrocknung des Altarmes aufrecht zu erhalten wäre, wäre die ökologisch sinnvolle Transportfunktion des Flusses mit den Vorteilen eines teilweise naturnahen Gewässerlaufs und somit mit einer verbesserten Selbstreinigungskraft vereinbar. Es ist allerdings zweifelhaft, ob ein solcher Rückbau unter den heutigen ökonomischen Randbedingungen überhaupt ins Auge gefaßt werden kann.

Insgesamt sollte unter raumplanerischen Aspekten auch abgewogen werden, ob das Neckareinzugsgebiet hinsichtlich seiner derzeitigen Wasserversorgung und seiner Abwasserentsorgung an die Grenzen seiner Tragekapazität gestoßen ist, und ob hieraus für die weitere Entwicklung der Siedlungsräume in Baden-Württemberg entsprechende Schlußfolgerungen gezogen werden müßten. Es wäre weiterhin zu prüfen, wie durch koordinierte Planungen der am Neckar anliegenden Kreise und Gemeinden insgesamt eine bessere Abstimmung (z.B. bei der Flächenplanung) im Hinblick auf die Verbesserung der Gewässergüte des Flusses erreicht werden könnte. Der Versuch einer solchen Planungsgemeinschaft findet derzeit an der Rems, vor allem hinsichtlich der Hochwasserproblematik, statt [SCHREIBEN DES REGIERUNGSPRÄSIDIUMS STUTTGART AN DIE AKADEMIE FÜR TECHNIKFOLGENABSCHÄTZUNG vom 7.9.1994].

Es ist nach unserer Auffassung mittelfristig erstrebenswert, die Qualität der Fließgewässer –also auch des Neckars – soweit zu verbessern, daß sie als Badegewässer wieder freigegeben werden können.

6.3 Wassersparen als flankierende Maßnahme

In den vergangenen Jahren bewegte die öffentliche Diskussion in Sachen Wasser vor allem das Thema „Wasser sparen" bzw. „Regenwassernutzung". Aus dem bisher Erläuterten geht hervor, daß wir aufgrund des Wasserreichtums in Baden-Württemberg unter Aspekten der Nachhaltigkeit die Erhaltung oder Wiederherstellung einer guten Wasserqualität in den Vordergrund stellen müssen. Dem Sparen von Trinkwasser oder seiner Substitution durch „Regenwasser" – korrekter Dachablaufwasser – kommt hierbei nach unserer Meinung eine flankierende Funktion zu. Wir sprechen uns deshalb nicht generell und pauschal für Spar- und Substitutionsmaßnahmen aus. Maßnahmen, die es verhindern, daß Trinkwasser ungenutzt abläuft, werden in diesem Kontext von uns selbstverständlich nicht hinterfragt. Tropfende Wasserhähne gehören ebenso abgeschafft wie undichte Wasserleitungen, aus denen in Baden-Württemberg immerhin rund 10 % des geförderten Trinkwassers verloren gehen (siehe Kapitel 3). Ebenso gehören Durchflußbegrenzer bei sanitären Installationen oder Spartasten am WC zur Selbstverständlichkeit in einem zeitgemäßen Haushalt. Erhebliche Defizite diesbezüglich sind noch in Bürogebäuden oder Hotels und Gaststätten festzustellen (siehe Kapitel 3). Ein sparsamer Umgang mit Wasser muß sich für den Nutzer allerdings auch ökonomisch lohnen. Der in der Regel hohe Fixkostenanteil an den Wasserbereitstellungskosten macht dies jedoch schwierig und kann nur einen komparativen Kostenvorteil für diejenigen bieten, die vergleichsweise mehr als die Durchschnittsverbraucher einsparen. Auch die Abrechnungsschlüssel der Fernwasserlieferanten – Kombination aus Fest- und Betriebskostenumlage in Verbindung mit Überschreitungszuschlägen – werden als ungünstige Randbedingung für Wassersparmaßnahmen eingeschätzt (siehe Kap. 3.1.1.1). Die Analyse des industriell-gewerblichen Wasserbedarfs zeigt, daß bis in die 80er Jahre der Rückgang von Energie- und Wasserverbrauch parallel verlief. Seither ist dieser Zusammenhang entkoppelt. Das Statistische Landesamt vermutet Wassersparmaßnahmen als einen der Gründe, die für spezifische Energieverbrauchssteigerungen der letzten Jahre verantwortlich sind (siehe Kapitel 3.1.2). Da Energie in den Betrieben vor allem zum Pumpen und Reinigen von Wasser benötigt wird, muß diese Analyse im Falle der Indirekteinleiter* die Einsparung von Energie bei den öffentlichen Kläranlagen miteinbeziehen. Deren Energieeinsparung resultiert daraus, daß bei einer Kreislaufführung des Wassers in den Betrieben entsprechend weniger zu reinigendes Abwasser an die Kläranlagen abgeben wird. Eine Energiebilanz, die die gewerblichen Betriebe und die öffentliche Abwasserklärung gemeinsam betrachtet, liegt bisher nicht vor.

Weitergehende Maßnahmen zur Einsparung von Trinkwasser im Haushalt, wie die Nutzung von Dachablaufwasser, bedeuten ebenfalls einen zusätzlichen Energieaufwand für Leitungen, Installationen, Tanks, Pumpen sowie für Pumpenergie, genügen also – trotz damit verbundener Energieeinsparungen auf der Seite der Wasserversorgungsunternehmen – nicht automatisch den Kriterien der Nachhaltigkeit. Eine aktuelle Studie der Universität Hannover konstatiert für die Randbedingungen der Stadt Bremen ein „Unentschieden" für den Energieverbrauch von öffentlicher Trinkwasserlieferung bzw. Dachwassernutzung [MÜLLER ET AL. 1995 – zit. in Kapitel 3]. Für Baden-Württemberg ist eine entsprechende Ökobilanz in Arbeit [ROTT 1995, pers. Mitt.]. Wenn Wasser auf Kosten von Energie eingespart wird, ist dies deshalb nicht als nachhaltig zu bezeichnen, weil Energie unter den derzeit gegebenen Rahmenbedingungen zu über 90 % von nicht-erneuerbaren Ressourcen (Kohle, Öl, Gas, Uran) bereitgestellt wird. Ein Einsparen von Wasser auf Kosten von Energie bedeutet deshalb den Ersatz der erneuerbaren Ressource Wasser durch nicht-erneuerbare Ressourcen. Dies ist mit unseren Managementregeln zur nachhaltigen Ressourcenbewirtschaftung nicht zu vereinbaren (siehe Kap. 1).

Unter ökonomischen Aspekten muß außerdem klar sein, daß sich bei weit verbreitetem Einsatz von Dachwassernutzungsanlagen für die Nutzer langfristig kein Kostenvorteil ergeben wird, weil bei deutlichem Rückgang der Trinkwasserlieferungen aufgrund des hohen Fixkostenanteils von ca. 80 % die Kubikmeterpreise schnell ansteigen müssen. Anlagen zur Nutzung von Dachwasser sind nur im Falle von Ein- und Zweifamilienhäusern sinnvoll. Bei größeren Wohneinheiten ist die spezifische Dachfläche pro Bewohner zu gering. Der durch die Nutzung von Dachablaufwasser verursachten Preiserhöhung bei der Öffentlichen Wasserversorgung können die Haushalte in Mehrfamilienhäusern nicht ausweichen. Da in solchen Wohnungen eher geringer verdienende Bevölkerungsgruppen leben, führt eine Nutzung von Dachablaufwasser durch Einfamilienhausbewohner zur Steigerung der Nebenkosten auch in Wohnblöcken. Wenn diese Entwicklung in einigen Kommunen durch Zuschüsse auch noch gefördert wird, bedeutet dies, einer Bevölkerungsgruppe (den Bewohnern der Ein- und Zweifamilienhäuser) auf Kosten der Allgemeinheit einen relativen Preisvorteil zu verschaffen. Dies ist unter dem Gesichtspunkt der Sozialverträglichkeit nicht als nachhaltig anzusehen.

In Gebieten mit Mischwasserkanalisationen* wird die Nutzung von Dachablaufwasser vermutlich dann deutlich positiver zu beurteilen sein, wenn sie Bestandteil eines integrierten Regenwassermanagements wird. Hierunter verstehen wir die Kombination von Retention, oberflächlicher Ableitung, Versickerung und Nutzung von Dachablaufwasser. In diesem Fall gehen in die Betrachtung zusätzliche ökologische und ökonomische Aspekte ein: z.B. zusätzliche Versickerungseinrichtungen, dafür geringer dimensionierbare Abwasserkanäle, kleinere Regen- oder Mischwasserrückhaltebecken, seltenere Überlaufereignisse von Mischwasserkanälen sowie hydraulisch geringer belastete Kläranlagen. Im Kontext mit dem Wassersparen erscheint uns deshalb der Appell wichtig, vor allem an Abwasser zu sparen.

Maßnahmen, die zu radikalen Einsparungen von Trinkwasser im Haushalt führen, setzen am Wasserbedarf der Toiletten an, da dieser etwa ein Drittel des gesamten häuslichen Gebrauchs ausmacht. Unter der Annahme, daß unsere derzeitigen hygienischen Gewohnheiten mittelfristig erhalten bleiben, käme als alternative Technik vor allem die Vakuumtoilette in Betracht. Aber auch sie ersetzt Wasser durch Energie, ist somit im Hinblick auf unsere Regeln zur nachhaltigen Ressourcenbewirtschaftung nicht als positiv einzuschätzen. Da diese Technik jedoch relativ leicht mit einer dezentralen Vorklärung der Fäkalien in den Gebäuden der Nutzer und anschließender Ausfaulung in Klärwerken – nach zwischengeschaltetem Transport in Saugwagen – gekoppelt werden kann, ermöglicht diese Technik, Fäkalabwasser aus dem Kanalsystem fernzuhalten (siehe Kapitel 4). Dies impliziert vollständig geänderte Transport- und Behandlungsmöglichkeiten für Schwarz*-, Grau*-, Straßenablauf- und Dachablaufwasser. Eine Ökobilanz der Material- und Stoffströme im Falle dieses grundsätzlich anderen Szenarios wird vermutlich zu einer günstigeren Bewertung der Vakuumtechnik führen als die einfache Kombination von Vakuum-Toilette mit der üblichen Schwemmkanalisation.

Da die Realisierung von isolierten Maßnahmen (Regenwassernutzung, Grauwassernutzung*, Regenwasserversickerung, Vakuumtoiletten) innerhalb des bestehenden Wasserversorgungs- und Entwässerungssystems oft zusätzliche Energie benötigt bzw. zu einem zusätzlichen Ressourceneinsatz führen dürfte, läßt nur die am Einzelfall optimierte Kombination einzelner Techniken, in Verbindung mit einem adäquaten Benutzerverhalten, eine insgesamt geringere Inanspruchnahme der Ressourcen erwarten. Der Kostenvorteil mancher neuartiger Verfahren, z.B. von dezentralen Kläranlagen in Kombination mit Druckleitungen, beruht vor allem darauf, daß die benötigte Energie – noch – preiswert angeboten werden kann. Die Arbeitskosten zum Verlegen von Druckleitungen sind verglichen mit den üblichen Freispiegelleitungen* sehr viel geringer, so daß sich insgesamt ein Kostenvorteil für die Druckleitung ergibt. Ähnliches gilt für die Vakuumtoilette, die aufgrund des Preisverhältnisses von Energie und Wasser derzeit geringere Betriebskosten als das herkömmliche WC erfordert. Falls in Zukunft eine Kostenumverteilung zulasten der Energie erfolgt, sind andere finanzielle Relationen zu erwarten.

Fazit:
Die Antwort auf die Frage, ob der Umgang mit der Ressource Wasser in Baden-Württemberg als nachhaltig bezeichnet werden kann, fällt nicht einheitlich aus. Dem Teilsystem der Wasserförderung Baden-Württembergs kann, von wenigen regionalen Ausnahmen abgesehen, Nachhaltigkeit bescheinigt werden. Um insgesamt eine nachhaltige Nutzung der Ressource Wasser zu erzielen, ist nach unseren Ergebnissen in erster Linie die Verbesserung der Gewässerqualität und nicht die Einschränkung der Wassernutzung erforderlich. Viele hierzu notwendige Maßnahmen – insbesondere zum Schutz des Grundwassers – müssen außerhalb der Wasserwirtschaft greifen (Landwirtschaft, atmogene Deposition). Die Aufrechterhal-

tung der „beiden Standbeine" der Wasserversorgung (Orts- und Fernwasser) erfordert die Reinhaltung bzw. Sanierung lokaler Grundwasservorkommen ebenso wie die maßvolle Ergänzung durch Fernwasser. Der Fernwasserbezug darf in Förder- und Empfängerregion allerdings nachhaltiges Wirtschaften nicht beeinträchtigen. Die Qualitätsverbesserung der Oberflächengewässer erfordert weitere Anstrengungen, vor allem im Bereich der Landwirtschaft und der Siedlungsentwässerung. Bei Letzterer ist eine getrennte Behandlung der unterschiedlichen Abwasserströme (Schmutz- bzw. Niederschlagswasser) angezeigt, vor allem, um künftig die Ableitung wenig bis gar nicht geklärter Abwässer aus Mischwasserkanalisationen nach Regenereignissen zu vermeiden. Maßnahmen zur Versickerung von Niederschlagswasser würden zusätzlich das Hochwasserrisiko verringern. Die hierzu erforderlichen Einrichtungen können auch zum Auffangen von Niederschlagswasser genutzt werden und so zu einer Verringerung des Trinkwasserverbrauchs beitragen.

Damit die erneuerbare Ressource Wasser nicht durch erschöpfbare Ressourcen (z.B. fossile Energieträger) substituiert wird, dürfen sich Überlegungen zum nachhaltigen Umgang mit der Ressource Wasser nicht auf das Wasser beschränken. Vielmehr müssen alle relevanten Stoff- und Energieflüsse in die Analyse miteinbezogen werden.

Nachhaltige Bewirtschaftung der Ressource Wasser in Baden-Württemberg – eine Synopse für den eiligen Leser

Die Synopse faßt die wichtigsten Ergebnisse des Projekts zusammen. Die verarbeitete Literatur ist in der Synopse nicht ausdrücklich zitiert. Stattdessen wird auf die entsprechenden Kapitel der Langfassung verwiesen, wo sich die Literaturhinweise finden.

Die im Grundsatz 3 der Deklaration von Rio im Jahr 1992 zwischen den Unterzeichnerstaaten vereinbarte Entwicklung zum Wohl nachfolgender Generationen – Sustainable Development oder auf deutsch: Nachhaltige Entwicklung – setzt einen entsprechend verantwortungsbewußten, nachhaltigen Umgang mit den Ressourcen des Planeten Erde voraus. Da nicht erneuerbare Ressourcen entsprechend ihrer Nutzungsintensität früher oder später verbraucht sein werden, kommt der nachhaltigen Bewirtschaftung erneuerbarer (regenerierbarer) Ressourcen eine zentrale Bedeutung zu. Für viele Ressourcen gilt, daß sie derzeit nicht in globalem Rahmen gehandelt werden. Es handelt sich um regionale Ressourcen. Dies gilt z.B. für den Boden, aber auch für das Wasser. Globale Wasserprobleme sind in Wirklichkeit eine Ansammlung lokaler und regionaler Probleme. Die Akademie für Technikfolgenabschätzung beschäftigt sich in dieser Studie daher mit der Frage, ob die erneuerbare regionale Ressource Wasser in Baden-Württemberg derzeit nachhaltig bewirtschaftet wird und wo ggf. Handlungsbedarf gesehen wird.

1 Nachhaltigkeit

Als nachhaltig gilt die Entwicklung einer Region dann, wenn sie mittelfristig/langfristig mit den ökologischen und sozioökonomischen Rahmenbedingungen verträglich erscheint und nicht zu Lasten von Nachbarn oder Handelspartnern erfolgt. Im Falle der nicht-erneuerbaren Ressourcen bedeutet das Gebot der Nachhaltigkeit, die begrenzten Vorräte so lange wie möglich zu strecken. Erneuerbare Ressourcen dürfen unter dem Primat der Nachhaltigkeit nur in dem Maße genutzt werden, wie sie sich regenerieren, ohne dabei den notwendigen Grundbestand im jeweiligen Ökosystem zu gefährden.

Wasser ist eine erneuerbare Ressource besonderer Art: Es wird in der Regel nicht verbraucht, sondern nur gebraucht (Ausnahme: chemische oder biochemische Synthesen, z.B. die Photosynthese der Pflanzen). Nach dem Gebrauch („Nutzung") wird das Wasser verschmutzt oder erwärmt in den Kreislauf zurückgegeben. Aus diesem Grund können sich Überlegungen zu einem nachhaltigen Umgang mit der Ressource Wasser nicht auf quantitative Aspekte beschränken; es müssen vielmehr Fragen der Qualität gleichrangig mitbeantwortet werden. Es kommt nicht allein darauf an, unseren Nachkommen einen ausreichend großen Wasserschatz zu hinterlassen, sondern auch dafür zu sorgen, daß es sich dabei tatsächlich um einen „Schatz", also um ein wertvolles Gut handelt. Dies wird nur dann der Fall sein, wenn das Land auch künftig über qualitativ hochwertiges Wasser verfügen kann (siehe Kapitel 1).

2   Wasser, eine elementare Ressource

Wasser läßt sich nur sehr bedingt durch andere Stoffe ersetzen. Man kann Wasser sparen, aber man kann nicht darauf verzichten. Nur 2,5 % der Wasservorräte unseres Planeten liegen als Süßwasser vor. Etwa 69 % davon sind im Eis der Polkappen und Gletscher festgelegt. Rund 30 % sind als Grundwasser nicht unmittelbar zugänglich. Flüsse und Seen enthalten weniger als 1 % der globalen Süßwasservorräte (siehe Kapitel 2.1).

Der Kreislauf des Wassers ist ein für die terrestrische Biosphäre entscheidend wichtiger Stoffkreislauf, der sich aber als labil und störanfällig erweist. Das mit dem Niederschlag auf die Erdoberfläche auftretende Wasser gelangt über Verdunstung (Evapotranspiration) direkt in die Atmosphäre zurück oder wird über (meist) oberirdischen Abfluß dem Meer zugeführt. Das Verdunstungs-Niederschlags-Gleichgewicht und die Verweildauer des Wassers in Böden, Flüssen, Seen und Aquiferen können sich sowohl regional als auch global mit der Zeit erheblich ändern. Regionale menschliche Mißwirtschaft kann daran maßgeblich beteiligt sein. Dafür bietet die Kulturgeschichte zahllose Beispiele. Bereits Platon hat im Dialog „Kritias", in dem er seinen Mitbürgern die Gefährdung der Lebensgrundlagen der griechischen Hochkultur vor Augen führte, dem Wasser eine besondere Rolle zugewiesen: *„Einst, als es noch Wälder gab auf den Bergen Attikas, nahm die reichliche Erdschicht das Wasser auf und bewahrte es, so daß die eingesogene Menge sich ganz allmählich von den Höhen aus verteilte und Quellen speiste; aber nun ist die fette und weiche Erde herausgeschwemmt und allein das magere Gerippe des Landes noch vorhanden – gleichsam nur das Knochengerüst eines durch Krankheit geschwächten Leibes. "* Insbesondere die Hochwasserereignisse der letzten Jahre werfen die Frage auf, ob nicht auch in unserer Gesellschaft Speicherung, Verteilung und Abfluß der Wasserressource sich durch menschliches Zutun entscheidend zum Schlechteren veränderte.

Das prognostizierte global warming dürfte zu einschneidenden Änderungen im Wasserkreislauf führen, da die Reaktionen der hydrologischen Größen auf Klimaänderungen überwiegend nichtlinear sind. Eine empirische Trendanalyse für Südwestdeutschland zeigt zum Beispiel, daß in den letzten 40 Jahren eine jahreszeitliche Umverteilung des Niederschlags zugunsten des Winterhalbjahres stattgefunden hat. Der Jahresniederschlag hat in dieser Zeitspanne verbreitet um 5 bis 15 % zugenommen. Gleichzeitig aber ist die Lufttemperatur in den letzten 40 Jahren um 1 K angestiegen, was zu einer entsprechend erhöhten Verdunstung geführt hat (siehe Kapitel 2.3.1).

3   Regional unterschiedlicher Wasserreichtum

Es bestehen große regionale Unterschiede in der Verfügbarkeit von Wasser. In mindestens 8 Staaten der Welt (überwiegend auf der arabischen Halbinsel) verfügen die Einwohner derzeit über weniger als 500 m³ Wasser pro Einwohner und Jahr, was als unterste Grenze für einen modernen, industrialisierten Staat in einer semiariden Klimazone anzusehen ist (Beispiel Israel).

Wasserprobleme sind dementsprechend regionale Probleme. Über längere Distanzen ist Wasser derzeit (noch) kein Handelsgut. Unter dem Eindruck des Wassernotstands vollzieht sich in Südeuropa und Nordafrika derzeit allerdings ein Wandel: So will zum Beispiel Spanien außer mit nationalen Umleitungsmaßnahmen auch durch umfangreiche Wasserimporte die schlimmsten Folgen der Dürre im Land lindern. Im Sommer 1995 suchte ein Verbund von Wasserwerken Andalusiens und der Balearen nordeuropäische Lieferanten, die auf dem Schiffsweg große Mengen Trinkwasser nach Südspanien bringen könnten. Im Nahen Osten spielt das Wasser ebenfalls eine wichtige ökonomische und politische Rolle: Bei den Verhandlungen Israels mit seinen Nachbarn kommt der Aufteilung der Wasserrechte eine besondere Bedeutung zu. Ein weiteres Beispiel für zukünftiges Konfliktpotential ist die Auseinandersetzung zwischen Syrien, dem Irak und der Türkei um das Wasser von Euphrat und Tigris. Nach Vollendung der im Bau befindlichen türkischen Dämme und Bewässerungsprojekte dürfte sich der Durchfluß des Euphrat mindestens halbieren. Die Folgen für die Unterlieger, besonders den Irak, werden als „verheerend" bezeichnet (siehe Kapitel 1).

4   Wassernutzung in Baden-Württemberg

Baden-Württemberg ist im Vergleich zu den oben beschriebenen Beispielen ein wasserreiches Land: Die sich in unserem Bundesland jährlich intern erneuerbaren Wasserressourcen (Niederschlag abzüglich Verdunstung) betragen ca. 11–14 Mia. m³. Hinzu kommen ca. 33 Mia.m³ durch Zuflüsse von Oberliegern (vor allem aus der Schweiz). Es steht somit insgesamt eine sich jährlich erneuernde Ressource von 44–47 Mia.m³ potentiell zur Verfügung. Hiervon werden jährlich weniger als ein Fünftel (6,9 Mia.m³) durch Energiewirtschaft, Industrie und die öffentliche Wasserversorgung gefördert. Landesweit kann daher unter quantitativ-ökologischen Kriterien – von wenigen Ausnahmen (z.B. Förderung von Tiefengrundwasser und Grundwasserabsenkungen im Raum Mannheim) abgesehen – der Wasserversorgung Nachhaltigkeit attestiert werden (siehe Kapitel 2 und 3).

Ohne die Zuflüsse von Oberliegern wäre das Bilanzergebnis in Baden-Württemberg allerdings deutlich angespannter, weil die derzeit geförderte Wassermenge immerhin die Hälfte bis zwei Drittel der intern erneuerbaren Ressource ausmacht. Baden-Württemberg ist deshalb obligat auf den Zufluß von Oberflächenwasser mit einer ausreichenden Qualität angewiesen. Das bedeutet, daß unsere Oberlieger auch im Interesse Baden-Württembergs einen nachhaltigen Umgang mit der Ressource pflegen müssen.

Darüber hinaus darf nicht übersehen werden, daß der Wasserschatz nicht gleichmäßig im Lande verteilt ist. Während die Randgebiete im Süden (Bodensee), Westen (Oberrheinebene) und Osten (Donauried und Karst der Schwäbischen Alb) über einen großen Wasserreichtum verfügen, sind die zentralen und nördlichen Landesteile von Natur aus (Grund-)Wassermangelgebiete. Um die Region mittlerer Neckar mit der Landeshauptstadt sicher mit Wasser versorgen zu können, wurde bereits im Jahr 1912 im damaligen Königreich Württemberg die erste Fernwasserversorgung (der Zweckverband Landeswasserversorgung) gegründet. Heute liefern vier Fernwasserverbände, wovon die Bodenseewasserversorgung die größte und bekannteste ist, ein Drittel des in Baden-Württemberg verteilten Trinkwassers (1991: 236,6 Mio. m³ von 758,8 Mio. m³). Durch diese beiden Standbeine der Öffentlichen Wasserversorgung (Fern- und Lokalwasser) besteht im Land eine einigermaßen gleichmäßige Wasserqualität und eine hohe Versorgungssicherheit, auch in Trockenperioden.

Problematisch erscheint allerdings die Tatsache, daß die Fernwasserversorgung immer weniger zur Ergänzung der örtlichen Wasserressourcen dient, sondern diese zunehmend ersetzt. Wenn sauberes Wasser zu vergleichsweise günstigen Konditionen einfach zu importieren ist, besteht immer weniger die Notwendigkeit, sich vor Ort mit den Problemen des Grundwasserschutzes zu befassen. Anstatt unter den Restriktionen von Wasserschutzgebieten zu „leiden", können diese Gebiete nach Anschluß an das Fernwasser anderweitig genutzt werden. Fernwasserversorgung kann auf diese Weise zu einem reduzierten Grundwasserschutz führen. Umgekehrt war in der Vergangenheit die mangelnde Qualität der örtlichen Wasserressourcen oft ein wesentlicher Grund für einen Fernwasseranschluß.

Die Bodenseewasserversorgung – von Sipplingen bis Bad Mergentheim – ist für Baden-Württemberg eine äußerst günstige Lösung. Aber es sollte nicht in Vergessenheit geraten, daß sich das Land damit in eine weitere (politische) Abhängigkeit begeben hat. Der Rückweg zu einer autochthonen Wasserversorgung wäre so aufwendig, daß er zumindest kurzfristig nicht begehbar erscheint.

In den Alpenländern beginnt man sich die Frage zu stellen, warum man eigentlich das Alpenwasser schützen und kostenlos abgeben soll, anstatt es als Handelsgut in einem freien Tauschgeschäft an den Nachbarn zu verkaufen. Auch schweizer Kritiker der baden-württembergischen Bodensee-Fernwasserversorgung sehen

derzeit noch eine genuine Verpflichtung der Schweiz darin, *„die Unterlieger der wasserreichen Schweiz mit genügend Wasser zu versorgen"* ... *„Die Schweiz muß ihren Gewässerschutz derart betreiben, daß die Flüsse, die das Land verlassen, sowie die Grenzseen sauber sind. Die Wasserqualität dieser Gewässer muß dabei nicht einer Trinkwasserqualität entsprechen. Es genügt eine Qualität, die den Unterliegerländern eine Aufbereitung zu Trink- und Brauchwasser mit vernünftigem Aufwand ermöglicht. Bei Zukunftsszenarien darf davon ausgegangen werden, daß die Technik der Trinkwasseraufbereitung Fortschritte macht."* Die Fortführung der kostenlosen Wasserabgabe wird bei diesen Gedanken jedoch an Vorbedingungen geknüpft:
– Die Schweiz braucht dieses Wasser weder heute noch in Zukunft.
– Die Bezieherländer sind bezüglich Gewässerschutz sowohl heute wie in Zukunft auf dem gleichen Stand wie die Schweiz.

Mit der zweiten Bedingung soll insbesondere ausgedrückt werden, daß Ländern, die Alpenwasser beziehen, durch einen geringeren Standard im Gewässerschutz keine Vorteile in der internationalen Konkurrenz erwachsen dürfen (siehe Kapitel 6).

5   Wasserbedarf der Landwirtschaft

In den letzten 40 Jahren ist in Baden-Württemberg eine Tendenz zu geringeren Sommerniederschlägen bei gleichzeitig steigender Durchschnittstemperatur festzustellen (siehe Kapitel 2.3.1). Die Entwicklung dieser beiden Klimafaktoren macht künftig einen gesteigerten Bedarf an Bewässerungswasser wahrscheinlich. Die in der Oberrheinebene zur Bewässerung eingesetzte Wassermenge ist allem Anschein nach bereits kräftig im Steigen begriffen. Da das Statistikgesetz erst ab 1998 eine Erhebung dieses in der Landwirtschaft zur künstlichen Bewässerung eingesetzten Wassers vorsieht, sind für Baden-Württemberg derzeit keine flächendeckenden Angaben zum Bedarf an Bewässerungswasser in der Landwirtschaft vorhanden.

Eine vorausschauende Wasserpolitik wird in jedem Fall gut beraten sein, in künftigen Sommern einen höheren Wasserbedarf bei gleichzeitig geringerem saisonalem Dargebot in die Überlegungen einzubeziehen. Immerhin sind ca. 48 % der Landesfläche mit landwirtschaftlichen Kulturen bedeckt.

6   Grundwassernutzung

In den gemäßigten Breiten findet die Grundwasserneubildung bevorzugt in den Wintermonaten statt. Eine Umverteilung der Niederschläge vom Sommer zum Winter begünstigt deshalb die Grundwasserneubildung (verstärkt aber entsprechend die Sommertrockenheit).

Aufgrund seiner Speicherwirkung kann der Grundwasserkörper nicht nur jahreszeitliche Schwankungen ausgleichen, sondern auch – bei ausreichender Größe des Speichers – mehrere Trockenjahre überbrücken. Grundwasser bietet deshalb für eine konstante Wasserentnahme, die von kurzfristigen Witterungsschwankungen unabhängig ist, ideale Bedingungen. Eine notwendige Voraussetzung für eine nachhaltige Nutzung ist dabei, daß nicht mehr aus dem Grundwasserleiter (Aquifer) entnommen wird, als sich im mittelfristigen Maßstab erneuert.

Die in Baden-Württemberg genutzten tiefen, in der Regel alten Grundwässer sind meist keine vollständig abgeschlossenen Systeme. Sie nehmen unter den hiesigen hydrogeologischen Rahmenbedingungen in sehr geringem Maße am Wasserkreislauf teil. Ihre Erneuerungszeit liegt im Bereich von 1.000 bis 10.000 Jahren. Deshalb bedeutet eine Entnahme – anders als z.B. in Libyen, Saudi-Arabien oder auch in manchen Gebieten der USA – nicht zwangsläufig einen Abbau der Ressource. Außerdem sind tiefe Grundwässer derzeit noch weitgehend frei von anthropogenen Belastungen. Das heißt aber auch, daß, einmal kontaminiert, diese Grundwässer über entsprechend lange Zeiträume verschmutzt bleiben. Eine Förderung tiefer Grundwässer birgt das Risiko, daß entsprechend den heute gegebenen Umweltbedingungen verschmutztes Sickerwasser beschleunigt in die tiefen Grundwasserkörper eindringt. Aus diesem Grund ist die Entnahme tiefer Grundwässer zur Substitution oberflächennaher, zwischenzeitlich verschmutzter Grundwässer unter dem Gesichtspunkt der Nachhaltigkeit prinzipiell bedenklich.

7   Wasserqualität in Baden-Württemberg

Die langfristige Nutzung der erneuerbaren Ressourcen setzt ihre ökologische Intaktheit voraus. Deshalb gehört der Schutz der Gewässer zur Strategie der Nachhaltigkeit. Aufgrund seiner langen Regenerationszeiten verdient das Grundwasser mit Blick auf das Wohl nachfolgender Generationen unser besonderes Augenmerk. Die Länderarbeitsgemeinschaft Wasser (LAWA) fordert dementsprechend: *„Das Grundwasser ist in seiner natürlichen Beschaffenheit zu erhalten. Grundwasserverunreinigungen sind zu sanieren. Qualitätsziele für das Grundwasser, die sich nicht an seiner natürlichen Beschaffenheit orientieren, würden zur Sanktionierung von Verschmutzungen führen."*

Freilich muß man sich vor Augen halten, daß auch in der Natur weit verbreitet sogenannte „schlechte Wässer" (im Hinblick auf die Verwendbarkeit durch den Menschen) vorkommen. Das Grundwasser spiegelt eben die geologischen Verhältnisse der Erdbereiche wider, aus denen es stammt. So ist z.B. in Baden-Württemberg das Wasser aus dem Gipskeuper und dem mittleren Muschelkalk oft wegen zu hoher Härte für Trinkwasserzwecke nicht brauchbar.

Während die Qualität des Bodenseewassers für ein Oberflächengewässer als hervorragend einzustufen ist, stellt sich die kritische Frage nach der Qualität des geförderten Rohwassers im Lande vor allem im Hinblick auf das (oberflächennahe) Grundwasser. Entsprechend den unterschiedlichen Rahmenbedingungen der Landnutzung ist die Qualität der Wasserressourcen sehr heterogen. Etwa 4/5 der ca. 2100 Gewinnungsanlagen fördern ein Rohwasser, dessen Qualität hinsichtlich der chemischen Parameter die Anforderungen der Trinkwasserverordnung erfüllt. Andererseits mußten im Zeitraum von 1980 bis 1992 in Baden-Württemberg 550 Brunnen geschlossen werden, davon zwei Drittel aufgrund qualitativer Beeinträchtigungen. Dabei sind neben punktuellen Verunreinigungen durch unsachgemäße Lagerung, Altlasten und Unfälle mit wassergefährdenden Stoffen die flächenhaften Beeinträchtigungen von besonderer Relevanz. Diese werden vor allem durch Auswirkungen der Landwirtschaft (Dünge- und Pflanzenbehandlungsmittel), atmogene Stoffeinträge vor allem in Waldgebieten (Stickstoff und Säure) sowie undichte Kanalisationen verursacht (siehe Kapitel 5).

Zur Erinnerung: Die öffentliche Wasserversorgung (760 Mio. m³/a) erfolgt zu 75 % aus Grundwasser. Die Grundwasserneubildung erfolgt überwiegend unter landwirtschaftlich oder forstwirtschaftlich genutzten Flächen (86 % des Landes), wobei die Neubildungsrate des Grundwassers unter Wiesen- und Ackerland höher ist als unter Wald. Deshalb können sich die Landwirte durchaus als die eigentlichen Wasserversorger verstehen. Dies erfordert aber auch, daß sich die Landwirtschaft zu ihrer Verantwortung hinsichtlich der Grundwasserqualität bekennen muß.

8   Ursachen der Nitratbelastung

Die wichtigsten Quellen für das im Trinkwasser unerwünschte Nitrat sind längst identifiziert: Nitratauswaschung aus landwirtschaftlichen Flächen und Stickstoffeintrag aus der Luft. Während die unmittelbar von der Landwirtschaft verursachte Nitratauswaschung aus den Agrarflächen tendenziell rückläufig ist, nimmt auch bei uns die flächendeckende atmogene Deposition von Nitrat- und Ammoniumstickstoff eher noch zu. Die Emissionen von Ammoniak (zu 90 % aus Jauche und Mist), aus Kläranlagen (menschliche Fäkalien) und Mülldeponien, sowie die bei allen Verbrennungsvorgängen anfallenden Stickoxide gelangen in Form von Ammonium und Nitrat zur Erdoberfläche zurück. Der heutige Stickstoffeintrag aus der Atmosphäre liegt weit höher als unter naturnahen Verhältnissen.

Derzeit dürfte die atmogene Stickstoffdeposition die Kapazität der meisten mitteleuropäischen Forste, diese Ionen zum Aufbau stickstoffhaltiger Biomasse zu verwenden, bereits erheblich übersteigen. Man rechnet generell damit, daß unsere Waldungen auch unter günstigen klimatischen Bedingungen nicht mehr als 5 bis 12 Kilogramm Stickstoff pro Hektar und Jahr in organische Substanz einbauen können. Demnach gelten 12–15 kg Stickstoffeintrag pro Hektar und Jahr als die kritische Belastungsgrenze (critical load). In Baden-Württemberg betragen die Depositionswerte derzeit zwischen 8,5 und 50 kg/ha·a, davon mehr als die Hälfte in Form von Ammonium. Werte unter 15 Kilogramm finden sich in unserem Land nur noch an der Ostabdachung des Schwarzwaldes.Die Schlußfolgerung liegt auf der Hand: Die deutschen Forste dürften in der Regel mit Stickstoff bereits gesättigt oder der Sättigung nahe sein. Dies gilt auch für das angrenzende Europa. Eine Folge der überhöhten Stickstoffeinträge ist die steigende Nitratbelastung des aus unseren Waldgebieten (etwa 40 % der Fläche) stammenden Wassers, welches bisher teilweise auch zum Verdünnen nitrathaltigen Wassers aus Landwirtschaftsgebieten verwendet wurde (siehe Kapitel 5.2.1).

9   Pflanzenbehandlungsmittel

Obwohl sich die Fachleute darin einig sind, daß von den bisher im Grundwasser nachgewiesenen Pflanzenbehandlungsmitteln keine akute gesundheitliche Gefährdung ausgeht, wird mit Hinweis auf das Vorsorgeprinzip ihre Existenz im Grundwasser von Wasserversorgung und Gesetzgebung kategorisch abgelehnt. Im Focus des Interesses von Fachleuten und Öffentlichkeit stehen die Herbizide aus der Stoffgruppe der Triazine, darunter Atrazin, sein Abbauprodukt Desethylatrazin sowie Simazin.

Für Baden-Württemberg gilt: Im Rohwasser (=Trinkwasser vor der Aufbereitung) wurde 1994 der „Warnwert" der Landesanstalt für Umweltschutz von 0,08 µg/l in 2,2 % der Fälle durch Atrazin und in 7,2 % der Fälle durch Desethylatrazin überschritten. Da „moderne" Wirkstoffe wie Phosphinotrizin (Handelsname: Basta) nur eine geringe Mobilität im Boden aufweisen und rasch durch Bodenmikroben (vor allem ubiquitäre Aktinomyceten) abgebaut werden, gehen Fachleute davon aus, daß von diesen Substanzen eine Grundwassergefährdung auch in Maisanbaugebieten nicht mehr zu befürchten ist.

Außerhalb der Landwirtschaft belastet vor allem der Einsatz von Herbiziden auf Bahngleisen erheblich das Grundwasser. Im Jahre 1994 überschritten 32 % der untersuchten Wasserproben aus der Umgebung von Bahnanlagen in Baden-Württemberg den Grenzwert der Trinkwasserverordnung für Pflanzenbehandlungsmittel. Die Belastung geht vor allem auf die Wirkstoffe Bromacil und Hexazinon zurück (siehe Kapitel 5.2.3).

10   Beschaffenheit der Fließgewässer in Baden-Württemberg

Der nahezu flächendeckende Anschluß der Bevölkerung an die Schwemmkanalisation ließ in Verbindung mit nur unzureichend ausgebauten Kläranlagen einen Großteil der Fließgewässer in Baden-Württemberg nach dem zweiten Weltkrieg zu Kloaken verkommen. Da seit 1980 alle Kläranlagen mit einer mechanisch/biologischen Stufe ausgerüstet sind, haben sich die Sauerstoffversorgung der Flüsse und die Artenvielfalt wesentlich erholt. Die Schutzziele für die Meere und für die stehenden Binnengewässer verlangen jedoch zusätzlich die Eliminierung der Nährstoffe Stickstoff und Phosphor aus dem Abwasser, was bisher nur für die Abwässer von ca. 60 % der Bevölkerung Baden-Württembergs erreicht werden konnte (siehe Kapitel 4.2.1).

In den letzten Jahren hat sich die Belastung der Flüsse mit Schwermetallen oder manchen Halogenkohlenwasserstoffen stark vermindert. Eine Reihe schwer abbaubarer organischer Substanzen (zum Beispiel EDTA oder Sulfonsäuren) und die mikrobielle Belastung durch Fäkalien (vor allem aus Überläufen von Mischwasserkanälen) stellen jedoch ein noch immer nicht zufriedenstellend gelöstes Problem dar. Sorgen bereiten auch weiterhin die Auslaugungen von Abfalldeponien und Abschwemmungen von bebauten oder landwirtschaftlich genutzten Flächen.

Die Fortschritte bei der Flußsanierung sind beim Rhein besonders eindrucksvoll. Die Internationale Arbeitsgemeinschaft der Rheinwasserwerke, die seit 25 Jahren besteht und seitdem etwa 100 Mia. Mark in Kläranlagen investiert hat, strebt inzwischen das ehrgeizige Ziel an, das Trinkwasser für die rund 20 Mio. Menschen im Einzugsgebiet des Rheins nur noch mit natürlichen Verfahren, wie der Sand- und Uferfiltration, zu gewinnen.

Freilich sind die Flüsse nicht nur Spender von Trinkwasser. Es sind die konkurrierenden Ansprüche an die Fließgewässer, die einer völligen Sanierung im Wege stehen. Für den Neckar gilt zum Beispiel: *„Der Neckar und seine Zuflüsse werden in vielfältiger Form als Brauchwasserressource, als Wasserstraße und zur Wasserkraftgewinnung genutzt, wobei die damit verbundene Stauregelung des Gewässers erhebliche Eingriffe in die Gewässerökologie mit sich bringt. Schließlich ist die Energiewirtschaft auf Neckarwasser zur Abdeckung des Kühlwasserbedarfs angewiesen. Die damit verbundene Aufwärmung des Flusses und die nicht unerheblichen Verdunstungsverluste führen vor allem in Niedrigwasserzeiten und im Hochsommer zu Engpaßsituationen im Hinblick auf die Gewässerqualität, was entsprechende Einschränkungen der Nutzung notwendig macht."* (Siehe Kapitel 3.2.1).

Baden-Württemberg ist im Falle der Donau Oberlieger, den Rhein nimmt es in der Mitte seines Verlaufs in Anspruch und – von einer geringen Mitnutzung durch das Land Hessen abgesehen – ist es alleiniger Anlieger des Neckars, so daß dieser Fluß als baden-württembergisches Binnengewässer bezeichnet werden kann. Gerade der Neckar zeigt sich aufgrund seiner intensiven Nutzung in vielen Parametern von einer deutlich schlechteren Qualität als beispielsweise der Rhein. Verglichen zu den Niederlanden, Belgien oder auch Nordrhein-Westfalen ist Baden-Württemberg hinsichtlich seiner drei großen Fließgewässer privilegiert, da es entweder selbst Oberlieger ist oder die Oberliegerstaaten den wesentlichen Zufluß so sauber halten, daß das in das Land einströmende Wasser des Alpenrheins ohne größere Probleme zur Trinkwasserversorgung genutzt werden kann. Eine derartige Wasserqualität kann dem Rhein an der Grenze zu Rheinland-Pfalz und Hessen nicht mehr attestiert werden.

Dem Land Baden-Württemberg erwächst aus seiner günstigen Lage eine doppelte Verantwortung: Es ist unter Aspekten einer nachhaltigen Wirtschaftsweise einerseits verpflichtet, die das Land verlassenden Gewässer so sauber zu halten, daß sie auch von den Unterliegern mit geringem Aufbereitungsaufwand noch genutzt werden können. Zum anderen muß das Land darauf achten, durch seine Wassernutzung die Kooperationsbereitschaft seiner Oberlieger (Schweiz, Liechtenstein, Vorarlberg) nicht über Gebühr zu strapazieren.

11 Wassersparen als flankierende Maßnahme

In den vergangenen Jahren bewegte die öffentliche Diskussion in Sachen Wasser vor allem das Thema „Wassersparen" bzw. „Regenwassernutzung". Aus dem bisher Erläuterten geht hervor, daß wir aufgrund des Wasserreichtums in Baden-Württemberg unter Aspekten der Nachhaltigkeit die Erhaltung oder Wiederherstellung einer guten Wasserqualität in den Vordergrund stellen müssen. Dem Sparen von Trinkwasser oder seiner Substitution durch „Regenwasser" – korrekter Dachablaufwasser – kommt hierbei nach unserer Meinung eine flankierende Funktion zu. Wir sprechen uns deshalb nicht generell und pauschal für Spar- und Substitutionsmaßnahmen aus. Maßnahmen, die es verhindern, daß Trinkwasser ungenutzt abläuft, werden in diesem Kontext von uns selbstverständlich nicht hinterfragt. Tropfende Wasserhähne gehören ebenso abgeschafft wie undichte Wasserleitungen, aus denen in Baden-Württemberg immerhin rund 10 % des geförderten Trinkwassers verlorengehen (siehe Kapitel 3.1.1). Ebenso gehören Durchflußbegrenzer bei sanitären Installationen oder Spartasten am WC zur Selbstverständlichkeit in einem zeitgemäßen Haushalt. Erhebliche Defizite diesbezüglich sind noch in Bürogebäuden oder Hotels und Gaststätten festzustellen (siehe Kapitel 3.4.2.2). Ein sparsamer Umgang mit Wasser muß sich für den Nutzer allerdings auch ökonomisch lohnen. Die Gebührenstruktur gibt aufgrund des hohen Fixkostenanteils insgesamt wenig Anlaß, forciert Wasser zu sparen bzw. nach Lecks in Versorgungsleitungen zu suchen und diese abzudichten. Auch die Abrechnungsschlüssel der Fernwasserlieferanten – Kombination aus Fest- und Betriebskostenumlage in Verbindung mit Überschrei-tungszuschlägen – werden als ungünstige Randbedingung für Wassersparmaßnahmen eingeschätzt (siehe Kapitel 3.1.1.1).

Die Analyse des industriell-gewerblichen Wasserbedarfs zeigt, daß bis in die 80er Jahre der Rückgang von Energie- und Wasserverbrauch parallel verlief. Seither ist dieser Zusammenhang entkoppelt. Das Statistische Landesamt vermutet Wassersparmaßnahmen als einen der Gründe, die für spezifische Energieverbrauchssteigerungen der letzten Jahre verantwortlich sind (siehe Kapitel 3.1.2). Da Energie in den Betrieben vor allem zum Pumpen und Reinigen von Wasser benötigt wird, muß diese Analyse im Falle der Indirekteinleiter die Einsparung von Energie bei den öffentlichen Kläranlagen miteinbeziehen. Deren Energieeinsparung resultiert daraus, daß bei einer Kreislaufführung des Wassers in den Betrieben entsprechend weniger zu reinigendes Abwasser an die Kläranlagen abgeben wird. Eine Energiebilanz, die die gewerblichen Betriebe und die öffentliche Abwasserklärung gemeinsam betrachtet, liegt bisher nicht vor.

Unter ökonomischen Aspekten muß man sich darüber klar sein, daß sich bei weit verbreitetem Einsatz von Dachwassernutzungsanlagen für die Nutzer langfristig kein Kostenvorteil ergeben wird. Dies liegt daran, daß die Kubikmeterpreise des Trinkwassers wegen des hohen Fixkostenanteils von 80 % und mehr bei zurückgehenden Liefermengen ansteigen werden. Der Kostenvorteil aufgrund geringerer Wasserabgabe wird durch den Anstieg der spezifischen Kosten vermutlich kompensiert. Dies betrifft alle Kunden der öffentlichen Wasserversorgung. Auch der folgende Aspekt erscheint bedenklich: Anlagen zur Nutzung von Dachablaufwasser sind nur im Falle von Ein- und Zweifamilienhäusern sinnvoll. Bei Mehrfamilienhäusern steht pro Bewohner zuwenig Dachfläche zur Verfügung. Deshalb können Bewohner dieser Gebäude den durch die „Regenwassernutzung" verursachten Kostensteigerungen bei der öffentlichen Wasserversorgung nicht entrinnen. Wenn die Dachwassernutzung und damit indirekt die Erhöhung der Kubikmeterpreise bei den öffentlichen Wasserversorgern von einigen Kommunen aus öffentlichen Mitteln gefördert werden, kann dies unter dem Gesichtspunkt der Sozialverträglichkeit nicht als wünschenswert bezeichnet werden: es werden dadurch den Bewohnern von Ein- und Zweifamilienhäusern zu Lasten der Allgemeinheit relative Kostenvorteile verschafft.

Weitergehende Maßnahmen zur Einsparung von Trinkwasser im Haushalt, wie die Nutzung von Dachablaufwasser, bedeuten ebenfalls einen zusätzlichen Energieaufwand für Leitungen, Installationen, Tanks, Pumpen sowie für Pumpenergie, genügen also – trotz damit verbundener Energieeinsparungen auf der Seite der Wasserversorgungsunternehmen – nicht automatisch den Kriterien der Nachhaltigkeit. Eine aktuelle Studie der Universität Hannover konstatiert für die Randbedingungen der Stadt Bremen ein „Unentschieden" für den Energieverbrauch von öffentlicher Trinkwasserlieferung bzw. Dachwassernutzung (siehe Kapitel 3.5.1). Für Baden-Württemberg ist eine entsprechende Ökobilanz in Arbeit. Wenn Wasser auf Kosten von Energie eingespart wird, ist dies deshalb nicht als nachhaltig zu bezeichnen, weil Energie unter den derzeit gegebenen Rahmenbedingungen zu über 90 % von nicht-erneuerbaren Ressourcen (Kohle, Öl, Gas, Uran) bereitgestellt wird. Ein Einsparen von Wasser auf Kosten von Energie bedeutet deshalb den Ersatz der erneuerbaren Ressource Wasser durch nicht-erneuerbare Ressourcen (siehe Kapitel 1).

Da die Realisierung von isolierten Maßnahmen (Regenwassernutzung, Grauwassernutzung, Regenwasserversickerung, Vakuumtoiletten) innerhalb des bestehenden Wasserversorgungs- und Entwässerungssystems in der Regel zusätzliche Energie und einen zusätzlichen Ressourceneinsatz erfordert, läßt nur die am Einzelfall optimierte Kombination einzelner Techniken in Verbindung mit einem adäquaten Benutzerverhalten eine insgesamt geringere Inanspruchnahme der Ressourcen erwarten. Der Kostenvorteil mancher neuartiger Verfahren, z.B. von dezentralen Kläranlagen in Kombination mit Druckleitungen, beruht vor allem darauf, daß die benötigte Energie – noch – preiswert angeboten werden kann. Die Arbeitskosten zum Verlegen von Druckleitungen sind verglichen mit den üblichen

Freispiegelleitungen sehr viel geringer, so daß sich insgesamt ein Kostenvorteil
für die Druckleitung ergibt. Ähnliches gilt für die Vakuumtoilette, die aufgrund
des Preisverhältnisses von Energie und Wasser derzeit geringere Betriebskosten
als das herkömmliche WC erfordert. Falls in Zukunft eine Kostenumverteilung zu
Lasten der Energie erfolgt, sind andere finanzielle Relationen zu erwarten.

12 Schlußfolgerungen

Nachhaltigkeit im Umgang mit dem Wasserschatz bedeutet in Baden-Württemberg
weniger eine Reduzierung der Nutzung der Ressource als vielmehr den Schutz von
Oberflächen- und Grundwasser vor Schad- und Schmutzstoffen. Eine Reihe von
Schutzmaßnahmen muß außerhalb der Wasserwirtschaft greifen (Umfeld Landwirtschaft, atmogene Deposition). Die gute Botschaft lautet: Wenn die gesetzlich
vorgegebenen Rahmenbedingungen (Wassergesetznovelle – siehe Nachtrag) eingehalten werden, kann dem Teilsystem der Wasserversorgung in unserem Land
weitgehend Nachhaltigkeit bestätigt werden.

Für etwa 40 % seiner Bevölkerung hat sich Baden-Württemberg in die Abhängigkeit von Oberliegern begeben (Alpenwasser). Dieser Schritt erscheint nur schwer
reversibel. Die beiden „Standbeine" der Wasserversorgung (lokales Wasser und
Fernwasser) sind für das Land sowohl ökologisch als auch ökonomisch von Vorteil. Der Fernwasserbezug darf in Förder- und Empfängerregionen allerdings die
Maximen nachhaltigen Wirtschaftens nicht verletzen. Dies gilt besonders hinsichtlich der Reinhaltung lokaler Grundwasservorkommen.

Ökonomische und technische Konzepte, die in einigen Ballungsräumen Deutschlands (Großraum Frankfurt, Hamburg) erforderlich sind, lassen sich nicht ohne
weiteres auf eine Wasserüberschußregion wie Baden-Württemberg übertragen. Ein
Beispiel bildet die häusliche Nutzung von Brauch- und Regenwasser. Die Vor-
schläge, die derzeit gemacht werden, bedeuten meist höhere Kosten und bergen
ein hygienisches Zusatzrisiko. Ein modernes Wassermanagement kann sich in Baden-Württemberg nicht auf das Sparen von Trinkwasser beschränken. Wichtig ist
in diesem Zusammenhang eine integrierte Bewirtschaftung des Regenwassers. Dies
erfordert lokal angepaßte Maßnahmen zur Retention, Versickerung und oberflächlichen Abführung von Dachablaufwasser zur Entlastung der Kanalisation, zur Verbesserung des kleinräumigen Wasserkreislaufs und zur Verbesserung des Wohnum-
feldes. Hierin eingepaßt kann die Nutzung von Dachablaufwasser durchaus sinnvoll sein.

Wenn das global warming und die damit einhergehende Sommertrockenheit
sich verstärken sollten, werden wir im Interesse der landwirtschaftlichen Erträge
um eine Ausdehnung der künstlichen Bewässerung in weiten Teilen des Landes
nicht herumkommen. In diesem Fall muß auch in Baden-Württemberg neu geprüft
werden, wieviel Wasser durch anderweitige Sparmaßnahmen für eine nachhaltige
Nutzung in der Landwirtschaft verfügbar gemacht werden kann.

Nachtrag: Die Novelle des Wassergesetzes für Baden-Württemberg vom November 1995

Im November 1995 wurde vom Landtag in Stuttgart das Gesetz zur Änderung des Wassergesetzes verabschiedet. Nach den Ausführungen der Landesregierung ist mit dieser Novelle das Ziel verbunden, an Flüssen und Bächen des Landes mehr Naturnähe sowie einen besseren Grundwasserschutz zu realisieren [STAATSANZEIGER vom 3.7.1995]. Zum Schluß unserer Studie untersuchen wir einige zentrale Regelungen des geänderten Wassergesetzes unter der Fragestellung, ob sie sich positiv im Sinne einer nachhaltigen Gewässerbewirtschaftung auswirken. Eine umfassende „Gesetzesfolgenabschätzung", die wir an dieser Stelle nicht anstreben, müßte weitere mit dem Wassergesetz in Zusammenhang wirkende Gesetze und entsprechende Rechtsverordnungen berücksichtigen. Soweit wir uns auf die Formulierungen der Gesetzesnovelle beziehen, geschieht dies anhand des Gesetzentwurfs der Landesregierung [LANDTAG 11/6166] sowie der Beschlußempfehlung und des Berichts des Umweltausschusses [LANDTAG 11/6631].

1 Übersicht über neue oder geänderte Regelungen

Die Gesetzesnovelle bringt folgende Aspekte neu oder modifiziert in das Gesetz ein:
- Erweiterung der Vorschriften über die wasserwirtschaftlichen Grundsätze (§ 3a)
- Neuregelung im Falle von Überflutung, Verlandung oder Verlassen des Gewässerbettes (§§ 8 bis 9a)
- Ergänzung der Vorschriften hinsichtlich der Benutzerpflicht (§ 14), des Erlöschens von Benutzungsrechten und -befugnissen (§ 22), des Ablassens aufgestauten Wassers (§ 35) und der wasserrechtlichen Genehmigung (§ 76).
- Einführung von Bestimmungen über die Eigenkontrolle in Wasserschutzgebieten (§ 24)
- Einführung einer Bestimmung zum Umtragen von Hindernissen (§ 28a)
- Einführung von Bestimmungen über den Vorrang der ortsnahen Wasservorkommen für die Öffentliche Wasserversorgung (§ 43)
- Änderung über die Genehmigungspflicht von Wasserversorgunsanlagen (§ 43b)

- Einführung von Regelungen über den haushälterischen Umgang mit Wasser (§43c)
- Einführung von Bestimmungen über die Mindestwasserführung (§ 35a)
- Änderung der Grundsatzvorschrift über die Abwasserbeseitigung (§ 45a)
- Ergänzung der Vorschriften über die Unterhaltung von oberirdischen Gewässern (§ 47)
- Einführung von Bestimmungen über die Renaturierung (§ 68a)
- Einführung von Bestimmungen über die Gewässerrandstreifen (§ 68b)
- Ergänzungen von Vorschriften zu Überwachung und Eigenkontrolle (§ 83), Bauüberwachung (§ 84), Zuständigkeiten (§§ 95, 96), Sachverständigen (§ 95a), Verfahrensregelungen (§ 110), Bußgeldkatalog (§ 120) und zur Eigentumsregelung herrenloser Ufergrundstücke

Zentrale Anliegen der Gesetzesnovelle hinsichtlich einer nachhaltigen Gewässerbewirtschaftung sind Regelungen
1. zum Schutz und zur Nutzung ortsnaher Wasservorkommen
2. zum Schutz der Oberflächengewässer
3. zum haushälterischen Umgang mit der Ressource Wasser

2   Regelungen zum Schutz und zur Nutzung ortsnaher Wasservorkommen

Wie wir gezeigt haben, stellt Fernwasserbezug nicht per se eine nachhaltige Gewässerbewirtschaftung in Frage. Der Import von Fernwasser darf allerdings weder in Liefer- noch Empfängerregionen nachhaltiges Wirtschaften beeinträchtigen. Umgekehrt bedeutet ortsnahe Wasserversorgung nicht automatisch eine nachhaltige Wasserbewirtschaftung. Entscheidend ist, daß die in Kapitel 1 genannten Managementregeln eingehalten werden. Hierzu ist unter quantitativen Aspekten in erster Linie wichtig, das Ausmaß der Wassernutzung zu kennen, um einen Raubbau verhindern zu können. Mit der Regelung, die die Gemeinden künftig zum Erstellen einer Wasserversorgungsbilanz verpflichtet, wird in § 43, Abs. 2 der Gesetznovelle eine wichtige Voraussetzung für einen rationalen Umgang mit der Ressource Wasser geschaffen. Wenn die Aufgabe zur Erstellung der Wasserbilanzen den Gemeinden vorbehalten bleiben soll, muß durch entsprechende Festlegungen dafür gesorgt werden, daß künftig denkbare private Wasserversorgungsunternehmen entsprechende gemeindebezogene Angaben den Kommunen übermitteln müssen. Hierzu findet sich im Gesetz keine Regelung.

In § 3a Abs. 3 ist weiterhin festgelegt, daß Grundwasser nur „*im Rahmen der Neubildung*" genutzt werden darf. Unterstellt man, daß mit der Formulierung „im Rahmen der Neubildung" gemeint ist, daß nicht mehr Grundwasser entnommen werden darf, als sich neu bildet, wird mit dieser Formulierung der ersten Maxime unserer zweiten Managementregel (siehe Kapitel 1) entsprochen. Es muß dabei jedoch berücksichtigt werden, daß derzeit keinesfalls für alle Wassereinzugsgebiete Baden-Württembergs die tatsächliche Grundwasserneubildungsrate bekannt ist (siehe Kapitel 2.3.3). Der Vollzug dieser Regelung erfordert deshalb noch entsprechende wissenschaftliche Vorarbeiten. Die zweite Maxime der zweiten Managementregel, daß ein für das Ökosystem notwendiger Grundbestand im System verbleiben muß, wurde – im Gegensatz zu den Regelungen für Oberflächengewässer (§ 35 a) – im Falle des Grundwassers in der Novelle nicht explizit berücksichtigt. Insgesamt weist diese Regelung aber in Richtung auf mehr Nachhaltigkeit bei der Grundwasserbewirtschaftung.

Künftig sind die öffentlichen Wasserversorgungsunternehmen verpflichtet, bei der Überwachung der in ihrem Interesse festgelegten Wasserschutzgebiete durch Beobachtung mitzuwirken. Sie müssen die unteren Wasserbehörden *„unverzüglich über Vorgänge"* unterichten, die deren Eingreifen erfordern könnten. Außerdem müssen die Unternehmen der Öffentlichen Wasserversorgung die Schutzgebiete kennzeichnen und die Bevölkerung über die wichtigsten Schutzbestimmungen informieren (§ 24 Abs. 7). Diese Mitwirkung der Versorgungsunternehmen kann ein wichtiges Frühwarnsystem für das Rohwasser der Brunnen bedeuten. Sie ist daher unter Aspekten der nachhaltigen Gewässerbewirtschaftung zu begrüßen.

Das neue Wassergesetz Baden-Württembergs enthält keine Aussagen zur verbindlichen Festlegung von Sanierungsgebieten im Falle von bereits eingetretenen Grundwasserverunreinigungen. Wenn der Vorrang bei ortsnahen Wasserressourcen liegen soll, ist im Falle von vorhandenen Qualitätsbeeinträchtigungen eine zügige Grundwassersanierung angezeigt. Hierfür wäre eine entsprechende Regelung im Text der Gesetzesnovelle vor allem im Hinblick auf ein landeseinheitliches Vorgehen sinnvoll gewesen.

Im Gesetzestext findet sich keine Unterscheidung zwischen oberflächennahen und tiefen Grundwässern. Letztere sind unter den hydrogeologischen Rahmenbedingungen von Baden-Württemberg nur sehr eingeschränkt als erneuerbare Ressourcen zu bewerten. Eine bevorzugte Förderung ortsnaher Tiefengrundwässer würde deshalb keinen Beitrag zur nachhaltigen Bewirtschaftung der Ressource Wasser darstellen. Wie wir oben am Beispiel des Donaurieds gezeigt haben (Kapitel 3.1.5), ist die Förderung von Tiefengrundwasser dann nicht nachhaltig, wenn durch die Förderung insgesamt mehr Wasser aus dem tiefen Grundwasser entnommen wird, als seinem natürlichen Abfluß entspricht. Bei wortwörtlicher Auslegung von § 3a Abs. 3 wäre die übermäßige Entnahme von Tiefengrundwasser durch die Anbindung der Entnahme an die Neubildung implizit untersagt. Wir gehen davon aus, daß bei der Abfassung des Gesetzes die spezielle Problematik der tiefen Grundwässer nicht berücksichtigt wurde. Diese Auffassung sehen wir auch dadurch bestätigt, daß die statistische Erhebung der Wasserentnahmen nicht nach Grundwasserhorizonten differenziert [STADLER 1995, pers. Mitt.]. Dies bedeutet, daß Entnahmen tiefer Grundwässer statistisch noch nicht einmal erfasst werden. Eine diesbezügliche Änderung des Statistikgesetzes wäre jedoch Voraussetzung, um künftig gesetzlich die Tiefengrundwasserentnahme entsprechend den Anforderungen an eine nachhaltige Wasserwirtschaft limitieren zu können.

In § 43 Abs. 1 ist festgelegt, daß der Wasserbedarf der Öffentlichen Wasserversorgung „*vorrangig*" „*aus ortsnahen Wasservorkommen*" zu decken ist. Entsprechend dem Gesetzestext „*kann*" mit Fernwasser der Bedarf gedeckt werden, „*sofern Gründe des Wohls der Allgemeinheit die Abweichung erfordern*". Das Gesetz gibt somit zwar die Vorgabe, ortsnahe Wasservorkommen bevorzugt zu nutzen, vermeidet es jedoch, den Bezug von Fernwasser an konkrete Voraussetzungen sowohl im Liefer- als auch im Empfängergebiet zu knüpfen. Da bei der Lieferung von Fernwasser sowohl in der Förder- als auch in der Empfängerregion eine Reihe von Gesichtspunkten zur nachhaltigen Bewirtschaftung zu beachten sind (Ressourcenübernutzung, Vorbehalte im Liefergebiet, Aufweichung lokalen Grundwasserschutzes, sparsamer Umgang im Empfängergebiet), hätte sich in der Novelle des Gesetzes die Gelegenheit geboten, klare Regelungen für einen gerechten Ausgleich dieser Interessen aufzustellen. Da die am 1. Januar 1996 bestehenden Bezugsrechte für Fernwasser einerseits nicht berührt werden und andererseits bei weitem noch nicht ausgeschöpft sind, ermöglicht es das Gesetz, die Lieferungen von Fernwasser noch zu steigern (siehe Kapitel 3.1.1.1). Entsprechend hat z.B. die 49. Verbandsversammlung des Zweckverbandes Bodenseewasserversorgung beschlossen, vorerst nicht mehr das Vorhaben zu verfolgen, die Region Pforzheim mit Fernwasser aus dem Raum Bruchsal mit Rhein-Uferfiltrat zu versorgen, was von der oberen Wasserbehörde wahrscheinlich nur unter Auflagen genehmigt worden wäre (siehe Kapitel 3.1.1.1). Statt dessen soll von Stuttgart eine zweite Fernleitung über Wimsheim (Enzkreis) bis zum Hochbehälter Stromberg verlegt werden, um dann die Region mit Bodenseewasser versorgen zu können [RHEIN-NECKAR-ZEITUNG vom 15.11.1995].

Die Regelungen zur Bevorzugung ortsnaher Wasserressourcen bedeuten im wesentlichen ein Einfrieren der Förderrechte der Fernwasserversorger auf dem Stand vom 1.1.1996. Insofern behindern sie eine nachhaltige Wasserwirtschaft nicht. Sie ändern aber auch nichts an der derzeitigen Abhängigkeit vom Alpenwasser. Sie geben den Behörden lediglich ein Mittel an die Hand, vor der Genehmigung weiterer Fernwasserentnahmen die Gründe für deren Notwendigkeit zu hinterfragen. Der besonders wichtige Schutz tiefer Grundwässer wurde in der Gesetzesnovelle nicht aufgenommen. Hier wären im Rahmen der Novellierung deutlichere Aussagen denkbar gewesen.

3   Regelungen zum Schutz der Oberflächengewässer

Wie wir in Kapitel 5 dargelegt haben, resultieren die wesentlichen Qualitätsbeeinträchtigungen der Oberflächengewässer aus Abschwemmungen von landwirtschaftlich genutzten Flächen, von Überläufen aus Mischwasserkanalisationen bei Regenereignissen sowie aus unzureichender Abwasserklärung. Im Bereich der kommunalen Kläranlagen sind mittelfristig durch die Verpflichtung zur Stickstoff- und Phosphorreduktion weitere Verbesserungen unabhängig von der Novelle des Wassergesetzes zu erwarten.

Der Verschmutzung der Gewässer durch Abschwemmung von Dünge- und Pflanzenbehandlungsmitteln soll künftig durch die Einrichtung von in der Regel 10 m breiten Gewässerrandstreifen entgegengewirkt werden (§ 68b). In diesen Randstreifen soll eine *„Rückführung von Acker- in Grünlandnutzung"* angestrebt werden. Hierfür findet sich jedoch keine verbindliche Vorgabe im Gesetzestext. Es ist lediglich ein Verschlechterungsverbot dadurch fixiert, daß *„der Umbruch von Dauergrünland"* künftig verboten ist (§ 68 b Abs. 4 Satz 1). Es finden sich in der Gesetzesnovelle keine Regelungen zum Einsatz von Pflanzenbehandlungs- und Düngemitteln.

Zentrales Instrument bei der Schaffung von Gewässerrandstreifen sollen die hierfür zuständigen Gewässerrandstreifenkommissionen auf Kreisebene werden. Ihnen obliegt die Auswahl der Gewässer, die mit einem Randstreifen versehen werden, die Festsetzung der Flächen und der darauf geltenden Bewirtschaftungs- und Nutzungsbeschränkungen. Es stellt sich somit die Frage, ob mit dieser Regelung der Gedanke der Subsidiarität* nicht zu weit interpretiert wird. Insbesondere ist fraglich, ob von 44 Kommissionen in Baden-Württemberg ein einheitliches Schutzniveau für die Oberflächengewässer erreicht werden kann. Gerade der einheitliche Qualitätsstandard ist bei einer mobilen Ressource wichtig, damit nicht die Unterlieger* eines Gewässers gegenüber den Oberliegern* benachteiligt sind. Außerdem können von Kreis zu Kreis unterschiedliche Restriktionsniveaus für die betroffenen Landwirte wettbewerbsverzerrend wirken. Ein landesweit einheitliches Vorgehen mit festgelegtem Entschädigungsrahmen böte größere Aussichten auf eine gerechte und effektive Umsetzung des Gewässerschutzgedankens. Im Hinblick auf einen nachhaltigen Umgang mit den Oberflächengewässern sind diese Regelungen als positiv, jedoch auch als halbherzig einzuschätzen.

Bei Mischwasserkanalisationen findet die Einleitung ungeklärter Abwässer vor allem durch Mischwasserentlastungen bei Regenereignissen statt. Dadurch, daß im Gesetz keine Vorgaben zur Schaffung von Versickerungseinrichtungen für Dachablaufwasser enthalten sind, werden auch künftig Überläufe von Mischwasserkanälen in erheblichem Ausmaß stattfinden. Eine wesentliche Verschmutzungsquelle der Oberflächengewässer bleibt somit erhalten. Die Gemeinden haben zwar künftig aufgrund der Änderung in der Landesbauordnung die Möglichkeit, per Satzung ein Verwertungsgebot für Niederschlagswasser zu erlassen, jedoch sollte unseres Erachtens ein derart zentrales Anliegen zur Reinhaltung der Gewässer im Wassergesetz landesweit eindeutig geregelt sein.

4   Regelungen zum haushälterischen Umgang mit der Ressource Wasser

Während die Versickerung von Dachablaufwasser im Gesetz unberücksichtigt bleibt, kann seine Verwendung *„insbesondere zur Gartenbewässerung, zugelassen wer-*

den" (§ 43b). Dieser Paragraph ist mit der Überschrift: „Haushälterischer Umgang mit Wasser" überschrieben. Ebenso wie die Verwendung von Niederschlagswasser lediglich zugelassen werden kann, sind auch die weiteren genannten Maßnahmen zum „haushälterischen Umgang" mit Wasser (Geringhalten der Leitungsverluste, Information der Öffentlichkeit zur rationellen Verwendung von Wasser) wenig zwingend formuliert. Zur Förderung eines haushälterischen Umgangs mit Wasser sind weitergehendere Maßnahmen (Einbau von Wasseruhren bei Endverbrauchern, Gebührenstaffelung, Beratungsverpflichtung) denkbar, als dies das novellierte Wassergesetz Baden-Württembergs vorsieht. Da unter den gegenwärtigen Rahmenbedingungen nach unserer Ansicht dem Sparen von Trinkwasser im Hinblick auf Nachhaltigkeit nicht die höchste Priorität zukommt, dürfte der eher empfehlende Charakter dieses Paragraphen eine nachhaltigere Wasserbewirtschaftung in Baden-Württemberg nicht gefährden.

Insgesamt bleibt bei uns der Eindruck, daß in der Novelle des baden-württembergischen Wassergesetzes alle wesentlichen Aspekte einer nachhaltigen Gewässerbewirtschaftung – mit Ausnahme der Förderung tiefen Grundwassers – behandelt sind. Im Gesetz sind auch die Grundsätze für eine Stärkung des Nachhaltigkeitsgedankens richtig dargelegt. Aufgrund der elastischen Formulierungen im Gesetzestext wird dem untergesetzlichen Regelwerk und den Vollzugsmodalitäten eine große Bedeutung zukommen, wenn es darum geht, den Leitgedanken einer nachhaltigen Ressourcenbewirtschaftung in Baden-Württemberg praktisch umzusetzen.

5   Literatur

LANDTAG 11/6166
   Landtag von Baden-Württemberg: Gesetzentwurf der Landesregierung: Gesetz zur Änderung des Wassergesetzes für Baden-Württemberg. Drucksache 11/6166 vom 5.7.1995.
LANDTAG 11/6631
   Landtag von Baden-Württemberg: Beschlußempfehlung und Bericht des Umweltauschusses zu dem Gesetzentwurf der Landesregierung – Drucksache 11/6166 Gesetz zur Änderung des Wassergesetzes für Baden-Württemberg. Drucksache 11/6631 vom 6.11.1995.

Glossar

Abfluß

1. hydrogeologische Bezeichnung für die Gesamtheit des oberirdisch über Flüsse, Bäche und unterirdisch als Grundwasser zu den Meeren und Ozeanen abfließenden Wassers

2. der gesamte Volumenfluß je Zeiteinheit, der das Einzugsgebiet ober- oder unterirdisch durch den Ausflußquerschnitt oder an anderer Stelle unterirdisch verläßt

Abflußjahr

Das Abflußjahr 1995/96 beginnt im November 1995 und endet im Oktober 1996.

Absenkungsbereich

eingetiefte Grundwasserdruckfläche*, die bei einer Grundwasserentnahme im näheren Entnahmebereich um den Brunnen entsteht

Absenkungstrichter

trichterförmiger Absenkungsbereich*

Abwasseraufkommen

Begriff aus der amtlichen Statistik. Er wird nicht einheitlich gehandhabt:

1. Oft wird darunter die Summe von häuslichem, industriell-gewerblichem Abwasser sowie von in Kläranlagen behandeltem Regen- und Fremdwasser* verstanden.

2. Beim kommunalen A. ist oft nur der Trockenwetterabfluß* gemeint.

Adsorption

siehe Sorption*

aerob

Lebensart pflanzlicher und tierischer Organismen, die zum Leben Sauerstoff brauchen; aerobe Bedingungen: unter Sauerstoffzufuhr

Altquartärer Grundwasserleiter

Sedimente (Schluff, Ton, Sand), die im älteren Abschnitt des Quartärs* im Oberrheingraben im Raum Karlsruhe-Speyer abgelagert wurden; gehört zusammen mit dem Mittleren Kieslager* und dem Pliozänen Grundwasserleiter* zu den tieferen Grundwasserleitern dieses Raums

Ammoniumstickstoff

NH_4^+-N; der im Ammonium (NH_4^+) enthaltene Stickstoff; 1 mg NH_4^+-N entspricht rund 1,3 mg NH_4^+

anaerob

Lebensart pflanzlicher und tierischer Organismen, die zum Leben keinen Sauerstoff benötigen; anaerobe Bedingungen: unter Sauerstoffabschluß

anodisch

an der Anode (positive Elektrode)

AOX

siehe Kapitel 5.1.2.5

Aquifer

Grundwasserleiter; durchlässige Gesteine, die Brunnen und Quellen speisen können. Diese Gesteine enthalten Grundwasser und sind geeignet, es weiterzuleiten und in wirtschaftlich bedeutsamen Mengen zu liefern. Hydrogeologisch sind Poren-*, Kluft-* und Karstgrundwasserleiter* zu unterscheiden. Gespannte Aquifere: wenn der Grundwasserleiter von einer undurchlässigen Deckschicht überlagert ist, herrscht schon in der Grundwasseroberfläche ein größerer Druck als der Luftdruck; das Grundwasser bzw. der Aquifer ist gespannt. Dieser Überdruck ist z.B. Ursache für das Überlaufen artesischer Brunnen.

ATH-BSB$_5$
siehe Kapitel 4.2
Aufwärmspanne
maximale A.: unter ökologischen Gesichtspunkten tolerierbare maximale Temperaturerhöhung eines
Gewässers
bakterizid
keimtötend
Bergbau
im statistischen Sinn: Wirtschaftshauptgruppe* der Wirtschaftsabteilung* „Energie- und Wasserversorgung, Bergbau"; umfaßt den B. von Kohlen, Erzen, Salzen und Torf, aber nicht die Gewinnung von
Steinen und Erden
bioakkumulierbar
sich in Mensch, Tier oder Pflanze anreichernd
Biofilm
mikrobieller Belag auf Oberflächen
Biozid
allgemein lebenstötende Substanz, beinhaltet auch Pestizide*
Biozönose
Lebensgemeinschaft; Gesellschaft von Pflanzen und Tieren in einem bestimmten Lebensraum
Bodenart
Im Gegensatz zum Bodentyp, der die Böden nach verschiedenen Kriterien (wie z.B. Ausgangsgestein,
Entstehungsbedingungen) einteilt, bezeichnet die Bodenart die Korngrößenverteilung der mineralischen Bestandteile. Dabei werden die Gehalte an den drei Körnungsfraktionen Ton (< 2 µm), Schluff
(2-63 µm) und Sand (63-2000 µm) berücksichtigt.
Bodenfilter
bewachsene B.: siehe Kapitel 4.3.2.1 – Pflanzenkläranlagen
Bodenseerichtlinie
Verwaltungsvorschrift des Umweltministeriums Baden-Württemberg über die Einführung der Richtlinien für die Reinhaltung des Bodensees vom 23.3.1990. Gemeinsames Amtsblatt (GABl), Ausgabe
A, S. 169–192 (1990).
BSB$_5$
Biologischer Sauerstoffbedarf; siehe Kapitel 4.2
Buntsandstein
stratigraphische* Bezeichnung für den ältesten Zeitabschnitt der Trias*; besteht überwiegend aus Sandstein; Grundwasserlandschaft in Baden-Württemberg
^{14}C-Modellalter
Alter, das aufgrund der ^{14}C-Methode ermittelt wurde. ^{14}C ist ein radioaktives Isotop* des Kohlenstoffs. Anhand seiner Halbwertszeit und dem Restgehalt an ^{14}C in dem betreffenden, kohlenstoffhaltigen
Medium kann auf sein Alter (d. h. auf die Zeitdauer, in der es vom Austausch mit atmosphärischem
CO_2 abgeschnitten war) geschlossen werden.
Chemischer Sauerstoffbedarf
siehe CSB*
CKW
Chlorierte Kohlenwasserstoffe
coliforme Keime
Gruppe von aeroben* und fakultativ anaeroben* Keimen, die gewöhnlich den Dickdarm von Mensch
und Tier besiedeln. Im allgemeinen können viele dieser Bakterien, mit Ausnahme von E.coli*, in der
natürlichen Umwelt leben und sich vermehren. Ihr Vorkommen gibt einen Hinweis auf fäkale Einflüsse.
CSB
Chemischer Sauerstoffbedarf, siehe Kapitel 4.2
Deckenschotter
Schotterablagerungen im Alpenvorland, die von den Schmelzwässern der Günz- und Mindeleiszeit
abgelagert wurden

Denitrifizierung

Denitrifikation; bakterielle Reduktion von oxidierten Stickstoffverbindungen (Nitrat, Nitrit) zu elementarem Stickstoff (N_2)

Deposition

atmogene D.: Ablagerung von Stoffen (Stäuben, Aerosolen, Gasen) aus der Atmosphäre

Direktabfluß

entspricht dem Anteil des Niederschlags, der bei einem Niederschlagsereignis nicht im Gebiet zurückgehalten wird, sondern effektiv wird

Direkteinleiter

Betriebe, die ihr Abwasser (mit oder ohne Abwasserbehandlung) direkt in ein Gewässer einleiten und nicht über das öffentliche Kanalisationssystem einer kommunalen Kläranlage zuführen

DOC

Dissolved Organic Carbon; gelöster organischer Kohlenstoff; siehe Kapitel 4.2.3

Dogger

„Brauner Jura"; stratigraphische* Bezeichnung für den mittleren Zeitabschnitt des Jura*; die Gesteine bestehen vorwiegend aus Ton und Mergel*; wird zusammen mit dem Lias* zu einer Grundwasserlandschaft zusammengefaßt. Hauptverbreitungsgebiet in Baden-Württemberg ist das Albvorland und die Vorbergzone des Schwarzwalds.

Drainage

Entwässerungsverfahren für grundwasservernäßte Böden bei Acker- und Grünland mit dem Ziel, den Grundwasserstand* auf eine Tiefe abzusenken, die optimales Pflanzenwachstum gewährleistet. Sie erfolgt meistens über ein Rohrsystem.

Druckspiegel

siehe Grundwasserdruckfläche*

E.coli

Escherichia coli; Bakterium, das im menschlichen und tierischen Darm vorkommt; es eignet sich als Indikator für den Nachweis fäkaler Verunreinigungen.

Eigengewinnung

Begriff aus der amtlichen Statistik. E. der Industrie*: diejenige Wassermenge, die die Industrie* aus eigenen Gewinnungsanlagen fördert.

Einwohnergleichwert

siehe Kapitel 4.2

Einzugsgebiet

in der Horizontalprojektion gemessenes Gebiet, aus dem Wasser oder Abwasser einem bestimmten Ort zufließt;

oberirdisches E.: durch oberirdische Wasserscheiden begrenztes Einzugsgebiet;

unterirdisches E.: diejenige Gebietsfläche, welcher das abfließende Grund- bzw. Quellwasser entstammt

Elektrodialyse

physikalisch-chemisches Trennungsverfahren unter Zuhilfenahme einer Membran (Dialyse). Bei der E. werden durch Anlegen einer Spannung positiv oder negativ geladene Teilchen zum Wandern durch die Membranporen veranlaßt und so aus der Lösung abgeschieden. Mit der E. kann z.B. Meerwasser entsalzt werden.

Elektrolyse/elektrolytische Verfahren

Verfahren zur Abscheidung von elektrisch geladenen Teilchen aus Lösungen am positiv (Anode) oder negativ (Kathode) geladenen Pol einer angelegten Spannungsquelle

End-of-the-pipe

„Am Ende des Rohrs" – Synonym für nachsorgende Technik, insbesondere im Abwasser- und Abluftsektor. Meint das am Ende eines Prozesses erfolgende Entfernen von Schadstoffen, die während des Prozesses gebildet wurden. Im Gegensatz hierzu wird in Integrierten Verfahren* bereits im Prozeß selbst versucht, Schadstoffe zu vermeiden oder zu minimieren.

Energiepflanzen

Pflanzen, die nicht als Futter- oder Lebensmittel, sondern zum Verbrennen in Heiz- oder Kraftwerken eingesetzt werden

Erneuerungsrate
interne E.: diejenige Wassermenge pro Jahr, die im langjährigen Mittel durch Niederschlag abzüglich Verdunstung erneuert wird;
gesamte E.: interne Erneuerungsrate zuzüglich Zufluß über Flüsse von außen

Ertragsklasse
Begriff aus der Waldwirtschaft: relativer Maßstab für die Leistung eines Baumbestandes (abhängig vom Alter), wird in römischen Ziffern angegeben: I steht für die höchste, VI für die niedrigste Leistung

Eutrophierung
Überdüngung von z.B. einem Gewässer mit Pflanzennährstoffen, insbesondere Phosphat und Stickstoff

Evaporation
Verdunstung; rein physikalischer Vorgang, der durch den Wärmehaushalt des Wasserkörpers und den Luftaustausch über der verdunstenden Fläche bestimmt ist. Am bedeutendsten ist die Evaporation über freien Wasserflächen, daneben tritt sie auf feuchten Landflächen auf und findet direkt von der Oberfläche oberirdischer Pflanzenteile statt.
Potentielle E.: Evaporation bei unbegrenztem Wasserangebot (entspricht der Evaporation über Wasserflächen)

Evapotranspiration
Gesamtverdunstung; Summe aus Evaporation* und Transpiration*

Exfiltration
Übertritt von Grundwasser in ein Oberflächengewässer

Fahlerz
Kupfersulfidminerale mit wechselnden Anteilen von Antimon- und Arsensulfid; enthalten auch Eisen, Quecksilber, Silber und Zink in größeren Mengen

Fernwasser(versorgung)
siehe Kapitel 3.1.1 – Historische Entwicklung der Wasserversorgung

Fernwasserimport
Bezug von Wasser, das von den Fernwasserversorgungsunternehmen bereitgestellt wird, über die Kreisgrenze hinweg; in der Regel erfolgt der Transport über größere Strecken.

Fertigungstiefe
Anteil der zugelieferten Teile in einer Gesamtproduktion. Geringe F. bedeutet einen hohen Anteil von Zulieferteilen.

Flockungsfiltration
Abscheidung von in einer Flüssigkeit schwebenden Teilchen (Flockung) unter ggf. Verwendung von Flockungsmitteln und anschließende Filtration zur Abscheidung der ausgeflockten Substanzen

Flurabstand
Abstand zwischen Grundwasseroberfläche* und Geländeoberfläche

Flußunterlieger
siehe Unterlieger*

Fracht
Im Gegensatz zur Konzentration gibt die F. nicht die Stoffmenge bezogen auf einen Kubikmeter Abwasser oder Abluft an, sondern benennt die absolute Menge in einem Zeitraum, z.B. die über das Abwasser abgegebene Stoffmenge in einem Jahr.

Freispiegelleitung
(Wasser-)leitung, in der das Wasser in freiem Gefälle entsprechend seiner Schwerkraft fließt, im Gegensatz zu Druck- oder Unterdruckleitungen

Fremdwasser
in die Kanalisation durch Undichtigkeiten eindringendes Grundwasser, unerlaubt über Fehlanschlüsse eingeleitetes Wasser (z.B. Regenwasser) sowie einem Schmutzwasserkanal zufließendes Oberflächenwasser

gespannt
siehe Aquifer, gespanntes

Gewässerbiozönose
Biozönose* im Gewässer

Gipskeuper
siehe Keuper*
Gleichgewichtsreaktion
chemische Reaktion, in deren Verlauf sich entsprechend den eingestellten Bedingungen (Temperatur, Druck, etc.) ein definiertes Gleichgewicht zwischen den Konzentrationen der Ausgangs- und Endprodukte einstellt
Glucosidasen
Gruppe von Enzymen (Biokatalysatoren), die beim Abbau von Zuckermolekülen den letzten Schritt katalysieren, beim dem als Produkt Glucose entsteht
Grauwasser
leicht verschmutztes Wasser aus Bad, Dusche oder Handwaschbecken, siehe Kapitel 3.5.2
Grundstoffgewerbe
Begriff aus der amtlichen Statistik: Das G. bildet zusammen mit dem Produktionsgütergewerbe* eine der vier Wirtschaftshauptgruppen* des Verarbeitenden Gewerbes*, welche ca. 60 Branchen (Wirtschaftszweige*) umfaßt, z.B. Mineralölverar-beitung, Gewinnung und Verarbeitung von Steinen und Erden, Chem. Industrie
Grundwasser
der Teil des unterirdischen Wassers, der die Hohlräume der Erdrinde vollständig füllt und sich unter der Wirkung von Schwer- und Druckkraft frei bewegt;
tiefes Grundwasser: Definition siehe Kapitel 3.1.5.
Grundwasserabsenkung
Absenkung einer Grundwasserdruckfläche* als Folge technischer Maßnahmen
Grundwasserabstrom
der Teil des gesamten Abflusses*, der unterirdisch aus dem Einzugsgebiet abströmt
Grundwasseranreicherung
Künstliche G.: Bei der Grundwasseranreicherung wird zur Erhöhung des Grund-wasserdargebots* Wasser aus Flüssen oder Seen entnommen und in Versickerungsbecken, -gräben oder -brunnen in den Untergrund verbracht, wo es sich nach entsprechend langer Fließstrecke und Verweilzeit an die Eigenschaften natürlicher Grundwässer angleicht.
Grundwasserdargebot
Es entspricht der langjährigen mittleren Grundwasserneubildung* abzüglich der Verdunstung aus dem Grundwasser.
natürliches G.: siehe Kapitel 2.3.3
gewinnbares G.: siehe Kapitel 2.3.3
nutzbares G.: siehe Kapitel 2.3.3
Grundwasserdruckfläche
gedachte Fläche, die aus der Verbindung aller Grundwasserspiegel*höhen entsteht
Grundwasserlandschaft
Gebiet mit geologisch-morphologisch einheitlichem Charakter, dessen hydrogeologische Eigenschaften von einem oder mehreren gleichartigen, oberflächennahen Grundwasserleitern* und den diese voneinander trennenden Nicht- oder Geringleitern geprägt werden;
Kriterien zur Abgrenzung der Grundwasserlandschaften sind in erster Linie die petrographische Ausbildung der Gesteine, die Art der Grundwasserleiter (Poren*-, Kluft-*, Karstgrundwasserleiter*), die geohydraulischen Gegebenheiten, die hydrochemische Beschaffenheit der Grundwässer sowie ihre Empfindlichkeit gegenüber anthropogenen Belastungen.
Grundwasserleiter
siehe Aquifer*
Grundwassermangelgebiet
Gebiet, in dem ein geringes Grundwasserdargebot vorliegt
Grundwasserneubildung
Zugang von infiltriertem Wasser zum Grundwasser. Neben der natürlichen Grund-wasserneubildung durch Infiltration* von Niederschlagswasser bzw. oberirdischem Wasser aus Flüssen und Seen kann eine künstliche Grundwasseranreicherung durch anthropogene Maßnahmen (z.B. Grundwasser-

anreicherung, Uferfiltration, Beregnung und Überstau) bewirkt werden. Das Ausmaß der Grundwasserneubildung wird mit der Grundwasserneubildungsrate (in mm/a oder l/s·km^2) angegeben.

Grundwasseroberfläche
obere Grenzfläche des Grundwasserkörpers

Grundwasserspiegel
ausgeglichene Grenzfläche des Grundwassers gegen die Atmosphäre, die in Brunnen oder Grundwassermeßstellen beobachtet werden kann. Bei gespanntem* Grundwasser kann der Grundwasserspiegel über der Erdoberfläche liegen.

Grundwasserstockwerke
Mehrere übereinanderliegende Grundwasserleiter, die durch schwer durchlässige oder undurchlässige Schichten voneinander getrennt sind

Gruppenwasserversorgung
siehe Kapitel 3.1.1 – Historische Entwicklung der Wasserversorgung

Härte
Die Härte des Wassers wird durch den Gehalt an Ca- und Mg-Ionen bestimmt. Sie wird in Deutschland bezogen auf CaO angegeben. 1 Grad dt. Härte entspricht 10 mg/l CaO bzw. 7,4 mg/l Ca.

Halogene
7. Hauptgruppe des chemischen Periodensystems; umfaßt die Elemente Fluor, Chlor, Brom, Jod, Astatin

Herbizid
Pflanzenbehandlungsmittel zur Unkraut- und Ungräservernichtung. Totalherbizide vernichten alle Pflanzen.

Hoftorbilanz
Bilanz für einen landwirtschaftlichen Betrieb (z.B. für Stickstoff), bei der die Importe (z.B. Futtermittelkauf, Luftstickstoff-Bindung durch Leguminosen) den Stoff-Exporten (Entnahme von Feldfrüchten) gegenübergestellt werden. Im Gegensatz zur H. wird bei der Schlagbilanz die Import- Exportrelation nicht für den Gesamtbetrieb, sondern für jede Fläche des Betriebes separat erstellt.

Humanmutagenität
Fähigkeit eines Stoffes, Erbgutveränderungen beim Menschen auszulösen

Huminstoffe
hochmolekulare organische Verbindungen von meist dunkler Farbe; sie kommen überwiegend im Boden vor und geben dem Humus seine charakteristische Farbe.

Hydrierung
1. Synthese von Stoffen durch Anlagerung von Wasserstoff
2. I.e.S: Herstellung von Kohlenwasserstoffen (Öl, Benzin) durch H. von Kohle, Kunststoffen oder sonstigen chemisch-organischen Ausgangsstoffen

Hydroxylradikal
Radikale sind Atome oder Atomgruppen mit einem einzelnen, ungepaarten Elektron. Daher sind sie extrem reaktionsfähig. Das H. besteht aus einem Sauerstoff- und einem Wasserstoffatom und einem ungepaarten Elektron (OH).

Indirekteinleiter
Gewerbe- oder Industriebetrieb, der nicht selbst über eine Einleitungserlaubnis in ein Gewässer verfügt, sondern sein Abwasser in eine öffentliche Abwasseranlage einleitet, in der es gemeinsam mit Abwasser anderer Herkunft behandelt wird

Industrie
hier: vereinfacht benutzter Begriff: gemeint sind Industrie- und Handwerksbetriebe von Unternehmen mit 20 oder mehr Beschäftigten aus dem Bergbau* und dem Verarbeitenden Gewerbe*

Industriepflanzen
Pflanzen, die weder als Futter- und Lebensmittel noch zur Energieumwandlung, sondern zur „industriellen"* Weiterverarbeitung angebaut werden; z.B. Raps, wenn sein Öl zur Herstellung von Waschmitteln verwandt wird

Infiltration
Eintritt des (Niederschlag)wassers in den Boden oder das Gestein; Übertritt von Oberflächenwasser ins Grundwasser

integrierte Verfahren

Verfahren, die so optimiert werden, daß bei ihnen keine oder nur geringe Mengen an Abfällen, Abwässern und Schadstoffen in der Abluft entstehen, sodaß keine oder nur geringe „End-of-the-Pipe"-Technologien* zur Reinigung nachgeschaltet werden müssen

Interflow

Zwischenabfluß; lateraler bodeninnerer Abfluß; er bildet zusammen mit dem oberflächlichen Abfluß den Direktabfluß*.

Investitionsgüter produzierendes Gewerbe

Begriff aus der amtlichen Statistik: Das I. ist eine der vier Wirtschaftshauptgruppen* des Verarbeitenden Gewerbes* und umfaßt ca. 70 Branchen (Wirtschaftszweige*), z.B. Elektrotechnik, Fahrzeugbau, Maschinenbau.

Jungquartär

jüngerer Abschnitt des Quartärs*

Jura

stratigraphische* Bezeichnung für den Teilbereich der Erdgeschichte, der den Zeitraum vor 145 bis 195 Mio. Jahren umfaßt

K

Zeichen für Kelvin; Maßeinheit für die absolute Temperatur: die Temperaturspanne von 1 K entspricht der von 1 °C; 0 °C entsprechen 273 K; 0 K entsprechen dem absoluten Nullpunkt von -273 °C.

kanzerogen

krebserregend

Karst

Landschaft, in der Karst-Prozesse (Bildung von Höhlen durch Massenverlust bei der Auswaschung von Kalkstein) eine wichtige Rolle spielen. Typische Bereiche in Baden-Württemberg sind die Schwäbische Alb und die Frankenalb. Die in solchen Landschaften gebildeten Böden sind oft flachgründig; Nähr- und Schadstoffe können nach relativ kurzer Fließstrecke in das Karstgrundwasser gelangen. Die Karstlandschaften sind daher im Hinblick auf eine Grundwasserbelastung besonders empfindliche Gebiete.

tiefer Karst: jener Bereich, dessen undurchlässige, wasserstauende Schichten unterhalb eines Vorfluters* liegen;

seichter Karst: hier treten die stauenden Schichten über dem Niveau des Vorfluters* zutage;

überdeckter Karst: jener Bereich, in dem die verkarsteten Schichten von anderen Schichten überlagert werden.

Karstgrundwasserleiter/ Karstaquifer

Im Karstgrundwasserleiter erweitert das Grundwasser durch Lösung die im Gestein vorhandenen Klüfte und Spalten, so daß zusammenhängende Hohlräume entstehen.

Karstquelle/-quelltopf

In Karstquellen tritt das Karstgrundwasser meist mit großer Schüttung ständig oder zeitweise zutage. Karstquellen sind zwar ergiebig, aber hygienisch prinzipiell bedenklich. Bekannte Karstquellen in Baden-Württemberg sind der Blautopf bei Blau-beuren und die Aachquelle im Hegau. Einige Karstquellen werden ihrer Form entsprechend als Karstquelltopf bezeichnet.

Kaskadenspültechnik

Technik zum Spülen, bei der mehrere Spülstufen hintereinandergeschaltet werden (Kaskade); ermöglicht geringe Spülwassermenge und geringe Verschleppungsverluste

Kation

positiv geladenes Teilchen; wandert im elektrischen Feld zum negativen Pol (Kathode)

Keuper

stratigraphische* Bezeichnung für den jüngsten Zeitabschnitt der Trias*

Lettenkeuper: Unterste Schicht des Keuper*; besteht überwiegend aus Ton- und Sandsteinen, wird zusammen mit dem Muschelkalk* zu einer Grundwasserlandschaft zusammengefaßt.

Gipskeuper: unterste Schicht des mittleren Keupers; enthält hohe Anteile an Gips, durch dessen Auflösung (Verkarstung) Hohlräume entstehen. Entsprechend handelt es sich hier um einen Karstgrundwasserleiter*.

Hauptverbreitungsgebiet des Gipskeupers in Baden-Württemberg sind die Randbereiche von Schön-
buch, Schwäbischem Wald, Stromberg, Löwensteiner Berge und der Baar.
Höherer Keuper: Grundwasserlandschaft, die sich aus dem mittleren (ohne Gipskeuper) und oberen
Keuper zusammensetzt. Der höhere Keuper bildet die Schichtstufenlandschaft des Schönbuchs, des
Schwäbischen Waldes, des Strombergs, der Baar und der Löwensteiner Berge.

Kiesaquifer
Grundwasserleiter aus Kiesablagerungen
Quartäres Kiesaquifer: im Quartär* abgelagerte Kiese, die einen Grundwasserleiter bilden

Kluftgrundwasserleiter/ Kluftaquifer
Grundwasserleiter, in dem das Grundwasser in Klüften oder Spalten strömt

Kristallin
Gestein, das aus kristallinen Mineralgemengeteilen besteht; Grundgebirge; Grundwasserlandschaft
mit Hauptverbreitung im Schwarzwald (Granit und Gneis)

Leitfähigkeit
Elektrische L.: Maß für die Ionenkonzentration im Wasser. Sie wird in µS/cm angegeben.

Leitparameter
hier: Anzeigegröße (Indikator), anhand deren die Beurteilung eines komplexen Sachverhalts, z.B. die
Einstufung der Gewässerqualität, vorgenommen wird

Lettenkeuper
siehe Keuper*

Lias
„Schwarzer Jura"; stratigraphische* Bezeichnung für den ältesten Zeitabschnitt des Jura*; besteht
vorwiegend aus Ton- und Mergel*gesteinen; wird zusammen mit dem Dogger* zu einer Grundwasserlandschaft zusammengefaßt; Hauptverbreitungsgebiet in Baden-Württemberg ist das Albvorland und
die Vorbergzone des Schwarzwalds.

Lipidsenker
Medikament zur Senkung des Blutfettgehalts

Lockergesteinsaquifer
Grundwasserleiter* aus Lockergestein (z.B. Kies)

Lysimeter(anlage)
mit gestörtem oder ungestörtem Boden gefüllte Behälter, die so versenkt aufgestellt werden, daß ihre
Oberfläche mit der Umgebung in gleicher Höhe abschließt. Durch geeignete Meßeinrichtungen wird
die Durchsickerung und (im Falle der wägbaren Lysimeter) der Bodenwasserhaushalt (Vorratsänderung)
erfaßt.

Makrozoobenthon
Gesamtheit der in der Bodenzone eines Gewässers lebenden höheren tierischen Organismen (ohne
Mikroorganismen)

Malm
Weißjura; Stratigraphische* Bezeichnung für den jüngsten Zeitabschnitt des Jura*; Grundwasserlandschaft; Hauptverbreitungsgebiet in Baden-Württemberg ist die Schwäbische Alb.

Malmkarst
verkarstete (siehe Karst*) Bereiche des Malm*

Median
statistische Größe: Zentralwert; auch 50. Perzentil genannt. Unterteilt eine in aufsteigender Reihe an-
geordnete Gruppe von Zahlenwerten in zwei gleich große Hälften. Im Gegensatz zum arithmetischen
Mittelwert, bei dem die Einzeldaten aufaddiert und anschließend die gebildete Summe durch die Anzahl der Einzeldaten dividiert wird, ist der M. weniger empfindlich gegenüber Extremwerten (Ausrei-
ßern).

Meeresmolasse
siehe Molasse*

Membranelektrolyse
Elektrolyse*, bei der entsprechend der Porengröße einer im Gefäß installierten Membran die Teilchen
entsprechend ihrer Größe in den Teilräumen des Gefäßes zurückgehalten werden bzw. die Membran
passieren können

Membrantechnik

Trenn-Technik, bei der Membranen aufgrund ihrer definierten Porengröße Teilchen entsprechend ihrem Durchmesser voneinander separieren

Mergel

Sedimentgestein aus einem unterschiedlichen Gemenge von Ton und Kalk

Migrationsmöglichkeiten

Wanderungsmöglichkeiten

Mindestabfluß

derjenige Abfluß in einem Gewässer, der mindestens gewährleistet sein muß, um bestimmte Anforderungen (wasserwirtschaftliche, ökologische) zu erfüllen

Mineraldünger

anorganische Salze, die entweder aus natürlichen Vorkommen (z.B. Chilesalpeter) abgebaut und aufbereitet oder technisch hergestellt werden

mineralisiert

1. mit gelösten Stoffen angereichert
2. bis zum anorganischen Endprodukt abgebaut

Mineralisation

1. Anreicherung des (Grund-)Wassers mit aus dem umgebenden Gestein gelösten Stoffen
2. Abbau von chemisch-organischen oder biochemischen Stoffen bis zum anorganischen Endprodukt, z.B. der Abbau von Eiweißen, Fetten oder Waschmitteln zu Kohlendioxid, Nitrat, Phosphat etc.

Mischwasser

Mischung aus Schmutz- und Niederschlagswasser, das zusammen in der Mischwasserkanalisation* abgeführt wird

Mischwasserentlastung

Ablassen von Mischwasser* aus Kanalsystemen ohne Behandlung in der Kläranlage; meist nach ergiebigen Niederschlägen – siehe Kapitel 4.2.1.2

Mischwasserkanalisation

Kanalisationssystem, in dem Schmutz- und Niederschlagswasser gemeinsam gesammelt und abgeführt wird

Mischwassersystem

siehe Mischwasserkanalisation*

Mischwasserüberlaufbecken

siehe Regenüberlaufbecken*

Mittlerer Grundwasserleiter

Er umfaßt die mittlere sandig-kiesige Abfolge des Jungquartärs* im Rhein-Neckar-Raum.

Mittleres Kieslager

untere Schicht des Jungquartären* Grundwasserleiters im Raum Karlsruhe-Speyer; gehört zusammen mit dem Altquartären* und dem Pliozänen Grundwasserleiter* zu den tieferen Grundwasserleitern* in diesem Gebiet (siehe Kapitel 3.1.5)

Molasse

teils im Meer, teils im Süßwasser erfolgte Ablagerungen im Alpenvorland, die aus dem Abtragungsschutt der jungen Alpen im Tertiär* gebildet wurden

Sie wird unterteilt in (von oben nach unten): Obere Süßwassermolasse, Obere Meeresmolasse, Untere Süßwassermolasse, Untere Meeresmolasse.

Moränen

das gesamte Schuttmaterial, das ein Gletscher verfrachtet und bei seinem Abschmelzen ablagert; Grundwasserlandschaft im Voralpengebiet

Morphologie

1. Lehre von der Form
2. Bei der Bestimmung des morphologischen Zustands eines Fließgewässers werden folgende Faktoren berücksichtigt: Linienführung, Gehölzsaum, Gewässerrand-streifen, Talbodennutzung und künstliche Wanderungshemmnisse – siehe Kapitel 5.1.2.1

Muschelkalk

Untereinheit der Trias*; kalkiges Gestein; Karstgrundwasserleiter* (Oberer Muschelkalk) bzw. Kluftgrundwasserleiter (mittlerer und unterer Muschelkalk); wird zusammen mit dem Lettenkeuper* zu einer Grundwasserlandschaft zusammengefaßt

mutagen
erbgutverändernd

Nährstoffelimination
hier: Entfernung oder erhebliche Reduzierung von Stickstoff- und Phosphorverbindungen aus dem Abwasser zur Verhinderung der Eutrophierung* in Gewässern

Nahrungs- und Genußmittelgewerbe
Begriff aus der amtlichen Statistik: Das N. bildet eine der vier Wirtschaftshauptgruppen* des Verarbeitenden Gewerbes* und umfaßt ca. 30 Branchen (Wirtschaftszweige*) aus Ernährungsgewerbe und Tabakverarbeitung.

Nanofiltration
Filtrierung durch Membranen mit Poren im Nanometerbereich (1 Nanometer = 1 milliardstel Meter)

NE-Metallerzeugung
Verhüttung und Verarbeitung von Nicht-Eisen-(NE)-Metallen (Leichtmetalle und Buntmetalle)

NE-Metallhalbzeugwerke
Werke zur Erzeugung von Halbzeugen (Produkte zwischen Rohstoff und Fertigprodukt) aus Nicht-Eisenmetallen (NE)

Nettoproduktionsindex
statistische Meßzahl für das Produzierende Gewerbe*; sie zeigt monatlich bzw. vierteljährlich unter Ausschaltung der Preisveränderungen die Entwicklung der eigenen Leistung (Nettoproduktion) der Unternehmen bzw. Betriebe auf. Unter Nettoproduktion wird dabei die Wertschöpfung eines bestimmten Prozesses verstanden, ohne dabei den Wert der Ausgangsstoffe bzw. vorgelagerter Dienstleistungen mitzuberücksichtigen.

Niederschlagswasser
siehe Regenwasser*

Niedrigwasserabfluß
siehe Trockenwetterabfluß*

Niedrigwasseraufhöhung
Erhöhung des Niedrigwasserabflusses* durch künstliche Maßnahmen, wie z.B. Bau von Staudämmen oder Überleitung von Wasser aus anderen Einzugsgebieten*

Nitratstickstoff
der im Nitrat enthaltene Stickstoffanteil; 50 mg Nitrat entsprechen 11,3 mg Nitratstickstoff.

Nitrifikation/Nitrifizierung
Oxidation von Stickstoffverbindungen mit Hilfe von Bakterien zu Nitrit oder Nitrat

NO_x
chemisches Symbol für Stickoxide

NO_3^-
chemisches Symbol für Nitrat

NQ (10d)
Maßzahl für Niedrigwasser: diejenige Abflußmenge in m^3/s, die an einem bestimmten Flußquerschnitt (Pegel) an genau 10 Tagen im Jahr erreicht oder unterschritten wird

Nutzungsfaktor
statistische Größe, die angibt, wie oft ein Gut durch mehrmaliges Verwenden genutzt wird

Oberlieger
flußaufwärts gelegener Anlieger eines Flusses

Oberer Grundwasserleiter
oberstes Grundwasserstockwerk im Oberrheingraben; enthält in der Regel jüngeres Grundwasser

ökotoxikologisch
umwelttoxikologisch; die Verteilung und Auswirkung von chemischen Stoffen auf Ökosysteme betreffend, soweit damit Rückwirkungen auf den Menschen verbunden sind

östrogen
verweiblichend

Optische Aufheller
Fluoreszenzfarbstoffe, die UV-Licht absorbieren und längerwelliges blaues Licht emittieren. Das emittierte Licht kompensiert den Gelbstich von Wäsche und täuscht eine Bleichwirkung vor.
Orthophosphat-Phosphor
hier: der gelöste, unmittelbar pflanzenverfügbare Phosphoranteil
Papierindustrie
Holzschliff-, Zellstoff-, Papier- und Pappe erzeugende Industrie; siehe Kapitel 3.1.2.5
pedologisch
bodenkundlich
persistent
anhaltend, dauernd, hartnäckig; schwer abbaubar
Perzentil
statistische Größe; das 50. Perzentil entspricht dem Median*, das 90. Perzentil entspricht dem Wert, unterhalb dessen 90 % aller Meßwerte liegen.
Pestizid
Schädlingsbekämpfungsmittel; bezeichnet allgemein als Sammelbegriff chemische Mittel zur Vernichtung von pflanzlichen oder tierischen Schädlingen
Pliozän
stratigraphische* Bezeichnung für den jüngsten Teilbereich des Tertiärs*, der den Zeitraum vor 2–7 Mio. Jahren umfaßt
Pliozäne Grundwasserleiter
Kiese, Sande, Schluffe und Tone, die im Pliozän* im Oberrheingraben im Raum Karlsruhe-Speyer abgelagert wurden; gehören zusammen mit dem Mittleren Kieslager* und dem Altquartären Grundwasserleiter zu den tieferen (in der Regel vom Menschen noch unverschmutzten) Grundwasserleitern in diesem Raum
Porengrundwasserleiter
Grundwasserleiter*, in dem das Wasser in Poren zirkuliert, die ein mehr oder weniger engmaschiges Hohlraumsystem bilden
Primärabbau
erste Stufe in einer Reihe von Abbauschritten
Produktionsgütergewerbe
Begriff aus der amtlichen Statistik: Das P. bildet zusammen mit dem Grundstoffgewerbe* eine der vier Wirtschaftshauptgruppen* des Verarbeitenden Gewerbes*, welche ca. 60 Branchen (Wirtschaftszweige*) umfaßt, z.B. Herstellung von Betonerzeugnissen, Herstellung von Stahlrohren, Herstellung von Chemiefasern
Produzierendes Gewerbe
Begriff aus der amtlichen Statistik. Unter dem Begriff P. werden die drei Wirtschaftsabteilungen* Energie- und Wasserversorgung/Bergbau, Verarbeitendes Gewerbe und Baugewerbe zusammengefaßt.
Produzierendes Handwerk
Begriff aus der amtlichen Statistik. Umfaßt die Handwerksbetriebe, die dem Produzierenden Gewerbe* zugeordnet werden.
Proton
1. positiv geladenes Elementarteilchen im Atomkern
2. positiv geladenes Wasserstoff-Ion
Quartär
stratigraphische* Bezeichnung für den Teilbereich der Erdgeschichte, der vor 2 Mio. Jahren begonnen hat und bis in die Gegenwart andauert. Typische quartäre Ablagerungen sind Schotterfelder, Kiese, Hangschutt und Auelehm; Grundwasserlandschaft
Randzustrom
unterirdischer R.: Zustrom von Grundwasser aus Randgebieten des Untersuch-ungsgebiets
Regenentlastung
Mischwasserentlastung; siehe Kapitel 4.2.1.2

Regenklärbecken
Absetzbecken für verschmutztes Regenwasser (kein Mischwasser*); es entleert sich nur über einen Überlauf, über den die gesamte Wassermenge nach der gewünschten Aufenthaltszeit in den Vorfluter* abfließt.

Regenrückhaltebecken
Bestandteil von Mischwassersystemen*; Becken, das bei starkem Regenabfluß einen Teil des aus der Kanalisation ankommenden Abwassers (Mischwassers) speichert und den Beckeninhalt langsam an das anschließende Kanalnetz wieder abgibt. So werden allzu große Abflußspitzen in der Kanalisation verhindert. Das Becken hat keinen Überlauf zum Vorfluter*, das Abwasser wird nur an das Kanalnetz abgegeben.

Regenüberlaufbecken
Kombination von Regenrückhaltebecken* und Regenklärbecken*. Das R. dient zunächst der Speicherung von Mischwasser*, das es auch wieder an das Kanalnetz abgibt. Bei stärkeren Regenfällen kann jedoch nach Füllung des Speicherraums das darüber hinaus zulaufende Mischwasser* nach kurzer Aufenthaltszeit und grober Entschlammung über einen Überlauf einem Vorfluter* zufließen.

Regenwasser
im Zusammenhang mit der Regenwassernutzung*: das von Dachflächen ablaufende und in Behältern aufgefangene Wasser; siehe Kapitel 3.5

Regenwassernutzung
siehe Kapitel 3.5.1

Reinigungsstufe
definierte Etappe im Prozeßablauf einer Kläranlage
erste R.: mechanische Reinigung (z.B. durch Rechen oder Sieb)
zweite R.: biologische Stufe (Abbau durch Mikroorganismen)
dritte R.: Entfernung von Nährstoffen (Nährstoffeliminierung*)

Reliefenergie
innerhalb einer Flächeneinheit gegebener relativer Höhenunterschied

Retentionsräume/ Retentionsflächen
Natürliche Retentionsräume: Gebiete, in denen bei Hochwasser ein Fluß über die Ufer treten kann und so die Wassermassen vorübergehend zurückgehalten werden

Rieselfelder
Felder, auf denen Abwässer verrieselt oder versprüht werden. Hierbei macht man sich die Eigenschaft von biologisch aktiven Böden zunutze, als Filter zu wirken und schädliche Stoffe zu binden oder abzubauen.

RÜB
siehe Regenüberlaufbecken*

Saprobienindex
Maßzahl der (organischen) Verschmutzung eines Gewässers. Sie wird aus Art und Anzahl verschiedener Indikatororganismen berechnet.

Saprobiensystem
System zur Klassifikation der Wasserqualität von Fließgewässern anhand bestimmter Indikatororganismen. Berücksichtigt vorwiegend biologisch leicht abbaubare Substanzen. Grundlage des S. ist die Tatsache, daß entsprechend der Wasserbelastung die Artenzusammensetzung der aquatischen Biozönosen* verändert wird. Das S. dient der Gewässergütebeurteilung von Fließgewässern, seine Anwendung ist in einer DIN-Vorschrift festgelegt (siehe Kapitel 5.1.2.2).

SchALVO
Schutzgebiets- und Ausgleichs-Verordnung: Verordnung des Umweltministeriums (in Baden-Württemberg) über Schutzbestimmungen in Wasser- und Quellschutzgebieten und die Gewährung von Ausgleichsleistungen

Schwarzwasser
Fäkalien enthaltendes Schmutzwasser; siehe Kapitel 3.5

Schwemmentmistung
vor allem bei Massentierhaltung; Entmistung durch Abschwemmen des Tierkots

Schwemmentwässerung
Abfuhr von Ab- und Niederschlagswasser; aufgrund der Schwerkraft werden Feststoffe mitgeführt.
Schwermetalle
Metalle mit einem spezifischen Gewicht >5 g/cm^3, z.B. Eisen, Blei, Cadmium
Sickerwasser
Wasser, in der Regel aus Niederschlag, das unter Wirkung der Schwerkraft ohne hydrostatisch meßbare Druckdifferenz durch poriges Material strömt. Es erfüllt in der wasserungesättigten Zone unregelmäßig begrenzte Bereiche und bewegt sich unter dem Einfluß der Schwerkraft vorzugsweise nach unten.
Siphon
S-förmiger Geruchsverschluß bei Wasserausgüssen zur Abhaltung von Gasen, die aus dem Abwassersystem stammen
Sorption
Bindung von gelösten oder gasförmigen Stoffen an Feststoffen ohne Rücksicht auf den Bindungsmechanismus
Sprunginvestition
sprunghaft ansteigende Investition, wenn z.B. durch Anschluß eines Neubaugebietes Einrichtungen zur Versorgung oder Entsorgung nicht mehr angepaßt werden können, sondern Neu- oder Erweiterungsbauten erforderlich sind – siehe Kapitel 3.4
Stauhaltung
aufgestauter Bereich eines Fließgewässers
Stratigraphie
Teilgebiet der Geologie, das die Schichten von Sedimenten mit Hilfe von Fossilien nach dem Alter ihrer Entstehung ordnet
Strukturisomerie
Zwischen zwei unterschiedlichen Substanzen herrscht S., wenn sie aus der gleichen Art und Anzahl von Atomen aufgebaut sind, die Verknüpfung der Bausteine aber unterschiedlich erfolgt (z.B. Ethanol und Dimethylether).
Subsidiaritätsprinzip
gesellschaftliches Prinzip, nach dem übergeordnete gesellschaftliche Einheiten (z.B. ein Staatenbündnis) nur solche Aufgaben übernehmen sollen, zu deren Wahrnehmung untergeordnete Einheiten (z.B. ein Mitgliedstaat) nicht in der Lage sind
Summenparameter
Parameter, die die Summe von (in der Regel nicht einzeln erfaßbaren) Einzelstoffen angeben, z.B. DOC*, TOC*, AOX*, CSB*
Tensid
die Oberflächenspannung herabsetzender Inhaltsstoff in Wasch- und Reinigungsmitteln; bewirkt die bessere Benetzung der Oberfläche durch die Reinigungsflüssigkeit
teratogen
Mißbildungen bewirkend
Tertiär
stratigraphische* Bezeichnung für den Teilbereich der Erdgeschichte, der den Zeitraum vor 2 bis 65 Mio. Jahren umfaßt; Grundwasserlandschaft
thermophil
wärmeliebend
TOC
Total Organic Carbon; Gesamtkohlenstoffgehalt, siehe Kapitel 4.2.3
Transpiration
Verdunstung durch Pflanzen: Abgabe von Wasserdampf durch die Spaltöffnungen der Pflanzen
Trennkanalisation
getrennte Ableitung von Schmutz- und Regenwasser in separaten Kanälen
Trias
stratigraphische* Bezeichnung für den Teilbereich der Erdgeschichte, der den Zeitraum vor 195 bis 223 Mio. Jahren umfaßt

Trockensubstanz (TS)
derjenige Teil einer Substanz, der nach dem Trocknen unter definierten Bedingungen übrig bleibt
Trockenwetterabfluß
1. oberirdischer Abfluß in Fließgewässern aus Quellschüttung und durch diffusen Eintrag während längerer Trockenwetterperioden. Der Trockenwetterabfluß wird auch Basisabfluß genannt.
2. Abwassermenge, die einer Kläranlage in Trockenzeiten – also ohne Niederschlagsanteil – zufließt
Tropfkörper
Das Tropfkörperverfahren ist ein biologisches Verfahren zur Reinigung von Abwasser. T. sind Behälter, die Trägermaterial mit großer spezifischer Oberfläche (Lavaschlacke oder Kunststoff-Füllkörper) enthalten, über denen Abwasser verrieselt wird (siehe Kapitel 4.3.2.1).
TVO
Trinkwasserverordnung
Uferbereich
U. des Bodensees: er ist im Landesentwicklungsplan 1983 verbindlich als abgegrenzte Region (innerhalb Baden-Württembergs) ausgewiesen mit einer Fläche von insgesamt 465 km².
Uferfiltrat(ion)
Uferfiltration ist die Gewinnung von versickertem Ober-flächenwasser, das durch Sohle oder Ufer von Gewässerbetten von Brunnen angesaugt wird. Die Brunnen befinden sich in einiger Entfernung von den Flüssen und Seen, so daß das Wasser eine gewisse Verweildauer hat und Schadstoffe abgebaut bzw. zurückgehalten werden können. Das durch Filtration gewonnenen Wasser wird als Uferfiltrat bezeichnet.
Ultrafiltration
Filtrierung durch Membranen mit Poren im Mikrometerbereich (1 Mikrometer = 1 millionstel Meter)
Unterlieger
flußabwärts gelegener Anlieger eines Flusses
Verarbeitendes Gewerbe
Begriff aus der amtlichen Statistik. Bezeichnung für einen der zehn Wirtschaftsabteilungen*. Das V. wird in 4 Wirtschaftshauptgruppen unterteilt:
Grundstoff- und Produktionsgütergewerbe*, Investitionsgüter produzierendes Gewerbe*, Verbrauchsgüter produzierendes Gewerbe*, Nahrungs- und Genußmittelgewerbe*.
Zum V. gehören beispielsweise die Chemische Industrie, die Metallerzeugung und Bearbeitung, Stahl-, Maschinen- und Fahrzeugbau, Holz-, Papier- und Druckgewerbe sowie das Ernährungsgewerbe.
Verbrauchsgüter Produzierendes Gewerbe
Begriff aus der amtlichen Statistik. Das V. bildet eine der vier Wirtschaftshaupt-gruppen* des Verarbeitenden Gewerbes* und umfaßt ca. 80 Branchen (Wirtschaftszweige*), z.B. Herstellung von Musikinstrumenten und Spielwaren, Verarbeitung von Keramik, Glas, Holz und Papier, Druckerei, Textilgewerbe.
verfiltert
(bei Brunnenrohren): mit Filtereinsätzen versehen, die dem Grundwasser Zutritt in das Brunnenrohr ermöglichen
Vitellogenin
Vorstufe des Vitellins (Eiweißgruppe aus dem Eidotter). Die Biosynthese des V. wird durch Östrogene (weibliche Hormone) stimuliert.
Vorflut(er)
Flüsse oder wasserführende Gräben, die das Wasser von Quellen, Drainagen oder oberflächlich abfliessendes Wasser aufnehmen und wegführen; allgemein: Gewässer, in die Fließgewässer einmünden oder in die (Ab-)Wasser eingeleitet wird
Wasseraufkommen
W. der Öffentlichen Wasserversorgung: Gesamtmenge des von der Öffentlichen Wasserversorgung bereitgestellten Wassers. Sie setzt sich aus dem aus eigenen Förderanlagen gewonnenen Wasser und dem von außen (andere Bundesländer) bezogenen zusammen.
W. der Industrie*: Summe des aus Eigenförderung* und Fremdbezug* bereitgestellten Wassers im

Bergbau und Verarbeitenden Gewerbe*. Durch Subtraktion des ungenutzt abgeleiteten Wassers errechnet sich aus dem W. der Wasserverbrauch der Industrie*.
Spezifisches W. der Industrie*: produktbezogenes W.
Wasserbedarf
1. Spezifischer W.: Wasserabgabe der öffentlichen Wasserversorgungsunternehmen an Haushalte, Kleingewerbe und Dienstleistungsunternehmen; angegeben in Litern pro Einwohner und Tag
2. Spezifischer W. der Industrie*: produktbezogener W.
Wasserbilanz
Klimatische W.: Niederschlag minus Verdunstung
Wasserentnahme/Wassergewinnung
Spezifische W. oder Wassergewinnung: Wasserentnahme pro Flächeneinheit, angegeben in m³/ha·a
Wasserhärte
siehe Härte*
Wasserressourcen
Intern erneuerbare W.: diejenige Wassermenge, die im langjährigen Mittel durch Niederschlag (abzüglich Verdunstung) in einem abgegrenzten Gebiet pro Zeiteinheit erneuert wird. Sie wird in km³/a oder m³/a angegeben.
Gesamte erneuerbare W.: intern erneuerbare Wasserressource zuzüglich der Zuflüsse von außen
Wasserverbrauch
Häuslicher W.: siehe spezifischer Wasserbedarf*
Weißjura
siehe Malm*
Wirkparameter
Biologische W.: Parameter, die Auswirkungen auf biologische Systeme haben
Wirtschaft
vereinfachter, zusammenfassender Begriff für die Bereiche Bergbau, Verarbeitendes Gewerbe und Energiewirtschaft
Wirtschaftsabteilung
Begriff aus der amtlichen Statistik. Danach wird die Wirtschaft als oberste Gliederungsebene in zehn W. gegliedert:
1) Land- und Forstwirtschaft, Fischerei
2) Energie- und Wasserversorgung, Bergbau
3) Verarbeitendes Gewerbe*
4) Baugewerbe
5) Handel
6) Verkehr und Nachrichtenübermittlung
7) Kreditinstitute und Versicherungsgewerbe
8) Dienstleistungen durch Unternehmen und Freie Berufe
9) Organisationen ohne Erwerbszweck und Private Haushalte
10) Gebietskörperschaften und Sozialversicherung
Wirtschaftshauptgruppen
Begriff aus der amtlichen Statistik zur Weiteruntergliederung der Wirtschaftsabteilungen*. Beispiel: siehe bei Verarbeitendes Gewerbe*
Wirtschaftszweig
Begriff aus der amtlichen Statistik. Er bezeichnet im allgemeinen die unterste Glie-derungsebene der Wirtschaft.
Zwischenabfluß
siehe Interflow*
Zytostatika
Stoffe, die in der Lage sind, Zellteilung und damit die Vermehrung der Zellen zu hemmen. Sie werden z.B. bei der Chemotherapie von Tumoren benutzt.

Verzeichnis der Abbildungen

Springer-Verlag und Umwelt

Als internationaler wissenschaftlicher Verlag sind wir uns unserer besonderen Verpflichtung der Umwelt gegenüber bewußt und beziehen umweltorientierte Grundsätze in Unternehmensentscheidungen mit ein.

Von unseren Geschäftspartnern (Druckereien, Papierfabriken, Verpackungsherstellern usw.) verlangen wir, daß sie sowohl beim Herstellungsprozeß selbst als auch beim Einsatz der zur Verwendung kommenden Materialien ökologische Gesichtspunkte berücksichtigen.

Das für dieses Buch verwendete Papier ist aus chlorfrei bzw. chlorarm hergestelltem Zellstoff gefertigt und im pH-Wert neutral.